致奋斗者

你不努力 谁也给不了你想要的生活

曾庆灿 编著

中国出版集团
中译出版社

图书在版编目（CIP）数据

致奋斗者 . 你不努力　谁也给不了你想要的生活 /
曾庆灿编著 . -- 北京 : 中译出版社 , 2019.8（2022.4 重印）
　ISBN 978-7-5001-6010-6

　Ⅰ . ①致… Ⅱ . ①曾… Ⅲ . ①成功心理—通俗读物
Ⅳ . ① B848.4-49

中国版本图书馆 CIP 数据核字（2019）第 175752 号

致奋斗者
你不努力　谁也给不了你想要的生活

出版发行：中译出版社
地　　址：北京市西城区车公庄大街甲 4 号物华大厦 6 层
电　　话：（010）68359376　68359303　68359101
邮　　编：100044
传　　真：（010）68357870
电子邮箱：book@ctph.com.cn
总 策 划：张高里
责任编辑：顾客强
封面设计：青蓝工作室
印　　刷：金世嘉元（唐山）印务有限公司
经　　销：新华书店
规　　格：880 毫米 × 1230 毫米　1/32
印　　张：30
字　　数：550 千字
版　　次：2019 年 8 月第 1 版
印　　次：2022 年 4 月第 11 次

ISBN 978-7-5001-6010-6　　　定价：149.00 元（全 5 册）

中 译 出 版 社

前　言

经常听到身边有朋友抱怨老天太不公平，为什么别人看起来毫不费力就过上了想要的生活？为什么自己的理想与现实总是那么遥远？

原因并不复杂，要不就是你给自己设定的目标太大，要不就是其实你还没那么努力。

人世这样周遭一走，赤裸裸来赤裸裸走，不带来一物，不带走一物，千古留名的人，全是努力在自己的位置上出类拔萃的人。

越努力越幸运，在努力的过程中一定会出现无法想象的惊喜，用磨难来历练自己，用贵人和机会来成就自己，所有涌向自己的一切，都是来成就我们更新昨天的生命。

努力和回报是成正比的，这个法则从来都没有改变过。既然你已经选择了一种生活方式，就不应该再有任何抱怨了。你选择了沉溺于安逸放弃拼搏，就注定得不到你想要的生活。几乎没有人可以用自然而然的方式得到自己想要的人生，而梦想，几乎都要靠努力，或付出其他代价才能争取到。

你现在的努力决定着你的未来，你不努力，真的没人能给你想要的生活。其实，你最想要的生活，是来自实力的自信，是你说了算的痛快。这一切，父母无法给你，爱人无法给你……唯有努力和勤奋，才能让你过上想要的生活。

如果自己不努力，谁也给不了你想要的生活；梦想不会逃跑，逃跑的永远是自己。你今天的努力，是幸运的伏笔；当下的付出，是明日的花开。让我们怀揣希望去努力，静待美好的出现。没人会把我们变得越来越好，时间也只是陪衬。支撑我们变得越来越好的是我们自己不断进阶的才华、修养、品行以及不断的反思和修正。

这个世界上失去什么东西都不可怕，唯一可怕的是失去你的信心，失去你的勇气，只要你坚韧不拔地奋斗，只要你眼睛看向未来，生命就永远属于你，生命的辉煌也一定永远属于你。人生的舞台上，生活可以成就一些人，但是，生活也可以打败一些人，关键是看你如何去对待它。为了你想要的生活，你必须努力。也许有时候会遇到一些挫折困难，在哭过之后，也要继续收拾自己的心情，迎接接下来的日子，其实，人生不就是这样吗！

一个人活着，有时候太闲，有时候太累。人生旅途上，横竖都是路，决定今天的不是今天，而是昨天对人生的态度；决定明天的不是明天，而是今天对事业的作为。我们的今天由过去决定，我们的明天由今天决定！这个世界其实很公平，你想要比别人强，你就必须去做别人不想做的事；你想要过更好的生活，你就必须去承受更多的困难，承受别人不能承受的压力，不吃拼搏的苦，就会吃生活的苦。真正的强者，不是没有眼泪，而是含着眼泪继续奔跑，不要让任何人偷走你的梦想，因为没有人会为你的人生买单。

也许现在的你很累，很辛苦，但是你现在所付出的会在将来回馈给你，虽然不能立刻有什么收获，但是现在你所做的一切努力，不管大小，都是你成功的积累，会在将来毫无保留甚至附加其他地给你，这就是你现在奋斗的意义，为了以后幸福的生活，不用为了柴、米、油、盐而发愁，可以随性地过自己想要的生活，为了在看到喜欢的东西可以没有顾虑地购买，为了以后父母能更好地享受天伦之乐，为了孩子得到良好的教育……这些都是你现在不能停下脚步的原因。

目　录

第九章　坚持到最后，终将微笑

第 一 章

努力一点，离你想要的近一点

成功者，或许多的只是那一点点坚持和不放弃。每天努力一点点，超越昨天的自己，离成功就近那么一点点，聚沙成塔，有志者事竟成。

勋章人人皆可以拿

军人，尤其是将军，在穿上正式的礼服时，都会在胸前佩戴各式各样大大小小的勋章，让人看得眼花缭乱。当他们在重要的场合一字排开时，非常壮观，也令人羡慕。

他们为什么要佩戴勋章？说好听一点是礼貌，说实在一点是享受荣耀。只有立功才有勋章可得，立功越多，勋章也就越多，立功越大，勋章的等级也就越高。所以光看胸前的勋章，你就可以知道这个人的身份和地位，而这个人自然会受到他人的尊敬和礼遇。

我们不是军人、警官，但照样可以拿"勋章"，为自己建立地位与身份，让别人识别自己，尊敬自己，礼遇自己！

这里所谓的"勋章"是指工作上的成就或贡献，虽然这不能像勋章那样挂在胸前炫耀，让所有的人都看得到，但在同僚之间，你的成就或贡献他们都知道，因此也带有"勋章"的意义。

作为一名军人，只有无私奉献，不怕牺牲，才能获得成功。同理，你把例行工作做好不稀奇，因为这本来就是你该做的。必须有特殊的表现，也就是做出别人做不到、不敢做，或还没做，但被你抢先一步做，对整体有贡献的事，这才够格拿"勋章"。这些事一般来说有下列数种。

——比别人高的业绩。如果你是业务人员，你那让其他人可望不可即的业绩就是"勋章"。

——解决重大的问题。无论是老问题还是新问题，行政问题还是财务问题，如果你能解决别人不能解决的问题，你的功劳就是"勋章"。

——赚大钱的发明或设计。如果你是公司的研发、设计部门的人员，你研发出来的产品让公司赚大钱，那么你的成绩就是"勋章"！

——增加所属单位的荣誉。例如你的贡献得到政府或民间单位的奖项，你的单位因你而增光，那么你的得奖就是你的"勋章"！

如果你能得到上述的"勋章"，那么你在你的团体里自然会有一定的地位，别人绝对不敢看轻你，连上司也都要敬你三分，甚至也可容忍、原谅你在其他方面的瑕疵。当然，若因得了"勋章"就得意忘形、目中无人，那就不好了，就算你是得"勋章"的能手，这一点也是必须注意的。

那么，该如何去得"勋章"呢？

军人要立功拿勋章需要勇气、决心、智慧和机遇——当然也可能有"糊涂小兵立大功"的情形，但不太多。同样，在工作上要拿"勋章"也需要勇气、决心和智慧，其中尤其勇气和决心最重要。也就是说，如果你有心去做，并辅以你的智慧，那么就有可能有一番成就。当然这个过程可能会充满挫折，好比立功的士兵往往都伤痕累累那般，但只要熬得过，禁得起，经验、见识就会一天天丰富，自然也就造就了拿"勋章"的条件和机会。

美国前副总统亨利·威尔逊这样说："我出生在贫困的家庭，当我还在摇篮里牙牙学语时，贫穷就已经露出了它狰狞的面孔。我深深体会到，当我向母亲要一片面包而她手中什么也没有时是什么滋味。我在10岁时就离开家远走异乡，当了11年的学徒工，每年可以接受一个月的学校教育。在11年的艰辛工作之后，我得到了1头牛和6只绵羊作为报酬。我把它们换成了84美元。从出生到21岁那年为止，我从来没有在娱乐上花过1美元……"

在穷困潦倒的异乡中，威尔逊却没有让任何一个发展自我、提升自我的机会溜走。在他21岁之前，他已经设法读了约1000本好书。在他离开农场后，徒步100英里到马萨诸塞州的内蒂克去学习皮匠手艺。一年后，又从一个辩论俱乐部中脱颖而出，12年之后，他与著名的查尔斯·萨姆纳平起平坐，进入了国会。

奥里森·马登说："纵观人类历史上的伟大和杰出人物，他们中的相当一部分曾经有过艰辛的童年生活，甚至还备受命运的虐待，但强者总是善于找到生命的支点。他们及时调整自己的心态，坚忍地承受着生活的艰辛，在一贫如洗的岁月里安然走过，并用恒久的努力打破了重重的围困，在脱离了贫穷困苦的同时也脱离了平凡，造就了卓越与伟大。"

相比威尔逊副总统的异乡磨难，你的那些"磨难"也许黯然失色。但这一点并不重要，重要的是：你有威尔逊那种打拼的执着与努力吗？

被人看轻是一种耻辱

通过努力去获得想要的人生，那么工作是必需的，因为工作一则可以养家糊口，一则可发挥才能，实现自我。为了你刚刚开展的"工作人生"，你一定要切记：别在工作上被人看轻！被人看轻虽然不一定会影响你的一生，但绝对有负面的影响，至少对你不会有正面的好处。

在工作上被人看轻的人有几种类型。

——混日子型：这种人不把工作当一回事，不但不积极表现，连犯错也不在乎；"反正混一口饭吃"是他的中心思想；"此处不留爷，自有留爷处"则是他的应变态度。这种人让人看不惯，可是他每天准时上下班，对人又客气得要命，让你抓不到他的小辫子。这种人好像过得很舒服，其实人家早在心底把他看轻。

——看轻职位型。这种人常说"这工作有什么了不起?"或是"这职位有什么了不起?"一副怀才不遇的样子。他看轻他的工作、他的职位；那么离开算了，何必没事嚷嚷? 可是他又不走。他的举动就刺激了其他战战兢兢工作的同事，于是别人就看轻他了。

——迟到早退型。每个人都免不了有迟到早退的现象，可是若时常如此，并且自己还不在乎。同事们却不会不以为然，因为他们会觉得这不公平；可是他们又不习惯，也不愿和你一样迟到早退，同时也没"资格"说你。在拿你没办法的情况下，就看轻你了。也许你有特殊的个人原因，可是别人是不管这些的。

——混水摸鱼型。这种人机灵狡猾，看起来很认真工作，其实那是在做样子，他永远不愿承担责任，但永远有好处可拿；虽然能言善道，人缘不错，但实际上别人早在心里把他看轻了。

　　其他还很多种类型，诸如争功诿过型、孤芳自赏型，但这些类型都比不上前述的那几种类型。这几种类型总而言之就是不敬业。你不敬业，一则无形中刺激、羞辱了那些敬业的同事，使他们以看轻你作为无言的报复；二则让人认定你是个不求上进的无赖、混混。如果你这种表现也被主管知道，那么你就别想在工作上有所突破了。

　　也许你会说，被看轻就被轻嘛，有什么大不了？但是：

　　——如果你因不敬业而被看轻，这些评语会到处散播，这对你相当不利。事情若太严重，你甚至会连新的工作都找不到，因为同行一定知道你的不敬业，谁敢用一个不敬业的人？

　　——你如果不敬业，就算人们不四处散播对你的评语，对你也没有好处，因为你无法从工作中吸取更多的经验，而不敬业如果形成习惯，你一辈子就别想出人头地了！

　　不被人看轻和工作能力确实没有太大关系，人们会尊敬能力中等但拼劲十足的人，但不会尊敬一个能力一等，但工作态度不佳的人；如果能力平平又不敬业，那么保证别人会把你看轻，甚至也有卷铺盖走人的可能。

能力不足勤来补

"勤能补拙"已是一句老话，但从学校毕业进入了社会，这句话就不一定能常听到了。

能承认自己有些"拙"的人不会太多，能在进入社会之初即体会到自己"拙"的人更少。大部分人都认为自己不是天才至少也是个干将，也都相信自己接受社会几年的磨炼后，便可一飞冲天。但能在短短几年即一飞冲天的人能有几个呢？有的飞不起来，有的刚展翅就摔了下来，能真正飞起来的实在是少数中的少数。为什么呢？大多是因为社会磨炼不够，能力不足。

那么有没有办法在极短的时间补足自己的能力呢？

所谓的"能力"包括了专业的知识、长远的规划以及处理问题的能力，这并不是三两天就可以培养起来的，但只要"勤"，就能很有效地提升你的能力。

"勤"就是勤学，在自己的工作岗位上，一刻也不放弃，一个机会也不放弃地学习。不但自修，还向有经验的人请教。别人睡午觉，你学；别人去娱乐，你学；别人一天只有 24 小时，你却是把一天当两天用。这种密集的、不间断的学习效果相当显著。如果你本身能力已在一般人水准之上，学习能力又很强，那么你的"勤"将使你很快地在团体中发出亮光，为人所注意。

另外一种"能力不足"的人是真的能力不足，也就是说，先天资质不如他人，学习能力也比别人差，这种人要和别人一较长短是辛苦的。这种人首先应在平时的自我反省中认清自己的能力，不要自我膨胀，迷失了自己。如果认识到自己能力上的不足，那么为了生存与发展，也只有"勤"能补救，若还每天痴心妄想，不要说一飞冲天，有时连个饭碗都保不住哩！

对能力真的不足的人来说，"勤"便是付出比别人多好几倍的时间和精力来学习，不怕苦不怕难地学，兢兢业业地学，也只有这样，才能成为龟兔赛跑中的胜利者。

其实"勤"并不只是为了补拙，在一个团体里，"勤"的人始终会为自己争来很多好处。比如：

——塑造敬业的形象。当其他人浑水摸鱼时，你的敬业精神会成为旁人眼光的焦点，认为你是值得敬佩的。

——容易获得别人谅解。当有错误发生，必须找个代罪羊时，一般人不大会找一个勤于工作的人来顶替。当做错了事，一般人也不忍指责，总是会不忍地认为，已经那么认真了，偶然出点错有什么。

——容易获得主管的信任。当主管的喜欢用勤奋的人，因为这样他可以比较放心，如果你的能力真的不足，但因为勤奋，主管还是会给予合适的机会。当主管的都喜欢鼓励肯上进的人，此理古今中外皆同。

小成绩是大业绩的开端

勿以事小而不为，要将行动所得到的知识积累起来作为基础，并作为迈向下一个阶段的构想。

只是一个人能够做的事情，往往与理想的距离较远，而且做起来也不是那么容易就可以完成的。

平常所完成的"小成绩"，可以从书本上得到证明，也可以和此方面的专家谈一谈，如此就可获得宝贵的建议和支持。

如此一来，小的成绩便可以逐渐扩充，从而为自己的发展奠定基础。

不管什么样的构想都是好的，但是如果是范围较大的事情，只是想而不做，也就没有价值可言，还不如小事情并实行的情况有价值。

事情即使再小，但"只要能够做出成绩来"，就是一名了不起的人，对自己的成绩有了自信心，就能增加好几倍的效力。

不管是金钱、能力、地位、事业，在短期间内都不可能有太快速的成长，但是在经过了 5 年、10 年之后，应该做的事情，已经逐渐地熟悉了，这时就可以亲身感觉到自己的能力了。

不管任何事情，在进入正常的轨道之前，总会有许许多多的障碍和挫折。特别是无法得到社会的认可和周围其他人的协助，当他人无法了解你的苦衷时，你会觉得非常痛苦。

不管是要完成一件事情，还是要去改良或改革一件事，都必须以"好奇心"为其先决条件，但是这种"具有好奇心的人"，在现今的社会里毕竟是属于少数派，很可能是孤独的，所以当有一个"构想"时，其观念越新，则外来的阻力就会越大。所以，如果你有新的构想，你就必须有一个思想准备，也许你会被视为一个奇怪的人。

　　所以我们要想到，在改善日常的工作环境或自我革新时，必定会受到一些人的抗拒，或者必须做某些方面的牺牲，有时甚至连生命都会受到威胁。有的人就是因为如此，即使有很强烈的好奇心，也不敢轻易地提出，因为一旦提出了改善方案，往往会受到强烈的反对。像这种情形实在是很令人遗憾，但它确实存在。

　　为了使你的构想和计划不致因为面临巨大的压力和周围人的反对而无法实行，所以必须努力。那就是——从自己做开始，再不断地积累小小的实绩，然后逐渐地增加同伴和赞同者。

头脑是金手指

钱会不会从天上掉下来？相信大多数人都清楚天底下没有不劳而获的事，想获得什么样的成果，就必须付出什么样的代价。

虽然靠着赌博或股票买卖等方式，有可能一夜致富，但毕竟风险过大，一旦好运不再有，将会血本无归。

好比说人人都明白没有所谓"保证赚钱"的说法，可是再怎么聪明的人，还是会不自觉跳入这个陷阱。通常是手边有了一些钱，然后有人告诉你一个赚钱的捷径，于是你被这个捷径吸引了，盲目地投资，最后却是自己吃了大亏。

当然，任何的投资都有风险存在，不去试谁也不知道会不会成功，但是做任何投资之前，都必须好好想清楚和做好规划，总之事前的准备工作越充足，越能降低失败的概率。

那么，有没有什么不用花本钱却能赚大钱的方法呢？当然有，只是一般人都不相信自己有这份能力，慢慢地就丧失了这个天赋。

下面这一经典故事也许大家都读过，但其中的哲理却非人人能够读懂。

外国有家公司的一台发动机引擎坏了，请了许多人都没修好。后来请了一位工程师，他听了听引擎发动机的声音，根据其异常的类型，他立刻明白毛病出在哪里了，于是，他用粉笔在机壳上画了一道线，说："打开它，将这里线圈的线拆除加圈。"

技工照办，果然引擎就可以发动了。

修理好后，技工问他要多少报酬，他说1000美元。技工见他根本没费什么劲修理，却要收这么高的费用，认为他是狮子大开口，觉得1000美元未免太昂贵了。

看到技工不屑的表情，他笑笑说："没错，画一道线只值1美元，但知道在哪里画这道线，值999美元。"

后来，公司经理听到他的回答，马上付他1000美元，并且聘他为公司的特别顾问。

别羡慕别人赚钱很容易，事实上是需要真正本领的。正因为他们具有这样的本事，所以敢收取高昂的费用。如果换作你，你有办法做到吗？

因此，懂得活用脑袋的思考力，就可能为我们赚进无数的财富，而且不用花费成本，也不必担心会被别人抢走生意。

一般来说，思考力分为两种：

（1）主动思考的能力；

（2）模仿他人的能力。

不管是自己用头脑在思考，还是模仿他人的想法，最重要的是懂得活用你的思考，越勤加锻炼，脑力就越好。脑袋的力量就是主动思考的能力，通过阅读书本或吸取别人的意见，脑袋会越来越灵光。如果放着不去使用，很快就会退化，变成一个没有思想的"圆球"。

有空多动动脑，让思考成为一种习惯，相信财源将会滚滚而来，挡也挡不住。

失败是试金石

"失败是试金石"，实际上是一名事业颇有成就的企业家的话。

他说，一般人都是以成功者为师，把成功者的成就当作奋斗的目标，有些人还遵循成功者的模式，构筑自己的未来。这也没什么不好，人总需要"希望"来鼓舞。但一切向"成功者"看齐却有可能使人坠入一种幻觉当中，认为"我也可以成功"！殊不知一个人的成功是需要很多条件配合的，并不是一蹴而就；另外，成功者的成功模式因为个性、主客观条件的不同，并不一定适合每个人。所以在"以成功者为师"的同时，也要"以失败者为师"，把失败者的失败当成一个案例，仔细探查失败的真正原因，以此作为自己的警惕，避免再犯同样的错误！

这位企业家说，他从创业开始，就会仔细观察同行及非同行的失败原因；别人是在失败中记取教训，他是从别人的失败中吸取教训，因此他不但顺利创业，而且发展得非常稳定。或许稍嫌开创不足。他说：企业的"存在"比"壮大"更重要，因为有"存在"，才可能"壮大"，若为了"壮大"而失去"存在"，那就失去了创办企业的目的。何况失败是痛苦的事，更有一失败就永无再起的可能，所以，"避免失败"比"追求成功"更重要。

任何失败都是有原因的，不管是主观因素还是客观因素；不过要了解失败者的失败原因不太容易，失败者往往不愿意谈失败的过去，因为这会暴露自己的无能。如果你找到失败者本人谈，他大概也不会告诉你真相，他只会告诉你，他的失败是因为经济不景气、朋友拖累、银行紧缩银根，或是被出卖、被骗、被倒账……属于他个人的能力、判断、个性上的问题，他是不会告诉你的；何况有些失败者根本不知道他失败的原因。因此要了解失败者的失败原因，你得多方收集资料，参考专家的分析、同行的看法，至于这位失败者的个人条件，可从他的朋友处了解。

当把资料收集够了，把它一条条列出来，仔细分析，再归纳成几个重点。

不过并不是了解就算了，你必须把你所观察、分析到的东西拿来检验自己，和失败者的一切做个对照比较。如果你的个性、能力和其他主客观因素都有和那位失败者有相似之处，那么就要提高警觉。弱的地方要加强，不好的地方要改善，这样你就可避免犯同样的错误，成功的概率自然会大为提高。

除了自己经营事业要以失败者为师之外，一般做人做事也应以失败者为师。

在做人方面，看看谁和谁处不好，谁得罪了谁，谁不受欢迎，参考他们的个性，观察他们平日的来往和作为，你就可以知道他们做人失败的原因在哪里。

在做事方面，失败者的例子更多，这里所谓的"失败"包括做得不尽完善的事，这些事一般都会由主管开会进行检讨，这种检讨有时只是应付应付，但因为近在身边，所以不管检讨是不是在应付，你都会有不错的收获。

曾有一位将军说过，两军对阵，谁犯的错误少，谁就得胜。做事也是一样，犯的错误少，成功的概率就会提高，而要减少错误，就是"以失败者为师"，这种教训并不需要你以失败去换取多么划算！

做事业而非只为糊口

我常去一家男士美容院理头发，尽管我要走一段较远的路程。我之所以不辞辛劳跑去那么远，是因为那家美容院有一个手艺非常好的师傅，只有他才能料理我那越来越稀少的头发。我之所以去这家美容院是因为朋友的极力推荐，朋友之所以推荐，也是缘于他的朋友推荐。而从每次我去时都客满的情况，就可以看出那位师傅手艺的确受到顾客的信赖。

去过几次后，和老板熟了，有一次客人较少，我便和他聊了起来。

他说他高中毕业就离开家乡到广州某发廊当小工，对理发这个工作他并没有特别的喜欢，但也不知除了理发，还有什么工作可做，于是就迷迷糊糊地一直混了几年。眼看也二十几岁，有了"前途"的压力，于是他为自己立下了一个目标——成为男士理发界的佼佼者！他的学习态度一下子因此有了很大的转变，除了实地学习之外，他还不断地收集、参考相关的书籍，甚至路上行人的发型他都会仔细研究，简直到了疯狂的地步。

不到一年，他由助手升任师傅，并且很快就闯出名气，几乎每名客人都指名要求他剪、烫、吹。后来，他向亲朋好友借了笔钱，开了这家男士美容院。

他的故事平淡无奇，但我听得却感动极了，他可真是创业的典范！

这位理发师傅立下的目标就是人们常要说的"抱负"，说得更明白些，就是他想到了这样一件事：在这个行业中，我要成为什么样的人？

大部分的人工作是为了"糊口"，当然是有一切为了"理想"的人，但这种人不多。没有"糊口"的前提，"理想"就只是空中楼阁，因此"工作是为了糊口"这件事并不可耻，但如果工作只是为了"糊口"这样一个单纯的目的，那么生活一点也不难——甚至当乞丐都成。

如果你希望这辈子能有所成就，那么就不应以"糊口"为满足，应该有个抱负，把这个抱负变成追求的目标，毫不懈怠地向它前进。不敢说没有"所负"的人这一辈子就"不怎么样"，而有"抱负"的人就成就非凡。但我敢肯定一点，有抱负并且努力去追求的人，他的成就会比浑浑噩噩过日子的人来得高，而且机会也比不知向前的人多，因为有抱负并努力去追求的人会不断地去吸收新知识，充实自己，追求成长，所以他们会比别人早一步拔取胜利的旗帜。

我说的不是大话，而是活生生的现实，如果你不相信，你可以和身边有成就的人聊聊，看看他们是怎么走过来的，可能他们的"抱负"会因为环境的不同而有所不同，但他们永远会不停地为自己定下一个追求的目标！

人生数十寒暑，20～30 岁这段时间是用来适应社会的，30～40 岁则是冲刺的大好时光，到了 40 岁以后，就是验收成果的时候了，因此你怎可蹉跎岁月呢？

想想那位理发师傅吧，他才 30 岁出头，你呢？

你真的用尽全力了吗

所谓的"尽力"，是尽到了哪种程度的力呢？是不是"尽力"之后，就连吃饭、走路也使不出力气了呢？如果不是如此，怎么能说自己已经尽力了呢？

某位著名的法学家有一次在大学授课时提道："当你为一个案子辩论的时候必须尽心尽力，如果你掌握了有力的人证物证，就紧抓着事实去攻的时候必须尽心尽力；如果你掌握了有力的条文，就用法律攻击对方。"

这时，一个学生突然发问："如果既没有有力的事实，也没有有力的法律条文，应该怎么办？"

这位法学家想了一下说："即使碰到这种最糟糕的情况，你还是要理直气壮，尽量用力拍桌子。"

"实在是因为实力不如对方才会失败。虽然输了，可是我们也已经尽力了。"我们经常可能听到失败的人这么自圆其说。然而，这只是一个不负责任的借口而已。

所谓的"尽力"，是否意味着你已经绞尽脑汁、用尽才华，发挥了所有潜能，动用了所有可以利有的人力、物力……

如果不是，怎么能说自己尽力了呢？

不论对手是谁，不论有什么理由，人生的意义就是拼命争取胜利。或许有人认为这未免太冷酷无情，这正是成王败寇的人类世界最真实的一面，竞争激烈的现代社会就是这般残酷！

人生应该以胜利作为最终目的，对于胜利必须有强烈的渴望。

德国大音乐家贝多芬说："在困厄颠沛的时候能坚定不移，这就是一个真正令人敬佩的人的不凡之处。"

　　遭遇紧要关头，绝对不可以松懈，必须想尽办法、拼尽全力冲破难关。一旦你穿过了这道"瓶颈"，前程就会豁然开朗，进入另一个光明灿烂无比顺畅的人生阶段。

　　英国一名人说："谁以为命运女神不会改变主意，谁就会被世人耻笑。"

努力一次成功机会多一次

许多人都知道儒勒·凡尔纳是一位世界闻名的法国科幻小说作家，但很少有人知道，凡尔纳为了发表他的第一部作品，曾经遭受过多么大的挫折！

1863 年冬天的一个上午，凡尔纳刚吃过早饭，正准备到邮局去，突然听到一阵敲门声。凡尔纳开门一看，原来是一个邮递员，他把一包鼓鼓囊囊的邮件递到了凡尔纳的手里。一看到这样的邮件，凡尔纳就预感到不妙。自从他几个月前把他的第一部科幻小说《乘气球环游世界五星期》寄到各出版社后，收到这样的邮件已经是第 14 次了。他怀着忐忑不安的心情拆开一看，上面写道："凡尔纳先生：尊稿经我们审读后，不拟刊用，特此奉还。某某出版社。"每看到这样一封封退稿信的时候，凡尔纳心里都是一阵绞痛。这次已是第 15 次了，还是未被采用。

凡尔纳此时已深知，那些出版社的"老爷"们是如何看不起无名作者。他愤怒地发誓，从此再也不写了。他拿起手稿向壁炉走去，准备把这些稿子付之一炬。凡尔纳的妻子赶过来，一把抢过手稿紧紧抱在胸前。此时的凡尔纳余怒未息，说什么也要把稿子烧掉。他妻子急中生智，以满怀关切的感情安慰丈夫："亲爱的，不要灰心，再试一次吧，也许这次就能交上好运的。"听了这句话以后，凡尔纳抢夺手稿的手，慢慢放下了。他沉默了好一会儿，然后接受了妻子的劝告，又抱起这一大包手稿到第 16 家出版社去碰运气。

这次没有落空，读完手稿后，这家出版社立即决定出版此书。并与凡尔纳签订了 20 年的出书合同。

没有他妻子的疏导，没有"再努力一次"的勇气，我们也许根本无法读到凡尔纳笔下那些脍炙人口的科幻故事，人类就会失去一份极其珍贵的精神财富。

你有没有产生过将心血与梦想"付之一炬"的过激念头？再努力一次吧，也许成功离你只有一"次"之遥。

第 二 章

端正心态，努力成就自我

　　"心态"有多么重要？你意识到了吗？也许你对此并未细心考虑过，但一定遇到过一些让人心绪烦乱、甚至心灰意冷的时候，这就是"心态的症结"。毫无疑问，没有积极的心态，你要想成就一番大事，可能性几乎等于零。

认清你自己

许多自认为优秀的人一遇到些波折，就产生了"怀才不遇"的想法。这种人普遍的现象是牢骚满腹，喜欢批评，有时也会一副抑郁不得志的样子。

这种人有的是怀才不遇，因为客观环境一时无法适应，"虎落平阳被犬欺，龙困浅滩遭虾戏"，但为了生活，又不得不屈就，所以痛苦不堪。"前无古人，后无来者，念天地之悠悠，独怆然而涕下"的陈子昂便属此种人。

难道有才的人都会这样吗？并不是的，虽然有时是千里马无缘见伯乐，但大部分都是自己造成的。因为真的有才的人常自视过高，看不起能力、学历比他低的人，可是社会上的事很复杂，并不是有才就可得其所哉——别人看不惯你的傲气，会想办法修理你；至于上司，因为你的才干威胁到他的生存，如果你不适度收敛，又怕别人不知道似的乱批评，那么你的上司绝对会打压你，不让你出头！人际间的斗争就是这么回事……于是你就真的变成"怀才不遇"啦！

另外一种"怀才不遇"的人根本是自我膨胀的庸才，他之所以无法受到重用，是因为他的"无能"，而不是别人的嫉妒。但他并没有认识到这个事实，反而认为自己怀才不遇，到处发牢骚，吐苦水。

不管有才还是无才，有"怀才不遇"的感觉的人差不多都人见人怕。他骂人，背后批评同事、主管、老板，然后吹嘘他有多行，别人也只好点头称是——尽管他的话别人不敢苟同，但没有人愿意反驳他。

结果呢？"怀才不遇"感觉越强烈的人，越容易把自己孤立在小圈圈里，无法结交其他人。每个人又都怕惹麻烦而不敢跟这种人打交道，人人都视之为"怪物"敬而远之。恶言恶语一传开，除非遇到真人大力提拔，否则将永无出头之日！

这种人最后有的辞职了，有的外调，有的则还在原单位继续"怀才不遇"。

我不知道你自认为才干如何，但不管才干如何，你一定会碰上才干无法施展的时候。这时候提醒你记住：就算有"怀才不遇"的感觉，也不能表现出来，你越沉不住气，别人越把你看轻。

那么难道就这样一辈子"怀才不遇"下去？不必如此，有几件事可以做。

——先评估自己的能力，看是不是自己把自己高估了。自己评估自己不客观，你可找朋友和较熟的同事替你分析，听听他们的意见。如果别人的评估比你自我评估还低，那么你要虚心接受。

——检讨为何自己的能力无法施展，是无恰当的机会，是大环境的限制，还是人为的阻碍？如果是机会问题，那只好继续等待；如果是大环境的限制，那只好辞职；如果是人为因素，那么可诚恳沟通，并想想是否有得罪人之处，如果是，就要想办法疏通。

——考虑拿出其他专长。有时"怀才不遇"是因为用错了专长，如果你有第二专长，那么可以寻找机会去试试看，说不定就此打开一条生路。

——营造更和谐的人际关系，不要成为别人躲避的对象，反而更应该以你的才干协助其他的同事。但切记，帮助别人切不可居功，否则会吓跑你的同事。此外，谦虚客气，广结善缘，这将为你带来意想不到的助力。

——继续强化你的才干，当时机成熟时，你的才干就会为你带来耀眼的光芒！

最好不要有"怀才不遇"的感觉，因为这会成为你心理上的负担。

创业成功自信当先

赵洪祥厌倦了自己已经做了多年的个体户生涯，觉得再这么下去没有什么出路。他花钱注册了一家化工产品经营部，开始经营一些生产资料、五金化工和进出口贸易，逐渐公司也有了一定的积累。

1994 年，赵洪祥从青岛本地的一家报纸上了解到，当时青岛市内规模过 10 亿元的行业就数轮胎行业，于是他花了 2.7 元钱买了一本市内电话簿，开始给青岛每个生产轮胎的企业打电话，了解轮胎行业的原料、价格、技术等情况。"那个时候我对轮胎是一窍不通，到处向别人打听，也遭尽了白眼。不过我始终有一个看法，认准了某个行业，就不能轻易退缩。只要别人能做的，我赵洪祥一定也能做，而且要做得比他们还好。"于是从那时起，赵洪祥开始了和轮胎打交道的经历。

现在，赵洪祥已成为资产达 6 亿余元的企业家。

赵洪祥说："每当有人问起我的创业经历时，我会用同样的话来告诉他们：创业其实很简单。"当问到为什么做个体户的人很多，搞小经营部的人也很多，但是从中成长起来做大买卖的人却很少时，赵洪祥不假思索地回答了记者的问题："那是因为大多数的人心里存在障碍——在做事之前把困难想得太多，估计得太严重了，结果事情还没做，自己就已经被想象的困难吓倒了。另外一点，是因为这些人往往处在比较好的条件，在前途未卜的时候患得患失，顾虑重重。"用赵洪祥的话来形容自己的经历：我从小生活在社会的最底层，家里很穷，所以我从来就没觉得做什么事情是不划算的。

因为小时候家里很穷，赵洪祥初中没毕业就走上了社会，然而经过几十年的摸爬滚打之后，赵洪祥总结自己的成长。他觉得：在创业初期，靠的是追求，一种忘我的追求，这个阶段是比较简单的；到了企业成长阶段，就如同人的成长一样，需要通过不断的学习去完善自己，这个阶段相对来说也比较困难。

为了检验自己多年的积累是否能够达到现在社会的要求，同时也为了考察自己这么多年以来的学习是否系统，赵洪祥想试试一个初中没毕业的学生和 MBA 之间还差多远，于是他参加了中欧 MBA 的考试。"四门课综合下来差 15 分，我分析主要是高等数学和统计拉的分。不过，参加这次考试我很高兴，没考上我也很平静。我明年还会继续考的，我要让自己有一个系统学习的机会，这一直是我的一大弱点。"

大多数创业成功的人，都不是最聪明的、最富有资源的和最被公众看好的人，但一定是一个最自信的人。赵洪祥的故事再一次证明了这一点。

惰性就是大脑的迟钝剂

当古代以色列人离开埃及被红海阻拦时，他们的领袖向上帝祈求救助，上帝的回答是："你为什么向我呼喊求救呢？对以色列的子民们去说吧，他们会一直奋勇向前。"果然，当以色列人凭着坚忍的信念走进红海时，海水分开，在波涛滚滚之中，露出一条陆地通道，他们成功地到达了彼岸。

人生何尝不是如此呢？问题在于，我们总是一刻不停地寻找那些所谓的"重要"机遇，希望靠一个"机会"来达到致富或成名的目的，即爱默生所指出的那种"浅薄的美国主义"。我们不想有什么锻炼或做什么学徒工，我们只想一下子就成为大师级的人物；我们不想努力地学习，只想轻松获得知识；我们不想脚踏实地实干，只想有巨大的收获。

对于懒惰者而言，即使千载难逢的机遇也毫无用处，而勤奋者却能将最平凡的机会变为千载难逢的机遇。想一想，尘世间有无数的工作在等人去做，而人类的本质又是那么特殊，哪怕是一句欢快的话语或是些许帮助，就会有助于别人力挽狂澜或是为他们的成功扫清了道路，上天赋予我们的才能是均等的，我们都有成就自己的可能。所以，不要等待机会出现，而是要寻找机会，发现机会，创造机会，这就需要我们行动，需要我们智慧的行动，充满爱心的行动和完全对自己负责的行动。只有你上路时，你才能领略一路风光美景。

惰性是一种隐藏在你内心深处的东西，一帆风顺的时候，你也许看不到它，而当你碰到困难，身心疲惫，萎靡不振时，它就会恶魔一样吞噬你的耐力，阻碍你走向成功，所以，我们必须克服它，要时刻想着从困难的旋涡中挣脱出来。

古今中外，凡事业有成者必有耐力，坚定执着、不屈不挠的斗志是他们获得成功的关键。发明大王爱迪生在分析自己的亲身经历时，无不感叹地说："世上哪有什么天才。天才是百分之一的天分，加上百分之九十九的努力。"他告诫人们，要想有所作为，就必克服惰性，以饱满的热情，坚定执着地面对一切。

当你身心疲惫时，你会觉得连动一个小指头都很吃力，可是靠着坚强的耐心，活动的速度也会加快，最终能够完全按照自己的意志自由活动了，这就是克服惰性的耐力带给你的成功！

在创业成功的路上，总会碰到这样或那样的困难和挫折。有耐力的人遇到困难和挫折时，就像投了保险一样镇定自若，决不会惊慌失措，更不会像斗败的公鸡一样垂头丧气。他们无论失败多少次，最后必定得到事业的成功。

古人云："天将降大任于斯人，必先苦其心志……"这就好像有人故意安排，成功者必须经历种种失败和挫折的考验，只有不畏困苦的锤炼，跌倒了也毫不在乎地站起来并继续昂首前进的人，才能获得最后的成功。隐藏在内心深处的惰性是不会让人轻易通过耐力测试的。要享受成功的喜悦，换而言之，就是要有坚强的耐力，就必须克服与生俱来的惰性。

有耐力的人就必定有所收获。不管这些人的目标是什么，他们在经历无数的风雨之后，必定有赢得成功的一天。不仅如此，他们除了获得最终的成功之外，还能从中更深地体会到——无论哪一次失败和挫折，必然藏有能产生更大希望的成功。

纵观古今，还没有听说过有哪一个懒惰成性的人取得过什么成功。只有那些在困难和挫折面前全力拼搏的人，才有可能达到成功的巅峰，才有可能走在时代的最前列。对于那些从来不愿接受新的挑战，不敢正视困难与挫折和无法迫使自己去从事艰辛繁重的工作的人来说，他们是永远不可能有太大成就的。

　　所以，我们应该严格要求自己，不要放任自己无所事事地打发时光；不要让惰性爬出来咬噬我们的斗志，我们要学会调节自己的情绪；不管是处于一种什么样的心境，都要迫使自己去努力工作。

　　绝大多数的失败者之所以失败，是因为他们内心深处滋长了惰性。他们不能获得最后的成功是因为他们不肯从事辛苦的工作，不愿付出辛勤的劳动，不愿意做出必要的努力。他们所希望的只是一种安逸的生活，他们陶醉于现有的一切。身体上的懒惰懈怠、精神上的彷徨冷漠，对一切放任自流，总想逃避挑战，去过一劳永逸的生活——所有这一切，使他们慢慢地变得默默无闻、碌碌无为。

　　一个人在工作上、生活上的惰性，最初的症状之一就是他理想与抱负在不知不觉中日渐褪色和萎缩。对于每一个渴望成功的人来说，养成时刻检视自己的抱负的习惯，并永远保持高昂的斗志是至关重要的。要知道，一切取决于我们的远大志向，一个人如果胸无大志，游戏人生，那就是非常危险的。要命的是，一旦我们停止使用我们的肌肉和大脑的话，一些本来就具备的优势和能力也会在日积月累之后开始生疏、退化，最终离我们而去。如果我们不能不断地给自己的抱负加油，如果你不通过反复的实践来强化我们的能力，不彻底铲除隐藏在心底的惰性的话，那么，成功就会变得离我们异常遥远。

　　在我们周围的人群中，由于没有克服惰性，最后理想破灭，斗志丧失的人数不胜数。尽管他们外表看来与常人无异，但实际上曾经一度在他们心中燃烧的热情之火已经熄灭，取而代之的是无边无际的黑暗。

　　对于任何人来说，不管他现在的处境多么恶劣，或者先天条件多么糟糕，只要有耐力，只要他能够保持高昂的斗志，热情之火不灭，那么他就大有希望；但是，如果他任由惰性蔓延，变得颓废消极，心如死灰，那么，人生的锋芒和锐气也就消失殆尽了。在我们生活中，最大的挑战就是如何克服心底的惰性，保持高昂的斗志，让渴望成功的炽热火焰永远燃烧。

不要为打翻的牛奶哭泣

"不要为打翻的牛奶哭泣"既是一句有名的英语格言，也是正视失败的一个关键因素。当面临挫折时，我们常常被懊恼、悔恨等情绪所左右，以致把已有的失败变成了更大的失败、更大的痛苦。

有着重要医学成就的科学家史蒂芬·葛雷，之所以拥有超乎凡人的创造力，就是得益于小时候母亲对他正视失败的教导。有一次，他尝试着从冰箱里拿一瓶牛奶，但瓶子很滑，失手让瓶子掉在地上，溅得满地都是牛奶。他的母亲来到厨房，没有对他大呼小叫，教训或惩罚他，她说："哇，你制造的混乱还真棒！我从来没看见过这么大的奶水坑。反正损害已经造成了，在我们清理它之前你要不要在牛奶中玩几分钟？"他的确这么做了。几分钟后，他母亲说："你知道，每次当你制造这样的混乱时，最好你还是把它清理干净，让它物归原处。所以，你想这么做吗？我们可以用一块海绵、一条毛巾或一只拖把。你喜欢哪一种？"他选择了海绵，于是他们一起清理打翻了的牛奶。他母亲又说："你知道，我们在如何有效地用两只小手拿大牛奶瓶上已经做了个失败的实验。让我们到后院去，把瓶子装满水，看看你是否可以拿得动它。"史蒂芬·葛雷学会了，如果用双手抓住瓶子上端接近瓶嘴的地方，他就可以拿住它不会掉。从那一刻起，对这个知名的科学家来说，他知道了他不需要害怕错误，错误只是学习新东西的机会。科学实验也是如此，即使实验失败，我们也还是会从中学到有价值的东西。

慎说"我不能"

你的信心在哪里，你就在哪里。一个外国老太太在年届 70 岁时开始学习登山，随后的 25 年中一直冒险攀登高山，其中几座还是世界上有名的山峰，在她 95 岁高龄时登上了日本的富士山，打破了攀登此山年龄最高纪录。她成功的原因在于，她认为"个人能做什么事不在于年龄的大小，而在于有什么样的想法"。

11 岁的安琪拉患了一种神经系统的疾病，无法走路，甚至举手投足也受到诸多限制，医生预测她的余生将在轮椅上度过。但是，安琪拉并不畏惧，躺在医院病床上，向任何一个愿意倾听的人发誓，有一天她绝对会站起来走路。后来她被转到旧金山湾区的复健专科医院，医生深为她不屈的意志所折服，便教她运用想象力去看到自己在走路，医生认为这至少能给予安琪拉希望，使她在长期卧床中能有些积极的想法。但是，安琪拉却做得非常认真。

有一天，她再度使尽全力想象自己的双腿在行动时，床真的动了，并开始向房间外移动。她兴奋地大叫："看看我！看啊！看啊！我动了！我可以动了。"医生隐瞒了地震的事实，让安琪拉相信是她真的动了。结果，几年后，安琪拉真的又回到了学校，不用拐杖，不用轮椅，而是用她的双脚。

"我不能"死了，信心才能诞生。唐娜是美国一位即将退休的小学四年级的老师，一天她要求班上的学生和她一起在纸上认真填写自己认为"做不到"的事情。每个人都在纸上写下他们所不能做的事，诸如"我没法做 10 次仰卧起坐""我不能吃一块饼干就停止"。唐娜则写下"我无法让约翰的母亲来参加母子会""我没办法让黛比喜欢我""我无法不好好管教亚伦"。然后大家将纸张投入了一个空盒内，将盒子埋在了运动场的一个角落里。唐娜为这个埋葬仪式致辞："各位朋友，今天很荣幸能邀请各位来参加'我不能'先生的葬礼。他在世的时候，参与我们的生命，甚至比任何人影响我们还深。……现在，希望'我不能'先生平静安息……希望您的兄弟姊妹'我可以''我愿意'能继承您的事业。虽然他们不如您有名，有影响力。愿'我不能'先生安息，也希望他的死能鼓励更多人站起来，向前迈进。阿门！"

　　之后，唐娜将'我不能'纸墓碑挂在教室中，每当有学生无意说出："我不能……"这句话时，她便指向这个象征死亡的标志，孩子们就立刻想起"我不能"已经死了，进而想出积极的解决方法。唐娜对孩子们的训练，实际上是我们每个人的必修功课。如果我们经常有意无意地暗示自己"我不能"，那么，这种坏的信念就会摧毁我们的一切，而"我可以""我愿意"等积极的暗示，则可以调动起我们积极的潜意识，使我们踏上成功之路。

格局决定成就

命运掌握在自己手中。但你的心灵之门如果不打开，就无法改变既定的局面。

有个钓者在岸边岩石上垂钓，有几名游客在欣赏海景之余，亦围观钓上岸的鱼。

只见钓者竿子一扬，钓上了一条大鱼，约有三尺长，落在岸上后，那条鱼仍腾跳不已。钓者冷静地解下鱼嘴内的钓钩，顺手将鱼丢回海中。

围观的众人响起一阵惊呼，这么大的鱼还不能令他满意，足见钓者的雄心之大。就在众人屏息以待之际，钓者鱼竿又是一扬，这次钓上的是一条两尺的鱼，钓者仍是不多看一眼，解下鱼钩，便将这条鱼放回海里。

第三次钓者的钓竿又再扬起，只见钓线末端钩着一条不到一尺长的小鱼。

围观众人以为这条鱼也将和前两条大鱼一样，被放回大海。却不料钓者将鱼解下后，小心地放进自己的鱼篓中。游客中有人百思不得不解，遂问钓者为何舍大鱼而留小鱼。

钓者回答："喔，那是因为我家里最大的盘子，只不过有一尺长，太大的鱼钓回去，盘子也装不下……"

舍三尺长的大鱼而取不到一尺的小鱼，这是令人难以理解的取舍标准；而钓者的唯一理由，竟是因为家中的盘子太小，盛不下大鱼。

在我们的生活经历中，许多人都经历过类似的事情。例如，因为自己平凡的背景，而不敢去梦想非凡的成就；因为自己学历的不足，而不敢立下宏伟大志；因为自己的无知，而不愿打开心扉，去追求更好的生活。可是如果你不主动打破生命的格局，你就无法改变你的人生。

幸福时常写在脸上

一天清晨，在一列老式火车的卧车中，有五个男士正挤在洗手间里刮胡子。经过了一夜的疲困，隔日清晨通常会有不少人在这个狭窄的地方洗漱一番。此时的人们多半神情漠然，彼此间也不交谈。

就在此刻，突然有一个面带微笑的男人走了进来，他愉快地向大家道早安，但是却没有人理会他的招呼。之后，当他准备开始刮胡子时，竟然自若地哼起歌来，神情显得十分愉快。他的这番举止令这几个人感到极度不悦。于是有人冷冷地、带着讽刺的口吻对这个男人问道："喂！你好像很得意的样子，怎么回事呢？"

"是的，你说得没错。"男人如此回答着，"正如你所说的，我是很得意，我真的觉得很愉快。"然后，他又说道："我只是把使自己觉得幸福这件事，当成一种习惯罢了。"

事实上，这句话确实具有深刻的哲理。不论是幸运或不幸的事，人们心中习惯性的想法往往占有决定性的影响地位。有一位名人说："困苦人的日子都是愁苦；心中欢畅者则常享盛馔。"这段话的意义是告诫世人设法培养愉快之心，并把幸福当成一种习惯，那么，生活将成为一连串的欢宴。

欲望太多会拖累人

俄国作家托尔斯泰写过一则短篇故事：有个农夫，每天早出晚归地耕种一小片贫瘠的土地，收成很少。一位天使可怜农夫的境遇，就对农夫说，只要他能不断往前跑，他跑过的所有地方，不管多大，那些土地就全部归他。

于是，农夫兴奋地向前跑，一直跑，一直不停地跑！跑累了，想停下来休息，然而，一想到家里的妻子、儿女，都需要更大的土地来耕作，来赚钱，他又拼命地再往前跑！实在是累了，农夫上气不接下气，实在跑不动了！

可是，农夫又想到将来年纪大了，养老需要钱，就再打起精神，不顾气喘不已的身子，再奋力向前跑！

最后，他体力不支，"咚"地躺倒在地上，死了！

的确，人活在世上，必须努力奋斗；但是，当人为了自己、为了子女、为了有更好的生活而必须不断地"往前跑"，不断地"拼命赚钱"时，也必须清楚知道有时该是"往回跑的时候了"！因为家里的亲人正等你回来呢！

有一只狐狸，看围墙里有一株葡萄藤，枝上结满了诱人的葡萄。狐狸垂涎欲滴，它四处寻找进口，终于发现一个小洞，可是洞口太小了，它的身体无法进入。于是，它在围墙外绝食六天，饿瘦了自己，终于穿过了小洞，幸福地吃上了葡萄。可是后来它发现吃得饱饱的身体，让它无法钻回到围墙外，于是，又绝食六天，再次饿瘦了身体。结果，回到围墙外的狐狸仍旧是原来那只狐狸。

而与狐狸一样境况的老鼠则没狐狸那么幸运。这只倒霉的老鼠，在饥饿时惊喜地发现主人的米缸盖未盖严，它"幸运"地钻进米缸，敞开肚皮吃得滚瓜溜圆。因为肚皮太圆，它无法从原路出去。第二天，主人打开米缸时，它甚至连爬动都很笨拙，它的命运可想而知。

不要太羡慕那些生活过于富足和奢侈的人们。表面上，他们看似很幸福，实际他们也很苦。就如同狐狸吃到了葡萄，可它得有一个绝食六天的过程，这六天可不是一般人能耐得住的。说到底，是吃到了与没吃到都是那只狐狸。人也是如此，享受到与没享受到都是你自己。

记住，在索取面前要懂得节制，在诱惑面前要懂得拒绝。

受用一生的六字箴言

西部一个年轻人离开故乡，试图去远方开创自己的前途。少小离家，云山苍苍，心里难免有几分惶恐。他动身的第一站，是去拜访本族族长，请求指点。

老族长正在临帖练字，他听说本族有位后生开始踏上人生的旅途，就随手写了"不要怕"三个字，然后抬起头来，望着前来求教的年轻人说："孩子，人们的秘诀只有六个字，今天先告诉你三个字，够你半生受用。"

10年后，这名年轻人已人到中年，有一些成就，也添了很多心事，归程日短，近乡情怯，他又拜访那位族长。

他到了老族长家里，才知道老人家几年前已经去世。家人取出一个密封的封套来对他说："这是老先生生前留给你的，他说有一天你会回来。"还乡的游子这才想起来，10年前他在这里听到的只是人生的一半秘诀，拆开封套，里面赫然又是三个字："不要悔。"

对了，人生在世，中年以前不要怕，中年以后不要悔，这是经验的提炼，智慧的浓缩。这六字箴言的意义，要一本长篇小说才说得清楚。但是相信对那些有慧根的人，这几个字也就够了。留一点余味让人咀嚼体会，岂不更好？

第 三 章

合理利用每分每秒，滴水穿石

　　人们常说，时间就是金钱。然而，时间的重要性在某种程度上甚至超过了金钱本身。

　　管理大师彼得·德鲁克说："认识你的时间，是每个人只要肯做就能做到的，这是一个人走向成功的有效的自由之路。"

时间就是最高的成本

对时间的观念决定了你是未来的胜利者还是失败者。

有成功潜质的人对时间比金钱还要看重。对于他们来说，时间就是财富。

时间是一种珍贵的资源，对任何人来说，时间都是公平而且有限的。

名牌律师、大公司的咨询师的报酬是按小时来计算的。如果哪个人被一位 1 小时报酬为 5000 美元的大律师盯上了，那你的霉运也许就要来了。因为，和所有的富人一样，他在你身上索取的可能会是数以百万计的财产。

在一本书中曾经看到，瑞士的婴儿在降生之后，医院会立即通过计算机户籍网络给他（她）编号，同时，医院还会将此婴儿的姓名、性别、出生时间、家庭住址等等输入户籍卡中。由于瑞士的户籍卡是统一的格式，因此，即使是刚刚出生的婴儿也会与成年人一样，有一个财产状况的栏目。

据说，有一位南美"黑客"，十分羡慕瑞士的社会福利待遇，所以想把自己刚刚出生的婴儿注册为瑞士籍。于是，他通过国际互联网侵入瑞士的户籍网络，并按照户籍卡中的要求，逐一填写了有关表格。在填写财产这一栏时，他随便敲入了 3.6 万瑞士法郎。看到自己天衣无缝的杰作，这名"黑客"沾沾自喜，暗自庆幸自己从此有了一个"瑞士儿子"。

谁知不出三天，"黑客"的所作所为便露出了马脚。叫人称奇的是，发现这个假冒的人，并非是户籍管理员，而是一位家庭主妇。她在为自己的孩子注册户口时，不经意间发现前一个婴儿在财产栏目中填写了 3.6 万瑞士法郎。她觉得十分奇怪，因为几乎所有的瑞士人在为自己的初生婴儿填写所拥有的财产时，写的都是"时间"。他们认为，对于一个孩子，尤其是一个刚出生的婴儿来说，他所拥有的财富，只能是时间，而不会是其他什么别的东西。

瑞士人对财富的看法，确实有独到之处。一个人来到世间，最大的财富是什么？说到底就是他的生命，而生命又是以时间来计算的，因此，从个人角度来看，一个人拥有最大的财富就是自己的时间。一个人，从婴儿到老人，从出生到死亡，就是一个逐渐支付时间的过程。用时间来换取知识，用时间来换取金钱，用时间来换取权势。人，就是这样不知不觉地将自己唯一拥有的本钱——时间，一点一点地支付出去，花费掉，直到走到生命的尽头。

时间和金钱是两种可以相互转化的资源，钱和时间成反比。从一个地方到另一个地方，要节约钱只能选择公共汽车甚至走路，要节约时间就必须付数倍于公共汽车票价的钱去打出租车。一个享受充裕时间的人不可能挣大钱，一个腰缠万贯的人也不会视时间如尘灰。要拥有更多的钱必须牺牲相应的闲暇时间，要想悠闲轻松就会失去更多挣钱的机会。

时间的含金量对每一个人是不同的，像比尔·盖茨之类的世界级富豪，日进千万美元，每秒钟都有成千上万的钞票往账户上滚，所以就是穷国的总统想见他一次，恐怕都要预约。

"你热爱生命吗？那么别浪费时间，因为时间是组成生命的材料。"

"记住，时间就是金钱。假如说，一个每天能挣 10 个先令的人，玩了半天，或躺在沙发上消磨了半天，他以为他在娱乐上仅仅花了 6 个便士而已。不过！他还失掉了他本可以挣得的 5 个先令……记住，金钱就其本性来说，绝不是不能升值的。钱能生钱。而且它的子孙还会有更多的子孙……谁杀死一头生崽的猪，那就是消灭了它的一切后裔，以至它的子孙万代。如果谁毁掉了 5 先令的钱，那就是毁掉了它所能产生的一切，也就是说，毁掉了一座英镑之山。"

这是著名的思想家本杰明·富兰克林的一段名言，他通俗而又直接地阐述了这样一个道理：如果想成功，必须重视时间的价值。

经验表明，成功与失败的界限在于怎样分配时间，怎样安排时间。人们往往认为，这儿几分钟，那儿几小时没什么用，但它们的作用很大。时间上的这种差别非常微妙，要过几十年才看得出来。但有时这种差别又很明显。

贝尔就是这种例子。贝尔在研制电话机时，另一个叫格雷的也在进行这项试验。两个人几乎同时获得了突破，但是贝尔到达专利局比格雷早了两小时，当然，这两人是互不知道对方的，但贝尔就因这 120 分钟而取得了成功。

时间的特点是，既不能逆转，也不能贮存，是一种不能再生的、特殊的资源，因此一切节约归根结底都是时间的节约。

《有效的管理者》一书的作者彼得·德鲁克说："认识你的时间，是每个人只要肯做就能做到的，这是一个人走向成功的有效的自由之路。"

要善于集中时间，切忌平均分配时间。要把自己有限的时间集中在处理最重要的事情上，切忌不可每样工作都抓，要有勇气并机智地拒绝不必要的事、次要的事。一件事情来了，首先要问："这件事情值不值得做？"绝不可遇到事情就做，更不能因为反正做了事，没有偷懒，就心安理得。

要更努力，要善于利用零散时间。时间不可能集中，往往出现很多零散时间。要珍惜并充分利用大大小小的零散时间，把零散时间用来从事零碎的工作，从而最大限度地提高自己的工作效率。

时间比金钱贵重得多

一次，毕加索在一家餐馆吃饭，有一位女士请他在餐巾纸上画一幅画，他要多少钱她都照付。毕加索画完后说：

"一万元。"

"但是，你只用了 30 秒钟啊！"那位女士不满地说。

"不对！"毕加索说，"是 40 年零 30 秒。"

有人说，时间就是金钱。这句箴言所讲得远不够充分。时间要比金钱珍贵得多。如果你有时间，你就能获得金钱——往往如此。但是即使你有着李嘉诚一样的财产，你也无法买到比别人每天多出一分钟的时间。

你可以对慈善事业进行付出，但生意场上千万不要轻易付出。把你专业能力的价值定到最高值，充满自信地向世人证明你具有这个身价。只要别人来找你，就向他们收费。谦虚而有礼节的人，其才华和能力也许都很好，但别人太容易忽视或低估他们。无论哪一行，自我肯定、自我推销都是成功的必要条件。

许多行业，对自己的产品或服务要价太低，要不就是到了万不得已非涨价不可的时候，还拖拖拉拉好半天。艺术家、作家、手工业者、顾问、医生等各种专业人士，对自己的专业满怀自信。

曾有一位做特殊专业服务的人士，听人劝解把费用从每天的 500 美元，提高到每天的 2500 美元。这彻底地违背了他的意愿，但他还是满怀恐惧地照办了，向客户和同行宣布了他的新的收费标准。结果，他只失去了寥寥几个客户，但却拉到了更棒的客户。虽然他遭到一些人的抱怨，但是却有更多的客户毫无怨言地与他继续合作。甚至还有人问他，为什么拖到现在才把费用调整到合理的价格。

　　从过去到现在，许多人都与他的想法类似。这种自己要向客户收取一笔费用的恐惧心理，比比皆是。

　　还有一大堆关于"给予"的说法。许多人喜欢谈论"给予"专业知识、时间、服务等，然后相信这种"给予"会有所回报。至于我呢，则赞成把你自己和你的钱"给予"值得帮助的人，或是社区的机关团体。这是十分值得做的慈善行为，精神上也会觉得充实，甚至还有钱可赚。不是为私人获利用的慈善捐款，最终会把利息还给捐献者。

　　然而在商业圈中，这种"奉献的态度"最终往往是好心没有好报。在商业中，你必须尽可能地保护自己的构想、信息和利益，对你的知识和才能，要获得全额、最高的报酬。你要求别人尊重你，别人就会尊重你。

　　当然，你要竭尽全力做得比顾客期望的还要好。你也必须在每个适当的时机，要求他的雇员好好表现，追求进步，觉得有所收获。但说到底，这不过是你精打细算的投资，而不是"给予"。不要把这两件事混在一起。

　　你决不要把你的知识、才能及时间等拱手送给他人。

每天你都在忙什么？

> 在一天 24 小时的预算里，要想充实而愉快地度过，首要的一点就是要冷静地意识到它极高的难度，它需要付出牺牲与不懈的努力。
>
> ——阿诺德·贝内特

现代社会，人人以忙为荣，即使无事也要装着很忙的样子，以免被别人看不起。

"我约了人在大酒店吃午饭，我很忙啊。"

"我们俩请你吃碗杂碎面好了。"

"我一秒钟值几十万呢。"

这是电影《少林足球》里的一个经典镜头，一事无成的师兄偏要装成日理万机的样子。

也有的人是有事忙，可又忙不到点上。这种人认为，只要忙忙碌碌，人生就没有白过。他们往往不去安排，甚至不会安排工作，他们习惯了按任务的紧迫程度而不按重要性安排工作，因此，常常看到他们到处开"救火车"，忙得不亦乐乎；他们把临时突击当成完成任务的妙法，往往把重要的该办的事拖到最后，结果顾此失彼，穷于应付。他们常常碰到什么做什么，先来先做。有电话来先回电话，有人到办公室聊天，先陪着聊天。他们做工作根据个人爱好而定，喜欢做什么就先做什么，不能合理地利用宝贵的时间；至于因疏忽小事而造成忙乱，因苟且偷生而成为"往事的俘虏"，因抓不住主要矛盾而舍本求末，因迷惑于复杂纷纭的现象，而眉毛胡子一把抓，等等。

其实，最容易的是忙碌，最难的是有成效地工作。管理专家索罗说过："忙碌本身，不值得称道……问题在于，我们忙些什么？"

行为管理的妙诀在于对自己的行为应该进行选择，行动之前首先考虑的是应该做什么和不应该做什么。不但有害无益的行为必须根除，而且可做不可做的事少做或不做，就是有益的活动也要精心筛选。美中贸易全国委员会主席唐纳德·C. 伯纳姆在《提高生产率》一书中讲到提高效率的"三原则"，对我们进行行为选择是很有启示的。这"三原则"是每做一件事情时，应该先问三个"能不能"：能不能取消它，能不能把它与别的事情合并起来做，能不能用简便的方法来取代它。

一位著名的哲学家说过："在人类所犯的愚蠢的错误中，最常见的一个就是他们常常忘记他们所应该做的事情是什么。"如果无论遇见什么事，都问三个"能不能"，这样，你定能学会做应该做的事，少做可做可不做的事，不做不应该做的事。那么，无事忙的悲剧也就不会发生了。

如何高效利用时间

假如闲谈是无益的，那么你应尽量避免它。珍惜时间者善于应付来客的拜访，决不会和人长久闲聊。

某位大公司的老总向来就有待客谦恭有礼的美名，他每次与来客把事情谈妥后，便很有礼貌地站起来，与客人握手道歉，遗憾地说自己不能有更多的时间再多谈一会儿。那些客人都很理解他，对他的诚恳态度也都非常满意，所以就不会再想到他竟然连多谈一会儿都不肯赏脸。

那些在大银行、大公司工作的许多经理们，在各大企业财团工作的许多高级职员们，多年来都养成了这种本领。有很多实力雄厚、深谋远虑、目光敏锐、吃苦耐劳的大企业家，都是以沉默寡言和办事迅速、敏捷而著称的。他们所说出来的话，都有一定的目的。他们从来不愿意在这里头多耗费一点一滴的宝贵资本——时间。当然，有时一个做事待人简洁快速的人，也容易引起一些不满，但他们绝对不会把这些不满放在心上。为了要在事业上有所成就，为了要恪守自己的规矩和原则，他们不得不减少与那些和他们事业没什么关系的人来往。

成功商人最可贵的本领之一就是与人交往时，都能简洁迅速。这是一般成功者都具有的通行证。一个人只有真正认识到时间的宝贵，他才有意志力去防止那些爱饶舌的人来打扰他。

在富兰克林报社前面的书店里，一位犹豫了将近一个小时的男人终于开口问店员："这本书多少钱？""一美元。"店员回答，"一美元？"这人又问，"你能不能少要点？""他的价格就是一美元。"店员说。这位顾客又看了一会儿，然后问："富兰克林先生在吗？"

"在!"店员回答:"他在印制室忙着呢!""那好,我要见见他。"

这个人坚持一定要见富兰克林。于是,富兰克林就出来了。这个人问:"富兰克林先生,这本书你能出的最低价格是多少?""一美元二十五美分。"富兰克林不假思索地回答。"一美元二十五美分?你的店员刚才说一美元一本呢!""这没错,"富兰克林说,"但是,我情愿倒找给你一美元也不愿意离开我的工作。"

这位顾客惊呆了。心想,算了,结束这场自己引起的纷争吧!想到这儿,他问:"好,这样,你说这本书是最少多少钱吧!""一美元五十美分。""又变成一美元五十美分?你刚才不还说一美元二十五分吗?""对!"富兰克林冷冷地说:"我现在能出的最好价钱就是一美元五十美分。"这人默默地把钱放到柜台上,拿起书出去了。这位著名的物理学家和政治学家给他上了终生难忘的一课:对于有志者,时间就是金钱。

世界上最公平的事莫过于每个人一天都只有24小时。有的人善用24小时,创造了奇迹,造就了自己,成就了他人;有的人却终日浑浑噩噩,一事无成。

而要想学会最节省时间的办法,首先就要学会对那些占用你的时间的人说"不",拒绝去做那些你可以不做的事,拒绝理会那些你可以不理会的人,你会发现你的时间一下子变得充裕起来。别担心过去对时间的挥霍无度,只要马上开始善用自己的时间,一切都不会迟。

在美国现代企业界里,与人接洽生意时以最少时间产生最大效率的人,首推金融大王摩根。为了恪守珍惜时间的原则,他招致了许多怨恨,但其实人人都应该把摩根作为这一方面的典范,人人应该具有这种珍惜时间的理念。

摩根的晚年仍然是每天上午9点30分进入办公室,下午5点回家。有人对摩根的资本进行了计算后说,他每分钟的收入是20美元，但摩根自己说好像还不止。除了与生意上特别重要关系的人商谈外，他还从来没有与人谈到 5 分钟以上。

严格自己的作息，也是善用时间的一个表现。

早晨闹钟响了，该起来跑步，可今天实在不想起，再睡会儿吧；晚上下班回来吃完饭，本想看会儿书学点新东西，或复习复习英语，可无意间看了一眼电视，竟被剧情吸引了，结果这个连续剧有 40 集，你的学习计划早被女主角的眼泪给冲跑了；逛商场时本想着只是"看看不买"，没想到厂家又在搞促销，这身衣服居然打六折，买吧，这样这个月的储蓄计划又告吹了，其实那身衣服穿了两天就挂在柜里了，可买可不买的东西嘛；礼拜天原本想着带孩子去科技馆，可朋友打电话来说"三缺一"，救场如救火，再说好久没玩牌了，手真痒，去吧……

生活中充满了数不清的随意性，更要命的是，没有人会替你去管理你的生命。在学校里有老师管着，让你按时完成作业；上班有领导管着，去检查你的考勤与工作进展。自己的日常生活与人生的重大安排呢？从决策到执行到监督落实，其实应该全靠你自己。

给自己制订出计划以及纪律，严格要求自己，看似委屈了自己，强迫自己放弃了很多生活的乐趣，不能够随意、潇洒地生活。其实大家都明白，眼前的这种严格自律，正是你养成良好习惯，克服种种惰性，从而享受高质量生活的前提。

不要随意放纵自己，不要轻易向各种诱惑低头，坚持自己的方向与计划，管理好自己的人生。否则，你很可能随波逐流，贪图眼前的一点点安逸享受，而损失掉生命中的真正财富。

我们必须清醒地认识到人类身上可能存在的惰性，必须时刻去提醒自己克服这种惰性，我们必须铭记：每件事情都必须有一个期限，否则，我们就会有多少时间就花多少时间，即使给我们再多的时间都不够用。

　　在许多时候，我们会有一种追求完美的想法，加上事情本身又没有期限限制，那么就再花些时间把它做得更好些吧，反正已经花了那么多时间了，再拖几天也无妨。在这种泥沼中，你会越陷越深。

　　如果不给自己做的事情一个期限，这件事情可能会被无限期地拖下去，永无完成之日。

　　美国商界奇才鲍伯·费伯在他的每个工作日里，一开始的第一件事情，就是将当天的事情分作三种。

　　第一种是能带来新生意，增加营业收入的工作。

　　第二种是能维持现状的工作。

　　第三种是必须去做，但对企业利润完全没有价值的工作。

　　鲍伯在完成第一种工作前决不会着手第二种工作，在完成第二种工作之前决不会染指第三类工作。

　　鲍伯给自己规定必须在中午前完成第一种工作，因为他在上午时状态最好。

　　你必须给自己做的事一个期限，不要无休止地拖拖拉拉。

知道什么才是当前最应该做的

有一名一等兵，在第一次世界大战期间服役时尽心尽职。有一天，他开着带帆布顶篷的卡车，艰难地行驶在前线被融雪浸泡的道路上。

卡车已经陷了两次了，到了第三次，一等兵一直担心的事情发生了，汽车滑进泥坑直陷到车轴处。

正在这时，随着一阵响亮的汽车喇叭声，一队轿车从右边驶过，看到这辆陷入困境的卡车，车队立即停下来。一位身着红色佩带的将军从第一辆车中走了出来招手，让一等兵过去。

"遇到麻烦了？"

"是的，将军先生。"

"车陷住了？"

"陷在泥坑里，将军先生。"

这位将军仔细地观察了一下，这时，他想起新颁发的一项要求加强官兵之间的战友情的命令，于是，他决定身体力行地给大家做个榜样。

"注意了！"他拍拍手用命令的口气高声叫喊着，"全体下车！军官先生们过来！我们让一等兵先生重新跑起来！干活吧，先生们！"

从车队里钻出整整一个司令部的军官、少校、上尉，一个个穿着整洁的军服。他们同将军一起埋头猛干起来，又推又拉，又扛又抬。就这样干了10多分钟，汽车才从泥坑中出来。

我们可以想象当这些军官穿着满是泥巴的军服钻进汽车时，他们的样子是何等狼狈，他们在心里又是怎样诅咒这命令。将军留在最后，为自己的善举而扬扬自得，他又走到一等兵面前。

"对我们还满意吗?"

"是的,将军先生!"

"让我看看,您在车上装了些什么?"

将军拉开篷布,看见在车厢里坐着整整 18 个一等兵。

行动之前的决定是由一连串的判断而来的。从问题的发现开始,我们就要判断这个问题值不值得我们去花心思研究。接着找出几个可能的原因,并判断哪几个原因有可能是真正的原因。从发现问题到找出哪一个才是真正的原因,都需要经过认真思考,调查再做判断。

简单地说,从思考到做出一个决定的过程中,判断是一个环节,不停地过滤掉不合逻辑的东西,剩下的答案,就是我们所应采取的行动。

在做任何决定时,一定要考虑到行动应如何实施,如果我们事前就做好实施计划,必定可以达到"以最小力量取得最好效果"的目的。

事实上,在我们生活中,有很多事只需要花很少的力气,就可以有很完美的效果,只是我们都忽略了事前规划这项工作。

我们在做事、思考时,最应避免的是没有逻辑。经常该做的事没做,不该做的事乱做一通,根本不知什么是轻重缓急。例如,功课没做完,就先看电视,等电视看完又困了,先睡觉再说,结果第二天不但上课迟到,作业也交不上来。这就是在做决定时,目标还没定出来,就急着做判断,判断还没完成,就急着做决定,结果做出的决定是一团糟,事实和想象差了十万八千里。这种情形,就像我们打靶时还没瞄准,就扣了扳机,结果,不仅浪费了子弹,搞不好还打到别人或物品,事后才说不是故意的,不知道结果如此,可已经晚了。

而做决定需要逻辑,为的是让预测及控制决定的结果,避免各种不当的后果出现。

人们为什么会有这样的怪毛病呢？原因很多，不外乎是好大喜功、自信过甚、力求表现……

因此，在做决定时，我们要以最小的资源、最短的时间、最小的损失为指导原则，千万不要找自己的麻烦。

在做最后的选择时，如果有简单的方法和途径，请选择简单的。除非你的目的不在于目标，而是在于"舍易求难"以表现自我的过程，那就另当别论了。例如，你家的水龙头有一天坏了，不修不行，你决定要找人来修理，你可以轻松地选择一个方法去找水电工，如打电话或是向邻居们咨询，但如果你非要亲自出去逛一圈，沿路一家一家地找水电修理铺，可能会碰上交通堵塞，浪费了时间，万一找到了一家老板有事不能出门，你又得继续沿路找另外一家。为了一个水龙头，真不知要浪费你多少时间。

最后强调：在做决定时，必须记住要以有效排除困难及障碍为第一原则。

当今最流行的优先顺序是依据轻重缓急设定短、中、长期目标，再逐个订立实现目标的计划，将有限的时间、精力加以分配，争取最高的效率。

以原则为重心，配合个人对使命的认知，兼顾重要性与急迫性，注重生命因素的均衡发展，始终把个人精力的焦点放在"重要"的事务上。如何判断"重要"？重要性与目标息息相关。凡有利于实现目标的事务均属重要，越有利于实现核心目标的就越重要。

成功的人知道要做最重要的事情，一旦把重要的事情做到了，不仅有利于个人的成长，而且可以大大地提高团队的生产力，并给我们的人生带来无比的自信、勇气以及饱满的热情和干劲。

有时候，在自己忙得不可开交的时候，不妨也向企管顾问做个咨询。其实，这不仅很有必要，而且很有效果，特别是在人生的紧要关头和企业面临更大发展的时候。

最有生产力的事情中包括最重要的事情和最紧要的事情，有些事情不是很紧要但是很重要，比如说学习，参加训练，紧要不紧要？不要紧，但是很重要，因为学习和参加训练牵涉到我们今后的生活品质和事业发展。

清楚地判断事情的优先顺序，是工作上不可欠缺的，判定清楚了，做起事来就会轻松愉快，不会变来变去。这就是决定优先顺序的最大价值。

新一代时间管理理论，把事情按紧急和重要的不同程度，分为A、B、C、D 四类。

先做 A、B，少做 C，不做 D。方向重于细节，策略胜于技巧，始终抓住"重要"的事，才是最好的节约时间的方法。A、B 类事务多了，C、D 类事务自然就杜绝了，长此以往，我们就会越来越有远见，有理想、有效率。

拖延的后果是致命的

"拖延带来致命的后果"，由于没有来得及早一点看到一个消息，便丢了自己的性命。美国南北战争期间，驻扎在特伦顿的雇佣军总指挥拉尔总督正在打牌时收到一份情报，情报的内容是说华盛顿的军队正在穿越德勒华，要向这里进攻。但他没有看就随手把信塞到口袋里，直到牌打完了才拿出来看。结果，等他仓促地把队伍集合起来时，为时已晚，部队已经全军覆没了。仅仅几分钟的耽搁使他丧失了尊严、自由和生命！

成功有一对相貌平平的双亲——守时与精确。每个人的成功故事都取决于某个关键时刻，在这个时刻一旦表现出犹豫不决或退缩不前，就会与机遇失之交臂。

英国社会改革家乔治·罗斯金说："从根本上说，人生的整个青年阶段是一个人个性成型、沉思默想和希望受到指点的阶段。青年阶段无时无刻不受到命运的摆布——某个时刻一旦过去，指定的工作就永远无法完成，或者说如果没有趁热打铁，某种任务也许永远都无法完成。"

拿破仑非常重视"黄金时间"，他知道，每场战役都有"关键时刻"，把握住这一"关键时刻"就意味着战争的胜利，稍有犹豫就会导致灾难性的后果。据说，在滑铁卢击败拿破仑的战役中，在那个性命攸关的上午，他自己和格鲁希就因为晚了5分钟而惨遭失败。布吕歇尔按时到达，而格鲁希只晚了一点点。就因为这一小段时间，拿破仑被送到了圣赫勒拿岛上，从而使成千上万人的命运发生了改变。

有一句家喻户晓的俗语应成为我们的格言警句，那就是：任何时候都可以做的事情往往永远都不会有时间去做。

　　与其费尽心思地把今天可以完成的任务拖到明天，还不如在今天就想办法把工作做完。而任务拖得越往后就越难以完成，做事的态度也就越是勉强。在心情愉快或热情高涨时可以完成的工作，被推迟几天或几个星期后，就会变成苦不堪言的负担。在收到信件时没有马上回复，以后再捡起来回信就不那么容易。

　　当机立断常常可以避免做事情的乏味和无趣。拖延则通常意味着逃避，其结果往往就是不了了之。做事情就像春天播种一样，如果没有及时把种子播下去，以后就没有合适播种的时间了。无论夏天有多长，也无法使春天被耽搁的事情得以完成。人造卫星的运转指令即使仅仅晚了一秒发出，它也会使整个卫星运行陷入混乱，后果不堪设想。

赖床是拖延症的前兆

很少有人注意到自己通常在什么时候比较懒散倦怠。有的人是在晚饭后，有的人是午饭后，还有的在晚上 7 点钟以后就什么都不想做了。每个人一天的生活往往都有一个关键时刻，如果这一天不想白过的话，这个时刻一定不要浪费。对大多数人而言，早晨几个小时往往是这一天会不会过得充实的关键时刻。

迟疑不决是导致失败的绝症，拖延磨蹭则是失败的前期症状。对那些深受犹豫不决之苦的人来说，唯一的改正办法就是做出果断的决定。否则，这一疾病将成为致胜利和成就于死地的癌症。通常来说，犹豫不决的人就是失败的人。

一位著名作家说过，床是个让人又爱又恨的东西。我们晚上上床睡觉前，想到没有完成的工作总觉得睡觉还太早；但是，我们早上同样不愿意早起床。我们每天晚上下决心第二天早上一定要早起，但是，我们每天早上还是在床上伸懒腰打呵欠，磨磨蹭蹭不愿意起床。

然而，大部分杰出人物起床都很早。俄国的彼得大帝总是天一亮就起床。他说："我要使自己的生命尽可能地延长，所以就尽可能地缩短睡觉的时间。"

阿尔弗雷德大帝总是在拂晓前起床；哥伦布也总是在清晨的几小时计划寻找新大陆的航线；拿破仑则爱在清晨考虑他最重要的战略部署。

哥白尼习惯早起，实际上，古代和现代的许多著名天文学家都习惯早起。

诗人布赖恩特 5 点钟起床，历史学家班克罗夫特天亮起床。我们所熟知的很多重要作家都起得很早。另外，华盛顿、杰斐逊、韦伯斯特、克莱和卡尔霍恩等政界要人也都习惯早起。

瓦尔特·司各特也是个非常守时的人，这就是他取得众多成就的秘密所在。他早上 5 点起床。他自己曾经说，到早餐时，他已经完成了一天当中最重要的工作。一位渴望有杰出成就的年轻人写信向他请教，他这样答复："一定要根除那种拖延磨蹭的毛病。要做的工作马上去做，做完工作后再去消遣，千万不要在完成工作之前先去玩乐。"

每一个渴望成功的人都要养成早起的好习惯。一般来说，一天睡眠 8 个小时就足够了。7 个小时的睡眠其实也不算少。

如果这个人身体健康，在床上躺 8 小时后，他就应该起床，尽快地穿好衣服去工作。

第 四 章

认清自我，找寻人生方向

在一个人的职业生涯中，应当经常考虑以下三个问题：一、我想往哪方面发展？二、我能往哪方面发展？三、我应该往哪方面发展？请记住：不要回避自己性格的弱点，但一定要发挥自己性格的强项！一味地去弥补缺点，只能将自己变成一个平庸的人！发挥强项，却可以使自己出类拔萃！因此，不管你从事什么行业，一定要充分发挥自己性格的优势。

认清自我的择业观

对于想要建立一份事业的人而言，在选择职业时，所想的是应该如何通过工作单位来开拓自己的前途，虽然这条路有时是崎岖不平的。毕竟，职位、权利、地位、安全，这些大多来自工作场所，而且在人们对于有关未来事业发展的预测中，职位也是评估成功与否的最重要指标。

从行业角度来看，各行业之间差异极大：有的行业很传统，变化大都可以预知；有的行业则经常改变形态。也许在某个企业里，除非等到头发斑白，否则无法获得权力；但在另一个团体里，主管可能非常年轻，甚至连明艳照人的年轻女性，也可能跻身高层职位。因为，不同的行业会造成工作上的极大差别。

选择职业是事业打拼的一个重要转折点。选对了，可以成为成就事业的基础；选不对，将会遇到不少弯路及坎坷。所以在确定职业之前，应该考虑该职业是否符合自己的志向、兴趣和爱好，与自己所学专业是否相近，还要考虑其社会意义和未来发展前景如何，必要的工作环境和保障条件如何。

首先认清现实的处境。现实需要生存的本领、竞争的技巧和制胜的捷径，要面对社会无情的选择或残酷的淘汰。这个时候，你在选择别人，别人也在选择你，没有退路，只有向前走。要认识到有成功者就有失败者，这很正常。千万不可争强好胜，钻进牛角尖出不来。遇到难题，不妨换一个角度思考，试试把自己的姿态放低一点，说不定，很快就能柳暗花明。

影响职业选择的因素除了一个人的人生观、价值观、职业理想等因素外，个人的自身条件（如兴趣爱好、气质、性格等心理特征，性别、年龄、身体状况，教育程度、知识技能等基本素质）也会对每个人的职业选择产生不同程度的制约作用，并在一定程度上影响着每个人对各类社会职业进行不同的选择。

1. 兴趣爱好

兴趣，是一个人力求认识、掌握某种事物、并经常参与该种活动的心理倾向，有些时候，兴趣还是学习或工作的动力。当人们对某种职业感兴趣，就会对该种职业活动表现出肯定的态度，就能在职业活动中调动整个心理活动的积极性，表现出开拓进取，努力工作，有助于事业的成功。反之，如果对某种职业不感兴趣，硬要强迫做自己不愿意做的工作，这无疑是一种对精力、才能的浪费，无益于工作的进步。

爱因斯坦因为热爱科学的世界而成为一代科学巨人，门捷列夫因迷恋神奇的化学世界而发现化学元素周期定律，所以说兴趣才是最好的老师。兴趣对人的发展有一种神奇的力量。

当人们在选择职业时，首先应想到自己喜欢哪种职业，对哪种职业感兴趣。兴趣是人所共有的，却又是千差万别的。有的人对文学创作感兴趣，有的人喜欢唱歌、跳舞；有的人对研究自然科学知识感兴趣，有的人则偏爱技能操作。不同的职业需要不同的兴趣特长。一个擅长技能操作的人，靠他灵巧的双手，在技能操作领域得心应手，但如果硬把他的兴趣转移到书本的理论知识上来，他就会感到英雄无用武之地。这种兴趣上的差异，便是构成人们选择职业的重要依据之一。

一个人的兴趣爱好可以是很多样的，一般说来，兴趣爱好广泛的人，选择职业的自由度就大一些，他们更能适应各种不同岗位的工作。广泛的兴趣可以促使人们注意和接触多方面的事物，为自己选择职业创造更多有利条件。

兴趣在人们选择职业时，是一种先决条件。因为有兴趣，你就可以主动去做好这项工作；没兴趣，你可能会厌恶这种工作，自己也就不会做好这项工作。需要注意的是，仅有兴趣，还不能具备选择工作的条件，还必须考虑其他条件。

2. 气质类型

心理学家认为，气质是人类的神经活动以行为方式表现出来的一种形态。它主要表现在情绪的体验。它使人的全部活动都染上某种独特的动力色彩。具有某种气质特征的人，常常在不同内容的活动中，会表现出同样方式的心理活动特点。所以说，气质也是制约人们选择职业的重要因素之一。

大多数心理学家把人的气质分为四种类型：多血质、胆汁质、黏液质和抑郁质。这四种气质类型在行为方式上各有其典型的表现。

· 多血质：活泼、好动、敏感、反应迅速、喜欢与人交往，注意力容易转移，兴趣和情趣容易变换，具有外向性。

· 胆汁质：精力旺盛，脾气急躁，情绪兴奋性高，容易冲动，反应迅速，心境变换剧烈，具有外向性。

· 黏液质：安静稳重，反应缓慢，沉默寡言，显得沉重、坚忍，情绪不易外露，注意力稳定，但难以转移，具有内向性。

· 抑郁质：情绪体验深刻、孤僻、行动迟缓，而且不强烈，具有很高的感受力，善于观察他人不易察觉的细节，具有内向性。

气质无所谓好坏、善恶之分，每一种气质都有积极的一面，也有消极的一面。

从选择职业的角度来说，多血质和胆汁质的人比较适合一些要求做出迅速、灵活反应的工作，黏液质和抑郁质的人对此则适应性较差。相反，要求细致的工作，对于黏液质、抑郁质的人较为合适，多血质和胆汁质的人则难以在这方面取得高的效率，这就好似让林黛玉去市场卖猪肉或让张飞去绣花一样，都是强人所难。

不同的职业对人的气质也有特定的要求，如驾驶员、飞行员、运动员等要具备机智、灵敏、勇敢、抗干扰等气质特点；医务工作者需具备反应灵敏、耐心、细致、热情等品质；外交人员则要具备思维敏捷、姿态潇洒、能言善辩、感染性强等特点。

总之，了解自己的气质类型及特点，有利于发挥自己的长处，提高自己适应职业的能力。

3. 个人的性格

性格是指一个人在生活过程中所形成的、对人对事的态度和通过行为方式表现出的心理特长，既是一种生活态度也是行为习惯。譬如，有的人对工作总是赤胆忠心，一丝不苟，踏实认真；有的人在待人处事时总是表现出高度的原则性，坚毅果断、有礼貌、乐于助人；有的人在对待自己的态度上总是表现出谦虚、自信的特质。

人的性格的个别差异是很大的。有的人傲气、泼辣；有的人热情、活泼；有的人沉稳、内向。有的人大胆自信有余而耐心细致不足；有的人耐心细致有余而大胆自信不足等等，不一而足。性格是由各种特征所组成的，性格与气质不同，其社会评价有明显的好坏之分。性格对气质有深刻的影响。在一定程度上性格能够掩盖和改造气质。性格还对能力的形态和发展起着制约作用。社会上几乎每一种工作都对性格品质有着特定的要求，要选择某一职业就必须具备这一职业所要求的性格特征。例如，作为一名文艺工作者，除了要具备这一职业所要求的气质、能力外，其性格应具有活泼、开朗、情感丰富的特征；作为一名教师除了具有丰富的知识外，还应具备热爱学生，对工作热情负责，正直、谦逊、以身作则等良好品质；作为医生则被要求有人道主义精神，富有同情心和责任感，一丝不苟的工作态度。实践证明，没有良好的与职业要求相匹配的性格品质，是很难顺利地适应工作的。

4. 能力制约

能力直接影响工作的效率，是工作顺利完成的个性心理特征。

它可以分为一般能力和特殊能力。例如，观察力、记忆力、理解力、想象力、注意力等属于一般能力，它们存在于广泛的工作范围；而节奏感、色彩鉴别能力等属于特殊能力，它们只会在特殊领域内发挥作用。社会上的任何一种职业对从业人员的能力都有一定的要求，如果缺乏某种职业所要求的特殊能力，即使你有机会从事这份工作，也很难胜任这份工作。所以，在选择职业时绝不能好高骛远或单从兴趣出发，要实事求是地检验一下自己的学历程度和职业能力，这样才能找到"有用武之地"的合适工作。对于会计、出纳、统计等职业，工作者必须有较强的计算能力，过于"豪放"的"能力"就不适于干这类工作；对于设计、工程、建筑甚至裁缝、电工、木工、修理工等职业，工作者要具备对空间判断的能力和抽象思维能力；对于驾驶员、飞行员、牙科医生、外科医生、雕刻家、运动员、舞蹈家等职业工作者则要具备眼与手的协调能力。

一般人在选择职业的过程中，除了受到以上种种因素的影响和制约外，个人的性别、年龄、身体状况等更是不可忽视的条件。虽然现在是男女平等，但在选择职业时，不先考虑男女在生理和心理上的差异，也就不能找到适合自己的职业，不利于自己才能的发挥，也不利于社会的发展。

由于男女生理特点不同，男性体力普遍优于女性。因此，一般来说，女性不适宜从事重体力劳动；女性的平衡力比男性强，所以诸如空中小姐、列车员等更适应女性。由于男女心理特征的差异，在智力、性格、气质、能力等方面各有特点。男性的职业选择倾向于形象思维类职业。男性多数具有胆汁质气质的特点，女性则多数具有多血质气质的特点，多数男性的性格有明显的外倾倾向，而多数女性的性格具有明显的内倾倾向。这些差异是性别所造成的，并不是绝对的，但身体状况有不同的要求。例如，舞蹈演员、旅馆服务员、空中小姐、导游小姐等除了专业所要求的气质能力外，在年龄、体态、长相等方面都有一些特殊要求；从事化学研究专业的人员嗅觉要相当灵敏；担任驾驶员、飞行员、船员、精密仪器事业人员则必须视力达到一定标准；当教师要四肢健全，五官端正；做运动员、军人则必须身体健康、体质强壮等等，这些因素也会在一定程度上影响人们的择业方向，也是人们在选择职业时不能不考虑的因素。

工作要心甘情愿

在工作中难免会遇到困难，也会有无数需要做出的决定的时候。成功的人总是能在重要关头做出正确决定。因此，那些优柔寡断没有胆量做抉择的人，往往到头来大都是失败者。

一般说来，能找到一份好的工作，有稳定的收入，对大多数人来说应该感到满足了。可是却仍有一些人，虽然他们拥有吸引人的工作，却仍感到不满足，毕竟人们的追求不同。

若询问那些对自己工作感到满意的人："为什么你认为你目前的工作颇为成功?"大部分人都会回答："因为我现在从事的工作是我真正想做的工作。"

例如，大多数人希望能有较稳定的工作——譬如担任银行职员，但是有些人却天生喜欢和人接触，喜欢地位、旅行、挑战。新奇的环境可以使他精力旺盛；单调重复的工作却使他厌倦以及精神郁闷。这种人自然不适合从事银行职员。

如果能积极为自己找出适合自己的工作环境，无异是对所谓的"成功"给予一个新注释。全凭自己寻找机会，自己去寻找目标，这种人就是属于能"掌握"自己命运的人。

许多自认为目前事业"不顺"的人往往满是抱怨，他们觉得自己是恶劣环境下的牺牲者，他们的愿望和需求都没有获得满足，而他们也无法使自己心中的愿望变成事实。他们的期望和需求，与他们实际所能实现的鸿沟，便成了他们挫折的来源。

四个绝招避免求职陷阱

京城一位深知黑职介（非法职业介绍所）内幕的人，向媒体透露了黑职介的操作内幕，想以此告诫那些做发财梦的人千万别受骗。

透露这一黑职介的操作内幕的人姓陈，虽然在黑职介只干了两个月，但对谈的每一笔生意都记忆犹新。他所在的黑职介非常隐蔽，隐藏在一家商务写字楼里，没有任何执照，他们将招聘信息以不同的名字刊登在一些大众类的报纸求职广告上，多以高薪诚聘 KTV 服务生、保安、公关、按摩技师为名，吸引一些既没有学历，又没有特长，还急于挣钱的外来务工人员。

当急于求成的外来务工人员打来电话求职时，他们从不说自己是一家职介机构，而是谎称是某某单位的人事部门，是直接招人，根据求职者应聘的不同职位，先要收取一定的会费，如做公关要交500 元，做保安要交 200 元等，只有这样才能成为他们的会员，找工作才有希望。不过收取会费的价格也是由他们自己随意定价的，不管求职者身上有多少钱，他们都会想方设法让你掏出来。这些钱只要进了公司的口袋，就别想再拿回去了。

接听电话是他们接生意的信息源，他们不会错过每一个送上门来的机会。即使是晚上睡觉，接线生们也会将电话放在枕头边，如果电话突然中断，他们会通过来电显示功能，立刻反打过去，生怕漏掉赚钱的机会。这样的电话公司每天都能接到 100 个左右，通过电话上门来的也有 30 多人。

陈先生说，这些人即使交了钱也根本不会找到工作。当外来务工人员将档案交给公司后，公司会给求职者一个他们早已联系好的固定电话，让他晚上打电话，一位所谓的"领班"会给他安排工作，公司还会暗示只有给"领班"好处费才能有工作。当外来务工人员按照公司的话照办之后，他会被"领班"带到工作的场所，进行面试，可这种面试往往只是走个过场，根本不会成功，面试的人会以求职者的相貌不好、工作能力差等理由将其扫地出门。至于所交的各种名目的费用，基本上不会退还。

这只是黑职介骗钱的一种方式，还有许多电话里声称不收钱的黑职介，等求职者上门时，就变换各种理由巧立各种名目，如档案管理费、工作保证金、合同保证金、伙食费、门卡费等等，五花八门，骗取求职者的钱财。

黑职介在我国各大中型城市极其猖獗，且各地诈骗手法不同。这里为寻求工作的朋友介绍几招防骗绝招，保证管用。

（1）政府明令单位招工不准收取任何费用，若有收取费用的单位，就必须提防。

（2）不见兔子不撒鹰。事实上有些规模不大的工厂，基于一些原因在进厂之初要收取一定的费用，在一时找不到合适的工作，为解决目前困境，我们也不是不可以考虑进厂。但在你交钱之前，一定要见到工厂，并索取收费凭条。最好能私下先找该厂的员工了解工厂的情况。

（3）在交了一次钱之后，坚决不交第二次钱。这十有八九是骗局。

（4）有困难，找警察。感觉被骗，打"110"，警察肯定能帮你讨回公道。不要害怕对方声称的所谓关系硬，没有人帮骗子。在报警之前最好别让黑职介知道，偷偷报警，乘其不备时，问题最好解决。因为骗子可能会销毁证据，或躲避警察。

认真对待每一次机会

如何提高应聘质量，它有没有捷径？是每一个工作尚没着落的人所迫切想知道答案的问题。

北京某公司的杜某的经历，也许能给上述问题一个答案。当时杜某由于年轻、工作经验少，找工作不容易。杜某一般在晚上收集当天的报纸，找出适合他应聘的岗位，并根据该公司对应聘岗位的具体要求写应聘信，并把几月几日、什么报纸、应聘什么岗位等情况记录下来贴在墙上，第二天及时把信寄了后"准时上班"。所谓"准时上班"就是到各类人才市场上找工作。他把找工作视为上班，很少"迟到""缺勤"。在人才市场把对应聘面谈的单位及虽没面谈但投递应聘信的或有意一试的单位的有关信息（如单位名称、地址、联系人等资料）登记下来，回到家后及时整理分类，并根据寄信或面谈的时间，隔几天后再给同一单位写封信，内容有时是对招聘单位能为自己提供一个就职机会表示感谢，有时是补充一些个人简历，有时谈谈他对应聘该岗位的认识与设想。晚上有时间的话就写写面试的得与失，提醒自己下一次面试时注意。

时间长了，他的卧室像个办公室，墙上是简报和应聘单位信息栏，写字桌上堆着交通地图、人才市场信息，抽屉里是办公用品，日记本上记录着应聘单位、面试感受、应聘单位简介……

这样一来，有招聘单位的面试通知电话一来，他就会在很短的时间内反应过来：什么时候寄的信、应聘什么单位、地址在什么地方等等。有时对方都会惊讶他的记忆，他善意地撒谎说"因为我对这岗位太在乎的缘故嘛"。由于他的认真与执着，苦尽甜来，他面试的机会越来越多，对面试技巧也悟出了些道道来。

　　杜先生当时的"迂"是有一些道理的，找工作也是一份"工作"，同样需要认真对待，不能凭感觉三天打鱼两天晒网，或用统一的履历表去撒网捕鱼或靠背出来的答案去应对所有公司的提问。以不变应百变不如以变应变效果好。许多人事经理在通知应聘者面试时常常听到对方说："你是什么公司？请再说一遍！""对不起，我应聘了很多单位，请问我应聘你公司什么岗位？"人事经理会自然而然地对他（她）有一种不好的印象。

　　把找工作当成一项工作，一丝不苟去撒网，必能打捞上含珠的蚌。

不受垂青的四种人

面试时总是得不到主考官垂青的求职者，注定一天到晚忙着找工作——因为他总是找不到工作。

哪些求职者不受垂青呢？根据许多人的意见，大家一致认为是以下四种类型：

1. 夸夸其谈型

过分吹嘘自己，夸大自己的实际才能，一来给人造成"言过其实""过于自负"的印象；二来遇上高水平的主考官，两三个问题就能彻底了解他的真实实力，那么他刚才的"自信"就只剩下尴尬了。如果应届大学毕业生为给用人单位留下"社会经验丰富"的印象而刻意装扮老成，口若悬河，其结果只能是适得其反。因为这样会被视为夸夸其谈，不切实际。

2. 缺乏个性的求职者

充满个性魅力的人，在求职时有显著的优势。比如一个应届毕业生成绩虽不好但干劲十足，就能引起对方的注意；谈话风趣幽默可一下子博得人事经理的好感等。相反，那些个性上缺乏独立色彩的人将是不受欢迎的。例如，有一部分求职者，特别是一些刚踏入社会的青年学生，由家长或其他家属陪同到面试现场。家长们可能是唯恐孩子涉世不深，不能正确应对面试中的问题，而失去工作的机会。但是，面试者怀疑，一个事事由别人包办的人，是不是有能力独立应付工作的压力。

3. 盲目型的求职者

一些求职者对应聘的公司或岗位不甚了解，有时甚至应征一个公司的多个职位，这样给人的感觉是缺乏诚意和责任感。不但干不好自己的事，而且还会给别人的工作带来麻烦。一个不知道自己想干什么或能干什么的人，又怎么能指望他把工作干好呢？

4. 死板的求职者

有些求职者的回答显得模式化，给人事经理的感觉就会是不够活跃。在这些求职者中不乏在校成绩优秀的毕业生。这类学生学习成绩虽然比较好，但却有"死读书"的致命弱点，动手能力、创新能力、协调能力可能会相对差一些，而且一般还都缺乏社会经验，这是十分不利的。

要想在求职场上抓住机遇，首先就不要做不受欢迎的求职者。

入错行的下场

有一句话说"男怕入错行，女怕嫁错郎"，真有这么严重吗？

"女怕嫁错郎"暂且不论，我们就"入错行"说一则真实的故事。

报载一位大学毕业生，他的工作很令人感到意外，是一果菜公司的搬运工人。他说他6年前从学校毕业，一时找不到工作，便经人介绍到果菜公司当临时工，赚点零用钱。渐渐地，这位"天之骄子"习惯了那份工作和周围的环境，也就没有积极去找别的工作，于是一做就是6年，现在年近30，由于长期与蔬菜打交道，不仅知识未能跟上时代，连老本也丢得差不多了。他说："换工作，谁会要我呢？我又有什么专长可以让人用我呢？"目前，他仍在果菜公司当搬运工人。

对这一个例子，也许你会说，转行有什么难？说转就转啊！

也许你是可以说转就转的人，但恐怕绝大部分的人都做不到，因为一个工作做久了，习惯了，加上年纪大了些，有了家庭负担，便会失去转行面对新行业的勇气；因为转行要从头开始，怕影响到自己的生活，另外，也有人心智已经磨损，只好做一天算一天；有时还会扯上人情的牵绊、恩怨的纠葛，种种复杂的原因，让你"人在江湖，身不由己"。

其实行行出状元，并没有哪个行业不好，哪个行业才好，那在此为什么又提醒你"千万别入错行"呢？

这里只是提醒你，找工作要睁亮眼，找适合自己的工作，找自己喜欢的工作，找有发展性的工作，千千万万别因一时无业，怕人耻笑而勉强去做自己根本不喜欢的工作！人总是有惰性的，不喜欢的工作做一两个月，一旦习惯了，就会被惰性套牢，不想再换工作了。一日复一日，倏忽三年五年过去了，那时要再转行，就更不容易了。

另外一点是，千万别涉入非法行业，这种行业虽然有可能让你致富，但事实上却是在刀刃上行走，警察的追缉，法律的制裁，同行的火并、陷害，即使不吃牢饭不送命，也要被人看不起。有人虽然想跳出来，但谈何容易，大部分的人都因为黑饭吃惯了，最后还是回到本行……

不过如果你若真的"入错行"，也有心转行，那么就要铁了心，毅然地转行，否则岁月是不饶人的，你只能在不适合的行业里越走越远。

跳来跳去会头晕

转行的想法 80% 以上的人都有过，光是想当然没什么关系，如果真的要转，那么一定要考虑清楚几个因素。

——我的本行是不是没有发展了？同行的看法如何？专家的看法又如何？如果真的已没有多大发展，有没有其他出路？如果有人一样做得好，是否说明了所谓的"没有多大发展"是一种错误的认识？

——我是不是真的不喜欢这个行业？或是这个行业根本无法让我的能力得到充分的发挥？换句话说：越做越没趣，越做越痛苦吗？

——对未来所要转换行业的性质及前景，我是不是有充分的了解？我的能力在新的行业是不是能如鱼得水？而我对新行业的了解是否来自客观的事实和理性的评估，而不是急着要逃离本行所引起的一厢情愿式的自我欺骗？

——转行之后，会有一段时间青黄不接，甚至影响到自己的生活，我是不是做好了准备？

如果一切都是肯定的，那么你可以转行！

别成为工作的奴隶

天底下没有任何一种职业是可以满足所有的人或使所有的人都不喜欢，任何一种职业都难免有人会喜欢，但也有人会感到讨厌；因为没有十全十美的工作。

不管你做什么工作，我们首要目的都是赚钱过日子，以使自己免受饥寒。因此检查自己目前的职业角色，评估自己从中能获得多大的满足，将有助于规划自己成功的人生。

我们要永远清醒地认识到，没有一种职业是十全十美的。对于职业的满足与否，应基于个人的事业原动力，以及是否能从此项职业使自己获益。

因此我们有必要仔细评估自己目前的职业，以便发现这项职业是否能给予我们满足感，是否具有发展机会。

职业对从业者的影响很大，从某个角度来看，职业是耗用时间并局限人的事。例如送信的邮递员，可能十年如一日，每天早起挨家挨户送信，而他全部的生活就是环绕这个邮递责任所构成。所以，职业也可以说是一个枷锁，它在无形中限制了从业者的行动范围。

满足的可能，是建立在职业的结构中。以超级市场的收银员为例，她每天站在收银机旁8个小时，敲打一大堆数字。尽管这项工作与许多人接触，却很少有能够表现他个人创意和个性的机会。

由此可见，我们有必要十分谨慎地选择自己所想从事的职业，并及早看清楚此项职业是否提供我们满足的可能，如果做不到这一点，便可能会阻碍我们的发展。例如有一位制图员说："我的日子都是坐在制图桌旁，设计制造一些造型。随着时间的流逝，这工作便越来越显得没有意义，而且将我与别人完全隔绝。"

这个例子虽然有些极端，但却很具代表性。据统计，差不多有90%的人都会对他们工作的某些方面感到不满。主要的不满，皆与工作要求与个人当时的事业原动力相背有关。

只不过，如果我们能想到那些没有工作的人以及全球性经济不景气，相信再不满意的工作似乎也就有其可取之处了。

没有工作的感觉对人是一种深刻的失落感。各种社会的不幸，似乎都因为工作机会不均所导致。事实也显示，失去工作的男女比较容易患病、抑郁或自杀，因此，工作对人而言是很重要的。

工作能使人与社会各部分有紧密的接触。它不但可以充实个人的生活，满足个人的基本生活需要，而且能满足个人的成就感。

世界绝对不是静态的，而且由于科技的进步，当今职业的形态也在不断改变。当我们仔细回顾人类的事业历史时，我们会发现世界的潮流趋势，这些趋势是：

· 传统的手工艺和技巧现今已大半消失

· 非常强调效率

· 由于大量使用高效率、智能化的机器，因此减少了基层工作的机会

· 需要设计方面和系统维护方面的更高层技巧

· 必须时时接受职业再训练

· 必须接受日益增加的工作环境变动

· 较多工作需要一定程度的社交能力

· 对"个人"成就的依赖渐增（比较不强调扩及家庭）

· 教育水准的提高

· 职业比较要求个人的良好表现

现代人的工作角色显然受以上趋势所影响，而且一份新职业的正面因素，也可能会因时间的累积渐渐变成负面因素。这个循环共有四个阶段。

第一阶段：要求及学习

新的就业者必须努力学习。他需要认识同事，建立关系，分析状况，累积知识，求得技巧。通常会要求较多的工作也都是充满学习机会的工作。

第二阶段：成长且逐渐能够胜任

经过开始的几个月，就业者会越来越有经验，而且渐渐安定下来，找到了产生效率的工作方法，也建立了关系，发展了技巧；对于工作环境中正式与非正式的体系都已有所了解。这个成长阶段是令人满意且逐渐有所进展的，当新的技巧与能力培养成熟，对工作自然慢慢感到胜任愉快。

第三阶段：驾驭工作

经过一段长时间之后，就业者渐渐成为该角色的操纵者，很多问题便能成功有效地进行处理。这个驾驭阶段，仍有可能使个人获得成长，只是挑战的标准日益降低，于是第四阶段开始萌芽。

第四阶段：松弛或衰退

经过一段顺利的驾驭时期，当一切都变成例行公事，面对挑战也已驾轻就熟。这时新的成长机会已经不多，剩余精力便转往嗜好，职责扩充，甚至失去兴趣。对不大要求上进的人而言，由于他们丧失了动力，所以是个危险的阶段。这时，不仅他们的事业会很不顺利，连他们本身也会失去积极进取的方向。

正视自己的缺点和不足

冬天就要来临了，所有的鸟儿都开始往南方迁徙。

有一只鸟因为天生愚笨，每一次飞行都落在最后被同伴嘲笑。这一次飞行的时候，它在心里想："无论如何也不能飞在最后了，不然又要被它们嘲笑了。"于是，在别的鸟还没开始迁徙的时候，它就起飞了。它以为这样就可以飞在大家的前面，一雪前耻了。

然而，当这个笨鸟飞了一段路之后，却发现自己迷失了方向。无奈，它只得停在一棵树上等自己的同伴。可是等了很久，也不见同伴的到来。它又沿着原路往回飞。结果却发现，其他的鸟儿都已经飞走了。

迫不得已，它只好独自往南方飞去。然而，这次它还是飞到半路就迷路了，这让它无比恐慌和沮丧。

冬天已经来临了，笨鸟始终没有飞到南方。当一场大雪降临的时候，它被冻死在路边。

"笨鸟先飞"并不是放之四海而皆准的道理。如果这只笨鸟在同伴都起飞之后默默地跟在后面，尽管慢点，尽管会被同伴耻笑，但至少不会落得如此悲惨的结局。

很多时候，人正是因为不能正视自己的愚蠢，争做逞能的英雄，才使自己陷入困境不可自拔。有时候安分一点，说不定还会取得成功。明知不可为而为之，才是最大的愚蠢。

人无完人，每个人都有自己的缺点和不足。只有正视自己的缺点和不足，才能改正错误，取得成功。敢于正视自己的缺点和不足，才是最大的智慧，是勇气的表现。一个有信心、有责任感的人，会正视自己的缺点，不会把因为自己的不足而造成的失败当成别人的负面影响。即使在失败的时候，他也能够勇敢地承担责任并理智地评价自己和别人。

人的智慧有高有低，并不是说笨的人就只能品尝失败的苦果，智商不高也可以取得成功。世界上没有绝对的笨人，只有那种明明知道自己智商不高，还要和聪明机灵的人一争高下的人，这才是最蠢笨的人。

笨的人一样可以取得成功，只要你正确地认识自己，安分守己，老老实实地跟在大家后面飞，即使慢一点，即使永远落在后面，也是会有一些好处的。

踏踏实实地走好自己的每一步，看清楚自己的实力，量力而行，不争强好胜，不打肿脸充胖子，不和别人一争高低，你也会取得属于你自己的成功的。

传说上帝在创造人的时候，曾经给每个人都准备了两个口袋上路。其中一个口袋装的是自己的优点，另一个口袋装的是自己的缺点。然而，人们在放置这两个口袋的时候，都是将装有优点的挂在了胸前，而把装着缺点的那个口袋很随意地搭在了身后。这样，人总是先看到自己的优点，然后才能发现缺点。同时，人们也总是站在别人身后去评判他人，自然也就一眼看到了他人的缺点；即使是在正面审视他人的时候，也总是先想到他后面的那一个口袋。常常是很难有对他人的欣赏，都用更多的关注去注意自己前面的那个口袋了。

我们看《三国演义》，每次看到气宇轩昂的关羽便心生敬意，"过五关斩六将""温酒斩华雄""刮骨疗伤""单刀赴会"等等，无不显示他那英雄的气概与豪气，但正是这一点，渐渐地使他变得傲慢起来，他的眼睛里只看到挂在胸前口袋里的这些优点，从而忽略了自己妄自尊大、目中无人的缺点，最后只能落得"败走麦城"的结局！

有缺点并不是坏事，它是通向更高层次的阶梯，只有承认不足，才能弥补不足，才能提高自己。所以，缺点就是希望，承认并改正自己的缺点，你将获得事业上的成功。

第 五 章

放开眼界，看得更远

　　所谓观察，并非只是读书时注意观察，而是在日常生活中细心观察，只要有敏锐的观察力，慢慢就会有"对，就是那样"的感觉。人最容易犯的错误是急功近利，我们应该将目光投向更远的将来。

换个角度看问题

任何一个取得成功的人，都能够从不同的角度去想问题，过去的思维不会成为他们的桎梏，他们能够突破常规的思维，取得创新硕果。当思维遇到"瓶颈"时，不妨换个角度看一看，或许就会柳暗花明，豁然开朗了。

台湾著名漫画家蔡志忠说：如果拿橘子比喻人生，一种是大而酸的，另一种就是小而甜的。一些人拿到大的会抱怨酸，拿到甜的会抱怨小；而有些人拿到小的就会庆幸它是甜的，拿到酸的就会感谢它是大的。

任何事情都有正反两方面，所有的事情，都没有一把统一的标尺来衡量它的是与否，一件事从不同角度去看，就会看到不同的风景，会有不同的感受，只要我们做事情的时候，用积极的心态去对待，多一些宽容，多做一些换位思考，就算再无法逾越的鸿沟，也不能阻挡我们前进的步伐，再棘手的难题，也许就会有截然不同的效果，就会看到乌云背后的蓝天。

一个船夫摇着小船在大海中行驶，浪花不断地向小船涌来，小船随着波浪微微地荡漾。一只海鸥落在船夫的肩头，对他说：你多幸福啊，大海摇荡着你，就像打秋千似的。船夫听了，摇摇头笑着说：不对，是我在摇荡着大海！你看，大海的波涛都被我摇起来了。

所谓的大与小、强与弱、喜与悲等，很多时候都是依照人们的感官和习惯认定的。若换个角度看问题，人生的风景可能大不相同。

要做到换一个角度看待问题或灾难并不是那么容易的，它需要睿智与勇气。在大发明家托马斯·爱迪生 67 岁时，他的实验室在一场大火中化为灰烬，损失超过 200 万美元。爱迪生的儿子在大火中找到了他的父亲，他的父亲平静地看着火势，说道："灾难自有它的价值。我们以前所有的谬误、过失都被烧了个干净，我们又可以重头再来了。"67岁，眼看着自己几乎是耗费一生的心血付诸东流，面对这样的灾难，换了其他人都会感到命运的无情甚而绝望，而爱迪生有那种勇气可以昂首面对灾难，他更有那种睿智，可以换一个角度来看待，他从灾难中看到了其存在的价值，看到了"从头再来"，看到了新的希望。

生活中，无论我们做什么事情，都不要一条道走到黑，钻牛角尖，换一个角度看问题，你会有不同的发现。

一个不规则的多面体，从每一个面看，都有不同的形态。同样，一个事物从不同的角度看，也会得出不同的结论。哲学上讲的看事物要一分为二，说的就是这个道理。但有时你只看到了其中的一面，便下了总结论，这往往会一错再错。因此，换一个角度看问题，你会有别样收获。

"塞翁失马，焉知非福"，这是个蕴含着深刻哲理的古代故事。那个老者并非有什么特别的能力，只是正确地分析事物的现象和发展过程，既看到了失马这个坏的一面，又看到了得马这好的一面，最终得出了正确的结论。如果他与周围人一样，只从失马这个角度一味地悲伤懊悔，只会平添痛苦；得马后又一味地欢喜，就更显得愚昧了。

一般事物有多个角度，对于一个复杂的人更需多角度考虑。从历史角度讲，评价一个人物需要多方面综合他的特点。换个角度评价这个人，你会从中挖掘出他的内心深处最本质的东西，帮助你更全面地认识这个人。

换个角度看问题，让你看清了事物的本质，让你全面地认识了事物，使你在角度变换中不断收获，不断进步。

看不见的锤子

机遇出现时并不大张旗鼓，有时候，它会出现在你认为毫无希望的地方。

佛经上有这样一个故事。

弟子问佛祖：您所说的极乐世界，我怎么看不见，又怎么能够相信呢？

佛祖把弟子带进一间漆黑的屋子，告诉他：墙角有一把锤子。

弟子不管瞪大了眼睛，还是眯成小眼，仍然伸手不见五指，只好说我看不见。

佛祖点燃了一支蜡烛，墙角果然有一把锤子。

有时候，我们认为那里没有机会，可能只是因为我们没有点燃那支蜡烛而已。

英国有位名叫约瑟的老人，在异乡独自打拼了大半辈子，也没有取得多大成就。有一天，他看见电视主持人介绍月球趣闻，只见主持人煞有介事地在桌上摊开一张假的月球图，向人们侃侃而谈。

许多人看到这一幕，大概都没想到这里有什么巧妙点子，但是他却忽然灵机一动，想到既然有地图，为什么不可以有月图？有地球仪，为什么不可以有月球仪？

善于观察的他，猜想人们一定会对这个新玩意儿感到好奇，这样就可以赚到大钱，并且又是个新兴市场，利润一定很高。

于是，他立即将想到的点子化为实际的行动，开始画图、印刷，同时在电视台做广告销售他的月图、月球仪。

果然，许多学校、科普协会等单位都来订货，结果一个退休老人竟然办起了大型企业，现在全世界都有他的产品，每年利润高达

1400万英镑。

懂得仔细观察，就会发现世界上充满新奇的事物，然后加以付诸实现，就能为自己创造许多的机会。

所谓观察，并非只是读书时注意观察，而是在日常生活中细心观察，随时关心周围发生的事情。只要有敏锐的观察力，慢慢就会有"对，就是那样"的感觉，在刹那间和自己的心意相通。

接下来，如果你能接连不断地想到"既然是这样，那么也可以……"的话，如此一来你就已经产生创造力，最后就看你有没有把这个构想化为实际行动的毅力了。

你可以不必很聪明，也不一定要高学历，但唯一不可缺少的就是敏锐的观察力，它将是你建功立业的秘密武器。

多留心身边的小事

现在赚钱越来越不容易，尤其是开店做生意或自行创业。

我国的每一座城市里，都挂有成千上万的广告招牌。这些招牌由于暴露在外，日晒雨淋、风吹霜打之后，不是锈迹斑斑，就是缺笔少画。这种现象在全国都存在，在人们眼里显得很"正常"。

在深圳打工的湖南桃江县的龙某却从这种"正常"的现象里看到了赚钱的机会。他先是跑了几家广告装潢公司，假称是某酒店的后勤人员，想请装潢公司补一个字，但这些公司谁都不愿意去，愿意去的也把价格开得跟做一个新招牌不相上下。然后，龙某又马不停蹄地找了15家广告招牌有残字的单位，假称自己是广告装潢公司的业务员，询问那些单位是否愿意把广告招牌修整好，这15家单位居然有9家一口答应。

月薪三四百元的龙某在掌握了上述情况后，毅然辞了职，凭一辆旧自行车和一部二手手机，开始了广告招牌补字和翻新业务。

现在，龙某已在深圳、广州、东莞、中山和长沙成立了招牌清洁公司。公司配备了作业专用车，他自己也买了别墅及高级小轿车。

成功都在细节里

　　一般人都会忽略身旁的小事，因为认为小事没什么，可是如果能留意小事的起源，说不定也能为自己赚来意想不到的财富。

　　日本的池田菊苗博士很善于从小处着眼，想出重大的点子。

　　有天在家吃饭时，他用筷子下意识地搅了搅热汤，喝了一口便问妻子说："嗯，味道很鲜美，用了什么作料？"妻子回答说："今天的汤是用海带煮的。"

　　小孩听了，突然插嘴说："爸爸，海带为什么会有鲜味？"

　　通常，一般人都不会在意这个小问题，但是池田菊苗博士却认真地思索鲜味究竟是怎么来的。他开始分析海带的成分，经过多次加工提炼后，发现一种白色结晶的物质，对调味很有用处，这就是世界上最早发明的味精。后来，他又从其他物品中提取出成本更低的味精，然后申请专利，开办工厂大量生产，结果为他带来了巨额的利润。

　　找出原因，往往能发现其中的奥秘所在，而给自己带来新的发现。如果因事小而不为，或者根本不以为意，只会与赚钱的机会擦身而过。

　　西方某作家说：对微小事物的仔细观察，就是商业、艺术、科学及生命各方面的成功秘诀，人类的知识都是由世代相传的小事情的积聚，也是从知识及经验的一点一滴汇集起来，继而积成一个庞大的知识金字塔。

　　随时注意小处，对小处有深刻的认识，大处自然一目了然而不会被忽略，做起事来将会事半功倍。虽然有人认为拘泥小节是小人物的作风，但是能注意到细枝末节，未必就成不了大事；反倒是有财运的人，往往是在小事情上也会十分专注的。

赚钱的机会是流动的，不知道什么时候会轮到自己？相信很多人都曾有过这种感慨，但只要多留意身边的小事情，照样也能获得很多赚钱的机会。

日本有个家庭主妇，每天在男主人早起时，就会立刻煮面供其充饥，但若是晚起或在深夜，不论煮面或洗碗都很麻烦，这位主妇便想出一种不用煮面也能吃到面的方式，也就是使用一般的塑胶杯，将干面条放进去后，再用保鲜膜盖住，如此男主人回来后，热水一冲即可吃到热乎乎的面。

男主人觉得这个构想很好，便与拉面公司联络，该公司觉得方法可行，便以 100 万日元买下发明权，这就是今天大家看到的速食面。

赚钱的方法是无处不在的，你不一定要有高深的学识，也不一定要有过人的天赋，但你绝不能缺少敏锐的观察力。

一位美国商人到日本富士山游玩，他忽然想到一个点子：把清凉新鲜的富士山空气罐装成瓶，卖给大城市饱受空气污染之苦的民众及从未到过富士山的人，然后又连锁进行类似的开发，获得了相当可观的利润。

只要头脑动得快，即使看起来不显眼或习以为常的事情，经过一番改造之后，说不定也会成为生财的工具，就看你想不想得到而已。

发现身边的智者

有这样一个比喻:

烧香最好是找些平常没多少人去的冷庙,不要只挑香火繁盛的热庙。热庙因为烧香人太多,神仙的注意力分散,你去烧香,也不过是众香客之一,显不出你的诚意,神对你也不会有特别的好感。所以一旦有事求它,它对你只以众人相待,不会特别照顾。

但冷庙的菩萨就不是这样,平时冷庙门庭冷落车马稀,无人礼敬,你却很虔诚地去烧香,神对你当然特别在意。同样烧一炷香,冷庙的神却认为这是天大的人情,日后有事去求它,它自然特别照应。如果有一天风水转变,冷庙成了热庙,神对你还是会特别看待,不把你当成趋炎附势之辈。

其实不只是庙有冷热之分,人又何尝不是? 一个人是否能发达,要靠机遇。你的朋友当中,有没有怀才不遇的人,如果有,这个朋友可能就是冷庙。你应该与热庙一样看待,时常去烧烧香,逢到佳节,送些礼物。又因为他是穷人,当然不会履行礼尚往来的习惯,并非他不知道还礼,而是无力还礼。不过他虽不曾还礼,但心中却绝对不会忘记未还之礼,这是他欠的人情债,人情债越欠越多,他想还的心也越来越切。所以当日后他否极泰来,他第一要还的人情债当然是你。他有清偿的能力时,即使你不去请求,他也会自动还你。

有的人能力虽然很平庸,然而因时来运转,也会成为不可一世的人物。人在得意的时候,一切就看得很平常、很容易,这是因为自负的缘故。如果你的境遇地位与他相差不多,交往当然无所谓得失。但如果你的境遇地位不及他,往来多时,反而会给人趋炎附势的感觉。即使你极力结交，多方效劳，在对方看来也很平常，彼此感情不会有多少增进。只有在对方转入逆境，以前友好如今翻脸不认为；以前车水马龙，今则门可罗雀；以前一言九鼎，今则哀告不灵；以前无往不利，今则处处不顺，也就是他的繁华梦醒了时，他对人的认识也就比较清楚了。

识英雄于微时，的确需要一定的眼力。古时一个大商贾的儿子，不继承父亲十倍利的商业，却经营百千倍利的"识人业务"，终于辅助一沦落太子登上皇位，而成为一代显贵。如果你认为对方是个英雄，就应及时结交，且多多交往。或者乘机进以忠告，指示其所有的缺失，勉励其改过迁善。如果自己有能力，更应给予适当的协助，甚至施予物质上的救济。而物质上的救济，不要等他开口，应随时取得主动。有时对方很急着要，又不肯对你明言，或故意表示无此急需，你如得知情形，更应尽力帮忙，并且不能有丝毫得意的样子，一面使他感觉受之有愧，一面又使他有知己之感。寸金之遇，一饭之恩，可以使他终生铭记。日后如有所需，他必奋身图报。即使你无所需，他一朝否极泰来，也绝不会忘了你这个知己。

不过对他人的投资，最忌讳的是讲近利，因为这样就成了一种买卖，说难听点更是种贿赂。如果对方是讲骨气之人，更会感到不高兴，即使勉强接受，也并不以为然。日后就算回报，也得半斤还八两，没什么好处可言。

平时不屑往冷庙上香，到头来临时抱佛脚也来不及了。一般人总以为冷庙的菩萨不灵，所以才成为冷庙。其实英雄落难，壮士潦倒，都是常见的事。只要一朝交泰，风云际会，仍是会一飞冲天、一鸣惊人的。

从现在起，多注意一下你周围的人，若有值得烧香的冷庙，千万不要错过了。

盖特夫与韦尔奇

让我们看看韦尔奇——这位普通的铁路职工的儿子，是怎样成为赫赫有名的企业家的。

1960 年 10 月，当拥有三个学位和一定从业经验的韦尔奇偕妻子驾驶着一辆破旧的大众汽车，满怀希望来到美国康涅狄格州费尔菲尔德的通用电气属下的塑料公司时，迎接他的只是一个地位卑微、薪金微薄的机械师职位。没有固定居所，妻子卡萝琳只好搬去和韦尔奇的父母同住，韦尔奇则租住在一间简陋房屋中。

困窘的生活条件和低廉的工作待遇对韦尔奇来说不是问题，但公司的官僚习气盛行，经理管理技巧的拙劣使韦尔奇郁郁不得志，无心发展，产生了离开公司的念头，险些从此与通用电气公司再无瓜葛。但事情突然出现了戏剧性的变化，在他的告别会上，通用电气公司总部的一名年轻主管鲁本·盖特夫在听了韦尔奇对新的塑料产品生产在成本和物理特性方面竞争现状的分析之后，立即发现了这是个不可多得的人才。为了挽留韦尔奇，盖特夫不仅许诺给他原先薪金 3 倍的报酬，更重要的是为韦尔奇清除一切官僚主义困扰，对其委以重任，为他提供了更加广阔的发展空间。

韦尔奇本来已做好了离开公司的一切准备，但当盖特夫请求他留下时，他敏锐地感觉到这是一个绝好的机会。韦尔奇改变初衷，选择了留下。事实证明，盖特夫当初的决策是英明果断的：在 1973~1977 年韦尔奇担任塑料公司副总经理期间，通用电气公司的塑料行业一度飞速发展，年收入猛增 33%。韦尔奇在随后的 5 年中不断超越自我，事业发展蒸蒸日上，终于在 1981 年达到顶峰，他也成了通用电气公司第 8 任董事长兼首席执行官。

在成为拥有 3000 多亿美元资产，销售额高达近 900 亿美元，分布在全球 100 多个国家和地区的约 27.6 万员工的企业王国的最高主管之后，韦尔奇以其非凡的领导和经营才能，将一直业绩平平的通用电气公司发展成世界一流企业，市场价值成倍往上翻。韦尔奇本人也迅速崭露头角，在强手如林的国际商界中独占鳌头。

如果你是老板，不妨向盖特夫学习，学习他的慧眼识贤才；如果你是打工仔，不妨向韦尔奇学习，学习他在机遇面前的敏锐眼光。

闲置的宝库

在客观条件不变的前提下，充分利用现有人力、物力、财力，发挥自身优势，挖掘自身潜力，是盈利的最佳途径。美国富豪希尔顿用700万美元，买下纽约市一家豪华的大酒店。在取得大酒店的所有权之后，独具慧眼的希尔顿立刻就注意到酒店走廊里四根漂亮的大圆柱，他敏锐地感觉到这些如水晶体的圆柱都是空心的装饰品，与支撑天花板无关。

于是，希尔顿立即命人拆开看看，果然是空心的装饰品。他请来工匠，在大圆柱里安装了若干个精致的小型玻璃橱窗，然后高价出租。出入豪华大酒店的都是有钱的阔佬，在橱窗里陈列名贵商品，自然会增加销路。这些橱窗立即被纽约市著名的珠宝商和香水商租用，用来陈列高档商品，招徕顾客。仅此一项，希尔顿每年收入的租金高达2.4万余美元。由于增加了这些名贵商品，使大酒店增色不少，那些阔佬们偕太太、女友出入大酒店也就更加频繁了。

想想看，我们是否也有被闲置的"大圆柱"？那也许正是一个赚钱的宝库！

审时度势助成功

刘永森的唯一长处是速记，除了这个爱好以外其他都不擅长。然而就是他看到了自己这个优势，在一个偶然的机会里，他开始驰骋于速记这个长久落寞的行业，成为速记行业的带头人。

在高中时刘永森看到某同学有一本关于速记的书，出于对速记符号的好奇，他依葫芦画瓢地模仿起来。后来他上了函授速记学校，又拜黑龙江一位颇有名气的老先生为师，期间他参加了全国速记比赛，并且取得了名次。

直到这时候他还不知道速记对他来说意味着什么，只觉得仅仅是一项爱好而已。因为长期以来，并没有看见有人由于会速记而发财，所以刘永森为自己一无所长感到害怕。

1993 年刘永森离开黑龙江，漫无目的地来到北京寻找挣钱机会。在北京一家公司打工期间，他经常练习速记，于是就有人知道他有这样一个爱好。

一次偶然的机会，他被中共中央党校的一位老先生请去做速记，由老先生口述，他做记录。很自然地，他对此轻车熟路，出错率很低。经过简单整理，老先生的这本书很快就出版了，他也从此找到了一份速记的兼职。

从爱好到创业

久而久之，刘永森开始仔细考察北京市场对速记的需求，结果发现北京是自己速记事业发展的最理想地区。

于是，他立即花费 2000 元买了一台旧笔记本电脑，从此乐此不疲地为他人做速记。不仅为个人做速记，而且开始承揽各种会议速记。

越干越有劲，越干越觉得这个市场太庞大了，在他面前堆积着一个人没日没夜也干不完的活。他隐隐觉得，自己大显身手的时候到了。

于是，凭借 10 万元注册资金，刘永森成立了北京文山会海速记公司，全身投入速记行业。

寻找不成熟领域里的成熟技术

速记在我国的发展已经有了多年历史，但是还没有形成一个产业，而实际上需要使用速记的地方却有很多：会议记录、同步翻译、记者采访、讲话录音、电视台场记、律师取证、法庭记录、各种培训班……仅仅以会议记录为例，不算每个单位内部召开的各种会议，仅仅大型会议每天就要上百场、需要整理几百盒录音磁带。而会议现场速记的价格通常是每小时 100 元或每天 1000 元；整理录音磁带的价格通常是每盘 100 元、录像带的价格是每盘 150 元；遇到需要保密的资料，则收费标准更高。

成立专业公司以后，刘永森从事过"世界妇女大会""知识产权发布会""国际周"以及其他各种会议的现场速记记录、各种音像资料的速记和整理、个人传记口述编书等。

刘永森认为："速记是个不成熟的领域，我碰巧有这个不成熟领域里的成熟技术，把握住了这一点我就成功了一半；还有，不管面对什么压力我都会坚持已经认定的目标。这样我就得到了成功的另一半。"

刘永森讲得太谦虚了。事实上，每一个人都有自己的特长，只要从自己的特长出发寻找创业良机，总是能够找到成功的方向的。

盲人的灯笼

一个盲人拜访朋友，闲聊到深夜才回家，朋友给他一盏灯笼，以方便他行走。

盲人说："我是个盲人，提灯笼又有何用？"

朋友说："虽然你是个盲人，但是天色很暗，你提着灯笼别人可以看到你，就不会把你撞倒了。"

盲人提着灯笼上路，没想到走到半路就被人撞倒了。盲人很生气地说："你眼睛瞎了吗？为何把我撞倒？"

路人回答说："对不起，我没有看到你。"

盲人大惑不解："我提着灯笼，为什么你看不见呢？"

路人说："先生，灯笼里的火早就灭了呀！"

当朋友给盲人一盏灯时，盲人就以为灯笼是自己的依靠，可以照亮路途，也可以照亮别人。盲人接受了朋友的观念，并转化为自己的观念；但其无法禁得起中途的环境变化（风把烛火吹熄），自以为灯还在，终于还是发生被撞倒的情形。

在盲人提灯的故事中，若我们把灯比喻为事物，则事物随时在变化，而眼盲者却无法掌握。眼盲者其智慧没有开启，只能接受别人的观念予以奉行。由于他依赖别人的见地，但自己却无法掌握环境的变化（灯熄了），用自以为是的错误观念（以为灯还亮着）去责怪别人。究竟其是对是错？答案是很明显的。

其实，我们很多人的行为，也像这个盲人一样，总是按照老经验去处理问题，结果不但没把问题解决好，反而弄得更糟。其原因就是墨守成规，缺乏应变能力。如果知道时常用手试试灯笼的温度，那么，你就能知道你手里的灯是否还亮着。

第 六 章

找到你的最佳状态

　　我们常常说"宝贝放错了地方就是垃圾",或者说"垃圾是放错了地方的宝贝"。即使是那些看起来很笨的人,也许在某些特定的方面也会有杰出的才能。比如,柯南·道尔作为医生并不著名,写小说却名扬天下。

　　要把自己的长处运用到事业当中,这就好比把硬度最高的钢用在刀刃上的道理一样。把好钢放在刀背上,完全是一种浪费。不展示出自己最优秀的特质,这优秀又有什么用呢?

用"工作就是游戏"的心态

南斯拉夫人米卢蒂诺维奇，算是迄今为止最成功的前国家足球队教练了。他始终用来影响足协、国脚和全国球迷的信念就是"快乐足球"和"态度决定一切"。

米卢是聪明的，他知道要在短期内彻底改变那些国脚们的意识和技能，简直就是"不可能完成的任务"。毕竟，这些人从小就开始踢球，很多东西都已经根深蒂固了。而唯一的捷径就是通过塑造国脚们的职业化态度，进而提高他们的情商和团队精神，使队员能够尽可能多地把训练成果运用到比赛中去。不可否认，无论在美国、墨西哥、尼日利亚、哥斯达黎加还是在中国，米卢的这个策略都很成功。

人生岂能无目的呢？无目的的人无异于行尸走肉。然而，目的本是引领着你前行的，如果你将目的做成沙袋捆缚在自己的身上，每前进一步，巨大的压力与莫名的恐惧就赶来羁绊你的手脚，那么，你将如何去约见那个成功的自我。

一个人由于做事过度用力和意念过于集中，反而将平素可以轻松完成的事情搞糟，现代医学将这种现象叫作"目的颤抖"。

太想缝好针的手在颤抖，太想踢进球的脚在颤抖，太想在面试中胜出的心在颤抖。华伦达原本有着一双在钢索上如履平地的脚，但是，过分求胜之心硬是使这双脚失去了平衡，这都赋予了一种沉重的内涵。

睿智的庄子给我们留下这样一个发人深思的故事：当一个博弈者用瓦盆做赌注的时候，他的技艺就可以发挥得淋漓尽致；而当他拿黄金做赌注的时候他则往往大失水准。庄子对此的定义是"外重者内拙"。

第一次听到"工作就是游戏"的论调，很多人不以为然。他们以为工作和游戏是怎么也扯不上关系的。工作是责任，游戏是消遣；工作重结果，游戏重过程；工作带来利益，游戏带来快乐；工作是不得不做的，游戏是可有可无的。

但工作毕竟不是有期徒刑，享受它是每个人的权利。虽然目标和责任会带给人压力，可释放压力的途径无处不在，那些擅长把工作当成游戏来玩的人，能够把困难、枯燥和压力变成挑战、刺激和动力，这对生理和心理都是有益无害的。他们认为，不管是电玩、泡吧、蹦迪还是斯诺克、卡丁车、斗地主，游戏里蕴藏的某些东西，比如投入、松弛、平和……的确可以轻易地化解工作带来的疑惧和担忧。

以出世的心态，做入世的事业，从本质上是一种重过程而不重结果的游戏心态，是一种但问耕耘，不问收获的豁达。

游戏是很容易使人投入甚至废寝忘食的，因为你感到快乐；游戏是让人松弛的，因为成败得失无关痛痒；游戏也是平和的，因为它只不过是一场游戏。当工作变成了游戏，心情也会舒畅许多，不是没有压力和烦躁，只是面对它们的态度不一样了。

看淡结果、享受过程的"游戏心态"是紧张的现代人应该拥有的，在快乐的状态下，人们总是会有更好的表现。不是经常说，工作的时候拼命工作，玩的时候拼命玩吗？那要是在工作的时候也能加上玩的状态和心情，不是就有了所谓的快乐销售、快乐管理、快乐英语、快乐钢琴、快乐足球、快乐减肥、快乐上班、快乐加班了吗？

谁不希望快快乐乐地实现目标呢？别以为这是天方夜谭，这其实是每个人自己的选择。反正，愁眉苦脸也是做，开开心心也是做。

不喜欢交际应酬是吗？为什么不把它看成朋友间的喝酒划拳呢？

不喜欢每月的业绩目标是吗？为什么不把它看成斯诺克的击球入洞呢？不喜欢和讨厌的家伙合作共事是吗？为什么不当成"斗地主"时的忽敌忽友呢？反正都得做，快乐一点吧！

想通了这些，你有没有发现那些在拼命地工作和娱乐之间找平衡的人是多余的了吧！因为无论你在做什么，都有权利选择快乐，因为工作和游戏的本质一样，都是为了让人快乐。

顺利转化自己的角色

有一个女子，出身于一个平常的家庭，做一份平常的工作，嫁了一个平常的丈夫。总之，她的一切都十分平常。突然有一天，她被一个导演看中，让她饰演一部戏中的王妃。从此开始了"王妃"生涯。

演戏对她来说太艰难了，她阅读了许多有关"王妃"的书，细心揣摩"王妃"的心思，重复"王妃"的一颦一笑、一言一行……

最后，她终于能够顺利地扮演"王妃"了，进入角色已无须多少时间。

然而，糟糕的是，现在她想要回到那个平常的自己却非常艰难。无论戏里戏外，她都流露出"王妃"的姿态，甚至在家里对待丈夫和孩子也是如此。

每天早上醒来，她必须提醒自己"我是谁"，以防止毫无来由地对人"摆气势"；在与善良的丈夫和活泼的女儿相处时，她必须告诫自己"我是谁"，以避免莫名其妙地对他们喜怒无常。

只能演主角，而不能演生活中的配角的尴尬让她无法找回自己。

主角配角都能演，台上台下都自在，是一种面对现实人生、机智做事、能伸能屈的弹性。

罗艾先生工作非常努力，人也很有才干，大家都知道他很想升为部长，同时也都认为他有当部长的能力。

公司董事会对他的成绩也很认可，就真的提升他做了部长。这样，他工作更加努力了。看他每天办公、开会，忙进忙出，兴奋中难掩骄傲的神色，大家都替他高兴，也祝他更上一层楼。

可是过了一年，公司人事变动，罗艾先生下台了，被调到别的部门当职员。得知消息的那天，他关上办公室的门，一整天没有出来。

又做回一般的职员，大概难忍失去舞台的落寞，他日渐消沉，后来变成了一个愤世嫉俗者，再也没有升过官……

事实上，在人生的舞台上，上台下台本来就很平常。如果你的条件适合当时的需要，当机缘一来，你就上台了。

如果你演得好演得妙，你可以在台上久一点，如果唱走了音，演走了调，老板不叫你下台，观众也会把你轰下台；或是你演的戏码已不合潮流，或是老板要让新人上台，于是你就下台了。这种情形在政治界最为明显，当部长多风光，可是说下台就下台！

上台当然自在，可是下台呢？难免神伤，这是人之常情，可是我认为还是要上台下台都自在。

所谓自在指的是心情，能放宽心最好，不能放宽心，不要把这种心情流露出来，免得让人以为你经不住打击；你应平心静气，做你该做的事，并且想办法提高你的演技，随时准备再度上台——不管是原来的舞台或别的舞台——只要不放弃，就会有机会！

另外还有一种情形也很令人难堪，就是由主角变成配角。如果你看电影、电视的男女主角受到欢迎、崇拜的情况，你就会了解由主角变成配角的那种难堪。

就像人生免不了上台下台一样，由主角变成配角也一样难以避免——下台没人看到也就罢了，偏偏还要在台上演给别人看！

由主角变成配角也有几种情形，第一种是去当主角的配角，第二种情形是与配角对调。

这两种以第二种最令人难以释怀。

真正演戏的人可以拒绝当配角，甚至可以从此退出那个圈子，可是在人生的舞台上，要退出并不容易，因为你需要生活，这是现实啊！

所以，由主角变成配角的时候不必悲叹时运不济，也不必怀疑有人暗中搞鬼。你要做的也是平心静气，好好扮演你配角的角色，向别人证明你主角配角都能演！

这一点很重要，因为如果你连配角都演不好，那么怎么让人相信你还能演主角呢，如果自暴自弃，到最后就算不下台，也必将沦落到跑龙套的角色，人到如此就很悲哀了。

如果能扮演好配角，一样会获得掌声，如果你仍具有当主角的优势，自然会有再度挑大梁的一天！

你不能控制他人，但你可以掌控自己；你不能选择容貌，但你可以展现笑容；你不能左右生活，但你可以改变心情。积极的心态不是天生的，而是后天养成的，是人主动创造出来的，换一个角度看问题，心情也就换了个天地。

苏东坡在被贬谪到海南岛的时候，岛上的孤寂落寞，与当初的飞黄腾达相比，简直判若两个世界。但苏东坡却认为，宇宙之间，在孤岛上生活的，也不止他一人；大地也是海洋中的孤岛！就像一盆水中的小蚂蚁，当它爬上一片树叶，这也是它的孤岛。所以，苏东坡觉得，只要能随遇而安，就会快乐。

苏东坡在岛上，每当吃到当地的海产时，他就庆幸自己能到海南岛。甚至他想，如果朝廷有大臣早他而来，他怎么能独自享受如此的美食呢？所以，被贬谪万里的苏东坡没有客死他乡，后来终于有机会，返回朝廷。

人生的机遇是变化多端，难以预料的，起伏难免，有时逃都逃不掉，碰到这种情况，就应有上台下台都自在，主角配角都能演的心情，这是面对人生的一种能屈能伸的弹性，而你的这种弹性，不但会为你的人生找到支点，也会为你寻得再放光芒的机会！

不要刻意追求完美

佛经上，把我们生存的这个世界称为"娑婆世界"，意思是能容忍许多缺憾的世界。一方面，这个世界没有一样事物是完美的，一切都在矛盾之中；另一方面，你不觉得这种不完美本身就已经很完美了吗？

一位禅师想从两位徒弟中选一个做衣钵传人。一天，禅师对徒弟们说："你们出去给我捡一片最完美的树叶。"

徒弟遵命而去。时间不久大徒弟回来了，递给师父一片并不漂亮的树叶，对师父说："这片树叶虽然并不完美，但它是我见到的最完整的树叶。"

二徒弟在外面转了半天，最终却空手而归，他对师父说："我见到了很多很多的树叶，但是怎么也挑不出一片最完美的。"

最后，师父把衣钵传给了大徒弟。

世界上没有最完美的树叶，也没有绝对完美的事情。如果我们一味苛求完美，到最后将得不偿失。

害怕失败可以与苛求完美联系在一起。由于我们过多地考虑别人对我们努力的成果有什么看法，因此我们就会无止境地努力去把事情完全做好，这样不仅浪费了时间，而且在这个过程中还存在着扼杀我们自发性与创造性的危险。

缺憾是与生俱来的，想尽一切办法也是不能完全避免的，就算是利用基因技术将人的 DNA 组合到最完美的地步，随之也会有新的问题产生，只能算是拆东墙补西墙。因此，可以说缺憾是伴随着生命的。

追求完美并没有错，可是不宜凡事都苛求完美。

追求完美的人最普遍的错误想法，就是认为不完美便毫无价值。譬如说，一个每科成绩取得优等的学生，偶尔在一次考试中有一科拿了中等成绩，便大感沮丧，认为那就是失败。这类想法使苛求完美的人害怕犯错，而且一旦犯错后又做出过分的反应。

他们的另一个误解是相信错误会一再重复，认为"我永远都不能把这件事做好。"苛求完美的人不会自问能从错误中学到什么，而只是自怨自艾，说："我真不该犯这样的错，我决不能再犯了！"这种自责态度导致产生一种受挫折和内疚的感觉，反而会使他重复犯同样的错误。

美国的 D. 伯恩斯教授曾进行过一项调查，作为他研究工作效果和情绪健康的一个环节。他向 150 名每年收入 1 万～15 万美元的推销员提出一系列问题，结果发现，他们之中约有 40% 是属于苛求完美的人。可以预料的是，这 40% 的人所受的压力，比其余那些不苛求完美的人要大得多。但他们的成就是否更大呢？说来奇怪，答案却是否定的。这些苛求完美的人，在生活中显然较常感到焦虑和沮丧，可是没有任何证据显示他们的收入比其余的人高。

为什么苛求完美的人特别容易情绪不安？为什么他们的工作效果会受到损害？其中一个原因就是，他们以一种不正确和不合逻辑的态度看待人生。

实际上，追求完美的人由于经常遭遇到挫折和压力，因此可能降低他们的创作能力和工作效果。

伯恩斯所说的"苛求完美"，究竟是什么意思呢？有些人以争取高水准为乐，他们要求的是合理的卓越表现，这种健康的追求，并非我们所说的"苛求完美"。当然，不重视素质的人根本就难以获得真正的成就。但"苛求完美的人"却强迫自己勉强达到不可能的目标，并且完全用成就来衡量自己的价值。结果，他们变得极度害怕失败。他们感到自己不断受到鞭策，同时又对自己的成就不满意。

事实证明，强逼自己追求完美不但有碍健康，会引起像沮丧、焦虑、紧张、情绪不安等症状，而且在工作效果、人际关系、自尊心等方面，亦会招致失败。

其实，存在缺憾并不代表没有价值。失去断臂的维纳斯，她的美不仅征服了西方也征服了东方。曾几何时，多少艺术家绞尽脑汁，想为她重塑双臂，然而，欲成其美，适得其反。许多悲剧之所以那么耐人寻味就在于它的缺憾，留给观看的人很大的思考余地。正如狄德罗所说："如果世界上一切都是十全十美的，那便没有十全十美的东西了。"月亮因为有阴晴圆缺，所以才那么的丰富多彩。卓越、出色者并非完美，奇才常常有大缺憾。著名影星索菲亚·罗兰，有人说她嘴太大，身体则丰满得有点偏胖，然而她却被评为 20 世纪最美的女人。美国伟大的总统林肯，形象丑陋，不修边幅，嗓音粗哑，但他却是美国历史上最优秀的演说家之一。

为了帮助苛求完美的人戒除这个心理习惯，伯恩斯教授首先请他们列出追求完美的好处和弊端。一名向他求助的法律系学生只举出一个好处："这样做有时会得到优秀成绩。"接着他列出六个弊端："第一，它令我神经非常紧张，以致有时连普通成绩也拿不到；第二，我往往不愿冒险犯错，而那些错误却是在创作过程中必然会发生的；第三，我不敢尝试新的东西；第四，我对自己诸多苛求，令生活失去了乐趣；第五，由于总是发现有些东西不算完美，因此我根本不能松弛下来；第六，我变得不能容忍别人，结果别人认为我是个吹毛求疵者。"

根据这个利弊分析，他终于认为若放弃苛求完美，生活可能会更有意义和更有成就。

伯恩斯指出："假如你目标契合实际，那么，通常你的心情便会较为轻松，行事也较有信心，自然而然便会感到更有创造力和更有工作成效。我不是鼓吹放弃努力奋斗，不过，事实上你也许会发现，在你不是追求出类拔萃成就而只是希望有确实良好的表现时，反而可能会获得一些最佳的成绩。"

　　你也可以用反躬自问的方式来抗拒苛求完美的思想，例如，"我从错误中可以学到什么？"你可以做个实验，想想你犯过的一项错误，然后把从中得到的教训详列出来。千万别放弃犯错的权利，否则你便会失去学习新事物以及在人生道路上前进的能力。你要牢记，追求完美心理的背后隐藏着恐惧。当然，追求完美也有一个好处，就是无须冒着失败和受人批评的危险。不过，你同时会失去进步、冒险和充分享受人生的机会。说来也奇怪，敢于面对恐惧和保留犯错误的权利的人，往往生活得更快乐和更有成就。

接受自己的一切

缤纷色彩能够显出美丽，是因为它没有分开每种色彩。

——曼德拉

接受你自己的一切，就像是在对你自己说："我也许不完美，但我就是我，这没有关系。"当消极思想出现时，你可开始将它们看作整体中的一小部分，始终以善意和宽容来对待自己。

西方有两句这样的格言，讲的都是同一个道理。

"我坚持我的不完美，它是我生命的真实本质。"

"热爱自己是终生浪漫的开端。"

全面接受你自己是很重要的，其原因之一便是这可使你更安心地对待自己，更具同情心。当你感觉到无保障，不要假装"并无不妥"，你可坦然面对这一现实并对你自己说："我觉得害怕，但没关系。"如果你感到有点嫉妒、贪婪或气愤，不要否认或埋葬你的感觉，你要坦然面对它们，这可帮你迅速摆脱并远离它们。当你不再把你的消极情绪看得过重，或当作可怕的事，你就不会再像从前那样被它们吓倒。当你接受自己的一切时，你就不再需要去假装生活是完美的，或希望如此。相反，你会接受自己的现状，就在现在。

当你接受自己不够完美的那些部分，奇迹便会出现。伴随消极的方面，你也将开始注意到积极的方面，你自己身上那些极出色的、你也许从未认为自己所具有的、甚至从未意识到的方面。当你有时在心里对自己表现出兴趣时，或当你令人难以置信地无私时，你可能就会注意到它们。有时你可能会觉得无保障或害怕，但更多的时候你是勇敢的。尽管有时你肯定会焦虑不安，但你也能非常放松。

意大利的比萨塔建造好之后，人们发现它慢慢地倾斜了。无论从哪个角度来看，这是个建筑技术的失败。

当时有人想拆除它，在比萨塔没有出名以前，这种呼吁一直都没有停止过。但是，意大利人却迟迟没有动手。

他们容纳了这个奇怪的建筑物。数百年后，它成了意大利最著名的建筑。

能否悦纳自己是衡量一个人的心理状态是否积极和健康的一项重要的指标。悦纳自己是指一个人相信自己存在的价值，认同自己的能力，并在行为上表现出一种与环境和他人积极互动的心理定式。通俗地说，能够愉悦地接纳自己，包括自己的某些缺陷，并能不断地进行自我激励，会使自己的人生过得更加充实而有意义。

民间有这样一个传说：一个农夫有两个水罐，一个完好无损，一个有一条裂缝。农夫每次挑水，完好的水罐总能把水从远处小溪运到主人家，而有裂缝的水罐回到主人家时往往只有半罐水。这只有裂缝的水罐感到无比痛苦和自卑。一天，它在小溪边对主人说："我为自己每次只能运送半罐水而感到惭愧。"这时，农夫惊讶地说："难道你没有看见回家的路旁那些盛开的鲜花吗？这些花只长在你那一边，而并没有长在完美水罐那一边。如今，这些鲜花已给我们一路上带来了许多美丽的风景！"

这则小故事告诉人们，如果我们能够坦然地、微笑地面对自己生命中的一些缺憾和工作中的不足，愉悦地接纳自己，扬长避短，充分发挥自己的潜力，同样会给我们带来"柳暗花明又一村"的美景。

随时随地把握时机

居住在美国弗吉尼亚州的一个农夫，他出巨资买下了一片农场之后突然发现自己上当了，因为这块地不能种水果，也不能养猪。这里生长的只有白杨树和响尾蛇。在一番痛苦和后悔之后，他想到了一个很好的主意，要把这块土地的价值利用起来——那些响尾蛇是关键。他的做法令每个人都很吃惊，因为他开始做响尾蛇罐头。

几年之后，他的生意规模上去了，到他农场来参观的人高达几万人次。他取出响尾蛇的蛇毒，送到各大药厂去做蛇毒的血清，把响尾蛇的皮以高价卖给厂家做鞋子和皮包，把响尾蛇的肉做成蛇肉罐头销售。由于他独到的眼光和天才般的智慧，他所在的村子现在已经成为有名的响尾蛇村。

威廉·波里索曾经忠告世人："生命中最大的一件事情，就是不要拿你的收入来当资本。任何智力障碍者都会这样做，但真正重要的是要从你的损失中获利。这就必须靠才智才行，也正是这一点决定了智力障碍者和聪明人之间的区别。"

我们大多数人不幸被威廉·波里索言中，我们根本没有想过如何从损失中创造性地获得利润，我们都缺乏把眼前的不利因素巧妙地转化为有利因素的能力。不过，这种能力的缺乏恰恰是因为我们把大部分时间都耗费在无聊的痛苦上了。尼采对超人的定义是："在必要的情况下忍受一切，而且还要喜爱这种情况。"从无数成功者的历程中可以看到：他们刚开始的起步条件并不比我们优越多少，甚至还不如我们，他们所不同的就是没有在痛苦、抱怨中沉沦，而是积极地利用现有的这点资源努力进取，甚至把缺陷也做成了"特点"，慢慢地，他们也就创造、积累了更多更好的新资源。

1988 年 4 月 27 日，美国阿波罗航空公司一架波音 737 客机从檀香山起飞后不久，意外的爆炸把前舱顶掀起一个足有 6 平方米的大洞，驾驶员不得不把飞机紧急降落在附近的机场上。除了飞机上一名空中小姐被气流从舱顶抛出不幸身亡之外，其余 89 名乘客都平安生还。

对这一事故，波音公司的竞争对手们，立即大肆宣传，趁机发难，波音公司面临巨大压力。但经过调查后，发现事故是因为飞机太旧、金属疲劳所致。这架飞机已经飞了 20 年，起落超过 9 万次，大大超过了保险系数，这样的情况还能使乘客毫不受损，这说明波音飞机质量毫无问题。于是，波音公司组织了声势浩大的宣传攻势，使人们了解事故的真相，更加坚信波音公司的飞机品质。

结果，公司的飞机销量猛增，仅 5 月份一个月就收到了 70 亿美元订货款，比第一季度的 47 亿美元还多。

天有不测风云。有的企业在厄运到来时手足无措，不知如何是好，竞争对手就抓住这一点而肆意攻击，从而使企业陷入困境。

而波音公司则善于把不利因素转化为有利因素，善用反证，从而使公司巧渡难关，并因此而名声大震。可见不仅可以把握自己有利的机会进行宣传，而且还可以抓住不利于自己的情况进行反击，化险为夷。

诚如休谟所言："一个没有犯过任何错误的人，除了他的理解正确以外，不能要求得到任何其他的赞美，而一个改正了自己错误的人，则既表示他的理解正确，又表示他的胸襟光明磊落。"

充分信任自己的能力

曾有一位中学教师，决定去股市套利，他拿着多年来辛苦积攒的 18 万元钱进入股市。在经历了一系列惊心动魄的暴涨暴跌之后，最后的结局是，18 万元的积蓄化成一股青烟，随风去了。

他变得一无所有，在大多数人眼中，他是一无所有的。但是他自己并不这样认为，他知道自己在股市系列剧中学到了很多东西。于是他把自己推荐给了一个大户，说可以为大户操盘及出谋划策。当那个大户问他凭什么自己要把钱乖乖地拿出来交给一个身无分文的股市失败者时，你猜他怎么说？

他神态自若，轻轻地说："我虽然不能交给你什么赚钱的方法，但是凭借我多年失败的经验，我可以准确无误地告诉你，什么事做不得，做了一定会损失。"

于是那个大户相信了他。后来，这位一无所有的数学教师果然帮助了这个大户避免了很多的损失。再后来，在总结了自己的失败经验和大户们的成功经验之后，他又出来自己干，据说现在已经是几千万的身家了。

日本三泽屋的三泽千代治社长曾经说过："我更信任那些有失败经验的人，一次都不失败的人，我从来不敢委以大任。"我们身上的种种毛病其实就像这些失败一样，往往是映射成功的镜子。愚蠢的人面对毛病就像面对失败一样，就只知道它们是毛病，怪它们使自己失败；只有聪明智慧的人才会把毛病和失败看成通往成功的经验。

如果你希望拥有强壮的臂膀，你就要系统地进行锻炼，不久你的臂部肌肉就会变得强壮有力。

如果你不希望拥有强壮的臂膀，你可以把它捆住，废弃不用，它的力量就会萎缩，以致消失。

各种形式的生命衰退和死亡，都是来自疾病。大自然不能容忍懒惰。保持宇宙每种事物处于不断的运动状态中。从物质的电子和质子到浮于太空的无数星球，没有一样东西曾经静止过一秒钟。自然的格言是：不动则亡！没有折中的余地，没有任何例外。

一个人的困难，是一个人成长的养料，事业取得成功的过程，实质上就是不断战胜困难的过程。

因为任何一项事业要取得相当的成就，都会遇到困难，难免要犯错误，遭受挫折和失败。只要相信自己的力量，树立必胜的信心，尽自己最大的努力，是一定会获得成功的。成功就是如此，往往经历无数次失败才能获得。每一个白手起家的成功人士，他成功的背后，肯定有无数次的失败和战胜失败的经历。

克里蒙·史东是联合保险公司的董事长，最大的商业巨子之一，被称为"保险业怪才"。史东幼年丧父，靠母亲替人缝衣服维持生活。为补贴家用，他很小就出去贩卖报纸了。有一次他走进一家饭馆叫卖报纸，被赶了出来。他乘餐馆老板不备，又溜了进去卖报。气恼的餐馆老板一脚把他踢了出去，可是史东只是揉了揉屁股，手里拿着更多的报纸，又一次溜进餐馆。那些客人见到他这种勇气，终于劝主人不要再撵他，并纷纷买他的报纸看。史东的屁股被踢痛了，但他的口袋里却装满了钱。

勇敢地面对困难，不达目的绝不罢休——史东就是这样的人。

史东在中学的时候，就开始试着去推销保险了。他来到一栋大楼前，当年贩卖报纸时的情况又出现在他眼前。他因害怕而发抖，但他安慰自己"如果你做了，没有损失却可能有大的收获，那就下手去做。马上就做！"

他走进大楼，心想如果他被踢出来，他准备像当年卖报纸被踢出餐馆一样，再试着进去。但是这次他没有被踢出来。每一间办公室，他都去了。

那天，有两个人向他买保险。就推销数量来说，他是失败的，但在了解他自己和推销术方面，他有了极大的收获。第二天，他卖出了4份保险。第三天，6份……他的事业开始了。

20岁的时候，史东自己设立了只有他一个人的保险经纪社，开业的第一天，他就在繁华的大街上销售出了54份保险。有一天，他做出了令人几乎不敢相信的纪录，120份。以一天8小时计算，每4分钟就成交一份。

几年之后，克里蒙·史东成了一名拥有百万资产的富翁。他说成功的秘诀是一种叫作"肯定人生观"的东西。他还说："如果你以坚定的、乐观的态度面对艰苦，你反而能从其中得到好处。"

第 七 章

激发潜能，原来你如此强大

在人们体内的亿万细胞中，有着巨大的潜在力量。这
种潜力要是能够被唤醒，人就能够做出种种神奇的事情来。

你的潜能有多大

人的潜能是无穷的，只要你善于挖掘。

19世纪最伟大的科学家是爱迪生，20世纪最伟大的科学家是爱因斯坦。爱因斯坦死时曾表示过愿意将他的大脑捐献出来供人们研究。后来科学家研究发现，实际上爱因斯坦的大脑使用还不到全部的10%。最伟大的科学家的大脑使用都不到10%，那作为其他的普通人用了多少呢？有些人不到5%，有些则连1%都不到。这说明大脑至少有90%被荒废了，这就是人类最伟大的发现，比爱因斯坦的相对论还伟大。想一想爱因斯坦使用不到10%的大脑就可以成为最伟大的科学家，取得许许多多惊人的发现，那么我们如果多开发我们大脑的1%甚至10%，那结果会是怎样的呢？肯定是不可想象的。根据脑科学研究表明，如果一个人的大脑全部开发，那么他将学会40种语言，拿14个博士学位，将百科全书从头到尾一字不漏地背下来，他的阅读量可以达到世界上最大的图书馆美国国会图书馆的50倍。一点不夸张地说，只要一个人的大脑得以全部发挥，将完成所有可以想象得到的事情，而我们每个人都拥有这样的大脑，拥有能成为爱因斯坦，能成为比尔·盖茨的大脑，而最终成为什么样的人，就靠你怎么去开发你的大脑，开发了多少。每个人自己就是一座宝藏，那里有源源不断的能量等着你去挖掘。

一个人要实现自己的职业生涯目标，干出一番惊天动地的事业，必须在树立自信，在明确目标的基础上，进一步调整心态，开发潜能，这一点是极为重要的。

人的潜能就如海面上漂浮的一座冰山，阳光之下，其色皑皑，颇为壮观。其实真正壮观的景色不在海面之上，而在海面之下，与浮出水面上的那部分相比，沉浸在海面下的部分是它的 5 倍、10 倍，甚至上百倍。

有位农夫的儿子年仅 14 岁，有一天将车开出了农场大院，车子翻到水沟里，农夫急忙跑到出事地点。只见儿子被压在车子下面，只有头的一部分露出水面。这位农夫毫不犹豫地跳进水沟把车子抬起，让另一位来援助的雇员把儿子从车下拖了出来。事后农夫觉得很奇怪，自己一个人怎么就能把汽车抬起来呢？他再试了一次，任凭使尽全身气力，却怎么也抬不动那辆车子了。

这就是潜能的力量，农夫因为对儿子的爱，所以在儿子危险的一刻爆发出不可思议的力量，救了儿子，这其实也是爱的力量。

正常人的脑细胞有 140 亿～150 亿个，但只有不足 10% 被开发利用，其余大部分处在休眠状态，更有研究统计认为有 98.5% 的细胞是处于休眠，甚至有专家认为只有 1% 参加大脑的功能活动。而人在 30 岁以后每天脑细胞是以 10 万个的速度在死亡，虽然这对大脑 150 亿脑细胞来说是微不足道的，但如果死亡的是已开发的、有功能的脑细胞，必然影响脑效能，必显迟钝呆板。我们开发的大脑潜能约有 95% 尚待开发与利用，即使像爱因斯坦这些科学精英的大脑的开发程度也只达到 13% 左右。按照这样的理解，开发大脑潜能，让自己变得更加聪明起来并非什么天方夜谭。

由于各种复杂的内部和外部原因，人的大脑机能存在着一种抑制现象，使得人们长期难以察觉自己的能力。在意想不到的强刺激条件下，这种抑制被解除，蕴藏在人体内的潜能会突然爆发出来，产生一种神奇的力量，使人做出平时根本做不到的事情来。

沙特阿拉伯塔伊夫城有一个 25 岁的漂亮姑娘，不知什么原因"哑"了 20 年，经多方医治毫无效果。有一天，媒人领进一个大她 25 岁的长得很丑的老头子来相亲，见面之后，姑娘的父亲私自做主，逼着姑娘嫁给他。姑娘急了，竟讲出 20 年来的第一句话："我宁死也不嫁给他!"

　　人们常常埋怨社会埋没人才，其实，由于缺乏信心和勇气、自卑、懒惰、安于现状、不思进取，自我埋没的现象也是相当普遍的。如果我们能多给自己一点刺激，多一点信心、勇气、干劲，多一分胆略和毅力，就有可能使自己身上处于休眠状态的潜能发挥出来，创造出连自己也吃惊的成功来。

激发自己的潜能

在我们每个人的体内都潜伏着巨大的才能，但这种潜能酣睡着，一旦被激发，便能做出惊人的事业来。

生命潜能管理就是以系统的方法管理自我及周边资源，达成人生的目的。成功者与失败者的差别，是成功者能够自我管理、激励，并且做有效的时间分配，而失败者却不然。

在美国东部某市的法院里有一位法官，他中年时还是一名目不识丁的鞋匠。60多岁的时候，却成为全城最大的图书馆的主人，获得许多读者的交口称赞，被人认为是学识渊博、为民谋福利的人。这位法官唯一的希望，就是要帮助众多的人接受教育，获得知识。可是他自身并没有接受过系统的教育，为何会产生这样宏大的抱负呢？原来他不过是偶尔听了一篇关于《教育之价值》的演讲。结果，这次演讲唤醒了他潜伏的才能，激发了他远大的志向，从而使他做出了这番造福一方民众的事业来。

一般来说，一个人的才能取决于他的天赋，而天赋又不容易改变。但实际上，大多数人的志气和才能都深藏潜伏着，必须外界的东西予以激发，志气一旦被激发，如果又能加以继续的关注和教育，就能发扬光大，否则终将萎缩而消失。

实际上，任何人都拥有特殊能力或才能。不管怎样愚笨的人，都有只有他才能做到的事情。同时，被认为只能做一件事的人，也往往会有多样的才能，只是自己无法发现，所以就让自己的才能一直沉睡下去，没办法活用而已。但是人往往很不容易发现及认同自己的才能，而只会发现自己的缺点，潜在的才能就这样一直隐藏下去。因此通往成功的第一步，首先要不拘泥于自己的弱点。

你必须了解人生的最终目的——你到底想要什么？

一生中哪些对你而言是最重要的？

什么是你一生当中最想完成的事情？

如果我们能够深入到自己内在力量的深处，那么就可以寻找到生命的源泉。一旦饮得这生命的活水，就不再会感到口渴，这种源泉就可取之不尽，用之不竭。

每个人都有许多潜能尚未发挥，然而，若要将潜能发展至百分之百是不可能的，因为潜能是无限的。

但目前已经有方法能让你有系统地发展潜能。由此，你会越来越喜欢自己，喜欢学习，喜欢家人，喜欢生活环境和其他人，也会不停地追求、进步、成长，分享成功经验，结交朋友，迈向平衡式成功，不断地为人类社会谋求幸福快乐，成为一个快乐、成功的人。

在人们体内的亿万细胞中，有着巨大的潜在力量。这种潜力要是能够被唤醒，就能做出种种神奇的事情来。然而大部分人好像不明白这一点。病人在病势垂危、呼吸困难时，在听了医生或亲友的一席热烈恳切的安慰话语后，竟然会起死回生。

在人的身体和心灵里面，有一种永不堕落、永不败坏、永不腐蚀的东西，这便是潜伏着的巨大力量。这种力量一旦被唤醒，即便在最卑微的生命中，也能像酵素一样，对身心起发酵净化作用，增强人的行动力。在有些时候，人会有机会看到自己的内在力量，有时读了一本富有感染力的书，或者由于朋友们的真挚鼓励，也能发现自己的内在力量。但无论用何种方法，通过何种途径，一旦激起内在力量后，你的行为一定会大异于从前，你就会变成一个大有作为的人。

态度决定高度

人生就像一杯茶，当你哀伤的时候去品它是苦涩的；而当你愉悦的时候去品它却是香甜的。同一个人生，用不同的心态对待它，结果自然大相径庭。

有个教授做过一个实验，12年前他要求他的学生进入一个宽敞的大礼堂，并自由找座位坐下，反复几次后，教授发现有的学生总爱坐前排，有的则盲目随意，四处都坐，还有一些人似乎特别钟情后面的座位。教授的追踪调查结果显示：爱坐前排的学生中，成功的比例高出其他两类学生很多。因为有了一颗永远在最前排的积极态度，决定他们成功的高度。

没有什么事情做不好，关键是你的态度问题，事情还没有开始做的时候，你就认为它不可能成功，那它当然也不会成功，或者你在做事情的时候不认真，那么事情也不会有好的结果。你对事情付出了多少，你对事情采取什么样的态度，就会有什么样的结果。

两兄弟在沙漠中跋涉数日，口干舌燥，饥肠辘辘。他们翻遍了所有的口袋，只剩下一只苹果，哥哥叹息说："完了，只剩一个了。"弟弟兴奋地说："太好了，还有一个。"

一个人有什么样的心态，就会有什么样的追求和目标。具有积极、乐观心态的人，其人生目标必然高远；有了高远的目标，必然会为之努力。有努力必有回报。第一个工人总在抱怨生活的不公，心情是郁闷的，想的都是一些令自己不愉快的事，回答别人的问题时都是满肚子怨气。

两个同龄的年轻人同时受雇于一家店铺，并且拿同样的薪水。

可是一段时间后，叫阿诺德的那个小伙子青云直上，而那个叫布鲁诺的小伙子却仍在原地踏步。布鲁诺很不满意老板的不公正待遇。终于有一天他到老板那儿发牢骚了。老板一边耐心地听着他的抱怨，一边在心里盘算着怎样向他解释清楚他和阿诺德之间的差别。

"布鲁诺先生，"老板开口说话了，"您现在到集市上去一下，看看今天早上有什么卖的。"

布鲁诺从集市上回来向老板汇报说，今早集市上只有一个农民拉了一车土豆在卖。

"有多少？"老板问。

布鲁诺赶快戴上帽子又跑到集上，然后回来告诉老板一共 40 袋土豆。

"价格是多少？"

布鲁诺又第三次跑到集上问来了价格。

"好吧，"老板对他说，"现在请您坐到这把椅子上一句话也不要说，看看别人怎么说。"

阿诺德很快就从集市上回来了，向老板汇报说到现在为止只有一个农民在卖土豆，一共 40 口袋，价格是多少多少，土豆质量很不错，他带回来一个让老板看看。这个农民一个钟头以后还会弄来几箱西红柿，据他看价格非常公道。昨天他们铺子的西红柿卖得很快，库存已经不多了。他想这么便宜的西红柿老板肯定会要进一些的，所以他不仅带回了一个西红柿做样品，而且把那个农民也带来了，他现在正在外面等回话呢。

此时老板转向了布鲁诺，说："现在您肯定知道为什么阿诺德的薪水比您高了吧？"

同样的小事情，有心人做出大学问，不动脑子的人只会来回跑腿儿而已。别人对待你的态度，就是你做事情结果的反应，像一面镜子一样准确无误，你如何做的，它就如何反射回来。

再看看我们身边，有多少人能真正对待自己从事的工作？浮躁，抱怨，这山望着那山高，导致一些人一辈子碌碌无为，一事无成。而那些在本行业、本领域做出了杰出贡献的人，无一不是兢兢业业，一丝不苟，乐观向上的。

态度可以决定一个人的成长高度，干任何工作，干任何事情，都是如此。一个人的态度决定了能否把这件工作、这件事情做得更完善、更完美。同时，也决定着一个人能否走上更高的职位。

世上无难事，只怕有心人。做任何事情都必须下定决心，不怕吃苦，不怕劳累，只要你认真地去做了，事情总会有结果。也许努力不一定会成功，但如果你不努力就一定不会成功。世界上没有做不好的事情，只有态度不好的人。做任何事情，都要有一个好的态度。有了好的态度，对工作、对他人、对自己都会表现出热情、激情和活力；有了好的工作态度，你就不怕失败，即使遇到挫折也不气馁，而是充满直面人生的勇气，这样的人一定会更容易在事业和生活中取得比别人更好的成绩，比别人更容易、更快地走向成功。俗话说，性格决定命运，好的性格就是由好的态度一点一滴地培养而成的。

"一根筋"中的"金"

从前，有一个人到沙漠里挖井，在烈日、飞沙的折磨下，掘地10米，可是，比金子更宝贵的泉水并没有冒出来。在如此恶劣的环境里，他已经苦干了10天，使出了全力，他觉得已经没有力气继续挖掘下去了，而且认为挖了10米，这里没有泉水，于是，抖抖灰尘，连铁镐也不要，径直回家了。几天后，又来了一个挖井人，他在上述挖井人的基础上继续挖掘，他认为已经挖掘了这么深，再挖几米，应有会挖到水了。果然，他再挖三尺，泉水就汩汩地冒出来了。

只要功夫深，铁杵磨成针，但是常常是这样，我们自以为聪明，而从不喜欢干"傻事"。其实这样的聪明是小聪明，是大糊涂。人生没有一点执着，没有一点"一根筋"是根本办不成任何事情的。如果仅凭着自己的小聪明，只做举手之劳的事，而对于需要下苦功，流汗水的事，不是敷衍了事，就是想走捷径。哪有那么容易的事呢？"欲求生富贵，须下死功夫"，古人早有明训。

做任何一件事情都必须执着，一门心思地做下去，抱着不达目的不罢休的态度，不管这件事情有多么的困难，都会有成功的那么一天。这种想法谁都知道是正确的，但在真正执行的过程中，需要真正的耐心，恐怕只有那些"一根筋"的人才会做得更好。在《阿甘正传》中，阿甘可以说是不折不扣的低智能人士，由于天赋的原因，他甚至连普通的小学都不能上，但是就是凭着他的执着劲，凭着他的"一根筋"。在校园里成为橄榄球明星；在丛林中他救出一个又一个战友，成为战斗英雄；在商业领域，他成为最成功的商人之一。甚至有一回，当他在美国东西海岸长跑的时候，一大群人追随着他，没人知道他为什么跑。有的人把他当作精神的象征，有的人把他当作人权的勇士。有个记者问他是为什么跑？是为了人权吗？为了环保吗？在很多人眼中，任何事情必须有一个目的，而且必须有一个高尚的目的，但是他们永远领略不到阿甘的纯粹。这也是阿甘能够心无旁骛，做好每一件事情的原因。人们认为阿甘是智力障碍者，是"一根筋"，其实到底谁傻呢？

有时候，世情并不像我们想象的那样难，最缺乏的往往是坚持。执着而坦然地做任何事情，总会带给我们意外的效果。比如，无盐是春秋时一个奇丑无比的女人，长相粗陋不堪，生得凹头深目，长肚大节，昂鼻结喉，肥项少发，折腰出胸，皮肤如漆。令人望而却步，年过四十，不但流离失所，甚至无容身之处。她本来有个名字叫钟离春，因生得太丑，又出生在无盐，大家就都把她叫作"无盐"，反而忘记了她的本来姓名。

虽然生得丑，但她是一个聪明有远见的人。

春秋战国时代，兼并侵扰，此起彼落，用现在话说是"竞争激烈"，各国的"民本思想"就都十分盛行，一个黎民百姓，也可以毫无顾忌地求见国君，陈述自己的愿望，对国家施政方针提出建议。有一天，无盐也鼓足勇气，前往临淄求见齐宣王。

邻人得知她要见齐宣王，劝说道："你也不看看你的相子，最好别去，去了也被赶出来。"

无盐女说："我不但要去，还要成为齐宣王的夫人。"

对于她的想法，邻人嗤之以鼻。

无盐女见到齐宣王，大言不惭地说："倾慕大王美德，愿执箕帚，听从差遣！"

齐宣王后宫国色天香的佳丽比比皆是，更不缺执役人等，听了无盐女的话，看着眼前这个丑陋的女人，竟然异想天开，不自量力，禁不住哈哈大笑。

不料无盐女却镇静自若，一本正经地连说："危险啊！危险啊！"

齐宣王半是玩笑半是认真地说："你说危险，那是什么啊？愿闻其详。"

于是无盐女慢条斯理，侃侃道来："秦楚环伺齐国，虎视眈眈，而齐国内政不修，忠奸不辨，太子不立，众子不教，齐王你专务嬉戏，声色犬马，这是第一件可忧虑的事情；兴筑渐台，高耸入云，饰以彩缎丝绢，缀以黄金珠玉，玩物丧志，利令智昏，这是第二件可忧虑的事情；贤良逃匿山林，谄谀环伺左右，谏者不得通入，谠论难得听闻，这是第三件可忧虑的事情；花天酒地，夜以继日，女乐俳优，充斥宫掖，外不修诸侯之礼，内不秉国家之治，这是第四件可忧虑的事情。危机四伏，已是危险之至！"

齐宣王首先还是要听不听，渐渐地目瞪口呆，无盐女说完之后良久才虔敬地说道："得聆教言，犹如暮鼓晨钟，如果我今后还有一点点进步，皆君所赐。"

刹那间，齐宣王一惊而悟，即刻下令拆除渐台，罢去女乐，斥退谄佞，摒弃浮华，然后励精图治，从此齐国国势蒸蒸日上。无盐女也成了齐宣王的王后。

由此可见，没有这种做事"一根筋"，不达目的不罢休的心态，无盐女不会获得成功。在现实生活中，很多人缺少这种做事的心态，所以才会事事半途而废。所以，要想成大事，必须学习老粗做事"一根筋"的态度。

做人做事有一点"一根筋"，不按常人的思路前进，而是沉迷于一处，执迷不悟，一股劲地钻下去……这样的人，内心的激情像炉中的一团火，时常呼呼地燃烧着。所以，在常人看来，他们简直是异想天开的幻想家，甚至是疯子……大凡古今中外的成功者往往偏执。偏执的程度如何，也决定着成果的大小。顶级的成功者，往往是偏执狂。

英特尔的总裁安迪·格鲁夫在办公桌玻璃板下压了一张字条："唯有偏执狂才能生存。"这句话不仅是他的座右铭，更成为英特尔日常工作中不折不扣的格言。

当然，我们说做人要有一点"一根筋"，不等于刚愎自用，不等于一切以自我为中心，不等于偏激、偏执，指的是耐得住寂寞、为信念前进的自律自信的坚守精神。

关键时刻破釜沉舟

公元前一世纪，罗马的恺撒大帝统领他的军队抵达英格兰后，下定了绝不退却的决心。为了使士兵们知道他的决心，恺撒当着士兵们的面，将所有运载他们的船只全部焚毁。但很多青年在开始做事的时候往往给自己留着一条后路，作为遭遇困难时的退路。这样怎么能够成就伟大的事业呢？

破釜沉舟的军队，才能决战制胜。同样，一个人无论做什么事，务必抱着绝无退路的决心，勇往直前，遇到任何困难、障碍都不能后退。如果立志不坚，时时准备知难而退，那就绝不会有成功的一日。

或许，我们都羡慕成功者拥有的财富和荣耀，但我们只看到了他们的成功，却很少有人关注他们在成功背后所付出的艰辛。对这些成功者来说，他们也曾遭遇过失败，经历过挫折，但与别人不同的是，他们从来不给自己留退路。

成功者是不喜欢给自己留后路的，因为退缩只属于失败者。退路往往成为一个人退缩的理由，一旦事情有所不顺的时候，给自己留下后路的人总是在惦记自己还有一个选项，因而不愿意尽力坚持目前的事业。所以，一个人要想成功，就要切断自己的退路，因为没有退路，就只好尽自己最大的能力向着成功的方向前进，而任何一个人，一旦最大限度地发挥自己的能力去做一件事，那他成功的概率是非常大的。因而，从这个角度来讲，没有任何退路可走的人是最容易走向成功的。也就是说，没有退路即有出路。

戴摩西尼是古希腊著名的演说家，他曾经花大力气训练自己的演说能力。为此，他总躲在一个地下室练习口才。但是，这种训练极其枯燥，由于耐不住寂寞，他时不时就想出去溜达溜达，心总也静不下来，练习的效果很差。无奈之下，他横下心，挥动剪刀把自己的头发剃去一半，变成了一个怪模怪样的"阴阳头"。这样一来，因为羞于见人，他只得彻底打消了出去玩的念头，一心一意地练口才，一连数月足不出室，演讲水平突飞猛进。经过一番顽强的努力，戴摩西尼最终成了世界闻名的大演说家。

专注是取得成功最重要的特质，只有心无旁骛、全神贯注，并且，持之以恒、锲而不舍地追逐既定的目标才有可能成功。但是，人人都有天生的惰性、有太多的欲望，要克服这些并不容易，于是也就难免战胜不了身心的倦怠，抵御不住世俗的诱惑。一些人因此半途而废，功亏一篑。那么，当惰性膨胀、欲望汹涌，追求的脚步踟蹰不前时，应该怎么办呢？不妨学学戴摩西尼，他的办法固然有些极端，但唯有如此，才能管用。他剃掉了一半头发，就彻底斩断了向惰性和欲望妥协的退路。而一旦没有退路可逃，就只能一门心思地朝前奔了。断掉退路来逼着自己成功，是许多明智者的共同选择。

曹操的部将徐晃在和刘备军争夺汉中的战争中，陈兵汉水，他的副将问，如果部队渡过汉水，遇上什么急事需要撤退怎么办？于是徐晃想出了一个自作聪明的计策，搭起浮桥引兵渡行。然而就是这一座浮桥，断送了徐晃战胜的希望。黄忠、赵云左右夹攻，魏军将士因有退路而不思死战，纷纷被逼入汉水，死伤无数。韩信背水胜而徐晃背水败，其玄妙就在于徐晃为自己留了一条后路，将帅尚无誓死之心，兵士怎会安心作战呢？而在守街亭的战斗中，著名的"理论家"马谡不听诸葛亮之言，将士兵带到山上，而不是据守峡谷之中。他的理由是：第一，居高临下，势如破竹，如果曹军过来，在峡谷中死斗会吃亏，如果从山上往下打，就会很占便宜；第二，他认为守峡谷是一种笨办法，因为那样简直没有退路，若兵败，不是上山就是后撤，还不如提前上山。结果，他丢了街亭，被斩了首级。狭路相逢勇者胜，马谡不明白诸葛亮这么布阵的真正用意，因此轻而易举地让对手看出破绽，对他采取围攻、火烧等战术。所以，他这叫聪明反被聪明误。

《孙子兵法》有云："投之亡地然而存，陷之死地而后生。"原本以死地来激发士气，却因一条退路，军士能战则战，不战则退，怎能不败？

象棋之中，兵卒一旦过了界河是不能回头的，它只可以前进、左冲、右突，唯一不能做的就是后撤。但是，有一句棋语说"卒子过河当小车"，可见这些不可后撤的卒子，虽然只是一步一步地往前推进，其威力也不可挡。而在象棋中，如果要擒对方将帅，往往都只能取得一时先机而胜，这种时候，往往是一往无前，斩断退路的，也就是说，这是一场不是你死就是我活的战斗，唯有如此，棋手才能更好地运筹棋局，否则，如果一味守得自身安全了才进攻，是不可能赢得棋局的。

战场瞬息万变，生生日新月异，所谓成败，往往只在瞬间就决定了。不给自己留退路，就会将自己的信心与勇气全部集中在前进的道路上，会竭尽全力、孤注一掷地不断前行。此时，任何困难都会被你踩在脚下，任何挫折都会被甩在身后。当你历经艰辛之后会发现：原来，成功就在自己眼前。

法国著名作家雨果创作的名著《巴黎圣母院》是一部脍炙人口的作品。但是，在他创作这部作品期间却有一段令人回味的小故事。当时的雨果正全身心投入写作之中，《巴黎圣母院》在他那犀利的笔尖的敲击下也即将完成。但是有一天，他的一个非常要好的朋友突然兴冲冲地跑来约他明天出国旅游，船票已经买好，雨果也是一个非常喜欢出国旅游的人，此时的他正面临着两难抉择的局面：一边是即将完成的作品，一边是异国那充满诱惑的风情文化。但是，在他朋友把这个消息传达给他然后离去的时候，雨果终于下定了决心。他把家里所有的衣橱都锁得死死的，然后把这些钥匙都扔到了家附近的小池塘里。所以，他便由于没有比较得体的衣服而不可能出国旅游了，在做完这件事后他又跑到自己房间开始全身心投入写作了。不久之后，《巴黎圣母院》也在他用心良苦的创作下问世了，假如当初雨果禁受不住外国风情文化的诱惑，毅然跟朋友出国旅游，那么，他的创作灵感可能会由此而受到很大影响，他的名著也不可能享有如此高的地位了。所以，他这封死了自己所有退路的行为可以说为他的人生点亮了成功的烛光。他在不给自己的人生留下退路的同时，使得他的前方更加宽阔和绚丽。

虽然有另一句话叫作"退一步海阔天空"，但这句话不适用于战争胶着状态和事业关键时期。在大部分情况下，我们退是为了给自己争取更有利的机动位置。但是短兵相接的时候再退，那就会一退千里，一败涂地。我们给自己的人生留下了退路，那么，我们前进的步伐便会变得不坚定，前进的动力也会减少了许多。所以，我们应该学着下定决心前进，不要给自己的人生留下退路，铺出属于自己的成功之路。我们要像石头下的小草一样，不后退，不畏缩，冲破了石头的阻碍，茁壮地成长；要像茧中的蛹一样向前奋进，破茧而出，化成美丽的蝴蝶；要像项羽一样，破釜沉舟，置之死地而后生。

心动就要行动

心动不如行动，虽然行动不一定会成功，但不行动则一定不会成功。生活不会因为你想做什么而给你报酬，也不会因为你知道什么而给你报酬，而是因为你做了些什么才给你报酬。一个人的目标是从梦想开始的，一个人的幸福是以心态上把握的，一个人的成功则在于行动中的实现。你爱成功，成功也爱你，但你若不行动，失败天天都在等着你。成功是信心、耐心、诚心和持续行动的集合，仅有一个成功的原则，绝不会给你带来任何好处，只有行动，才是滋润你成功的食物和水。

小李得知一家企业内刊招聘记者之后，当即带着自己的作品集赶了过去。到了招聘现场一看，仅有的一个岗位，竞争者竟有几百人。而且来应聘的人无论是学历、资历、年龄还是口才，都超过自己。见到这种情形，小李就打退堂鼓了，可是转念一想：既然来了，何不长长见识。于是便耐着性子坐了下来。面试的人很多，而且面试的主考官正是该公司的老总，小李又被安排在后面，看着应聘者一个接一个面色沉重地走出来，小李觉得形式似乎对自己越来越不利。他觉得必须采取独特的面试方式才能打动老总，才能出奇制胜。这时候，在会客室里坐等的几位应聘者开始闲聊。其中有这么几句话引起了小李的注意："来的都是有经验的人，小小内刊还拿不下来？一个面试还搞这么复杂！""肯定要当面出题让应聘者动笔，不怕它，都带了作品集来，还说明不了问题？"小李心里一动，当即赶往楼下的打字店，以"求贤若渴"为题写下一篇现场短新闻。回到会客室时，正好轮到自己出场了。面试的内容有些出乎小李的意料，神色已略显疲惫的老总既没提业务，也不问应聘者经历，而是要他从自己的角度谈谈如何当好内刊记者。小李当即递上刚打印完的那篇短新闻稿说自己的角度就是"敏锐"。小李成了应聘人员中百里挑一的幸运儿。老总说："其实正确的方法大家都注意到了，但心动不如行动，只有你当时把大家都注意到的东西先做在了前面。"

俗话说："说一尺不如行一寸，心动不如步履。"我们常常在分析，成功者与失败者之间到底有什么差别？其实，就是行动和不行动的差别。人与人之间智力上的差异并不是很大，很多事情，都是做与不做，做得好还是不好，这直接关系到结果，也关系到每个人能否取得成功。

有这样一则寓言故事。

一天，老鼠大王组织召开一次会议，会议的主题就是商讨怎样对付猫吃老鼠。老鼠们踊跃发言，出主意，提建议，会议开了半天，也没有一个可行的办法。这时，一个号称最智慧的老鼠站起来说："事实证实，猫的武功太高强，死打硬拼我们不是它的对手。对付它的唯一办法就是防"。"怎么防？"大伙提出疑问。"给猫的脖子上系上铃铛。这样，猫一走铃铛就会响，听到铃声我们就隐藏到洞里，它就没有办法捉到我们了！" "好办法，好办法，真是个智慧的主意！"老鼠们雀跃起来。

老鼠大王听了这个建议以后，兴奋得什么都忘了，立即公布举行大宴。第二天酒醒了以后，又召开紧急会议，并公布说："给猫系铃铛这个方案我批准，现在开始落实。" "说做就做，真好真好！"群鼠仍旧激动不已。"那好，有谁愿意去完成这个艰巨而又伟大的任务呢？"会场里一片寂静，等了好久都没有回应。"假如没有报名的，我就点名啦。小老鼠，你机灵，你去系。"于是老鼠大王指着一个小老鼠说。小老鼠一听，浑身打战，战战兢兢地说："回大王，我年轻，没有经验，最好找个经验丰富的吧。" "那么，最有经验的要数鼠爷爷了，您去吧。"紧接着，老鼠大王又对一个爷爷辈的老鼠发出命令。"哎呀呀，我这老眼昏花、腿脚不灵的怎能担当得了如此重任呢，还是找个身强体壮的吧。"鼠爷爷连忙拒绝。于是，老鼠大王派出了那个出主意的老鼠。这只老鼠哧溜一声离开了会场，从此，再也没有见到它。老鼠大王一直到死，也没有实现给猫系铃铛的夙愿。

生活中，我们常常想"心想事成"。然而，有了好的想法没有行动，是不可能取得成功的。

很多人只把想法主意停留在空想的阶段，而不落实到详细的步履中，那么这种空想终究无法变成现实。

步履表现了一个人敢于改变自我、实现自我的决心，是一个人能力的证实。心里有了一种想法主意，不付诸行动，却束之高阁，就永远都不会看到胜利的曙光。

酒香也怕巷子深

生活中，我们常常会说这句话："酒香不怕巷子深。"意思就是说好的东西不怕没人知道。金子埋在地下是不会发光的，煤炭只有燃烧自己，才能释放能量。要大胆自信，敢说敢做，勇于推销自己，主动展示自己，用行动证明自己，真正把自己的潜质彰显出来。

"世有伯乐，然后有千里马，千里马常有，而伯乐不常有。"千里马是很多的，但并不是都有幸得到伯乐的赏识，而身价倍增。所以千里马也要善于推销自己，长啸一声以引起伯乐的注意又有何不可呢？

一坛好酒，香飘四溢，从巷子的深处飘到大街上，从而路人皆知巷子深处有一坛好酒。这当然是在巷子并不深的前提下，假如巷子九曲回肠望不到尽头，那么这坛好酒终究免不了沦为平庸之物。再好的酒得不到别人的品尝也只能孤芳自赏。养在深闺人不知，很多美好的东西都湮没在默默无闻之中，这样的悲剧实在是太多了。

战国时期，七雄逐鹿中原以争天下，布衣毛遂自我推销，前往楚国游说，把自己的说话才能发挥得淋漓尽致，终于使楚王派兵救赵，解赵之围，为中国历史上留下了"毛遂自荐"的千古佳话。

有一匹千里马健步如飞，日行千里。然而在众多的马匹中，这匹马身材瘦小，暗淡无光，普通得根本就没人能看出它和别的马有什么不同之处。马场里其他的马都被别人挑选走了，只有这匹千里马始终没人看上。但是千里马并不为所动，它在心里耻笑那些平庸的马，对那些买主更是不屑一顾，认为他们没有眼光。与其被他们相中，倒不如等待能够赏识自己能力的人。马场的老板渐渐地对这匹马失去了信心和耐心，给它的草料也越来越少。但千里马并不以为意，仍然信心十足，它坚信总有一天会出现赏识自己的伯乐。

有一天真的来了一位伯乐，他在马场上里转悠了半天之后，来到了这匹马的前面。千里马高兴极了，心想这下机会终于来了。伯乐拍了拍马背，要它跑跑看。千里马眼见伯乐如此的举动，心里很是不高兴，心想，你既然是伯乐，怎么会看不见我的能力呢？这不是不相信我吗？还要我跑给你看，肯定不会是伯乐。于是千里马拒绝了奔跑。伯乐失望地摇了摇头，走了。

又一年过去了，一年中，马场里其他的马都被雇主牵走了，只剩下这匹马了。老板本想骑着它回老家去，好好饲养它。然而千里马却不肯走。无奈之下，老板只好把千里马杀了，拿到街上去卖马肉。

千里马至死也不明白，世人为什么要这样对待它。

生活中，很多人常常感叹自己英雄无用武之地，就如这匹千里马一样，等待着伯乐发现自己。其实，很多人的能力很不错，他们也想让别人发现自己的能力。但是却羞于出口，羞于推销自己。他们习惯于等待，等着别人来发现自己。只可惜这个世界上千里马很多，伯乐却不常有，而且即使伯乐站在你面前，你若不在他面前跑一下他也不会知道你是千里马。

中国人历来把谦虚视为一种美德，最不擅长表现自己，然而在当今社会，谦虚很多时候已经行不通了。你谦虚，别人就会把机会从你面前抢走。如今有才能、有创意的人多如牛毛，如果你不表现自己，不推销自己，你的才能就无法展示，那别人又怎么能够知道你呢？又怎么能够发现你委你以重任呢？

现在这个社会，只有善于推销自己才是取得成功的唯一捷径。美好的东西不会自己跑到你的面前来，天上也不会掉馅饼，一切都要靠自己主动去争取。酒香也怕巷子深，如果一味地等待别人发现你，那么失败也就不远了。

每个人都有自己的理想和抱负，但是理想并不是靠等待就能实现的，必须得醒目地亮出自己，为自己争取更多的机会。

今天的社会，人才济济，竞争异常激烈，机会不会无缘无故跑到你面前来。想要得到别人的赏识和认同，吸引别人的注意力，就要懂得推销和表现自己。你有才华，就不要孤芳自赏。要让领导知道，你能够做到，让领导赏识你，这样你才会有机会发挥自己的才能。在公司召开的会议上积极踊跃地发言，提出自己独特、鲜明的观点；踏踏实实地工作，把工作做漂亮，然后让大家分享你做好工作的快乐。如果只是默默无闻地工作，虽然做得很好但也很可能不被领导发现，不被同事认可。

酒香也怕巷子深。在当今这个时代，把事情做好还不算，还要把做好的事情让别人知道。如果别人不知道你做了什么，那么即使你做得再好，也是徒劳。

沿着别人的路少摔跤

俗话说："一根筷子容易折，一把筷子不易断。"一个人的知识经验是不够全面的，只有通过学习，借助更多的力量才能让自己在职场上游刃有余。"拿来主义"是学习的一条捷径。工作中遇到新事物或新的困难时，不妨先看看别人是怎么做的，这可能少走很多弯路，比自己闭门造车效果要好得多。

伟大的科学家牛顿曾经在给朋友的一封信中写道："如果我比别人看得远些，那是因为我站在巨人们的肩上。"牛顿正是因为借鉴了很多前人的经验，才能够在自然科学的领域里取得伟大的成功，成为一代科学巨匠。

他山之石，可以攻玉。借鉴别人的经验，我们可以省却更多的时间，可以更快地接近成功，在事业上取得更大的进步。前人为我们创造了灿若星河的奇迹，留下了优良的传统文化，囊括了诸多美好的德行，无论对我们的工作还是生活都是一笔宝贵的财富。

要取得成功也没有想象中那么复杂，只要我们善于借鉴别人的经验，总结别人的教训，结合自身的实际情况，在实践中检验。这样，我们就能够取得成功。

拨开巨星的光芒，牛顿也只是一个平庸无奇的小孩子。但是由于他善于借鉴前人的经验，站在巨人的肩膀上，因此才取得了辉煌的成功，创造了不凡的业绩。

俗话说：活到到学到老。学习是一个漫长的过程，也是取得成功的必备素质之一。学习就是要学会和掌握前人创造的经验和知识。

"前事不忘，后事之师"。所谓"前事"就是我们要学习的对象和内容。如果把"前事"的创造者誉为"巨人"的话，那我们就都是站在巨人的肩上。当然，"前事"不仅仅有成功的，也有失败的。但是成败各有得失，本来就在一线之间。我们不仅仅要学习古人为人处世的正确的道理，还要认真领会他们的经验教训。

换个角度考虑，"站在巨人肩上"，于我们来说也是对起点的选择。当然每个人现实的起点并不一致，但是我们一定要具有长远的目光，要选择高起点，因为站在巨人肩上，我们会看得更远，走得更远。

人的生命是有限的，如果你只靠自己去摸索和积累，那么成功得等到什么时候呢？每一个方面都有出类拔萃的人，我们只要善于借鉴别人的经验，成功的系数就会大大地提高。

造纸术的改进者蔡伦家喻户晓，然而造纸术到底是谁发明的已经无证可考了。蔡伦就是因为借鉴了前人的经验，借鉴前人在造纸方面创造的成就，成就了一番事业，从而名垂青史。

成功其实就这么简单，只要有信心，勇敢地面对生活中的困难和挫折，借鉴前人的经验，总结前人的教训，成功就在不远处等着你。

无论是牛顿还是蔡伦，他们的成功都是善于借鉴前人的经验，站在巨人的肩膀上，明白了这一点，那么成功也就离你不远了。

第 八 章

挫折逆境，人生攀登必经阶梯

　　沙砾进入蚌体，蚌觉得不舒服又无法把沙砾排出。蚌不怨天尤人，逐步用体内营养把沙砾包围起来，后来这沙砾就变成了美丽的珍珠。吸血蝙蝠叮在野马脚上吸血，野马觉得很不舒服，又无法把它赶走，于是暴跳狂奔，不少野马被活活折磨而死。停止烦躁，学会适应逆境。因为逆境是成功的阶梯。

成功需要脚踏实地

生活中，很多人做事情常常好高骛远，给自己订立一个不切实际的目标，或者做事情不专注，东一榔头西一棒槌，从来不肯脚踏实地，一步一个脚印，因而常常遭到失败。世界上任何一种成功都不是一蹴而就的，它需要我们把握自己，珍惜当下，脚踏实地。特别是对于刚刚毕业、涉世不深的大学生来说，不管上司安排你做的工作多么不重要，都应该看成"自己向前跨一步"的好机会。

曾经风靡国际商界的惠普公司的前董事长卡利·奥菲莉娜就做得很好。

奥菲莉娜毕业于美国赫赫有名的斯坦福大学。在那里毕业的大学生个个都傲气十足，眼里看得上的就只有主管或者白领、金领等职务。然而奥菲莉娜找到的第一份工作却是到一家房地产投资经纪公司做接线生。

接线生的工作就是简单枯燥地接电话、打字、复印等等，这似乎不应该是一个斯坦福大学生应该做的，可是，奥菲莉娜却并不这么认为，相反，她做得很认真。她认为，不管做什么工作，都能让自己学到不少东西，学到工作需要的知识与技能，关键是看自己用什么态度去对待。

正是在这些最基层的，看似简单的工作中，奥菲莉娜得到了锻炼，积累了丰富的文秘经验。后来，奥菲莉娜在得到撰写文稿的机会时，一下脱颖而出。对此，奥菲莉娜认为，正是自己的接线生工作帮助她得到了一次彻底改变自己的机会。

由此可见，不论做什么事情，只要你脚踏实地就会取得成功。虽然不是每一份简单的工作都能给你锻炼的机会，你都能从中拔地而起。但是如果一开始就不想从基层做起，那么很有可能会和本来可以属于我们的机会擦肩而过。因此，要想成功，就要珍惜眼前所拥有的，就要脚踏实地地工作。不管你现在处在何种位置，或是将来会处在何种位置，只有立足本职工作，才能体现出自己的价值。否则，就会连眼前的东西都把握不住，失去成功的最基本的前提条件。

　　秦丽丽大学毕业之后被分配到一个大型工厂办公室工作，虽然有许多文件报告之类的文稿需要她起草校对，办公室主任也曾经善意地提醒过她，有才华还需要练好基本功，建议她从最基本的标点、字词开始。但是她并不安于现状，认为这些都是鸡毛蒜皮的小事，根本不值得重视，她一心想寻找更好的发展机遇。于是，当一家新创办的报纸招聘记者的时候，她就偷偷地跑去报名了，也顺利地应聘上了。可是在工作以后，老编辑在校对文稿时发现秦丽丽的文章中总有一些错别字和语法不通顺的地方，就不断向社长反映这个问题。可是，秦丽丽还是不以为然，认为这纯属小题大做，还是我行我素，忙着往那些最显眼的单位跑，争取出最抢眼的新闻。当然，结果她被社长辞退了。

　　此时此刻的秦丽丽悔不当初，如果自己当初在厂办公室的时候听从了办公室主任的建议，把自己的基本文字功夫扎扎实实学到家，那么，今天这种结局就不会出现了。

　　做事情脚踏实地不仅对自己工作经验的积累有很大的好处，也是为人处世的好方法，获取别人信赖的资本。没有谁会喜欢一个满口夸夸其谈的人。浮躁的人常常流于形式主义，凡事只求一知半解，不会去深入地了解事物的真相，因此也容易误导别人。而脚踏实地的人处处给人一种稳重可靠的感觉。正因为人们相信他们，从而也会把一些责任托付给他们，他们自己也可以从中得到历练。那些之所以能在平凡的工作岗位上做出不平凡业绩的人们都是因为他们脚踏实地的朴实作风给人以良好的印象，因此领导才会对他们委以重任。他们自己在其他方面的才华也才能得以逐渐显露出来。

　　不论是做人还是做事，都需要脚踏实地，一步一个脚印，不浮华、不吹嘘。只有脚踏实地、一步一个脚印，从小处着手，有量的积累才会有质的飞跃。否则，如果浮躁狂妄、投机取巧，不做艰难而漫长的原始积累，理想永远也不会实现。

目标是一盏心中的明灯

做任何事情都要有一个目标、一个远景！没有目标的人就好比无头苍蝇，今天东一榔头，明天西一棒槌，到头来落得一事无成！首先你要给自己确定一个人生目标，根据你的目标制定你的职业规划。然后你就要按照这个规划给自己制订实施计划。

美国前任副总统阿尔·戈尔和他的妻子迪帕在他们的两个孩子还小的时候决定养一只小狗，后来他们请朋友帮忙训练这只小狗。当朋友问他们："小狗的目标是什么？"他们面面相觑，嘟囔着说："一只小狗还有什么目标，当然是当一条狗了。"女训练师严肃地摇了摇头，说："每只小狗都得有一个目标。"夫妇商量后，为小狗确立了一个目标：白天和孩子们一道玩，夜里看家。后来，小狗被成功地训练成了孩子的好朋友和家里的守护神。由此他们也牢记这句话——做一只小狗要有目标，更何况是做一个人。

人生中起导航作用的是目标。当你迷失在人生这个大舞台的时候是目标指引着你前行。成功的道路是由目标铺成的，有目标，内心的力量才能找到方向，才有可能集中精力达到你人生的高度。

目标的光明照得有多远，一般来说人生路就能走得多远。那种浑浑噩噩不思上进的人，生活中必然是一塌糊涂。那种志向高远奋发图强的人，才会成就光辉人生。英雄名人并非是遥不可及的，人家也是从平凡起步，一步一个脚印走过来的，"帝王将相宁有种乎。"就是一个千古以来验之有效的人生真理。每个人，特别是年轻人，都要尽可能张开理想的风帆，乘风破浪，在人生道路上奋勇向前。但是每个人有着不同的资质、不同的生存环境、不同的人生机遇，现实情况是成为名人伟人只是人群中的极少数，绝大多数人都还是平民百姓。这正应了一句俗话："人人都有帝王相，人稠地窄轮不上。"对普通老百姓来讲，整日做英雄名人梦，是不切实际的，甚至是有害的。但是，我们不做造飞机、造轮船，办实业成大款的白日梦，并不等于我们不要理想，没有理想。理想并非只是虚幻的目标，而是由一个个具体路标组成的，是可以随时修正或者重新树立的。

有目标，明确方向，方向对了，就不怕路远。在 1984 年东京国际马拉松邀请赛和 1986 年米兰国际马拉松邀请赛上，名不见经传的矮个子日本选手山田本一出人意料地两度摘冠，从而引起人们的极大关注。面对蜂拥而至的各种议论、猜测，山田本一听之任之，不做任何解释。直到 10 年后，他才在自传中揭开谜底："每次比赛之前，我都先乘车把比赛线路仔细地看一遍，并把沿途醒目的标志画下来，比如第一个标志是银行，第二个标志是一棵大树，第三个标志是一座红房子……这样一直画到赛程的终点。比赛开始后，我就以百米冲刺的速度奋力向第一个目标冲去，等到达第一个目标后，我又以同样的速度向第二个目标冲去，40 多千米的路程，就被我分解成这么几个小目标轻松地跑完了。"

明确目标，并为实现目标寻找无限的动力，专注实现自己的目标，并且这个目标要契合实际，不要空想，而是要有坚定的信念去实现这个目标，为了目标从细微处入手，踏踏实实地、脚踏实地地一步步去实现它，而不是高谈阔论，满腔热血，一脑袋空想！

目标是茫茫戈壁的一片绿洲；是远行者手中的罗盘；是黑夜里若隐若现的明灯；是冰天雪地里令你怦然心动的温暖与勇气；是最远又最近的一个梦。他时刻追随着你，同你分享欢乐，共担忧愁。正因为有了目标，生活才有了意义。

成功需要磨炼

宝剑锋从磨砺出，梅花香自苦寒来，生活处处充满了磨炼，只有经过风雨的洗礼，我们的人生才会迎来绚烂的彩虹。

一个人在高山之巅的鹰巢里，抓到了一只幼鹰，他把幼鹰带回家，养在鸡笼里。这只幼鹰和鸡一起啄食、嬉闹和休息。它以为自己是一只鸡。这只鹰渐渐长大，羽翼丰满了，主人想把它训练成猎鹰，可是由于终日和鸡混在一起，它已经变得和鸡完全一样，根本没有飞的愿望了。主人试了各种办法，都毫无效果，最后把它带到山顶上，一把将它扔了出去。这只鹰像块石头似的，直掉下去，慌乱之中它拼命地扑打翅膀，就这样，它终于飞了起来！

磨炼是人生的一大笔宝贵财富。脑筋越磨炼越灵活；心灵越磨炼越透彻；四肢越磨炼越发达；意志越磨炼越坚毅。唯有经历磨炼的青春才会更加光彩照人，唯有经历磨炼的人生才能过得充实。

磨炼自己，就是在磨炼中造就自己，在磨炼中重塑自我，使自己的人生价值得到最大的体现。如果说人生是一部戏，那么，磨炼就是这部戏的灵魂所在。对于一些禁不起考验的人来说，缺少生活的磨炼，遇到挫折的时候只会束手无策，挫败不堪；相反，对一个经常磨炼自己，意志坚强的人来说，无论再大的困难，他也一定会战胜，也一定会从逆境中站起来，闯出去。

生活如笔尖，人如笔，磨炼如刀，不经历刀削之苦，哪来锋利之笔头？生活如熔炉，人如钢铁，磨炼如熔浆，不经历熔浆的改造，哪来钢铁之坚硬？生活如染缸，人如丝帛，磨炼如染料，不经历染料之浸染，哪来丝帛之鲜艳？

浮生若茶。温水沏茶，茶叶轻浮水上，怎会散发清香？沸水沏茶，反复几次，茶叶沉沉浮浮，最终释放出四季的风韵：既有春的幽静、夏的炽热，又有秋的丰盈、冬的清冽。世间芸芸众生，何尝不是沉浮的茶叶？那些不经风雨的人，就像温水沏的茶叶，只在生活表面漂浮，根本浸泡不出生命的芳香；而那些栉风沐雨的人，如被沸水冲沏的酽茶，在沧桑岁月里几度沉浮，才有那沁人的清香。浮生若茶，我们只是一撮生命的清茶，命运就是那一壶温水或炽热的沸水，茶叶因为沉浮才释放了本身的清香，而生命也只有遭遇一次次挫折和坎坷，才能激发出人生那一缕缕幽香！

奥斯特洛夫斯基曾经说过：钢是在烈火和急剧冷却里锻炼出来的，所以才能坚硬无比，才能什么也不怕。我们这一代也是这样在斗争中和可怕的考验中锻炼出来的，不在生活面前屈服。

越王勾践经过卧薪尝胆的磨炼，才有了回国复仇的结局；司马迁受宫刑，经过长达 10 年的心灵磨炼，有了"史家之绝唱，无韵之离骚"的《史记》；华佗尝药，经历身心的磨炼，才有了沿用到明朝的"麻沸散"；李时珍著书，经过精神的磨炼，才有了沿用至今的《本草纲目》；归有光经过八次落地的磨炼，才有《项脊轩志》这样的隽永文章；威灵顿公爵有了滑铁卢战役初期被迫坚守的磨炼，才有了滑铁卢之战的胜利。

泰戈尔曾说：只有经历地狱般地磨炼，才能练就创造天堂的力量；只有带血的手指，才能弹出世间的绝唱。

人生的磨炼是一笔财富，是打开成功之门的钥匙，只要我们敢于正视它、战胜它，我们就一定能取得最后的成功。

成功者自救

有个人在屋檐下躲雨，看见观音正撑伞走过。这人说："观音菩萨，普度一下众生吧，带我一段如何？"观音说："我在雨里，你在檐下，而檐下无雨，你不需要我度。"这人立刻跳出檐下，站在雨中说："现在我也在雨中了，该度我了吧？"观音说："你在雨中，我也在雨中，我不被淋，因为有伞；你被雨淋，因为无伞。所以，不是我度自己，而是伞度我。你要想度，不必找我，请自找伞去！"说完便走了。

第二天，这人遇到了难事，便去寺庙里求观音。走进庙里，发现观音的像前也有一个人在拜，那个人长得和观音一模一样，丝毫不差。这人问："你是观音吗？"那人答道："我正是观音。"这人疑惑地问："那你为何还拜自己？"观音笑道："我也遇到了难事，但我知道，求人不如求己。"

在困难与挫折面前，我们不能一味地去求别人的帮助或依赖他人的援助，而要以积极的态度去应对，既要树立战胜困难的信心和勇气，又要运用智慧寻找战胜困难的良策，以主动的姿态、得力的措施、有效的方法去攻坚克难，转危为安，走向成功。

大仲马得知自己的儿子小仲马寄出的稿子接连碰壁，便对小仲马说："如果你能在寄稿时，随稿给编辑先生们附上一封短信，或者只是一句话，说'我是大仲马的儿子'，或许情况就会好多了。"

小仲马倔强地说："不，我不想坐在你的肩头上摘苹果，那样摘来的苹果没味道。"年轻的小仲马不但拒绝以父亲的盛名做自己事业的敲门砖，而且不露声色地给自己取了十几个其他姓氏的笔名，以避免那些编辑先生们把他和大名鼎鼎的父亲联系起来。

面对那些冷酷无情的一张张退稿笺，小仲马没有沮丧，仍在屡败屡战地坚持创作自己的作品。

他的长篇小说《茶花女》寄出后，终于以其绝妙的构思和精彩的文笔震撼了一位资深编辑。这位编辑曾和大仲马有着多年的书信来往。他看到寄稿人的地址同大仲马的地址丝毫不差，怀疑是大仲马另取的笔名，但作品的风格却和大仲马作品的风格的迥然不同。这位编辑带着兴奋和疑问，迫不及待地乘车造访大仲马。

令他大吃一惊的是，《茶花女》这部伟大的作品，作者竟是名不见经传的大仲马的儿子小仲马。

"您为何不在稿子上署上您的真实姓名呢?"这位编辑疑惑地问小仲马。

小仲马说："我只想拥有真实的高度。"

这位编辑对小仲马的做法赞叹不已。

《茶花女》出版后，法国文坛的评论家一致认为，这部作品的价值远远超过了大仲马的代表作《基督山恩仇记》。小仲马靠自己的力量攀登到文坛的高峰。

人人都是自己命运的设计师，最可依靠的不是任何人的权力和威望，而是自己的力量。

小蜗牛问妈妈：为什么我们从生下来，就要背负这个又硬又重的壳呢?

妈妈：因为我们的身体没有骨骼的支撑，只能爬，又爬不快。所以要这个壳的保护!

小蜗牛：毛虫姊姊没有骨头，也爬不快，为什么她却不用背这个又硬又重的壳呢?

妈妈：因为毛虫姊姊能变成蝴蝶，天空会保护她啊!

小蜗牛：可是蚯蚓弟弟也没骨头爬不快，也不会变成蝴蝶，他什么不背这个又硬又重的壳呢?

妈妈：因为蚯蚓弟弟会钻土，大地会保护他啊！

小蜗牛哭了起来：我们好可怜，天空不保护，大地也不保护。

蜗牛妈妈安慰他："所以我们有壳啊！我们不靠天，也不靠地，我们靠自己。"

人只有懂得自救，才能摆脱困境，取得成功。

禁得起诱惑

诱惑是那个鲜红美丽，令人垂涎三尺的苹果，可你吃下去，就是毒发身亡的悲惨结果；诱惑是那罐芬芳扑鼻、香气浓厚的蜂蜜，可你触到它，就会把你粘住，置入寸步难行的境地；诱惑是那双小巧玲珑、令人爱不释手的红舞鞋，可你穿上它，就会一直跳舞，落个一刻不停直至累死的疯狂结局。人活在世上，要禁得起各种各样的诱惑。

这是一个机会泛滥、诱惑无限的时代，一个追求幸福的人面对"乱花渐欲迷人眼"的社会现实，必须耐得住寂寞，禁得起诱惑，始终守住自己的操守，始终守住自己的底线，不能丧失了原则和立场，更不能让欲望无限制地膨胀。

人生是一场无休、无歇、无情的战斗，要想获得幸福，就得时时刻刻向无形的敌人作战。本能中那些致人死命的力量、乱人心意的欲望、使你堕落甚至自行毁灭的念头，都是这一类的顽敌。七情六欲不可避免，所以我们难免不被嗔、痴、贪等思想所冲击和诱惑，重要的是我们内心是否一直坚守自己的信仰，并在戒中生定，在定中生慧。

一个人要耐得住寂寞，禁得起诱惑，还要承受住压力，说到底，都需要内心有一股定力。

用定力抵制诱惑，让自己有暇思索人生、规划人生，让自己获得一份心灵的宁静！

某大公司准备以高薪雇用一名小车司机，经过层层筛选和考试之后，只剩下三名技术最优良的竞争者。主考者问他们："悬崖边有块金子，你们开着车去拿，觉得能距离悬崖多近而又不致掉落呢？"

"两米。"第一位说。"半米。"第二位很有把握地说。"我会尽量远离悬崖，越远越好。"第三位说。结果这家公司录取了第三位。

人生重要的不是所站的位置，而是所朝的方向。走出低谷的第一步，就是不要越陷越深。人要学会时时保持警惕，确保不被美丽的幻想诱惑而丧生礁石。一个人的一生，最大的苦难不是挫折，而是诱惑，它们无时无刻不在挑逗你身上的欲望，只有忍住欲望，才是能坚持的人，也是能够成功的人。

冬天到了，一群野鸭正在天空向南飞去，它们编成了一支漂亮的"V"字形队伍，地面上的人们望见了，对它们钦慕不已。

在这支队伍中有一只名字叫作"沃莱"的野鸭子。有一天，它在高空向下望，地面上一个类似斑点一样的东西吸引了它的注意。这其实是一个养鸭场，那儿有一群被驯养的鸭子。它们啄着玉米，摇摇摆摆地在场地里走来走去。

沃莱见状，欣喜万分。它自言自语道："成天一直这样飞翔是多么累啊！我何不暂时去那儿溜达溜达，吃一些玉米，这简直太棒了！"沃莱考虑了片刻，就离开这支野鸭的编队，向左一个俯冲径直朝那个养鸭场飞去。

他在那群被驯养的鸭子中间落地，开始也和它们一样摇摇摆摆地走来走去，欢快地嘎嘎叫着，当然也毫不客气地吃起玉米来了。与此同时，天上的那群野鸭仍编着队一刻也不停留地继续它们向南迁飞的旅程。沃莱看在眼里，但是它不在乎。它暗想：当它们几个月后飞回来的时候它再加入编队中也不会为时太晚。

几个月的时间转瞬而过。当那群野鸭编队北归，飞过养鸭场上空的时候，沃莱望见了它们，它们飞得多么逍遥自在啊。沃莱开始对在养鸭场的生活感到厌倦了，因为在这儿无论它摆来摆去走到哪里，到处都是泥浆，再则就是那些鸭子了。

"是到了该归队的时候了。"沃莱对自己说道。于是它使劲地拍打着翅膀想重新振翅高飞，但是沃莱曾经吃的所有玉米已经使它的体重增加了不少，而且它已很久没有锻炼过翅膀了。所以，它刚刚起飞就跌回到地面。因为飞得太低，它重重地跌在养鸭场的一侧。它叹息道："唉，看来我只有再等几个月了，等到它们下一次往南迁飞的时候我再加入它们也不算太迟，到那时，我是可以再度成为一只野鸭的。"

　　冬去春来，时光飞逝。当那支野鸭队伍又一次飞过头顶的时候，沃莱试图从养鸭场上再次振翅腾飞起来，但是，为时已晚，它实在力不从心。以后每个冬天和春天，它都望见那群它从前的野鸭朋友们飞过头顶，并且它们似乎总在对它大声呼喊，但是沃莱所有想飞离地面的努力都成为徒劳。最后，当那群野鸭飞过头顶的时候，沃莱不再刻意去注意它们了，有时甚至浑然不觉。事实上，它已变成一只地地道道的养鸭场上的鸭子了。

　　在我们整个的生命旅程中，一路上会遇到各种诱惑，如果我们忍不住只是想贪恋一粒玉米，那么，我们就会失去整个天空。

给自己挖一口井

从前有两个和尚，他们分别住在相邻的两座山上的庙里。这两座山之间有一条溪，于是这两个和尚每天都会在同一时间下山去溪边挑水，久而久之他们变成了好朋友。时间在每天挑水中不知不觉已经过了五年。突然有一天左边这座山的和尚没有下山挑水，右边那座山的和尚心想："他大概睡过头了。"便不以为意。哪知道第二天左边这座山的和尚还是没有下山挑水，第三天也一样。过了一个星期还是一样，直到过了一个月，右边那座山的和尚终于受不了。他心想："我的朋友可能生病了，我要过去拜访他，看看能帮上什么忙。"于是他便爬上了左边这座山，去探望他的老朋友。等他到了左边这座山的庙里，看到他的老友之后大吃一惊，因为他的老友正在庙前打太极拳，一点也不像一个月没喝水的人。他很好奇地问："你已经一个月没有下山挑水了，难道你可以不用喝水吗？"左边这座山的和尚说："来来来，我带你去看。"于是他带着右边那座山的和尚走到庙的后院，指着一口井说："这五年来，我每天做完功课后都会抽空挖这口井，即使有时很忙，能挖多少就算多少。如今终于让我挖出井水，我就不用再下山挑水，我可以有更多时间练我喜欢的太极拳。"

当你想成功的时候，全世界都会为你让路！我们在工作领域里，工作挣薪水就像是挑水；而我们常常会忘记把握下班后的时间，挖一口属于自己的井，培养自己另一方面的实力，给自己多铺一条路。这样在未来当我们年纪大了，即使体力拼不过年轻人时，我们依然还会有水喝，而且还能喝得很悠闲，且源源不断。

有两个学人力资源的同学小江和小代。坐着相邻的课桌，每天都差不多做着相同的事情。久而久之，他们便成为非常好的朋友。

弹指一挥间，不知不觉，时间在学习中，一晃就是三个春秋。

毕业了，忽然有一天，小江听说小代在某知名的公司做 HR 工作，面对自己找工作到处碰壁的情况，小代的情况让小江百思不得其解。他心想，小代应该是因为家里有人、有地位、有关系的原因吧，要不然他怎么能这么快就找到那么好的工作呢？于是就想亲自去问问小代。

推开小代的门的时候，小江看到小代正在一个网站上编辑着什么。他好奇地看了看，原来小代在中人网上回复网友的帖子。小代指着计算机上的网站说："这三年来，我每天做完学校的功课后，都会抽空到中人网上看看学习。虽然我们现在学的这个专业，但是现在的社会竞争这么激烈，特别是我们刚刚从学校走出来的年轻学生，只有不断地充实自己，才能在社会上站住脚。我从这里学到很多有用的知识，所以，即使我有时很忙，但也没有间断过我的学习计划，如今，终于可以很快找到自己心中理想的企业，做自己喜欢做的工作了。"

现在这个社会竞争异常的激烈，知识也是多元化的，很多东西都是相通的，不妨多学习，多给自己铺一条路，那么，逆境就不攻自破了。

找借口不如想办法

在工作中，如果我们遇到了难题，应该坚持的原则是：找方法而不是找借口。

一家针织刺绣厂效益相当好，想要进这家工厂的人很多，厂方给前来应聘者设置了不低的"门槛"，特别是招聘时，经常出一些怪题"难为"大家。即使这样，还是有很多人想来这里碰碰运气。

有一年，厂方给应聘者出的题目是："36小时内折叠1800只爱心千纸鹤"。大部分应聘者都知道和见过千纸鹤，有的还亲自动手折过。她们想，这是细活，厂方可能在考验应聘者的耐心和动手能力，因为纺织行业需要这种精神和能力。回去后，女孩子们发现，这几乎是不可能完成的任务。因为，即使不吃饭不睡觉，也很难在如此短的时间内折叠完1800只千纸鹤。或许，厂方是在比较谁的手更灵巧麻利、谁折叠得多、谁的质量更好。这样一想，很多应聘者的心态放松下来。

36小时后，应聘者带着各自的作品接受检验。结果是：少部分人放弃了，极少部分人完成了任务，绝大多数人只完成了500～1000只。厂方对应聘者进行了面试和询问。有人说：家里出了意外，很难在短时间内安心完成任务。也有人说：这是根本无法完成的工作，任何人都无法做到，除非她又长出第三只手，我已经尽力了。还有人说：我认认真真地叠好每一只纸鹤，做到精益求精就够了，别的也没有多想。而完成任务的应聘者做法竟然惊人的相似：她们都找了家人或朋友帮忙。

结果按时完成任务的人顺利地被录用了，其余的应聘者全部被淘汰。厂方的解释是：

首先考察的是应聘者的执行力，不能按时完成任务的绝不是合格的员工；其次考察的是应聘者的应变能力，之所以不在现场动手干活，就是想让她们回去动脑子想办法；最后更为重要的是绝对不会招收爱找借口的员工。在有限的执行时间内，执行者没有时间为做不好的事情找借口，没有时间文过饰非，任何执行者都应该抓紧时间去完成任务，"不可能"或"没有办法"常常是庸人和懒惰的托词。

每个人都肩负着责任，对工作、对家庭、对亲人、对朋友，我们都有一定的责任，正因为存在这样或那样的责任，才能对自己的行为有所约束。寻找借口就是将应该承担的责任转嫁给别人。从企业来说，每一名员工都是企业的一枚棋子，从你跨进公司的那一刻起，你就具备了这种角色。这种角色就是承担相应的责任，如果你在这个岗位上的职责没有履行好，那么你这个角色就是失败的。

遇到困难，仅仅抱怨和找借口是不够的。执行者应该善于改变和调整自己，积极适应外部的变化。面对难以逾越的困难时，执行者更应该想方设法突破问题的缺口，一番努力之后将会柳暗花明。

凡是找借口而从来不采取行动的人，一定是一个失败的人；而凡是找方法并能付诸行动的人，一定是一个成功的人，因为他所遭遇的失败只是暂时的。

当今社会的一些年轻人，当他们需要付出劳动时，总会找出很多的借口来安慰自己，总想让自己轻松些、舒服些。这些人总是会说：总有一天我会进入世界一流大学，那时我会好好学习最先进的文化；总有一天我会成为一名出色的工程师，那时，我将开始按照自己的方式生活；总有一天，我会住进豪华的别墅，同可爱的孩子们住在一起，我们全家人一起进行令人兴奋的全球旅行……总是在等待，总是在找借口，却从来不付诸行动。到最后，所有的想法都成了空想。

在日常工作中，你千万不要说任何类似借口的话语。当你想找借口的时候，就已经偏离了自己的成功之路，拐到弯路上去了。

人生没有承受不了的事

生活中，我们完全没有必要为即将到来或者正发生在自己身上的不幸而担心。其实，大多数时候，只是因为我们在心里扩大了这些困难的程度，而实际上，这些困难并不是你想象的那么可怕。只要你有足够的勇气，你就能够微笑着面对，把困难踩在脚下。

张明在一家建筑公司上班。有一次，一根钢管掉下来，砸在他的眼睛上，导致他的左眼被击伤，虽然经过及时的抢救，但遗憾的是，最后左眼还是没能保住，医生摘除了他的左眼球。张明原本是一个特别乐观的人，然而现在，他常常一个人关在屋里，沉默寡言。他极少走出家门，他总觉得，自己一走出去，所有人都在注意自己那双残目。

他的休假一次次延长，妻子安心雅担负起了家庭的所有开支，不仅如此，她还去找了一份兼职。她很在乎这个家，她爱着自己的丈夫，想让全家过得和以前一样。安心雅认为丈夫心中的阴影总会消除的，所有的困难都只是暂时的。

然而现实情况却似乎并不那么乐观，张明的另一只眼睛的视力也受到了影响。在一个阳光灿烂的早晨，张明问妻子谁在院子里踢球时，安心雅震惊地看着老公和正在踢球的儿子。在以前，儿子即使到更远的地方，他也能看到。安心雅什么也没有说，只是走近丈夫，轻轻地抱住他的头。

张明说："亲爱的，我知道以后会发生什么，我已经意识到了。"

安心雅的泪就流下来了。

其实，安心雅早就知道了这种后果，只是她怕丈夫受不了打击而要求医生不要告诉他。

当张明知道自己即将失明的消息之后，反而镇静多了，他的态度连安心雅自己也感到奇怪。

安心雅知道老公能见到光明的日子已经不多了，她想为丈夫留下点什么。她每天把自己和儿子打扮得漂漂亮亮，还经常去美容院。在老公面前，无论她心里有多少悲伤，她也从来不会表现出来，总是面带微笑。

几个月后，张明说："老婆，我发现你新买的裙子看起来怎么那么旧呢？"

安心雅微笑着反问："是吗？这就是这种颜色呢。"

说完之后，她跑到一个丈夫看不到的角落，失声痛哭。她那件裙子的颜色在太阳底下绚丽夺目。她想，还能为丈夫留下什么呢？

第二天，家里来了一个油漆匠，安心雅想把家具和墙壁粉刷一遍，让张明的心中永远有一个新家。

油漆匠工作很认真，一边干活还一边吹着口哨。干了一个星期，终于把所有的家具和墙壁刷好了，他也知道了张明的情况。

油漆匠对张明说："对不起，我干得很慢。"张明说："你天天那么开心，我也为此感到高兴。"

算工钱的时候，油漆匠少算了 100 元。

安心雅和张明说："你少算了工钱。"

油漆匠说："我已经多拿了，一个等待失明的人还那么平静，从你这里，我知道了什么是活着的勇气。"

但张明却坚持要多给油漆匠 100 元，张明说："我也知道了原来残疾人也可以自食其力，并生活得很快乐。"

原来，油漆匠只有一只手。

哀莫大于心死，只要我们有一颗乐观的、积极向上的、充满希望的心，那么，即使身体有残缺，又有什么关系呢？不管任何时候，只要我们拥有生活的勇气，那么我们的人生就会变得丰富多彩。

世界上没有任何事物能够压制住人的心灵。只要对自己充满信心，对生活满怀希望，对未来充满勇气，那么，就没有承受不了的苦难，没有跨越不了的沟坎。

生活不是一帆风顺的，有坦途，也有坎坷；有成功，也有失败；有欢乐，也有悲伤。我们只有调整好自己的心态，坦然地面对一切，才能活得更加潇洒。俗话说，人生不如意事十之八九，不可能像自己想的那样美好，总会遇到这样或那样的困难。在困难来临的时候，我们要乐观坚强地面对，困难就一定会过去的。

没有谁会永远幸运，也没有谁会永远不幸，在不可猜测的未来，我们人人平等，无论是乞丐还是王子。

阳光不会永远灿烂，没有一成不变的幸福，磨难或许是上苍赐予我们的礼物，用来考验我们的意志。我们必须坦然地去承受困苦，学习在各种艰难环境中生存的本领。否则，我们就不仅不可能有自己强劲的翅膀，甚至可能在一旦失去护翼时就夭折。

笑对逆境和挫折

　　人人都会面临挫折。可以说挫折是我们生活的组成部分。挫折既然难以避免，那么我们就应当学会坦然地接受它，而不应对之无端的恐惧或害怕。因为挫折不会永存，每次挫折都会过去。月有阴晴圆缺，人有旦夕祸福。没有谁的人生是一帆风顺的，任何人都会遭逢厄运。可是挫折总会因时间的推移而获得解决。

　　法国伟大的画家皮乐·奥古斯特·雷诺阿老年时得了关节炎。他的朋友亨利·马蒂斯去看望他，悲哀地注视着雷诺阿用指尖握着苏联笔作画，每画一笔都引起一阵疼痛。

　　有一天，马蒂斯就问雷诺阿："为什么这么痛苦还要坚持画下去？"

　　雷诺阿回答道："痛苦会过去，但是美丽永存。"

　　人生几十年，总会遇到这样那样的挫折、逆境。从一生下来就顺风顺水几十年的人，就如天外来客般稀罕。遇到些挫折、逆境是正常的，也无须怨天尤人，只要懂得面对就行了。那些成功的人，也并非一帆风顺，也在逆境中挣扎过。过来人大多都不顺利，因为他们勇于面对逆境，懂得面对逆境，他们才坚持到了最后，看见了希望的曙光。

　　当挫折来临的时候，我们不能心存恐惧。要坚信所有的困难都是暂时的，总有一天会过去。不要轻言放弃，否则，你就会被挫折所击倒。

　　人碰到不如意的事就容易意志消沉，最后变得消极颓废，遇到挫折就变得畏畏缩缩，忐忑不安。像这样消极退缩的人生态度，会使行动的力量明显的减退。成功者是不会出现诸如此类的情况的，他们遇到再大的失败和挫折，也不会轻易被击垮，即便是失败了，他也能从失败的地方重新站起来，并保持着乐观的态度继续前进。

乐观的品质可谓是人类最为宝贵的东西。如果失去了乐观，我们无法想象这个世界会变成什么样子。你怎么看待这个世界，这个世界就怎么回报你：如果你以乐观的心态去对待一切，你就会体验到越来越多的幸福；如果你以悲观的心态去对待你周围的一切人和事，迎接你的只会是失望。

生活中有积极的人也有消极的人。积极的人常常乐观向上、朝气蓬勃；消极的人则畏畏缩缩、灰心丧气。而每一个取得成功的人，莫不是积极向上、朝气蓬勃、充满斗志的人。也只有具有这种乐观品质的人才能取得最后的成功。因为乐观是引导和鼓励他们朝着既定目标前进的助推器。

拥有乐观品质的人，会主动发现和创造机会。而一个悲观的人，就只能消极地等待机会的降临。因此，不管生活有多么的不顺心，你都应该笑着面对，让自己从不幸中振作起来。当你背向黑暗，面对光明的时候，阴影自然就会留在你身后了。要想取得成功，我们就得对自己充满信心，给自己鼓劲，告诉自己，什么困难都是能挺过去的。

生活中的很多人遇到不幸或者困境的时候，往往听任颓废、怀疑、恐惧、失望等思想主宰自己，将自己多年经营的事业破坏于刹那之间。这就好比向上爬的井蛙，辛辛苦苦地努力，但是一失足就前功尽弃。

乐观是一种在逆境中崛起的动力。有人曾问一位著名的艺术家，师从他习画的那个青年爱徒将来会不会成为一名大画家？他回答："不，永远不！他每年都有不菲的进款。"这位艺术家知道，人的才艺只能从艰苦奋斗中锻炼出来，而在优越的环境中，这种精神很难发达。翻开历史就可以知道，大多数成功的人，早年往往是贫苦的孩子。

　　生活不总是一帆风顺的，也正因为如此，我们的生活才有滋有味，才缤纷多彩。调节好自己的心态非常重要。不以物喜，不以己悲，宠辱不惊，去留无意，临危不乱，泰然处之，在平淡中给自己一点动力，在昂扬中留给自己一份淡泊，在匆忙中懂得适时地给心灵一次释放，在喧闹中为自己找寻一份宁静。笑对逆境和挫折，成功总有一天会属于你。

第 九 章

坚持到最后，终将微笑

信守一份执着，就是信守一份希望。情况越是困难，处境越是艰难，越要有自己的主见，越要坚持。相信自己的判断，坚定自己的信念，坚持自己的理想。不论什么时候都不能失去希望，相信只要坚持，就一定能取得成功。

浮躁态度等于彻底退步

生活中，很多人在做事情的时候缺乏定力和耐力，持之以恒更是做不到。在他们的眼里，坚持也未必能够成功。因此，常常很轻易地放弃。麦当劳王国的缔造者克罗克曾经说过一句非常经典的话："世界上没有什么东西能够取代持之以恒。才干不行，有才干的人不能获得成功的事情我们已经司空见惯；天赋不行，没有回报的天赋只能成为笑柄；教育不行，世界上到处都有受过教育却被社会抛弃的人。只有恒心和果敢才是全能的。"

"持之以恒"说起来很容易，但是要真正做到，却不是一件容易的事。即便是一件小事，要做到持之以恒，也需要毅力。

很多人都曾经向苏格拉底请教，要成为一个拥有博大精深的学问和智慧的人该怎么做。苏格拉底告诉他们："做这样的人也很简单，你们先回去每天做 100 个俯卧撑，一个月以后再来这里找我吧。"

人们听了，禁不住哂笑一声：这么简单的事情，谁不会啊？然而一个月过去的时候，重新去找苏格拉底的人却少了 1/2。苏格拉底看了看剩下的一半人说："好，再坚持一个月吧。"结果，又一个月过去之后，回来的人已经不到 1/5 了。

一个简单的俯卧撑，都有人连一个月都无法坚持，更何况是其他更难的事情。要做到持之以恒谈何容易。因此，心态浮躁的人需要有意识地培养自己的定力和耐力，克服自己浮躁的弱点。

很多时候，浮躁也是一种长期养成的习惯，要改掉并不容易，但也不是不可能。只要敢于坚持，善于坚持，持之以恒地努力，那么，奇迹就一定会发生的。

改变浮躁的心态，不妨从自己身边的小事做起，有意识地培养自己的定力和耐力。天长日久你就会发现，坚持能够给你带来意想不到的收获。

李平是一个特别没有耐性的孩子，无论做什么事情都是三分钟的热情。

父亲决定帮助他改变这个性格缺陷。有一天，父亲把李平叫到身边，给了他一块木板和一把小刀，对他说："从现在开始，你每天在这块木板上刻一刀，记住，只准刻一刀。"李平觉得这是一个很好玩的游戏。于是，每天早上起来他的第一件事，就是用小刀在木板上刻一道划痕。

然而，他只坚持了一个星期。第二个星期，李平就觉得不耐烦了，他问父亲："为什么不让我多刻几刀呢？我不明白您让我每天在木板上刻一刀是什么用意。"父亲并没有直接回答他的问题，只是微笑着说："过几天你就知道了。"见父亲不告诉自己答案，且还一脸神秘的表情，李平也无可奈何。于是，他照着父亲的话继续坚持刻下去。

这一天，李平和往常一样用刀在木板上刻了下去。奇迹发生了：木板居然被自己切成了两块。李平觉得惊讶极了，这么厚重的木板竟然被自己薄薄的小刀切断了，这简直不可思议。

这时，父亲走过来对他说："你看，只要你坚持，持之以恒地努力，成功是不是很简单呢？每天坚持一点点，你就会达成自己的梦想。"

经过这个神奇的游戏后，李平相信了持之以恒的力量，在学习中，每当遇到难题，他也会借助这个神奇的力量来帮助自己。结果他发现没有什么是不可征服的。

心态浮躁的人常常缺乏定力，做事情三心二意，不能够善始善终。当困难来临的时候，首先想到的不是怎么解决困难，而是逃避。

其实，要培养自己持之以恒的耐力和定力，不妨从成功人士身上吸取力量。但凡历史上那些成就大事业的人，都有一个共同的特点：那就是坚持。只要理想和目标一日没有实现，他们就一日不放弃努力。我们不妨以他们为榜样，从他们身上吸取力量，有意识地锻炼自己坚强持久的意志力。

都江堰是中国历史上有名的水利工程，它是由李冰父子建造的。当年，李冰父子在建造都江堰的时候遇到了重重阻拦，然而，正是因为他们持之以恒，敢于坚持，才有了今天的天府之国。

当时，李冰曾经提议在岷江的江心修筑一个人工岛屿，因为岛尾像一个梭子，故取名为"飞沙堰"，不但能排洪还能灌溉。然而，老太守对李冰的做法并不理解。而且，那些财主们想到飞沙堰一旦完工，老百姓的灌溉也不成问题了，那他们的粮食只能烂在粮仓里了。于是，他们筹集了一笔银子送给老太守，说是用来治理岷江。在老太守感激的同时，财主们趁机蛊惑，说李冰治理岷江的方案乃是沽名钓誉、劳民伤财。老太守听了怒不可遏，立刻出面阻止李冰的行为。但是，李冰没有退却，继续埋头于工程。

有一年夏天，下了很大的雨，水位迅速上涨。当洪水快要漫过岸边，大家都在惊慌失措的时候，没料想，飞沙堰开始泄洪，水位又降了下来。李冰和儿子见飞沙堰确实起了作用，感到非常欣慰。然而财主们却偷偷派人将飞沙堰挖开决口，顿时洪水蔓延。人们对李冰的成见更深了。

这一下，李冰不但失去了太守的支持，而且还失去了群众的支持和信任，真的是孤军奋战了。然而李冰父子并没有放弃。他们继续完善方案，找到泄洪的关键所在，并下令征集劳力开凿伏龙山。这下，顿时民怨沸腾，财主们更是趁机煽动，百姓聚集在太守府要将李冰赶出蜀地。李冰无奈，只好带着儿子亲自开凿伏龙山，同时也设法找出暗中作梗的人以还自己清白，让百姓理解自己的苦心。

最终，李冰父子的执着感动了百姓。老太守这才醒悟过来。后来，当他亲眼看见李冰父子为开凿伏龙山而身受重伤的时候，终于被二人的行为所感动，于是带领众人一起开凿伏龙山。

伏龙山开凿完工的当年，岷江遭遇了史无前例的大洪水，但是岷江周围的百姓却安然无恙。自此成都平原成了真正的"天府之国"。

风雨后彩虹依旧

生活经历不同，成长环境不同，每个人面对挫折的态度也会有很大的差别。有些人无论遭受什么样的挫折和苦难，仍然能够坚忍不拔，百折不挠，锐意进取；而有些人只要碰到一点点困难，就怨天尤人，垂头丧气，一蹶不振。实践证明，身体强壮、心胸开阔、常处逆境、意识紧张、有理想、有抱负、有修养的人，对挫折的耐受力强；相反，体弱多病、心胸狭窄、娇生惯养、感情脆弱、缺乏雄心壮志的人，对挫折的耐受力则低。对挫折的耐受力虽然与遗传素质有关，但更重要的是来自后天的教育、修养、实践、经验和锻炼。在现实生活中，每个人都可以通过自觉、有意识的锻炼，去培养提高自己对挫折的耐受力。

有个人由于船翻了，只能靠一块木板漂浮在水上，每天抓活鱼吃、喝海水。由于自己坚强的意志，终于在两个月后被海岸巡逻队发现了，救上了岸。这是个平凡人的传奇故事，他能靠自己的意志和面对困难的态度，从而获得了与死亡交战的胜利。与其相反，有些人则对自己没有丝毫的信心，从而使自己事业失败、友情失败……最终使自己遗憾终身。

凡是经历磨难、有修养的人，每逢受到挫折时，大都有一些灵活应变、化险为夷的自助"窍门"。归纳起来，大致有以下几种。

期望法。遇到挫折时，尽量少考虑暂时的得失，多想美好的未来，不断激励自己振作起来，一切都会过去，将来一定会成功。

知足法。在挫折面前，要满足已经达到的目标，对一时难以做到的事情不奢望、不强求，同时多看看周围不如自己境况的人。这样，就容易从烦恼、痛苦中解脱出来，为将来的成功创造良好的心理环境。

补偿法。古人说"失之东隅，收之桑榆"。即在某方面的目标受挫时，不灰心气馁，以另一个可能成功的目标来代替，而不致陷入苦恼、忧伤、悲观、绝望的境地。

升华法。在遭受个人婚恋失败、家庭破裂、财产损失、身患疾病等打击之后，化悲痛为力量，发愤图强，去取得学习、工作和事业的成功，这是应付挫折最积极的态度。

东汉时，耿弇是汉光武帝刘秀手下的一员名将。有一回，刘秀派他去攻打地方豪强张步，战斗非常激烈。后来，耿弇的大腿被一支飞箭射中，他抽出佩剑把箭砍断，又继续战斗。终于大败敌人。汉光武帝表扬了耿弇。并且感慨地对他说："将军以前在南阳时提出攻打张步、平定山东一带，当初还觉得计划太大，担心难以实现。现在我才知道，有志气的人，事情终归是能成功的。"

我们要坚信，困难和失败都只是暂时的，只要我们能够勇敢地面对，重整旗鼓，勇于拼搏，人生之舟就会战胜惊涛骇浪，驶过激流险滩，到达理想的彼岸。即使是一时的受挫、失败，也终会成为人生之路勇敢的开拓者、事业上的成功者。

失败是成功之母

"失败为成功之母。"一个人只要有向上的决心，必定能在失败中寻获成功的钥匙，如果就此灰心丧气，便永远尝不到成功的果实。

生活中，但凡能够成就一番大事业的人，都是因为他们决不向困难低头，屡败屡战。只有经历过失败的痛苦，才能更深刻地体会成功的喜悦。那些没有遇到过大失败的人，有时反而不知道什么叫大胜利，也不会真正地去享有大胜利。

人的一生，总会与坎坷挫折相伴，不可避免地要遭受这样或那样的失败。只不过有的人经历得少一些，有些人经历得多一些罢了。人生就是在不断地栽跟头，又不断地爬起来的过程中前进的。

清朝的著名将领曾国藩曾多次率领湘军同太平军打仗，然而总是吃败仗，特别是在鄱阳湖口一役中，差点连自己的老命也送掉。他不得不上疏皇帝表示自责之意。在上疏书里，其中有一句是"臣屡战屡败，请求处罚"。有个幕僚建议他把"屡战屡败"改为"屡败屡战"。这一改，果然成效显著，皇上不仅没有责备他屡打败仗，反而还表扬了他。

"屡战屡败"强调每次战斗都失败，成了常败将军；而"屡败屡战"却强调自己对皇上的忠心和作战的勇气，虽败犹荣。这一点点的改动体现出了一个道理：在人的一生中，要想取得成功首先必须经历失败，因为失败是走向成功的起点，失败是成功之母。

失败并不是人生的终结，只是成功的起点，一个人的失败不是偶然的，但是一个人的成功确是偶然的。失败的下一站是痛苦，但并不是终点站，而是岔道口。在这个岔道口分出两条路：一条是心灰意冷、一蹶不振的路，这条路通向彻底的失败。这时的失败才是最终的结果。另一条是吸取教训、奋起拼搏的路，这条路可能通向成功，也可能通往失败。但只有踏上了这条路，才有成功的希望。因此，一个人遭受了失败，并不意味着就是最终的结果，关键在于站在痛苦这个岔道口的时候自己应选择哪一条路。

一位全国著名的推销大师，即将告别他的推销生涯，应行业协会和社会各界的邀请，他将在该城最大的体育馆作告别职业生涯的演说。

演说那天，会场座无虚席，人们在热切地、焦急地等待着那位当代最伟大的推销员，期待他说出什么惊世良言，期待从他身上学习经验。当大幕徐徐拉开，人们惊讶地发现，舞台的正中央吊着一个巨大的铁球。为了支撑住这个铁球，台上还搭起了高大的铁架。

所有人都惊奇地望着老人，不明白他是何用意。这时两位工作人员抬着一个大铁锤放在老人的面前。主持人这时对观众说：请两位身体强壮的人到台上来。很多人站起来，其中两名眼疾手快的年轻人已经跑到了台上。

老人这时开口对他们讲规则，请他们用这个大铁锤去敲打那个吊着的铁球，直到把铁球荡起来为止。

其中一个年轻人抢着拿起铁锤，拉开架势，抡起大锤，全力向那吊着的铁球砸去。铁球发出一声震耳欲聋的响声，却一动也不动。年轻人用大铁锤接二连三地砸向吊球，很快他就累得气喘吁吁了。另一位年轻人也不甘示弱，接过大铁锤把吊球打得叮当响，然而铁球仍然纹丝不动。台下的观众已经渐渐失去了热情，呐喊声渐渐消失，观众好像认定那是没用的，就等着老人做出解释了。

这个时候，老人从上衣口袋里掏出一个小锤，然后认真地对着那个巨大的铁球"咚"敲了一下，然后停顿一下，再一次用小锤"咚"敲了一下。人们奇怪地看着老人的举动。老人仿佛已经忘记了台下坐着的观众，就那样"咚"地敲一下，然后停顿一下，一直持续地做。10分钟过去了，又一个10分钟过去了，有观众开始坐不住了，会场起了一阵骚动，有的人干脆叫骂起来，人们用各种声音和动作发泄着他们的不满。然而老人好像根本没有听见观众的叫骂声，仍然一小锤一小锤不停地敲着。有人开始愤然离场，会场上出现了大片大片的空缺。留下来的人们好像也喊累了，会场渐渐地安静下来。

大概在老人进行到40分钟的时候，坐在前面的一个妇女突然尖叫一声："球动了!"仿佛一声惊雷惊醒了沉默的人们，观众们屏息静气看着那个铁球，整个会场鸦雀无声。那铁球以很小的幅度动了起来，不仔细看很难察觉。老人仍旧一小锤一小锤地敲着，一声一声仿佛敲在每个人的心上。吊球在老人一锤一锤的敲打中越荡越高，它拉动着那个铁架子"哐、哐"作响，它的巨大威力强烈地震撼着在场的每一个人。会场里爆发出一阵阵热烈的掌声，在掌声中，老人转过身来，把那把小锤揣进兜里。

老人终于开口说话了："在成功的道路上，如果你没有耐心去等待成功的到来，那么，你只好用一生的耐心去面对失败。"

人只有在困难与失败中不断探索，才能获得成功。失败的经验越是丰富，成功的概率就越大。尤其是年轻人，应该把握黄金岁月，拥有强烈的目标意识，果敢地前进，才能使生命之树欣欣向荣。不管你是谁，只要确定了目标，就要坚持不懈地去完成，耐心地等待成功。对于所有成大事的人来讲，问题不在于能力的局限，而在于等待成功的信念。

不到最后别放弃

"行一百里者半九十。"最后的那段路，往往是一道最难跨越的"门槛"。其实每一个人的一生中，无论工作或生活，都会或多或少地出现这样那样的极限环境，或者说极限困境。有的时候就需要那么一点点毅力、一点点努力的坚持，成功就能触手可及，而不是充满遗憾地擦肩而过。

1905 年，洛伦丝·查德威克成功地横渡了英吉利海峡，因此而闻名于世。两年后，她从卡德那岛出发游向加利福尼亚海滩，想再创一项前无古人的纪录。

那天，海上浓雾弥漫，海水冰冷刺骨。在游了漫长的 16 小时之后，她的嘴唇已冻得发紫，全身筋疲力尽，而且一阵阵战栗。她抬头眺望远方，只见眼前雾霭茫茫，仿佛陆地离她十分遥远。现在还看不到海岸，看来这次无法游完全程了。她这样想着，身体立刻就瘫软下来，甚至连再划一下水的力气也没有了。

"把我拖上去吧！"她对陪伴她的小艇上的人挣扎着说。

"咬咬牙，再坚持一下，只剩下一英里远了。"艇上的人鼓励她。

"你骗我。如果只剩一英里，我早就应该看到海岸了。把我拖上去，快，把我拖上去。"

于是，浑身瑟瑟发抖的查德威克被拖了上去。小艇开足马力向前驰去，就在她裹紧毛毯喝一杯热汤的工夫，褐色的海岸线就从浓雾中显现出来，她甚至都能隐约看到海滩上，欢呼等待她的人群。到此时她才知道，艇上的人并没有骗她，她距成功确确实实只有一英里。

路，走着走着就清晰了，只是看你敢不敢坚持。山路十八弯，但是只要你坚持，再弯的路也能把你带到成功的彼岸。只要你坚持，只要你相信自己的判断，成功就在不远处。当你发现所有人都在向东走的时候，你向北走的路崎岖而看似没有终点，请再思考一下，然后坚持走下去，再坚持一下，你就会成功。

传说，有两个人与酒仙邂逅，神仙一时兴起，将酿酒之法传给了他们：取端阳节那天饱满的米，再加上冰雪初融的高山流泉，将二者调和，注入深幽无人处千年紫砂土铸成的陶瓮，再用初夏第一张看见朝阳的新荷覆紧，密闭七七四十九天，直到第四十九天的鸡叫三遍后方可启封。

就像每一个传说里每一个历险者一样，这两个人历尽千辛万苦开始寻找材料，那是极其漫长的一个过程，他们花了整整八年的时间，终于找齐了所有的材料，把它们一起调和密封，然后潜心等待四十九天之后的那个时刻。胜利似乎就在眼前了。

第四十九天到了。两人兴奋得夜不能寐，等着鸡鸣的声音。远处传来了第一声鸡鸣。过了很久，又响起了第二声鸡鸣。然而，第三遍鸡鸣声却迟迟没有传来。其中的一个人再也忍不住了，他打开了自己的陶瓮，迫不及待地尝了一口。立刻就惊呆了：天啦！这酒像醋一样酸。然而大错已经铸成，再也不可挽回了。他极度失望地把酒洒在了地上。

而另外一个人虽然也按捺不住想伸手，却还是咬紧牙关，坚持到了第三遍鸡鸣的声音。舀出来喝了一口，惊喜地大叫一声：多么甘甜香醇的酒啊！

就只差那么一刻，"醋水"没有变成佳酿。八年的时间都熬过来了却偏偏等不及那一声鸡鸣，于是前功尽弃，之前所有的努力都白费了。多么让人惋惜啊。

大多数成功者与失败者之间的差别往往不是因为机遇或者更聪明的头脑，只在于成功者多坚持了一下——有时候是一年，有时候是一天，有时，仅仅只是几分钟。

一切皆有可能

有这样一则故事。

在美国旧金山的贫民区，有一个小男孩，因为从小营养不良而患有软骨症。6岁的时候，他的双腿变成了"弓"形，小腿更是严重萎缩。然而身体的不完整并不影响他对美好生活的向往，在他幼小的心灵中，藏着一个美好的梦想——那就是有一天他要成为美式橄榄球的全能球员。

他对传奇人物吉姆·布朗特别崇拜，是他的忠实球迷。只要吉姆所在的克里夫兰布朗斯队和旧金山四九人队在旧金山比赛的时候，小男孩便不顾双腿行动不便，一跛一拐地到球场去为自己的偶像加油。由于家里穷买不起票，因此，他每次都只有等到全场比赛快结束，工作人员打开大门的时候溜进去，欣赏最后剩下的几分钟。

小男孩13岁的时候，有一次他在布朗斯队和四九人队比赛之后，在一家冰激凌店里终于有机会和心中的偶像面对面地接触，那是他多年来所期望的一刻。他大大方方地走到这位大明星的跟前，朗声说道："布朗先生，我是你最忠实的球迷！"

吉姆·布朗和气地向他说了声"谢谢"。这个小男孩接着又说道："布朗先生，我想告诉你一件事。"

吉姆转过头来问道："小朋友，请问你要告诉我什么事？"

男孩神情自若地说道："我记得你所创下的每一项纪录，每一次的布阵。"

吉姆·布朗十分开心地笑了，然后说道："真不简单。"

这时小男孩挺了挺胸膛，眼睛里闪烁着光芒，充满自信地说道："布朗先生，有一天我要打破你所创下的每一项纪录！"

　　听完小男孩的话，这位美式橄榄球明星微笑地对他说道："好大的口气。孩子，你叫什么名字？"

　　小男孩得意地笑了，说："奥伦索，先生，我的名字叫奥伦索·辛普森。"

　　奥伦索·辛普森日后的确如他少年时所说的话，在美式橄榄球场上打破了吉姆·布朗所创下的所有纪录，更创下一些新的纪录。

　　梦想的力量是伟大的，有些时候，它甚至能够决定你生命的质量。生活中，当你茫然无助，找不到方向的时候，不妨想想自己心中的梦想。或许你会找到久违的热情和自信。因为，那是你渴望做的事情。只要相信自己，坚持不懈地努力，那么，一切皆有可能。

成功的基石是坚持

成大事不在于力量的大小，而在于能坚持多久。

树立目标是一件很容易的事，但是要把目标坚持下来却是一件困难的事，没有坚持不懈的勇气和顽强的毅力，是办不到的。

通往成功的路是一段漫长的征途，越往前走人就越少。不光是精力、胆识的问题，因为成功根本就看不见！人们不知道还有多远，所以信心就会动摇。而那些取得成功的人，都是在看不到希望的时候，仍然坚持在黑夜里穿行。在绝望的时候，仍然不选择放弃。

对于一个追求成功的人来说，最大的阻力，其实不是自身的条件不济，不是准备不够，而是在成功之前，越往前走，黑暗越浓。这黑暗不在眼前，而是在心里。

成功者是那些只选择往前走的人。他知道，成功还有多远不清楚，但转身就是明确的失败。他不愿失败，所以没有选择。成功者多少都有些阿甘的精神，他往往不是脑子最聪明最活络的人，但一定是意志最坚定的人。失败者总有多种选择，成功者都没有选择，因为成功只有一个方向。

现实生活中，我们常常羡慕别人所取得的辉煌成就，但往往缺少取得成就所必备的因素——坚持到底。当遇到困难或挫折时，我们起初或许会坚持一下。但令人感到遗憾和悲哀的是，面对一而再再而三的失败，多数人选择了放弃，没有再给自己一次机会。其实，有时候可能就是再多一点点的坚持，我们就会取得成功。但就因为我们没有再跨出坚持的下一步，结果让成功的机会与自己擦身而过。因此，在奋斗拼搏的路上，我们要想取得最后的成功，就要永远鼓励自己，要坚持，除了坚持，别无选择。

一只不起眼又被人讨厌的毛毛虫忍受着别人异样的目光，吐丝把自己包裹着，丝一层一层缚在毛毛虫身上，它没有哭泣，只因它知道，它有一个梦想：成为一只美丽的蝴蝶，在百花中散发耀眼光芒，这样的它就再也不会感受不到别人给予的温暖。可是，破茧成蝶不是一朝一夕的，在它自己织的"家"中没有言语，没有温暖，它一动不动地蜷缩在小小的空间中，等待，等待……就这样，一天天过去，茧破开了一条缝，蝴蝶的身子慢慢出现，撕开了茧，它骄傲地飞翔在蔚蓝的天空中，自由自在。

"再坚持一下"，是一种不达目的誓不罢休的精神，是一种对自己所从事的事业的坚强信念，也是高瞻远瞩的眼光和胸怀。它不是蛮干，不是赌徒的"孤注一掷"，而是在综观全局和预测未来之后的明智抉择，它更是一种对人生充满希望的乐观态度。在山崩地裂的大地震中，不幸的人们被埋在废墟下。没有食物，没有水，没有亮光，连空气也那么少。一天，两天，三天……还有希望生存吗？有的人丧失了信心，他们很快虚弱下去，不幸地死去。而有些人却不放弃生的希望，坚信外面的人们一定会找到自己，救自己出去。他们坚持着，哪怕是在最后一刻。结果，他们创造了生命的奇迹，他们从死神的手中赢得了胜利。

越是在困难的时候，越要"再坚持一下"。有时，在顺境时，在预定的目标未完全达到时，也要"再坚持一下"，不要因小小的成功就停止不前。

你能承受多少次失败的打击？生活中，很多人在多次失败的打击之下，令人惋惜地放弃了努力。有的人甚至在一次的不如意之后就开始灰心丧气、绝望。其实，成功就在你绝望、准备放弃的背后。如果你能咬牙再坚持一下，再努力一把，克服这种深深的绝望感，成功就会奇迹般地出现在你面前。

把困难踩在脚下

一生中，我们也许会碰到无数的困难，面临无数的困境，当困难挡住了我们前行的路的时候，你会用什么样的心态去面对呢？是避开它，面对它，还是把它踩在脚下呢？有些时候，我们或许被困难吓住了，忍不住想退缩，想放弃，如果是这样，那么你就永远也躲不开困难。倒不如迎难而上，把困难踩在脚下。人的潜力是无穷的，只要你相信自己，藐视困难，你就一定能够走出困境，迎来人生的艳阳天。

俗话说：读万卷书不如行万里路。如果没有在万丈红尘里摸爬滚打，我们永远也不会了解真正的生活。书本上的知识拥有得再多，也需要实际的体验。只有经过实践了，你才能知道"原来我能做到这个地步"，才能增加你的信心，也才能有更多的勇气去面对困难。

生活的酸甜苦辣，只有亲身体验过了，才能了解，才能体会。这一次的苦难你能够勇敢地挺过去，那么下一次的苦难，你一样能够挺过去。经历过大风大浪的人，会越来越淡定，越来越睿智，也越来越成熟。

人生犹如沏茶一样。温水沏茶，茶叶轻浮水上，怎会散发清香？沸水沏茶，反复几次，茶叶沉沉浮浮，最终释放出四季的风韵：既有春的幽静、夏的炽热，又有秋的丰盈、冬的清冽。世间芸芸众生，何尝不是沉浮的茶叶？那些不经风雨的人，就像温水沏的茶叶，只在生活表面漂浮，根本浸泡不出生命的芳香；而那些栉风沐雨的人，如被沸水冲沏的釅茶，在沧桑岁月里几度沉浮，才有那沁人的清香。浮生若茶，我们只是一撮生命的清茶，命运就是那一壶温水或炽热的沸水，茶叶因为沉浮才释放了本身的清香，而生命也只有遭遇一次次挫折和坎坷，才能激发出人生那一缕缕幽香！

　　人总会有脆弱的时候，当许多苦难接二连三涌来的时候，我们就会想逃避，想放弃，觉得自己"实在吃不消了"。然而，不管我们怎么逃避，困难始终在那里，不会消失。我们只有勇敢地站起来，把困难踩在脚下，成功才会属于我们。无论遭受怎样的困难，都不要害怕担心，要坚信困难只是暂时的，假以时日，它就会过去。如果在困难面前畏首畏尾，只是给自己心中增加阻碍，只会让困难更加困难。如果改变自己的心态，藐视困难，迎难而上，你就会知道，原来挡住前途的墙壁，其实并不怎么厚。

　　在重大的苦难面前，一般人都会产生这样一种想法："这件事我无法解决。"其实，这种想法是不对的。只要你有一颗强大的心，那么就没有什么困难是你战胜不了的。最主要的还是在于你是否能面对困难勇敢地站起来。

　　你有相当好的经历，你也有丰富、宝贵的才能，你对事业抱有很大的希望，之所以会害怕困难，只是因为你否定了自己，你的消极的情绪阻碍了你的发展前途。所以你非做不可的事，是将你对人生否定的心转变成具有建设性的心。你必须信赖你自己的精神力量、能力、经验。如此一来，你的人生将能得到完全的改变。你会相信在这个世界上并没有落后者的存在。

别让慵懒毁了你

要想拥有一个成功的人生，保持勤奋是除立志之外最为重要的事。无论多么远大的志向，如果不能以勤奋的态度去努力落实，就永远也无法变成现实，最终也只是海市蜃楼而已。

爱迪生曾经说过这样一句话：成功是百分之九十九的汗水加百分之一的天分。没有人能只依靠天分而成功。上帝给予了我们天分，而勤奋将天分变为天才。放着天分不用，就像古代那个叫作仲永的人一样，虽然聪明过人，出口成章，但高傲懒惰，最终仍然一事无成。

国际著名恐怖小说大师斯蒂芬·金在每一年的每一天里，都重复着做一件事情——写作。当每一天黎明的第一道曙光照亮大地的时候，他就开始伏在打字机前，开始他一天的写作了。他一边听着美妙的音乐，一边飞快地敲打着打字机的键盘，每天都如此。

在斯蒂芬·金成名之前，也曾经有过一段坎坷的经历。那个时候，他一贫如洗，甚至连电话费都交不起。然而他并没有自暴自弃，而是坚持不懈地努力。功夫不负有心人，他终于一举成名，成为世界上最有名的恐怖小说大师，整天稿约不断。常常是一部小说还在他的大脑之中储存着，出版社高额的预订金就支付给了他。如今，他已经是世界级的大富翁了。可是，他并没有放弃努力，仍然坚持每天写作。

斯蒂芬·金成功的秘诀很简单，只有两个字：勤奋。一年之中，他只有三天的时间是不写作的。也就是说，他只有三天的休息时间。这三天是：生日、圣诞节、美国的独立日（国庆节）。勤奋给他带来的好处是：永不枯竭的灵感。我国的学术大家季羡林老先生曾经说过："勤奋出灵感。"缪斯女神对那些勤奋的人总是格外青睐的，她会源源不断地给这些人送去灵感。

斯蒂芬·金和一般的作家有点不同，一般的作家在没有灵感的时候，就去干别的事情，从不逼自己硬写。但斯蒂芬·金在没有什么可写的情况下，也要每天坚持写 5000 字。这是他在早期写作时，他的一个老师传授给他的一条经验。而在他早期的创作实践中，他也是坚持这么做的。也就是说，他在写作上，有过强化训练的经历和体验。这段经历使他受益终身。他说，我从没有过没有灵感的恐慌。

任何时候，我们都要始终坚定这样的信念：我们的付出一定会得到回报。这种回报有显性的和隐性的，有目前的和长远的。我们要走出误区，不要被显性的和目前的回报迷惑了双眼而停滞不前，更不要因为隐性的和长远的回报而灰心丧气。如果你没有得到回报，那么理由只有一条，就是你的努力还不够。所以，勤奋是我们成功的唯一捷径。

我们往往以为自己很努力了，其实我们还不够努力，所以我们没有成功。鲜花和掌声从来不会光顾懒惰的人，超人的成就往往是付出了比常人多出十倍的努力换来的。这是永恒的真理。不要怨天尤人，不要总奢望有能呼风唤雨的父母，即使把你安排到了一个显要的位置，如果你无法胜任，也许可以偶尔充当一下南郭先生，但要想永久地服众则是痴人说梦。不要说自己的运气不好，机遇总是留给那些有准备的人的；更不要说自己没有天分，如果你这样认为就是对自己彻底的放弃。

晚清中兴名臣曾国藩说："勤字功夫，第一贵早起，第二贵有恒"，言简意赅地说明了勤奋的两个最基本的要素。当然，在今天，由于人们各自的事业不同，对于每一个人而言，勤奋的要求也不尽相同，但天道酬勤相同，有一分勤奋便会有一分收获，如果能有十分的勤奋，这个世界上还有什么样的目标是无法实现的呢？

致奋斗者

将来的你一定感谢现在拼命的自己

曾庆灿　编著

中国出版集团

中译出版社

图书在版编目（CIP）数据

致奋斗者. 将来的你一定感谢现在拼命的自己 / 曾
庆灿编著 . -- 北京：中译出版社 , 2019.8（2022.4 重印）
ISBN 978-7-5001-6010-6

Ⅰ . ①致… Ⅱ . ①曾… Ⅲ . ①成功心理—通俗读物
Ⅳ . ① B848.4-49

中国版本图书馆 CIP 数据核字（2019）第 175753 号

致奋斗者

将来的你一定感谢现在拼命的自己

出版发行：中译出版社
地　　址： 北京市西城区车公庄大街甲 4 号物华大厦 6 层
电　　话：（010）68359376　68359303　68359101
邮　　编： 100044
传　　真：（010）68357870
电子邮箱： book@ctph.com.cn
总 策 划： 张高里
责任编辑： 顾客强
封面设计： 青蓝工作室
印　　刷： 金世嘉元（唐山）印务有限公司
经　　销： 新华书店
规　　格： 880 毫米 ×1230 毫米　1/32
印　　张： 30
字　　数： 550 千字
版　　次： 2019 年 8 月第 1 版
印　　次： 2022 年 4 月第 11 次

ISBN 978-7-5001-6010-6　　　　定价：149.00 元（全 5 册）

前　言

很多人一生碌碌无为，年轻时慵懒、不作为，年老时徒留遗憾。我想，他们大多数人并不愿意自己这样。

庸碌固然轻松，但现实更为残酷。出身不能选择，但却能选择改变自我。常听庸碌的人说："为什么我就没有一个好爸爸?"常听成功的人说："我只想更努力一些、更精进一些。"仔细观察身边的人，你就会发现，越是有所成就的人过得越充实，生活越忙碌。他们有自己的人生目标、规划，目标锁定每一次机遇，充分发挥自身能力。

反观庸碌的人，上班下班，卧床吃饭，甚至连自己都懒得打理，房间都懒得收拾，他们常常抱怨命运的不公，禁受不住丁点儿的挫折，他们没有目标，没有规划，过一天算一天。他们也经常畅想未来，希望自己能成为科学家、富商或者某个领域的佼佼者，但第二天醒来，又是一副萎靡不振的样子，他们从不将梦想付诸行动，只是痴痴地梦着，偶尔呓语。

成功的人总是年复一年日复一日地坚持着自己的梦想，马云为了阿里一坚持就是二十年；牛根生为了蒙牛一坚持就是十年；俞敏洪为了新东方一坚持就是二十几年……这些成功人士将自己大部分的精力放在那唯一的目标上，不畏艰难险阻，勇于克服重重困难，甚至不惜搭上全部身家和人脉。他们的成功绝非偶然，他们的付出和努力让成功成了必然。

反观庸碌的人，今天一个梦想，明天一个目标，甚至没有哪个目标可以坚持到一个月，"三分钟热度"是他们的代名词。他们往往经受不住挫折和溃败，常常看到失败的苗头就选择了放弃，转身寻找下一个目标，到最后一事无成，还埋怨时运不济。

看看身边那些成功的人，你就会发现，自己过得不好，是因为从未真正拼过。今天的选择和所持有的生活态度，决定着你的未来。

今天的你，一定会感谢现在拼命的自己，因为你努力的样子，在外人的眼中是那么的迷人，甚至连你自己都能感觉到自己每天的进步。变化时刻发生，只是微妙到让人体会不到，它日积月累，只待你厚积薄发的那一天。你还在等什么？从现在开始，制定好目标，勇往直前，努力拼搏！

希望本书能帮助读者朋友找到前进的方向，冲破重重障碍，走向美好的未来！

目　录

第六章　不坚持到最后，你就不会知道结局

第七章　抓住机遇，人生随时有可能逆转

第八章　越挫越勇，苦难是人生的必修课

第 一 章

命运掌握在自己手中，谁说这辈子只能这样

拥有好命是每个人的梦想，但是不少人都认为，命运是上天注定的。其实，虽然我们无法选择出身，但是我们仍然可以选择自己的命运。命运其实也欺软怕硬，如果你不想也不敢改变自己的命运，就只能忍受命运的摆布和戏弄。一旦你发愤一搏，定能改变自己的命运，迎来"柳暗花明"的景象。

做命运的主人，掌握自己的人生

"命运"是一个纠缠人类数千年的话题。从古老的紫微斗数、生辰八字、面相、手相、骨相，到现代的血型、星座……五花八门的分析工具层出不穷、生生不息，反映了人们对于窥破命运密码的热切渴望。

一些人一听到"命运"，要么是迷信到底，要么是嗤之以鼻。其实，"命运"并不神秘，也不深奥，"命运"是由"命"与"运"组成。其中，"命"是过去式，例如你生在何家，例如你被炒了鱿鱼，这些情况都是在发生后你才知道的，是不可更改的事实。而"运"是一个建立在将来时基础上的现在时，你梦想成为富豪，你梦想拥有一份好的工作，你为这些梦想而运筹、而运作、而运动，你通过努力有可能实现它们，这个过程称之为"运"。你"运"得到位，就会有"好运"，也就是说，有好的"命运"。

"命"不好不要紧，试看那些建功立业的伟人们，有几个是含着金汤匙出生的？有几个不是靠自己后天的"运"而一步步走向巅峰的？

李嘉诚的命好吗？也许有不少读者朋友会毫不犹豫地回答：当然好！但编者在此要告诉各位的是：李嘉诚的命很苦。在回忆自己十几岁时的生活状态时，李嘉诚曾说——

"我13岁时父亲得了肺病，我照顾他，后来发现我自己也得了肺病，早上咳血，晚上盗汗，我买来医书，自己看，没有人教我怎么治这种病，我也不告诉任何人，连妈妈都不知道我得了肺病。那时我每天还要安慰父亲，要他有信心，要生活下去。父亲去世，我14岁就挑起家庭重担，我肯吃苦，17岁靠我去打工家里就有了盈余，弟妹们可以念大学，我自己没有机会，只能请家庭教师。当年真的是很苦，一条毛巾又洗脸又洗澡、用上两三年才能换，换的时候旧毛巾握在手里，外面都看不到，上面只有横竖的纤维，没有毛了。那个时候3个月才能理一次发，剃光头。但是在那样的情况下我也没有向别人借过一毛钱，直到后来开始做生意时，才向人借了四五万块钱。我觉得吃过苦好啊……"

还有一个和李嘉诚一样命苦的少年，他的名字叫松下幸之助。因为家境贫寒，松下幸之助在10岁时就离开家乡、离开母亲，独自来到几百里外的大阪，到一家火盆店当起了月薪10分钱的学徒工。

单看李嘉诚和松下幸之助的少年与青年时期，我们谁——包括他们自己，知道他们命里有几升呢？即使真的有高明的江湖术士知晓他们命中注定会成为一代显富，如果他们不努力地拼搏，显富的头衔会从天上落下来正好掉他们头上？

很显然，所谓的命中注定，实在经不起推敲。法国寓言作家拉·封丹曾有过一段妙语："每个人都把过好日子归功于是自己的才干。要是因为自己的错误导致了失败，他们就咒骂起命运女神来。没有比这件事更为常见：好事归功自己，坏事归罪命运，有理的总是人，错误的总是命运。"拉·封丹生动地展示了那些迷信"命运"的人的荒谬。

你我皆凡人，活在人世间。是为活着而活着，还是为自己而活着？平凡人的人生有两种。第一种是静候命运的安排，进退随波，贵贱逐流，就像棋盘上的棋子，将自己的命运全权交付给棋手。第二种是不甘心接受命运的安排，尽管自己只是一枚小卒子，却要做自己命运的主人——这是棋盘上的卒子与作为卒子的平凡人之间的唯一区别：前者无法控制自己的命运，后者在很大程度上可以掌握自己的命运。

汤姆·克鲁斯在出演《壮志凌云》之前，只能在好莱坞扮演一些小角色，有时甚至连一分钱片酬都没有。导演们拒绝他的理由是：不够英俊，皮肤太黑了，演技太幼稚，等等。他们用这些看似非常有说服力的理由，断定汤姆·克鲁斯永远也成不了明星。然而，这些话在今天都变成了笑话。另外，像乔治·克鲁尼在出演《急诊室》之前、金·凯瑞在出演《变相怪杰》之前、尼古拉斯·凯奇在出演《远离赌城》之前，他们都为扮演各种小角色而奔波。但他们后来都成了好莱坞的票房保证。

我们要用自己的脚步，来丈量生命的幅员。一定要相信，命运可以掌握在自己手中，一味地屈从于命运，永远也做不了自己的主人。

无法选择出身，但能够选择命运

我们对自己出身的环境无法选择，因为起点的不相同，结果也就不可避免地大相径庭。有的人一生下来就拥有一个幸福美满的家庭，有的人却要早尝生活的艰辛，而这些都只能是默默接受。从娘胎里出来的那一刹那，就决定了人的出身高低，这公平吗？当然不公平！然而命运虽然决定了你出生的一刻，但你此后的一系列的选择却决定了你出生后的一生。

一个人的出身虽然没法选择，但是除此之外，其他的选择机会是每个人都有的。

你无法改变天气，但是能够改变心情，你无法选择出身，但能够选择命运。

人的一生就是一个选择的过程。这句话道出了人生最朴素、最简单，也是最重要的哲理。因为每个人无论是对生活、爱情与婚姻、友谊，还是对职业、工作、事业等，都有着自己的想法，当他们为了实现心中所想而采取行动的时候，无论是成功了还是失败了，都有一种选择。

每个人都有自己的事业和财富梦想，但大多数人仅止于梦想，他们把成功人士的成功归结于家世、运气、机遇、高智商或高学历等等，然后再拿自己"一穷二白"的情况一比，便唉声叹气，怨天尤人。

不同的思维带来不同的行为，如果一直都跟一群骑自行车的朋友一起，那他想的可能就是如何换一辆名牌山地车，或者换一辆电动车而不汽车。这样的例子有很多，你的命运掌握在自己的手里，决定命运的关键不取决于你能做什么，而在于你与谁在一起。

要想改变命运，心态很重要，所谓"性格决定命运"，好的性格不一定有好命，但要想好命，好性格是必不可少的，必须自信、积极和乐观。不要对生活失去勇气和希望，只要有一线希望，都应该努力抗争。因为当你选择"认命"的时候，其实是在逃避现实，觉得将来面对的是沉重的压力。可是你忽视了，在"认命"的同时，你就已给自己背上了一个更加沉重的包袱，而这种包袱会随着岁月的流逝，让你感到窒息。躲避了一时，又怎能躲过一世？

不要逃避问题，不要说"我没有家财万贯的父母""我的命就这样了"。所谓的"宿命论"是上古时代的产物。在这种高度文明的科学时代还相信命运这么一回事，是会使人笑掉牙齿的。现在大伙儿都在争取自由，你还口口声声喊着宿命，不但是开倒车，简直把火车开到月台上了。学会解决问题，对什么事情，有什么样的看法，就是什么样的命运，你觉得容易它就容易，你想着艰难它就变得艰难。这一切都是由你自己选择的，所以在行动之前，不先给自己设下许多负面结论，做起来就会容易多了。

你无法选择出身，但你有权利去选择自己要过的生活，勇敢做出选择的人大多都能保持着愉悦的心境——到时就算你不能改变命运，你也可以因为自己的努力与成长，越来越好命！

出身底层不可怕，"英雄不问出处"

身处底层可怕吗？你因此就丧失了斗志吗？请记住这样一个数据：全球有80%的亿万富豪出身贫寒或学历较低，他们白手起家创大业，赢得了令人羡慕的财富和名誉。1999年，美国《财富》杂志首次推出全美40位40岁以下的富豪排行榜，榜上有名的几乎全部是在高科技领域自我创业奋斗的成功人士。

因此，身处底层并不可怕，所谓"英雄不问出处"，很多出身贫寒的人同样可以通过自我奋斗实现自己的梦想。

对于热衷时尚的女人来说，可可·香奈儿绝对不是一个陌生的名字，这是一个触动着每个女人奢侈神经的字眼，它不仅仅是一个时装的品牌、一个香水的品牌，也是一个伟大女性的名字。从一个贫穷的孤女到一个著名的时装设计师，她留给了世人无数的谜团，成就了一个传奇。

1883年8月19日，香奈儿出生于法国的卢瓦尔河畔的索米尔小镇。她的全名是加布理埃勒·香奈儿。据说她是个私生女，对于自己的出生，香奈儿一直讳莫如深，不愿为外人所知。香奈儿12岁那年，她的母亲去世了，于是她被送进了孤儿院，在那里度过了少年的黯淡时光。17岁，她来到另一个小镇，进入了修道院。在当时，妇女的地位极其低下，而一个没有好家境的女孩子要想在社会上生存，是非常艰难的。孤儿院的生活使她明白，高超的针织手艺对于女孩子而言是多么重要，她可以通过针线活来养活自己，于是她靠这个手艺逐渐自立。18 岁那年，她就到一家商店做助理缝纫师来养活自己。

20 多岁时，香奈儿遇上了富有的骑士卡佩尔，并在他的资助下，开了她的第一家帽子店。她设计的帽子宽大实用，受到了许多妇女的欢迎。而这个帽子店也成了日后香奈儿的总店地址。1912 年，趁热打铁的香奈儿又在法国上流社会的度假胜地——诺曼底海边小城开了自己的第一家服装店。当时妇女的服装过于烦琐，香奈儿认为："女人为造成她们举止不便的服饰所束缚，从而被迫依赖于仆人和男人。"因此她的设计风格朴素端庄、简明大方。很快，她这种极富个性的运动衫、开领衬衫、短裙、男式雨衣受到了时髦女郎的注意。她以敏锐的嗅觉，革命性地改变了人们的穿着品位，她的服装解放了传统对女性的束缚，成为社会主流和时尚。1914 年，香奈儿又在巴黎设立了工作室。到 20 世纪 30 年代初她的工作坊已拥有 4000 名职工，年服装销量达 28000 套。香奈儿取得了非凡的成功。

1999 年，《时代》评出 100 年来最具影响力的 20 位艺术家，可可·香奈儿醒目地排在第二位。法国前文化部部长马尔罗说："20 世纪法国将有三个名字永存：戴高乐、毕加索和可可·香奈儿。"她是战后所有女性的抱负和渴望凝聚而成的一个成功的神话。她用自己的事迹证明：贫穷并不可怕，只要你自食其力，努力去奋斗，你就可以过自己想要的生活。她改变了我们对于服装的认识，对于女性的认识，对于人生的认识。可可·香奈儿自强不息，勇于创新的性格使她不断地挑战自己，最终取得了自己非凡的成就。

而在我们眼前活跃着的亿万富翁，成功人士，也有不少出身平凡甚至贫寒。如马云、牛根生、潘石屹、尹明善……名单可以开列很长。他们完全依靠自己非凡的能力、毅力，实现了从无到有的创业梦想。这些来自底层的创业英雄，让我们看到了草根的力量，激活了更多小草般默默无闻的人的创业之梦。

不要抱怨没有一个好爸爸

常听人说：学好数理化，不如有个好爸爸。于是很多人就把自己的失意归结到了父辈的不得志上，抱怨自己出身不济，总觉得"低人一步处处低"。

有了一个好爸爸，自己就可以不用那么辛苦去奋斗，就可以拥有很多；有了一个好爸爸，也许命运就会不同。比如现在很多的"富二代""官二代""星二代"们，哪个不是靠着一个好爸爸就可以过着令人羡慕的生活。其实，大可不必在这样的事情上自怨自艾。不要抱怨出身，因为出身无法选择。出身贫困，并不意味着前途暗淡。将帅拔于卒伍，宰相起于闾阎。历史上又有几个伟人是出自名门望族？从小受苦常能使人坚强刚毅，百折不挠。因为出身不好而自暴自弃的，必是懦夫。出身贫寒自然会让人生道路面临一些波折，但"先苦后甜"却是最佳的人生模式。因为贫寒而不断奋斗的人，最能体会到成功的乐趣。

西方有句名言："使一个人伟大，并不在于富裕和门第，而在于可贵的行为和高尚的品性。"平庸的人总是喜欢找外界不是的种种理由，却不愿意审视自己的不是。他们看得见别人脸上的灰尘，却看不见自己鼻子上的污点。但强者们却总是在调整自己、提高自己，努力地将自己打造成一个与外界和谐的人。他们更加注重自我管理，深知只要自己对了，世界就对了。"现代戏剧之父"易卜生曾经告诫他人：你的最大责任就是把你这块材料铸造成器。说的其实也就是这个道理。不努力的人，出身再好也无用。没有一个好爸爸，但你仍然可以通过自己的努力去改变平庸的命运。

华人首富李嘉诚先生在谈到自己成功的秘诀时，也不止一次地强调自我管理的重要性。他说："自我管理是一种静态管理。人生不同的阶段中，要经常反思自问，我有什么心愿？我有宏伟的梦想，但我懂不懂什么是有节制的热情？我有与命运拼搏的决心，但我有没有面对恐惧的勇敢？我有信心、有机会、但有没有智慧？我自信能力过人，但有没有面对顺境、逆境都可以恰如其分行事的心力？"

每个人，不管是天赋异禀还是资质平平，不管是出身高贵还是出身贫贱，都应该学会自我管理。"大多数人想改造这个世界，却极少有人想改造自己。"伟大睿智的列夫·托尔斯泰如是说。

你想拥有怎样的世界？你想做怎样的人？——一切主动权都在你的手里。

英雄不问出身，每个人都有追逐梦想，改变命运的权利和机会。如果你出身平庸，甚至贫穷，那也无须眼红别人的家世，更不要抱着"破罐破摔"的思想，觉得出身低微就没有翻身之日了，这样只会让你的处境更加糟糕。纵观历史，那些出色的人难道都是靠着一个好爸爸才成就了自己的不平凡吗。卫青并没有出身名门望族，但他却凭借自己的智慧和能力，创造了一代名将的奇迹；朱元璋更是出身卑微，可也开创了大明王朝。

可见，"宝剑锋从磨砺出，梅花香自苦寒来。"别让低微的出身成为我们成功路上的障碍，而应该作为激励我们奋斗的号角。相信只要努力战胜了严冬的寒冷，就一样能拥有四溢的香气。

看过韩剧《大长今》的人都知道，长今出生在社会最底层的家庭中，从出生起就不得不过着颠沛流离的生活。在等级制度森严的年代，她是没有读书的权利的。然而长今却不信命，带着对知识的渴求，她常常背着父母去偷听学堂的授课。为此，挨过不少次打，却从来都没有放弃过。她最终成了享誉全国的名医。

抱怨再多，也不可能改变现状，唯有靠着自己的力量，让心中充满活力，才能开辟一片属于自己的天地。千万不要再对自己的家境和父母的平凡耿耿于怀，父母已经给了你伟大的生命，而有怎样的命运完全决定于你付出的努力。

努力做一颗"树"的种子

没有花香，没有树高，我是一棵无人知道的小草。也许很多人会抱怨自己出身的平凡，或者是命运的不济。其实，人的心灵是一颗种子。如果你的种子是草，你就永远是一棵被人践踏的小草。如果你的种子是树，就算被人踩到了泥土里，也早晚有一天会长成参天大树。

新东方的董事长兼总裁俞敏洪在"赢在中国"当评委时，说过一通这样的话——

"我们人的生活方式有两种。第一种方式是像草一样活着。你尽管活着，每年还在成长，但是你毕竟是一棵草。你吸收雨露阳光，但是长不大。人们可以踩过你，但是人们不会因为你的痛苦，而产生痛苦；人们不会因为你被踩了，而来怜悯你。因为人们本身就没有看到你。所以我们每一个人，都应该像树一样成长，即使我们现在什么都不是，但是只要你有树的种子，即使被人踩到泥土中间，你依然能够吸收泥土的养分，自己成长起来。也许两年三年你长不大，但是十年、八年、二十年，一定能长成参天大树。当你长成参天大树以后，遥远的地方，人们就能看到你；走近你，你能给人一片绿色，一片阴凉。你能帮助别人，即使人们离开你，回头一看，你依然是地平线上一道美丽的风景线。树活着是美丽的风景，死了依然是栋梁之材。活着死了都有用。这就是我们每一个同学做人的标准和成长的标准。"

这段典型的俞氏"语录",用诗一样的感性的语言包装着禅一样的哲理。俞敏洪的这番话可谓有感而发。他来自江苏农村,第一次高考落榜。复读之后虽然幸运地考上了著名的北京大学西语系,但大学几年用他自己的话来说是"不堪回首"。从农村来到北大的他,在全新的环境和各地的同学面前头一次感到了自己的渺小。这个曾经的班长在北大同学的侃侃而谈面前露怯了,在"各方神圣"渊博的知识或出众的能力面前突然感到了失落,找不到自己的位置。郁闷如潮水一样袭来,让他变得沉默寡言,而一场突如其来的肺结核,使他更加压抑。大学期间,他几乎没有在北大学生经典的卧谈会上自信地发表过自己的见解,没有参加过任何一种学生活动,没有主动交往过女生……在大学师生眼里,俞敏洪曾是北大里"最不应该成功的人"。

世界上的绝大多数人属于"草根"。命运的牛羊从我们身上踩过,从来就不会为我们的痛而怜悯、而止步。有一些人会这样嘟哝:"你凭什么踩我?这不公平!"但反抗的声音没有任何人理睬,便只好在生气与郁闷中被踩躏。还有一部分人会认命,认为被践踏就是草的命运。另外的一部分人,就是如同俞敏洪所说的像树一样的人。不管处境如何,长大长高的梦想始终在心中。

有形的草与树很容易分别,无形的"草"与"树"又如何分别呢?

看到伊能静,大家总无法把磨难与她联系在一起,因为她长了一张太具欺骗性的面孔,美丽无比,生活中也极尽精致:鲜花、香薰、美衣、美食……但事实上她从不认为自己是"花"型女生,反倒更像"草",贫瘠勃发,怎么踩也踩不烂。幼年时,伊能静像一头小鲁，皮肤总晒得黑黑的，爬树爬得比男孩快，没事就偷摘人家的水果，挖人家的地瓜，拿个大铁盆就在路边洗澡，一把就能把狗抓进来。养母用绳子绑住她，系在摊前，而她则拿着树枝在地上画，写字、画画，那是生命中与生俱来的本能。生活的磨难并没有阻止她对于梦想的追求。她从 16 岁出道，开始混迹于这个残酷却最真实的娱乐圈。就这样，她一直坚持着，努力着，才有了今天这个集美丽和智慧于一身的女子。

没有花香，没有树高，我是一棵无人知道的小草。当一个人身处社会或身边圈子的底层时，失落与郁闷是难免的。但是如果你身处底层，在遭受无视甚至蔑视时，最佳的应对方式是心怀高远之志并暗暗努力。其他什么诸如抱怨、诅咒、悲伤之类的，没有半点实际意义。你一定要相信：小草也可以长成参天大树，没有什么是不可能的。

布衣可以成王侯，贫寒岂能甘沦落？当理想被现实踩进了泥土中，不要悲伤与哭泣。只要种子还在，就有发芽破土、长大成材的机会。而我所要做的就是：呵护好我们的种子，照料好它，直至长大、开花、结果。

罗杰·罗尔斯是纽约历史上第一位黑人州长，他出生在纽约声名狼藉的大沙头贫民窟。在这儿出生的孩子，长大后很少有人获得较体面的工作。然而，罗杰·罗尔斯是个例外，他不仅考入了大学，而且成了州长。在他就职的记者招待会上，他对自己的奋斗史只字不提，他仅说了一个非常陌生的名字——皮尔·保罗。后来人们才知道，皮尔·保罗是他小学的一位校长。

1961 年，皮尔·保罗被聘为诺必塔小学的董事兼校长。当时正值美国嬉皮士流行的时代。他走进诺必塔小学的时候，发现这儿的穷孩子比"迷惘的一代"还要无所事事，他们旷课、斗殴，甚至砸烂教室的黑板。当罗杰·罗尔斯从窗台上跳下，伸着小手走向讲台时，皮尔·保罗说："我一看你修长的小拇指，就知道将来你是纽约州的州长。"当时，罗杰·罗尔斯大吃一惊，因为长这么大，只有他奶奶让他振奋过一次，说他可以成为5吨重的小船的船长。这一次皮尔·保罗先生竟说他可以成为纽约州州长，着实出乎他的意料。他记下了这句话，并且相信了它。从那天起，纽约州州长就像一面旗帜在他的心头飘扬。他的衣服不再沾满泥土，他说话时也不再夹杂污言秽语，他开始挺直腰杆走路，他成了班主席。在以后的40多年间，他没有一天不按州长的身份要求自己。51岁那年，他真的成了州长。在他的就职演说中，有这么一段话。他说，在这个世界上，理想信念这种东西任何人都可以免费获得，所以成功者最初都是从一个小小的理想信念开始的。理想信念是所有奇迹的萌发点。

历史上农民起义领袖陈胜一句"王侯将相宁有种乎？"给后人无穷无尽的启迪。两千多年来，不知有多少出身平凡的人在这句真理的鼓舞下，成为影响一个时代的"王侯将相"。所谓"种"，对于现代人来讲，其实就是一种在信念支配下的精神和行为。

有了这种信念的支持，我们的人生就有了恒久的动力，它指引着我们走向成功。

第 二 章

心中有了"指南针"，才不会走错方向

俗话说得好："有目标的人在奔跑，无目标的人在流浪，因为不知道要去哪里！"目标，就是人生路上的"指南针"，它能为我们指明做事的方向。有目标的人，全世界都能成为他的资源，在走向目标的过程中，每一步都能得到滋养。

人生没有目标，就像船没有罗盘

一个人没有明确的目标，就像船没有罗盘一样，在茫茫大海中行驶却没有航向，只能随波逐流。曾有人巧妙地把人生比喻为一条船。在人生的海洋中，很多的船是无舵船。他们总是漫无目的地漂泊，面对风浪海潮的起伏变化，他们束手无策，只有听其摆布，任其漂流。结果他们要么触岩，要么撞礁，以沉没而告终。还有一部分人，他们有方向、有目标，又研究了最佳航线同时学习了航海技巧。这些船从此岸到彼岸，从此港到彼港，有计划地前进。那些无舵船一辈子航行的距离，他们只要两三年就达到了。

一旦一个人明确了目标，下定了决心，有一种对成功的渴望，就会产生强烈的使命感和激情，在这样的情况下，将没有什么能阻止他达到目标。所以，只有目标明确才能在最短的时间达成最好的结果。

本田公司的创始人本田宗一郎 1906 年出生于日本静冈县，1922年离开家乡来到东京，进入一家汽车修理厂当学徒。他非常勤奋，没多久就成为一名优秀的修理工。1928 年，本田宗一郎开办了一家自己的汽车修理厂，经营得非常成功。但这并不是他所追求的目标。1934 年，他关闭了汽车修理厂，同时成立了东海精密机械公司，主要生产活塞环，并为丰田汽车供货。但这仍然不是本田宗一郎的最终目标。

本田宗一郎在很年轻的时候，虽然一无所有，但有一个雄心勃勃的梦想，他给自己定下了一个目标，那就是要跻身世界最大汽车制造商的行列。

开办汽车修理厂和生产活塞环，都只是为了实现这个远大目标所做的铺垫。因此，在1945年，他将蒸蒸日上的东海精密机械公司卖给了丰田公司，并于1946年创建了今天的本田技术研究所，开始研发、生产摩托车。

现在，本田宗一郎的这一目标已经实现。在全球小轿车市场，本田的生产销量和市场份额与日俱增，和通用、福特、丰田、戴姆勒—克莱斯勒共同跻身于全球最著名的汽车销售商之列。

1953年，耶鲁大学对当年的毕业生进行了一次有关人生目标的调查，当被问及是否定有明确的目标以及达到目标的书面计划时，结果只有3%的学生给予了肯定的回答。20年后，人们对这些毕业多年的学生进行了跟踪调查，结果发现：那3%定有明确目标的学生在经济收入上要远远高于其他97%的学生。

本杰明·迪斯雷利当选英国首相后，曾在一次简短的演说中对自己的成功进行总结，"成功的秘诀在于确定自己的目标"。迪斯雷利原本只是一名毫无建树的作家，写过不少小说和政论作品，但都没有给人留下深刻印象。后来他涉足政坛，并下定决心要成为英国首相。他克服重重阻力，谋求政治上的发展，先后当选议员、高等法院首席法官、下议院主席、保守党领袖等，并终于在1868年实现了自己的目标，成功当选为英国首相。

一个人如果没有明确的目标，以及实现这项明确目标的明确计划，不管他如何努力做事，都像是一艘失去方向的航船。因此，一个对未来充满了向往的人，一定要确立好自己的目标。一个人过去或现在的情况并不重要，将来想要获得什么成就才最重要。目标是对于你所期望成就的事业的真正决心，只有拥有了目标的指引，你才可能获得成功。

一个人走在通向成功的途中，他可以一无所有，但不能没有梦想。一个人若想成功，首先要明确自己最渴望的是什么。对于一个渴望成功，并一直为之努力的人来说，最迫切、最渴望的事莫过于确立人生的目标。

对于我们大家而言，梦想不仅是行动的主要推动力，梦想也是诸多才能中最重要的因素。那些可以明确说出他们梦想的人，比那些对自己要什么都只有一个模糊概念的人，会有更多的机会去实现他们的梦想。

正如空气对于生命一样，目标对于成功也有绝对的必要。如果没有空气，没有人能够生存；如果没有目标，没有任何人能成功。没有目标，不可能发生任何事情，也不可能采取任何行动。如果一个人没有目标，就只能在人生的旅途上徘徊，永远到不了理想的终点。

目标是一个人成功的起点

目标使人向前进而不是向后退。人的一生中，目标是行动的导航灯。没有目标，我们几乎同时失去机遇、运气和他人的支持。因为不知道自己到底想要什么，也就没有什么能帮助你，就像大海中的航船，如果不知道靠岸的码头在哪里，也就不明确什么风对你来讲是顺风。

奋斗的动力来源于伟大的目标，骄人的成就也归功于对目标孜孜不倦的追求。

在 15 岁的时候，萨巴塔就把自己一生要做的事情列了一份清单，称作"生命清单"。在这份排列有序的清单中，他给自己明确了所要攻克的 127 个具体目标。比如，探索尼罗河的源头，攀登世界第一高峰珠穆朗玛峰，走访马可·波罗的故道，读完莎士比亚的著作，写一本书，参观月球等。

在把生命中的梦想庄严地写在纸上之后，他开始循序渐进地实践。为了实现这些目标，萨巴塔历经磨难，曾经 18 次死里逃生。在44 年后，他以超人的毅力和非凡的勇气，在与命运的艰苦抗争中，终于实现了 106 个目标，成为世界上最著名的探险家。

萨巴塔的令人感动之处，不仅仅是因为他创造了许多人间奇迹，做了许多有益于人类的事情，更主要的是他那种矢志不渝、坚忍不拔的奋斗精神，以及由"生命清单"而延伸出来的高质量的人生。

要想做一个成功的人，首先必须有明确的人生目标。没有人生目标，也就没有具体的行动计划，没有行动计划，做事就会没有方向感，敷衍了事，临时凑合，也就没有责任感，更谈不上什么坚强毅力、斗志昂扬了。没有目标，任何才能和努力都是白费。

年轻的你应当有自己的人生目标和人生追求。在确定了目标之后，或许经过一生的奋斗也未能实现，但这并不意味着因此就失去了制定目标的价值。正因为有了目标，才能使你走向充实，而不是走向虚无，这就是制定目标的价值。

所谓制定目标，就是在生涯路线上，确定自己的前进方向和目的地，即多大年龄实现什么目标，干成什么事业，要清清楚楚地在生涯路线上标示出来。

任何意义上的成功与进步，都是渐进螺旋式的。目标不变，只要不断地改进方法，就一定会穿越极地，达到成功的彼岸。凡成功者，必有坚定而明确的目标。每个人都会向往一件事，但真能做事、成事的，却只有那些有意志和终极目标的人。

目标能够帮助我们集中精力。当我们不停地在自己有优势的方面努力时，这些优势会进一步发展。最终，在达到目标时，我们自己成为什么样的人比我们得到什么东西重要得多。

目标使我们有能力把握现在。虽然目标是朝向将来的，是有待将来实现的，但目标使我们能把握住现在。把大的任务看成是由一连串小任务和小的步骤组成的，要实现理想，就要制定并且达到一连串的目标。每个重大目标的实现都是几个小目标小步骤实现的结果。如果你集中精力于当前手上的工作，心中明白你现在的种种努力都是为实现将来的目标铺路，那你就能成功。

不成功者有个共同的问题，他们极少评估自己取得的进展。他们中的大多数人或者不明白自我评估的重要性，或者无法量度取得的进步。目标提供了一种自我评估的重要手段。如果你的目标是具体的，是看得见摸得着的，你就可以根据自己距离最终目标有多远来衡量目前取得的进步。

成功人士总是事前决断，而不是事后补救。他们提前谋划，而不是等待别人的指示。他们不允许其他人操纵他们的工作进程。目标能帮助我们事前谋划，目标迫使我们把要完成的任务分解成可行的步骤。要想制作一幅通向成功的交通图，你就要先有目标。

因为缺乏目标，许多不成功者常常混淆了工作本身与工作成果。他们以为大量的工作，尤其是艰苦的工作，就一定会带来成功。但是，衡量成功的尺度不是做了多少工作，而是做出了多少成果。

比塞尔是西撒哈拉沙漠中的一颗明珠，每年有数以万计的旅游者来到这儿。但是，在肯·莱文发现它之前，这里还是一个封闭落后的地方。这儿的人没有一个走出过大漠，据说不是他们不愿离开这块贫瘠的土地，而是尝试过很多次都没有走出去。

肯·莱文当然不相信这种说法。他用手语向这儿的人问原因，结果每个人的回答都一样：从这儿无论向哪个方向走，最后都还是转回出发的地方。为了证实这种说法，他做了一次试验，从比塞尔村向北走，结果三天半就走了出来。

"比塞尔人为什么走不出来呢？"肯·莱文非常纳闷。最后他只得雇一个比塞尔人，让他带路，看看到底是为什么。他们带了半个月的水，牵了两峰骆驼。肯·莱文收起指南针等现代设备，只挂一根木棍跟在后面。

十天过去了，他们走了大约800里的路程，第十一天的早晨，他们果然又回到了比塞尔。这一次肯·莱文终于明白了，比塞尔人之所以走不出大漠，是因为他们根本就不认识北极星。

在一望无际的沙漠里，一个人如果凭着感觉往前走，会走出许多大小不一的圆圈，最后的足迹十有八九是一把卷尺的形状。比塞尔村处在浩瀚的沙漠中间，方圆上千公里没有一点参照物。若不认识北极星又没有指南针，想走出沙漠，确实是不可能的。

肯·莱文在离开比塞尔时，带了一位叫阿古特尔的青年，就是上次和他合作的人。他告诉这位汉子，只要你白天休息，夜晚朝着北面那颗星走，就能走出沙漠。阿古特尔照着去做，三天之后果然来到了大漠的边缘。阿古特尔因此成为比塞尔的开拓者，他的铜像被竖在小城的中央。铜像的底座上刻着一行字：新生活是从选定方向开始的。

无论你现在多大年龄，你真正的人生之旅，是从设定目标的那一天开始的，以前的日子，只不过是在绕圈子而已。今天的你，应该为十年以后的成功制定目标。

做人没梦想，跟咸鱼有什么区别

这个世界上含着金汤匙出生的人毕竟是少数，而贫富无根，所以有一句俗话叫"穷不过三代，富不过三代"。一个人穷，固然有先天的因素，但是后天的努力却是最重要的。而决定你是否能创造属于自己的财富，最首要的就是有没有梦想。如果一个人连想都不敢想，又如何能做到呢。

在电影《喜剧之王》中，尹天仇醉心戏剧表演却始终不得志，但他依然不屈不挠的找寻机会，还在街坊福利会开设戏剧训练班。他有一句名言"我其实是一个演员"，初听这句话的时候，会觉得有一种阿 Q 式的滑稽，甚至会让人觉得他为人浮夸，没有一点脚踏实地样子，但是，通过不懈的努力，在遭到无数挫折、讥笑、排挤之后，他的努力终于得到回报，他成了一位大明星。尹天仇这样的人或许就是你，或许就是我，或许就是我们身边的某一个人。他们出身草根，身份卑微，却醉心于自己的梦想，直到某日鱼跃龙门，人们才发现原来当初那个傻傻的他是如此了不起。

穷人也应有理想，尽管"穷人"的大事多么寂静。但是，一个人，尤其是穷人，如果没有梦想，那么他的意志会很消沉，没有一点儿斗志，做什么事情都是随随便便的。那么他身上宿命的诅咒便会重现。没有理想的人永远也不会得到打开成功大门的钥匙，因为他没有自己的梦。但也不是有了梦想，所有的人都会成功，他们也要经过自己的艰苦奋斗后，才会成功。

人们总是嘲笑这么一个故事：一个穷人的老婆买回来一个鸡蛋，穷人说："如果用这个鸡蛋孵出一只鸡，鸡再生蛋，蛋再生鸡，再用一群鸡去换一只羊，大羊生小羊，羊再换牛，大牛生小牛，卖了牛买田盖房，再娶一个小老婆……"听得入神的老婆勃然大怒，操起鸡蛋往地下一摔，穷人的美梦顿时稀烂……这个故事说明什么呢？也许反过来想，如果一个穷人甚至没有把鸡蛋孵成鸡的想法，那又是何等的悲哀？

世间任何一个人的生命，都不可能被别人保证。能保证一个生命走向的，除了梦想、才华、勇气、自信、毅力和汗水，别无其他。这是因为，有梦想才会有希望。

生命是最具张力和韧性的个体，一个人，只要他心中的激情不减，只要他永不言败，不轻易放弃自己的努力和追求，那么他就一定会有被机会垂青的那一天。因为梦想恰如源泉，在他的浇灌之下，生命的花朵一定会越开越艳。

在现实生活中，有这么一位少年。他家住在一个偏远的山村，那里到了 20 世纪 90 年代中期甚至都没有一条像样的公路。这是一个非常穷困的地方，唯一的小学在离村子十多里的镇上。但是这位少年的家庭在当地又算是非常贫穷的，据说他每次上学的时候都必须兼着一样农活——放牛。他就是这样，每天赶着牛走上十多里的路，清晨出发往学校去，到了学校把牛放在某片草地里，然后就去上课。他常常上着课就朝着窗外大声吆喝，因为没有人在，牛常常偷偷去吃农民的庄稼。

人们是这样形容这位少年的，在同龄人中他显得那么高大，但是却衣着粗陋，几乎是衣不蔽体。头发蓬松，脸很脏，经常流着长长的鼻涕，人们也因为他的鼻涕给了取了一个不怎么雅观的外号。但是，当人们带着鄙夷的眼神，侮辱的语言对待他的时候，他总是傻傻地一笑，从不还嘴，也不还手。于是，人们又一致认定他很傻。而这样的智力障碍者，在农村比比皆是，犯不着有什么惊奇。

少年读到初中的时候，家里实在无法供他读书了，久病在床的父亲，单薄的母亲，以及年少的弟妹。让这位少年做出了一个艰难的决定，南下广州。

没有文化、人也不那么机灵的他唯一能干的活就是去建筑工地做小工，和砂浆，砌砖头，扛水泥，扎钢筋等等。当他把第一笔工资省下来寄给家里的时候，他说"我妈在春节的时候都还哭呢"，妈妈的哭声一定包含了很多种感情因素。一个远在他乡年少的孩子，一个穷困的家庭，一次好不容易可以度过的经济危机。

这位少年某一次上街买东西，看见有一些人在欺侮一个人。出于山里少年的质朴，他并没有问是非原因。毅然挺身去替那个被打得遍体鳞伤的人打抱不平，由于他身材魁梧，力气很大，很快就解决了问题。那位男人很感激地看着他，问他道："小伙子，有什么需要帮助的吗？"他傻笑着说："没什么要帮助的。"那个男人还是不甘心问他："那你最想要什么？"他质朴地回答道："我就想要钱，我家里穷得很。"

男人是一家企业的老板，因为办事时偶然和人起了口舌之争，因而陷入困境。他很喜欢这个愣愣的小伙子。于是从一个工人开始培养他，不久后，他就升任车间的班组长，接着是车间主任，接着是厂长。当他还是厂长的时候，他去对他的老板说道："老板，我想单干。"老板虽然很不舍，但是也不想耽误这位年轻人的前程，于是分给他一些设备，介绍给他一些客户，并且送了他一笔启动资金。

就这样，这位少年很快就建立了一个像模像样的电子厂。由此开始，他的企业逐渐增大，前些年成为了一家上市企业。当年加拿大一家DVD企业曾经控告他侵犯知识产权，他做出了赔偿。但是就在前年他收购了这家加拿大的公司。

这是一则真实的故事，一个农村少年的奋斗史。这位少年一无文化，二无资本，但凭着他敢想敢干的性格，成为一位知名的企业家。或许，梦想正是推动他前进的最大动力。

做人最重要的就是相信自己，每个人的头上都有一片天空，上帝从来不会辜负勇于做梦并勤于付出的人。

林肯总结自己一生的经历得出这样的结论：自然界里的喷泉的高度不会超过它的源头，一个人最终能取得的成就不会超过他的信念。我们的先辈在经历或目睹了太多的翱翔或匍匐之后，意味深长地告诉我们这样的人生哲理！所以说，贫穷并不可怕，有梦想就有改变贫穷的希望。但很多人都有一个弱点，就是以自己的成见来揣度一切人、事、物。当他们陷入逆境后，思考习惯就沉浸在贫穷、缺乏、失败和不如意之中，无法自拔。认为自己只是一个平凡的人，只能做一些平凡的事，而人的希望越大，失望就会越大，不如随波逐流，随遇而安，不敢再去梦想自己的将来。其实，逆境不是成长的障碍，而是润滑油。因为它可以锻炼我们"克服逆境"的种种能力。犹如精良的斧头，锋利的斧刃要经过炉火的锤炼与磨削才能形成；森林中的大树，在同暴风猛雨搏斗过千百回后，树干才会长得结实。人也只有在遭遇了种种逆境，他的人格、本领，才会长得丰满。一切磨难、忧伤与悲哀，都足以磨砺我们、锻炼我们。像钱俊冬，困苦的生活塑造了他不怕吃苦的坚强和坚韧性格，困境的日子倒是他一生历久弥新的永恒财富。

人生真的是梦做出来的，越是卓越的人越是梦想的产物。可以说，梦想越高，人生就越丰富，达成的成就越卓越。像有句苏格兰谚语说的："扯住穿金制长袍的人，或许可以得到一只金袖子。"那些志存高远的人，所取得的成功必定远远离开起点。即使你的目标没有完全实现，你为之付出的努力本身也会让你受益终身。一个具有崇高生活目的和思想目标的人，毫无疑问会比一个根本没有目标的人更有作为。

因此，困境中也要坚守梦想。越是身处困境越不能失去信心和希望，越应当将其化为努力奋斗的助推力。把客观存在的困难作为人生的新起点，用以编织绚丽多彩的梦想与未来，必将迎来一个精彩美丽的人生！

如何制定好自己的目标

平平安安地过日子是大部分人生活的目标。对此，只需付出每天过日子的必要精力就足够了。这种没目标的生活，不过是以看看电视而虚度生命。每晚时间在虚幻的悲喜剧、推理侦探故事、离奇怪诞影片等电视世界中消耗。夜幕一降，他们就习惯地坐到电视机旁，兴趣盎然地望着一个个画面。殊不知电视明星们正是瞄准了这些人而实现了自己的人生目标。

你有目标吗？如果没有，请静下心来，根据自己的兴趣、特长以及客观情况，为自己量身定制一个吧。当你有了自己的人生方向时，如何去制定切实可行的人生目标呢。

一般说来，最好是建立短期目标、中期目标和长期目标。在工作的不同阶段，要对形势发展进行分析，确定下一步方案。将计划进程的详细步骤列出来，可帮助你有效地对付工作或环境等条件变化可能带来的不利影响。你可以和你的同事、朋友、一上司和家人共同探讨、努力，争取实现每一阶段的目标，或者改进计划，使之更加切实可行。订立了目标之后，不管目标是什么，都必须有务必实现的决心，才能称之为"目标"。订立了明确的目标之后，就要尽快地达成，这是最重要的先决条件。

规划未来并不能保证将来摆在面前的一切困难和问题都能得到解决或变得容易，也没有可以套用的现成公式。但是，它有利于你及早发现和较好解决新难题。

规划未来有助于提高你解决问题和调整心理的能力。当你想成就一项事业时，它会告诉你在每一步该干些什么，怎么干。比如你想成为一个企业家，可你眼下却还在给别人打工！怎么办？你可以尽其所能地让自己成为企业家。尽管无法预见将来社会会发展到什么程度，也不能预见我们每一个人的命运，但是，按照对未来的规划有条不紊地循序渐进是最重要的。只有这样，你才能不断地接近自己的理想。

如何规划未来？目标定得太低，就无法充分发挥个人的潜力；目标定得太高，就无法实现。必须衡量自己的能力，稍微高于自己能力可做到的程度，那才是好目标。那么，制订一个什么样的目标，怎样制定目标呢？

做任何事情，我们都要找其规律，只有这样，我们才能事半功倍，反之，则事倍功半。制定目标亦如此，如果我们能合乎规律地科学制定目标，也许就会早几年出人头地了。

明确的目标让我们有所适从、有所安心，可以指导我们的行动，否则我们在生活中就会像无头苍蝇一样到处乱窜。当我们有了目标与方向，就有理由使自己不断前进，不断成长，开创新天地，发挥创造力。要设立目标需要努力自律，一旦建立好了目标，就需要更多的努力并夜以继日来逐步实现。而督促职业生涯的航标不脱离目标，以及不断给自己设定新的目标，则需要更多的努力和自律。

要明白自己是什么样的人，搞清楚自己的真正需要，树立起明确的目标，并培养出强烈的动机和热情，朝你心中向往的那个方向前进。这是你自己的挑战，与其他任何人都无关。你必须面对现实，生活中每一件值得获取的事——冒险、轻松的心情、爱、精神上的成就、友谊、满足与愉快——都有代价，任何能使你的生存更有价值、生活更有意义的事都需要付出努力、时间、心血和行动。如果你不这样想的话，就一定会陷入更多的挫折。

为了制订适宜的目标，应该遵循以下基本原则：

（1）目标的明确性

有些人也有自己奋斗的目标，但是他们的目标是模糊的、泛泛的、不具体的，因而也是难以把握的，这样的目标同没有差不多。

目标不明确，行动起来就有很大的盲目性，就有可能浪费时间和耽误前程。

生活中有不少人，有些甚至是相当出色的人，就是由于确立的目标不明确、不具体而一事无成。

（2）目标的可行性

一个人的奋斗目标，一定要根据自己的实际情况来确定，要能够发挥自己的长处。我们通常把欲望和需要混为一谈，以至于我们看不到真正本质性的东西。由于这种混淆容易扭曲我们对成功的界定，因而把我们真正需要的事物与那些我们不需要或仅仅是想象中的事物区别开来是很重要的。

（3）目标的专一性

一个人确定的目标要专一，而不能经常变幻不定。

确立目标之前需要进行深入细致的思考，要权衡各种利弊，考虑各种内外因素，从众多可供选择的目标中确立一个。

一个人在某一个时期或一生中一般只能确立一个主要目标，目标过多会使人无所适从，应接不暇，忙于应付。

生活中有一些人之所以没有什么成就，原因之一就是经常确立目标，经常变换目标。

（4）目标的具体性

确定目标不能太宽泛，而应该确定在一个具体的点上。如同用放大镜聚集阳光使一张纸燃烧，要把焦距对准纸片才能点燃。如果不停地移动放大镜，或者对不准焦距，都不能使纸片燃烧。

这也同建造一座大楼一样，图纸设计不能只是个大概样子，或者含糊不清，而必须在面积、结构、样式等方面都是特定和具体的。目标应该用具体的细节反映出来，否则就显得过于笼统而无法付诸实施。

（5）目标的长远性

一个人要取得巨大的成功，就要确立长远的目标，要有长期作战的思想和心理准备。任何事物的发展都不是一帆风顺的，世界上没有一蹴而就的事情。

有了长远的目标，就不怕暂时的挫折，也不会因为前进中有困难就畏缩不前。许多事情不是一朝一夕就能做到的，需要持之以恒的精神，还必须付出时间和代价，甚至一生的努力。

目标有大小之分，这里讲的主要是有重大价值的目标。只有远大的目标才有崇高的意义，才能激起一个人心中的渴望。

有目标，才有前进的动力

目标是一个人追求的目的地，是一个其努力想要得到的结果。动力与目标又有何联系？如果说，达到目标的起点到终点，是一段路，那么这段路的中途便是动力，而起点就是制定目标，终点就是达到目标。很多人都有过这段路的历程，比如姚明。

大家都知道姚明有着一个高大的身躯，可这不见得这一定是好事。姚明小时候，个子就很高了，当然，他的脚也特别大。有时候，父母要给他买双鞋，可能要跑遍整条街，有时还买不到一双——他的脚太大了。姚明很难过，这种情况就只有定做鞋子。姚明听说进NBA能够有定做鞋子的"特权"。于是姚明定了一个目标——要进NBA——最初的想法只是想不必为鞋子而烦恼。

姚明成功了，他走过了一条"路"——达到目标的路，不容忽视的是他达到目标所付出的努力，又是什么赐予了他动力呢？是目标，对于目标的渴望。姚明是那一段"路"的"胜利者"。

可见动力确实来源于目标，目标的高低，决定了"路"的长度，也决定了需要动力的多少。动力是追寻目标的必经，而动力也来源于目标。

一个名叫弗罗伦丝·查德威克的美国妇女，她是横渡英吉利海峡的第一位女性，在这个壮举之后，她决定要横渡卡塔林纳海峡，而这个海峡比她原来横渡的英吉利海峡还要宽，也就是要从加利福尼亚海岸以西 21 英里的卡塔林纳岛游向加州海岸。那么要是成功了，她就是第一个游过这个海峡的女性。

在 1952 年的 7 月 4 号早晨，加利福尼亚西海岸及附近的太平洋洋面，笼罩在浓雾中。那天早晨，海水冻得她身体发麻，最主要是雾也很大，她就连护送她的船几乎都看不到。她一个人坚定地游着。千万人在电视上看着。时间一小时一小时过去，经历了 15 个小时后，她仍然在游。终于她感觉到自己又累又冻，她知道自己不能再游了，于是她就请求随船的教练以及她的母亲把她拉上船。但是他们告诉她不要放弃，只要再坚持一下就到了。可是这个时候由于她看不到加州海岸的方向，所以她这个时候就决定放弃，随船的教练及她的母亲都告诉她海岸很近了，不要放弃。但她朝加州海岸望去，浓雾弥漫，什么也看不到！最后，在她的再三请求下，人们把她拉上船，而这个时候她已经游了 15 小时 55 分钟，离加州海岸只有半英里！后来她总结道，令她半途而废的不是疲劳，也不是寒冷，而是因为在浓雾中看不到目标。"说实在的，"她对记者说，"我不是为自己找借口，如果当时我能看到陆地，也许就能坚持下来。"迷茫的目标，动摇了她的信念。两个月后，她成功地游过同一个海峡，仍然是游过卡塔林纳海峡的第一位女性，且比男子的纪录快了大约两小时。

可见，只有有了目标，才会有前进的动力。在明确了自己的目标之后，合理地安排实现目标的步骤和计划，并按照这个计划脚踏实地地实施，这样，目标就形成了一股前进中的动力，不断地推动你前进。

目标是一种目的，一种意向，是个可以实现的梦。确立目标，然后勇往直前。这也是我们在奋斗过程中战胜压力的精神基础。

目标能够激发出难以置信的能力，改写一个人的命运，甚至使一个行走不便的人成为一个传奇人物。

有一位房产商人，居然记不清自己手头到底有多少宗交易。他先是做一座建筑物的生意，接着增加到两座，后来目标更大了，再扩展到别的业务。他说："那时候刺激得很，我在试验自己的极限。"

有一天，银行来了通知，说他扩张过度冒了太大风险，并停止信贷。于是这位商人失败了。起初他怨天尤人，埋怨银行，埋怨经济环境，埋怨职员。最后他说："我明白我没量力而为，欲速不达。"

后来他找到了一个重要目标，也是他最拿手的生意——发展地产。

他熬了好几年，做事也更有分寸了。

有自知之明地选择一个适合自己的目标，分开轻重缓急，组织好有助于这目标实现的活动，这样你就会激励自己不断做出成绩，越来越接近成功的目标。

你必须忠实地分析自己的处境，在原来的目标废弃之后，强迫自己另谋生计，重新掌握生活，创造前途。

不要怕你自己太年轻，所以还要计划几年才开始创业，几十岁的时候才开始成功……这是借口。很多人说他们自己才20岁，太年轻，不敢创业；到了30岁又说资金不足，还是不能冲动；到了40岁又说有家庭的牵连，妻子、孩子都需要他，所以他不能出去创业；到了50岁，又说太老了，他们一辈子从来没有一天是成功的。

很多人很年轻就成功了。香港首富李嘉诚16岁时开始做推销员，18岁时成为公司的业务经理，20岁时成为公司的总经理，22岁就创办长江实业。很多成功人士都比你年轻，可他们为什么能成功呢？

成功与年龄无关。

世界上不少失败者的一生其实并没有犯过大错，但由于本身弱点太多，懦弱而无能，目标是有了，但干什么都半途而废，一有挫折便自暴自弃，不求上进，意志不坚强，忍耐力难持久，敢作敢为的决断力也没有，使他们陷入失败的境地。假如他们能从中彻底反省，超越自我，树立一个明确的目标，下定决心，持之以恒，他们的前途必将是一片光明。因此，无论什么时候，要经常提醒自己坚持下去。

要真正实现超前一步，战胜压力，选择合适的人生坐标，实现自己的人生梦想，又谈何容易！我们除了要有渊博的知识、敏捷的思维、较强的预见能力、选择恰当的岗位和抓住成功的机遇外，还需要一系列其他条件，例如要紧跟时代步伐，不断地给大脑充电，增补新知识，还要消除自身一些不良习惯的影响等等。这所有的条件，都是我们实现自身理想的重要基础，缺一不可。这就是为什么有人能够平步青云，不断地一步步地向成功的巅峰靠拢，而另一些人却不断受挫，举步维艰。

所以，我们要明确目标，并为实现目标寻找无限的动力，专注实现自己的目标，并且这个目标要切合实际，不要空想，而是要有坚定的信念去实现这个目标，为了目标从细微处入手，脚踏实地地一步步去实现它，而不是高谈阔论、满腔热血、一脑袋空想！当然，有一个远大的目标更好，只要你不是空想！

如何在忙碌中找寻目标

都市的快节奏，让置身其中的人忙得如陀螺般转。随便找个朋友，问他最近怎么样，其回答十有八九是一个字："忙!"

似乎"忙"已经成了都市人的常态。都市米贵，居住不易。暂时坐稳了房奴与还未做成房奴的人，整天疲于奔命。告别了房奴生涯的人，或许又是车奴、卡奴。纵然已经步入小康的人家，也丝毫不能有所怠懈，为了支付各种费用，很多人搞得自己就像那些蹬着小铁笼子不停转圈的小老鼠一样，无论蹬得多快，多卖力气，到了第二天早上醒来，发现自己依然困在笼子里。在忙忙碌碌中，生活被塞满了原本不属于自己的东西，却不得不为其奔波。

我们可以很忙，但一定要忙得有价值。浑浑噩噩如没头苍蝇似的忙，除了证明活着外没有什么实际意义。我们最好能够知道，自己每天是为什么而忙碌。

一个没有目标的人，就像漂浮在海上一只无舵之船随波逐流，船不是触礁，就是搁浅，或者被卷入漩涡原地打转。浑浑噩噩地生活，是许多人陷入人生困局的原因之一因为，假如你不知道你的方向，那么哪一种风对于你来说都可能是逆风。

在我们的生活中，路标处处可见。每一个路口，每一个街道拐角，路标都在提示着我们，我们到达了哪里，离我们的家、公司、学校还有多远。我们的生活中没有目标，就不可能使生活发生任何实质性的改变，也不可能采取任何行动。如果一个人没有目标，就只能在人生的旅途上徘徊，永远到达不了目的地。

正如空气对于生命一样，目标对于成功也是绝对必要的。如果没有空气，就没有人能够生存；如果没有目标，也没有任何人能够成功。

维克多·弗兰克尔用事实最贴切地说明了"人不能没有目标地活着"的道理。

第二次世界大战期间，在越南行医的精神医科专家弗兰克尔不幸被俘，后来被投入了纳粹集中营。他经历的极其可怕的集中营生活使他悟出了一个道理——人是为寻求意义而活着。在集中营里他与他的伙伴们被剥夺了一切——家庭、职业、财产、健康甚至人格。弗兰克尔不断地观察着丧失了一切的人们，同时思索着"人活着的目的"这个老生常谈的最透彻的意义。在此期间他曾几次险遭毒气和其他残害，然而他仍然不懈地研究着集中营的看守与囚徒双方的行为。最终他完成《夜与雾》一书。

在此书中，弗兰克尔用极其真实、有力、生动的论据和论点简述了人活着的目的。此书对于世界上一切研究人的行为的学者来说，都是极有价值的。弗兰克尔的理论是在长期的客观观察中产生的，他观察的对象是那些每日每时都可能面临死亡，即所谓失去生命的人们。在亲身体验的囚徒生活中，他还发觉了弗洛伊德的错误，并且反驳了他。

弗洛伊德说："人只有在健康的时候，态度和行为才千差万别。而当人们争夺食物的时候，他们就露出了动物的本能，所以行为变得几乎无以区别。"而弗兰克尔却说："在集中营中我所见到的人，却完全与之相反。虽然所有的囚徒被抛入完全相同的环境中，有的人消沉颓废下去，有的人却如同圣人一般越站越高。"他还从实际中悟到："当一个人确信自己存在的价值时，什么样的饥饿和拷打都能忍受。"而那些没有目标地活着的人早早地毫无抵抗地死掉了。

在那充满死亡意味的集中营里，弗兰克尔的一位好友曾对他说："我对人生没有什么期待了。"弗兰克尔否定了这位朋友的悲观人生态度，鼓励他说："不是你向人生期待什么，是生命期待着你！什么是生命？它对每个人来说，是一种追求，是对自己生命的贡献。当然，怎样做才能有贡献？自己的追求是什么？每个人都不一样。而怎么回答这些问题是我们每个人自己的事情。"

有生命的地方就有希望。有希望的地方就有梦想。

"有了清楚的梦想，加上反复地充实与描画，梦想就能变成目标。"目标经过细致认真的研究，对胜者来说，就可看成行动的计划。胜者认为，当目标完全融于自己的人生时，目标的达成就只是时间问题了。

目标专一的人更容易成功

目标必须是明确而唯一的。有一个手表定理这样说：如果给你一块手表，你能很准确地知道现在的时间；而如果同时拿着两块手表，它们所指的时间不同，你却不敢肯定哪一个准了，反而失去了对手表指示时间的信心。

努力做事的人，一定有坚强的毅力，他可以将原本制定好的计划和确定好的目标一步步完成，不受任何外来因素的干扰。

现实生活中，有些人虽然有很高的理想，也会时常为实现某一目标而突发奇想地制定一个计划。可是在实施过程中，却没有按计划去做，计划最终落空，这些人多是因为自己没有足够的毅力，慢慢地就冷却淡忘了：所以说，工作时仅仅制定目标是不够的，一般的人都会订立目标，但是有的成功了，有的却失败了，这取决于他是否专一于他所认定的目标。

有这样一则由三幅图画构成的漫画。第一幅是有一个人在挖水井，但没有挖到水；第二幅是这个人开始放弃这口井，而开始重新挖井，而井里仍然没有水；第三幅同样是他又放弃了第二口井，开始挖第三口井，这口井中仍然没有水。

这则漫画告诉人们，在工作中不能三心二意。选择好了挖井的地点，就要一鼓作气挖下去。漫画中的这个人，他如果将这三口井所费的时间和力气全都用于任何一口井中，都会很容易迅速挖出水来。然而他的这种挖法，在任何一处挖井都中途而退，可以推想他是永远也不会挖出井水来的。

对每一位追求成功的人来说，目标专一的力量都是无穷的。英特尔是一家电脑晶片制造商，他们致力于把全部资源都放在制造更好的晶片上，使自己的晶片在不到 10 年的时间里，就达到比电脑处理机速度快 4 倍以上的能力。他们以一年快过一年的速度设计，不断推出处理速度更快的晶片，保持自己在世界上的领先地位。他们之所以有这样的成就，就是因为英特尔公司专心致力于微处理机的研制工作，而不去关心其他（例如软件或数据机之类）的事情。

目标专一，并非不求上进，而是一种锲而不舍、全神贯注的追求。不但要有魄力，而且要有定力，摆脱其他事物的诱惑。不为一切名利权位等中途易辙。这种定力是决定一个人能否"挖出井水"的最重要的条件。

一个人，能认清自己的才能，找到了自己的方向，已属于不易；更不容易的是能抗拒潮流的冲击。许多人只是为了某件事情时髦或流行，就跟着别人随波逐流。他忘了衡量自己的才干与兴趣，最终找不到自我，所得只是追逐一时的热闹，而失去了真正成功的机会。

梭罗创作《瓦尔登湖》时，为了寻找灵感，跑到森林中度过两年的隐士生活。自己种土豆和玉米为食，摆脱了一切剥夺他时间的琐事俗务。一心一意去体验林间湖上的景色和他心灵所产生的共鸣。他从中发现许多道理，从而完成了《瓦尔登湖》这本名著。

古往今来，凡是有成就的人，都很专注于自己的目标，专心致志，集中突破，这是他们成功的根本原因。历史上不少人被埋没，除了社会原因之外，就是没有一个专注的目标，今天种瓜明天种豆，因此就很难获得成功。

世界上无数的失败者之所以没有成功，主要不是因为他们的才干不够，而是因为他们不能专注于一个目标，他们将很多的精力消耗在一些琐事之中。现代社会的竞争日趋激烈，所以，我们必须专心一致，对自己的目标全力以赴，只有这样才能做到得心应手，取得出色的业绩。

把人生的大目标分解为多个易于达到的小目标，一步步脚踏实地，每前进一步，实现一个小目标，就能体验成功和成长，而这种成功将强化你的自信心，使你始终处于愉悦的成就感之中，并激励你发挥潜能，去奔赴下一个目标。

1984年，在东京国际马拉松邀请赛中，一名叫山田本一的日本选手夺得了世界冠军，爆出了个大冷门。在这之前，他成绩平平。

当记者问他依靠什么取得如此惊人的成绩时，他说："凭智能战胜对手。"

但很多人内心里都认为这个选手取得冠军纯属偶然。

10年以后，这个选手在他的《自传》中是这么写的："每次比赛之前，我都要乘车把比赛的路线仔细看一遍，并把沿途比较醒目的标志画下来。比如第一个标志是银行，第二个标志是一棵大树，第三个标志是一座红房子……这样一直画到赛程的终点。比赛开始后，我就以跑百米的速度，奋力地向第一个目标冲去，过第一个目标后，我又以同样的速度向第二个目标冲去。起初，我并不懂这样的道理，常常把我的目标定在40公里外的终点那面旗帜上，结果我跑到十几公里时就疲惫不堪了。我被前面那段遥远的路程给吓倒了。"

分割抵达目标的距离，将看起来遥不可及的目标拉近。

越是远大的目标，看起来就越是遥不可及。但如果你将目标分解成一个个分目标，你便会觉得它们离你并不遥远。如果你能完成每天、每周、每月、每年的目标，你就会距离原定的远大目标越来越近，直至最后完全实现。

每个人与自己的目标都有一段漫长的距离，这个距离常常会令我们灰心丧气、烦躁不安，甚至跌倒在奔向目标的路上。这时，不妨将这段距离分成几段，以此淡化困难，坚定信心，最终，让自己成功地抵达目标。

大多数人之所以半途而废，其实往往并不是因为目标过高、难度太大，而是觉得成功似乎远在天边，遥不可及。确切地说，他们不是因为失败而放弃，而是因为倦怠而失败。每一个成功的人都是在达成无数的小目标之后，才实现他们伟大的梦想的。

忠告和建议：

请你在工作中学习和尝试运用快速达成任何目标的 10 大步骤：

步骤一：决定成功。

步骤二：写下已量化的目标，并列出 10 个以上为何要实现它的理由。

步骤三：用多杈树制订计划，分解目标，倒推至今天，拟定计划，设定时间表。

步骤四：列出所有必要条件及充分条件，注明解决方法。

步骤五：告诉自己：要实现什么样的目标，自己就必须变成什么样的人。

步骤六：运用潜意识的力量，正面自我暗示，永远积极思考。

步骤七：行动第一，立即行动，大量行动，开始忙起来。每一分、每一秒做最具生产力的事情。

步骤八：每天睡觉前，自我检讨，衡量进度，积极修正。

步骤九：每完成一个阶段性目标，就对自己进行一次奖励。

步骤十：坚持到底，永不放弃，直至成功。

细化目标，一次实现一点点

乍一看，珠穆朗玛峰是那样的雄伟高大，他的峰顶总是浮在云端，或者每一个面对它的人首先会感到自己的渺小，感慨大自然的壮丽。接下来，由于这种壮丽和高不可攀，很多人退却了。其实，任何一个大的目标都可以分成许多小的目标来实现，即使你不能一下子达到最高目标，你只要一步一步向前走，最终就能实现。就好比这座世界第一高峰，如果要征服它，只需要把它 8848 米的高度细分下来，每天攀登 500 米，这样就容易得多，只要坚持不懈，再高的山峰也能登临俯瞰。又比如一部小说动则几十万上百万字，阅读尚需要不少时间，而写作，当然是繁重无比的任务，但是如果你拟好了提纲，一千字，一万字的去写，终有杀青那一天。

人生的每一个目标都看来很有难度，但是它们的实现都是为下一个更大的目标做准备的。没有远大目标的人注定不能成功，但是有了远大的目标却不善于将其细分化，这样的人也很难获得成功。如果没有细化人生的目标的思想，凭着一时兴趣，三分钟热度，世间的事，大多都会半途而废。

我们知道，金字塔是一项庞大的工程，它的每块石头都成吨的重，于是我们常常诧异在生产力水平的低下，古人是怎么做到的呢？其实，金字塔如果拆开了，只不过是一堆散乱的石头，我们只要堆好每一块石头，那么高耸云端的世界奇迹就可能完成。我们的人生，如果细化下来，就是一些琐碎的日子，这些日子如果过得没有目标，就只是几段散乱的岁月。但如果把一种努力凝聚到每一日，去实现一个梦想，散乱的日子就集成了生命的永恒。如果将人生目标比作金字塔的话，那么到达终极目标的路程就是一个建造人生金字塔的艰难过程。

一个人如果有非常崇高的目标，一般我们说他志存高远，胸有宏图。但是，光有大的志向是没用的，很多人最后流于志大才疏，就是不知道泰山之高，也是一块一块泥土垒成的。愚公之所以敢于向太行王屋二山宣战，那是因为他知道无论这两座山如何高，面积如何广，始终是一个定数的，而人的力量是无尽的，子子孙孙不断努力，必然能够将它们挑到东海去。然而，许多人却不知道或者不愿意把自己的"宏图大志"细化为一个个具体的目标，并为这些目标迈出坚实的行动，他们不知道"罗马不是一天建成的"，总想着一鸣惊人、一步登天。如果没有细化了的理想和具体化了的目标，理想永远只能是理想，它越"远大"，落空的概率往往就越大。

许多人做事之所以会半途而废，并不是因为困难大，而是成功距离较远，他们缺少的不是力气，而是耐心。当他们抬头向前望的时候，终点仍然在地平线外，任务就显得那么不可能完成。但是，如果把长距离分解成若干个距离段，逐一跨越它，就会轻松许多。目标具体化可以让你清楚当前该做什么，怎样能做得更好。

曾经有这样一个试验，把人分成两组，让他们去跳高。两组人的个子都差不多，先是一起跳了6尺，然后把他们分成两组。对一组说：你们能跳过6尺5寸。而第二组没有具体的目标，所以他们只跳过5尺多一点。

而第一组由于有6尺5寸这样的一个具体要求，他们每位都希望能取得更好的成绩。他们奔着目标奋力一跳，果然都比之前跳得更好。

山田是一位推销员。他一直都希望自己的业绩实现突破。但是一开始这只不过是他的一个愿望，从没真正去争取过。直到 3 年后的一天，他想起了一句话：如果让愿望更加明确，就会有实现的一天。

他设定了自己的目标，然后再逐渐增加，这里提高 5%，那里提高 10%，结果顾客增加了 20%，甚至更高。这激发了山田的热情。从此他不论什么状况，都会设立一个明确的数字作为目标，并在一两个月内完成。

目标越是明确，越感到自己对达成目标有股强烈的自信与决心。山田说。他的计划里包括我想得到的地位、我想得到的收入、我想具有的能力，然后，他把所有的访问都准备得充分完善，相关的业界知识加之多方面的努力积累，终于在第一年的年终，使自己的业绩创造了空前的记录，以后的年头效果更佳。

日常的生活、工作中，我们都会有自己的目标，要想达到目标成就大事，关键在于把目标细化。只有细化了目标，一切雄伟的，漫长的，繁重的任务都会被简化成一块块小小的人生之砖。我们要做的不过是坚持下去。

第 三 章

没有不可能的明天，只有不敢想的未来

当我们面对困难时，常常轻易地否定自己，"不可能"已成为放弃思考和努力的理由。现实告诉我们，世上没有"不可能"的事，只有不敢想的创新思维，缺少努力克服困难、冲破枷锁的勇气，才导致生活中有太多的"不可能"。

拥有创新思维，突破重重枷锁

思维枷锁其实就是一种思维模式，它的最大特点是形式化结构和强大的惯性。当我们面临新情况新问题而需要开拓创新的时候，它就是一只"拦路虎"。正如法国生物学家贝尔纳所说："妨碍人们学习的最大障碍，不是未知的东西，而是已知的东西。"

大多数人总是不自觉地沿着以往熟悉的方向和路径进行思考，而不会另辟新路。其实，一个人只要勇于打破他的思维枷锁，就很容易获得成功。

在不久前的《打工》杂志上，有一篇名为《聪明打工妹，我办"秧歌培训"年赚 50 万》的文章。文章讲述的是一个名叫王淑梅的在京打工妹，下班后的看见社区门口有一群扭秧歌中老年人——这事在城市里太司空见惯啦，她发现扭秧歌的人们有点像"乌合之众"——这事在城市里也司空见惯。但生于农村、对扭秧歌有点认识的王淑梅觉察到了里面的"商机"。她辞掉了餐馆的工作，回乡下系统地学习了秧歌之后，于 2005 年回到京城当起了秧歌教练，把原汁原味的秧歌带到京城。现在的王淑梅，不单自己教秧歌，还聘请几个在扭秧歌方面很专业的老乡来京，把自己的秧歌培训做得红红火火，学员中甚至还有不少外国人。据作者介绍，目前，王淑梅已经拿出自己这两年办秧歌培训的钱在东城买了一处废弃的大厂房，经过装修后准备开一家"秧歌培训学校"。打工妹的一只脚已经踏进了致富之门了。

打工妹的故事平易近人。她发现创业项目也无非是发现京城的中老年人的秧歌跳得太没有水准了。一般人看到这些没水准的秧歌爱好者，不过是无动于衷或笑笑而已，但这个打工妹看到的却是一个金矿。

可见，创新和突破对一个人的成功来说是多么的重要。要想有创新思维，就要打破思维枷锁。既然要打破，就要知道它们的样子。头脑中的思维枷锁有许多种，其中与创新思维有关且影响普遍的主要有下面几种：

（1）从众枷锁

例如，当你把一个经过深思熟虑的想法告诉一个朋友时，他说："你错了！"再告诉第二个朋友，还是说："你错了！"于是，你就会对自己产生怀疑："看来我确实是错了！"

（2）权威枷锁

专家说："吃鱼有助于长寿。"我们就多吃鱼。专家说："人是由猿进化而来的。"我们相信了。我们对权威的话全盘接受，并不去考虑得出结论的理由。久而久之，权威枷锁形成了。

（3）经验型枷锁

一位心理学家同时间了100名高中生和100名幼儿园小朋友同一道题：某位举重运动员有个弟弟，但是这位弟弟却没有哥哥，这是怎么回事？测试结果令人吃惊，高中学生考虑时间和错误率都高于幼儿园小朋友。"经验"让高中生认为举重运动员是男性，而小朋友们没有这种"经验"，因此不受它的束缚。

（4）自我中心枷锁

人们总是习惯自觉或不自觉地按照自己的观点、立场和眼光去思考别人乃至整个世界，从而为自己套上了自我中心的枷锁。

（5）求稳枷锁

人们在内心深处不敢冒险，希望一切都按部就班，井然有序。于是"创新"之类的事就被抛诸九霄云外。

（6）唯一答案枷锁

生活中的许多事情不止有一个答案，但我们很多人找到一个时，就终止寻找，创新自然无从说起。

特立独行，不做随波逐流的人

平凡、平庸永远是一种大多数人的状态，成功只属于少数人。想要成功，就要锻炼自己独立的思考能力，在不平常中实现不平常的成就。

想要引导一群羊，只要牵着头羊走，后面的羊就都会跟着走。如果前面是沙漠，后面的羊都会跟着去沙漠。如果头羊发现了一片肥沃的绿草地，并在那里吃到了新鲜的青草，后来的羊群就会一哄而上，争抢那里的青草，全然不顾旁边虎视眈眈的狼，也看不到远处还有更好的青草。羊的这种随大流的行为叫羊群效应。潘石屹认为：成功本来就是一种与众不同，因此想要成功的人必须做一头特立独行的狮子，而不是一头顺应大流的绵羊。

潘石屹就是一头特立独行的狮子，他从不随大流，总是喜欢玩些新花样，将所谓规矩与规则的藩篱踏碎。"永远不做大多数。如果是大多数，那我应该还在甘肃天水的土地上种地呢，哪来今天的潘石屹？！"这是潘石屹在一次座谈会上说的话。是啊，大多数甘肃天水的农民子弟，不是仍在甘肃天水的土地上种地吗？

1963 年，潘石屹出生于甘肃天水。初中毕业后考取了中专，中专念了两年，考取河北石油职业技术学院（大专），毕业后分配到了廊坊石油部管道局经济改革研究室。1987 年，他辞去公职，先到深圳，后到海南。在海南房地产市场中成功掘到第一桶金后，于泡沫破裂前北上发展。在北京，他创造了很多地产神话。在 CCTV "2001年中国经济年度人物"候选人介绍里，对他有如下描述："潘石屹，北京红石实业有限公司董事长。在中国房地产，他不是最有钱的，他的红石公司也不是规模最大的，但他无疑是最会吸引人眼球的……"潘石屹目前是 SOHO 中国有限公司董事长兼联席总裁。在2007年胡润百富榜上，他和妻子张欣以270亿的身家排在第16位。

　　1987年，潘石屹在大多数人抱着铁饭碗舍不得放下时，他主动放弃了石油部的工作，来到深圳。两年后，潘石屹来到刚被划为特区的海南，当时，海南房地产正处在畸形扩张时期，"炒房炒地"占据主导地位。潘石屹在1991与人合伙注册成立万通公司，在不到一年的时间里，通过买卖倒手就赚了上千万元。

　　当大多数炒房者还陶醉在发财的美梦中时，潘石屹与朋友于1992清空手里的房产，转战北京。在潘石屹在北京房地产界搞得风生水起时，海南的房地产在1993年却是一落千丈，很多别墅现在成了农民的猪圈。潘石屹成了极少数在海南房地产起伏中的受益者。他的警醒，仅仅是因为他比大多数人多做了一件事情：到海口市规划局查看了一下报建的建筑面积，再除以海南岛常住人口数和暂住人口数，发现每个人竟有55平方米的商品房。很显然，海南岛的消费力已经完全透支了，巨大的危险随时会来临。

　　1992年8月，潘石屹与人合伙共同创建了北京万通实业股份有限公司，在北京开发出一系列房地产项目。公司在短时间里就挖到数亿元的利润，潘石屹开始在北京房产界崭露头角。1994年4月，潘石屹认识了在华尔街高盛银行工作的张欣，同年10月两人结婚。1995年9月，潘石屹离开万通与妻子创办红石实业，随后依靠SOHO中国的大手笔，迅速成为房产大亨。

当福利房尚在盛行，毛坯房是绝对主角的时候，潘石屹的SOHO现代城就推出了精装修房。

当所有的住宅都按照建设部规定，把阳台上的窗户安在离地面90厘米的地方时，现代城的落地窗横空出世。有人提醒潘石屹：你违规了。结果没出三年，满北京城就到处看得见落地窗了。

当所有的房产商都在依靠传统模式自产自销房子时，1993年潘石屹就启用房地产代理公司来代理销售，并在《人民日报》海外版、《文汇报》和《大公报》上打出整版广告。这些在当时都是破天荒的。他光支付代理佣金就有1亿港元。结果，他开发的万通新世纪写字楼卖到当时市价的三倍，更不可思议的是，项目12月24日才动工，销售在11月初已经完成百分之七八十，正式销售5天内就已经收回5亿港元的资金。

当大多数房产商与业主因为各种摩擦而打得不可开交的时候，潘石屹第一个提出了无理由退房。第一次提出无理由退房，潘石屹许诺按银行标准支付买退期间产生的利息。第二次提出无理由退房，他许诺奉上10%的年息回报。就在同行纷纷讨伐他的恶行，给他扣上"破坏行业秩序"的大帽子时，他笑呵呵地把退的房拿出来零起价拍卖，拍卖后两套房他居然赚了80多万元。这招玩得真有水平！不仅搞得各个媒体广为传诵，为他做了不要钱的广告，让他赚了美名，得了实惠！

当大多数房产商刚意识到住宅要讲究环境的时候，潘石屹已经在现代城公寓庭院和SOHO现代城空中庭院中摆上了相当前卫的艺术作品。

在2008年楼市低迷，大多数房产商在或明或暗、羞羞答答地打降价牌时，潘石屹旗下的三里屯SOHO却悍然宣布9月1日起涨价。

即使是对于自己，潘石屹也绝不跟随，从万通新世界广场、现代城，到一系列的 SOHO，再到长城脚下的公社（亚洲建筑师走廊），都是开发风格迥异。他就是一个这样将特立独行玩到极致，玩出了名声和滚滚财源的人。

不做大多数，不是要你凡事刻意与众不同。这种为与众不同而与众不同的行为，是肤浅而危险的。潘石屹的与众不同，建立在超强的洞察力与独立思考能力之上。别人没有看到的，他看到了；别人没有想到的，他想到了。因此，别人没有去做的，他去做了。

世界著名的成功学大师拿破仑·希尔在《思考致富》一书强调，仅仅只是最努力工作的人最终绝不会富有，如果你想变富，你需要"思考"，冷静独立的思考而不是盲从他人。然而，大多数人让报纸和邻居们的闲话来代替了自己思考。意见是世上最廉价的商品，每个人总有一箩筐的意见可以提供给任何愿意接受它的人。假如你在下决心时，会轻易受到他人左右，那么，你在任何事业上都难以成功。

当然，不做大多数、不随大流也是有风险的。枪打出头鸟，你在出头之前，一定要尽量让自己出头的计划周全些。如果风险大过自己的承受能力，不妨缓行，或先采取小规模的实验再做定夺。

创意再好，也要在行动中实现

人的创意也像一颗种子，在酝酿阶段是那么不起眼。但只要将它放在合适的"泥土"里，提供它所需要的"养分"，那么它同样能像种子那样破土发芽、开花结果，拥有动摇世界、影响众生、造福万物的神奇力量！

何永智从小有一个很好听的小名，叫"七妹"。七妹家里一共有七姐妹，她属于最小的小妹，有着《天仙配》中七仙女那样的水灵与机灵。七妹只读了一个初中，在20世纪70年代中期就进了重庆六一儿童鞋厂当临时工。很快，心灵手巧的何永智就凭借自己的心灵手巧，"转正"成了鞋厂的一名童鞋设计师。在计划经济时期，"临时工"与"正式工"之间的鸿沟、"体力劳动"与"脑力劳动"的壁垒，就这么让七妹轻而易举地跨越。

七妹的父母只是普通工人，相继养育了七个女儿长大成人，而相继出嫁的女儿也只能勉强维持各自的生计——这在1970年代是可以理解的。因此，七妹出嫁前家境一直处于赤贫状态。1977年，七妹恋爱了。她的男友廖长光也只是一名普通的电工，家境可以类比《天仙配》中的董永。他们没有房子结婚，想买房子又不够钱，七妹就利用闲时打毛衣，由廖长光拿到集市上去卖。后来，两人又向各自的父母借了些钱，好不容易凑齐了600元钱，买来了一处简陋的私房才把婚给结了。那一年是1979年，七妹已经26岁，在那个时代属于典型的晚婚了。

3年后的1982年，改革开放的春风吹绿了大江南北。各地的"万元户"正作为典型，在媒体上喜笑颜开地露脸宣传。七妹的心被撩拨得痒痒的，如春天里吃饱了水的种子。她听说自己3年前买的房子升值了，可以卖3000元，终于按捺不住自己的冲动，把自己的房子换成了三叠十元的钞票。

3000元在当时也算一笔不大不小的财富了。七妹决定用这笔钱做点生意，盘活这笔钱，用钱来生钱。经过一番打听与考虑，她在重庆八一路购买了一间16平方米的临街门面。她最初选择的是做小百货，但店子开了没两个月，百货店就因为政府将八一路统一规划成小吃街而不得不歇业。

怎么办？那就做小吃吧，何永智想到了火锅。于是，那间16平方米的门面就勉强放下了三张桌子、三口锅。"小天鹅"火锅店就这样寒碜地起步了。到2007年，她与丈夫以10亿身家名列胡润餐饮富豪榜第十。

七妹卖房作为本钱，在狭窄店铺里的艰难起步，直至最后成为著名企业家，一切都来之不易。创业是一个钱赚钱的事情，要投入才有产出。本钱小，相对来说事业做长久、做大的困难会大一些。因此，我们经常会听到一些创业者对于"本小"的无奈叹息。七妹在一场有关创业的演讲与报告中，对于创业的本钱多寡问题，是这样看的："其实创业的钱多钱少不重要。重要的是什么？是诚信与创新！"

七妹所说的诚信与创新，都是一些老话，但也是实话。她这样说，也是这样做的，并且她的成功也是这样来的。对于诚信，一般来说很多人都比较注重并且做得不错。但对于创新，不少人做得就差强人意了。他们之所以做得不到位，倒不一定是不想创新，而是觉得创新太难。

创新当然不会那么容易，容易的话就不用等你来创新，别人早就捷足先登了。但生意场上的创新也绝不是像什么搞高科技发明那么难。我们先来看七妹和她丈夫在火锅上做了哪些创新。

1983年，在火锅店里开展除烟行动。火锅在20世纪80年代初都是用木炭作燃料，客人经常会被木炭燃烧的烟雾熏得泪眼婆娑，睁不开眼。"小天鹅"火锅店开业后，七妹就一直在想解决之道，最后她决定将抽油烟机安放在火锅桌的上方，并将传统的木炭灶改为液化气灶，使火锅真正告别了"烟熏火燎"的历史，受到了顾客的一致好评。

1984年，七妹和丈夫发明鸳鸯火锅。鸳鸯火锅用一个"S"形的隔断，把圆形的火锅分割成两半。一半放麻辣味厚、油重香浓的红汤；另一半放柔和清爽、鲜香可人的清汤。数人围坐火锅，可以各取所好，也可兼顾品尝。总之，就是"一锅两吃"。

1985年，七妹发明了子母锅。她在大锅里套小锅，小锅里面盛清汤，大锅里面盛红汤，想吃什么都可以。从清汤里面夹菜滴到红汤的味道，而红汤却不易混进清汤。

1986年，七妹开发出风味独特的荔枝味火锅。

1987年，七妹首创火锅自助餐。

1994年，"小天鹅"天津加盟店正式开业，七妹因此成为中国内地最早应用特许经营模式进行品牌扩张经营的人。

……

类似的发明与首创很多很多，伴随着"小天鹅"从蹒跚起步到展翅高飞。七妹坦言她的每一次发明创造都给自己带来了丰厚的利润。她这样说："我觉得，这'3000元加创新加诚信'，正是我们成功的法宝！"

看了上面所提及的创新，我们会发现。商场上的创新，难在思维桎梏的突破，而不是技术上的瓶颈。把火锅隔断，大锅中套小锅，这些发明一说就懂，也没有多少纯技术上的难关，完全只是一种新的思维。当然，这种新不是为新而新，无一不体现着对于顾客的人性化考虑。也正因为这样，创新才会受到顾客的青睐。

七妹认为：在创意面前，生意是不平等的。这句话应该是商界青年才俊江南春总结出来，但我们经常从七妹的嘴中听到，从七妹的出招中得到体现。创业越有创意，就越能获得机会，越能走到财富的前沿。对此，世界首富比尔·盖茨曾经这样说过这样一句话："创意具有裂变效应，一盎司创意能够带来难以计数的商业利益和商业奇迹。"

如果我们把一颗种子进行成分分析，会发现它只是由纤维、碳水化合物以及一些常见的化学物质组成的，没有什么特别的地方。但只要把它放进肥沃的泥土里，给予阳光和水分，神奇的事情就会出现。种子会破土发芽、开花结果，它可能是养活众生的稻米谷物，可能是为世界添加色彩的美丽花卉，也可能是为生命提供氧气的参天巨木。

不少人把创意归结于偶然。其实创意的由来并非是大家所以为的"灵光一现"，积累是非常重要的过程。创意的英语是 Greativity，源自于拉丁文 Greatus，后者的意思是生长，也是古罗马五谷女神 Gereris 的名字。通过梳理这个词汇的变迁脉络，我们发现：创意并不是天上掉下来的恩宠，而是发源于地上、植根于泥土、发扬于生活的人为创造。七妹扎根于火锅事业，积累了丰富的经验和知识——可谓"发源于地上"。他深知整个产业的运作过程，知道市场最需要什么，顾客最喜欢什么、最在意什么——可谓"植根于泥土"。然后，他用巧妙的方法来满足顾客或客户——可谓"发扬于生活"。

值得指出的是：创意只是一个看不见摸不着的东西，要想变成看得见摸得着的财富，还有很长的一段路程必须走。否则，永远停留在想象阶段的创意，是一文不值的。美国第三任总统托马斯·杰弗逊有一句名言："当你有一个伟大的创意时，就放手去做吧！"我们这个世界缺少的是实干家，却从来不缺少空想家。创意再好，也需要在行动中实现。

在别人说"不"的时候说"是"

我们中的许多人太习惯于向外界妥协。当他们自信地说出自己的观念，而周围的人，特别是重量级人物，诸如权威呀、上司呀、老师呀等等，持反对意见时，他们就会退缩，缄口不敢再言。于是勇气一点点消失殆尽，机会也因此一次次擦肩而过。

亨利·比奇讲了一个他小时候的故事：

一天，他的老师让他站起来背诵一篇课文。当他背至某处时，响起了老师冷漠平静的声音："不对！"

他犹豫了一下，又从头开始背起，当背到相同的地方时，又是一声斩钉截铁地"不对"阻断了他的背书进程。

"下一个！"老师叫道。

亨利·比奇坐了下来，觉得莫名其妙。

第二个同学也被"不对"声打断了，但他继续往下背，直到背完为止。当他坐下时，得到的评语是"非常好"。

"为什么？"我埋怨道，"我背得和他一样，你却说'不对'！"

"你为什么不说'对'，并且坚持往下背呢？仅仅了解课文还不够，你必须深信你了解它。除非你胸有成竹，否则你什么都没学到。如果全世界都说'不'，你要做的就是说'是'，并证明给人看。"

在别人都说"不"的时候说"是"，说起来容易，做起来却需要超常的胆略，而大多数人都几乎依赖于某些东西或某些人的意志改变自己的意志，敢于特立独行的人少之又少。于是大多数人都成了组成芸芸众生的普通人，而那些卓尔不群，不为大多数人意见所左右的人则成了少数的成功者和明星。

胆小的人常常总是向权威求教，像是参考书啦，上司啦，顾问啦，专家啦，等等，就是不敢相信自己，有独立意志的人则会利用人人具备的常识和事实进行探究，做出合理的假设，然后得出自己的答案并且敢于坚持，他们自己进行思考和创造，常常自己制定计划并付诸实施。

日本交响乐指挥家小泽征尔早年参加了一次欧洲指挥大赛，在决赛中，按照评委给他的乐谱指挥演奏时，发现有不和谐的地方，他认为是乐队演奏错了，就停下来重新演奏，但仍不如意。这时，在场的作曲家和评委会的权威人士都郑重地说明乐谱没有问题，而是小泽征尔的错觉。面对着一批音乐大师和权威人士，他思考再三，然后坚定地说："我没错，是乐谱错了！"话音刚落，评判台上立刻报以热烈的掌声。

原来，这是评委们精心设计的圈套，以此来检验指挥家们在发现乐谱错误并遭到权威人士"否定"的情况下，能否坚持自己的正确判断，前两位参赛者虽然也发现了问题，但终因屈服于权威而遭淘汰，小泽征尔则不然，因此，他在这次指挥大赛中摘取了桂冠。

小泽征尔之所以能够取得冠军，归功于他不妄从权威，敢于在别人说"不"的时候说"是"。当然，这离不开坚实、过人的业务功底。

在社会中，由于分工和能力的不同，既要有人运筹帷幄，掌管大局，又要有人身体力行，动手去干。但是不管干什么，都要有自己的原则、自己的立场，不能够一点主见没有，没有自己一定的原则。这里的原则既包括思考的方法，也包括日常生活中为人处事的立场、原则。不论是谁都会给你带来困难，并将影响你的生活。

工作中没有自己的想法，只听命于他人，别人怎么说自己就怎么做，如果别人说得对还好，假若别人说得不对，而自己又不动脑筋，走弯路、浪费时间不说，有时难免要犯错误。

举个简单的例子：某个人想挖鱼池养鱼，有人建议坑底要铺上一层砖，这样既干净又会节省水；又有人建议说，不能铺砖，铺了砖鱼就接触不到泥土，对鱼的生长不利；还有人说……于是，这位养鱼者开始犯难了，左也不是右也不是，不知该听谁的好。其结果是，事情就此搁了下来，最终放弃了计划。

当然，上面只是个简单的例子，生活中有许多事情要复杂得多，而且有些事情没有犹豫的时间，这就更需要我们要有自己的思考方法。既然别人的意见也不一定正确，为什么不试试用自己的头脑思考呢？

古希腊有一个"戈迪阿斯之结"的故事：

凡是来到弗里古亚城的朱庇特神庙的外地人，都会被引导去看戈迪阿斯王的牛车。人们都交口称赞戈迪阿斯王把牛轭系在车辕上的技巧。

"只有很了不起的人才能打出这样的结。"其中有人这样说。

"你说得很对，但是能解开这结的人更了不起。"庙里的神使说。

"为什么呢？"

"因为戈迪阿斯不过是弗里吉亚这样一个小国的国王，但是能解开这个结的人，将把全世界变成自己的国家。"神使回答。

此后，每年都有很多人来看戈迪阿斯打的结子。各个国家的王子和政客都想打开这个结，可总是连绳头都找不到，他们根本就不知从何着手。

戈迪阿斯王已经死去几百年之久，人们只记得他是打那个奇妙结子的人，只记得他的车还停在朱庇特的神庙里，牛轭还是系在车辕的一头。

有一位年轻国王亚历山大，从遥远的马其顿来到弗里吉亚。他征服了整个希腊，他曾率领不多的精兵渡海到过亚洲，并且打败了波斯国王。

"那个奇妙的戈迪阿斯结在什么地方？"他问。

于是有人领他到朱庇特神庙，那牛车、牛轭和车辕都还原封不动地保留着原样。

亚历山大仔细察看这个结。他对身边的人说："过去许多人打不开这个结，都是陷入了一个窠臼，都认为只有找到绳头才能将结打开，我不相信我不能打开这个结。我也找不到绳头，可是那有什么关系？"说着，他举起剑来砍，把绳子砍成了许多节，牛轭就落到地上了。

亚历山大说："这样砍断戈迪阿斯打的所有结子，有什么不对。"

接着，他率领他那人马不多的军队踏上了征战亚洲之路。

没有人能够因跟随他人而获得成功。哪怕他是跟随一个伟大的成功者。做事的资本不能从抄袭、模仿中得来。亚历山大之所以成功地做了亚洲王，就是因为他坚持自己的主见。

决定你是否能克服危机的不是你尺寸的大小——而在于做一个最好的你！你不应当丢掉自己身上最好的东西，去盲目跟随别人，把自己变成别人的影子。

"要想成为真正的'人'必须先是个不盲从因袭的人。你心灵的完整性是不可侵犯的……当我放弃自己的立场，而想用别人的观点去思考的时候，错误便造成了……"这是爱默生所讲的名言。这对强调由别人的观点来思考的人来说，无疑是一大震撼。

也许，我们可以把爱默生的话做如下解释："要尽可能由他人的观点来看事情——但不可因此而失去自己的观点。"假如成熟能带给你什么好处的话，那便是发现自己的信念及实现这些信念的勇气——无论遇到什么样的因素。

躲在人后的大都是平庸之辈

一个人如果总感觉自己不如别人，尽管他实际上可能是有能力的，但他的表现也确实不如别人，因为思想主宰行动。一个人心里是怎么想的，他的行为就会反映出来，没有任何伪装能够把这种感觉长期遮盖起来。

也就是说，一个人如果觉得自己没有独立做事的能力，不可能超越其他的人，那么他就真的不会独立，只能跟在别人的身后。

有位才女不但琴棋书画无所不通，口才与文采也是无人可比。大学毕业后，在学校的极力推荐下，才女去了一家小有名气的杂志社工作。谁知就是这样的一个让学校都引以为自豪的人物，在杂志社工作不到半年就被炒了鱿鱼。

原来，在这个人才济济的杂志社内，每周都要召开一次例会，讨论下一期杂志的选题与内容。每次开会很多人都争先恐后地表达自己的观点和想法，只有才女总是悄无声息地坐在那里一言不发。她原本有很多好的想法和创意，但是她有些顾虑，一是怕自己刚刚到这里便"妄加评论"，被人认为是张扬，是锋芒毕露；二是怕自己的思路不合主编的口味，被人看作为幼稚。就这样，在沉默中她度过了一次又一次激烈的论会。有一天，她突然发现，这里人们都在力陈自己的观点，似乎已经把她遗忘在那里了。于是她开始考虑要扭转这种局面。但这一切为时已晚，没有人再愿意听她的声音了，在所有人的心中，她已经根深蒂固地成了一个没有实力的花瓶人物。最后，她终于因自己的过分沉默而失去了这份工作。你如何思维决定你如何行动；你如何行动将决定你取得什么样的成就。

这个逻辑正是我们不厌其烦地强调思维与勇气的重要性的原因，"没有做不到的，只有想不到的"，敢想、会想，你才有可能成功。

如果在此之前胆怯心理阻碍了你超越他人，那么现在只需改变一下自身的思考方法，大胆放飞自己的思想，做你想做的事。

我们每个人都有愿望，我们都想有朝一日成为什么样的人物，但事实上，大多数人都因为没有勇气而违背了它，他们常用下面的理由扼杀自己的愿望：

——"我做不到""我缺乏头脑""我肯定会失败"，这种消极的自我降低是导致他们永远站在别人身后的罪魁祸首；

——"我现在的状况很有保障"，这种安于现状的想法扼杀了他们真正的愿望；

——"能干的人太多，根本不会有我的份"，害怕竞争令他们不敢多想；

——"这不是我真正想要的，而是父母让我做这个，我不得不做"；"有了家，没法再变动了"。这一类的托词让他们相信自己不该再有梦想。

让自己仅仅是跟在别人身后的理由真是太多了，但是如果没有敢于创造的勇气，不做自己想做的事，只会成为平庸者。而敢想就会有欲望，欲望一旦利用就是力量。

当讥讽扑面而来，你还能否站得稳？

和周星驰同学一样，当年寂寂无闻的成龙，不得不低声下气地去为自己争取更好的机会。在谦卑做人与勤恳做事时，还是难免收到讥讽与嘲弄。

一粒种子是没那么容易长大成材的。在你还孱弱时，无数大脚会有意无意将你践踏。就像俞敏洪所说的："人们可以踩过你，但是人们不会因为你的痛苦，而产生痛苦；人们不会因为你被踩了，而来怜悯你。因为人们本身就没有看到你。"也许你会很不服气：为什么要践踏我啊，我是树啊，我是明天的栋梁之材啊。对不起，在你没有长大时，没有人来倾听你、相信你。

成龙在龙套中一跑就是很多年，他没有任何说话的权利，总之就是导演叫你做什么，你一定要做什么。有一次，在他拍摄一部古装武侠戏的时候，戏里边剧情要求有三个女人都喜欢他。但是当时担任主角的一位著名女演员，坐在一边跟导演讲风凉话，说："我怎么会喜欢他？大鼻子、小眼睛，多让人讨厌啊……"一听到这话，成龙的心很受伤，但外表还要装作若无其事地讨好模样，不停地鞠躬。一定等着她站起来先走，自己退后让路后走，一副谦恭的样子。要哭，只有在一个人的时候才能哭。

后来，成龙混出了一点小名气。那时，他开始又动起了心机：他想要著名的武侠作家古龙给自己量身定做一个剧本。当时，古龙的武侠小说非常受大家欢迎，有了他的剧本基本就是票房保证。古龙是邵氏片场里的常客，成龙为了"讨好"古龙，每天都要陪古龙喝酒。成龙坐在古龙身边，左一句"古大侠"右一句"古大侠"，酒倒是喝得皆大欢喜。等一场又一场的酒喝过后，成龙从别人口里得知古龙说："我怎么会给他写这个剧本，我要写，也得找个好看点的啊！"成龙听了，当即躲进了洗手间，七尺男儿终于再也无法控制住自己的感情，一把抱住姜大卫哭成了泪人。

小人物从来都是不起眼的，就算你有经世之才——但又有几个伯乐呢？所以，你的梦想与追求，在有些人眼里与"癞蛤蟆想吃天鹅肉"差不多，都是不自量力，痴人说梦。总是会有人来打击你。一个打击你，或许没有什么；十个人打击你，有点动摇了吧；百个人打击你呢？

别人劝阻或讥笑你的寻梦，也并非想害你，他们有时是无意甚至是善意。"相信我，你走的那条路行不通，别浪费自己的精力了。"他们会这么说。

谁更能够经得住一打信贷官员的负面评价，并且厚着脸皮不断请求直到贷款被批准呢？这些成功的百万富翁就能做到，他们总是抵制那些说他们的未来计划不会有成效的批评者。对他们来说，找到一个明智而开通的信贷者只是时间和努力的问题。

还记得身残志坚的歌手郑智化在《水手》中所唱的吗——"在受人欺负的时候，总是听到水手说，他说风雨中，这点痛，算什么！擦干泪，不要怕，至少我们还有梦！"

第 四 章

把梦想付诸行动，一次行动胜过一筐空想

　　一个人要实现自己的梦想，最重要的是要具备以下两个条件：勇气和行动。梦想一旦付诸行动，就会变得神圣。有了梦想，就应该迅速有力地实施，坐在原地等待机遇，无异于异想天开。毫不犹豫尽快拿出行动，为梦想的实现创造条件，才是梦想成真的必经之路。

付诸行动，梦想才有可能成为现实

在四川的偏远地区有两个和尚，其中一个贫穷，一个富裕。有一天，穷和尚对富和尚说："我想到南海去，您看怎么样？"

富和尚说："你凭借什么去呢？"

穷和尚说："我一个水瓶、一个饭钵就足够了。"

富和尚说："我多年来就想租条船沿着长江而下，现在还没有做到呢，你凭什么去啊。"

第二年，穷和尚从南海归来，把到南海的事告诉富和尚，富和尚深感惭愧。

穷和尚与富和尚的故事说明一个简单的道理：说一尺不如行一寸。

现实是此岸，理想是彼岸，中间隔着湍急的河流，行动则是架在河上的桥梁。只有行动才会出现结果，行动创造了成功。任何一个伟大的计划和目标，都要靠行动来实现。

拿破仑说："想得好是聪明，计划得好更聪明，做得好是最聪明又最好。"成功开始于思考，成功要有明确的目标，这都没有错，但这只相当于给你的赛车加满了油，弄清了前进的方向和线路，要抵达目的地，还得把车开动起来，并保持足够的动力。

有一个雅典人没有口才，可是非常勇敢。有一天开大会，许多人做了精彩的长篇演说，许诺说要办许多大事。轮到这个人发言，他站起来，憋了半天只说出一句话："大家说的事情，我都要做。"

成功并不需要你知道多少，而是依靠你做了多少，所有的知识、计划、心态都要付诸行动。不管你现在决定做什么事情，设定了多少目标，你一定要马上行动。

有很多看起来不能克服的困难阻碍了我们迈向成功的脚步。其实，当我们勇敢行动，会发现事情并不像它看上去那样。

一名记者忽然心脏病发作，导致四肢瘫痪，而且连说话的能力都丧失了。他虽然头脑清醒，但是全身的器官中只有左眼还可以活动。口不能说，手不能写，他几乎就成为废物。所有的人经受如此大的打击都很难接受，甚至完全丧失了生存下去的勇气，可是他没有放弃努力，决心要把自己在病倒前就开始构思的作品完成并出版。

可是怎么才能写出自己的作品呢？他连说话的能力也没有，只会眨左眼，别人又怎么能记录他的作品？对，就是眨眼。他找来了一个笔录员做他的助手，记者只会眨眼睛，他和助手就用眨眼睛来交流。笔录员把26个英文字母和一些常用的单词按顺序排列，让记者用眨眼来选择，如果记者眨一次眼说明字母是正确的，如果眨两次就表示不正确。

开始他们很不习惯这样的沟通方式，而且很容易出错。他们每天工作六个小时，但是一天只能打几百个字。后来他们有了默契，一天能打出一页的字来。

经过他们艰辛的工作，一年以后小说总算完稿。记者不知道为这部小说眨了多少次眼睛，虽然这本书只有150页，但是却很不平凡。这名记者用他自己的方式创造了奇迹，完成了心愿。

成功并非易事，它需要各种条件，比如健康的身体、聪明的头脑、坚韧不拔的精神。古代的战事特别讲究天时、地利、人和，如果缺少一样就很难取得成功。可是我们不能苛求条件，而应该尽力去创造条件。许多事情不像它看上去那样，只有行动才能让我们更接近成功。

事在人为的道理很多，但真的一旦要付诸行动，人们仍然不免犹豫不决，瞻前顾后。

人们之所以害怕付诸行动，其中的原因可能有三个：

（1）由于心态的原因，一行动就想到消极的一面，想到失败。这种畏惧心理摧毁我们的自信，关闭我们的潜能，束缚我们的手脚，使我们遇事不敢轻举妄动。

（2）人对发生改变，多多少少会有一种莫名的紧张和不安，即使是代表进步的改变亦然。这就是害怕冒风险。行动就意味着风险，因而就出现了左顾右盼，犹豫不决，拖延观望等。特别是一当形势严峻时，人们习惯的做法就是保全自己，不是考虑怎样发挥自己的潜力，而是把注意力集中在怎样才能减少自己的损失上。

（3）怕行动，是不愿付出。有一种理论说，人有自私的天性，原因是出于自我保护的本能，付出就意味着"失去"，而行动就意味着要付出。行动与其说是能力，还不如说是一种勇气。行动的障碍只有毅力和勇气才能解决。

有梦想，更要善于经营梦想

理想是用来实现的，而不是用来放弃的。曾经在一本杂志上看到一个这样的故事：

在美国乡村的某个小学的作文课上，年轻的老师给小朋友们布置了一篇作文，题目叫《我的理想》。一位小朋友是这样描绘他的理想：将来自己能拥有一座占地十余顷的庄园，在辽阔的土地上铺满绿植；庄园中有无数的小木屋，烤肉区，及一座休闲旅馆；除自己住在那儿外，还可以和前来参观的旅客分享自己的庄园，有住处供他们休息。

老师检查作文后，在这个小朋友的簿子上被划了一个大大的红"×"，老师要求他重写。小朋友仔细看了看自己所写的内容，并无错误，便拿着作文去请教老师。老师告诉他："我要你们写下的是自己的理想，而不是这些梦呓般的空想，理想要实际，而不是虚无幻想，你知道吗？"

小朋友据理力争："可是，老师，这真是我的理想呀！"老师也坚持观点："不，那不可能实现，那只是一堆空想，我要你重写。"

小朋友不肯妥协："我很清楚要实现我的理想很难，但这的确是我真正想要的，我不愿意改掉我的理想。"老师坚决地摇头："如果你不重写，我就让你不及格，你要想清楚。"小朋友没有妥协，结果他的作文真的没有及格。

30 年后，这位老师带着一群小学生到一处风景优美的度假胜地旅行，在尽情享受无边的绿草，舒适的住处及香味四溢的烤肉之余，他望见一名中年人向他走来，并自称曾是他的学生。

这位中年人告诉他的老师，他正是当年那个作文不及格的小学生，如今，他拥有这片广阔的度假庄园，真的实现了儿童时的理想。老师望着这位庄主，不禁感叹："三十年来为了我不知道用'实际'，改掉了多少学生的梦想；而你，是唯一保留自己的梦想，没有被我改掉的。"

谁没有过理想呢？有多少人实现了自己的理想？

没有实现理想不要紧，只要我们还行走在前进的路上，就一切皆有可能。而遗憾的是很多时候，我们没有实现理想是缘于放弃。放弃理想大致有两种原因：一种是随着岁月的增长，发现原来的理想并非自己真正想要的；一种是因为困难太大，自己主动放弃了理想。前者是主动放弃，后者是被动放弃。理性地说，适当的放弃是人生路上无奈却必需的妥协。但你一定要谨慎判断"适当"——你的理想是你内心所深切的渴望吗？如果是的，那么你就不应该轻易放弃。

理想之所以称为理想，本身就蕴涵了来之不易的意思。很容易就能达成的目标，不能叫理想。轻易放弃自己的理想，等于抛弃了自己。

台湾散文家林清玄生长在一个普通的农民家庭，小时候家里很穷，很小就跟着父亲下地干活儿。有一次，干活累了，他跟父亲坐在田埂上休息。他一言不发，呆呆地望着远处出神。父亲看见他这个样子，问他想什么。他说："等我长大了，不种地，也不上班。""那你干什么？"父亲问。他充满向往地说："我想每天坐在家里，等着人给我邮钱。"一听他这话，父亲笑起来，说："荒唐，你别做梦了！我敢保证，不会有人给你邮钱。"

后来，林清玄上学了。他从课本上知道了埃及的金字塔，对父亲说："等我长大了，要去看埃及的金字塔。"父亲生气了，在他头上拍了一巴掌，训斥道："真荒唐！你别总是做梦了！我敢保证，你去不了。"

再后来，林清玄上了大学，毕业后当了记者，出了好多书。他每天坐在家里读书、写作，出版社、报社和杂志社源源不断地往他家里寄钱，他用邮来的钱去各地旅行。有一天，他站在金字塔下，仰望着高高的金字塔，想起了小时候对父亲说过的话，情不自禁地笑了起来。那些在他父亲看来是不可能实现的梦想，在十几年后，他把它们变成了现实。

很多人小时候都有着这样那样的梦想，可是随着时光的推移，大多数的人梦想还只不过是一个遥不可及的梦！他们只会在夜深人静的时候慢慢悼念自己未曾实现的梦想。其实，光有梦想是不够的，你还需要学会经营你的梦想。

林清玄就是这样做的，他为了实现自己的作家梦，十几年如一日，每天早晨4点就起来看书写作，每天坚持写3000字，每年就是100多万字。

英国内阁教育大臣布伦克特，他是一位盲人。小时候，他就在幼儿园的作文中写过自己的梦想——长大后，要成为英国内阁大臣。五十年后，他实现了自己的梦想，因为从那时起，他的梦想就一直记在脑海里，从未放弃过。

每一个成功者，最初的时候和我们一样，种下了自己的梦想，但是不同的是：他们把梦想当作自己生活的目标，每天为了这个目标而努力学习，勤奋工作一点点缩短现实与梦想的距离，最终把梦想变为现实。

成功其实很简单。你先有一个梦想，然后努力经营自己的梦想，不管别人说什么，你都永不放弃。

迈出第一步，你才能超越平凡

　　行动能证明一切，不管真理还是谬误。事物的变化和发展必须依靠不断的行动，最后完成由量变到质变的过程。有了改变自己、追求成功的想法之后，行动，行动，再行动，直到我们成功。

　　当对一件事情有20%的把握的时候，就请行动起来，马上去做。如果再畏首畏尾等待所有准备都成熟的时候，机会已经溜走了。

　　有些人总想着当事情有100%把握的时候才行动，但是漫长的等待却让这些事情最终没能完成。即使是一件小小的事情，等所有条件都具备的时候再行动，我们回头发现这件事情实际所花费的时间，要比计划的多很多，更可惜的是我们浪费了更多的机会。

　　正因为如此等待完美，很多人终其一生也没能干成一件自己想做的事情。永远都是在等待，在等待中老去。而那些想到好主意就马上行动的人往往能成功，是行动改变了他们的现状。

　　有好主意就马上行动，成功总是躲在困难之后，我们要做的就是用力去拨开成功道路上的荆棘。成千上万的人都拥有雄心壮志，为什么很多人没有如愿以偿，仍然是个普通平凡的人，甚至在温饱线上挣扎？其中大多数人一直在拖延行动。并不是不想行动，只是想过一段时间再开始，这样一晃就是一生。

　　安东尼·吉娜曾是美国纽约百老汇中最年轻、最负盛名的演员，她在美国著名的脱口秀节目《快乐说》中讲述了她的成功之路。

几年前，吉娜是大学里艺术团的歌剧演员。在一次全校演讲比赛中，她向人们展示了自己璀璨的梦想：大学毕业后，她要先去欧洲旅游一年，然后要在纽约百老汇中成为一名优秀的主角。

当天下午，吉娜的心理学老师找到她，尖锐地问了一句："你今天去百老汇跟毕业后去有什么差别？"吉娜仔细一想："是呀，旅行的经历并不能帮我争取到百老汇的工作机会。"于是，吉娜决定一毕业就去百老汇闯荡。

这时，老师又冷不丁地问她："你现在去跟一年以后去有什么不同？"

吉娜苦思冥想了一会儿，大学学历对百老汇的工作没什么帮助，于是对老师说，她决定下学期就出发。老师紧追不舍地问："你下学期去跟现在去，有什么不一样？"吉娜有些晕眩了，想想那个金碧辉煌的舞台和那双睡梦中萦绕不绝的红舞鞋……她终于决定下个月就前往百老汇。

老师乘胜追击地问："一个月以后去，跟今天去有什么不同？"吉娜激动不已，她情不自禁地说："好，给我一个星期的时间准备一下，我就出发。"老师步步紧逼："所有的生活用品在百老汇都能买到，你一个星期后去和今天去有什么差别？"

吉娜终于双眼盈泪地说："好，我明天就去。"老师赞许地点点头，说："我已经帮你订好明天的机票了。"

第二天，吉娜就飞赶到全世界最巅峰的艺术殿堂——美国百老汇。当时，百老汇的制片人正在酝酿一部经典剧目，几百名各国艺术家前去应征主角。按当时的应聘步骤，是先挑出十个左右的候选人，然后，让他们每人按剧本的要求演绎一段主角的念白。这意味着要经过百里挑一的两轮艰苦角逐才能胜出。

吉娜到了纽约后，并没有急于去漂染头发、买时装，而是费尽周折从别人手里要到了将排的剧本。这以后的两天中，吉娜闭门苦读，悄悄演练。正式面试那天，吉娜是第48个出场的，当制片人要她说说自己的表演经历时，吉娜粲然一笑，说："我可以给您表演一段原来在学校排演的剧目吗？就一分钟。"制片人首肯了，他不愿让这个热爱艺术的青年失望。而当制片人听到传进自己耳朵里的声音，竟然是将要排演的剧目对白，而且，面前的这个姑娘感情如此真挚，表演如此惟妙惟肖时，他惊呆了，马上通知工作人员结束面试，主角非吉娜莫属。

就这样，吉娜来到纽约顺利地进入了百老汇，穿上了她人生的第一双"红舞鞋"。

只有雄心壮志是不够的，如果不把理想付诸实践，永远都只是纸上谈兵。将来的机会不一定就比现在多，如果你现在不出发，就会落后很多，而这段落后的距离可不是轻易就能追上来的。

事实上，我们不是缺少成功的欲望，而成功最大的障碍来自一个人的惰性。如果我们能积极行动，克服惰性，总能得到梦想的东西。一个人即使有了创造力，有了智慧和才华，拥有了财富和人脉，并且有详细的计划，如果不懂得去使用这些资源，不愿意或者不敢采取行动，那么这一切都只能说是对这一潜能的最大浪费。

优秀，就是永远比别人多做一点

在工作和生活中我们总是渴望成为优秀和成功的人，可是在竞争激烈的今天，人人都在努力的时候，我们凭什么比别人更优秀？

答案是：永远比别人做得好一点！

"永远比别人多做一点"是无数成功人士极力秉承的理念和价值观，被许多著名企业奉为圭臬。"永远比别人多做一点"是指在工作和生活中要比别人看得更远一点、做得更多一点、动力更足一点、速度更快一点、坚持的时间更久一点。现代社会中，我们需要的正是这种人：他们不仅能很好地完成分内的事，还会想尽办法比别人多做一点！

俞敏洪创办英语培训班的时候，全国已经有好多家类似的英语培训班，但为何唯独新东方能脱颖而出，因为俞敏洪提倡了"比别人做得好一点"的文化理念和做事方式。而这种"比别人做得好一点"的思想，早在俞敏洪大学时代已经深入到他的人生哲学中。

俞敏洪刚进北大的时候，因为浓厚的江苏农村普通话而被"边缘化"，对于一个学习英文的学生来说，缺乏沟通和交流是学好英语的最大障碍。老师曾经这样批评他："你除了'俞敏洪'三个字能听懂外，恐怕再没有什么能听得懂了！"可想而知，俞敏洪当时是何等的自卑。

但是，他是一个不甘心被忽略的人，他决心改变现状。后来，他每天戴着耳机，在北大语音实验室废寝忘食地练习英文听力；他从小书店里买了一套《新概念英语》，抱着大录音机，钻到了北大的小树林里，开始了他的疯狂之旅。

俞敏洪几乎一天十几个小时狂听狂背，经过两个半月的魔鬼训练，他不仅能听懂任何人所讲的任何英文，而且成了会听英文、会说英文的人。

后来，创办新东方后，他就把新东方定位为对人的培养和成长的教育，不是单单对英语水平的教育。他说："搞教育不能纯粹以赚钱为目的，赚钱是教育的副产品——如果把服务做好了，教育的发展资金自然就来了。"所以，新东方这两点超过了别人。当时办培训班的不少都是赚到一点钱以后就不肯放手，而俞敏洪把前两年赚到的钱全部返还到学生身上去。

正因为比别人多做了一点点，做好一点点，俞敏洪的新东方才在浩瀚的英语培训班里乘风破浪、独领风骚。

永远比别人多做一点，是一种勤奋主动的精神，是一种永不言弃的毅力，是一种永远向上的努力，当然，这也是走向成功的至理名言。今天你比别人多做一点，明天你的希望就会比别人多出许多。

现代社会处处充满竞争，如果我们只是把完成任务作为自己的工作目标的话，就永远不可能拥有真正的成功。人只有在不断的自我超越中才能持续成长，而生命也会在持续的成长中不断完善，最终走向成熟。如何实现自我超越呢？我们不能满足于完成任务，而是要比别人所要求的多做一点，比自己所能做地再多做一点。尽管我们这样做了之后也未必就能成为最好的，但至少我们已超越了自己。

永远比别人多做一点点，你就是优秀的！

思路决定出路，想到才能做到

有位先生在一个公司干了十多年，在部门副经理的位置上待了五年，迟迟升不上去。本来两年前有一个扶正的机会，原经理调入总部，空下的位子完全有可能由自己顶替，但总部不知道出于什么目的，居然另从他处调来一个人来当经理。这个先生没有当上经理，本来也没有什么心理抵触，问题是：新来的经理和自己不合拍，经常会有一些小小的摩擦。

在一次冲突后，这个副经理决定不再在这个经理下面受气，于是决定找猎头公司帮自己谋个匹配的公司。他在家里将这个决定告诉了妻子，他的妻子问他：你是不是对这个公司没有了兴趣？他回答不是的，自己很舍不得走，只是无法容忍经理的管理方式。"那么，你为什么不换个角度，试着帮你的经理找个更好的职位呢？"

这个主意不错。副经理想：但是要如何才能让经理挪动呢？出阴招、告黑状之类的方法显然不可取。他们夫妻俩商量来商量去，觉得最好的办法莫过于帮助经理升职去总部，这是一个积极的、双赢的方法。

有了这个策略后，副经理的工作更加努力了，不仅带领团队将业绩做得相当出色，还在很多重要场合突出经理的领导有方。他这样做的效果很快就出来了，首先经理与自己的冲突减少了，不久之后，经理就因为能力强而上调总部担任更重要的职务。经理在临走时，大力向高层推荐副经理接任自己的职务。结果，副经理果然被马上扶正。

我们举上面这个例子的意思是：解决问题的方法很多，一定要用脑子去智取，不要蛮干。方法得当方为强者。蛮干很容易，做得不开心，我一走了之，这个人人都会做。西方流行着一句十分有名的谚语，叫作"Use your head"（用用你的脑子），许多名人一生都谨记着这句话，为人类解决了很多难题。

在现代社会里，每个人都在想尽一切办法来解决生活中发生的所有问题，而且，最终的强者也将是解决方法最得当的那部分人。

世界著名的电脑厂商IBM的前任总裁华特森就是一个特别注重办事方法的人，而且他十分舍得花费时间和金钱来培训员工们思考问题想办法的能力。他曾对外界信誓旦旦地说："IBM每年员工教育训练费用的增长，必须超过公司营业的增长。"事实也确实如此。

在全世界IBM管理人员的桌上，都会摆着一块金属板，上面写着"THINK"（想）。这一字箴言，就是IBM的创始人汤姆·华特森创造的。

1911年12月，华特森还在NCR（国际收银机公司）担任销售部门的高级主管。

有一天，寒风刺骨，淫雨霏霏，气氛沉闷，无人发言，大家逐渐显得焦躁不安。

华特森突然在黑板上写了一个很大的"THINK"，然后对大家说："我们共同的缺点是，对每一个问题没有充分思考，别忘了，我们都是靠动脑赚得薪水的。"

在场的NCR总裁约翰·巴达逊对"THINK"这一字大为赞赏，当天，这个字就成为NCR的座右铭。3年后，它随着华特森的离职，又变成了 IBM 的箴言。

其实，"THINK"是华特森从多年的推销经验中孕育出来的。

他在 1895 年进入 NCR 当推销员。他从公司的"推销手册"中学到许多推销的技巧，但理论与实际总有一段距离，所以他的业绩很不理想。

同事告诉他，推销不需要特别的才干，只要用脚去跑，用口去说就行了。华特森照做了，还是到处碰壁，业绩很差。

后来，他从困厄中慢慢体会出，推销除了用脚与口之外，还得靠脑。想通了这一点后，他的业绩大增。3 年后，他成为 NCR 业绩最高的推销员。这就是"THINK"的由来。

德国著名数学家高斯，孩童时代的聪明早被传为佳话。小高斯和同学们在计算 1~100 之间的自然数之和时，都在用脑。小高斯用脑找了一条捷径，方法得当，不消几分钟就算出 5050 的正确答案；而其他人则用脑将一个又一个数字相加，费时费力得出的答案还较难保证不出错。这就是方法得当的力量。

思路决定出路，想到才能做到。一个人的思想是一块富饶的土地，你可以让它变成硕果累累的良田，也可以任它成为杂草丛生的荒地——一切取决于你是否有计划地播种与耕耘。

马上行动，才有可能成功

做事的秘诀是什么？是行动。而督促你去运用这秘诀的座右铭是"现在就去做"。

因为行动可以创造更多的成功机会，行动可以使你学到未曾学习过的东西，从而使自己一步步地向成功迈进。所以，每一个希望自己获得成功，造就灿烂人生的人都必须把"立即行动"作为自己的座右铭。

制定目标或许还不算太难。可是要能贯彻到底就不是一件容易的事。相信很多人都有过这样的经验，刚定好目标时颇有磨刀霍霍的干劲，可是过了三个星期后就没劲了，实现目标的自信也早已荡然无存。当你制定一项目标后，首要的步骤就是把它写在纸上，这样才能使目标具体化，遗憾的是大多数人连这么简单的步骤都不做。

当你把目标写下来之后，随之最重要的一就是立即让自己行动起来，向着实现目标的方向拿出具体的行动，可别一拖再拖。你先别管要行动到什么程度，最重要的是要动起来。打一个电话或拟出一份行动方案都是可行的，只要在接下去的 10 天内每天都有持续的行动，这 10 天小小的行动必然会形成习惯，最终把你带向成功。

曾经有一位 63 岁的老人从纽约市到迈阿密市。经过长途跋涉，克服了重重困难，她到达了迈阿密市。在那里，有几位记者采访了她。他们想知道，这路途中的艰难是否曾经吓倒过她？她是如何鼓起勇气徒步旅行的？

"走一步路是不需要勇气的"，老人答道，"我所做的就是这样。我先走了一步，接着再走一步，然后再一步，我就到了这里。"

是的，做任何事，只要你迈出了第一步，然后再一步步地走下去，你就会逐渐靠近你的目的地。如果你知道你的具体目的地，而且向它迈出了第一步，你便走上了成功之路！

我们要想获得成功，就必须抓住适当的机会，而把握机会的秘诀则是快速的行动与准备。如果人生是旅程，机会是导游，我们就是旅客。必须随时预备好行李，只要听到机会敲我们的门，就立刻提起行李跟它走。如果我们不能掌握时机，虽然起步只比别人迟一点，未来却可能会差许多。

马上行动，才有可能成功。汤姆是当今世界排名第一的推销训练大师，接受过其训练的学生在全球超过 500 万人。他也是全世界单年内销售最多房屋的地产业务员，平均每天卖一幢房子，至今仍是吉尼斯世界纪录保持者，被国际上很多报刊称为国际销售界的传奇冠军。

有人问他："你成功的秘诀是什么？"他回答说："每当我遇到挫折的时候，我只有一个信念，那就是马上行动，坚持到底。成功者绝不放弃。"

马上行动可以应用在人生的每一阶段，帮助你做自己应该做却不想做的事情。对不愉快的工作不再拖延，抓住稍纵即逝的宝贵时机，实现梦想。不论你现在如何，用积极的心态去行动，你就能达到理想的境地。

许多事情的难度，都由于我们的犹豫和摇摆加大了。事情并没有我们想象的那么艰难，只要我们马上去做，就可能产生出乎意料的奇迹。

美国混合保险公司的创始人史东，觉得对他一生影响最大的一句话来自妈妈逼他遵守的一个行为习惯——立即就做！从卖报纸的时候起，他就一直遵守"立即就做"的准则，后来，他通过推销保险，训练了一批批非常优秀的保险队伍，并成为百万富翁。

只要有好的想法，哪怕它看起来很荒谬，都应该立即付诸实践。说不定奇迹就在你的面前！让我们记住《福布斯》杂志创立者福布斯的名言吧："做正确的事情，把事情做好，立即做！"

第 五 章

做好人生规划，避免盲目和重复

　　每个人都应该有自己的人生规划。给自己一个正确、合理的定位，才能做出正确的人生规划，才能时刻信心百倍的去迎接机遇与挑战。按照自己的人生规划去奋斗，成功的概率才会更大一些。

一寸光阴一寸金，学会做时间的主人

中国古人说"一寸光阴一寸金"，而在外国的谚语里，时间就是金钱。列宁曾说过："浪费别人的时间等于谋财害命，浪费自己的时间等于慢性自杀。"虽然科学家已经证明时间是一种维度，理论是时间是可以倒流的，但起码现在，时间正如从前的物理学家们说的，就像一条永不回头的河流。正因为这种不可重复性，所以时间对于我们来说就弥足珍贵。

古代人对皇帝总是三呼万岁，实际上能活上一百岁的人都凤毛麟角，即便能活一百岁，也就三万六千五百天。和宇宙的年龄相比，连短暂的电光火石都算不上。正因为时间过去了，就不会回来。多少人悔恨终生。"莫等闲，白了少年头，空悲切。"年少时期不思进取，虚度光阴，到老来只有"空悲切"的份儿了。时间的这种性质，使得我们不得不去珍惜每分每秒，珍惜时间就是珍惜生命。

如果一个人主宰了时间，那他几乎可以被称为上帝，因为时间可以创造一切。有了时间，我们可以建立起高楼大厦；有了时间，我们就会改善我们的生活。还有时间不能创造的吗？没有，有了时间我们甚至能去追求神圣的爱情。总之，时间就是一笔财富，一笔巨大的财富。

一个人要想获得很大的成功，必须成为节约时间的能手。我们一定会去敬佩鲁迅。他们为什么会在短短的一生中创造出如此多的著作？据说他为了珍惜时间写好稿子，常常站着写稿子。他说："时间就像海洋之中的水，只要挤，还是有的。"希望我们每一个人都能珍惜时间，去做生活的强者，而不要沦为时间的奴隶。

爱迪生一生只上过三个月的小学，他的学问是靠母亲的教导和自修得来的。他的成功，应该归功于母亲自小对他的谅解与耐心的教导，才使原来被人认为是低能儿的爱迪生，长大后成为举世闻名的"发明大王"。

爱迪生从小就对很多事物感到好奇，而且喜欢亲自去试验一下，直到明白了其中的道理为止。长大以后，他就根据自己这方面的兴趣，一心一意做研究和发明的工作。他在新泽西州建立了一个实验室，一生共发明了电灯、电报机、留声机、电影机、磁力析矿机、压碎机等等总计两千余种东西。爱迪生的强烈研究精神，使他对改进人类的生活方式，做出了重大的贡献。

"浪费，最大的浪费莫过于浪费时间了。"爱迪生常对助手说。"人生太短暂了，要多想办法，用极少的时间办更多的事情。"

一天，爱迪生在实验室里工作，他递给助手一个没上灯口的空玻璃灯泡，说："你量量灯泡的容量。"他又低头工作了。

过了好半天，他问："容量多少？"他没听见回答，转头看见助手拿着软尺在测量灯泡的周长、斜度，并拿了测得的数字伏在桌上计算。他说："时间，时间，怎么费那么多的时间呢？"爱迪生走过来，拿起那个空灯泡，向里面斟满了水，交给助手，说："里面的水倒在量杯里，马上告诉我它的容量。"

助手立刻读出了数字。

爱迪生说："这是多么容易的测量方法啊，它又准确，又节省时间，你怎么想不到呢？还去算，那岂不是白白地浪费时间吗？"

助手的脸红了。

爱迪生喃喃地说："人生太短暂了，太短暂了，要节省时间，多做事情啊!"

爱迪生未成名前是个穷工人。一次，他的老朋友在街上遇见他，关心地说："看你身上这件大衣破得不像样了，你应该换一件新的。"

"用得着吗? 在纽约没人认识我。"爱迪生毫不在乎地回答。

几年过去了，爱迪生成了大发明家。

有一天，爱迪生又在纽约街头碰上了那个朋友。"哎呀!"那位朋友惊叫起来，"你怎么还穿这件破大衣呀? 这回，你无论如何要换一件新的了!"

"用得着吗? 这儿已经是人人都认识我了。"爱迪生仍然毫不在乎地回答。

时间，这是一个多么极其普通的词呀! 人们无时无刻地谈论着它，有人谈论它的飞逝，有人谈论它的价值，有人谈论怎样利用它，有人谈论怎样节省它。显然，有人懂得时间的意义，有人是对它不屑一顾。

时间，他是人们生命中一个匆匆的过客。人们往往在他逝去后才发觉，自己的时间已经所剩无几了。因此才有了古人一声叹息：少壮不努力，老大徒伤悲。生命中的时间是宝贵的，如果你细心那你一定会发现，每一个成功人士的背后一定都有一段珍惜时间的故事。赶快做，不让时间白白流走。懂得珍惜时间的人，便会知道失去时间的痛苦。一寸光阴一寸金，寸金难买寸光阴。

为了不让时间飞逝，就要做时间的主人，好好利用每一分每一秒，这就要求我们在利用时间的同时要合理安排，统筹计划。周总理就是个合理安排时间的典范，身处要职的他，每天需要处理全国上上下下、大大小小的事务，和常人一样，周总理一天也只有 24 小时，而他却要日理万机，把事情安排得妥妥当当，而我们又能做些什么呢？看几场电影或听几盘磁带，把时间白白浪费，在同样的时间里所取得的收获，却有天壤之别。

不管做什么事，只要你全力以赴，全心全意地去做，自然而然的就能节约时间。如此说来，节约时间也不是件很难的事。也许时间对每一个人都是最公正的，它不等待谁，也不欺骗谁。好好珍惜，别辜负了它。

未雨绸缪，人生成功的保证

现在率性的人很多，有的逢山开路，遇水搭桥，有的随遇而安，得过且过。这样的性情也没错。现在的生活节奏快，活着也累，确实需要放松自己，没必要事事苛求。但总体上来讲，人无远虑，必有近忧。要做的事情，总要有个计划，这其中重要的一个方面，就是打出提前量，多留些余地，要做到事事提前有准备。读过三国演义的人，一定还记得曹操败走华容道，不管他怎么选择，都会落入诸葛亮的算计，让曹操一度绝望到想自杀。而这些士兵是诸葛亮在赤壁之战开始之前就筹划好的。为什么说诸葛亮是一位伟大的军事家，因为事事都在他的掌握之中。

古训有"凡事预则立，不预则废"，意思就是告诫人们做任何事情都应该首先做好计划，提高预见性，这样才能成功。在你做事情之前，一定要做好准备，未雨绸缪，不要事到临头才不知所措。如同将军，一旦打没有准备没有把握的仗，失去的将是成千上万的生命。而你，如果没有准备，或许幸运的时候，你是微不足道的失败，而不幸运的时候，你失去的将是你的前途抑或是人生。凡事预于先，谋于前，做足准备，往往能占据主动，确保事情的成功。否则，事发突然，或计划赶不上变化，往往让人手忙脚乱、穷于应付，甚至连可以避免的失误都避免不了，处处陷于被动之中。

从前有一位农场主，在大西洋沿岸耕种一块土地。他总是不断地张贴雇用人手的广告，可还是很少有人愿意到他的农场工作。因为大西洋沿岸的风暴总是摧毁沿岸的建筑和庄稼。直到有一天，一个又矮又瘦的中年男人找到农场主应聘。

"你会是一个好帮手吗？"农场主问他。

"这么说吧，即使是飓风来了，我都可以睡着。"应征者得意地回答。

虽然这听上去有点狂妄，农场主心里也有点怀疑，但是农场主还是雇用了这个人，因为他太需要人手了。

新来的长工把农场打理得井井有条，每天从早忙到晚，农场主十分满意。

不久后的一天晚上，狂风大作。农场主跳下床，抓起一盏提灯，急急忙忙地跑到隔壁长工睡觉的地方，使劲摇晃睡梦中的长工，大叫道："快起来！暴风雨就要来了！在它卷走一切之前把东西都拴好！"

长工在床上不紧不慢地翻了个身，梦呓一样地说："不，先生。我告诉过你，当暴风雨来的时候，我能睡着的。"农场主被他的回答气坏了，真想当场就把他给解雇了。

他强压着火气，赶忙跑到外面，一个人为即将到来的暴风雨做准备。不过令他吃惊的是，他发现所有的干草堆都早已被盖上了防水布，牛在棚里，鸡在笼中，所有房间门窗紧闭，每件东西都被拴得结结实实，没有什么能被风吹走。农场主这时才明白长工的话是什么意思。

这个长工之所以能够睡得着，是因为他已经为农场平安度过风暴做足了准备。如果你在精神、心理、身体等方面做好了准备，那么就没有什么东西可以令你害怕了。

当风暴吹过你的生活的时候，你能睡得着吗？

要知道，机会总是留给有准备的人，而失败总是等待着毫无准备的人。公元前 415 年，雅典人准备攻击西西里岛，他们以为战争会给他们带来财富和权力，但是他们没有考虑到战争的危险性和西西里人抵抗战争的顽强性。由于求胜心切，战线拉得太长，他们的力量被分散了，再加上面对着所有联合起来的敌人，他们更难以应付了。雅典的远征导致了历史上最伟大的一个文明的覆亡。

一时的心血来潮引起了雅典人的灭顶之灾，胜利的果实的确诱人，但远方隐约浮现的灾难更加可怕。因此，不要只想着胜利，还要想着潜在的危险，有可能这种危险是致命的。不要因为一时的心血来潮而毁灭了自己。

许多人都被眼前的利益蒙蔽了双眼，而看不到远方的危险，他们的权力会在这个过程中丧失。所以，要学会高瞻远瞩，培养自己预见未来的能力。

感觉经常会欺骗自己，那些自认为拥有预见未来能力的人，事实上只是屈服于欲望，沉湎于自己的想象而已。他们的目标往往不切实际，会随着周围状况的改变而改变。

1848 年的法国大选实际上是梯也尔和卡芬雅克将军之间的较量。梯也尔把伟大的拿破仑将军的侄孙——路易·波拿巴扶上台，企图让他成为自己的傀儡。路易·波拿巴看起来没有丝毫优越的地方，但是他的姓氏让人民以为他是一个强有力的统治者。最终波拿巴在大选中以极大的优势获胜了。

但是梯也尔没有预见到波拿巴的勃勃野心，三年后波拿巴解散了国会，自立为帝，解除了梯也尔的职位。梯也尔为以前所做的事后悔莫及。

机遇总是眷顾那些有准备的人。这个准备，就是提前做好打算，时刻蹲守在出发点上。一旦发令枪响了，就能纵身而跃，脱颖而出。人的一生，如果能够抓住这样一两次机遇，就可能形成超越平常人的态势。当然，甘于平淡也是一种境界，但平淡不等于平庸，人必须要有一种向上的精神。即使在平淡的时候，也要时刻做好准备，很多看似平淡的人，往往会语出惊人，技惊四座，其实这都是长期积累，充足准备的结果。

凡事预则立，不仅仅是指时间上的一个提前量，另一方面，做事留余地，也是一种"预"，正如诸葛亮在华容道用关羽放走曹操，也正是为今后天下三分之势做准备。做人一定要有余地，知进退，不能把话说满，不能把事做绝。人的认知总有局限，不会永远正确，刚愎自用会坏事。说话办事，即使在最自信的时候，也要留有挽回的余地。多用商量的语气，多用探讨的态度，设想好最佳的结局和最坏的结果，做好应对的措施。这样做，大的方向不会有偏差，大的失误也能避免。

凡事做预备，不但有纵向的，也要有横向的。一件事情，既要想得超前一些，做得深入一些，又要懂得举一反三，触类旁通，看看别的事情能不能参照，能不能早做准备。曾经有几个一起工作的小伙子，交代让他们提供的资料，会准备得很详实，同时也会准备相关的信息；交办做一件事情，会提醒你注意或自己暗暗准备其他几个相关的案例。与这样的人共事，会感觉很踏实，也很愿意让他们得到赞赏和提升。

凡是有所准备，未雨绸缪对一个人事业和生活都具有相当重要的意义。真正的成功人士不打无准备之仗，也不打只有准备但无把握之仗。因此，一切作战行动预先必须有周密的计划，尽可能有充分的准备；同时，必须预计到最困难最复杂的情况，并把这种情况当作一切部署的出发点。有时，在无把握的情况下，宁可推迟作战时间也不能打没把握的仗。只有做好充分的准备，才能取得成功，准备是人生成功的保证。

做命运的主人，才能成为生活的强者

每个人从出生之日起，就会经历各种各样的挫折和失败，惊险与失落，沮丧与痛苦。世上的路总是起起伏伏，曲曲折折，当人们疲惫这种不确定性之后，往往反而认为冥冥中有一个高高在上的神秘的意志在主宰着人间万物。这个主宰者有许多名字，在中国，人们叫他玉皇大帝，在希腊，人们叫他宙斯，某些地方人们叫他安拉，某些地方他又有一个名字叫耶和华。不管怎么样，至高的神实际上都是人类无法完全主宰命运结果的产物。

在这种意志的主宰下，一切皆有定数。穷通有定，善恶有报，在某种意义上，也许这样的存在更能够让世界建立起一种和谐的秩序。因为没有任何一个至尊的神不是惩恶扬善的，所谓抬头三尺有神灵。

如果世上真有这么一个高高的存在，那么它肯定不叫上帝，而叫规律，或者叫道。万事万物都是服从其特有规律的，人也不例外，每一个人的命运也是被大千世界的诸多因素制约，按照一定规律发展的。因此，就给了我们做自己命运主人的机会。因为只要我们审时度势，顺势而行，自然会驾驭住命运的马车，否则，我们必须被命运抛入痛苦的渊薮。

要做自己命运的主人，自然不能受"上帝"的安排。不把一切痛苦的渊源归于宿命上面，所谓"我命由我不由天"，才是遇挫折时的态度。要有乐观的态度，用积极的精神，旺盛的斗志奋斗到底，冷静而热情地以智慧与毅力化解困难。我们依旧勇敢的自信地对命运说："我要做你的主人，我要书写自己的人生！"

生活的强者，必须是奋起于与恶劣命运抗争的人，他们从不气馁，直到走出人生的低谷。伟大的音乐家贝多芬因为贫困没有受过高等教育，十七岁时得了伤寒和天花，之后，肺病、关节炎、黄热病、结膜炎接踵而至，二十六岁时又失去了听觉。然而，就是这样一个在常人看来几乎没有任何快乐因素的人，却创作出了《月光曲》《命运交响曲》等多部感动世人的伟大作品，被后人尊称为"乐圣"。命运在向人们关闭一扇窗的同时，又为人们打开了另一扇门。一个积极乐观自信的人，能够笑看生活中的输赢得失。他们相信未来，从不抱怨现状，而是利用自己的优势，发挥自己的潜能，成就自己的事业，实现自己的价值，享受人生的快乐。

所以说，如果你要幸福快乐，要事业成功，健康的心态是最重要的。唯此，在痛苦的时候，你才会寻找欢乐；在压力大的时候，你才会放松自己；在失败的时候，你才会找到希望。对于乐观的人来说，他的生命中永远不会有"绝望"两个字存在。

一个在荒岛上能够自力更生的人，一个既有主见又非常勤劳的人。他，用自己的经历告诉世人：只有善于创造，善于劳动，做命运的主人，才能成为一个探索者，一个发明家，才能体会生命的真谛！他就是出自丹尼尔·笛福笔下一个传奇人物，小说《鲁滨逊漂流记》的主人公——鲁滨逊。

小说主要讲的是主人公鲁滨逊坎坷而又充满意义的人生，他不愿听从父母的劝告，一意孤行地要去航海，在前两次航海时，虽遭风浪，但每次都幸免于难。可在他第三次航海中，他却被海浪抛到一座荒无人烟的岛上，从而开始了他长达28年的历险生活。

　　面对人迹罕至的荒岛，鲁滨逊没有因为命运的打击而退缩，而是靠自己的智慧和勤劳的双手，顽强地活了下来，并且在岛上生活了28年。他开拓进取，相信"知识就是力量"，经过多年的努力，小岛上渐渐展现出欣欣向荣的景象：房子、水稻、羊、狗、猫……有谁知道在取得这些成功的背后，鲁滨逊付出了怎样的艰苦努力啊？尽管他得到了物质上的需要，但是他也需要精神上的安慰，缺一个知心朋友。最后"星期五"的到来，填补了这个空洞。"星期五"是鲁滨逊救下的一个俘虏，因为那天是星期五，所以便给他起名"星期五"。从此，鲁滨逊教星期五说英语、穿衣服、打猎……就这样星期五成了鲁滨逊忠实的仆人与朋友，他们相互依靠，在岛上又生活了几年。后来，偶然发现了一艘英国船，鲁滨逊和星期五终于得到了离开孤岛的机会，回到了阔别多年的家乡，创造了改变命运的奇迹！

　　鲁滨逊身上具有丰富的创造力和永不放弃的实干精神，体现了他不屈服于命运的英雄本色。每当他遇到困难时，就会令人心中升起悬念，而每当他依靠自己聪明的头脑，勤劳的双手解决困难之时，又会让人由衷地感到欣慰！通过阅读《鲁滨逊漂流记》，让人深深地懂得了：在以后的生活和工作中，我们应该像鲁滨逊那样，自力更生、永不放弃，不向困难低头，做命运的主人！

　　谈到不幸，或者没有一个人比鲁滨逊更倒霉了。但是，他从没有向命运屈服，而是勇敢站起来，向恶劣的生活挑战。最后居然在一个荒岛上建立了一个奇迹世界。相比之下，在人生的旅途中，曾有许多人常怨叹自己命不好，运势不佳，却又不知如何去改造命运。又有人知道自己的命运符合，但意志不坚，缺乏信心耐力，或不脚踏实地，而无法创造自己的命运。再又有人知道自己的命运不佳，于是心灰意冷、失志、而对生命失去希望。或又有人知道自己的命运甚佳，整天坐享其乐，好吃懒做，不付出耕耘的代价，心存梦想不求行动，而让好的命运悄悄地溜走。比较起来，鲁滨逊不是更懂得命运的人吗？

俗话说"天无绝人之路"，真正让一个人走向不归路的，肯定是他自己的某些弱点，某些罪恶。所谓"天作孽，尤可恕，自作孽，不可活"，没有一个人生下来就被上帝所特别诅咒，正如没有一个人生下来就被上帝特别祝福一样，一个人的命运怎么样，全靠他自己掌握，全看他的性格修炼和努力程度。有的在人生的半途中就停止前进，有的甚至尚未在人生的旅途上迈开步伐就已经倒下来，于是烦闷，失意的心情更围绕着自己的人生，而逼着自己自暴自弃，再加上现实的环境越使自己感到孤立无助，前途渺茫，转而怨天怨地，咒骂人生，且在不知不觉中荒废了自己宝贵光辉的生命，这是多么的可惜呀！

因而不让自己生命宝贵的光辉，失落于人生中，所以必须了解自己的命运，而积极地去突破命运掌握操纵人生，使宝贵光辉照耀着人生。

托尔斯泰有句名言："大多数人想改造这个世界，但却罕有人想改造自己。"一位牧师正在做事，他5岁的儿子过来纠缠。为了摆脱纠缠，他随手拿起一张世界地图，撕成碎片，说你拼好了再带你去玩。3分钟后，孩子拿着拼好的地图进来。牧师惊呆了，这么快怎么可能拼出呢？孩子翻过地图背面，指着背面拼好的人头像说，只要人正确，世界就正确呀！精辟！深奥！的确。当我们都致力于调整这个世界时，为什么就不能转向自己？不能改变环境，不能改变他人，难道我们不能改变自己吗？

　　拿破仑说，良好的心态是成功人士所共有的一个简单秘密。心态的力量在成功路途中起着决定性的作用，有什么样的心态，就有什么样的人生。因此，拿破仑即便被终身囚禁于孤岛上时，他的人生也没有虚度。

长跑要有对手，奋力才有意义

人生犹如长跑，如果没有对手也将会十分孤单。在电视剧《亮剑》中，八路军的李云龙团长和晋绥军的楚云飞团长就是惺惺相惜的朋友，虽然他们知道最终有一天会各为其主，变成战场上的敌人。这两个人彼此佩服，彼此照顾和关爱。正是由于楚云飞的存在，激发了李云龙的好胜心，也正是由于李云龙的存在，也更加激发了楚云飞身上的男儿血性。虽然这两个人最终走向战场的对立面，但是这种肝胆相照的敌人有时候比朋友更值得尊敬。

而在《康熙王朝》中，康熙皇帝有这样一段台词："这第三杯酒，朕要敬给朕的死敌们，鳌拜、吴三桂、郑经、噶尔丹，哦，还有个朱三太子，啊，他们都是英雄豪杰啊，啊，他们造就了朕哪！他们逼着朕立下了这丰功伟业！朕敬他们，也恨他们！可惜啊，他们都死了，朕寂寞啊！朕不祝他们死得安宁，祝他们来生来世再与朕，为敌吧！"虽然真正的康熙不一定说过这段话，但道理是一样的。这些对手的存在，逼出了康熙的雄心壮志，从而成就了自己的事业。

在武侠小说中，当绝世高手们真正做到了天下无敌的时候，他们也只能做一个落寞的"独孤求败"，一个没有对手的英雄是可悲的，因为他没有机会证明自己。对手是个重要的参照物，对手的存在证明你本人存在的价值。多年来，可口可乐和百事可乐，麦当劳和肯德基，柯达和富士，微软和 Sun，这些世界上最著名的公司，似乎一刻也没有停止过争斗。争斗的客观效果之一，就是把全世界的眼球都吸引到他那里去了，不管快餐业还有多少个麦肯鸡，基肯麦，肯麦基，都只能在角落里发声，舞台的正中，永远只有两个主角，那就是麦当劳和肯德基，只有他们才配互为对手。

古人搏杀时，若英雄相遇，常常不忍加害，虽然各为其主，场面上打得热闹，内心其实是相互喜欢，相互敬仰的，这样的人我们视为真英雄。因为他们在对手身上看到自己的影子，同是英雄，也就有了理解的基础，有了相互尊重的前提。珍惜对手就是珍惜自己，宽容对手就是自尊的表现。一个真正相配的对手，是一种非常难得的资源，从某种意义上说，它与自己相辅相成，斗争最激烈的时候，也就是双方最辉煌的时候，一旦一方消亡，另一方也会走向衰退，除非他能脱胎换骨，或者找到新的对手。

人生在世，不仅需要朋友，同样也需要对手，需要对手的重要性甚至超过了朋友。甚至有人说"评价一个人的价值不是看他的朋友，而是看他的敌人"，没有朋友，生活会郁郁寡欢，形单影只，生活是寂寞乏味的；没有对手，自己一个人唱独角戏，自己的潜能很难得到挖掘，也难以达到自己的人生高度。

美洲虎是一种濒临灭绝的动物，据说，现在世界上尚存不足 20 只，其中有一只生活在秘鲁的国家动物园里。为了保护这只美洲虎，秘鲁人在动物园里单独圈出一块地，让它自由生存，圈地中有成群的牛、羊、鹿供老虎享用。参观过虎园的人都说这是"虎的天堂"。然而奇怪的是，没人看见这只老虎去捕捉牛羊，唯一见到的情景就是它躺在空洞的虎房里吃了睡、睡了吃。

一些市民认为它太孤独了，就集资从国外买雌虎来陪它生活。

然而此举并未带来多大改观，那只老虎最多陪伴外来的"女友"走出虎房，到阳光下站一站，不久就又回到它的"卧室"。"它怎能不懒洋洋呢？虎是林中之王，你们放一群吃草的小动物，能提起它的兴趣吗？这么大的一个老虎保护区，你们不放两只狼，至少也得放一只豺狗吧？"一位来此参观的市民建议道。人们觉得他说得有理，就把5只美洲豹投进了虎园。结果，自从豹子进园后，美洲虎就再没回过虎房，它不是站在山顶长啸，就是从山上下来，在草地上游荡，不再长时间睡觉，不再吃管理员送来的肉，基本恢复了本性。

生活上需要对手。喜欢下棋者，要找一个水平相当的对手，才能杀得酣畅淋漓；酷爱打球者，要找一个球技不相上下的对手，方可尽兴过瘾。事业上更需要对手。古往今来，凡是轰轰烈烈的事业，都是强大的对手激烈碰撞的结果。刘、项争夺天下，金戈铁马，刀光剑影，杀得难解难分，于是就有了鸿门宴、十面埋伏、霸王别姬等一幕幕历史大戏生动上演。诸葛亮与周瑜，都是一时人杰，二人既是朋友又是对手，明争暗斗，各展绝技，于是就留下了群英会、草船借箭、三气周瑜等美妙传说，而正是赫克托的存在，才衬托了阿喀琉斯的伟大。

无疑，现实生活中，不管你愿意与否，没有对手的人生是残缺不全的。因为，对手可以激发我们的竞争意识，使我们不甘平庸，不肯落后；对手可鞭策我们不敢懈怠，不肯放松，永远进取；对手可使我们保持危机感，始终心存忧患，在激烈的竞争中升华自己，实现人生价值。一个人如果没有对手，很可能就是落后的开始，没有对手，就会自高自大，成为井底之蛙；没有对手，就会自得其乐，"山中无老虎，猴子称大王"；没有对手，就会裹足不前，得过且过，最终被时代所抛弃。

因而，我们如果没有对手，就要主动给自己找对手。可在身边找，也可在千里之外去找；可在今人中找，也可在古人中找；可以是真实的对手，也可以是虚拟的对手；说到底，也就是要找个追赶的榜样，找个竞争的对象，找个可以激励自己的目标。一看到他，就能发现自己的不足，觉察出自己的差距；一想起他，就充满了不服输的劲头，就渴望真刀真枪地比一回，分个输赢高下。倘若有了这样的对手做伴，能树立强烈的对手意识，时时在激励、鞭策我们，奋斗几十年，我们即便成不了伟人名流，也不会一事无成；即便不会名闻天下，也不会蹉跎人生。我们将在和对手的不断较量中，成长成熟，趋善趋美，走向自己人生的辉煌。

因为有了白云的点缀，蓝天才不会显得空洞；因为有了红花的陪衬，绿叶才越发滋润；因为有了小溪的叮咚作响，小河才不会寂寞……生活启示我们：人生需要对手。

有人说，对手如一串音符，倘若其中没有休止符，便无法演奏出动人的乐曲。是啊，或许我们在很长时间内面对对手显得苍白无力，忧虑重重，但这毕竟是一把待启的"锁"，只要找对了钥匙，耐心加上信心便终会开启。

有人说，对手好似一幅油画，如果没有留出些空白，也就失去了它应有的层次和美感，就像斑驳的树影深深浅浅的动感之路。的确，有许多客观原因使我们在对手面前逊色不少，但努力过后，终有收获亦是我们坚信的真理。

"风雨彩虹，铿锵玫瑰"，它在旭日下开得那样灿烂。面对对手，我们更多的是要永不言弃，"蒲苇一时切，便作旦夕间"令我们惋惜；"逆水行舟，不进则退"令我们知难而上；"长风波浪会有时，直挂云帆济沧海"更令我们面对对手时面不改色，充满信心和勇气。

　　对手就像一阵风，时而宁静，时而疯狂……但他却能点缀成我们生命中最美好的篇章。

活着，就是不断选择的过程

或左或右，或进或退，或此或彼，人生其实就是一个不断选择的过程。选择一件衣服，选择上街而不是宅在家里，选择一个工作，选择一个爱人。有的选择无关痛痒，而有的选择可以决定你的人生。人生也处处都是选择，即使是你的出生，看似无奈的不可选择，也是一种选择。

人生是一条不可逆的道路，而这条道路只是世界网络的一部分。在每一个分岔，我们都必须做出一个选择，否则将停滞不前。一个人在生活中，要经历无数次或大或小的选择，成长的路上不停地会遇见岔路口，决定走哪一个路口，完全看你的选择。这个选择，将决定你以后的路该怎么走。如果一个选择适当，将会使你的人生受益，而如果选择不当，则后患无穷。因此人们常把人生比作围棋，一着不慎，满盘皆输。

从很小的时候，我们选择读书，我们便选择了一种生活方式，如此，我们就必须告别墙根、树上、田野里的无忧无虑的生活。这个时候我们就必须肩负起学业的任务。之后我们便要选择考大学，而选择什么样的大学，这种选择是否能够如愿，也将会对今后的人生产生重大影响。大学毕业后，我们会选择就业，什么样的一个行业对我们来说又至关重大，一次次的选择让我们不断地成长，步入社会，我们要做人生最具体的选择，选择生活。

首先，我们选择行业。要就业了，我们开始费心思的选择我们想要从事的行业，从自己的喜好，到自己的专业，不停地筛选和权衡，面对当今社会的就业现状，最终走上自己的岗位，或许不满，或许很不情愿，但终究有了选择，而且，你必须面对。

其次，我们选择爱情。人生要有很多标志性的选择，我们选择爱情，选择自己的爱人，青涩的初恋，我们懵懂，心跳，感受着那种只属于青春的萌动情感，渐渐的我们开始懂得什么是爱情，如何去爱，感情便开始了甜蜜和浪漫，你侬我侬，海誓山盟。可能要经历几次的不断的选择，我们最终走进婚姻的殿堂，成就我们的爱情。

在一场讲授如何做好人生规划的专业课上，老师问学生："假设你一个人外出旅游，来到了一个峡谷，发现几米深的地方有一个拉链开着的提包，里面装着一沓钞票。同时，悬崖边有一些长得不是很牢固的树可以帮你拿到这笔意外的财富，当然，你更有可能因此而摔断脖子，请问：你会选择离开还是靠近？"

一半以上的学生选择了离开，毕竟，再多的财富也比不上可贵的生命。

老师没有发表意见，继续问："如果那个装钱的提包换成一个失足落下的小男孩，他此时奄奄一息地发出求救的呼唤——你又会怎么选择呢？"

学生们考虑了几秒钟后，全部选择了靠近。老师问："面对相同的环境，相同的危机，相同的后果，你们却做出了不同的选择，这是为什么呢？"

"因为目标不同，生命比财富重要。"一个学生说。

"只是因为个人所设定的目标不同，所以你们的价值观也就不同了。现在，我们换个内容。"老师接着说，"如果你有一个心仪的女友，你希望能和她厮守终身，但对方却不这样认为，也许她不是真的喜欢你。这时候，如果你一意孤行地付出自己的情感，那么结局会有两个：要么她被你感动，被动地和你在一起，但这段感情可能随时都会出现问题；要么她仍旧冷漠地离开了你，任你对她再好也没有用——这时，你是选择毅然离开，还是坚持靠近？"

学生陷入了两难的思考。

老师看到大家都不吭声，于是话题一转："假如你是那个被人苦苦追求的女孩，在你根本没有打算接纳对方的前提下，你会选择离开，叫对方彻底死心，还是选择靠近，听任感情自由发展？"

学生们纷纷表示："既然不爱人家，就该及早离开，免得耽误了对方的青春和幸福！"

老师微笑着说："既然你们能够明白，在不喜欢一个人的时候，一定要给对方一个明确的答复，不要耽误、伤害别人，那么换位思考，当你是一个追求者时，又何必甘愿自己深陷泥沼之中，糟蹋自己的青春与幸福呢？"

学生们提出了疑问："请问老师，我们今天讨论的课题与人生规划之间有什么直接的关系吗？"

老师说："在人生的课题中，有很多人在面对问题的时候，本该离开却选择了靠近，本该靠近的却又选择了离开，所以他们的人生路途，走得跌跌撞撞痛苦不堪。如果你们连分辨离开与靠近的智慧都没有，分不清什么是'势在必行'，什么又是'势所不行'，那么所有的人生规划都将沦为空谈，再怎么学也是枉然啊！"

我们的生活是我们自己选择的，无论什么事情的选择，都取决于我们想要什么样的生活，其实，外界对我们的影响毕竟是有限的，选择的权利永远都在自己的手里，没有人能帮你做最后的抉择。路在脚下，我们也只能自己走，路边的行人都是行色匆匆，各自忙着赶路，也许我们会同行，甚至走得很远，这就是我们的选择。所以，不要去抱怨生活的不公，我相信上帝是公平的，给予你的永远都在你需要的时候，关键是你有没有伸出手去握住它？厄运不会一直纠缠着你，你想要甩掉它，完全可以随时甩掉，轻装上阵。你看身边的那些人，他们活的简单而快乐，其实你完全可以。

当然，人生的选择也不是越多越好。很多人都希望手里有无数张底牌，即便这一轮输掉，还有下一轮牌可打，其实这种想法但不得于一个人的成功。我们虽然随时面临选择，但是如果选择过多，反而会干扰我们的选择，犹豫不决，最后一事无成。

有两个西班牙人，一个叫布兰科，一个叫奥特加。虽然他们同龄，又是邻居，但家境却相差甚远，布兰科的父亲是一个富商，住别墅，开豪车，而奥特加的父亲却是一个摆地摊的，住棚屋，靠步行。

从小，布兰科的父亲就这样对儿子说："孩子，长大后你想干什么都行，如果你想当律师，我就让我的私人律师教你当一名好律师，他可是一位为数不多的大律师；你如果相当医生，我就让我的私人医生教你医术，他可是我们这里医术最高的医生；如果你想当演员，我就将你送去最好的艺术学校学习，给你找最好的编剧和导演来给你量身定做角色，永远让你当主角；如果你想当商人，那么我就教你怎样做生意，要知道，你老爸可不是一个小商人，而是一个大商人，只要你肯学，我会将我的经商经验全都传授给你。"

而奥特加的父亲则总是这样对儿子说："孩子，由于爸爸的能力有限，家境不好，给不了你太多的帮助，所以我除了教你摆地摊外，再也教不了你任何东西了。也就是说，你除了跟我去地摊，其他就是想也是白想啊!"

　　结局是，布兰科总是觉得自己还有路可走，直到无路可走的时候，悔之晚矣。而奥特加在 30 年后拥有了属于自己的服装集团。如今，该集团在世界 68 个国家中总计拥有 3691 家品牌店，一跃成为世界第二大成衣零售商。奥特加以 250 亿美元个人资产，位列《福布斯》2010 年世界富豪榜第 9 位。

　　选择是重要的，而且是至关重要的，上帝把一切生活的元素都撒给你了，我们要自己选择自己的生活，选择幸福，幸福就会以百倍的幸福包围你。我相信，生活的艺术就是选择的艺术。

第 六 章

不坚持到最后，你就不会知道结局

　　有一种成功，叫永不言弃；有一种成功，叫坚持不懈。世上没有什么是一成不变的，好运和霉运常常交替而来。不管身受多大创伤，心情多么沉重，一贫如洗也好，没人理解也罢，都要坚持不懈。最终获胜的人，不一定是实力最强的那一个，但肯定是可以坚持到最后一秒的那个。人最大的敌人是自己，只有坚持到最后的人，才能等到成功的到来。

成功和财富离不开"坚持"

日拱一卒，似乎并不难，但很多人做不到。比方说，你每天花10分钟看书，没有什么困难，但要一年365天天如此，就有很多人做不到。

一个人能坚持到执着，坚持到在磨难与非议中义无反顾，其心中的强大支柱来自坚信。因为坚信自己选择的路没有错，所以才能够风雨无阻。

作为当今 IT 界的王者，草根创业英雄马云可谓小人物们的榜样。马云没有家庭后台，没有名校学历和海归背景，甚至连长相与身高都没有优势——媒体委婉地称他"长得很童话"，而他的个头与拿破仑相当。就这么一个普通得不能再普通的人，居然一手成功缔造了阿里巴巴与淘宝，现在正在努力地做一个叫"阿里妈妈"的互联网广告平台。

我们都知道在那个阿里巴巴与四十大盗的童话中，阿里巴巴口念"芝麻开门"就可以开启强盗的宝库。现实中的阿里巴巴同样充满传奇色彩，每一次芝麻开门都是那么激动人心。1999年3月，马云的阿里巴巴在自己家里诞生。8年后的2007年，在胡润推出了中国大陆富豪榜上，马云的财富为50亿人民币。

阿里巴巴有今天的成功和财富，离不开"坚持"。而坚持来自坚信。马云首先坚信的是自己的能力，无论媒体是如何"贬损"马云的外表，都无损于他自信、睿智、能干的强者形象。同时，他还坚信自己选择的事业方向是正确的。马云说，他从创业之初就坚信电子商务一定会走出来。"如果说当时我就知道自己电子商务能够发展成今天的规模，那我肯定是在吹牛。但是，我相信它会发展。而且我一直坚持着。"

马云"坚信互联网会影响中国、改变中国；坚信中国可以发展电子商务；也相信电子商务要发展，必须先让网商富起来"。在"相信自己"这一点上，马云对年轻人的建议是这样说的："人必须要有自己坚信不疑的事情，没有坚信不疑的事情，那你不会走下去的，你开始坚信了一点点，会越做越有意思。"

马云创办了阿里巴巴后的第二年，也就是 2000 年，网络经济泡沫破灭，互联网企业陷入了低谷。那时的阿里巴巴也未能幸免，人心浮躁，人员流失，阿里巴巴在美国的办事处和国内一些地区的办事机构也相继关闭。马云后来回忆当时的心情："互联网能走多久，这些想法到底是天真还是狂话？到了最冷的冬天，大家觉得这个公司不可能走下去，那时的压力太大了。"这是一段最困难的时期，现实的浮躁、对未来的迷茫以及员工的不理解，马云陷入低谷。一次会议之后，马云在长安街上黯然走了 15 分钟。马云说："坚持到底就是胜利，如果所有的网络公司都要死的话，我们希望我们是最后一个死的。"

在一次电视访谈中，马云有过一番这样的讲演："做人的道理我不敢讲得太多，但我自己这么看，我觉得今天很残酷的，明天更残酷，后天很美好。绝大部分的人都是在明天晚上死掉的，见不到后天的太阳。所以我们这些人如果你希望成功的话，你每天要非常努力，活好今天，你才能遇到明天，过了明天你才能见到后天的太阳。"

在互联网经历寒冬的时候，很多人在逃难。就连马云团队里的一些人也产生了动摇，纷纷出去另谋出路。马云认为当年从他的公司里逃难的人都是"聪明人"，只有一批"智力障碍者"坚持和他在一起。聪明人与后来的财富擦肩而过，财富青睐的是坚持到底的"智力障碍者"。成功路上无止境。为了后天的太阳，傻傻的马云仍在坚持着，追逐着。

马云的坚持让他以及他的"傻子"团队收获了什么呢？2007年在香港上市的阿里巴巴B2B公司，总市值将超过680亿港元；马云直接持有上市公司股份的价值超过25亿港元；蔡崇信、卫哲等高管都将成为千万，乃至数亿级别的超级富豪；按平均计算，阿里巴巴的每个员工都成了百万富翁，有超过1000人成了实际意义上的百万富翁……中国互联网有史以来最大的富人帮也由此诞生。

马云在公司上市前，把公司300多名元老召集到一起开了个会。这些人都毫无疑问地进入了阿里巴巴的富人俱乐部。在这个会上马云和这些元老一个共同的感叹就是："大家有今天的财富，全在于坚持。有时候傻坚持都比不坚持好。"

马云的傻坚持，让笔者想起了日本的"经营之神"松下幸之助。松下电器公司在发展壮大过程中，经历了无数危机。刚刚创立时，生产的电源插座全军覆没。勉强渡过难关后，所推出的自行车电池灯也险遭滑铁卢。二战中日本的战败，更是给松下电器带来极大的经营困难。松下幸之助曾说："无论我们从事什么行业，若遇到挫折就气馁，失去奋斗的意志，那么永远无法成功。人生不如意的事十有八九，遇到不顺利的时候更应该继续努力，才会成功。"有人问松下幸之助："如果事情已经坏得让人绝望怎么办?"松下幸之助的回答颇为血性:"那就抱着绝望的心情努力吧。"松下幸之助所说的意思,其实与我国古代所云的"破釜沉舟,背水一战"是一致的。

每天都要进步一点点，贵在"每天"

在 20 世纪 50 年代，日本生产的各种商品急需摆脱劣质的国际恶名，多次请美国的企业管理大师开药方。美国著名的质量管理大师戴明博士就多次到日本松下、索尼、本田等企业考察传经，他开出的方子非常简单——"每天进步一点点"。日本的这些企业按照这个要求去做，果然不久就取得了质量的长足进步，使当时的"东洋货"很快独步天下。现在日本先进企业评比，最高荣誉奖仍是"戴明博士奖"。如果你期冀成才，渴望成功，用心体味戴明博士的方法肯定会受益终生。

每天进步一点点，听起来好像没有冲天的气魄，没有诱人的硕果，没有轰动的声势，可细细地琢磨一下：每天，进步，一点点，那简直又是在默默地创造一个料想不到的奇迹，在不动声色中酝酿一个真实感人的神话。

法国的一个童话故事中有一道小智力题：荷塘里有一片荷叶，它每天会增长一倍。假使 30 天会长满整个荷塘，请问第 28 天，荷塘里有多少荷叶？答案要从后往前推，即有四分之一荷塘的荷叶。这时，假使你站在荷塘的对岸，你会发现荷叶是那样的少，似乎只有那么一点点，但是，第 29 天就会占满一半，第 30 天就会长满整个荷塘。

正像荷叶长满荷塘的整个过程，荷叶每天变化的速度都是一样的，可是前面花了漫长的 28 天，我们能看到的荷叶都只有那一个小小的角落。在追求成功的过程中，即使我们每天都在进步，然而，前面那漫长的"28 天"因无法让人"享受"到结果，常常令人难以忍受。人们常常只对"第 29 天"的曙光与"第 30 天"的结果感兴趣，却忽略了"28 天"细微的进步、努力与坚持。

聚沙成塔，集腋成裘。大厦是由一砖一瓦堆砌而成的，比赛是由一分一分的赢得的。每一个重大的成就，都是由一系列小成绩累积而成。如果我们留心那些貌似一鸣惊人者的人生，就会发现他们"惊人"并非一时的神来之笔，而是缘于事先长时间的、一点一滴的努力与进步。成功是能量聚积到临界程度后自然爆发的成果，绝非一朝一夕之功。一个人眼界的拓展，学识的提高，能力的长进，良好习惯的形成，工作成绩的取得，都是一个持续努力、逐步积累的过程，是"每天进步一点点"的总和。

每天进步一点点，贵在每天，难在坚持。"逆水行舟用力撑，一篙松劲退千寻"。要"每天进步一点点"，就要耐得住寂寞，不因收获不大而心浮气躁，不为目标尚远而猜疑动摇，而应具有持之以恒的韧劲；就要顶得住压力，不因面临障碍而畏惧退缩，不为遇到挫折而垂头丧气，而应具有攻坚克难的勇气；还要抗得住干扰，不因灯红酒绿而分心走神，不为冷嘲热讽而犹豫停顿，而应有专心致志的定力。

洛杉矶湖人队的前教练派特·雷利在湖人队最低潮时，告诉 12 名球队的队员说："今年我们只要求每人比去年进步 1% 就好，有没有问题？"球员一听："才 1%，太容易了！"于是，在罚球、抢篮板、助攻、拦截、防守一共五方面每个人都有所进步，结果那一年湖人队居然得了冠军，而且是最容易的一年。

不积跬步，无以至千里。让自己每天进步1%，只要你每天进步1%，你就不必担心自己不快速成长。

在每晚临睡前，不妨自我反思一下：今天我学到了什么？我有什么做错的事？有什么做对的事？假如明天要得到理想中的结果，有哪些错绝对不能再犯？

反思完这些问题，你就会比昨天进步1%。无止境的进步，就是你人生不断卓越的基础。

你在人生中的各方面也应该照这个方法做，持续不断地每天进步1%，长期下来，你一定会有一个高品质的人生。

不用一次大幅度地进步，一点点就够了。不要小看这一点点，每天小小的改变积累下来会有大大的不同。而很多人在一生当中，连这一点进步都不一定做得到。人生的差别就在这一点点之间，如果你每天比别人差一点点，几年下来，就会差一大截。

如果你将这个信念用于自我成长上，100%的会有180度的大转变，除非你不去做。

饭要一口一口吃，事要一件一件做

许多有抱负的人大多忽略了积少成多的道理，一心只想一鸣惊人，而不去做埋头耕耘的工作。等到忽然有一天，他看见比自己开始晚的，比自己天资差的，都已经有了可观的收获，他才惊觉在自己这片园地上还是一无所有。这时他才明白，不是上天没有给他理想或志愿，而是他一心只等待丰收，可是忘了辛勤耕耘。

饭要一口一口吃，事要一件一件做。"九层之台，起于垒土。"一砖一木垒起来的楼房才有基础，一步一个脚印才能走出一条成形的道路。

在1984年5月10日香港报业工会举办的"1983年最佳记者"比赛中，香港《快报》记者曹慧燕夺得了三项"最佳记者"的金牌。曹慧燕为什么能在这个对她来说还很陌生的环境中取得成就呢？除了刻苦顽强的努力外，主要是她善于从小块文章写起。她在香港白天上班，晚上自修英语，并利用业余间写些杂感式的小文章，试着向报纸投稿。第一篇小文章在香港《明报》"家谈"专栏上刊出后，她受到很大鼓舞。于是更专注于这种"小成果"的努力。后来她进入《中报》，从事香港报馆中地位最低、工资也很少的校对工作。校对的同时，《中报》为她和她的一位同事开辟了一个名为《大城小景》的栏目，让他们每天撰写一篇短文。正是每天800字的专栏稿，磨炼了她的写作能力，活跃了她的思想，为她以后的成功奠定了坚实的基础。

如果将一个人的追求目标比作一座高楼大厦的顶楼，那么一级一级的阶段性目标就是层层阶梯。这个比喻看来太浅显了，但不少人却忽视了这一循序渐进的"阶梯原则"。高尔基在同青年作家的谈话中说："开头就写大部的长篇小说，是一个非常笨拙的办法。学习写作应该从短篇小说入手，西欧和我国所有最杰出的作家几乎都是这样做的。因为短篇小说用字精炼，材料容易安排、情节清楚、主题明确。

我曾劝一位有才能的文学家暂时不要写长篇，先学写短篇再说，他却回答说：'不，短篇小说这个形式太困难。'这等于说：制造大炮比制造手枪更简便些。"

高尔基讲的就是循序渐进、一步一个脚印的道理。建造一幢大楼，要从一砖一瓦开始；"绳锯木断、水滴石穿"就在于点点滴滴的积累。阶段性目标虽然慢，却始终向上攀登，而每个小目标的胜利总给人鼓舞，使人获得锻炼、增长才干。

积沙成塔，集腋成裘。点点星光若连成一片，照样是一个灿烂的星空！

让自己每天靠近梦想一点点，只要你每天靠近梦想一点点，你就不必担心自己不快速成长。不用一次大幅度地进步，一点点就够了。不要小看这一点点，每天小小的改变积累下来会有大大的不同。而很多人在一生当中，连这一点进步都不一定做得到。人生的差别就在这一点点之间，如果你每天比别人差一点点，几年下来，就会差一大截。

成功就是超乎常人的恒心与毅力

成功的人有些什么共同的条件？有恒心！大多数成功者只有平常的智慧和能力，可是他们在完成一项工作时，在遭受重大困难时，在工作极其繁重时，却有超乎常人的耐心和毅力。

当年宋美龄在称赞张学良将军时曾说道："有超乎常人的毅力，必有超乎常人的抱负。"恒心、毅力都是相对于人生旅途上的坎坷和挫折而言的。

任何人在向理想目标挺进的过程中，都难免会遇到各种阻力和重重困难，在这种情况下持之以恒的精神则是最难能可贵的。

所谓"持之以恒"，是做自己命运主宰时，不朝秦暮楚，不被眼前的困难吓倒，不半途而废，不浅尝辄止，不功亏一篑。持之以恒是一种毅力，一种精神。

世界上没有任何东西能够代替恒心，才干不能，有才干的失败者多如过江之鲫；天才不能，"天才无报偿"已成为一句俗话；教育不能，被遗弃的教养之士到处充斥着。唯有恒心才能征服一切。

运动场上往往有这种场面：一个长跑运动员在距离终点线几米的地方跌倒了，爬起来，踉跄几步，他就是冠军；一旦泄气，伏地不动，他连最起码的资格都丧失了。

许多的成功者，只不过是比别人多坚持了一点而已。

人生其实就是一次漫长的坚持再坚持的过程，如果你在人生中失去了坚持的耐心，一路上不断放弃，最终只会一无所获。

人生最大的失败，莫过于放弃，成功者之所以寥若晨星，是因为大多数人选择了放弃。据有关学者调查表明：48%的人在第一次失败时，就一蹶不振了；25%的人面对第二次失败就像泄了气的皮球；15%的人在第三次失败面前选择了放弃；只有2%的人能够不气馁，一直坚持到成功。

众多的成功人士，正是由于有了坚持，才成为与众不同的人，才有了与我们一样的天地和活法。

有一个年轻人从小父母离异，是母亲一个人含辛茹苦地养大了他。家境贫寒也掩盖不住年轻人的光芒，小学时，他就对音乐情有独钟，表现出了惊人的天赋；望子成龙的母亲更是省吃俭用，凑钱为他买了家中唯一的奢侈品：一架钢琴。高中毕业后，年轻人没有考上大学，只能到餐馆当服务生。

后来，一个偶然的机会，年轻人被台湾乐坛老大吴宗宪"相中"，顺利进入吴宗宪的公司做音乐制片助理。这期间，他不停地写歌，结果都被吴宗宪搁置一旁，有的甚至还当着他的面扔进了纸篓。

但年轻人没有泄气，他把这一切都当成是对自己的磨炼。终于，吴宗宪被他的努力感动了，打算找歌手专门演唱他的歌曲。但是许多知名歌手都不愿意，因为他写的歌太稀奇、太古怪，歌手们担心会有碍自己的发展，年轻人只得一如既往、默默地坚持着自己的创作。

这一次，吴宗宪鉴于年轻人的坚定和执着，又给了他一个绝好的机会：10天，写50首歌，然后挑选10首，由他自己唱，出自己的专辑。听了吴宗宪的话后，年轻人废寝忘食，绞尽脑汁拼命写歌，对于专辑也精益求精。终于，他的第一张专辑问世，立即轰动歌坛，紧接着第二张专辑《范特西》又风靡流行华语音乐界。

他，就是周杰伦，是当前最受欢迎的男歌手之一。

坚持，是恒心，是毅力。通往成功的道路充满了荆棘和坎坷，坚持是你披荆斩棘的工具，是你跨越坎坷的帮助，"不积跬步，无以至千里"，不要失去信心，只要坚持不懈，终会有结果的。

在我们刚上学的时候，教师就告诉我们：坚持就是胜利。并且用很多的例子教诲我们。其中一个最显著的例子就是一个挖井人，他一连挖了几口井，都不能坚持到最后，挖到一半便放弃了，他说：这里并没有水。其实水就在下面，挖井人只是没有持之以恒的决心罢了。

生命犹如一场马拉松竞赛，最大的敌人不是别人，而是你自己，你在向事业迈进的旅程中，唯有靠坚定不移的恒心，持续不断的毅力，才能成为一个真正的成功者。

如果通往成功的电梯出了故障，请你走楼梯，一步一步上。只要还有楼梯，或是任何梯子，通往你想去的地方，电梯有没有故障都是无关紧要的事了，重要的是你不断地一步一步往上爬。

假使你在途中遇上了麻烦或阻碍，你应该去面对它、解决它，然后再继续前进，这样问题才不会越积越多。同时当你解决了一个问题，其他问题有时也自动消失了。时间能消除许多问题，你只有坚持到底，一个一个来，不要操之过急，只要不放弃。很快地，你就会发现自己有了很大的转变，干劲增强了，自信心也提高了，你会感到一种前所未有的快活。

你在前进的时候，一步步向上爬时，千万别对自己说"不"，因为"不"也许导致你决心的动摇，放弃你的目标，从而走下楼梯，前功尽弃。

　　宋朝诗人杨万里有诗曰："莫言下岭便无难，赚得行人错喜欢。正入万山圈子里，一山放出一山拦。"人在奋斗的过程中，由于条件有限，必然困难重重，也会有种种干扰。这些困难、干扰就像一座座山横亘在我们前进的道路上。是望山止步，还是翻山而行？十九世纪英国作家福楼拜说得好："顽强的毅力可以征服世界上任何一座高峰。"

屡败屡战，才能找到属于自己的一席之地

　　一个叫冯云的女孩，是湖北大学电子专业本科毕业生，10月做求职准备。11月毕业生供需见面会。现场求职者如潮水，费了九牛二虎之力塞进8份简历，结果石沉大海，招聘会上成功是渺茫的。她开始注意从报纸上寻找就业信息。她不再盲目地到处寄简历，而是在得到信息后，电话或登门求职。4个多月，数十次电话或登门求职都以失败告终，因为她是女生和应届毕业生。当她得知一家汽车销售公司招聘文职人员，立刻给公司发去一份电子简历。几个月来第一次得到面试机会，要求进行电脑打字，打字速度每分钟不能低于八十个字。她一分钟只打了四十几个字，被淘汰了。第一次面试失败。从那以后，她每天拿出一小时时间练习打字，不到一个月就达到标准了。

　　她先后参加了4次面试，都以失败告终。参加一家电子公司的面试。面试之前先进行笔试，她榜上有名。接下来的面试，她至今想起来都脸红。主考官问："你有工作经验吗？""没有。""到生产线上实习过吗？""没有。"主考官又拿出一张电子线路图，让她指出"分别代表什么电阻？"她根本就看不懂。她满脸羞愧。面试失败让她若有所思："如果让我再回到校园，我一定会到生产线上去实习，用人单位最看重的还是动手能力。"

　　6月中旬，工作仍没找到。一次次失败，女孩反而理智和冷静下

来。一边密切关注人才市场需求信息，一边潜心复习专业弥补不足。她知道，机会只会青睐真正有准备、有实力的人。机会终于来了。一家电子公司在某高校举办招聘会，她送上简历。笔试要求 10 分钟内做完 100 道题，她 7 分钟做完了。然后是面试。面试官微笑着问："你认为公司客户服务部与客户应该是什么关系？""应该是朋友关系。据市场调查专家分析，一个客户身边有 240 个潜在客户……"

这一次，她顺利地通过了面试。7 月 2 日，她走进了这家公司。

这个故事很感人，冯云硬是凭着不屈不挠的精神，屡败屡战，在竞争异常激烈的就业环境中找到了自己的位置，并从失败中获取了一生都用之不尽的财富。

"坚持就是胜利"，这话我们常常挂在嘴边。但是真的有人会坚持 61 次失败吗？这个问题很难回答，但冯云坚持了。她这种持之以恒的精神不仅为她赢得了一份好工作，更成为她用之不尽的人生财富。

无论一个人有多聪明，如果没有坚持，他就不会在一个群体中脱颖而出，他就不会取得成功。坚持前行的人从不会停下来想想他到底能不能成功。他唯一要考虑的问题就是如何前进，如何走得更远，如何接近目标。无论途中有高山、有河流还是有沼泽，他都会去攀登、去穿越。而所有其他方面的考虑，都是为了实现这个终极目标。对于一个不畏艰难、一往无前、勇于承担责任的人，人们知道反对他、打击他都是徒劳的。

拥有坚韧不拔的斗志，才能越挫越勇

有一部著名的美国电影叫《肖申克的救赎》，电影讲述的是年轻的银行家安迪因被判决谋杀自己的妻子，被送往美国的肖申克监狱终身监禁。遭受冤枉的安迪外表看似懦弱，但内心坚定，从进监狱的那天开始就决定一定要离开这里。他在监狱里遇见了因失手杀人被判终身监禁的摩根·费曼，两人很快成为好友。肖申克监狱当时是美国最黑暗的监狱，典狱长利用罪犯做苦役，为自己捞了不少好处。狱警对囚犯乱施刑罚，甚至将囚犯活活打死。

面对如此险恶的环境，安迪没有自甘堕落，他办监狱图书室，为囚犯播放美妙的音乐，还利用自己的知识帮助大家打点自己的财务。典狱长很快发现了安迪的特长，让他帮助自己洗黑钱做假账。在暗无天日的牢笼中，安迪从未放弃过对自由、对美好生活的追求，他每天用一把小鹤嘴锄挖洞，然后用海报将洞口遮住。用了20年的时间，安迪才完成了地洞的开凿，成功地逃出监狱并最终把典狱长绳之以法。

安迪在莫大的误解、冤枉、恶劣的生存环境之下，竟然能够一直朝自己的目标在努力，让人看了之后非常震撼，如果一个人能用这样的毅力和忍耐力做一件事，想不成功也难啊。

坚韧不拔的斗志是所有伟大成功者的共同特征。他们也许在其他方面有缺陷和弱点，但是坚韧不拔的斗志是每一个成功者身上不可或缺的。无论他处境怎样，无论他怎样失望，任何苦难都不会使他厌烦，任何困难都打不倒他，任何不幸和悲伤都摧毁不了他。过人的才华和禀赋都不如坚持不懈的努力更有助于造就一个伟人。在生活中最终取得胜利的是那些坚持到底的人，而不是那些自认为自己是天才的人。

杰出的鸟类学家奥杜邦在森林中刻苦工作了许多年。一次，在他度假回来时，发现自己精心创作的 200 多幅极具科学价值的鸟类绘画都被老鼠糟蹋了。回忆起这段经历，他说："强烈的悲伤几乎穿透我的整个大脑，我接连几个星期都在发烧。"但过了一段时间后，他的身体和精神都得到了一定的恢复：他又重新拿起背包和笔，走向森林深处。

无论一个人有多聪明，如果没有坚韧不拔的品质，他就不会在一个群体中脱颖而出，他就不会取得成功。许多人本可以成为杰出的音乐家、艺术家、教师、律师或医生，但就是因为缺乏这种杰出的品质，最终一事无成。

坚韧不拔的斗志是一种力量，一种魅力，它使别人更加信赖你，每个人都信任那些有魄力的人。实际上，当他决心做这件事情时已经成功一半了，因为人们都相信他会实现自己的目标。对于一个不畏艰难、一往无前、勇于承担责任的人，人们知道反对他、打击他都是徒劳的。

坚韧的人从不会停下来想想他到底能不能成功。他唯一要考虑的问题就是如何前进，如何走得更远，如何接近目标。无论途中有高山、有河流还是有沼泽，他都会去攀登、去穿越。而所有其他方面的考虑，都是为了实现这个终极目标。

要做人生的强者，首先要做精神上的强者，做一个坚韧不拔、威武不屈的人。世间不存在人无法克服的艰难和困苦。在你面临绝境无法摆脱时，在你气喘吁吁甚至精疲力竭时，你只要再坚持一下，奋力拼搏一下，你就会战胜困难。

有许多伟人也会出现这样的错误，在他们即将抵达成功时，他们却因失败而放弃了。德国科学家席勒在研究 X 射线即将看到曙光时，失去信心，罢手却步，遂将成功的喜悦奉送给了伦琴。

歌德曾这样描述坚持的意义："不苟且地坚持下去，严厉地驱策自己继续下去，就是我们之中最微小的人这样去做，也一定会达到目标。因为坚韧不拔是一种无声的力量，这种力量会随着时间而增长，是任何挫折和失败都无法阻挡的。"

第 七 章

抓住机遇，人生随时有可能逆转

　　漫漫的人生旅途中，每个人都会遇到很多机遇，但机遇往往"可遇不可求"，遇到容易，抓住难。机遇属于每一个人，但你若不能及时抓住它，它就会转瞬即逝，落在别人的手中。抓住机遇是一种能力，它能帮助你在苦苦跋涉中得到一次飞跃，让你看到成功的希望。

机会来临时，你抓住了吗

在一个人的职业生涯中，机会很重要。有时候，一个小小的机会就可以改变你今后的发展前途。生活中有很多人抱怨自己才华出众，但苦苦遇不到机会，交不到好运。其实，很多时候，生活中并不是没有出现机会，而是当机会出现时，你却与之擦肩而过了。

有这样一个古老的故事：

一位虔诚的信徒在遇到水灾后，便爬到屋顶上避难。但是，洪水渐渐上涨，眼看就要淹到脚下了，信徒急忙祷告道："大慈大悲的佛祖快来救我啊！"不久就来了一条独木舟，船上的人要救信徒，他却说："我不要你来救，佛祖会来救我的。"于是那人驾着独木舟走了。可大水还在继续上涨，很快到了他的腰部。信徒十分着急，立即又向佛祖发出祈求。这时，又来了一艘小船，船上的人要救信徒到安全地带，他又拒绝了，并且说道："我不喜欢这艘船，佛祖会来救我的。"那条小船只好抛下信徒开远了。没一会儿，水已经涨到了胸部，信徒继续大声地向佛祖祷告着。可是，随着洪水的上涨，信徒已经奄奄一息了。

就在此时，一位禅师驾船赶来救起了他。得救的信徒向禅师抱怨说："我对佛是如此虔诚，但是佛祖在我遇难之时却不来救我。"禅师深深地叹了口气，说道："你真是冤枉了佛。佛曾经几次化作船来救你，你却嫌这嫌那，一次次地拒绝了。看来你与佛无缘了。"

有时候机会就在你的身边，可你却不懂把握。对于职业女性来说，要想在职场上有所发展，把握机遇是非常重要的。然而，有句话说，机遇是准备给那些做好了准备的人。如果你自身的素质不够，就是有好的机会摆在你的面前，你也只能看着它从你身边溜走。因此，在我们抱怨生活中没有机会时，不妨先做好准备，不断地提高自己。等机会来临的时候，你就能轻轻松松地抓住它了。

　　被称作"偶像剧教母"的著名台湾制作人柴智屏就是一个善于把握机会的人。只因为她把握住了一次小小的机会，才有了今天的成就。

　　身为家里的独生女，柴智屏一直把电视当成她从小到大最好的朋友，后来上大学，就理所当然地选择了戏剧传播系。大学初毕业，由于很难找到相关工作，她只好四处找工作做，只要有人给她钱，哪怕是几百字的解说词，她也去干，之后又替人当枪手写电视剧本，写电影，别人赚大把大把的钱，而她只能拿少得可怜的糊口钱。一次，她在报纸上看到招聘戏剧编剧的小广告，她去面试，却发现原来是写三级片，而且那个公司也就老板和她自己。考虑再三，她还是选择了做这份工，作为接触这个行业的起点，然后耐心等待适当的时机。

　　后来，一个偶然的机会，她应聘到电视台一个节目组当了编剧。半年后，在一次制作节目时，制片人不知问什么突然大发雷霆，离开了摄影棚。几十个工作人员全愣在那儿不知怎么办，主持人看了看四周，对她说："下面的我们自己录吧。"

　　机会只有3秒。3秒钟之后，她拿起制作人丢下的耳机和麦克风，她很好地把握了这次机会，并且做得非常出色。慢慢地，她开始做制片人。在由编剧到制片的转换过程中，她没有费多大的心力，按照她的说法就是："我觉得观察很重要，在一个工作环境中，一定要观察别人在做什么，然后要吸收、模仿。"几年后，她成了三度获得金钟奖的王牌制作人，接着一手制作了红得一塌糊涂的电视剧《流星花园》，被称为台湾地区偶像剧之母。回首往事，柴智屏爽直地说："机会只有 3 秒，就是在别人丢下耳机和麦克风的时候，你能捡起它。"

这是个充满了奇迹的世界。如果你在机会来临时，抓住了它，那么你就拥有了创造奇迹的可能。一个聪明的人，总是在不经意间成功上位，他的是智慧，也是机遇。

万分之一的可能也要努力完成

"捡漏"是一个收藏界的专门用语，指的是慧眼识宝，以像捡来一样的低价从不识货的卖家手里买进了"大开门"的收藏品。也就是说，捡到了别人漏掉的宝贝。

马未都是一个著名收藏家，拥有中国第一家私人博物馆——观复古典艺术博物馆，最近又是上"百家讲坛"，又是出书，火得很。如果你留心马未都在"百家讲坛"说到"捡漏"二字时，就会发现他总是眉开眼笑。很多人认为，普通工人出身的马未都，当今难以估量的身价基本上是捡漏"捡"来的。马未都的第一次大捡漏，是20多年前花1600元捡回了一件四扇屏。这1600元钱，他本来是想拿来买彩电的，他放弃了彩电。买回四扇屏后没多少时间，类似的四扇屏在香港卖到了十几万，再稍后，有人出资一百万向马未都求购。而这只是马未都众多捡漏中的一个而已。当然，他也因为捡漏而上过当，但其损失相较他捡进来的收益简直是九牛一毛。

人生中的机会，有时候如同一个"漏"，别人没有发现，你发现了，要学会不动声色地立马抓住。

约翰·甘布士是美国一个地区的百货业巨子，他是个敢于冒险抓住机会的人。当别人问及他成功的经验时，他简直没有把他的成功当一回事。因为，在他眼中，只要抓住了机会，成功就会是件很简单的事情。

有一次，约翰·甘布士要乘火车去纽约，但是事先没有买到火车票。因为那时候刚刚是圣诞前夕，去纽约度假的人很多，所以火车票很不容易买到。但是，车站经理却说：假如不怕麻烦的话，可以带着行李去车站碰碰运气，看看是不是会有人临时退票。

车站经理还反复强调了一句话：这种机会或者只有万分之一。

甘布士听完后，果断地做出决定：按原计划出行，就像买到了火车票一样！他夫人很关心地问：要是你到了车站但是买不到车票怎么办呢？他不以为然地答道：那没有关系，我就当拿着行李去散步！

甘布士到了车站，等了很久，还是没有退票的人出现。乘客们都急匆匆地奔向火车……

然而他并没有急欲往回走，而是耐心地等待着。大约距开车还有 5 分钟的时候，一位女乘客匆匆来退票，因为她女儿得了很严重的病，她被迫改坐以后的车次。

于是，甘布士买下了那张票，搭上了去纽约的车。到了纽约后，他打电话给他太太时说：亲爱的，我抓住了万分之一的机会，因为我相信一个不怕吃亏的笨蛋才是个真正的聪明人！

甘布士后来成了一个举足轻重的商业巨子，他在一封给青年人的公开信中诚恳地说：

"亲爱的朋友，我认为你们应该重视那万分之一的机会，因为它能给你带来意想不到的成功。有人说，这种做法是智力障碍者的行径，比买奖券的希望还渺茫。这种观点是有失偏颇的，因为开奖者是由别人主持，丝毫不会考虑你的主观努力；但这种万分之一的机会，却完全是靠你自己的主观努力去完成。"

微小机会也许是你崭露头角的机会

机遇与我们的一生休戚相关，她像一个美丽而性情古怪的天使，忽然降临在你身边，你无须受宠若惊，但一定要慎重对待，假如稍不留意，她就翩然而去，无论你怎么扼腕叹息，再也无法挽回。正如那句古老的谚语：通往失败的路上，处处是错失了的机会。做好准备迎接幸运从前门进来的时候，别忽略了从后窗潜入的机会。

安东尼奥·卡诺瓦是世界上杰出的雕塑家，新古典主义雕刻的代表人物。卡诺瓦的传世名作包括陈列在梵蒂冈的"柏修斯提着墨杜莎的头""丘比特与普赛克"，在彼得堡的"美惠三女神"。

安东尼奥·卡诺瓦是意大利人，于1757年出生在波萨尼奥的一个贫困家庭。英国纪实小说家乔治·埃格尔斯顿曾讲述这样一个故事：一天，在西格诺·法列罗的府邸正要举行一个盛大的宴会，主人邀请了一大批客人。就在宴会开始前夕，负责餐桌布置的点心制作人员说，桌子上的那件大型甜点饰品不小心被弄坏了，管家急得团团转。

正在这时，一个小孩子走上前来，对管家说："如果您能让我来试一试的话，我想我能解决这个问题。"这个小孩是西格诺府邸厨房里一个干粗活的仆人的帮工。"你？"管家很惊讶，"你是什么人，竟敢这样说话？""我叫安东尼奥·卡诺瓦，是雕塑家皮萨诺的孙子。"这个充满自信的孩子回答道。

"小家伙，你真的能做吗?"管家半信半疑地问道。"是的，我可以造一件东西摆放在餐桌中央，如果您允许我试一试的话。"小孩子开始显得镇定一些了。这时，仆人们都已经慌得手足无措了。管家只得死马当成活马医，答应让卡诺瓦去试一试，他则在一旁紧紧地盯着这个孩子，注视着他的一举一动，生怕他把事情弄得更糟。这个厨房的小帮工不慌不忙地端来了一盘黄油。不一会儿工夫，不起眼的奶油在他的手中变成了一只蹲着的巨狮。管家喜出望外，惊讶地张大了嘴巴，连忙派人把这个奶油塑成的狮子摆到了桌子上。

晚宴开始了。客人们陆陆续续地被引到餐厅里来。这些客人当中，有威尼斯最著名的实业家，有高贵的王子，有傲慢的王公贵族，还有眼光挑剔的艺术家。但当客人们一眼望见餐桌上卧着的奶油狮子时，都不禁异口同声地称赞起来，一致认为这真是一件天才的作品。他们在狮子面前不忍离去，甚至忘了自己来此的真正目的。结果，整个宴会变成了对奶油狮子的鉴赏会。客人们情不自禁地细细欣赏着狮子，不断地问西格诺·法列罗，究竟是哪一位伟大的雕塑家竟然肯将自己天才的艺术浪费在这样一种很快就会融化的东西上。法列罗也愣住了，他当即喊管家过来问话，于是管家就把小卡诺瓦带到了客人们的面前。

当这些尊贵的客人们得知，这个精美绝伦的奶油狮子竟然是这个地位低微的小孩在仓促间完成的，不禁大为惊讶，整个宴会立刻变成了对这个小孩的赞美会。富有的主人当即宣布，将由他出资给小孩请最好的老师，让他的雕塑天赋充分地发挥出来。

西格诺·法列罗果然没有食言，卡诺瓦也没有被眼前的宠幸冲昏头脑，他依旧是一个淳朴、热切而又诚实的孩子，孜孜不倦地刻苦努力着，他希望自己真的成为一名优秀的雕塑家。也许很多人并不知道卡诺瓦成材路上这个至关重要的小插曲，但很少有人不知道雕塑家卡诺瓦的大名。

在卡诺瓦的成材之路上，如果没有西格诺·法列罗的鼎力资助，他能否成为杰出的雕塑家还真的要打个问号。好在卡诺瓦在无意中抓住了一个机会，展示了自己的才能，刚好一头碰上了一个爱才如命的主人，于是后来的一切变得那么美好。

珍惜身边的微小机会，或许，这个机会就是你崭露头角的机会。

做足准备，机遇来临才不会措手不及

在我国历史上，历来是重农轻商、重仕轻商的。一个商人，做得再出色，也没有多高的地位。吕不韦出生于战国末年的一个富商之家，但他不满足于自己做商人，想做居庙堂之高的大官。

怎么去实现这个愿望呢？吕不韦看准了秦国入赵为人质的公子异人。认为这个落难的王子身上有一个巨大的机会。他自己若能帮助异人成为秦王，那么自己将来就可以凭借功臣的身份分享成功。

作为商人世家的子弟，吕不韦的眼光可谓超凡脱俗。他发现了一个大馅饼不假，但要吃下去还得有一番"料理"，弄不好，这个馅饼可能变成一个陷阱，把自己吃得骨头都不剩。但吕不韦这个人很有才华与胆量，他并不畏惧这些。

根据《战国策》中相关记载，吕不韦先是找到落难中的异人，对他说："公子傒有继承王位的资格，其母又在宫中。如今公子您既没有重臣在宫内照应，自身又处于祸福难测的敌国，一旦秦赵开战，公子您的性命将难以保全。如果公子听信于我，我倒有办法让您回国，且能继承王位。我先替公子到秦国跑一趟，必定接您回国。"异人听后，如行将溺水而亡的人看见有人伸出了援手，自然是高兴万分。这是第一步。

取得异人的配合后，吕不韦开始"下一盘很大的棋"。他四处游说秦国方接收异人。怎么实现这一目标呢？吕不韦想到了王后华阳夫人的弟弟阳泉君。他找到阳泉君说："阁下可知？阁下罪已至死！您门下的宾客无不位高势尊，相反太子门下无一显贵。而且阁下府中珍宝、骏马、佳丽多不可数，老实说，这可不是什么好事。如今大王年事已高，一旦驾崩，太子执政，阁下则危如累卵，生死在旦夕之间。小人倒有条权宜之计，可令阁下富贵万年且稳如泰山，绝无后顾之忧。"阳泉君赶忙让座施礼，恭敬地表示请教。吕不韦献策说："大王年事已高，华阳夫人却无子嗣，有资格继承王位的子傒继位后一定重用秦臣士仓，到那时王后的门庭必定长满蒿草，萧条冷落。现在在赵国为质的公子异人才德兼备，可惜没有母亲在宫中庇护，每每翘首西望家邦，极想回到秦国来。王后倘若能立异人为太子，这样一来，不是储君的异人也能继位为王，他肯定会感念华阳夫人的恩德，而无子的华阳夫人也因此有了日后的依靠。"阳泉君说："对，有道理！"便进宫如此这般转述华阳夫人。华阳夫人听了，哎呀，这事很要紧！于是赶紧找到秦孝文王，要求其向赵国讨要公子异人。这是第二步。

有了异人的配合，又有了接收方，吕不韦的第三步是怂恿赵国放异人回秦国。赵国当然不肯轻易将人质归还，于是吕不韦就去游说赵王："公子异人是秦王宠爱的儿郎，只是失去了母亲照顾，现在华阳王后想让他做儿子。大王试想，假如秦国真的要攻打赵国，也不会因为一个王子的缘故而耽误灭赵大计，赵国不是空有人质了吗？但如果让其回国继位为王，赵国以厚礼好生相送，公子是不会忘记大王的恩义的，这是以礼相交的做法。如今孝文王已经老迈，一旦驾崩，赵国虽仍有异人为质，也没有资格与秦国亲近了。"赵王想想，吕不韦的话句句在理，就将异人送回了秦国。

公子异人回国后，吕不韦的组合拳又开始上演。我们都知道，自古以来，宫廷争斗复杂而又凶险，异人要从昔日落魄的人质变成显贵的太子，还得经过一番周折。吕不韦打的仍是华阳夫人的主意。他帮异人想了很多取悦华阳夫人的方法。有一次，他让异人身着楚服晋见华阳夫人。华阳夫人原是楚国人，对异人的打扮十分高兴，当即把公子异人认作儿子，并替他更名为"楚"。帮助异人稳稳地傍上华阳夫人这棵大树，是吕不韦的第四步。

有了华阳夫人这个干妈，异人出入宫中就很自由了。他因此有了更多与秦孝文王接触的机会。一次，异人趁秦孝文王空闲时，进言道："陛下也曾羁留赵国，赵国豪杰之士知道陛下大名的不在少数。如今陛下返秦为君，他们都惦念着您，可是陛下却连一个使臣未曾遣派去抚慰他们。孩儿担心他们会心生怨恨之心。希望大王将边境城门迟开而早闭，防患于未然。"秦孝文王觉得他说话极有道理，为他的见识感到惊讶。华阳夫人乘机吹吹枕头风，经常为异人美言，并劝秦王立之为太子。终于，秦王召来丞相，下诏说："寡人的儿子数子楚最能干。"宣布立异人为太子。这是第五步。

子楚做了秦王以后，任吕不韦为相，封他为文信侯，将蓝田十二县作为他的食邑。而王后称华阳太后，诸侯们闻讯都向太后奉送了养邑。直到这时，吕不韦的这桩大买卖才宣告一个段落。

综观吕不韦导演的这场惊天大戏，我们会发现他具备非常高明的执行力。看到一个机会在眼前，靠招招相接、环环相扣的过硬"功夫"，一步一步地将机会的种子培育成成熟的果实。

我们常常说要抓住机会，但机会有时候不完全是你没有发觉或没有胆量去抓，而是没有足够的能耐去抓。

没有机会，就创造机会

愚者错过机会，弱者等待机会，智者把握机会，强者创造机会。

汉武帝曾下很大决心，要花很大力量抗击匈奴的侵扰，他要求臣下都要为抗击匈奴尽力，要他们挺身而出、杀敌立功。为此，他大力奖赏了作战有功的卫青、霍去病等人，对临阵怯逃、失节或战败的王恢、狄山、李陵、苏建等，予以严厉的处置。

公元前 119 年，汉武帝决定命卫青、霍去病率 50 万大军从山西定襄出发打击匈奴。为了鼓舞士气，汉武帝亲自到郎署，那里的数百文官武将一齐跪倒："愿吾皇万岁、万万岁！"

汉武帝看他们个个精神抖擞，说："你们都愿意随军出征、冒死杀敌吗？""为陛下效力，肝脑涂地，在所不辞！"数百名文武官员一齐喊道。

汉武帝高兴地点点头，心想部下的士气是多么高啊！可是，就在这时，忽然听见从一个角落里传来了一声低弱的、但十分清楚的老者声音："小臣年迈，不愿出征！"

汉武帝一愣，左右更是大吃一惊，在这样的气氛下说不肯上阵，这是要处罪的啊！

汉武帝问："你是干什么的，叫什么名字？"

那老者白发苍苍，行动蹒跚，走过来向汉武帝叩头："小臣颜驷，年已 61 岁，江都人氏，从文帝时代就在下署为官了。"

汉武帝迟疑了一下，问道："卿年逾花甲，为官几十年，为什么得不到提拔、升迁呢？"

老颜驷说："陛下容禀，恕臣直言，小臣历来想忠贞报国，何尝不希望建立功名。臣已历经三代了，但都不逢时。文帝好文而臣好武，景帝好老而臣年轻，陛下您呢，喜欢提拔、重用少壮之人。可是，臣已经老了，所以三世都不得重用，不是我不图长进，大概是命该如此罢了！"

汉武帝听了颜驷的陈述颇有感触，叹了口气，同情地说："光阴如水，转眼百年，一个人一生能有多少时光，有贤才不知，知而不重用，以至使你大半生为郎，这都是作人主的疏忽啊！"接着，武帝又说："颜驷白发皓首，辛劳多年，他不愿随军出征，恕他无罪。"他又转脸对颜驷说："你这样大年纪，怀志不遇，我命你为会稽都尉，赶快准备赴任吧！"

颜驷年过花甲仍碌碌无为，全因缺少一个施展自己的舞台。值得庆幸的是，他终于在垂暮之年主动为自己创造了一个建功立业的机会。

其实，有没有机会，关键在于个人的主观态度。机会不可能无缘无故地从天而降，机会也不可能像路标一样，就在前面静静地等着我们。机会具有隐蔽性，是隐藏着的；机会具有潜在性，等待着开发；机会具有选择性，只垂青那些在追求中、捕捉中的人。

这里有一点十分关键：是被动、消极地等待机会，还是主动地去争取机会？等待机会不像等待班车，到点儿车就来，而是要看等待机会的状况如何。是不是碰上了机会，是不是抓住了机会，是不是错失了机会，是不是再也没有了机会，这些都是一种现象。而主要的问题就在于我们是否真的在认真地准备着、在刻意地追求着。

有许多人看起来好像没有机会、没有前途，但是偏偏就有一天发生了转折，他们便获得了机会。其实，许多成功者都曾有过这样一种经历和体验。

拿破仑虽然是出身于科西嘉的贵族，但只是徒有其名而已，家境实在是贫困不堪。在少年时代，拿破仑的父亲把他送进了一个贵族学校，以便接受更好的教育。在这所贵族学校，到处游荡着公子哥儿，他们喜欢攀比与夸耀谁富有，瞧不起那些穷苦的同学。这种对弱势之人的鄙视与讥讽，虽然引起了拿破仑的愤怒，但他却只能忍受。

后来他实在受不住了，就写信给父亲，说道："为了忍受这些外国孩子的嘲笑，我实在疲于解释我的贫困了，他们唯一高于我的便是金钱，至于说到高尚的思想，他们是远在我之下的。难道我应当在这些富有高傲的人之下谦卑下去吗？"

"我们没有钱，但是你必须在那里读书。"这是他父亲的回答，因此使他忍受了5年的痛苦。但是每一种嘲笑，每一种欺侮，每一种轻视的态度，都使他增加了决心，发誓要做出一番成就。

等他到了部队时，拿破仑矮小的身材、瘦弱的体格，注定在部队依然只能默默地活在底层。他唯有埋头读书，去努力和别人竞争。在部队里，他脸无血色，孤寂，沉闷，但是他却不停地读书。他想象自己是一个总司令，将科西嘉岛的地图画出来，地图上清楚地指出哪些地方应当布置防范，这是用数学的方法精确地计算出来的。因此，他数学的才能获得了提高，这使他第一次有机会表示他能做什么。

终于，长官看见拿破仑的学问很好，给了他一个机会：在操练场上执行一些任务，这是需要极复杂的计算能力的。他的任务完成得非常棒，于是他又获得了新的机会……就这样，他一个台阶一个台阶地往上走，直到成为举世闻名的法国皇帝。

而那些从前嘲笑他的人，随着他的步步高升逐渐涌到他面前来，想分享一点他得的奖赏；从前轻视他的人，都以成为他的朋友为荣；从前揶揄他是一个矮小、无用、死用功的人，现在也都改为尊敬他、崇拜他。

从一个破落的贵族子弟到法国皇帝，其中需要多少机会的桥梁！这些机会绝对不是从天上掉下来的，而是靠他不停地努力而创造出来。他确实是聪明，他也确实是肯下功夫，还有一种力量比知识或努力同样重要，那就是他那种"卒子过河"的野心。

机会在于你没有机会时的持续努力，还在于你处心积虑的策划。机会是可以创造的。汉武帝即位后，在全国广纳有才干的人，东方朔得到选拔录用。汉武帝命他当公车署待诏，职位很低、俸禄微薄。东方朔很想与汉武帝接近，显示自己的才华以期受到重用，于是他策划出了一个巧妙的计策。

一天，东方朔哄骗宫中看马的侏儒们，对他们说："你们一不能种好地；二不能疆场征战；三不能为国家出谋献策，留你们这些人只能是白白浪费粮食，又有什么用处呢？所以皇帝决定要杀掉你们。"

侏儒们听完东方朔的话，个个吓得面如土色，全都哭了起来。东方朔劝他们不要哭，应该想些办法。这些侏儒都用渴望的目光看着东方朔说："大人能有什么办法救我们吗？"东方朔教唆他们说："皇上就要从这里经过，你们何不叩头请罪，以求赦免呢。"

没过多久，皇帝果然前呼后拥地经过这里，侏儒们急忙跪在地上朝着皇上痛哭。皇上令手下人问原因，侏儒们回答："东方朔告诉我们，说皇上认为我们活在世上是无用之人，要将我们全部杀掉。"

皇上听后勃然大怒，生气于东方朔如此胆大妄为，散布谣言，当即令人传见东方朔，责问道："你为什么造朕的谣言，该当何罪？"

东方朔终于有了面见皇帝的机会，毫无惧色地说："我活也要说，死也要说。侏儒身高三尺，俸禄是一袋粟，钱是二百四十；臣东方朔身长九尺多，俸禄也是一袋粟，钱也是二百四十。侏儒吃得饱饱的，而我却饿得要命。如果臣东方朔说的都是实理的话，请用厚礼待我；如不可采纳，请皇上准许我回家，以免白吃长安的米。"

汉武帝听后哈哈大笑，弄明白了事情的来龙去脉，遂赦免了东方朔的死罪。不久，东方朔被任命为金马门待诏，得到了皇帝的重用。

东方朔这一招死里求生的上位术，真是运用得惊心动魄。想必其若没有吃准汉武帝胸怀求贤之心、大度之心，是绝对不会贸然行此招的。因此，我们在创造机会前，应该对整个事情进行一个评估，小心机会变成危机。就上面的案例来说，要是皇帝昏庸，不问三七二十一将东方朔处死的可能性极高。

所以，在现实生活中，我们不要成天哀叹没有实现自我价值的机会。一个真正有能力的人，不是单纯地依靠等待机会来显露能力，而是能用能力来创造机会再用能力来把握机会。

机遇不等人，将不能转化为能

一家效益不错的公司，决定进一步扩大经营规模，高薪招聘营销主管。广告一打出来，报名者云集。面对众多应聘者，招聘负责人说："相马不如赛马。"为了能选拔出高素质的营销人员，他们出了一道实践性的试题：就是想办法把木梳卖给和尚。

绝大多数应聘者感到困惑不解，甚至愤怒：出家人剃度为僧，要木梳有何用？这岂不是神经错乱，故意刁难人吗？不一会儿，应聘者接连拂袖而去，几乎散尽。最后只剩下 3 个应聘者：赵宇、刘华和陈群。

负责人对剩下的 3 个应聘者交代："以 10 天为限，届时请各位将销售成果向我汇报。"

10 天期到。负责人问赵宇："卖出多少？"赵宇说："1 把。"负责人又问："怎么卖的？"

赵宇讲述了历尽的辛苦，以及受到和尚的责骂和追打的委屈。好在下山途中遇到一个小和尚，一边晒着太阳一边使劲挠着又脏又厚的头皮。赵宇灵机一动，赶忙递上了木梳，小和尚用后满心欢喜，于是买下 1 把。

负责人又问刘华："卖出多少？"刘华说："10 把。"负责人又问："怎么卖的？"

刘华说他去了一座名山古寺。由于山高风大，进香者的头发都被吹乱了。刘华找到了寺院的住持说："蓬头垢面是对佛的不敬。应在每座庙的香案前放把木梳，供善男信女梳理鬓发。"住持采纳了刘华的建议。那山共有 10 座庙，于是买下 10 把木梳。

负责人又问陈群："卖出多少？"陈群说："1000 把。"负责人惊问："怎么卖的？"

陈群说，他到了一个颇具盛名、香火极旺的深山宝刹，朝圣者如云，施主络绎不绝。

陈群对住持说："凡来进香朝拜者，多有一颗虔诚的心，宝刹应有所回赠，以作纪念，保佑其平安吉祥，鼓励其多做善事。我有一批木梳，你的书法超群，可先刻上'积善梳'3 个字，然后便可做赠品。"

住持大喜，立即买下 1000 把木梳，并请陈群小住几天，共同出席了首次赠送积善梳的仪式。得到积善梳的施主和香客，很是高兴，一传十，十传百，朝圣者更多，香火也更旺。这还不算，住持希望陈群再多卖一些不同档次的木梳，以便分层次地赠给各种类型的施主和香客。

把木梳卖给和尚，大多数人听了都会觉得这件事太荒谬了。因为我们每个人都知道，和尚是用不着木梳的。这就是我们的惯性思维，我们遇到问题时，总习惯根据自己已有的知识，按照一种固定的思路去考虑问题，结果我们就只注意到了"和尚用不着木梳"这个常识，而忽略了木梳除了实用价值，还可以拥有其他的附加价值。

陈群想到木梳的附加价值，他把木梳作为一种礼品卖了出去。不是这个办法太高深莫测，一般人想不到，而是因为，在现实生活中，人们已经根深蒂固地形成了一种观念：木梳是梳理头发的工具，除此之外别无他用。

观念给我们在思考问题时带来倾向性，解决一般问题的时候可以起到"驾轻就熟"的积极作用。但是，很多时候它是一种障碍、一种束缚。所以，如果我们想让自己更成功，就要摆脱固定的思维模式，不断提出解决问题的新观念，你会发现一切皆有可能，机遇自然会接踵而至。

人生应该是主动的，就好比在笔直的路上前行，中途转个弯，探访不同的小径，或许会发现另一片美丽、开阔的风景，获得意外的精彩和美好。机遇就是人生路上改变命运的一条小道，只要转一下弯，就能获得一片丰收。

年轻的时候，摩斯想当一名艺术家。从英国皇家艺术学院毕业后，他信心十足地来到美国准备开创他的艺术生涯。然而，由于他的作品趋向于欧洲风格，过于专注浪漫主题的表现，所以在讲求实际的美国并不受欢迎。

1837年，美国政府决定以历史画装饰国会大厅，需要挑选4位艺术家负责这项重要的工作。摩斯十分希望自己能成为其中一员，然而在揭晓的名单中却没有他的名字。经历了这次失败，摩斯发现艺术并不适合自己的发展，于是决定放弃它，开始追求另一种人生。

摩斯想起几年前到欧洲旅行时，在船上和几个朋友谈到当时人们新发现的电磁现象，他决定以此为研究方向。在历经无数次失败后，摩斯终于发明了"电报"，为人类通讯事业做出了伟大贡献。

摩斯在碰壁之后果断回头，最终获得了成功。从他的经历中我们可以悟出这样一个道理：人生的危机与转机，往往只是一线之间，转机就存在于危机之中，只有懂得变通，才能静下心来，考虑好如何抓住转机。在心境转变的同时，人生的成功机遇才可能出现在身边。

机遇如同一条新路，此路不通仍有它路，何必在不成功的道路上一错再错？假如在机遇面前不懂得变通，只会落入自己设下的陷阱之中。

在深山老林里有很多野兔，它们十分狡猾，一般缺乏经验的猎手很难捕获到它们，可是一个年轻的猎手发现了野兔的致命弱点——从来不敢走没有自己脚印的路。从那以后，一到下雪天，野兔的末日就到了。当它从窝中出来觅食时，总是小心翼翼的，一有风吹草动，就逃之夭夭。但走过长长的一段路后，如果发现周围是安全的，它返回时也会按着原路退回。这名猎人就是根据这一特点，找到野兔在雪地里留下的脚印，做一个机关，然后恢复表面的形状，第二天早上就可以去收获猎物了。

野兔致命的弱点就是不知道变通，于是不断地在自己熟悉的路上摔跤。而生活中，因为不愿意变通让自己陷入人生谷底的人也比比皆是。所以，年轻人在机遇面前，要有变通的智慧，懂得变通才能抓住改变命运的机遇，才能赢得成功。顽固只会赶走机遇，让自己与成功无缘，毕竟机遇不等人。如果坚持"我不能那么做"，你很可能就会在多年以后一事无成。

第 八 章

越挫越勇，苦难是人生的必修课

人生的旅途难免会遇到很多风雨，在经历困境时，有的人不敢面对，选择逃避；但有的人却能不畏艰险，勇敢面对，甚至在被打压之后越挫越勇，在逆境中成长、重生。苦难是人生的必修课，也是通往成功路上最大的考验。

成功的路上，从来都不是顺风顺水

一个人的成就，常常都是从血汗、辛苦、委屈、忍耐、受苦中，点滴累积而成。人生的大成就，往往是以大苦难作为前奏的。这是因为任何称得上成就的事情都非易事，越是成就大，苦难就越大。如果没有苦难作为成就路上的门槛，成就将因过于轻松而变得没有丝毫成就感。

因此，著名成功学大师卡耐基说："苦难是人生最好的教育。"古今中外大量事实说明，伟大的人格无法在平庸中养成，只有经历熔炼和磨难，愿望才会激发，视野才会开阔，灵魂才会升华，人生才会走向成功。一个人如果能吃常人不能吃的苦，必然能做常人不能做的事。从这个意义上来说，能吃多大苦，能享多大福。

松柏必须受得了霜寒，才能长青；寒梅必须经得起冰雪，才能吐露芬芳。生命在苦难中苗壮，思想在苦难中成熟，意志在苦难中坚强。古今中外许多有成就的人都曾得益于清贫和苦难的磨炼。佛陀六年苦行；达摩的九年苦苦面壁；王宝钏经过十八年苦守寒窑，才能为人记忆；苏秦悬梁刺股苦学有成，才能纵横六国。勾践尝过了夫差粪便之苦，方有后来的奋发图强……凡此种种，不胜枚举。可见，吃苦是人生路上的一个槛：迈得过去，你就成了命运的主人、人生的强者；不敢迈或迈不过去，你就成了命运的奴隶，人生的懦夫。安徒生总结自己一生的经验是："一个必须经过一番刻苦奋斗的生活才会有些成就。"

有时候，我们吃苦是环境所迫，不得不吃。除此之外，我们还应该主动找点苦吃。没人干的苦活、挑的累担，你来上。"宝剑锋从磨砺出，梅花香自苦寒来"，吃苦不单可以增进自己的能力，还能磨炼自己才意志。从这个角度来看，吃苦其实就是吃补。可以补意志、补知识、补才能、补道德、补灵魂。

尹明善就是这样一个饱经了苦难的人。尹明善是一个"草根创业+大器晚成"的典范，他的攀登之旅，告诉我们什么叫"穷且不坠青云之志"，什么叫皇天不负有心人。一般人不敢和尹明善比曾经承受过的苦难，就像不敢和他比现在拥有的财富一样。

尹明善在12岁时就做乡村货郎，23岁因所谓"反革命"的罪名坐了9个半月牢，后被发配到塑料厂监督劳动。直到41岁，他才结束长达20多年的"牛鬼蛇神"生涯，迎来人生的第一个春天。47岁那年，尹明善"高龄"下海，好在水性不错，现在身家达到了20亿元。现在，这位年逾古稀的老人带领他的团队，在一条被称之为"苦路"的汽车产业悲壮前行。尹明善70年的人生履历里充满了传奇色彩，他仍在为继续书写传奇而努力。

尹明善生于1938年1月，父亲是重庆涪陵乡下的一个小地主，家里颇为殷实。他在12岁以前的地主少爷日子过得还不错，但1950年后，他从地主少爷变成了地主崽子，其命运在一夜之间发生了翻天覆地的变化。尹明善的父亲，在这一年去世。

年幼的尹明善和50多岁的小脚母亲，因为成分问题，不得不离开了曾经殷实的家，住到了荒山之上一间废弃的破烂茅屋。尹明善回忆当年的日子，这样说："那段时间，我和50多岁的老母亲相依为命。"

年事渐高的母亲和尚未成人的儿子相依为命，再加上地主成分的政治帽子，他们的日子注定是艰难无比的。一间危房、一块薄地、几个锅碗，就是他们安身糊口的所有。穷人的孩子早当家，尹明善从一个好心人手里借了五角钱作本钱，步行到城里用钱批发缝衣针，再回到乡下沿村叫卖。这个少年货郎卖一天针能赚一角多钱，以补贴家用。

做了一年多乡村货郎后，尹明善不甘就此度日，为了谋个更好的前程，他赤手空拳到重庆求学，并幸运地考上公立中学，还因成绩优异而获得了上学的各项减免与补助。从初中到高中，他的成绩都极为拔尖，深得老师和同学的器重。

当一个穷孩子苦孩子通过自己努力而改变人生的故事正在按部就班地演绎时，命运的恶作剧又一次降临到尹明善头上。在1958年春天的反右复查中，正读高三年级的尹明善被揭发"有右派言论"。在政治挂帅的时代，天资聪颖的尹明善被无情地终止了求学之路。1961年，他的问题上升为"反革命"，坐了9个半月牢后，24岁的他被送去劳改农场强制劳改。

命运多舛——用这四个字来形容尹明善前半生的坎坷最为贴切。艰难困苦，玉汝于成。岁月的磨砺使尹明善练就了坚韧倔强的性格。出身贫寒也好，命运多舛也罢，如果你换一个角度看，未必不是一种财富。当然，如果你在贫寒中潦倒、在多舛中随波，就谈不上什么财富了。

历史的车轮沉重地碾过尹明善青春的年华，一年又一年……1979年，在17个青春的年轮被碾成碎片后，已过不惑之年的尹明善获得了迟到的自由——他被平反了。平反后的尹明善凭借自己的才学，做过电视大学、出版社编辑以及涉外公司负责人。

1985 年年底，47 岁"高龄"的尹明善辞了公职，下海成为一名书商。54 岁那年，他押上自己的全部家当——20 万元，义无反顾地投身摩托车产业，由此踏上一条辉煌的创业之路。

有志不在年高，无谋空言百岁。40 岁也好，50 岁也罢，年长不应该是创业的阻力。相反，年长反而可以成为创业的助力。因为相对来说，年长有了更多的阅历、经验以及资源。再说，人生也就几十个春秋，此时不搏何时再搏？

在我们身边，不乏"年轻的老人"。他们年纪或许也就 40 岁左右，却一副老气横秋的样子，没有半点做事的激情，总是觉得自己已经不适合创业。认为自己上有老下有小，经不起创业风风雨雨的打击。他们宁愿让内心原本强烈的冲动和欲望胎死腹中，从而在得过且过中浑浑噩噩地终其一生。他们总是喜欢说："要是我能年轻 10 岁就好了。"有趣的是：这些人在 10 年后还是这样说。尹明善年近五旬敢于打破自己的铁饭碗，年过知天命敢于倾其所有在创业上。国际快餐业巨无霸肯德基，是美国桑德斯上校在 65 岁时创立的。重庆 83 岁老人孙重在 6 年前以 77 岁高龄创办老年公寓，投入 30 多万，现在已经有人出价 200 多万欲收购。在他们面前，我们所有怯于创业的借口多么单薄！

看了尹明善的坎坷人生，我们还有没有理由埋怨这个时代？还有没有理由总是抱怨命运对自己的不公，抱怨自己人生道路上常常会有的种种困难，抱怨自己没有条件可以创造成功呢？

固然，成功离不开机遇。但身处这样一个生机勃勃的时代，这本身难道不是我们最大的机遇吗？我们应该把握好自己的心态，果断抛开那些怨天尤人却并无任何益处的情绪。这个社会还有更多的地方，值得我们去发现、去创造。

面对残酷的现实，强者往往选择战斗

自古英雄多磨难，从来纨绔少伟男。这是一条亘古以来都颠扑不破的道理。权贵的荫泽与庇佑下的成长，如同温室里的花朵，鲜有能经受风雨的。

1975年夏天，一个18岁的农村小伙子在炸鱼时不慎被雷管炸去了右手掌，此后他被迫终止了中学的学业。5年后，23岁的小伙子出门游历并拜师学画，立志要做一个画家。他怀揣几十元钱离开家乡，在外历经了两年的磨难：身无分文无处可去的时候，曾跟街边的流浪汉睡在一起；因为衣衫褴褛，他曾经被人当成小偷抓进了收容所……他甚至一度试图以自杀来告别苦难。

——这个小伙子叫谭传华，他于1995年注册了"谭木匠"商标，13年后的今天，"谭木匠"已经是名声响亮，光加盟店就有500多家。

跟"谭木匠"的创始人相比，蒙牛集团的创始人同样命运多舛。现在功成名就的他，至今甚至连来自哪里、究竟姓什么、亲生父母是谁，都不知道。他是在不足一个月大时，就被贫穷多子的亲生父母以50元钱卖给一对夫妇做儿子的。他的养父是一个养牛的，没有孩子，家境也不怎么宽裕。在20世纪50年代和60年代那段苦难的日子里，养父养母努力地呵护着他。然而，命运如残暴的狼，没用丝毫温情对待他。在他8岁那年，养母去世；养母去世后，养父又续弦；16 岁那年，养父去世。从此，他彻彻底底变成了孤儿。作为孤儿的他得到政府照顾，于 20 岁那年被安排进了工厂。兢兢业业的他珍惜着自己来之不易的工作。在 1992 年，他因能力卓越而当上了集团副总裁。当一个穷孩子苦孩子通过自己努力有了一番成就的故事正在按部就班地演绎时，命运的恶作剧又一次降临到他头上。在 1998 年底，他被内蒙古伊利集团免去生产经营副总裁一职。

——这个人叫牛根生，蒙牛集团的创始人，现在是集团董事长和总裁。

艰难困苦，玉汝于成。出身贫寒也好，命运多舛也罢，如果你换一个角度来看，未必不是一种财富。当然，如果你在贫寒中潦倒、在多舛中随波，就谈不上什么财富了。《孟子》中有云："天将降大任于斯人也，必先苦其心志，劳其筋骨，饿其体肤，空乏其身，行拂乱其所为，所以动心忍性，增益其所不能。"这篇文章我们在中学时代都读过，只是中学时代的我们没有多少人生的历练，并不能对这篇文章产生太深的共鸣。如今，回头来看，对于出身平凡或出身贫寒，以及遭受或正遭受磨难的人来说，孟子至少告诉我们两点。

第一，将相本无种，英雄不怕出身低。古时如此，而今亦然。第二，所有的磨难与困苦，都可以成为锻炼能力和增强心志的手段。磨难与困苦源于外界，能力与坚韧激发于自身。

我们大家都有自己美丽的梦想，都在努力地行走、奔跑，只为了更好地生活。然而，世界是丰富的，有许多东西令人满意，也有许多东西令人讨厌。不管我们愿不愿意接受，两者都会不期而至。

当痛苦如冰雹从天而降，我们可能会自言自语："为什么受伤的总是我呢？我已经足够努力了，也足够倒霉了，为什么命运总是要和我作对，这个世界真的太不公平了。"有谁没有沮丧过呢？然而，如果你一味让自己在沮丧中怨恨与绝望，就永远也无法让自己在人格上成熟起来。面对残酷的现实，弱者会诅咒，而强者选择的是战斗。

奥里森·马登说："最高贵的绅士，他能以最不可动摇的决心来选择正义的事业；他能完全抵制住最不可抗拒的诱惑；他能面带微笑地承受着最沉重的压力；他能以平静的心态来面对最猛烈的暴风雨；他能以最无畏的勇气来对付任何威胁与阻力；他能以最坚韧的个性来捍卫对真理与美德的信仰。"

人生的风雨是立世的训谕，生活的苦难是人生的老师。谭传华们并没有因苦难而一味沉沦。有一句意大利谚语是这样说的："即使水果成熟前，味道也是苦的。不经过霜打的柿子，不会变得绵软可口。"

选择了成功，就做好迎接苦难的准备

选择成功固然可喜可贺，它会让我们成为一个与众不同的优秀的人，还会给我们带来丰厚的奖赏。然而我们必须清晰地认识到我们选定了艰难的成功事业，也就是我们不幸的开始。因为所有的成功都需要付出代价，就像歌里唱的：不经历风雨怎么见彩虹，没有人能随随便便成功。

人生是无法回避艰辛和苦难的。它的本身就已很不轻松，可你又偏偏给它加码——选择了并非容易获得的成功。

很多追求成功的人在他人看来纯粹是自讨苦吃。因为他是那么执着，那么的"不撞南墙不回头"，不惜一次又一次从头开始……追求成功的人不肯轻言放弃，在他们看来，没有成功的人生毫无意义。他们坚持自己的信念，矢志不渝。他们知道自己选择了一条艰难的路，因为成功从来不会一帆风顺。

1992 年，如同大多数看了电影《少林寺》的孩子一样，农家娃王宝强跟父亲吵着要去少林寺学武。穷人家的孩子如草一样，在哪里都一样倔强生长。所以王宝强的父母也没有怎么犹豫，就将 8 岁的儿子从河北南和县送到了河南的少林寺。

少林寺的学武生涯，难免是"床硬、饭冷、活重"，不少原先怀着一腔热血的孩子挨不了多久，就想方设法回家了。王宝强不怕吃苦，他在少林寺潜心学武。一转眼，六年过去了，当年瘦弱的儿童已经成了精壮的小男子汉。

1998年，14岁的王宝强离开了少林寺，回到家乡。王宝强家里很穷，而在家乡那片贫瘠的土地上，王宝强找不到改变家庭与自己的命运的舞台。于是，在1999年3月，15岁的王宝强来到了北京，决心像他的同门前辈李连杰一样，靠当武打演员改变自己的命运。

然而，想要有所成就就要历经磨难。有道是"长安米贵，居大不易"，想当年一身才学的白居易闯荡京城长安，也难免有不如意之时。对于15岁的王宝强来说，北京的"米"也同样地贵，生存的压力让他焦头烂额。北影厂门口常年聚集着一大群等候群众演员角色的人，王宝强也混迹其中，如同旧社会一个插着草标的卖身者。

当群众演员，一天也只有20元钱的报酬，并且这样的机会也不多。更多的时候还是没电影可拍，为了生计，王宝强找工地打零工，搬砖和泥筛沙，什么都干。王宝强在北京待了3年，始终挣扎在温饱的边缘。但他始终没有放弃自己的演员梦，因为他太渴望成功了。

2002年，因为原定的主角夏雨档期不合，电影《盲井》的主角砸到了王宝强头上。《盲井》让王宝强拿了那一年的台湾电影大奖——金马奖最佳新人奖。没多久，他就得到了与一些大牌明星同台演出的机会。被冯小刚挑选出演当时自己的新片《天下无贼》，在电视剧《暗算》里演好瞎子阿炳。2007年，《士兵突击》更是将王宝强的声誉推到了极致。后来王宝强签约著名的"华谊兄弟"旗下，成为影视圈里的一线演员。

王宝强成功了，而面对别人的赞美和夸奖，他这样说："路还太远，我才二十多岁。人生就像登山，我希望自己永远不要登到峰顶。每天一点点往上爬，以后的路还很艰难，根基打好，一点点往上走。"

其实，人生就是这样，想要少经历一点磨难，那就去庸庸碌碌地过一辈子。如果你还有着对成功的渴望，对美好未来的向往，那就一定要做好迎接苦难的准备。

每一种成功，都是由惨痛的失败堆砌的

世上可能有一帆风顺的爱情，但一定没有一帆风顺的事业。能称得上"事业"的，绝不是一般的事情或职业，而是一项复杂的、牵涉面较广的系统工程，随时都有千变万化的情况出现。因此，谁也不能保证我们的事业能百分之百地顺利实施。面对挫折时，我们想办法克服，并从挫折中吸取经验；那么，就算目的没有达到，我们也是有收获的，是成功的。

对于事业上的成功，马云是这样诠释的："我无法定义成功，但我知道什么是失败！成功不在于你做成了多少，在于你做了什么，历练了什么！"他还说："人要被狠狠 PK 过，才会有出息！"

传说中，作为人世间幸福使者的凤凰，每隔 500 年就要背负着积累于人世间的所有不快和仇恨恩怨，投身于熊熊烈火中自焚，以生命和美丽的终结换取人世的祥和、幸福。同样，在肉体经受了巨大的痛苦和轮回后，它们才能以更美好的躯体重生。凤凰在梧桐枝上自焚，于烈火中新生，其羽更丰，其音更清，其神更髓。这就是"凤凰涅槃"的典故。让我们来回首马云曾经跟跄的脚步，看他是如何在磨难中凤凰涅槃。

马云的第一次创业是在 1992 年，在杭州某学院当英语老师的他和同事筹集了 3000 元钱，开办了海博翻译社。当时马云的英语在杭州翻译界颇有名气，因此很多人慕名请马云做翻译，马云做不过来，

就伙同一个同事成立了海博翻译社，请退休老师做翻译。海博一个月的房租是2400元，但开业的第一个月总收入才700元。为生存下去，马云背着大麻袋到义乌、广州去进货，海博翻译社开始卖鲜花，卖礼品。马云还曾经销售过一年的医药，推销对象上至大医院，下至赤脚医生。1994年海博持平，1995年开始赚钱，但效益也不怎么理想。马云在1995年年放弃了这份事业。他在这场小试牛刀的创业中，得到一个宝贵的教训：没有好的制度是公司的灾难，小公司也需要制度、也需要体系。这个教训来自公司聘请的出纳每天从收入里至少私抽一二百块钱，多的时候居然达一天700多元——那天他们的实际收入是1100多元，出纳居然只报400元！

1995年年初，作为杭州工业学院的外办主任的马云辞了公职。同年4月，中国第一家互联网商业公司杭州海博电脑服务有限公司成立，网站取名"中国黄页"。三名员工是马云、马云夫人张瑛和何一兵。此时离中国电信通互联网还有4个月。在经营中国黄页的时候，马云遇上了一个重量级对手——注册资本是2.4亿人民币的中国电信浙江杭州分公司（马云的中国黄页的注册资本是5万元人民币）。在实力完全不对等的较量中，大象一时踩不死蚂蚁，蚂蚁也根本撼不动大象。你来我往的过招后，双方终于坐下来谈合作。谈判很顺利，1996年3月，中国黄页将资产折合成60万元人民币，占30%的股份；杭州电信投入资金140万元人民币，占70%的股份。马云一想有了140万元人民币注入就可以大干一场，高兴地答应了。但后来才发现灾难来了，原来对方出140万元只是想把他这个竞争对手控制住。在董事会里面对方是5票，马云这方只有2票，每次开董事会，马云总是面临2比5的制约，开很多次也通不过决议。马云这时才醒悟到自己拿到了钱却丢掉了自己最宝贵的自主权。处于尴尬中的马云，与杭州分公司的合作维持了 1 年，就主动放弃了自己的公司。马云的第二次创业没有成功，但他从这次经历中总结出一点教训：企业家不能被资本所控制。同时，当他后来有了雄厚的资本后，也推己及人地不用资本去控制创业者。

马云在经历两次创业挫折后，马上又全身心地投入了第三次创业。1997 年年底，他受国家外经贸部的邀请，北上给外经贸部做网站，让外经贸部成了中国第一个上网的部级单位。马云在北京租了一个不到 20 平方米的小房间，没日没夜地干活。"中国第一个网站交易市场是我们做的，第一个进出口交易所是我们做的。政府和我们这些人合作得很愉快。"马云曾经这么说。但是后来，由于在业务的方向是帮助中小企业还是大企业上出现分歧，使马云无比苦恼，这次合作最终也以失败告终。1999 年年初，马云回到了杭州。尽管公司赚了 287 万元的利润，但是马云除了工资之外没有拿到任何红利。关于这场风波的缘起，有各种版本，但根据马云自己的说法，是因为他没有分清朋友和上下级的关系。他们反省了自身，认为在今后的创业中，应该清楚地区分好朋友与上下级关系。

回到杭州，马云马上创办了一家名叫阿里巴巴的网站。马云的"孩子"在诞生时，几乎是赤条条地来到这个世间的。无充足的资金、无成熟的技术、无办公的场地。但马云并非一无所有，他有了足够丰富的经验教训。他的每一个挫折，都让他更加聪明。

对于如何面对人生的磨难，马云这么说："创业这么多年，我遇到了太多的倒霉事，但只要有一点好事，我就会让自己非常开心，左手温暖右手。"他还说："所以对于我来讲这十年以来任何失败、成功，取得的这些经历是我最大得财富，有的时候可能要失败、有的时候不失败。比方说雅虎的并购，我们前期没有想过，在并购的时候没想到那么大麻烦，我一个一个解决往前走，这就是经历，失败了也是经历。人一辈子不会因为你做过什么而后悔、很多的时候因为你没做过什么而后悔。创业者的心态要平衡好，你从第一天创业的时候要知道自己走的路是曲折的路。越来越觉得这是正确的路，这样才会让创业者心态永远平衡。"

2008年是中国经济的一个冬天，无数中小企业在寒风中凋谢，剩下的也在风中瑟瑟发抖。中小企业哀鸿遍野，与中小企业休戚与共的阿里巴巴公司会捷报频传吗？

一向自信满满的阿里巴巴集团董事局主席马云，却在那年7月23日的晚上，给所有员工发出了题为《冬天的使命》的内部邮件。在这封邮件中，马云一脸寒气地抛出了"过冬论"："我们对全球经济的基本判断是经济将会出现较大的问题，未来几年经济可能进入衰退期。我的看法是，整个经济形势不容乐观，国内很多企业的生存将面临极大挑战。接下来的冬天会比大家想象的更长！更寒冷！更复杂！"他向员工们呼吁："准备过冬吧！"

当然，危机中也蕴含契机。如果阿里巴巴能够在困境中真正地帮助国内外中小企业客户改变不利的经济格局，一起渡过难关，那么它也许会在未来几年成为全世界最大的电子商务服务提供商。马云似乎看到了这线曙光："十年以后因为今天的变革，我们将会看到一个不同的世界。"

武林高手比的是经历了多少磨难，而不是取得过多少成功。弱者在错误中懊悔、倒下，而强者在错误中学习成长。马云说他在经营阿里巴巴时犯下一千零一个错误。对于马云这样的强者来说，经历了那么多错误，会增长多少智慧啊。

超越苦难，屡败屡战才是真正的强者

大丈夫是指男人中的精英。只有那些胸怀大志，意志坚强，永不言败的铮铮铁汉，才有资格称得起大丈夫。

然而"大丈夫"却不一定是成功的代名词，恰恰相反，它更具有悲壮的英雄色彩。也就是说，更多的时候，人们用它来赞美那些跌倒在地，却执着地爬起来的失败者。

一次失败，可以使我们学到很多，它是迈向成功的一小步。如果我们继续前进，失败越多，就离成功越近。许多人一遇到失败便不再努力，觉得失败了就不可能再成功，仿佛那是一座不可逾越的高山。其实，再高的山我们也可以翻越，只要我们还有勇气和信心。不要被一次次的失败打倒，失败不等于最后失败。

有一个人问一个小孩，你是怎样学会溜冰的。那个小孩回答道："哦，跌倒了再爬起来，爬起来再跌倒，就学会了。"让一个人成功的，实际上就是这种"屡败屡战"的精神。

他是一个拓荒者的儿子，童年暗淡无光，长大后，因为不得体的穿着，一直受到别人的讥讽与欺侮。让我们看看他一生的苦难与荣光：

1816年，家人被赶出了居住的地方，那年他还只有7岁。

1818年，年仅9岁的他永远失去了母亲。

1831年，他经商失败。

1832 年，他竞选州议员没有成功。同年，他的工作也丢了，想就读法学院，但又进不去。

1833 年，他向朋友借了一些钱，再次经商，但年底就破产了。接下来他花了 16 年的时间，才把欠债还清。

1834 年，再次竞选州议员，这次命运垂青了他，他赢了！

1835 年，订婚后即将结婚时，未婚妻却死了，因此他的心也碎了。

1836 年，精神完全崩溃的他，卧病在床 6 个月。

1838 年，争取成为州议员的发言人，没有成功。

1840 年，争取成为选举人，没有成功。

1843 年，参加国会大选，没有成功。

1847 年，作为辉格党的代表，参加了国会议员的竞选，获得了成功，

1848 年，寻求国会议员连任，没有成功。

1849 年，他想在自己的州内担任土地局长的工作，但被拒绝了。

1854 年，竞选美国参议员，没有成功。

1856 年，在共和党的全国代表大会上争取副总统的提名，但得票不到 100 张。

1858 年，再度竞选美国参议员，还是没有成功。

1860 年，当选美国总统。

这个人的名字叫亚伯拉罕·林肯（1809—1865），美国第 16 任总统。林肯是美国最伟大的总统之一，但他更是一个从种种不幸、失落中走出来的坚强的人。如果不是因为具有那种面对苦难、坚强应对的精神，他就不会在经历了如此多的打击之后，还能入主白宫。

1860 年，林肯被共和党提名为美国总统候选人，11 月 6 日，林

肯当选为总统。林肯当选总统是对南方奴隶制的一个致命打击。奴隶主们为挽救奴隶制的灭亡，1861 年 2 月 4 日，南部七个蓄奴州宣布成立"美利坚诸州同盟，"并组成军队制造分裂。林肯在这种情况下，于 3 月 4 日宣誓就职。

刚学剃头就遇上癞子。林肯正式就职才 1 个多月，4 月 12 日南部同盟就炮轰萨姆特要塞，用大炮向林肯发起了挑战。6 月 29 日，林肯召开内阁会议，会议决定在 7 月 21 日于马纳萨斯与叛军决战。由于联邦军指挥不利而被叛军打败。10 月下旬，联邦军再次被叛军在包尔斯打败，联邦军虽然接连失败，但并未动摇林肯镇压叛乱的决心。1862 年 2 月下旬，林肯命令联邦军分三路向叛军进攻。联邦军在西线和南线都取得了进展，而东线却遭到惨败，使华盛顿直接暴露在叛军的威胁下。战争的失利引起人民的不满，要求林肯采取措施，扭转战局。在人民的推动下，1862 年林肯政府先后公布了《宅地法》和《解放黑人奴隶宣言》。获得土地的农民和获得解放的奴隶，纷纷拿起武器，投入到反对叛乱的斗争行列之中，使战争的有利因素在 1863 年 7 月转到联邦军方面。1863 年，林肯为了分化南方，着手制定重建南方的计划。1864 年美国进行总统选举活动，林肯再次被选为总统。

林肯的奋进之路充满坎坷。从一个农民成长为一个总统，他付出了常人难以想象的代价……但是他从未停止前进，他以自己独特的领导方式，保全了美国，解放了黑奴，成为美国最伟大的总统之一。有人曾为林肯做过统计，说他一生只成功过 3 次，但失败过 35 次，不过第 3 次成功使他当上了美国总统。事实也的确如此。而最终使他得到命运的第三次垂青，或者说争取到第三次成功的，完全是他的坚强。在他竞选参议员落选的时候，他就说过："此路艰辛而泥泞，我一只脚滑了一下，另一只脚因而站不稳。但我缓口气，告诉自己，这不过是滑一跤，并不是死去而爬不起来。"

不停地超越苦难，在屡败之后还能屡战的人，是值得我们尊敬的人。谈到"屡败屡战"这一句话，怎么也绕不过晚清的曾国藩。这个进士出身的文人，于1852年奉命回湘办团练，团练初具规模后的前几年，他唯一做得成功的一件事就是只打败仗。从1854年练成水陆师出征，到1860年兵败羊栈岭，曾国藩可谓一败再败，小的败仗不计其数，大的惨败就有四场：1854年湘军初征就在岳州被太平军打得落花流水；1855年在江西鄱阳湖全军覆灭，连自己的座船也被抢走；1858年，部将李续宾率部血战三河镇，6000兵勇无一生还，三湘大地处处缟素；1860年，李秀成破羊栈岭，曾国藩在60里外的大营中写好遗书、帐悬佩刀，以求一死，好在李秀成主动退兵。

就像凤凰从烈火中涅槃，这个被满族大臣们讥笑为"屡战屡败"的常败将军曾国藩，最终用"屡败屡战"的勇气与决绝，打到南京，用行动证明了自己是一个强者。

能不费多大曲折就能成功的事，算不上大事。举凡强者，必有异于常人之大事业。而世间能称之为大事的事，岂可轻而易举？好事多磨，不经过九曲十八弯，没有"屡败屡战"勇毅，几乎没有可能成为强者。

屡战屡败的人在别人眼中统统是傻瓜，而最终获得成功的恰恰是这些目标始终如一、屡败屡战的所谓傻瓜。屡战屡败或许是一种无能的象征，但屡败屡战则是一种超越了苦难的力量。有了这样力量的人，足以在失败之后为自己开辟一片新天地。

拿得起放得下，输得起才赢得风光

古人说："胜败乃兵家常事。"我们人生中的竞争也一样，输赢是常事，我们既要赢得起，也要输得起，输得起才赢得起。常见奥运会上的中国健儿，有的因为发挥失常，在比赛中折戟沉沙，功败垂成，但他们离开赛场那一刻，依旧坦然自若，面对观众愧疚的一笑，和对手友好的握手拥抱，败了也不失大家风度。

俞敏洪说，人要有面对失败的勇气。他介绍，他在自己的生命历程中遭遇过很多次失败，但是不断地失败使他知道，坦然面对挫折和失败应该成为一种常态。一个人只有输得起，才能赢得起。

当年越王勾践兵败被俘时，输了江山，输了王位，输了尊严。真可谓输得精光。但他输了就输了，他忍受各种难以想象的凌辱，才换回了自己的自由。是苟且偷生吗？非也，他最终用吴王的鲜血洗刷了自己的耻辱。

还有一个例子。楚汉相争时，刘邦很少占上风，老是被项羽欺侮。刘邦先打下关中咸阳（秦都），按照刘、项原先的约定"先入关中者王之"，是刘邦当王。但项羽仗着手里兵强马壮，不遵守约定就在彭城称王。刘邦心里有气，但没办法，只得忍气吞声装傻认输。项羽称王不打紧，一口气封了18个诸侯，却只给灭秦立了大功的刘邦一个小小的汉王，封地是当时边远的巴、蜀、汉中（汉中稍好）等地。刘邦还是没脾气，只得委曲求全，远赴封地。刘邦输得起。

而等到后来刘邦势强，将项羽追杀到乌江边时，项羽输不起了。输了多没面子，无颜见江东父老啊，于是用自杀的方式彻底毁灭自己。一个输得起，一个输不起，境界不同，成就的事业也就有了高下之分。

认输比逞强需要更大的勇气。慷慨赴死易，委曲求全难。也正是这个缘由，项羽才会自刎于乌江河畔。

韩国的三星电子现在是一个国际知名品牌，其创始人李秉喆带领着三星走过无数坎坷、方成大器。李秉喆并非神仙，他也有过重大失误。三星之所以没有深陷在失误的泥淖里沉没，完全是因为李秉喆及时退出的勇气与行动。在回顾他辉煌的一生时，李秉喆说过这样一句话："做事应该有上阵的勇气，也要有及时退出的勇气。"

李秉喆所谓的"退出的勇气"，其实就是一种"认输"的勇气与智慧。三星经营原则中很重要的一点，就是既敢于开拓，又勇于退出。李秉喆先生曾说过："如果没有100%的把握，那就不要上马。一旦决定某一种项目，就要全力以赴。如果认为没有胜算，那就赶快退出来。"

1973年，三星与日本造船业的巨头H公司合作，在韩国庆尚南道买下150万坪土地准备建造世界最大规模的造船厂。但当时由于石油危机，世界造船业陷入困境，有的客户甚至放弃订单，要求取消合同。三星一看行情不利，就毅然决定该项目暂时不上马。后来，李秉喆先生回顾说："如果当时那个造船厂上马，对三星的打击肯定是非常巨大的。做事应该有上阵的勇气，也要有及时退出的勇气。"

李秉喆的这次撤出虽然令自己"脸上无光"，但却避免了陷入一场不停投资却没有多大回报希望的泥潭。李秉喆认为：若不及早撤出，那么大型造船厂将很可能成为三星公司的"滑铁卢"，与其坐等因造船而全军覆没，不如另辟蹊径，别处生花。

做事必须能屈能伸。只能屈不能伸的人是庸才，只能伸不能屈的是骄兵，都不能真正顺应时势，成就一番丰功伟业。无论做什么事，在黎明前的黑暗一定要咬紧牙关挺住。但在实际操作之中，有些事经过仔细分析后，断无咸鱼翻身的可能。这时，唯有承认现实，保存实力。因此，"坚持"与"放弃"并不矛盾。他们是相辅相成，可以互补的。

当恶果已经酿成，我们除了接受，还能怎么样呢。要改变是吗？那也是后来的事情了，我们先需要接受。当接受了最坏的情况之后，我们就不会再损失什么。这盘棋输了，我认输，我和你再来一盘。拿得起就要放得下，要不然就不要拿。赢得起也要输得起，要不然就不要去搏。

"在面对最坏的情况之后，"心理学家威利·卡瑞尔告诉我们说，"我马上就轻松下来，感到一种好几天来没有经历过的平静。然后，我就能思考了。"应用心理学家威廉·詹姆斯教授曾经告诉他的学生说："你要愿意承担这种情况，因为能接受既成的事实，就是克服随之而来的任何不幸的第一个步骤。"

胜败乃兵家常事，即便是输也要输得起，输得起才会不至于一蹶不振，输得起才会韬光养晦，静待时机，卷土重来，输得起才不会心态失衡，不至于盲目攀比，盲目嫉妒。君子爱赢，也应取之有道。我们每一个人都要积极努力地去学习、工作，掌握人生竞技的本领，争取人生的胜利。

每一种创伤，都是一种成熟

生活有时候会让我们遍体鳞伤，但到后来，那些受伤的地方一定会变成我们最强壮的地方：我们会在创伤中逐渐成长，并趋于成熟。

人生并非一帆风顺。我们都是经过挫折、尝试、创伤而逐渐成熟。爱默生说过："我们的力量来自我们的软弱，直到我们被戳、被刺，甚至被伤害到疼痛的程度时，才会唤醒那被包藏着的神秘力量。只有这些力量被摇醒、被折磨，便激励我们学习一些东西了。此时我们会运用自己的智慧，发挥自己的刚毅精神，学会了解事实真相，从自己的无知中学习经验，磨炼自己的意志，最后，学会调整自己并且掌握真正的技巧。"

"长大以后，为了理想而努力，渐渐地忽略了父亲母亲和故乡的消息。如今的我，生活就像在演戏，说着言不由衷的话、戴着伪善的面具，总是拿着微不足道的成就来骗自己。总是莫名其妙感到一阵的空虚，总是靠一点酒精的麻醉才能够睡去。在半睡半醒之间仿佛又听见水手说，他说风雨中这点痛算什么！擦干泪不要怕至少我们还有梦！他说风雨中这点痛算什么，擦干泪不要问为什么！"

这是身残志坚的台湾歌手郑智化的《水手》。在受伤的时候，你不妨听听这首歌。人生就像一条河，而我们就是游弋在河中的水手。在河流中泅渡免不了会受些伤，只有不怕河中的滔天巨浪，不怕在河中淹死，才可能游到成功的彼岸。人们赞美游到彼岸的英雄，却容易忘记他在泅渡大河中也曾有过挫折。

当伤害如利箭射来，痛彻心扉，已经够惨了，若不知疗伤止痛，会让伤口无法结痂复原，岂不是欠缺些智慧？对于外界所起的变化，要能既不洋洋得意于顺境，亦不沉湎于痛苦的逆境，这不是一件容易的事，当我们面对人生时，总是携带着快乐和痛苦、悲哀与幸福，这些都是使人成熟的岁月的标记，也是心灵的刻痕。走过人生才会发现，原来，创伤也是一种成熟，而成熟就是一种美。

蛹在成为蝴蝶之前，会经历痛苦的蠕动和挣扎，只有这样，它才能蜕变出美丽的翅膀和轻盈的身体。化蝶之理，对人亦同！也许在获得成功之前，我们会必不可少地经历痛苦，可只有在痛苦过后，品尝到的幸福才更香、更甜！

其实在生活中，很多时候我们就如那小小的蛹，经常陷于一种生存的窒息状态，或是处于绝望的境地。这就需要我们用智慧和良好心态去突破将自己包裹起来的厚重外壳，尽管这一过程会很痛苦，但于生命的重生，它又实在是一种必需。所以破茧成蝶，是人生的一种境界。能够破茧成蝶，就会有重获新生的欢乐和快慰。

一个偶然的机会，伊黛和邓肯太太合作成立的"少女公司"，生产出一种在当时很"前卫"的胸罩，在市场上十分走俏。所产生的巨大利益空间吸引竞争者们纷纷加入。为了增强竞争力，伊黛打算暂时不分配利润，并尽可能借钱，购买机器设备，雇佣员工，扩大生产规模。

邓肯太太只是一个普通的家庭妇女，不像伊黛那么有野心，她对现在赚到的钱已经心满意足了，而且担心举债经营会赔掉已经到手的成果。她坚决要求及时分配利润。两人的意见发生严重分歧，只好解散合作。

当时，公司刚刚以分期付款方式购置了一批新设备，两人散伙后，现金全被邓肯太太带走，伊黛还得借一笔钱支付她的红利，这样，公司只剩下一些机器和一大笔债务，陷入无米下锅的窘境。伊黛出去找新的合伙人，没有人愿意合作；向人借钱，得到的回答都是"不"。因为这场内讧使人们误以为"少女公司"的生产经营遇到了严重阻碍。更糟糕的是，不明真相的债权人纷纷登门逼债，让伊黛穷于应付。许多员工们以为公司大势已去，纷纷跳槽，200多名员工最后只有30多人留下来。

伊黛遭此打击，难免灰心丧气。但她知道，唉声叹气对结果没有任何好处，只能多想想解决问题的办法。经过几个不眠之夜的反复思考，伊黛确定了"安定内部、寻找外援"的思路。

首先，她设法稳住留下来的几十个员工，不给外界一个"已经倒闭"的印象。她开诚布公地向员工们说明了公司的真实情况，并宣布将十分之一的股权分配给他们。这样，员工离职的现象就再也没有发生过了。

接下来，伊黛积极筹措资金。经过多次碰壁后，她从银行家约翰逊那里获得了50万美元贷款。有了资金，"少女公司"立即焕发生机，它的业务成长得比以前更快。

在伊黛不断的努力经营之下，"少女公司"的产品从胸罩扩大到睡衣、泳装、内衣等，产品畅销100多个国家，最终"少女公司"成为一家世界性著名的大公司。

伊黛作为一位杰出的女性，她对坚强的理解更为深刻，并以此来告诫她的子女："当坏事已经降临，悔恨、抱怨、痛苦没有任何意义，唯有从事情变坏的原因着手，设法改变它，以免事情变得更坏和同样的坏事再一次发生。这才是有意义的做法。"

任何一件事都是由许多要素构成，没有哪件事能够全部做对或会全部做错。所谓失败，通常只是某些应该做好的事情没有做好，并不是一无是处。只要认识到失败的存在，找到原因，搞清哪些事情没有做好，下次加以改进，同样的失败就不会再发生了。如果确实是因能力不足所致，也要以比较平静的心情接受失败的结果，吸取教训，但不要因懊恼而损害自己的心灵及身体。

致奋斗者

你若不勇敢　谁替你坚强

曾庆灿　编著

中国出版集团

中译出版社

图书在版编目（CIP）数据

致奋斗者 . 你若不勇敢　谁替你坚强 / 曾庆灿编著 .
-- 北京 : 中译出版社 , 2019.8（2022.4 重印）
ISBN 978-7-5001-6010-6

Ⅰ . ①致… Ⅱ . ①曾… Ⅲ . ①成功心理—通俗读物
Ⅳ . ① B848.4-49

中国版本图书馆 CIP 数据核字（2019）第 175748 号

致奋斗者

你若不勇敢　谁替你坚强

出版发行：中译出版社
地　　址：北京市西城区车公庄大街甲 4 号物华大厦 6 层
电　　话：（010）68359376　68359303　68359101
邮　　编：100044
传　　真：（010）68357870
电子邮箱：book@ctph.com.cn
总 策 划：张高里
责任编辑：顾客强
封面设计：青蓝工作室
印　　刷：金世嘉元（唐山）印务有限公司
经　　销：新华书店
规　　格：880 毫米 ×1230 毫米　1/32
印　　张：30
字　　数：550 千字
版　　次：2019 年 8 月第 1 版
印　　次：2022 年 4 月第 11 次

ISBN 978-7-5001-6010-6　　　　定价：149.00 元（全 5 册）

目　录

第三章　修炼自己，勇敢地激发出你的潜能

第四章　放下你的负担，让自己勇敢起来

第五章　勇于超越自我，替自己坚强

第 一 章

没有谁可以让你依靠一辈子，人生只能靠自己

　　《国际歌》中有这样一句歌词，"从来就没有什么救世主，也不靠神仙皇帝，要创造人类的幸福，全靠我们自己"。没有人是可以让你依靠一辈子的，越早明白这点，越早能戒断各种心理依赖症，早日做自己人生的主人。

人的命运只在自己手上

有人说，有好父母就会有好前程；也有人说，嫁个好人家就会幸福；还有人说，有个当官的亲戚人生就会很成功……很显然，这些人是将自己的人生寄托在了别人身上。其实，人生的一切不能靠别人，只能靠自己。俗话说："靠天靠地不如靠自己。"自己的道路自己走，只有自己奋斗，才能为自己创造美满的人生。

有一个人生来就很不幸：他的父亲嗜赌如命，输了钱就拿他出气发泄；他的母亲嗜酒成癖，喝醉了就对他拳打脚踢。他常常鼻青脸肿，皮开肉绽，13岁便流浪街头。

一直到20岁的时候，他才幡然醒悟："如果这样下去，我只能成为社会的垃圾，那岂不是和父母一样了吗？我不能这样做，我一定要走一条成功之路！"

但是走哪条路呢？从政？他又没有后台；进大企业去工作？他又没有文凭；经商？又没有本钱……他什么都没有，他不知道自己该干什么。

在看了一场电影后，他便决心去当演员，因为演员不需要后台，也不需要学历，更不需要本钱，只要依靠自己的努力就可以了。

但是，他不具备当演员的条件。他不仅有口吃的毛病，长相也很难看；他没有表演经验，也没有接受过任何专业的表演训练，更没有所谓的表演天赋。

但是他认为，这就是他人生的唯一机会，绝不能放弃，一定要成功！于是，他来到好莱坞，找导演，找制片人……找一切可能让他成为演员的人。

"给我一次机会吧，我要当演员，我一定会表现得很好！"见到电影界的人，他总会这样说。

"看你这个样子，怎么可能做得了电影演员呢?"

"算了吧，我们才不会招像你这样的人哩。"

"走远一点，这里不是你做梦的地方！"

"你死了这条心吧。"

"你不要再来了，我们公司不欢迎你。"

遗憾的是，迎接他的总是讽刺、挖苦、嘲笑……但他还是告诉自己："我一定要成为好莱坞的明星！"

就这样，在两年时间内，他遭到了1000多次拒绝。他有时候也不禁暗自垂泪：难道就没有希望了吗？难道赌徒、酒鬼的儿子就不能拥有幸福的人生吗？不行，我一定要成功！他想，既然不能直接成为演员，何不先写剧本，待剧本被导演看中后，再来要求当演员。

就这样，他一边打工维持生计，一边深入生活编写剧本。剧本写完了，他又拿着剧本找导演："用这个剧本，让我当男主角吧！"

有人看了看剧本，又立即还给他；有人觉得剧本还行，但不可能让他当男主角；还有人看都不看，就把他轰出门去……总之，没有人答应他，但他没有停止行动。苦心人，天不负。在他遭到1855次拒绝之后，一个曾拒绝过他多次的导演对他说："我不知道你能否演好，但被你的坚韧所感动，我给你一次当主演的机会。"

此后，这个人成了好莱坞的大明星，他就是世界影迷心中的英雄——史泰龙。

在实现人生理想的路上，有很多人常常碰壁两三次就会放弃了，通过史泰龙的事迹，就可见他们为什么不能成功。如果他们能像史泰龙一样正确地对待自己，毫不懈怠地相信自己，那么就离成功不远了。很多人觉得人生总会有很多苦难，让人痛苦不堪。殊不知，当你将这些苦难踩在自己脚下的时候，你的人生就会与众不同。

经济大危机时，汤姆和妻子先后都失业了。但是为了生活，他们夫妻俩每天仍努力地找工作，可晚上回到家时，只能望着彼此摇头，不停地叹气。

汤姆的父亲曾经是个拳击冠军，但如今他年老力衰，卧病在床了。

有一天，父亲的精神很好，他将满脸愁容的汤姆叫到床前，对他说了自己在某次赛事中的经历。

在一次拳击冠军对抗赛中，他遇到了一个比自己高大的对手。因为他是个矮个子，一直无法进行有效的反击，反而差点被对方击倒，连牙齿也被打掉了一颗。

休息时，教练鼓励他说："忍住，你一定能打到第 12 局！"

听了教练的鼓励，他也说："我不会怕，我应付得了！"

于是，在场上，虽然他一直没有有效的反攻机会，但他也没有被对手彻底打倒。他跌倒了又爬起来，爬起来后又被打倒，一直坚持到了第 12 局。

就在第 12 局最后十几秒钟，可能是力气消耗得太多，对方的手开始发颤了，他抓住这最好的反攻时机，倾尽全力给了对手一个反击，对手应声倒下，他因此获得了拳击生涯中的第一个冠军。

说话间，病痛的父亲额上全是汗珠，他紧握着儿子的手，吃力地笑着："没关系，我应付得了。"

汤姆含着泪说："放心，我们也一定能应付过去。"

从此以后，汤姆不再愁容满面，白天，他出去找工作，晚上就和家人开心地聚在一起。因为努力地找工作，不久，汤姆夫妇都找到了满意的工作。很快，一家人又回到了宁静、幸福的生活中。

后来，每当家人遇到困难的时候，汤姆总会想到父亲说的那段话，他会告诉家里的每一个人，甚至是他遇到的每一个生活艰苦的人，那便是在困境中要告诉自己："我一定应付得过去。"

人生在世，好的命运要依靠自己去创造。尤其在巨浪滔天的困境中，我们应随时保持改造命运的力量，不断地告诉自己："我一定能应付过去。"这样，你才能收获满意的人生。当我们有了靠自己改造命运的坚定信念，困难便会在不知不觉中慢慢远离，生活自然会回到风和日丽的宁静当中。学会依靠自己，你就会走出人生的低谷，摆在面前的，将是一片湛蓝的天！

你是自己的上帝

　　国外电影里常出现这样的画面：当灾难降临时，主人公首先抓住胸前的十字挂像，然后一边在胸前画十字，一边不停地祷告："主啊，救救我吧!"每当这个时候，观众都幻想着也许救世主真的会从天而降把他救走，可是每次结局只有一种，那就是：主人公与十字挂像一同倒在血泊中，到死救世主都没有来。相信上帝的存在是一种信仰，但太过相信就会陷进被动的泥淖，当灾难降临时不采取行动而一味等待上帝的救助，任凭命运摆布，其结果只能任事态恶化并走向绝路。当他在呼喊上帝的时候，上帝没有听见，任凭他在死亡线上挣扎，如果他当时奋力挣脱魔爪或者采取相应的措施，也许可以摆脱险境。

　　然而我们身边的很多人，有时甚至包括我们自己，都把这一生的命运交给了上帝。

　　上帝是不存在的，上帝只不过是人们给自己苦难心灵的一个慰藉，它空洞虚无，当大难来临时它毫无用处。所以，只有自己是自己的救世主，依靠任何外人外物都是毫无意义可言的。

　　世上没有什么救世主，如果说有的话，那也只有你自己。

　　有一个事业非常成功的经理，他把全部财产投资在一种小型制造业上，由于世界大战爆发，他无法取得他的工厂所需要的原料，因此只好宣告破产。后来，他成为一名流浪汉。人生的灾难使他丧失了生存的勇气，有好几次，他都想结束自己的生命。

　　后来，他看到了一本名为《自信心》的小书。这本书给他带来了一丝活下去的希望，他决定找到这本书的作者奥里森·马登。

当他找到马登，说完他的故事后，马登却对他说："我已经以极大的兴趣听完了你的故事，我希望能对你有所帮助，但事实上，我却绝无能力帮助你。"

他的脸立刻变得苍白。他低下头，嗫嚅地说道："这下子完蛋了。"

马登停了几秒钟，然后说道："虽然我没有办法帮助你，但我可以介绍你去见一个人，他可以协助你东山再起。"

刚说完这几句话，流浪汉立刻跳了起来，抓住马登的手，说道："看在上帝的分上，请带我去见这个人。"

于是马登把他带到一面高大的镜子面前，用手指着镜子说："我要向你介绍的就是这个人。在这个世界上，只有这个人能够使你东山再起。除非坐下来，彻底认识这个人，否则，你只能跳到密歇根湖里。因为在你对这个人做充分的认识之前，对于你自己或这个世界来说，你都将是个没有任何价值的废物。"

他朝着镜子向前走了几步，看到镜中的自己是如此憔悴，如此狼狈，他用手摸摸长满胡须的脸孔，不敢相信这就是从前那个意气风发的自己，他禁不住低下头，开始哭起来。

几天后，马登在街上碰见了这个人，几乎认不出他来了。他的步伐轻快有力，头抬得高高的，从头到脚打扮一新，看起来很成功的样子。

"那一天我离开你的办公室时，还只是个流浪汉。是你让我在镜子中找到了失落的自己。现在我找到了一份年薪3000美元的工作。我的老板先预支了一部分钱给我的家人。我现在又走上成功之路了。"

生活中，有不少人面对激烈的竞争，常显现出措手不及的惊恐状，面对生活中的种种挫折和困难始终觉得自己是一个弱者，随时都有可能被迫退出人生舞台。但是，看看我们身边的人和事，我们就会发现，有很多成功的人都是通过自己的刻苦和努力改变了自己，从自己的身上找到了自己的特长，最终走向了成功。

有一个人在大海上航行，突然遇上了强烈的风暴，船沉没了，全船人死伤无数。这个人侥幸地获得了一艘小小的救生艇而幸免于难，然而他的救生艇在风浪中颠簸起伏，如同叶子一般被吹来吹去，他迷失了方向，救援的人也没有找到他。

天渐渐黑下来，饥饿、寒冷和恐惧一起袭上心头。然而，他除了这艘救生艇之外，一无所有，灾难使他丢掉了所有，甚至自己的眼镜。他的心灰暗到了极点，无助地望着天边，此时，他是多么渴望上帝这个救世主能来到身边，把他从黑暗中救出去啊，但是时间过了很久，周围依然毫无动静。正在他绝望的时候，忽然看到一片片阑珊的灯光，他高兴得几乎叫了出来。这个灯光使他想到了家里的灯光、妻子还有可爱的孩子，想到了年迈的父母，想到他们曾经对他说过的一句话："你是你自己的救世主。"——这句年轻时激励他从困境中走出来的话。他想这次他也可以拯救自己。于是他奋力地划着小艇，向那片灯光前进。

三天过去了，饥饿、干渴、疲惫更加严重地折磨着他，好多次他都觉得自己快要崩溃了，但一想到亲人，想到那句话，他又陡然增添了许多力量。第四天的晚上，他终于划到了岸边，此时，他已经不吃不喝地在海上漂泊了四天四夜，当人们惊奇地问他是否有人帮助他脱离困境时，他很骄傲地说："没有任何人，是我自己。"

是的，你是自己的救世主，除此之外，没有其他人。如果在遭遇危险或不幸时，把命运交与上天处理，一切相信命里注定，不再采取任何自救的行动，那么结局往往只有一种：失败。相反，如果不相信命运，而相信自己本身的力量，也许结局便是另外一种模样。

你只能靠自己去成长

一个人有多大的能力，他就有多大的成功。但是，人的能力不是天生就有的，必须不停地改造自己、提升自己，只有这样，才可能获得成功，从而活出与众不同的人生。

吴士宏出生于北京，父母都是知识分子，由于父母所谓的"政治问题"，1973 年初中毕业的吴士宏不能继续上学。之后，她被分配到一个街道小医院当护士。十年过去了，改革不仅在改变着中国，也在改变着吴士宏的眼界。吴士宏觉得，自己不应该永远就是一个街道的护士，应该活出自己应有的价值。于是，她决定自学英语。她依靠一台小收音机，用了一年半的时间修完许国璋的三年英语教程，并通过成人高考取得英语专科学历。

吴士宏拿到了英文专业的大专文凭后，她获得了一个去 IBM 工作的机会。在进入 IBM 之前，有一个面试，吴士宏表现出了初生牛犊不怕虎的气势。经理问她："你知道 IBM 是家怎样的公司吗？"吴士宏马上回答："很抱歉，我不清楚。"她说的是实话。"那你怎么知道你有资格来 IBM 工作？""你不用我，又怎能知道我没有资格？"吴士宏脱口而出，这句话充分显示了她的自信和勇气。接下来，她用流利的英语说，她以前的同事和领导都相信她有能力做更多的事，如果能给她机会，她会以实际成绩来证实她的能力和资格。就这样，她被录用了。

刚进入 IBM 时，她只是一个基层办事员，做的是烦琐的行政勤务，在职务上称作"行政专员"，但工作的实质与打杂没什么两样，几乎什么都干。但是，这段"打杂"的工作经历对吴士宏影响也非常大，她觉得，自己身处一群无比优越的真正白领阶层中，觉得自己真的没有能力，没有价值。或许正是自己的现状就是这样，她也很少获得同事的尊重。一次，有位资格很老的香港女职员向她劈脸喊道："如果你要喝我的咖啡，麻烦你每次把盖子盖好！"她把吴士宏当成经常偷喝她咖啡的蟊贼了。这是人格的污辱，吴士宏顿时浑身战栗。所幸每个人都有不断变化的机会，所处的环境中也会有新的刺激不断出现使人往上或往下走。在吴士宏身上，这种来自外界的不断刺激，当时就像有鞭子抽打着她，驱使她往上走。事后她发誓说："有朝一日，我要有能力去管理公司里的任何人，无论是外国人还是香港人。"

吴士宏要改变现状，把自己从最低处带领出来。有了应聘时要求打字的前车之鉴，她决定把事情做在前面。于是，她每天比别人多花 6 个小时用于工作和学习，为了通过计算机语言考试，她用两个星期的全部夜晚啃完一尺半厚的教材；为了锻炼口才以适应推销业务，她把自己关在家里对着墙壁反复练习绕口令；为了练习专业术语快读，导致她咽喉充血不能吞食。于是，在同一批聘用者中，因为她掌握了更多的技能，第一个做了业务代表。吴士宏的努力没有白费，她在 IBM 公司工作了 12 年，以勤奋好学工作拼命著称，终于从一名勤杂人员成长为高层管理员。在管理层，她的能力很快得到了领导的肯定，在这个时候，她幸运地被 IBM 高层发现了，1998年 2 月吴士宏改任微软中国公司总经理，执掌世界上最富有公司的金印，1999 年 10 月以后又任 TCL 集团信息产业公司总裁。

陀思妥耶夫斯基说过："倘若你想征服世界，你就得征服你自己。"这就要求我们要向自身的弱点开炮。对完美的追求，不仅仅是生命意义之所在，也是我们事业成功的前提。每个人身上的缺点，若不及时加以克服，很可能就会使我们辛辛苦苦取得的成绩付之一炬。因此，我们要学会克服缺点，这个过程，也就是对自我进行改造的过程。当你一步步趋于完美时，也会得到越来越多人的尊重。

有一个年轻人从事保险推销工作。但不幸的是，三个月下来，他居然没有做成一笔生意。身上的钱基本用光了，他不得不强打精神出门，希望今天能有好运。

不远处，是一座寺庙，一位禅师正在那里。年轻人向禅师走去，向他滔滔不绝地推销起了保险。禅师并没有打断他，一直耐心地听他把话说完。之后，平静地告诉他："你的介绍引不起我的丝毫兴趣。"年轻人一听，神色立即黯淡了下来。"人与人对坐之时，相互之间一定要有一种很强的吸引力，如果做不到这一点，也就没有什么魅力可言了。想要成功，先要改造自己吧！"禅师的话给了年轻人很大的震动，他开始反思自己：的确，自己正是因为缺少那么一种吸引力，所以才会频频遭到对方的拒绝。

他决心改造自己，把自己打造成一个拥有人格魅力的人。他请来自己的朋友、家人，请他们指出自己身上的缺点。有时遇到自己的客户，他也会向人家虚心请教自己的不足。别人每提出他的一个缺点，他就认真地记下，然后想办法改正。他发现自己正在经受一次次的蜕变。尽管那个过程是痛苦的，因为一些缺点是经年累月积累下来的，难以改正，但是他却坚持了下来。而随着那些缺点的消除，他周围的朋友越来越多，他自己也感觉到了这种改变。他把身上的一个个缺点改了过来，而随着劣根性的消除，他也得到了一步步的成长。结果，他的业绩直线上升，成为一个著名的保险推销员。

人生很复杂，每个人都在扮演着不同的角色。为了使自己可以更好地适应角色的转换，我们一定要学会充实自己。最好的办法就是学习。学习可以充实我们的头脑，可以陶冶我们的情操，还可以使我们变成更有竞争力的人。

你也是自己人生的救星

　　一个人要成就自己，在很大程度上是很难依赖别人的。因此，在人生的大舞台上，有时你必须扮演自救的角色。如果你不扮演这个角色，这出戏就很难演了。

　　依赖别人就意味着命运掌握在别人手中。没有独立做前提，成功也许只是个假设。独立性格是成功者的必备条件，历史如此，现实生活也是这样。独立习惯的养成，对一个人的事业、未来、人生都有莫大的好处，所以若想成就事业，这是个不可少的一个条件。

　　有一位学术界知名的学者曾告诫青年学生们说："如果你过分依赖别人，那你就会很容易上当，因为你不能辨别别人的话究竟是对的还是不对的，而你对别人的动机也就茫然不知。"成大事者的身上具有许多种优良品质——勇敢、忠诚、创新、进取，当然独立也是这些品质中不可缺少的品质之一。如果一个依赖于他人的人也会获得成功的话，恐怕历史上就不会有很多民族为独立而战了。有些年轻人生活在优越的环境里，溺爱使他们失去了自救的本领，因此成了生活中的低能儿，养成了依赖别人的习惯。他们在父母的羽翼下可以安然无恙地生活，感受不到外界的任何干扰，但是一旦走出家庭，面对社会，他们的缺陷就会暴露无余，面对竞争激烈的社会，他们能否生存，自我拯救，真是令人担忧。

　　李明翰是一名优秀的学生，从小学到高中毕业，学习成绩一直名列前茅。然而就是这样一个高智商的优秀生，在生活中却是一个低能儿。从进入小学到中学毕业的 12 年，由于他学习成绩好，深得学校老师们的称赞和父母的厚爱。父母为了让他集中精力读书，成为一个有出息的人，家中什么活儿都不让他干，甚至连床铺也是父母替他收拾的，每次吃饭都是母亲把饭端到他跟前。真可谓饭来张口，衣来伸手。因此，到他十七八岁时，和他同岁的孩子，什么活都会干了，而他却连叠被子、洗碗的基本劳作都不会。

李明翰参加高考，以全县第一名、全省第三名的优异成绩，考入了全国重点大学。这一振奋人心的喜讯，给家里带来前所未有的欢乐，亲戚朋友都投以羡慕的目光，称赞他聪明。同年夏天，李明翰以无比兴奋的心情，来到了首都，跨进了令人向往的大学，实现了成为一名大学生的理想。然而，当他开始大学生活没多久，由于他没有起码的生活能力，自己不会洗衣服，不会缝补衣服，不能独立生活，感到十分苦恼，尽管同学们也给了他应有的帮助，但还是解决不了他的实际生活问题。

在这种情况下，他只好向校方申请休学。学校根据他入学后的实际情况，批准了他的申请。第二年开学时，学校给他寄去了复学通知书。但谁也没有料到，接到复学通知书的李明翰，居然因惧怕离开父母后自己不能面对生活而悲观厌世，在这种思想驱使下，他纵身从高楼跳了下去，过早结束了自己的生命。

社会是充满竞争的地方。如果你要做一个成功的人，那就应该是个品格独立的人，首先就应该学会自我拯救。当你陷入困境遭遇孤独的时候，如果仅仅简单地去抱怨社会冷漠、别人自私，这只说明你对外界的依赖性太强，太脆弱。依靠别人来解决你的问题当然容易多了，无论发生任何事，有个人可以商量总能让人觉得内心安定些。如果再进一步，别人愿意承担起完全的责任，自己更是完全松懈下来。表面上是轻松了，但结果这种人便容易成为一个无法独立的弱者。所以，当我们遭遇逆境的时候，首先应该学会自我拯救。

　　这并不是教你在社会上打肿脸充胖子，更不是教你万事不求人，而是想告诉你，在这个世界上每个人都在忙自己的事，每个人都有自己的麻烦。

　　自我拯救能够取代朋友、金钱和门第带来的帮助。敢于自救、不惧困难、在障碍面前毫不犹豫、对自己的办事能力有足够信心的人，就是一个能成大事的人。世上的每个人，只有当他感到所有外部的帮助都已被切断之后，才会尽最大的努力，充分发挥出自己的潜能，以最坚韧不拔的毅力去奋斗，因为主宰命运沉浮的只能是他自己的努力，他必须学会自救，否则生命之舟就会沉没。当人类不必为满足自身需要去努力自救时，往往就失去了前进的动力。摆脱贫困一直是促使人类前进的驱动力，是驱使人类从野蛮状态进入文明的源动力。你一生毫无建树的原因就是因为害怕做事，缺乏信心。若你不敢有自己的想法，不敢争取主动，做事就会谨小慎微，而无所突破；若在发表意见之前总是要先弄清楚别人的立场，看别人是否赞同你，这样一来，你的观点就会成为别人的修订版。

　　要相信你来到这个世界上是带有目的的，是为了造就你自己，是为了帮助别人，是为了扮演一个别人替代不了的角色。自己拯救自己是成大事的天规！只有把自己当作对手，不断超越自我，才能成功。

跌倒了就靠自己爬起来

鲁迅先生说："伟大的胸怀应该表现出这样的气概——用笑脸迎接悲惨厄运，用百倍的勇气来应付一切的不幸。"

1994年11月23日晚，人民大会堂里近万人沉醉在著名小提琴演奏家伊扎克·帕尔曼的精彩琴声中。伊扎克双腿因患小儿麻痹症而不能站立，演出结束后却出人意料地拒绝别人的搀扶，坚持自己拄着双拐站起来接受鲜花，并向观众致意。第一次，他失败了；第二次，他还是失败了；第三次，他依然未能成功。他面对观众笑一笑，笑容里充满了歉意；第四次，他终于站了起来！大厅里响起了暴风雨般的掌声。伊扎克对采访他的中央电视台记者说："成功来源于自己，世界上没有什么事是不能做的，只要你想做。"

日本青年乙武洋匡，是个失去手脚的残疾人，在轮椅上长大，竟能与普通孩子一同上完幼儿园和小学、中学。他学会了跳绳、游泳和打篮球，登上了高山，拍过电影，并以优异成绩考入赫赫有名的大学。对他来说，残疾只是人生的"记号"。他认为，只要主动参与，就能体现自我的存在价值；只要保持奋斗的勇气，就不会虚度此生。乙武洋匡的父母很爱他，但爱的方式是让他自己锻炼，凡是他能干的事情，尽量让他自己干。在幼儿园，他学会了侧头把铅笔夹在脸和仅有10多厘米的残臂之间，一笔一画地写字；他把盘中的刀叉交叉起来，利用杠杆原理，靠残臂平衡用力，自己吃饭……

伊扎克靠自己站起来，乙武洋匡的自我锻炼，使人看到一个人生理上有缺陷并不可怕，只要有积极的人生态度，就能超越自我，积极补偿，表现出强者的姿态，使缺陷成为前进的动力。奥地利心理学家阿德勒在《器官功能不足和它的生理补偿》中说："如果人的生理器官功能不足或者有了缺憾，就会遇到许多困难，必须另找途径来弥补以更好地适应环境。"他指出，有许多对我们文化有重大贡献的杰出人才有生理上的缺憾，他们的健康状况往往很差。然而，这些奋力克服困难的人却做出了许多惊人的贡献。个中道理并不复杂：因为有缺憾，便想法弥补缺憾，就可能把隐藏在内心深处的潜力和智慧充分调动起来，以顽强的意志与命运抗争，以至创造奇迹。

读达尔文、康德、拜伦、培根和亚里士多德等人的传记就会明白，他们的优秀品质和光辉成就，从一定意义上说，都是其缺陷促成的。心理学有所谓"拿破仑情结"或"矮人综合征"，就是指一个像拿破仑那样身材矮小的人，通过自我补偿机制发展成为叱咤风云的杰出人物。

古往今来，无数的成功者都是靠自己"站"起来的，他们都是对"战胜自己"最完美的诠释。如果你还在退缩，请快点明白，战胜自己是如何紧迫；如果你还在犹豫，请看看那胜利者是如何一步步走来；如果你已经在向自己挑战，那你要坚持，成功最终会向你敞开胸怀的！

尽人事，听天命

生活中有很多人会将自己的不幸归结为命运的不济，认为自己就是命运的弃儿。可是，那么多从不幸走向成功的人，他们中有几个曾经的条件比你现在的条件更好？拿他们的成功与你的失败相较，你是不是更应该反省自己的得失？做一个改变自己的人？

我国古代一个叫袁了凡的人就可以给我们做榜样。他是明朝时期江南吴江人，有次他在慈云寺结识了一位孔姓老先生。孔老先生曾得到宋朝邵康节先生真传皇极数，所以精通命数推算，孔先生替袁了凡推算命里所注定的数。他说："在你没有取得功名做童生时，县考应该考第 14 名，府考应该考第 71 名，提学考应该考第 9 名。"到了第二年，袁了凡果然三次考试，所考的名次和孔先生所推算的一样，完全相符。

孔先生又替袁了凡推算终生的吉凶祸福。哪一年考取第几名，哪一年应当补廪生，哪一年应当做贡生，等到贡生出贡后，在某一年，应当选为四川省的一个县长，在做县长的任上三年半后，便该辞职回家乡。到了 53 岁那年八月十四日的丑时，就应该寿终正寝，可惜命中没有儿子。这些话袁了凡都一一记录下来，并且牢记在心中。从此以后，凡是碰到考试，所考名次先后，以及官职升迁等等无不一一应验，都不出孔先生所推算。袁了凡因此认为何时生，何时死，何时得意，何时失意，都有个定数，一切都是天定的，没有办法改变。

后来袁了凡认识了云谷禅师，在云谷禅师点拨下，认识到一个人的命数其实可以改变。一个极善的人，尽管本来他的命数里注定吃苦，但是他做了极大的善事，这大善事的力量，就可以使苦变成乐，贫贱短命变成富贵长寿；而极恶的人，尽管他本来命中注定要享福，但是他如果做了极大的恶事，这大恶事的力量，就会使福变成祸，富贵长寿变成为贫贱短命。所以，如果造恶就自然折福，修改完善就自然得福。从前各种诗书中所说的，原来都是的的确确、明明白白的好教训。袁了凡原来号"学海"，但是自从那一天起就改号叫"了凡"，因为他明白了立命的道理，不愿意和凡夫一样，所以改叫"了凡"。他从以前的糊涂随便、无拘无束，变得小心谨慎、戒慎恭敬，即使是在暗室无人的地方，他也警惕自己不要做错事而获罪于天。碰到别人讨厌他、毁谤他，他也能够淡然处之，不与人计较。在他见了云谷禅师的第二年，到礼部去考科举。

孔先生推算他应该考第三名，哪知道居然考了第一名，孔先生的话开始不灵了。孔先生没算他会考中举人，哪知道到了秋天乡试，他竟然考中了举人，这都不是他命里注定的。从此，袁了凡对自己要求更加严格，勿以善小而不为，勿以恶小而为之。努力自省改过，尽力修身积德行善。结果真是"断恶修善，灾消福来"。袁了凡于辛巳年有了儿子，取名叫天启。袁了凡后高中进士，官位追赠到尚宝司卿。53 岁那年也并无灾难，甚至连一点病痛都没有。享寿 74 岁。袁了凡曾写有 4 篇短文做家训，名《戒子文》，教诫他的儿子袁天启认识命运的真相，明辨善恶的标准，改过迁善的方法，以及行善积德谦虚种种的效验；并且以他自己改变命数的经验来"现身说法"，这就是后来广泛传行于世的《了凡四训》。

从袁了凡这一生的轨迹看来，我们也许会明白，很多值得去做的事，是改变自己命运需要的努力。如果非要说天命可以注定一些事情，那也应该是机遇的垂青。可是，机遇会给那些有准备的人，也就是说，个人的努力永远都占很大比重，你的努力永远决定着你的成就。

勤奋是你成功的唯一出路

韦尔奇说过："勤奋就是财富，勤劳就是财富。谁能珍惜点滴时间，就像一颗颗种子不断地从大地母亲那儿吸取营养那样，惜分惜秒，点滴积累，谁就能成就大业，铸造辉煌。"

人生的许多财富，都是平凡的人们经过自己的不断努力而创造的。周而复始的日常生活，尽管有种种牵累、困难和应尽的职责、义务，但它仍能使人们获得种种最美好的人生经验。对那些执着地开辟新路的人而言，生活总会给他提供足够的努力机会和不断进步的空间。人类的幸福就在于沿着已有的道路不断开拓进取，永不停息。那些最能持之以恒、忘我工作的人往往是最成功的。

成功的确源于自身的勤奋，本杰明·富兰克林作为美国伟大的科学家、政治家，非常强调实干精神，同时自己也用行动去证明他是一个实干家。

本杰明·富兰克林不管在哪儿工作都是身体力行，总是用实际行动去强调实干精神。他在印刷所打工时，别人下班了，他还在工作间里埋头苦干或学习一些有关印刷的专业知识，一段时间后，他出色地掌握了专业技能，并且凭着实力成为领高薪的工头。成了工头后，他在上班期间总是以最高的效率工作，工余时抓紧时间读书。后来，本杰明·富兰克林用自己挣的钱买了机器设备，筹办自己的印刷所，并且经过不断的努力终于在激烈的竞争中获胜。在本杰明·富兰克林创业初期，他亲自参与印刷所的一切事务——撰稿、编辑、策划广告、排版、印刷、修理设备等工作。当时他所买的那些简陋的印刷机难免会出一些故障，而本杰明·富兰克林就算是通宵达旦地工作也要争取解决故障、按时完成业务。为了他的事业，他没有时间去娱乐场所，没有时间和人闲聊，没有时间钓鱼打猎，偶尔有些时间，也都用于读书。总之，他一直在勤奋地工作。另外，本杰明·富兰克林在科学上的贡献也是举世瞩目的。如果他没有勤奋的实干精神，就无法做出这么多的贡献。如果他没有勤奋的实干精神，也不会揭示了电的本质，提出了"正电"和"负电"的概念，也不会在光学、热学、声学、数学、海洋学、植物学等方面都有很深的造诣，更不会发明避雷针、新式火炉、电轮、三轮钟、双焦距眼镜、自动烤肉机、玻璃乐器、高架取书器、新式路灯等物品。所以勤奋的实干精神是人们走向成功的重要环节，如果没有勤奋的实干精神，那么就算有再好的创意，再聪明都不可能取得成功。

有些人往往会找一些借口说：我没有那么聪明，所以我不会成功的。我就不是读书成材的那块料，所以我是没希望的。其实这都是借口，他们都是懒散惯了的。老话不是说勤能补拙吗？只要有这个决心，再笨的人也有成功的一天，这就是我们说的笨鸟先飞。

古语说得好："只要功夫深，铁杵磨成针。"全身心地投入到工作中去，才能把工作做得出色。

有很多人渴望获得成功，但又不愿意去勤奋努力工作，这些人都希望工作轻轻松松、一帆风顺，可是天下哪有这么便宜的事？当机会向这些人叩门时，他们也是视而不见，充耳不闻，最终在懒懒散散中了此一生。那我们为什么不能换一种心态，让自己勤奋一点呢？

如果你希望一件事快速而圆满地完成，那就不妨勤奋一点、忙碌一点，不要让懒惰吞噬你的心灵。如果你永远保持勤奋的工作态度，你就会得到他人的称许和赞扬，就会赢得老板的器重，同时也会获取一份最可贵的资产——自信，对自己所拥有的才能会赢得老板器重的自信。

我们必须认识到，任何人都要经过不懈的努力才能有所收获，收获的成果完全取决于这个人努力的程度，而没有机缘巧合这样的事存在。我们不能被动地等待机会，我们只有靠自己的努力与苦干去创造机会，创造未来。

我国著名的数学家华罗庚说过："我不否认人有天资的差别，但根本的问题是勤奋。我小时候念书时，家里人说我笨，老师也说我没有数学的才能。这对我来说，不是坏事，反而是好事，我知道自己不行，就更加努力。经常反问自己：'是不是我努力得不够？'不过好在我最终成功了，通过努力我得到了老师、家人的认可。"

在现实社会中，如果大家还没有意识到这一点，那么，他在工作中就会琢磨如何少干点工作多玩一会儿，也正是因为这种心理，他们的结果就是不用过多久，就会再一次踏上寻找工作的路，在人才的竞争中被淘汰。

靠你的双手去打造一切

接近那些成功者时，我们不得不动容。当问到他们成功的秘诀时，他们回答最多的就是"勤奋"。这个回答最简洁，也最直接。

从多方面来看，这些成功者之所以能够成功，能拥有如此巨额的财富，与他们的辛苦实干是分不开的，他们的每一分收获，都凝聚着他们的努力与汗水，毕竟勤奋创造一切。

没有无缘无故的幸运，没有无缘无故的成功，也没有不劳而获的财富。

卓达集团董事长杨卓舒每天都坚持工作十多个小时，早上 8 点多起床，巡查、接待、开会，晚上则集中处理文件，制订计划，一直到凌晨 3 点。有一次，几个媒体记者联合采访他，晚上 11 点开始交谈，采访时间持续了 3 个小时。采访完毕，记者们都已经疲倦得不行了，而杨卓舒居然还准备接待另一个客人。

比尔·盖茨说过一句话："要当一个亿万富翁，必须积极地努力，积极地奋斗。富豪从来不拖延，也不会等到有朝一日再去行动，而是今天就动手去干。他们忙忙碌碌尽其所能干了一天之后，第二天又接着干，不断地努力，直到成功。"其实我们还可以用另一句话来概括，那就是"今天能做的事，不要拖到明天"。

这句话不仅对我们有很大的启示，而且也在很大程度上展现了富豪们对工作的狂热和执着。在富豪们发财致富的过程中，他们一遇到问题就马上动手去解决。他们从不花费时间去发愁，因为发愁不能解决问题，只会不断地增加忧虑。他们会立刻集中力量去行动，兴致勃勃、干劲十足地去寻找解决问题的办法。

西安海星集团总裁荣海每天的日程是以分秒来安排的，他一年四季没有假期，甚至父亲生病住院，也很难抽出时间到医院陪护。

重庆力帆集团董事长尹明善，从41岁开始到现在，64岁的他每天工作十五六个小时。有一天他刚刚在医院打完吊针，就连着接待三拨记者，而第二拨记者结束采访时已是晚上7点。

勤奋刻苦一直被视为中华民族的传统美德。当勤奋刻苦的箴言因为熟悉而快要失去震撼力的时候，像以上这些富豪的致富故事会再次令我们震动。

对于任何人来说，创业总是艰辛的。现在那些有成就的名人，他们获得今天的财富远比我们想象的要难；因为财富的关系，他们远比我们承担得多。勤奋刻苦已经与这些白手起家的福布斯富豪终生相随。

许多在困境中成长起来的成功人士，在他们的身上向来不缺乏勤奋和勇敢。我们在看那些登上中国富豪榜的财富英雄时，也会常常感慨万千。富豪们艰苦创业、勤奋工作的精神真的令人感动。而我们所撷取的一个个感人的故事只是他们生活中的小插曲而已。当然，从这些小插曲中我们看到了他们中的每个人都有相似的经历——勤奋创造一切。

没有谁的成功是轻易获得的

中华民族自古就是一个勤劳的民族。古代先哲们也因此对勤劳做出各种精辟的诠释，为我们留下了许多至理名言："一勤天下无难事""勤能朴拙""一分耕耘，一分收获"等。这些经典名言告诉了我们这样一个道理：要想取得事业的成功，离不开勤劳。

彼得·弗雷特像很多人一样，抱着淘金的梦想来到了萨文河畔。他首先在河床附近买了一块没人要的土地，一个人默默地开始了工作。为了找到金子，他在这块土地上埋头苦干了几个月，直到土地全变成坑坑洼洼，还是连一丁点金子都没见到。他已经把所有的钱都押在这块土地上，现在连买面包的钱都没有了。万般无奈之下，他决定离开这儿到别处去谋生。

就在他准备离开的前一个晚上，半夜突然下起了倾盆大雨。雨一直下了三天三夜，当第四天彼得走出小木屋，发现原本坑坑洼洼的土地已经被大水冲刷平整，而且上面还长出了一层绿茸茸的小草。

彼得忽然有所触动，他想："虽然没有找到金子，但这块儿肥沃的土地却可以用来种花，然后把花拿到镇上去卖，一定会有人买回去装扮他们的家园……"

于是，彼得又决定不走了。

不久，经过彼得的辛勤劳作，那块地里长满了美丽娇艳的各色鲜花。他把它们拿到镇上去卖，果然大受欢迎，人们一个劲儿地称赞："瞧，多美的花，我们从没见过这么美丽的花！"

彼得用很低的价格把花卖给了人们，因此买花的人越来越多。

五年后，经过辛勤的劳动，彼得终于实现了自己的梦想——成了一个富翁。

俗话说，幸福需要一双勤劳的手。可遗憾的是，有些人虽然希望自己能过上富裕幸福的生活，可从来不知脚踏实地去为之努力，而是把幸福建立在一些不切实际的想象中。最终，他们不是在等待中虚度人生，就是在愁苦中终老，而他们想过的那种幸福生活，一直都仅仅是折射在眼睛里的海市蜃楼。

有这样一个笑话，讽刺的就是那些想不劳而获的人。

有一个年轻人不断地到寺庙去祈祷，而且他的祷告词每次都是一样的。第一次他到寺庙时，跪在财神前，虔诚地低语："财神爷啊，看在我多年信奉您的分上，让我中一个500万的彩票吧！"

几天后，他又垂头丧气地回到寺庙，同样跪着祈祷，重复着他的祷告语。如此周而复始，一直祈求了十年。到了最后一次，他跪着说："我的财神爷，你为何不垂听我的祈求，我这样虔诚，就让我中彩票吧！哪怕只有一次，让我解决所有困难后，我就终生敬奉您……"

就在这时，上空突然发出声音："你一直在祷告，祷告多了有什么用呀，想中500万，你至少也该买一张彩票吧！"

所以说，仅仅依靠祈祷，幸福是不会降临的，需要我们动手去做。哪怕是神灵保佑，也需要付出。所以蒙古人有句格言："勇敢，事情必成；勤劳，幸福必到。"勤劳是一个人最值得赞美和尊敬的品德之一，勤勤恳恳、始终专心地做好自己的工作。勤劳，为我们换来欢乐、换来健康、换来财富，勤劳一生可得一生幸福。

每一次成功的获取都要历尽艰辛。要想有所收获，就必定要有所付出，就像有耕耘才会有收获一样。其实，没有任何一种成功是不需要劳动的，因为辛勤劳动本身就是创造成功的不竭源泉。

不给自己找任何借口

生活中只有两种行为：要么努力挑战困难完美执行，要么避重就轻找借口。前者可以带来成功，而后者只能导致失败。

巴顿将军在他的战争回忆录《我所知道的战争》中曾写到这样一个细节。

"我要提拔人时常常把所有的候选人排到一起，给他们提一个我想要他们解决的问题。我说：'伙计们，我要在仓库后面挖一条战壕，8 英尺长，3 英尺宽，6 英寸深。'我就告诉他们那么多。我有一个有窗户或有大节孔的仓库。候选人正在检查工具时，我走进仓库，通过窗户或节孔观察他们。我看到伙计们把锹和镐都放到仓库后面的地上。他们休息几分钟后开始议论我为什么要他们挖这么浅的战壕。他们有的说 6 英寸深还不够当火炮掩体。其他人争论说，这样的战壕太热或太冷。如果伙计们是军官，他们会抱怨他们不该干挖战壕这么普通的体力劳动。最后，有个伙计对别人下命令：'让我们把战壕挖好后离开这里吧。那个老畜生想用战壕干什么都没关系。'"

最后，巴顿写道："那个伙计得到了提拔。我必须挑选不找任何借口就完成任务的人。"

对我们而言，无论做什么事情，都要记住自己的责任，无论在什么样的岗位上，都要对自己负责。不要用任何借口来为自己开脱或搪塞，执行任务是不需要任何借口的。

一位长期在公司底层挣扎，时刻面临着失业危险的中年人来看心理医生。医生问他发生了什么事。他神情激昂地说："我怎么也睡不着，想不通。"然后他开始抱怨公司老板如何不愿意给自己机会。

"那么你为什么不自己去争取呢？"医生说。

"我曾经也争取过，但是我不认为那是一种机会。"他依然义愤填膺。

"你能说得具体点吗？"

"前些日子，公司派我去海外营业部，但是我觉得像我这样的年纪，怎么能经受得住如此折腾呢。"

"为什么你会认为这是一种折腾，而不是一种机会呢？"

"难道你看不出来吗？公司本部有那么多职位，却让我去如此遥远的地方。我有心脏病，这一点公司所有的人都知道。"

医生无法确认这位先生是否真的得了心脏病，但他已经知道了这位先生的"病根"，那就是喜欢在困难面前为自己找借口。

于是，医生给他讲了一个与他的情形截然相反的故事，故事的主人公就是体育界的成功者罗杰·布莱克。

罗杰·布莱克之所以杰出并不在于他非凡的令人瞩目的竞技成绩——他曾经获得奥林匹克运动会 400 米银牌和世界锦标赛 400 米接力赛金牌。而更让人心生触动的是，所有的成绩都是在他患有心脏病的情况下取得的。

除了家人、亲密的朋友和医生等仅有的几个人知道其病情外，他没有向外界公布任何消息。患有心脏病从事这种大运动量的竞技项目，不仅很难有出色的发挥，而且有可能危及生命安全。第一次获得银牌后，他对自己依然不满意。如果他告诉人们自己真实的身体状况，即使在运动生涯中半途而废，也会获得人们的理解的。但是罗杰却说："我不想小题大做。即使我失败了，也不想将疾病当成自己的借口。"作为世界级的运动员，这种精神一直存在于他的整个职业生涯中。

医生刚讲完罗杰·布莱克的事，这位中年人就自己走出了治疗室。

那些认为自己缺乏机会的人，往往是在为自己所面临的困难寻找借口。富有者不善于也不需要编制任何借口，因为他们能为自己的行为和目标负责，也能享受自己努力的成果。

一个人在面临挑战时，总会为自己未能实现某种目标找出无数个理由。正确的做法是，抛弃所有的借口，找出解决问题的方法。因为那些实现自己的目标、取得成功的人，虽然成功的因素各不相同，也并非都有超凡的能力和超凡的心态，但他们却有一个共同的特点：他们从不为自己找借口。

第 二 章

认清自己，有了自我认知才能更坚强

　　古话说得好，人贵在有自知之明。一个有自知之明的人知道自己是谁，也知道自己的长处和缺点。当你真正认识自己的时候，你才能正确地看待自己的处境。一个有自知之明的人会去追求自我的完善，最终他才能变得更加坚强，并创造属于自己的完美人生。

自知之明最难得

人往往只有了解了自己以后，才能够正确地树立起自己的目标。在成功的道路上，人有时会变得犹豫不决。既想做这件事情，又想做那件事情，然而越是希望面面俱到，就越会导致犹豫不决。这时只要把这些迟疑不定的想法抛开，问题就得到解决了。所以要冷静地考虑自己的才能，选择适合自己的目标，这是非常重要的。然而自己很难了解自己的才能，当然也有人具有自知之明，但不了解自己的人终究比较多。

日本松下电器公司的创始人松下幸之助在回顾自己过去的半生时，他说他很少有犹豫不决的时候。因为工作总是接连不断地做，这一次这样做，下一次那样做，怎样做才能够把工作做好，怎样做才能适合自己，这些问题一直困扰着松下幸之助。他在遭遇困惑的时候，就会请教第三者，被请教的第三者因为没有利害关系，所以看得比较清楚，就会提供客观的意见。松下把这些意见仔细分析一下，觉得应该完全按照这些意见做时，就照做。他对这意见不十分明了时，就再度请教，如果听到三次相同的意见，那么不管怎样，他也会按照这个意见做下去。当时，苏联十月革命的成功，使全世界的产业工人无不欢欣鼓舞。日本的工人运动也风起云涌，工人提出增加工资、参加普选、成立工会、管理工厂等等一系列要求，无不使工厂的老板感到恐慌。

一般来说，愈是大型工厂，愈容易发生工潮。而像松下开办的这类小型工厂，工潮再怎么轰轰烈烈，里面都静如一潭死水。偏偏这时，松下萌发忧患意识：如果我的工厂规模一大，难免不发生工潮，我该怎么办？他进一步想：如果我的工厂受外界经济气候及自身经营状况的影响，工人情绪波动，我又该怎么办？这时，松下从旧式的家庭企业中受到启发，"对立不如亲善，把工人当成老板的家人，老板则像是工人的父亲"，这样的旧式的家庭企业模式也必定能适应新产业。于是，松下的理论逐渐明朗："松下电器公司的员工都是松下大家族的一员，谁不是松下大家族的一员，谁就不是松下电器的员工。"松下构想成立一个工会组织，在这个组织里，老板员工一视同仁。就这样，松下摸着石头过河，靠着自己的经营理念，终于把工厂一步步发展壮大。后来，松下电器在大阪拥有了较高的知名度，在市场上站住了脚跟。松下正是凭着自知之明，深刻地了解自己，才使公司的管理日趋完善，最终使松下电器成为世界的知名品牌。

松下的策略是从全局的观点来看待自己的发展，在看不清楚地方，寻找到一条能够取得突破的道路。而这一切，全都得益于他对大局、对自己的了解。孙子说："知己知彼，百战不殆。"也就是说，只有了解了自己和外界的情况，才能够制定正确的方向和目标。只有自知，才能够审时度势，制定出符合自身特点的方针和策略，找出自己的发展和成功之路。

了解自己，你才能提升自己

我们可以时时把认识自己挂在嘴边，但真正认清自己、正视自己又谈何容易。有时候，我们认不清自己的长处，以为自己是废料一块；有时候，我们又认不清自己的短处，以为自己无所不能，竭力想用跛着的那一只脚踏开一条成功之路；更要命的是，有时候我们认清了自己，却不能正视自己，依然故我，在老路子上前行。这时候如果有人愿意在旁边提醒你，那么，这个人一定是你在这世界上第一要好的朋友。

彼得小时候家里很穷，父母又在他刚上大学时相继去世，但是噩运并没有击倒他，反而让他坚强起来。彼得经过苦苦拼搏，好不容易才供自己和弟弟加里上完了大学。大学毕业后彼得又凭着他的勇气和才华，在纽约开了一家广告代理公司，几年的辛苦努力，事业蒸蒸日上，他自己也成为当地的富商和成功人士。

有一天，彼得来到弟弟加里居住的城市波士顿，住进了一家旅馆。他没有料到，就在这一天，三个电话竟改变了他的生活和他的一些为人处世观念。刚刚住下，他就急着给弟弟家拨了电话，电话是弟媳安妮接的，他以命令的口吻要求弟弟加里和安妮一定要来和他共进晚餐，他希望今晚就能见到他们。可是他万万没想到却遭到弟媳安妮以有事为由加以拒绝。后来彼得通过其他朋友才知道，原来当时他们约请了一些朋友一起吃饭。

为什么他们要对他撒谎？彼得一夜难眠。第二天，他就急急开车来到弟弟家。

安妮一开门，他冲口就问："昨晚你们为什么不请我？"

"彼得，我对此非常抱歉。加里本来要请你，但我告诫他，我们最好不要把好好的聚会给毁了，你准会把一切给毁了的。"

"你怎么能这么胡说？"彼得生气了。

"因为这是事实。彼得，你为什么就没想到我们迁居波士顿不为别的，就是为了要摆脱你呢？你是个成功人士，处处要引人注目。只要你在身边，加里就感觉是在你的阴影之下。凡加里要说的每句话、要表达的每个意见、想说的每件事，都要符合你的意愿，甚至你对他的每个做法都要提出不同意见。这也不行那也不行。你认为你辛辛苦苦地供他上了大学，他就该一切都征求你的意见，甚至必须听你的，在你面前他像个傻瓜。昨晚的聚会，大学校长也出席了。我们希望加里能得到升迁，而你若在的话，总是将自己凌驾在加里之上，为什么你偏要来出风头，坏别人的事呢？这就是我决定不邀请你的原因。"

"我并不像你所说的那样！"彼得连吼带叫地说。

"是吗？"安妮悲哀地说，"你也应当有自知之明了。"

这件事令彼得很苦恼，但他不明白为什么会这样。几天后，彼得来找他的朋友、心理医生爱德文。

"这件事一直让我不得安宁，我不知道该怎么做，"彼得说，"那个女人是我的死对头，我决不能让她离间我和加里，得想个解决的办法。"

爱德文医生看着彼得："其实，问题出在你这儿，不过解决的办法我有，"他说，"只是怕你接受不了，不喜欢罢了。你的弟媳给你的忠告也许是最好的：人要有自知之明。与其他人一样，你不是一个人，而是三个：你自以为你是什么样的人；在别人眼中你是什么样的人；最后，真实的你又是什么样的人。一般说来，那个真实的'你'，没有人知道。为什么不试试和他熟悉一下呢？你的生活将会因此而全盘改变的。"

彼得忧郁的脸上露出痛楚的表情。后来他终于问："我该如何开始呢？"

爱德文医生建议他：面对自己，在开口或行动之前，先与自己的最初想法或冲动较较劲。医生的话引起了彼得的深思，诸如此类的事，他又在自己身上发现不少，他总是有意无意地批驳他人，阻止他人，总是认为只有自己的想法是对的，这使他深感惶恐。他多嘴饶舌，常常添枝加叶以便使自己的言谈更吸引人；他甚至不顾朋友的情分，随口加以贬损。更令他震惊的是，他居然对遭遇不幸者幸灾乐祸，对成功者充满嫉妒。越是深入了解自己，他越感到不能容忍自己的缺点。

他来到弟弟家，安妮给他开门时眼中露出疑惑的表情，彼得脸上带着微笑。一会儿，他与侄儿坐在客厅的地板上，他的膝盖上搁着打开的礼物：那是一个黑本子，破旧的封面上看不见书名。彼得微笑着说："这里还有一封信，是我世上第二要好的朋友写的，你看，这信上说，'你'也就是指我，才华横溢。"

当孩子读着信时，四周一片宁静。安妮转过身，走向窗。突然，孩子问："那么，这世上，谁是你第一要好的朋友呢？"

"就是窗口前站着的这位太太，"彼得说，"好朋友敢给你讲真话，而你母亲就是这么做的。当我最需要的时候，她给了我忠告，让我认识到了自己的缺点。我怎么感谢她都永远不够。"

在我们认识自己的时候，有些人过高地评估了自己的素质，以为自己德才兼备、无所不能，说起别人来不免斜眼瘪嘴，说到自己则"这没什么难的""没什么是我干不了的"。这些人把自己高高地擎了起来，给自己刷上了一层亮丽的油彩。这样的人应该早点在自我陶醉中醒悟过来，毕竟那句老话说得没错，谦虚使人进步，骄傲使人落后。

找到缺点，并改正它们

"人啊，认识你自己！"这句刻在古埃及德尔菲神庙上的古老箴言，充满了无穷的智慧，几千年来时刻提醒着人们认识自我、把握自我、设计自我、实现自我。我们要想取得成功，必须从深知自己开始。对自己看得越准确、越透彻，选择的道路就会越正确，自身的潜力就越能发挥出来，成功的可能性就越大。

在认清自己的时候，有的人选择了自卑。他们羡慕那些走红的影视明星、著名的作家、知名的科学家等等，谈起来头头是道、一脸羡慕，但一谈到自己就会说："我不是那块料，我肯定不会像他们一样成功的。"或者说："我可没有他们那么好的机会。"这些人自己把自己打入了另册之中，给自己的前途蒙上了一层灰色的纱幔。

其实，"金无足赤，人无完人。"一个人长于此，未必长于彼。一个著名的作家未必健谈；一个知名的科学家可能交际能力欠缺；一个学富五车的学者可能动手操作能力极差。陈景润当不好数学老师，却可以攻克数学难题；柯南道尔作为医生并不著名，写小说却名扬天下；钱钟书一看数学就蒙，却可以成为学贯中西的大学者……每个人都有自己的特长，都有自己特定的天赋与素质，在认识到自己长处的前提下，扬长避短，专注于目标，认真地坚持做下去，长此以往，终究会结出丰硕的果实。

纵观古今中外那些杰出的人物，他们都有一个共同的特点，那就是做自己最适合做的事，并坚持下来，终有所成。一位名人曾经说过："一个人一生只能做一件事。"他所说的一件事就是指能在一件事上做精、做细、做出名堂来。是啊，在当今社会分工越来越细的情况下，一个人本事再大、精力再多，也不可能三百六十行行行精通，他所能做的就是在自己有所特长的工作上做到极致，做到与众不同。

1987年世界最佳运动员和欧文斯奖两项大奖的获得者是美国著名跳水运动员格里格·洛加尼斯。他就是一个认清自己特长并发挥所长到极致并终有成就的最好例子。

格里格·洛加尼斯开始上学的时候很害羞，在讲话和阅读上遇到了困难，为此他受到了同伴的嘲笑和作弄。这令洛加尼斯非常沮丧和懊恼，但他也发现自己非常喜欢并且精通舞蹈、杂技、体操和跳水。他知道自己的天赋在运动方面而不是学习。当认清这些之后，他减轻了些自卑感，并开始专注于舞蹈、杂技、体操和跳水方面的锻炼，以期脱颖而出，赢得同学们的尊重。事实上，由于他的天赋和努力，他开始在各种体育比赛中崭露头角。

在上中学时，洛加尼斯发现自己有些力不从心了，因为无论是舞蹈、杂技、体操、跳水，都需要辛勤的付出，他不可能有这么多时间和精力，去做这么多事。他知道自己必须有所舍弃了，只能专注于一个目标。但此时他不知要舍弃什么、选择什么。这时，他幸运地遇到了他的恩师乔恩———一位前奥运会跳水冠军。经过对洛加尼斯严格的观察和细致的询问后，乔恩得出结论：洛加尼斯在跳水方面更有天赋。洛加尼斯在经过与老师的详细交谈和自我反省后，认为自己的确更喜欢跳水，之所以也喜欢舞蹈、杂技、体操，是因为这些可以使他跳水更得心应手，可以为跳水带来更多的花样和技巧。

他恍然大悟，于是专心投身于跳水中。

经过专业训练和长期不懈的努力，洛加尼斯终于在跳水方面取得了骄人的成就。他 16 岁时就成为美国奥运会代表团成员，到 28 岁时就已获得 6 个世界冠军、3 枚奥运会奖牌、3 个世界杯和许多其他奖项。由于对运动事业的杰出贡献，洛加尼斯在 1987 年获得世界最佳运动员和欧文斯奖，达到了一个运动员荣誉的顶峰。

从洛加尼斯的例子中我们可以知道，一个人要实现自己的人生价值，就得正确地认识自己，珍惜有限的时间，选择最适合于自己的事情去做。

洛加尼斯真的很幸运，他有恩师的帮助，能够早早地认清自己、正视自己。而生活中的我们就未必会如此幸运了。我们可能认不清自己，或者认清了也不能正视，因而这个也想干，那个也要干，结果光阴荏苒、人事蹉跎，最终不能取得最大的成功。

要做一个成功者，我们要认清自己的优势和不足，不要什么事都做；否则什么都做不到极致，既浪费了时间、也浪费了生命，结果只能是徒留悲切在心中。

给自己一个正确的定位

一个人如果对自己都没有准确的定位，那是很麻烦的。要做好定位，首先要清楚认识自己，加深对自我的了解，这不是一次可以完成的，它不仅是建立在反馈基础上的自我动态调节，也要听取别人对自己提出的中肯意见。

有两件学林轶闻值得我们深思。一是著名的史学家方国瑜。他小时除刻苦攻读学堂课程外，还利用节假日跟从和德谦先生专攻诗词。他钦佩李白、羡慕苏轼，企望自己有朝一日也能成为一名诗人。但一晃六七年，却始终未能写出一篇像样的诗词。1923 年，他赴京求学，临行时和德谦先生诵玉阮亭"诗有别才非先学也，诗有别趣非先理也"之句以赠，指出他生性质朴，缺乏"才""趣"，不能成为诗人，但如能勉力，"学理"可就，将能成为一个学人。方国瑜铭记导师深知之言，到京后，师从名家，几载治史，就小有成就，后来著成《广韵声汇》和《困学斋杂著五种》两本书。从此他立定志向，终生于祖国史学研究。

著名史学家姜亮夫也有类似经历。20 世纪 20 年代，他考入清华大学研究院。当时他极想成为"诗人"，把自己在成都高等师范读书时所写的 400 多首诗词整理出来，去请教梁启超先生。不料梁启超毫不客气地指出他囿于"理性"而无才华，不适宜于文艺创作。姜亮夫回到寝室用一根火柴将"小集子"化成灰烬。诗人之梦醒了，从此他埋头攻读中国历史、语言、楚辞学、民俗学等，取得一系列成果。可谓"失之东隅，收之桑榆"。

在现实生活中，人们往往忘记自己的存在，忘记对自己的关爱，从不去问"我从哪里来，我到哪里去"之类的问题，偶尔想起，也不过茫茫然一片空白。在人生这个舞台上，正可谓：乱哄哄，你方唱罢我登场，反认他乡是故乡；甚荒唐，到头来，都是为他人作嫁衣裳。

要给自己一个准确的定位，就要探讨认识自己的问题。这里所说的认识并不是像曹雪芹在《红楼梦》中所讲的一样，对于那些身外之物我们还是应该去追求的。我们不反对去追求"身外之物"，更不鼓励人们这辈子禁欲，下辈子进天堂享福。

正好相反，我们要极力鼓励人们去追求现实的身外之物，因为毕竟只有这些身外之物才能反映出我们今生今世过得好不好，才能看出我们这辈子活得值不值。但同时我们也绝对不赞同将这些身外之物当作唯一标准。那些将身外之物当作唯一目标的人，当追求得到满足后，又会很迷茫，结果是找不到"自己"，不知该往哪里去，于是会堕落，寻求感官享受。

可见人必须清楚地认识自己，不但要建设极丰富的物质家园，同时还需要建设自己的精神家园。做人固然要追求物质，但在追求物质的同时，一定要有精神。没有精神，任何物质都经不起人们的推敲，没有精神，任何物质都无法使人得到最大的满足。

人首先应该给自己一个定位，自己到这个世界上来究竟是干什么的，必须有个十分清晰的描述，离开了这个描述，人就会迷茫，就会失去前进的方向，就会在一个个十字路口徘徊，这样的人生是没有意义的。

研究自己的目的就是更清楚地认识自己，找到与自己的素质相对应的目标，凭着自己素质上的信号找到这一目标后，才能攻其一点，攻出成果，由此及彼，不断扩大。

自知能够促使你觉醒

本杰明·富兰克林曾经奇怪地开始觉察到他正在不断地失去一些朋友。他开始意识到他在不断地与人发生争执，和人相处不好。快到新年了，大家都在制订新年计划。富兰克林坐下来，给自己拟定了一个美德反省表，他首先列出获得成功必不可少的 13 个条件：节制、沉默、秩序、果断、节俭、勤奋、诚恳、公正、中庸、清洁、平静、纯洁和谦逊。并对照这些优点开出一张清单，清单上有他所有让人讨厌的性格特点。他对这些特点进行编排，把最有害的一个放在清单的第一位，然后依次排下来，害处最小的排在最后。刚开始的时候，富兰克林总要大吃一惊，发现自己的过失和缺点比他当初想象的要多得多。他决定一个一个地改掉这些坏毛病。每次他发现自己已经成功地改掉了一个坏毛病的时候，他就把这个毛病从清单上划掉，直到清单上所有的坏毛病都划完为止。

富兰克林还非常懂得应该如何克服自己的缺点。在年轻的时候，他曾被推选为宾夕法尼亚州议会秘书。在此之前，他却被一位新议员在一次长篇演讲中骂得狗血喷头。怎样对待这位新对头呢？若以牙还牙，论口才富兰克林绝不是这位议员的对手。富兰克林心想："我对这位新议员的攻击自然很不高兴，但他是个很有学问的人，日后在议会里定会成为有影响的人物。不过，我也绝不能以卑鄙的阿谀奉承来讨取他的欢心，我必须用诚恳的态度来打动他。"富兰克林听说那位议员有几部很珍贵的藏书，便写了封短函，表示很想向他借阅。议员收到短函，果真把书送来了。过了一星期，富兰克林把书还给他，另附一封信表示诚挚的谢意。结果，当两人在会议室相遇的时候，议员主动亲切地和富兰克林打招呼，开始友好的交谈，后来还许诺要在一切事情上支持富兰克林。就这样，两人逐渐成为知心朋友，友谊一直维持到议员去世。

富兰克林为了克服口才不好的缺点，时常把一切意见都用十分谦逊的口吻表达出来，从不说一句易于引起别人反感的武断话。对他人的意见总是予以相当的尊重，即使觉得有些不对的地方，也用十分温和的间接的方法指出来。同时，如果自己有了错误，一经发觉，立刻坦白承认。他深知自己缺乏能言善辩的口才，不能与别人的唇枪舌剑一决雌雄，不得不用这种"态度上的柔术"来补救。这时，沉默也很有效。但沉默不等于呆若木鸡，一言不发。你可以时不时地微笑着与人打打招呼、向人点点头或偶尔投去友好的一瞥，这样就会给人一种庄重、尊严的感觉，也不会失了体面，而且更能吸引人。

富兰克林成为全美国人格最为完美的人之一。人们尊敬他，崇拜他。今天几乎在所有关于性格塑造的书中，你都会发现富兰克林的名字，他被当作这个方面最杰出的例子。然而，让我们来设想一下，如果富兰克林不对自己的性格进行任何改造，如果他曾经做过的和今天不计其数的人正在做的一样——父母给了他什么样的性格就保持什么样的性格，如果富兰克林继续以那种争辩的方式与人交往……那么，他绝不可能成功地说服法国人来帮助殖民地，也许整部美国历史都将重写。

认清自己，切忌只认识到自己的弱点和不足而妄自菲薄，对自己的能力不自信，认为自己必将一事无成。每个人都有各自的优点和缺点，唯有对自己的优缺点有客观的了解，并针对具体目标进行积极的自我省察才是正确的态度，也才有可能塑造出新的自我。既不妄自尊大，也不妄自菲薄，这种心态和观念就是自我省察的首善。

自知之后再自强

遭遇人生的狂风暴雨，战胜它的法宝就是自强，自强是什么？自强是努力向上，是奋发进取，是对美好未来的无限憧憬和不懈追求，是狂风暴雨袭来时的傲然挺拔。想要自强，必先自知。能够自知的人，也必定更加自立自强。

自强者的精神之所以可贵，在于其不怨天尤人，在于其永不言败的坚韧不屈，在于自己的拼搏、奋斗。

张敏有点先天不足，在身强力壮者聚集的部队，他的确相形见绌。他个儿小，身体又弱，照他自己的说法："在部队里当战士时样样不行。"就说甩手榴弹吧，按规定，甩 30 米就及格，但他费了九牛二虎之力也只能甩 27 米。他深知自己的弱点，很难当一个好战士。但又怎么办呢！战友们说："有力吃力，无力吃智。你就靠小脑袋去闯世界吧。"他想想自己的确还有强项：脑瓜还灵活，平时很会讲故事，是可以搞点脑力劳动，可脑力劳动多种多样，又能干什么呢？

他终于做出了决定。这个决定还挺实际，与改善生活有点关系。那是有一次，他目睹诗人王吾增用一首诗换来稿费 38.5 元。那时候，一碗优质清汤牛肉面只要 1 角 8 分钱，一首诗竟值 200 碗牛肉面啊，半个村子的人都够吃了。又有一次，他在图书馆看到了一本《电影文学》，他才知道，拍电影原来是要有剧本的，而剧本当然是由人写出来的。他于是做出决定：搞写作！同时他立下了一个很具体的目标：一定要写一部电影！

他反复看那本《电影文学》，突然有了灵感，决定写一个《岳飞》的电影剧本。他刚一动笔就突发奇想：要让制片厂做好拍摄的准备啊。于是，像报喜似的，立即给八一电影制片厂去了一封信："有一个青年战士在写《岳飞》的电影剧本，请做好拍摄准备。"20天后，八一电影制片厂文学部来信了，信里说："《岳飞》已有人写过，作者叫陈荒煤，是位著名的艺术家。"同时又委婉地说，看到他的来信很高兴，并嘱咐他从生活出发，写写自己身边的事。这封信既让他为自己的不知天高地厚而羞愧，又为编辑部能这样耐心地鼓励一个不知名的青年而感动。他把这封盖有公章的信像圣旨一样看了一遍又一遍，看得能倒背如流。

他明白了，必须多看别人写的东西，否则怎么能写出给别人看的东西？但是，他当兵的地方是一个黄沙包围着的农场，那里没有书，只有两份报纸，但都锁在指导员的抽屉里，不开会学习是看不到的。后来，几经周折，他把自己最珍贵的东西卖掉，换回了500元钱，500元，在那时候可不是一个小数目，这500元给他换回了八大捆书。五年后，他把那些书全看完了，期间，他写了九个电影剧本，但一个也没有被采用。不过，功夫不负有心人，为本师团写的一些剧本，被采用了，还获过奖。

张敏退伍后，分配到一家化工厂，当了一名工人，工作之余，他从没有放弃过写作。多少年过去了，他仍没有写出一个被采用的电影剧本，也没有发表过一篇小说。沉痛，是可想而知的。最让人痛苦的是来自一些人的嘲笑。别人给他起了个外号，叫"作者"，常常有人这样讥讽他："作者，最近有什么大作？"这是往他的伤疤里戳啊。但他都默默地忍着，与自己的痛苦做斗争，与自己的无能做斗争。

一天上午，厂政治部的陈干事叫他去政治部一趟。他突然紧张起来：莫不是偷水泥的事被发现了？那是头天上午，他用饭盒舀了些水泥，偷回家做了个棋盘。他忐忑不安地来到政治部。"老实说，你最近都干了些什么隐瞒组织的事？"陈干事问。"什么也没干。"他下定决心不说。陈干事故意大声问："你没有给报刊投过稿子？"他突然为之一振，被吓软的两腿变得有力起来。他想起那天晚上，在床上翻来覆去睡不着，于是干脆起来写作，散文《献给母亲》就是那晚写成的，第二天，又写了一篇《蚕女》，都寄给了《解放军文艺》。莫不是？就是！他的两篇文章都被采用了。他激动不已地想："15年啊！我在文学创作这条泥泞的小道上爬了15年，总算有一只手摸到文学殿堂的门了！"

1980年5月，他终于调到了《革命英烈》编辑部。他拼命地工作，几年后，中篇小说《黑色无字碑》终于列入了西影厂的改编计划。梦想终于成真了。1985年，他调入西影厂。

一天，导演黄建新找到他，说了一个让机器人开会的构想，问他能不能写一个电影剧本，但有个条件，要快。他想："这是厂长和导演送给我一个做梦的枕头，如果拒绝，那是三代智障者！"他咬咬牙，当机立断，说："后天上午给你初稿。"他想：在生命的旅途上，有慢跑也有快跑，但在要紧的时候，一定要快跑——用最快的速度去拼搏！第二天，他一口气写了1.8万字，晚上9点，出现在他眼前的全是蓝条格子，胳膊也抽筋。第二天一早，他把这1.8万字交给黄建新说："中午，中午才到期，剩下的中午给你！"中午11时半，他完成了2.5万字的剧本，黄建新看着他，说："你快回家睡觉去，脸都成绿的了。"这个剧本就是《错位》，就是备受观众称赞的、获得罗马尼亚电影节奖项的《错位》。

人经常埋怨环境、埋怨别人不适合自己，或者自己不适合别人。于是就不断去做出改变，希望可以找到一个安身立命的地方，找到一个情投意合的人。不断做出改变的背后，其实只是将责任推卸给环境和别人的借口，但问题根本不在外界和别人身上。正所谓"人贵自知"，如果一个人不懂得自我反省，无论他去到世界上任何一个地方，他都会犯同一个错误，最终只会落得心力交瘁、精疲力竭，不知道自己应该要归何处。

跳槽前三思而后行

现代社会，职场人士已将跳槽视为家常便饭。而在这股跳槽风潮里，又逐渐形成一种跳槽到不同领域的新趋势，转行似乎已经成为一种时尚。不管是因为兴趣还是生活的压力，转行的冲动在很多人的心底都曾经蠢蠢欲动过。

苏丽在证券行业鼎盛时期进入了证券公司做客户代表，在开始的一年中，行情看好，高佣金提成使她获得了不菲收入，苏丽自觉入对了行，高兴万分。可令她始料不及的是，在接下来的两年中，股市滑坡，券商之间的竞争越来越激烈，苏丽的收入受到了直接影响。在低迷的日子里，动摇苏丽信心的已不仅是公司，而是对职业的、行业的忧虑。此时，正好有家会计师事务所看中了苏丽的专业背景，向她伸出了橄榄枝，在无奈和冲动中，她舍弃了已经熟悉了的行业和职业去了会计师事务所，做起了审计工作。然而，三个月之后，枯燥的数字，频繁的加班，单调的流程使得苏丽又对自己是否适合这个职业产生了怀疑：工作内容过于单一，收入也不像证券业那么令人期待。在困惑中，是否要再度转行成了她日思夜想的问题。可已经换了两个行业了，情况都不令人满意。

后来，苏丽明白自己在职业受阻、个人发展停滞的情况下选择跳槽转行，是被动转行，同时，在转行时未能明确自己的职业方向，导致转行比较盲目，所以出现了比较尴尬的局面。

苏丽开始仔细分析起自己的性格来，她觉得自己偏于外向，善于思考和逻辑推理，具备一定的创造力，习惯于有条理有节奏的生活与工作。这样的个性也使得她很难在枯燥繁重的审计岗位上有所作为。同时，苏丽为自己订立的目标是金融业务的资深顾问、投资分析师、精算师等高端专业金融类职务，而转行后的职业方向明显与目标南辕北辙，短期职业方向偏离了发展轨道，使得职业生涯陷入迷茫。于是，她决定再次重返老本行，重新回到证券公司上班，这次由于认清了自己，让她在工作中重获信心，业绩也随之蒸蒸日上。

类似苏丽这样因为职业发展暂入低谷而放弃本职业的人很多，在这些人中，有的碰巧会找到真正适合自己的行业和职位，而大部分则发现自己又陷入了另一个泥潭。其实，转行并非救命稻草，盲目转行非但不能带来发展，更可能是另一种职业滑坡。

在跳槽转行之前，没有充分地认清自己的各项能力及个性喜好，只是盲目跟风或跟着感觉转行是绝对不行的。个人兴趣、特长、气质、性格样样都要考虑到，还要做好足够的心理准备。最好在换行之前，对你要从事的行当做一番了解，并针对自己的能力、技术等方面的不足，做一个充电计划。否则转行给你带来的可能不是一个新的转机，而是一个新的泥潭陷阱。

把握人生的方向盘

　　有人说人生须尽欢，有人说人生是一种生活态度，不管怎样，人生是对自己的一种清醒的认识。认识到自己想要的，认清自己的能力可以得到什么，才能够给自己定下一个合理的目标。没有什么可以迷茫的，只是对自己的认识不够清楚。没有什么可以困惑的，只是不知道自己想得到什么。没有什么可以失落的，只是对自己的能力认识不清。认知自己，是认知世界改造世界的第一步，至关重要的一步。只有正确地认知自己，才能确立正确的目标和方向，走一条正确的路。

　　有这么一个小故事：乌鸦站在树上，整天无所事事，兔子看见乌鸦，就问："我能像你一样，整天什么事都不用干吗？"乌鸦说："当然，有什么不可以呢？"于是，兔子在树下的空地上开始休息，忽然，一只狐狸出现了，它跳起来抓住兔子，把它吞了下去。

　　兔子的错误在于，它没有正确地认知自己，以为别人可以做的事情，自己也可以一样照着去做。可是兔子却没想到，乌鸦是会飞的，它就算什么也不做，站在高高的树上也不会受到其他动物的威胁，而兔子不会飞，也不会爬树，只能站在树底下，这样它随时都有可能成为其他动物的食物。人也一样，我们必须认清自己，并认清自己所处的位置，如果你想站着什么事都不做，那你必须站得很高，非常高。如果你还达不到这点，就必须管理好自己，压制住自己的消极心理，认真负责地工作，这样你才不会被"吃掉"，才不会迷失方向。

没有认清自己所处的位置的结果常常是让我们失去方向，最后与我们的目标渐行渐远，甚至是背道而驰。下面的故事恰恰说明了这一点。

在地球的最北端，是一片茫茫的雪原，因此保持行进路线方向的正确是最重要的事情之一。可是，在这儿到处都是白色的荒地，没有任何形式的路标，探险家只能相信他们携带的测量仪器。

探险队员们每走一个小时都要停下来查看一下地图。并为下一步探险绘制详细的行走路线。然而，就在他们走出营地几个小时之后，突然发现了一个奇怪的现象，当他们停下来读取测量仪器上的数据时惊奇地发现，尽管他们准确无误地朝着北极方向进发，可是离极点的距离却越来越远了。

队员们没有多想，认为这只是一次误测，所以就没有犹豫，继续朝前进发。在下一次读取数据时，他们再次发现离北极点更远了，尽管他们准确无误地沿着正确的路线前进。

究竟是怎么回事？难道见鬼了不成？最后，他们终于发现，原来他们踏上了一座正在向南漂移的巨大冰川，而冰川向南漂移的速度比他们向北行进的速度要快。他们做的每一件事都是完全正确的，可脚下却踏错了地方。

很多时候，我们朝着选准了的方向前进，努力了，奋斗了，付出了，可始终没能到达。我们可能会埋怨外部环境，埋怨人情世故，埋怨老天不公。可我们是否应低下头看看，其实是我们自己所站的位置不对。在错误的位置上很难走出正确的道路，不管你多么勤奋和坚持。

这个故事证明：做正确的事，比正确地做事更重要；如果战略错误，再正确的战术也于事无补！

避开弯路需要你的自知之明

　　"认清自己"，简单的四个字，做起来却并不容易。人往往喜欢固执地钻牛角尖，也可以说是"持之以恒"。这种韧劲，这种坚强的毅力，如果是在正确的方向上，在合适的地方，一定会有收获，会得到成功的喜悦，反之，只会南辕北辙，离目标越来越远。在人生的道路上，很多时候我们需要认清自己，扬长避短，这样会更容易达到自己的目标，人生才会更加精彩。

　　身边有一个朋友，从小喜欢舞文弄墨。高中毕业后，哪儿也没考上，他就一心一意在家写作，可以说是名副其实的"坐家"。三年过去，他居然连篇"豆腐块"大小的文章都不曾见报。父母看在眼里，急在心中，怎么劝都没用。"写作来源于真实的生活，且高于生活，你这样闭门造车，脱离生活，怎能写出好文章呢?"一个好朋友这样劝他，并且邀他和自己一起做些小本生意。面对生活的窘迫，面对堆积如山的退稿，他有些消沉，也想暂时停止盲目的写作。经过三天三夜的冥思苦想，他最后决定先和朋友一起做小本生意，等生活有转机后再继续写作。其实他是有生意头脑的，而且为人活络。在商海的沉浮中，他找到了自己的乐趣和位置。经过十年的打拼，他已经拥有两家自己的文化用品店和一间书吧。最难得的是，在事业渐渐走上正轨后，他利用闲暇时间写成了一本《商海沉浮》。如果他当初一味地沉溺于自己的作家梦中，一味地"闭门造车"，这一生或许就成了定数，不仅生活无着落，那本《商海沉浮》也不可能出现。

大学生经常挂在嘴边的一句话是：要用青春赌明天。毕业的那一天，终于要确定自己如何走向社会，如何确定一个适合自己的位置……却茫然了。于是在有限的范围内，在以"别人也认可"的标准下匆匆选择了一份职业。这份职业有可能并非自己的专业方向。于是抱着"人的潜力无限，天道酬勤，只要我努力，我一定会做得很好"的心态开始努力工作。但是，经历几年的"仿佛工作时就处于缺氧"的状态，感觉到自己需要再调整方向。自然，又一次以别人还认可的标准选择跳槽。如此反复，终于有一天，当发现真正属于自己的职业方向时，"青春"已无几可赌，只好千方百计说服自己：其实人生就是痛苦。

　　能够认清自己，面对生活，扬长避短，这样才有可能走上成功的大道。"认清自己"说来简单，但真正要做到要做好却并非容易。因为很多时候，我们都被生活的假象所迷惑。

　　人生并没有捷径可走，除了努力拼搏外，能够认清自己，扬长避短，至少可以少走一些弯路，让自己早日抵达成功的彼岸。成功者与失败者的最大不同，可能就是成功者知道自己的优势，扬长避短，而失败者相反，他们往往十分卖力地把自己逼进死胡同。

让自己在觉醒中升华

也许你经常为自己的未来而苦闷，总找不到适合自己的职业和事业，想腾飞而找不到一个最佳起点。有人抱怨自己没有好的背景，有人抱怨自己命运坎坷，有人抱怨自己没有遇到伯乐。

不过我们可以看看社会上形形色色的"名人"或者说成功者。从小喜欢唱歌的成了歌星，从小喜欢撒谎的成了演员，从小喜欢当头头的成了领导，从小就会理财的发了财，从小打抱不平的成了英雄。

他们之所以成功，实际上是发挥了自己天生的特长，用自己的优势实现了所谓的理想。可能有些人的理想并非如此，他们只是做了自己擅长做的事情而已。

你苦闷自己不能成功，也可能是自己并不了解自己，不知道自己最大的优势在哪儿，或者说你了解自己，但是很固执，不愿意做自己最擅长的事情，做别的又不行，所以你可能永远不能成功。

如果静下心来好好思考，可能会发现自己最想做什么或者适合做什么，社会上有好多职业是自己创造出来的，你完全可以发挥自己的聪明才智去做自己想做而又适合做的事情。那样，你成功的日子就清晰地展现在你的面前了。

让我们看看关于美国福勒制刷公司创办人的故事。

福勒制刷公司创办人阿尔弗拉德·福勒出身于贫苦的农民家庭，住在加拿大东南的新斯科夏半岛。福勒似乎总不能保住他的工作。事实上，在头两年中，他虽努力维持生计，却失去了三份工作。

但是，接着，在福勒的生活中，发生了根本性的变化。因为他试图销售刷子。就在那时，福勒受到了激励。从而认识到他最初的三份工作对他都是不适合的。

他不喜欢那些工作。

那些工作并非自然而然地来到他的身边，自然而然地来到他身边的工作是销售。他立刻明白了，他会把销售工作做得很出色，他喜爱这种工作。所以福勒把他的思想集中于从事世界上最难的销售工作。他是个了不起的人。

他成了一个成功的销售员。他在攀登成功的阶梯时，又立下一个目标，那就是创办自己的公司。如果他能经营买卖，这个目标就会十分适合他的个性。

阿尔弗拉德·福勒停止了为别人销售刷子。这时他比过去任何时候都更为高兴。他在晚上制造自己的刷子，第二天就出售。销售额开始上升时，他就在一所旧棚屋里租下一块空地，雇用一名助手，为他制造刷子。他本人则集中精力于销售。那个最初失去了三份工作的孩子取得了什么样的结果呢？福勒制刷公司拥有几千名销售员和数百万美元的年收入！

你看，如果你能做自然而来的工作，你就更易于成功。工作没有高低贵贱之分，关键是做适合自己的，哪怕是一份很不起眼的工作，只要能让你发挥天分，你就能成功。福勒不就是从推销刷子开始，最终缔造了一个刷子王国吗？如果你失去了一份没干好的工作，这不是绝望的来临，而是希望的开始。你有希望开始做一份适合自己的工作。

每一个人不见得都能认识自己的才能。"知己"如同"知彼"一样，亦非易事。正因为这样，每个人根据自身的特点，选择合适的成才目标，都要经过一番摸索、实践。人无全才，各有所长，亦有所短。所谓发现自己，就是充分认识自己所长，扬长避短。

　　如果你有自知之明，善于设计自己，从事你最擅长的工作，就会获得成功。

第 三 章

修炼自己，勇敢地激发出你的潜能

很多人习惯性地依赖别人，是因为他们不知道自己的能力有多大，没有找到并挖掘出自身的能量。所以，当你开始修炼自己，激发出自己的潜能后，你会发现，人生没有什么困难，你能够坚强地去面对一切。

你的潜力超乎你的想象

美国学者詹姆斯根据其研究成果指出："普通人只开发了自己身上所蕴藏能力的 1/10，与应当取得的成就相比较起来，每个人不过是半醒着的。"

每个人的自身都是一座宝藏，都蕴藏着大自然赐予的巨大潜能和无限潜力，只是由于没有进行各种潜能训练，使得我们没有机会将内在的潜能淋漓尽致地发挥出来。我们身上没有得到开发的潜能，就犹如一位熟睡的巨人，一旦受到激发，便能发挥"点石成金"的力量。

爱迪生小时候曾被学校的老师认为愚笨而失去了在正规学校受教育的机会。可是，他的母亲并没有因此而放弃对他的教育。在母亲的帮助下，经过独特的心脑潜能开发，爱迪生最终成为世界上最著名的发明大王，一生完成了 2000 多种发明创造，他在留声机、电灯、电话、有声电影等许多领域里进行了开创性的发明，从根本上改善了人类生活的质量。

通常情况下，大多数人都习惯于依赖既有的经验，认为别人做不到的事情我也不可能做到，于是便变得安于现状，习惯了按部就班的生活，习惯于从事那些让自己感到安全的事情，习惯于表现自己所熟悉、所擅长的本领，从而不愿意去改变自己的生活及探索未知的领域。那么，自身的潜在能力也就始终得不到挖掘，所有的潜能也都在机械的操作中埋没，并随着年龄的增长、肌体的变化而渐渐消失了。

而在我们的日常生活中，只有那些对成功怀有强烈的雄心、勇于挑战自我极限的人，才能激发内在蕴藏的能力，从而比他人更容易获得成功。

班·费德雯是保险销售史上的一位传奇人物。

1912年，他出生于美国；

1942年，他加入纽约人寿保险公司；

1955年，还没有人敢去想，一名寿险业务员的年度业绩可以超过1000万美元；

1956年，他打破了寿险史上的纪录，年度业绩超过1000万美元；

1959年，2000万美元的年度业绩还被认为是遥不可及的梦；

1960年，他把梦想变成了现实；

1966年，他的寿险销售额冲破了5000万美元的大关；

1969年，他缔造了1亿美元的年度业绩，自此之后这种情况更是屡见不鲜；

1984年，他成为百万圆桌协会会员，此为保险业的最高荣誉。

在这个专业化导向的行业里，连续数年达到10万美元的业绩，便能成为众人追求的、卓越超群的百万圆桌协会会员，而费德雯却做到近50年平均每年销售额达到近300万美元的业绩；另外，他的单件保单销售曾做到2500万美元，一个年度的业绩超过1亿美元。他一生中售出数十亿美元的保单，比全美80%的保险公司销售总额还高。

放眼寿险史上，没有任何一位业务员能赶上他。而他的一切，仅是在他家方圆40里内，一个人口只有1.7万人的东利物浦小镇中创造出来的。

谈到这些常人难以取得的成功，费德雯认为："我的成功就在于对成功怀有强烈的企图心。对自己的生活方式与工作方式完全满意的人，已陷入常规。假如他们没有鞭策力，没有强烈企图成功的心，或使自己变成更好的人的愿望，那么他们便只能在原地踏步，原地踏步就等于退步。"

另外，潜能的开发程度也取决于一个人是否勤奋。积极进取的人，其潜能能够获得深度的开发；而消极懈怠的人，凡事得过且过注定一事无成。世界顶尖潜能大师安东尼·罗宾说："并非大多数人命里注定不能成为爱因斯坦式的人物，任何一个平凡的人，只要发挥出足够的潜能，都可以成就一番惊天动地的伟业。"

爱因斯坦是一位举世公认的 20 世纪科学巨匠。在他死后，科学家们对他的大脑进行了科学研究。结果表明，爱因斯坦的大脑无论是从体积、重量、构造或细胞组织上，都与同龄的其他任何人无异，并没有任何特殊性。

这充分说明，爱因斯坦成功的"秘诀"，并不在于他的大脑内部比起其他人有多么与众不同，用他自己的一句话总结就是："在于超越平常人的勤奋和努力以及为科学事业忘我牺牲的精神"。

因此，无论你正陷于人生的低谷时期，还是沉浸在他人怀疑、否定的苦涩话语之中，都不要怀疑自己的能力，积极的心态加上勤奋努力，你就一定能激发生命的潜能，创造出人生的奇迹。

善于挖掘并利用你的潜力

人是自然界最伟大的奇迹，一旦意识到自己的潜力，便会焕发出前所未有的生活热情和勇气。每个人都能成功，每个人体内都具备成功的潜能，尽情发挥这股力量，成功就会紧随而至。潜能是激发我们走向成功的力量，只要我们敢于挑战自己，敢于付出，理想一定会变为现实。只要我们在思想上、身体上、行为上、意识上都掌握迈向成功的策略，并且长久地保持这种状态，不断地采取行动，发挥自己所有的力量，释放内心无比的能量，我们就会开发出巨大的潜能，就会在瞬间改变生命，并且持久地带来变革，取得人生中想要的非凡成就！

所以说，人们不仅要善于观察世界，也要善于观察自己。汤姆逊由于"那双笨拙的手"，在使用实验室工具方面感到非常烦恼。后来他偏重于理论物理的研究，较少涉及实验物理，并且找了一位实验物理方面有着特殊能力的助手，从而避开了自己的弱项，发挥了自己的特长。

珍妮·古多尔清楚地知道，她并没有过人的才智，但在研究野生动物方面，她有超人的毅力、浓厚的兴趣，而这正是干这一行所需要的。所以她没有去研究数学、物理，而是到布里非洲森林里考察黑猩猩，终于成了一个有成就的科学家。

每个人都有很多优点和才能，这些优点便是促使我们走向成功的关键。等到我们清晰地看到自己的特长，确信能在什么方面取得贡献，便开始迈向成功。相反，如果我们看不出自己的优点和才能，便像个活生生被埋到坟墓里的人！

一个人要想挖掘自己的潜力，真正需要唤醒的是自己。我们每个人都应当尽可能地挖掘自身的潜能，激发自己的雄心壮志。因为潜能是促使我们成功或失败的重要原因。只要我们能够认识到这一点，就会询问自己的行为是否对社会、对他人或对自己有益，是否能让一个人在自主选择的过程中，不断超越自己，并由此获得最大的快乐。当然，这一切都需要我们去不断地努力，只要我们每天多做一些，就是在进步，为自己不断地增加力量。就像举重一样，第一天我们拿较轻的，然后第二天稍微增加一点重量，我们就用这种不断增强力量的办法来帮助自己，直到我们能够对自己的人生操控自如。

从某种意义上来说，人的潜能是十分巨大的，我们能做的比我们想到的要多得多。所以在自我发展方面，"你想什么，什么就是你"！加拿大心理学家汉斯·塞耶尔在《梦中的发现》一书里做出了一个十分惊人也极其迷人的估计：人的大脑所包容智力的能量，犹如原子核的物理能量一样巨大。从理论上说，人的创造潜力是无限的，不可穷尽的。所以说，只要你愿意去开发，就能产生巨大的能力。在这里我为大家提供潜能开发的四个必要步骤。

第一步，发挥自己的想象力，使自己能够把握每一个选择机会，让自己能够自主地决定要做什么，只有这样，生活才是属于我们自己的，我们才能找到光明之路。

第二步，明白自己喜欢什么，不要把社会、家人或朋友认可和看重的事当作自己的喜爱，更不要把自己的喜爱强加在别人的身上，也不要简单地认为自己感兴趣的事就是自己的兴趣所在，而要亲身体验并用自己的头脑做出判断。

第三步，要充满激情。一个充满激情的人，无论正在从事的是简单的体力劳动还是复杂的脑力劳动，都会毫不犹豫地认为，自己的工作是神圣的天职，从事这项工作是在追寻自己的兴趣和爱好。只有坚信自己能够得到某些东西，并且产生一种强烈的渴望甚至冲动，才能通过努力得到成功。

第四步，采取积极快速的行动，同时要明白即使是简单的事情也要不断地去做，而这个做的前提就是我们要马上采取行动。要想成功就要立即行动。如果我们做任何事情都能立即行动，就能发挥自己巨大的潜能。只有立即行动，才能正视自己心中无穷的宝藏。只有立即行动，才能采取大量而有效的手段，使自己产生渴望财富、渴望成功的动力。只要有了这种力量，我们就会比自己想象的还要伟大！

所以说，要释放人的潜能，就需要进行潜能激发，让人进入能量激活状态。如果一个组织中所有成功的能量都处于激活状态，那么它可以带来核聚变效应。

潜能激发的前提是相信所有人都具有巨大的潜能，而且这些潜能还没有被释放出来。虽然人们可以通过自我激励来开发潜能，但更可靠、更适用的方法是通过外因的激发带来能量的释放。因为自我激励需要坚强的意志力，而外因的激活则是人的一种本能反应，而且它的激发本身带有一种竞技游戏的效果，这种效果可能激发起我们的雄心，并使我们在一瞬间看到希望，激发起无限潜力，去追求成功的足迹。这不是假想，看一看我们的生活中，就有无数人是在阅读一本激励人心的书，或者是阅读一篇感人肺腑的励志美文时，突然感到灵光一闪，蓦地发现了一个崭新的自我，从而走向成功。然而，我们中绝大多数人从来没有被唤醒过，他们一直处于沉睡之中，或者是直到生命走到了尽头，才会对自己的一生做出点滴认识，这样的人生，多么可悲呀！因此，当我们在生命如此多彩的时候，一定要对自身的潜能有一个清醒的认识，唯有如此，才可能有效地发掘生命的潜力，从而最大限度地实现自我价值。

把最好的自己逼出来

一位哲学家曾经告诉我们：一个人只有确定自己在生活中做最好的自己，才会越来越接近成功，直至最终的成功。他说："财富、名誉、地位和权势不是测量成功的尺子，唯一能够衡量成功的是这样两个事物之间的比率：一方面是我们能够做的和我们能够成为的，另一方面是我们已经做的和我们已经成为的。"

同样的，每个人的生活都会面临信仰和决心的挑战。然而，当挑战到来，我们就会全身心地投入到应对挑战中去，我们就不会再停留，而是立即采取行动，去与困难做斗争。这样，无论我们在工作中遇到多大的困难，都会自始至终地用积极、理性的态度去对待，都会用坚定的决心和充足的勇气战而胜之。

巴顿将军有句名言："一个人的思想决定一个人的命运。"不敢向高难度的工作挑战，是对自己潜能的画地为牢，只能使自己无限的潜能化为有限的成就。与此同时，无知的认识会使自己的天赋减弱，不敢去挑战自我，甘于做一个平庸的人，这样的人一辈子都会像懦夫一样生活，终生无所作为。

巴顿将军在校期间一直注意锻炼自己的勇气和胆量，有时不惜拿自己的生命当赌注。

在一次轻武器射击训练中，他的鲁莽行为使在场的教官和同学都吓出了一身冷汗。事情的经过是这样的，同学们轮换射击和报靶，在其他同学射击时，报靶者要趴在壕沟里，举起靶子；射击停止时，将靶子放下报环数。轮到巴顿报靶时，他突然萌生了一个怪念头：

看看自己能否勇敢地面对子弹而毫不畏缩。当时同学们正在射击，巴顿本应该趴在壕沟里，但他却一跃而起，子弹从他身边嗖嗖地飞过。真是万幸，他居然安然无恙。

另一次是他用自己的身体做电击实验。在一次物理课上，教授向同学们展示一个直径为 12 英寸、放射着火花的感应圈。有人提问：电击是否会致人死命？教授请提问者进行实验，但这个学生胆怯了，拒绝进行实验。课后，巴顿请求教授允许他进行实验。他知道教授对这种危险的电击毫无把握，但巴顿认为这恰是考验自己胆量的良机。教授稍微迟疑后同意了他的请求。带着火花的感应圈在巴顿的胳膊上绕了几圈，他挺住了。当时他并不觉得怎么疼痛，只感到一种强烈的震撼。但此后几天，他的胳膊一直是硬邦邦的。他两次证明了自己的勇气和胆量。

"我一直认为自己是个胆小鬼，"他写信对父亲讲，"但现在我开始改变了这一看法。"

我们大家都知道巴顿将军毕业于西点军校，对西点学员来说，这个世界上不存在"不可能完成的事情"。不断挑战极限是每个学员的乐趣，只有超乎常人的困境才会让他们从中得到锻炼。而在现实生活中，我们只有具备一种挑战精神，也就是勇于向"不可能完成"挑战的精神，才是我们获得成功的基础。

当然，在挑战自我的过程中，我们需要鼓足勇气，去做自己应该做的事，去充分发挥自己的才干、机智与能力，不以到达终点为最终目的，即使到达终点了也要继续前进，永不休止，勇往直前，不怕失败。尽管在这个过程中会经受人生中所有的艰难困苦，但也要意识到这只是一个过程，只有自己永不言败，永不放弃，向自己挑战，才能走向成功。看看那些颇有才学的人，他们具有很强的能力，而且有的条件还十分优越，结果却失败了，就是因为他们缺乏一种挑战自我的勇气。他们在工作中不思进取，随遇而安，对不时出现的那些异常困难的工作，不敢主动发起"进攻"，一躲再躲，恨不得避到天涯海角。他们认为：要想保住工作，就要保持熟悉的一切，对于那些有难度的事情，还是躲远一些好，否则，就有可能被撞得头破血流。结果，终其一生，也只能从事一些平庸的工作。

我们面对这样的人，能为他做些什么呢？我认为一个人一定要有自己的目标，要有信心，并且要有自己的价值观，只有这样，我们在挑战自我时，才能不断地问自己：我要去哪里？我现在的目标、信仰和价值观在哪里？现在它们要带我到哪里去？我是否正朝着我想要去的地方前进呢？如果我一直这样走下去的话，我最终的目的地是哪里呢？所以说，人生最大的挑战就是挑战自己，这是因为其他敌人都容易战胜，唯独自己是最难战胜的。有位作家说得好："自己把自己说服了，是一种理智的胜利；自己被自己感动了，是一种心灵的升华；自己把自己征服了，是一种人生的成熟。大凡说服了、感动了、征服了自己的人，就有力量征服一切挫折、痛苦和不幸。"

给自己找一个学习的对象

中国有一句俗话叫："榜样的力量是无穷的"，精辟地概括出了榜样对成功的巨大意义。假设你要烤点心，想烤得和某个名噪一时的面包师一样好，你就需要相应的配方，并必须练习几次，直到你最终获得成功。如果你严格按照配方的各个细节制作并精心操作，你会取得与面包师差不多的好结果，即使你以前从未烤过。面包师或许经过多年的尝试和努力，最后才发明了自己的配方，你可以仅仅根据他的配方工作而节省这几年的精力。

古希腊的父母们对于孩子们在白天上几个小时的课感到不满足，他们就想办法让孩子们与老师共同生活几年。他们相信，与老师生活的体验是更好的"学校"。

你有没有自己心中的榜样呢？也许你心中有不止一个榜样。心中有了一个榜样，就有一种无穷的力量围绕着你，推动着你的脚步迈得更加坚实，使你的精神彻底摆脱迷茫。

一个法国人，40多岁了，离婚、失业，总之，很不得志，以致性格也变得古怪了。

一天，一个人给他看手相，对他说："你应该是一个伟人！"

"伟人？开什么玩笑，我只是个穷光蛋。"他觉得很可笑。

"不，"那人说，"你就是拿破仑再世，你的智慧，你的形体，都是拿破仑的呀，难道你不觉得？"

"呵呵，我还拿破仑呢？"他自嘲道，"我现在离婚了，失业了，甚至无家可归了。"

"那是过去，8年后你将是法国最成功的人。"那人坚定地说。

这位法国人虽然不相信这种算命，但还是对拿破仑生产了浓厚兴趣，找来有关拿破仑的各种书籍阅读，像《拿破仑传》《拿破仑战争》《拿破仑之谜》《拿破仑全传》《拿破仑文选》《回忆拿破仑》《拿破仑远征莫斯科》等。他开始研究这位法国历史上的伟人，并向拿破仑学习。

10年后，这位法国人真的成了亿万富翁。

其实，每个人总在有意无意地与自己期望成为的人相比较，榜样对一个人的成长产生了不可低估的作用。人们总会寻找自己的榜样，并以之为参照，规划自己的理想和生活。这些榜样可能是现实中具体的人，比如优秀的同事、出众的亲人或者时代的精英，也可能是参照现实中的人在自己的心中设计而成的理想人物。榜样就是一个人的预期目标，通过一段时间的努力后，会把自己和榜样进行比较，如果接近了，会对自己的努力形成正向强化作用。

而选择什么样的人作为自己的榜样，则根据自己的愿望而定。你想成为什么样的人，就会自觉不自觉地选择相应的人作为自己的榜样。不少人总是乐于与比自己差的人交际，因为这样可以获得优越感。这的确很值得自慰，可是从不如自己的人身上，显然是学不到什么的。而结交比自己优秀的朋友，能促使我们更加成熟。

要和人相识，并不像通常所想象的那么困难，就是要结交地位较高的人也如此。

美国有一位名叫阿瑟·华卡的农家少年，在杂志上读了某些大实业家的故事，他很想知道得更详细些，并希望能得到他们对后来者的忠告。

有一天，他跑到纽约，也不管几点开始办公，早上7点就到了威廉·B.亚斯达的事务所。亚斯达开始时并不喜欢这个年轻人，然而一听少年问他："我很想知道，我怎样才能赚得百万美元。"他的表情便柔和起来。也许是钦佩他的雄心和勇气吧，两人竟谈了一个钟头。随后亚斯达还告诉他该去访问的其他实业界的名人。华卡照着亚斯达的指示，遍访了一流的商人、总编辑及银行家。

在赚钱这方面，他所得到的忠告并不见得对他有所帮助，但是能得到成功者的知遇，却给了他自信。他开始仿效他们成功的做法。又过了两年，这个青年成为他当学徒的那家工厂的拥有者。后来他又成为一家农业机械厂的总经理。不到五年，他就如愿以偿地拥有百万美元的财富了。这个来自乡村粗陋木屋的少年，终于成为银行董事会的一员。

华卡在生活中一直实践着他年轻时来纽约学到的基本信条，即多与有益的人相结交。年轻的男女比较能直率地表达崇拜英雄的心意。可是年纪一大，就认为应该将这种心意隐藏起来。但是隐匿崇拜英雄的心意是错误的。应当与你所崇拜的人亲近，这才是良策。这不但能使对方感到高兴，而且会鼓励你，增加你的勇气。

要与伟大的朋友缔结友情，跟第一次就想赚百万美元一样，是相当困难的事。原因并非在于伟人们的超群拔萃，而是你自己容易惴惴不安。很多人失败的一个重要原因，就是不善于和有经验的前辈交往。国外一位名人曾说过："青年人至少要认识一位通达世故的老年人，请他做顾问。"还有人说："如果要求我说一些对青年有益的话，那么，我就要求你时常与比你优秀的人一起行动。就学问而言或就人生而言，这是最有益的。"

英雄人物不仅仅会激励我们，他们还会使难题看起来容易一些。正因为如此，英雄人物激发我们努力做得像他们一样，"如果他们能做到，那我也能"。

一个人要成功，当然需要不断地行动与积累经验，然而得到经验最快的方法，就是向一些成功者求教，请他们给你一些建议，请他们告诉你，你做对了什么事情，做错了什么事情，或让他们用他们的智慧指导你，这样比你看任何书籍都要有效。

　　榜样的影响可能延续到一个人的一生，可能影响到一个人的各个方面，包括心理、意志、情感、道德、品质、性格、能力、生活方式等许多方面，对一个人的成长起着重要的激励作用。你完全可以向成功人士学习成功之道，努力做出不平凡的业绩来。

时刻进取，不忘初心

　　进取心是一个人前进的动力。它是一种求知的欲望和好奇心。一个有进取心的人会不断地充实自己、提升自己，从而使自己的人生价值得到最大实现。凡是那些站在时代前沿的伟人，在他们身上都有一种强烈的进取欲望。正是这种欲望使他们不断地超越自己，从而成就了人生的伟业。拿破仑·希尔说过："成功只降临到那些自己觉得会成功的人身上。失败则降在满不在乎、任由自己觉得会失败的人身上。"你有什么样的追求，就会有什么样的收获。如果你对成功有着一种执着的信念，对未知世界有着一种强烈的好奇心，对成功巅峰有着一种强烈的愿望，那么终有一天你会修成正果。拿破仑说："我成功，因为我志在成功。"很难想象一个思想平庸、不思进取的人会建立不朽的功业。

　　北京无线立通通信技术公司资深副总裁何国全说过："我无法忍受平庸与无聊。"正是因为有着一种强烈的进取心，他才取得了今天的成就。何国全生在台湾，在大学里学的是土木专业。但是就业时他却选择了大陆，并改行成为一名 IT 工作者，原因是不想"听从一个糊里糊涂的选择"。八年时间里，他换了五份工作，因为他对工作环境的要求就是一定要有发展的前景和机会，否则就会离开。他对自己有着严格的要求，别人一年做成的事，他要求自己在几个月内完成。他无法忍受平庸的生活，好几次，他本可以得到一份薪水丰厚而又安逸稳定的工作，但都放弃了。他就是这样不安分，但同时又有着一颗谦虚的心。两者结合，使他取得了巨大的成功。他曾掌握着2.4亿美元的资产，被香港总部委以重任，帮助无线立通在本土一露面就吃掉了两家公司。不安分的心和强烈的进取精神成就了何国全的别样人生。

积极进取和满足现状是相对应的，一个容易满足的人很容易失去前进的动力，他的成功也就只能止步于此了。只有那些永不满足的人才会一直前进。当今社会，竞争越来越激烈，偶尔的懈怠可能就会让我们遭到淘汰。如果你想获得成功，就必须始终让自己处于一种优势地位，这就要求我们要不断地提升自己。

微软公司新跳槽来一名业务员，他一直认为自己很优秀。到微软的第一个月，他拜访了10位客户，成交了5位，成交量达到了50%。在其他公司，这样的成交量已经是很高的了。他找到比尔·盖茨向他夸耀自己的业绩，没想到却遭到了比尔·盖茨的批评，因为他有一半的成交量被竞争对手抢走了。业务员听后，立即找到了另外5位当时没有成交的顾客，并说服他们下了订单。没想到比尔·盖茨还是不满意，因为他根本不知道自己的下一位客户在哪里。

业务员接连两次受到了训斥，于是更加努力地投入到工作中去。接下来的一个月，他接连拜访了11位客户并全部拿下了订单。这下他以为比尔·盖茨会满意了，没想到得到的答复却是他被开除了。因为其他业务员的成交量都在他之上，他是公司的最后一位。

微软之所以能够取得今天的成就，就在于一种不断进取、永不满足的精神，并把这种精神灌输到每一个员工的头脑中。比尔·盖茨就曾多次告诫自己的员工："工作要付出100%的热忱、100%的努力。能完成100%，就不完成99%，虽然仅有1%的差距，但正是这1%，不但会反映出你对工作的态度，而且也会彻底改变你的人生。"

一个有进取心的人对个人能力的提高、知识更新的追求有着强烈的欲望。它可以使我们的思维更活跃，知识更渊博。这样的人就算最后没有获得成功也一定会得到周围人的尊敬，其自身价值也会在这个过程中被充分体现。有时，我们常把进取心与野心联系起来，二者的确有很大的相似之处，但进取心更强调那种对美好事物的追求。就算是野心也没有关系，适度的野心对我们的个人发展也是有好处的。

读点书总会有好处

在今天这个物欲横流、充满着金钱和欲望的时代，已经没有几个人能静下心来读书了，闲暇时间不是看电视就是逛商场、上美容院、上健身馆、打扑克、搓麻将、闲聊……可一个人如果不读书，没有知识就会变得无知、粗俗，就会被时代抛弃。相反，爱读书的人懂得人生有风有雨，书是能遮风挡雨的伞；人生有险滩有暗礁，书便是明亮的灯塔；人生有山穷水尽时，书中有柳暗花明处；人生会失去很好的朋友和恋人，书却永远对你忠诚如一！

张小婷是个漂亮女孩，浑身散发着青春的朝气，美丽的眼睛和娟秀的面孔充满了灵气。小婷也是个爱美的女孩，不过她和街头时尚女孩的爱美却不一样。

那些紧随潮流的时尚元素在她的身上很少出现，那些奇怪的装扮和惹眼的彩妆也很少出现在她的身上。她一向不挂金，不戴银，素面朝天，却总是给人一种神清气爽的感觉。

小婷的穿着一向是简约大方，既不追逐新潮，也不让人觉得落伍。有人评价说她整个人的形象似乎像一篇清丽的散文，一本黑白之间透露着色彩的书。

对，小婷就像一本外表简单朴素，却蕴涵深刻的书，大家觉得她总是很难离开书。

小婷从小就是个爱书如命的女孩，从刚刚能独立地阅读童话开始，她就深深陷入了这个用文字和图画构建出一幅幅美妙的风景、充满了神奇的世界中。从童话到小说，当小婷涉猎更多的书籍时，她便视读书为人生的最大快乐了。

从儿童时代到大学，小婷不管功课多么繁忙，总会抽空看一会儿喜欢的书。在学习的间隙，其他的同学或是游戏、或是调皮、或是休息的时候，她总是沉浸在文字编织的世界之中，用眼睛做桨划开波浪，去寻找遥远的精神彼岸。

小婷最喜欢去的地方也是书店或图书馆。当别的女孩子正津津乐道于时尚流行，研究化妆打扮时，小婷已经坐在图书馆的某个角落，陶醉在书的世界里了。

偌大的阅览室内，安安静静，偶尔传来窸窣的书页翻动的声音，或读者轻轻的脚步声，反而更给这种宁静平添了一种情趣。

在书中，她还能听到了属于自然的一切声音：风声、雨声、浪涛声，犬吠、鸡鸣、蟋蟀叫。每当听到它们的时候，小婷都觉得这是心情最宁静的时候，耐得住寂寞，没有争逐的安闲，没有贪欲的怡然。

在小婷眼里，这是一种无比的享受，在文字的海洋中洗涤自己，充实自己，仿佛整个世界都是自己的，没有嘈杂，没有纷争，没有虚伪，没有疲惫，只有愉悦与惬意。

爱读书的人，总是喜欢写点东西。小婷也不例外，日记就是她真实心灵的坦白，是每日里最愿完成的功课。日记里盛满她的心情，是心灵憩息的小阁楼。所有的甜酸苦辣、喜怒哀乐都能在这里得到合理又合情的宣泄，最终使她归于平静、坦然。

爱读书的人，心也会有许多美丽的梦想。小婷在丰富多彩的书籍中了解到了世界的广阔，人生的奥秘——任何人都应该有所追求，即使平凡如小草，也能创造属于小草的美丽、浓绿和摇曳的身姿。

美妙的书籍把小婷引向有花鸟树木、蓝天白云、繁星明月的地方，那永不失去的梦想更是她生活中的一首诗、一幅画、一段遐想、一片心境、一点安慰、一些希望。

人说"熟读唐诗三百首，不会作诗也会吟"，小婷阅书千万卷，日记也记了好几十大本，每当有所意会和感悟，她就随意写来，投寄出去，偶尔发表，便得到一份额外的惊喜。

这些本来是平时的爱好和兴趣，是"无心插柳"的事，可毕业时却都派上了用场。小婷在毕业前夕找工作时，多家报社看中了她曾经发表过的作品，并很欣赏小婷身上的那种优雅而灵动的气质，欣然向她伸出了橄榄枝。

当其他的同学还在为找工作奔波，甚至焦头烂额时，小婷则在欣喜之余感激书籍带给自己的优势，为自己有这样的兴趣和爱好而欣慰。

在这个浮华烦躁的世界中，我们不妨也像小婷一样，抛开无谓的烦恼，拿起书本，投入到那多彩的世界中去，让心灵得到净化，让头脑得到充实，为未来的一切做好知识储备。

知识是你永远的朋友

无论时代如何进步，知识始终都会是支撑时代发展的重要动力。所以，世界上没有一个国家敢轻视知识的作用，因此才会有"国家要进步，教育先行"的至理名言。对于我们个人而言，要让自己在短时间之内取得快速的进步，唯一的办法就是学习知识，并使之转化成能力。

没有知识的人很难在社会上立足，因为他们无法做到与社会同步发展，所以，无论在什么时候，学习都是我们生存的重要环节。当你学到了让自己生存的本领，你就可以很好地发挥自己的才能，为自己赢得生活的资本。

现实生活中有许多人都是这样一步步走出来的。

王振如今是一家实力雄厚的皮革制造公司的总经理，但是，如果告诉你他其实是一个只有初中文化水平的人，也许你会怀疑。那么，他究竟是如何做到今天的位置上的呢？原来，他初中毕业后迫于生计到了一家皮革厂打工。上班第一天，王振就被种类繁多的皮革弄得发晕，在家乡只见过牛皮、羊皮的他似乎第一次明白世界上还有这么多种类的皮革。因为公司转型不久，大家都没有什么经验，皮革发僵、变硬、破损等问题经常出现，影响工期，还经常要返工。怎么办呢？晚上回去躺在床上，王振辗转反侧，最后，他想到了书。

第二天一下班，他就奔到书店买了一本《皮革加工 1000 问》，书的价格是 40 元，相当于王振一周的生活费。晚上，他惊喜地发现，几乎所有的问题在书里都有详细的分析、说明。他索性不睡觉了，爬起来，找了一块木板，开始做试验，就这样一直忙到天亮。于是，第二天上班，两眼通红的他解决了一个又一个的难题，而且讲出一套套的理论，同事们看着显得有些亢奋的他惊奇不已。第八天，他被任命为厂里的技术骨干。

一旦钻研起来，王振发现即使就皮革来讲，知识也非常庞杂，需要继续学习。相关的书很贵，他就每天去书店蹭书看，每天都看到书店关门。有时候他会捧着书在厂里待到很晚，反复地看书、试验。后来他又自学了电脑。机遇总是留给有准备的人，学完电脑没多久，公司要调一个人到写字楼工作，有一个前提就是会电脑操作，王振顺利入选。新的挑战随后开始，王振被任命为客户代表。一个多月时间里，王振没有签到一个客户。巨大的压力笼罩着他。但他相信知识可以救自己，他总结后认为，一是因为自己和人打交道有问题，见到女客户甚至会脸红，表达能力不好；二是因为自己知识面不宽，与接受过高等教育的客户们缺乏共同语言，而且不能把握高学历人群的需求和心理。

于是，他狂补社交礼仪、演讲口才、顾客心理、营销策略等方面的知识，一个月之后他见客户不再紧张了，知识给了他自信。在随后的6个月时间里，他签下了450万的单，名列公司第一位。

因为在每个岗位都能胜任，王振逐渐受到重用，先后担任技术监理、销售部经理、客服中心总监等职务，他开始阅读《现代人力资源管理》之类的管理类书籍，同时开始为公司员工编写培训教材。

作为高级技术人才调入公司领导层的王振目前仍然是初中学历，他笑称自己是写字楼里学历最低的人。不过他的下属却都很佩服他，他们说，王总相当专业，也很健谈。8年的时间，他改变了自己的人生，凭借的是书籍和渴望知识的心。

　　学习任何知识都有助于你能力的增长。尤其是在现在的社会环境中，有用的知识有助于你保持与社会的统一步伐，并不断超越时代发展的要求，成为时代的宠儿。

唯有学习才能让你不断进步

知识是人类从原始走到现代，从荒蛮走到文明的精神资源。在整个进化过程中，学习贯穿始终，人类在一步步的学习过程中，掌握了生存的本领，并推动着人类历史的飞速进步，这就是学习的作用。知识是人类发展的财富，学习是获得这些财富的手段，当我们掌握了这些财富，我们就等于站在了巨人的肩膀上，可以看得更远、走得更远。即使从零开始也会在很短的时间内超越他人，获得更好的成绩。

发生在北京的、最真实的自考状元张立勇的事迹就可以充分说明这个道理。

1996 年，连高中都没上完的张立勇到清华食堂做了一名卖馒头的临时工。清华园里的学术氛围让张立勇非常向往。下了晚班后的张立勇总是匆匆赶到教室聆听大师们的讲座。因为下班时间总在晚上 8 点以后，很多讲座张立勇只能站着听到结尾，但是，这是他最幸福的时刻。在一次次的讲座中，他吸收着清华大学土壤中的学子精神，他将一个普通厨师和打工者的生活融入了清华丰富的校园生活中。

在清华工作一段时间后，张立勇决定把自己感兴趣的英语作为学习的突破口。他制定了残酷的时间表：早上 6 点必须起床；6 点 15 分至 6 点半跑步；6 点半至 7 点背英语；7 点至 7 点 15 分刷牙、洗脸；7 点 15 分至 7 点半上班；午饭时间控制在 8 分钟之内，剩下的 7 分钟背英语；中午 1 点钟听英语广播；晚上 8 点下班，学习英语到

12 点；深夜 12 点 45 分至 1 点 15 分收听英语广播。就是在这样的时间安排下，他明显地感觉到了自己的进步。

为了能够更好地掌握英语，他积极参加清华大学的英语协会，或者光顾校园里的英语角，一开始和大家交流的时候他显得很拘谨，生怕别人笑话。但是，他听英语角的同学说，学英语一定要张嘴说，就像刷牙一样，刷牙之前得张嘴，所以就不管自己说得好与坏，都大胆地说出来。经过几年的学习和锻炼，张立勇可以十分流利地讲英语，而且还可以跟许多外国朋友对答如流。

为了检验自己的学习成果，他决定报考四、六级，他要获得一个权威的认证，而不仅仅是个人的感觉。从 2000 年到 2001 年，一年多的时间他陆续参加国家英语四、六级考试，均以 80 多分通过，接着又考了托福，没想到托福总分 670 分，他竟然考了 630 分。

一时间，在清华大学的他引起了轰动。经过努力，张立勇获得北京大学本科文凭，被团中央评为全国十大杰出学习青年之一，并成为航空工业出版社《三导自考丛书》代言人。他学到的知识让他看到了更远的地方。

在生活中也许我们会听到有人说："我年纪大了，学那么多有用吗?"也有人会说："现在的工作我都会做了，学多了以后也不一定能派上用场。"但是，古人说得好："活到得，学到老。"学习就应该成为一生都要做的事。

知识可以让我们拓展视野，可以让我们看得更远。我们平时会因为多做一件事而愤愤不平，却不想它会给你自己带来一次学习的机会，为今后的发展铺路搭桥。忙碌工作的我们会因为公司提供培训而大皱眉头，却不知它是让你获得知识的一个非常好的平台。学习不可能一蹴而就，需要日积月累，如果我们认真地参加公司的每一次培训，如果我们愿意把平时不懂的东西都记录下来，设法解决这些问题，那么，就可以看得更远。

　　仔细想想，张立勇如果没有努力学习，也许他就只能是一个食堂的伙计，最终的命运也只会是另一个农民的翻版，但他跳出了命运的陷阱，为自己找到了另一条更好的路，他用学习改变了自己的一生，让自己看得更远，走得更远。

给自己足够多的反省

自我反省是学习不断理清自我思想并加深个人的真正愿望，集中精力，培养耐心，并客观地观察现实，以达到与现实同步的过程。善于自我反省的人，能够不断实现他们内心深处最想实现的愿望，也能够找到自己的缺口，迅速补齐自己的不足。他们对生命的态度就如同艺术家对艺术品一样，全身心投入、不断创造和超越，所以，在他们的手中，所有的工作都会越做越好。这样的人因为善于反省，善于学习，所以他们本身就是一种价值的载体。

遗憾的是，没有多少人能明白自己应该以这样的方式成长，并实现自己的目标。这个领域是一片广大而尚未开发的处女地。许多人多半聪明，受过良好的教育，充满朝气，全心全力，渴望出人头地，但他们当中却很少有人能平步青云，大多数人都会因为失掉了开始时的企图心、使命感与兴奋感，过着可悲的生活。

检讨是成功之母。找出自己最大的障碍、限制性的步骤以及犯过的最大错误，推导出原因，加以改善，你才会有所收获。一个真正善于思考的人，从自己的错误中汲取的知识远比从自己的成就中汲取的知识要多，而这个途径是一个人进步的最好途径。所以，一个善于学习的人首先是一个态度端正、知道在自己身上找缺口的人。

指挥海湾战争的美国黑人将军鲍威尔在海湾战争中崭露头角，鲍威尔的成熟、老练就是在不断的反思、反省中学到的。

还在担任下层军官时，鲍威尔率领士兵跳伞。临跳前，鲍威尔问士兵的伞准备好了没有，士兵们异口同声地说准备好了。鲍威尔放心不下，于是又逐一检查了一遍，结果发现有个士兵的伞居然没有打开！

经历了这件事以后，鲍威尔汲取了教训：做事要细心，要部署周密。从那以后他再也没有犯过类似的错误，因此，他在很短的时间内成长为一个优秀的将军。

在鲍威尔将军身上，我们可以看到他的可贵之处，那就是敢于剖析自己的不足，能够直视自己的错误。所以，只有谦逊的人才能够在不断的反省中得到知识和力量。

在生活和工作中，大多数人不是因为善于反思自己而感到自豪，而是善于比较，在意他人比自己多得到了多少而感到嫉妒。他们不会考虑自己与他人的差距在哪里，而是幻想如何打垮对方，以求满足自己的虚荣心，凸显自己的强势。这样的结果只会让自己变得狭隘，变得没有上进心。而且这种做法等于给自己掘墓。真正聪明的人绝不会以这样的方式求得胜利。他们会努力找到自己与他人的差距，认真学习，补充知识，以能力战胜对手，让对手心服口服。这样的胜利才是光明而长久的。

当然，承认自己的缺失，面对被批驳得体无完肤的自己确实有一点困难，而改掉自己身上的这些缺点更困难。但是，古人言先苦后甜，没有痛苦的修正，如何换得日后的光明？反省自己的错误是突破自己学习瓶颈首先要做到的一件事。我们都期待自己可以有所成就，但是要取得任何成就都是要付出代价的。假如你连反省自己的这个小小的代价都不愿付出，那就不要对自己美好的生活抱有任何幻想。因为，上帝是公平的，你希望在他那里得到的好处，他不会白白给你。

每天进步一点点

没有人出生时就是天才，所有的人都是在生下来之后一点一滴地积累着知识，我们所说的天才只是说他们的思维和记忆能力比一般的人更强一点。但是，他们也需要在生活的过程中逐渐积累知识，只是在积累的过程中能比他人更有效地从所得的知识中提炼出所需的知识，这就是天才和我们一般人的区别。学习任何知识都不能急于求成，一点一滴地在实践中慢慢积累，我们终究会获得达到质变所需要的知识。

李小和吴华毕业于同一所大学的中文系，在一次研讨会上，毕业五年后的他们又见面了。老友相见，自然惊喜万分，叙了一番哥们儿情谊之后，话题转到了事业上。在校时没有发表几篇文章的吴华拿出来几本自己的文章的剪贴本给李小看，说："我准备联系出版社，出一本自己的文集。"在校时才华横溢小有名气的李小一下子感到了失落，他自惭形秽地说："你怎么写了这么多的精品文章出来？"

原来，吴华在毕业前夕，因为文章一直没有太大的长进，于是跑到系里的一个教授那里请教为文之道。

"其实这没有什么深奥的秘密，你只要天天练一练，仔细观察生活，一点一滴地积累，每天进步一点点就行了。"教授意味深长地说。

毕业后，吴华按着教授说的话来做，天天练一练，仔细观察生活中的人和事，日积月累，不知不觉，文章越写越多，发表在报刊上的也越来越多，累加起来就成了今天这个样子。他毕业几年，虽然工作、生活并不是太顺利，但也不忘寻找生活中的感动，酝酿下笔成文，现在有多家报社编辑经常向他约稿，这让他感觉生活倒也很有情趣。

吴华原来的文气本不如李小，但他按照教授的教诲，每天限定自己一定要超越自我一点点，潜移默化中，以量变引起质变，最后取得了成功。事实上，生活中只要我们坚持每天一点一滴地积累知识，我们自身的潜力一定会逐渐被挖掘出来，从而在激烈的竞争中脱颖而出。

卡洛·道尼斯最初为杜兰特工作时，职务很低，但现在已成为杜兰特下属一家公司的总裁。他能如此快速升迁，秘密就在于一点一滴地在工作中实践，一点一滴地积累。

他说："在为杜兰特先生工作之初，我就注意到，每天下班后，所有的人都回家了，杜兰特先生仍然会留在办公室里继续工作到很晚。因此，我决定下班后也留在办公室里。是的，的确没有人要求我这样做，但我认为自己应该留下来，在需要时为杜兰特先生提供一些帮助。"

每天提前积累一点，当别人还在考虑当天该做什么的时候，你就已经走在别人前面了！想要成为一个成功者，就必须树立积累知识的观念。那些看似无关的知识，因为我们的积累，最后总是会发挥它的作用。

一点一滴地积累，也许从表面上来看没什么，而事实上，你每天都在进步。如果把所有的一点一滴加起来，你的潜力得到发挥，你也就会获得巨大的成功了。

当然，在我们每天的努力过程中，也并不是漫无目的的，我们需要从自己的人生蓝图出发，想想我们10年以后将会是什么样子。换言之就是预想我们将积累多少财富，生活水准将达到什么样的标准，我们将与什么样的人在一起共事，将处于怎样的社会地位等等。这些都是我们需要努力的方向。

如何实现这些设想呢？这都要通过我们每天进步一点点来获得。如果你不相信自己，不妨试想一下闻名于世界的美国科罗拉多大峡谷，平均深度为 1.6 公里，宽约 6.25 公里，长约 349 公里，没去过那里的人们难以想象它是由一条静静地如游丝般的河造就的。据考证，在六百万年前，科罗拉多河第一次流过，那时的科罗拉多还是高原。然而在这条丝带般河流的冲蚀下，到了一百多万年前，已经出现了一个深 15 米的科罗拉多峡谷，但那时，它最多也只能算一条深沟。又过了许多年，还是那条河，却已经成为举世闻名的科罗拉多大峡谷了。

这说明了什么？一条静静的河能够造就一条深 1.6 公里的大峡谷，这也是靠它每天积蓄的力量逐渐冲掉一些泥沙所形成，经过一百多万年的积累，终于让我们看到了一个大自然鬼斧神工的杰作。

人生中有的事可以在最短的时间内完成，但是，很多事却只能通过一点一滴地积累才可以完成。所以，我们需要在实践中慢慢积累自己想要的知识，等待量变达到最终的极限。

让自己拥有核心竞争力

尺有所短，寸有所长。每个人都有自己善于做的事情，也都有自己的强项，如果能对自己擅长的强项苦心经营，就会强上加强，形成自己的核心竞争力。

很多人之所以失败，是因为他们不清楚自己的强项在哪里，没有自己的核心竞争力。他们常常用自己的短项去跟别人的长项竞争，这样，先把自己放在了弱势地位，又怎么能够脱颖而出呢？在这个人与人竞争激烈的时代，要想胜出，取得成功，必须要有自己的两把刷子，要有自己的过人之处，

所以，成功的关键因素之一是经营自己的强项，并倾尽全力，将自己的强项发挥到极致——强上加强，这才是通向成功之路的捷径。

而现在又有多少人，在干着自己不愿意干的事情，或在自己的弱项里跋涉徘徊，甚至有的人长时间在黑暗中摸索，久而久之，长项变成了短项，优势也变成了劣势，没有与众不同的地方，不知道自己的长处在哪儿，人云亦云。就像小猫钓鱼，一会儿捉蜻蜓，一会儿捉蝴蝶，从不集中精力到一个强项上，终会一事无成。

也有的人虽然天资平平，但能够勤奋不辍，能够集中思维、坚持不懈地发展自己，到最后取得了令人惊叹的成就。清朝名臣曾国藩就是一个例证。

据说有一天晚上，少年曾国藩在家中读书，一篇文章他也不知道重复读了多少遍，就是无法背下来。这时有一个小偷悄悄潜入了

曾国藩家里，他希望曾国藩早点睡觉，以便自己行窃。可是小偷左等右等，只听曾国藩没完了地一遍遍重复朗读那一篇文章。最后，小偷勃然大怒，说："此等水平还配读书？"然后，将文章快速背完一遍，大摇大摆而去。

俗话说："勤能补拙是良训，一分辛苦一分才。"小偷倒是很聪明，肯定至少要比曾国藩聪明，但他只能做贼。最后，曾国藩通过日积月累，积少成多，奇迹就这样被一点一点地创造出来。他在二十多岁中了进士，最终成了清朝最有影响力的人物之一。

人类在大自然面前，同样也遵循"适者生存，不适者淘汰"的法则。就好像一个国家，要想在国际上有发言权，就必须有自己的撒手锏。我国在 20 世纪率先研究出来的原子弹就是一个铁证。作为一个企业也是如此，要想在经济飞速发展的今天占有一席之地，就必须具有自己的核心竞争力。同样，人也是这样，要想脱颖而出，就必须具有自己的强项，自己的核心竞争力，这是每个正常人都必须面对的问题。

如果一个人能把自己的精力集中于自己的事业，长时间地在自己的长项上下功夫，终会大有收获，最后的结局会令那些自以为是的人目瞪口呆，甚至匪夷所思。其实这里面没有什么奥秘可言，关键在于，你的长项打造成了核心竞争力，它是你独有的本领，是难以被竞争对手效仿的，也是常人难以做到的。

当然，一个人不可能把所有的事情都做好，关键是要拥有属于自己较为独有的核心竞争力，并保持一定的再学习能力，来确保和强化自己的强项向更好的方向发展。

把优点变成你的闪光点

每个人都有自己的长处，也都有好的一面。每个人的好在不同的方面，即每个人都有自己的闪光点，闪光点如种子，如果辛勤耕耘，总有一天会成长为参天大树。每一个自然人，要善于在自己身上找到闪光点，再用放大镜放大一下，让自己看到希望，然后再努力拼搏。

法国作家小仲马在成名前，没有一技之长，他被叔叔介绍到议价公司工作，公司主管却对他失望透顶。下面是他们两个人之间的对话。

公司主管："您的叔叔介绍您到我们这儿工作，我们很高兴地欢迎您。但您有什么特长呢？"

小仲马："我没有发现自己有什么特长，但我想我能干好一份工作。"

公司主管："你会财务吗？"

小仲马："那些数字是我最讨厌的了。"

公司主管："那你会不会管理公司呢？"

小仲马："我在这方面没有任何经验。"

公司主管："你会不会销售呢？"

小仲马："我最怕和别人打交道了。"

……

公司主管一下子目瞪口呆，他什么也不会，近乎白痴一个。因碍于小仲马叔叔的情面，他拿了一张纸叫小仲马写下联系方式，说过一段时间再通知他。

小仲马拿着笔刷刷地写下了几行字，公司主管看了小仲马写下清秀、有力的几行字又惊呆了："小伙子，你有自己的闪光点，你写的字真漂亮！以后可以多写一些东西呀！"从此，小仲马充分发挥自己的优势，苦心开拓文学领域，并最终成为和他父亲并驾齐驱的大文豪。

唐代大诗人李白曾经说过："天生我才必有用。"我们每个人绝不可能一文不值，每个人都有自己的长处，哪怕是一个傻瓜。只要我们用心，就一定能找到属于自己的一片天地，至于能播种什么，要靠自身的特点来决定。一分耕耘，一分收获，只要我们播种了，付出了，就一定会有自己的好收成。

作为成人的我们来说，每个人都应该清楚自己的长处所在，并且知道自己该如何发挥它，并知道不能做什么，这些都是我们人生持续学习的关键，所以，我们要善于发现自己的长处和闪光点。当我们只注重别人的时候，不妨转一个角度，将注意力集中到自己身上，或许就会看到自身也有可贵的亮点。这就需要我们平时把握住生活的每一个细节，瞪大眼睛去观察。

如果我们想脱颖而出，不想永远做一个平庸之辈，就一定要充分发扬身上的优点。当到达了一定程度，能令别人忽视掉你的弱点，你就会变成一个相对有成就的人。例如，善于绘画的人说不定会成为未来的艺术工作者，甚至是有名的画家；善于唱歌的人说不定会成为一位音乐工作者，甚至是著名的歌星……总之，我们要根据自身的特点来最大限度地发挥潜能。就好像学生，其实每个学生都是一座宝库，只要做老师的善于发掘，就一定会发现他们的光彩，使他们走向知识的殿堂，使他们的知识渊博起来。

如何发现自己的亮点呢？对于一个神父或牧师来说，当作一件重要事情的时候，他们必须在事前写下预测的结果，几个月，甚至更长或更短的时间内，他们会将实际结果与预测结果进行比较分析。这样做的目的就是他们自己会很快明白，他们在哪一方面做得好，他们的长处在哪里。同时，他们也知道了自己不能做或不擅长的事物。有很多人遵守了这个规则几十年，能够显示出一个人的长处。它的结果对个人发展而言是至关重要的，同时还能知道在哪方面应该改进和提高，清楚以后自己应该怎么去做，哪些事情不适合做等等。当我们在行动时，也应将自己的长处和打算如何克服短处的步骤列出来，以想尽各种办法改进。

俗话说："没有金刚钻，别揽瓷器活。"要想成为一个拥有金刚钻的人，就一定要勤奋修炼。一般人的智商相差无几，在同等条件下，唯有勤练才能获得生命的厚重，也才能达到更高的境界，真本领是靠汗水修来的。

所以，我们要勇于发现自己的长处，客观地审视自己，将注意力集中到长处上，并把它充分发扬光大。这样做可以发现自身的缺陷，将自己纳入正常轨道上来。然后去做我们最擅长的工作，结果一定会带给我们意想不到的惊喜。因为，我们抓住了自己的长处，并由于我们充分发挥了长处，从而一步步迈向了成功。

读好现实这本书

南怀瑾说过，世界上有两本书，一本是现实的无字书，一本是订成本本的有字书。人在小的时候，读的通常都是有字书，但随着年龄的增长，就学会看无字书了。学习了无字书，人就能够独立地去生活，去创造了。

南怀瑾所说的有字书和无字书，源于孔子所提倡的"夫子之文章，可得而闻也；夫子之言性与天道，不可得而闻也"。其实，人多读有字书的目的，就是为了更好地理解现实的无字书。

中国有一句古话，叫"实践出真知"，意思是只有经过实践的检验，知识才能成为真正的知识，成为你的能力。大到关系国家命运的事件，小到个人的生活小事，"实践出真知"都是极其正确的。

在我国春秋战国时代，有一位擅长做车轮的能工巧匠，他的名字叫轮扁。

一天，齐桓公在殿堂上读书，轮扁在堂下削削砍砍地做车轮。齐桓公读书读到妙处，不禁摇头晃脑、口中念念有词，很是得意。轮扁见桓公这样爱书，心里觉得纳闷。他放下手中的锥子、凿子，走到堂上问齐桓公说："请问，大王您所看的书，上面写的都是些什么呀？"

齐桓公回答说："书上写的是圣人讲的道理。"

轮扁说："请问大王，这些圣人还活着吗？"

齐桓公说："他们都死了。"

于是轮扁说："既然这样，那大王您所读的书，不过是古人留下的糟粕罢了。"

齐桓公一听轮扁这样说，很是扫兴。他拉下脸对轮扁说："我在这里读书，你一个做车轮的工匠，怎么可以妄加议论呢？你说圣人书上留下的是糟粕，如果你能说出道理来，我还可以饶了你；如果你说不出道理来，那就罪该处死！"

轮扁不慌不忙地回答齐桓公说："我是从自己的职业和经验体会来看待这件事的。就说我砍削车轮这件事吧，要是榫松了，就不牢固。榫头虽然打进去了，但很快就会滑脱出来；要是太紧了，榫头就打不进去，或者干脆打坏了材料。只有不松不紧，才能得心应手，制作出质量最好的车轮。由此看来，削车轮也有它的诀窍的……"

轮扁的话还没有说完，齐桓公就听得不耐烦了。他大声呵斥轮扁道："削砍车轮哪有什么诀窍？你不要啰啰唆唆说那么多，反正你说不出令我满意的答案，我就会处死你。"

轮扁没有被齐桓公的话吓倒，他不紧不慢地接着说："你说没有诀窍，那我为什么比别人做得快、做得好呢？而且做起轮子来总比别人从容不迫呢？这当中的窍门是实实在在的。可是，我只能从心里去体会而得到，却难以用言语清楚明白地讲授给我儿子听，因此我儿子便无法从我这里学到砍削车轮的真正技巧。我可以告诉他这诀窍是什么，但我说出的诀窍已不是什么诀窍了，因为做这门手艺的工匠都这么说。大家都能说出的诀窍，算什么诀窍呢？我已经70岁了，做了一辈子的轮子，但还得凭自己心里的感觉去动手砍削车轮。古人那些不可言传的诀窍，都随着他们死去了，我的诀窍是我切身操作体会出来的。由此可见，古代圣人心中许多只可意会、不可言传的知识精华已经随着他们死去了。既然这样，君王忘记自己现实的操作，却整日从古人的言论中寻求治国秘方，所能得到的当然只能是一些肤浅粗略的东西了。"

齐桓公默不作声，心里觉得轮扁说得实在有理。

常言道："尽信书不如无书"，在一定情况下确实如此。书本给出的规范，总是一些抽象的定律和原理，而具体的生活情境却无限复杂，用知识指导生活，把书本知识转化为实际能力也需要诸多创造性的中间环节才能有效实现，否则，知识的规范将使人手足无措。

中国民间有个笑话，讲的是秀才过河沟。如何跳过小河沟？秀才翻开书本，只见书上写道："单脚起，双脚落，一跃而过。"秀才按此实践，却掉进了小河沟里。

这正是人们对"书呆子"的嘲讽，在今天的现实生活中，这个笑话仍然很有现实意义。

人活在世上，实践经验是很重要的，因为它不但是产生理论知识的源泉，而且有些精深的技艺是难以从书本上得到的。当然，忽视书本知识，排斥间接经验，盲目地将书本知识一概视为糟粕的观点，也是不可取的。

活到老就要学到老

世界上总有那么一些人在人生的道路上不能"更上一层楼"，不是因为过于自高自大，而是因为他们总是以时间、年龄、精力等为借口，将自己束缚在一个不能继续学习、修行的位置上，他们从心里就认为自己不能学习了，结果导致他们学习不到任何东西。

在美国东部的一所大学里，期终考试的最后一天，一群即将毕业的学生挤在教学楼的台阶上，正在讨论着即将进行的考试，几年的刻苦学习使他们充满了自信。毕竟这是他们毕业与工作之前的最后一次测验了。

其中，一些人在谈论他们现在已经找到的工作，而另一些人则谈论他们将会得到的工作。带着通过四年大学学习所积攒起来的自信，很明显地他们感觉自己已经准备好了，甚至觉得自己有足够的能力和知识来征服这个社会。

这些年轻人一点也不紧张，因为这场即将到来的测验将会很快结束——教授曾经说过，他们可以带任何书籍或笔记做参考的。唯一的限制，就是他们不能在测验的时候交头接耳。

时间终于到了，他们兴高采烈地冲进教室。教授把试卷分发下去，当学生们注意到只有五道评论类型的题目时，更加掩饰不住他们内心的兴奋。

三个小时过去了，教授开始收试卷。然而，这时年轻人们看起来不再自信了，他们的脸上是一种恐惧的表情，没有一个人说话。教授手里拿着试卷，面对着整个班级。他俯视着眼前那一张张焦急的面孔，然后问道："完成五道题目的有多少人？"

没有一只手举起来。

"完成四道题的有多少？"

仍然没有人举手。

"三道题？两道题？"

学生们开始有些不安，在座位上扭来扭去。

"那一道题呢？当然有人完成一道题的。"

但是整个教室仍然很安静。

"这正是我期望得到的结果。"教授说。

"我只想给你们留下一个深刻的印象——即使你们已经完成了四年的'修行'，但关于学习的事情仍然有很多是你们所不知道的。这些你们无法回答的问题是与每天的普通生活实践相联系的。"然后他微笑着补充道："你们都会通过这门课程，但是记住——即使你们现在已是大学毕业生了，你们的教育仍然还只是刚刚开始。"

教授并非真的想用五道难题来打击学生们的自信心，他的目的仅仅是希望这些学生能够在以后的工作和生活中，以一种低姿态学到更多的东西罢了。

世界上有一些人令我们不得不刮目相看——工作后继续努力深造，考研的；老来上大学，补知识的；在科学事业上刻苦钻研，更上一层楼的……这些人对自己的人生、对待学习总是抱有一种不知足的心态，正是这种"不知足"的态度激励他们在日后取得更高的成就。

活到老，学到老，每个人若要跟上时代的脚步，就必须不停地学习。在现代社会中，知识的更新速度越来越快，不努力学习，就会被淘汰。因此，即使是百岁老叟，只要付出，就会有收获，即使比不上别人，但跟自己比未尝不是一种超越！只要行动起来，就比原地踏步要强得多。

第 四 章

放下你的负担，让自己勇敢起来

　　每个人身上都有这样或者那样的压力。有时候，压力并不是坏事，因为它能带来动力。但很多时候，压力会让一个人的心态扭曲，变得自卑、消极。究其原因，还是因为我们不会排解自己内心的压力。而当你放下心中的负担之后，你会发现，所有的困难也不过是纸老虎而已。

放下你的心理负担

有人说，阻碍凡人成为英雄的，有时候不是摆在面前难于逾越的大山，而是存在于鞋子里的一粒小小的沙子。砂粒和大山比起来显得渺小无比，但是却同样能阻碍人的脚步。能阻碍行人脚步的不仅仅有沙子，有时候更多的是那些要跨越大山的人肩上的包袱太重，过多地消耗了本用来爬山的精力。和梦想跨越高山、达到福祉之地的人们一样，成功是属于那些放下包袱，将力气放在攀登上的人们。

20 世纪 70 年代，法兰克由于家境贫寒上不起学，他只好去芝加哥寻找出路。在繁华的芝加哥城转了好几天，法兰克也没有找到一处容身之所。当他看到大街上不少人以擦皮鞋为生时，他决定用身上仅有的一点钱买鞋刷。半年后，法兰克觉得擦皮鞋很辛苦，而得到的报酬非常少。

他用擦皮鞋挣来的一点积蓄租了一间小店，边卖雪糕边给别人擦鞋。雪糕生意远远比擦鞋好多了，接着他又在附近开了一家小店，同样卖雪糕。谁知道雪糕的生意越做越好，后来他干脆不擦鞋了，专门卖雪糕，并把在乡下的父母接到城里给他看雪糕摊，还请了几个帮工。

摊子越来越多，生意都很好。现在，法兰克决定开设自己的雪糕工厂，还给雪糕起了一个名字"天使冰王"。法兰克的雪糕已经稳居美国市场的领导地位，拥有全美 70% 的市场，在全球 60 多个国家开设了超过 4000 家专卖店。

福斯特也是一个美国的年轻人，跟法兰克几乎同时到达芝加哥。

福斯特的父亲是一个富有的农场主，农场主送自己的儿子去上了大学，还读了研究生，他希望自己的儿子能成为一位大商人。在法兰克拿着刷子在大街上给别人擦鞋的时候，福斯特正住在芝加哥最豪华的酒店里进行自己的市场分析。耗资数十万，经过一年多时间的周密调查和精确分析，福斯特得出结论：卖雪糕。而法兰克此时已经拥有了数家雪糕专卖店。

福斯特将结论告诉了自己的父亲，老农场主差点晕倒，他怎么也想不到，读研究生的儿子居然浅薄到卖雪糕的程度。在父亲一顿训斥之后，福斯特再次对市场进行精确的调研，结果他还是觉得卖雪糕是个好主意。可是他无法说服父亲为他投资，因为父亲认为卖雪糕是个不体面的事情。在父亲的一顿顿训斥后，福斯特没能争取到这次机会。一年后，福斯特发现法兰克的雪糕店已经遍布美国。

很多人都被困在思想的迷局中，那种不满于现状以及现实和愿望之间难以超越的问题都来自自己的主观。要达到生活和意志的同步，是一个简单的问题，只能停止思考，沉入感觉，在不可知的未来与表象中生存。

我们的思想总是沿着习惯性的法则去解决问题，这种过于主观的判断需要等待一种力量的爆发。我们不断地为自己的判断寻找证据来证明自己的思想是正确的，这种过于主观的行为，很可能让一切止于空想，止于可能性的问题。

人的思想是非常局限的，而且很容易受别人的影响。所以不要背上思想的包袱，勇敢地去行动，去经历。要明白自己不可能不经历失败和徘徊，人生旅途上有风雨也有彩虹，这也是不可避免的经历和人生体验。它们会把我们人性的弱点暴露出来，可正是这样才能让我们拥有真正的人间智慧，这一切都是我们走向成功的法宝。

事情要分轻重

从严格意义上讲，琐事是由很多的小事连锁组成的，而它通向的往往是一个很小的、无足轻重的目标。犹如我们要在晚餐中做一道工艺很复杂的菜肴，要通过几道、甚至十几道工序，很长的时间才能完成，但它的终极意义仍不过是一道菜。从这个事例引申开去，如果你晚上还要去做一个很重要的计划，或者要完成一篇急用的稿件，因为做菜花费了很长的时间，影响了你重要事情的完成，就是因为琐事耽误了大事，也给你的心理造成一定的压力。

有一次，卡耐基主持关于怎么样区分大事与小事的关系的演讲。面对诸多听众，他在演讲桌底下拿出一个广口玻璃瓶，放在桌上盛满拳头大小石块的浅盘旁边，说道："让我们做一个小小的实验，你们认为这个瓶子能盛多少石块呢？"

人们做出各种猜测后，他说："好吧，让我们找出答案。"

他把一个又一个石块放入瓶子之中，人们也记不清他总共放了多少石块，总之，最后瓶子装满了。这时候他问："装满了吗？"

人们看着瓶子说："是的，装满了。"

他说："是吗？但我还能装进去东西。"

他说着又从桌子下面拿出一些小卵石，然后把小卵石放入瓶口中，摇晃了一下瓶子，让小卵石进入石块之间的缝隙中。这时候他笑了笑，再次问大家："装满了吗？"

这时候人们似乎明白了他想说明什么了，说道："可能还没有装满。"

他回答说："很好！"说着从桌子底下又拿出一盆沙子，他开始倾倒沙子，沙子进入了石块和卵石的缝隙。他又一次问道："现在装满了吗？"

人们叫道："没有！"

他说："好极了。"他又从桌子下面拿出一大罐水，向里面倾倒，大约倒进了一升水，然后问道："好了，你们从中领悟到了什么？"

人们说："时间是有缝隙的，只要你努力，总能在生活中挤出更多的时间，插入更多的事情。"

卡耐基却说道："不，最主要的并不在这里，要点是：如果你不将最大的石块先放进去，还能把所有其他的都放进去吗？"

卡耐基的例子生动地说明了在生活中做一切事情时，必须首先分清什么是大事、小事和琐事，大事好比是石块，小事如同卵石，而琐事就是沙子和水，如果先将卵石、沙子和水放进瓶子中，大石块必然会被拒之瓶外。

但人终归不是完人，每个人都会有失误的时候，如果你在操作一件大事时被琐事所缠绕，如果你在现实中真的发生了因为琐事而耽误了大事的情况，又该怎样缓解心理上的压力呢？

我们在做一件大事以前，首先要处理的就应该是这些生活中的小事和琐事。有人下过这样的定论：连小事都做不好的人，还能去办成什么大事吗！言论虽然有些过激，但它在一定程度上的确说明了一个问题，就是处理好生活中小事和琐事的重要性。

但是，我们所面临的生活琐事是无穷无尽的，只要你生存在这个世界上，它就会让你无休止地、重复地去做，几乎是时时刻刻地在你的心理上造成或大或小的压力。作为一个聪明的人，要善于处理好这些琐事，能从这些琐事中摆脱出来，不受这些琐事的困扰，而专心致志地完成工作或者事业上的大事。

　　哈斯从小长在乡下，是一个家庭观念很重的人，为了使家庭生活过得更好，他用了一年的时间在城里学到了一门厨师的手艺，但当时因为没有找到适当的工作，只好又回到了乡下。

　　有一天，一位城里的朋友给他捎来口信，说城里的一家大酒店正在高薪聘请一名厨师，要他马上赶到报名应聘。但此时此刻的哈斯却在家里忙得不可开交：地里的庄稼还没有收完；树上的果实还没有收获；几头牛越冬的草料还没有备足等。

　　于是他不分日夜地苦干了三天，将这些事情全部做完了，才匆匆忙忙地赶到城里，但可惜已经时过境迁，那家酒店已经聘用了其他厨师，他只好又回到了乡下。整整一个冬天，哈斯都是带着极大的心理压力待在家里，错失了一次到城里赚钱的良机。

　　因为家庭的琐事，影响了大事，没能实现目标，无疑是令人遗憾的，这样的人虽然不能说就是愚蠢的人，但无论如何也不是聪明的人。

　　我们尊敬和佩服的人，应该是那些善于从烦琐的小事中走出来，不被那些小事迷惑住眼睛的人。所以说做任何事情时，都要分清的大小轻重，抓住重点，按规律、分层次地去做，并在运作过程中不断放松自己、缓解自己、放下包袱，消除压力，最终必能靠自己实现成功的愿望。

压力必须得到化解

在工作中难免会遇到这样或那样的事情，因此而产生无形的心理压力。我们常常认为压力是外来的，一旦碰到了不如意的事情，就认为那是压力。实际上，压力是一种认知，是在个人认为某种情况超出个人能力所能应付的范围时产生的。这就要求我们对压力有个正确的认识，一个人能否顺利应付压力，取决于他对压力的认识和态度。

下面就让我们来看一则关于沙丁鱼的故事吧。

西班牙人爱吃沙丁鱼，但在古时候，由于渔船窄小，加之沙丁鱼非常娇贵，它们极不适应离开大海之后的环境。所以每次打鱼归来，那些娇嫩的沙丁鱼基本都是死的，这不但影响了沙丁鱼的食用味道，而且价格也差了好多。为延长沙丁鱼的活命期，渔民想了很多办法。后来渔民想出一个法子，将几条沙丁鱼的天敌鲶鱼放在运输容器里。沙丁鱼为了躲避天敌的吞食，自然加速游动，从而保持了旺盛的生命力。最终，运到渔港的就是一条条活蹦乱跳的沙丁鱼。

从沙丁鱼的例子中，我们可以看出，适当的竞争犹如催化剂，可以最大限度地激发人们体内的潜力。当人们感受到压力存在时，为了能更好地生存下去，必然会比其他人更用功。

麻省理工学院曾经做过这样一个试验：用一个铁圈把一个成长中的小南瓜圈住，以便观察南瓜在生长过程中要承受多大的压力。第一个月测试的结果是南瓜承受了 500 磅的压力。第二个月，测试的结果是南瓜承受了 1500 磅的压力，这个结果完全超出了原先的估计。等到第三个月时，测试的结果简直让大家目瞪口呆，这个小小的南瓜竟然承受了 3000 磅的压力。当充满好奇心的试验人员打开这个不同凡响的南瓜的时候，发现南瓜被铁圈箍住的部分充满了坚韧牢固的纤维层，而且南瓜的根系也伸展到了整个试验土壤。

一个小小的南瓜为了冲开铁圈的束缚，尚能够承受如此巨大的压力，并且积极地把压力转化成生存的力量。其实，大多数人都能够承受超出他们想象的工作压力，因为他们本身就拥有比自己想象中大得多的潜能。

处在各种压力之下，也要善于调整自己的心态。压力是阻力，但压力也是提高自身能力的催化剂，如果你在面对压力时一味地害怕、困惑，那就很容易被压力打垮，但如果采取了积极的态度去面对，最后就会发现，其实压力也没什么大不了的。

据调查，目前有 80% 以上的上班族认为自己缺乏职业安全感，担心失业、觉得工作不稳定、缺少归属感、对工作前景感到忧虑、在工作中经常被挫伤自尊心等。这些无形的工作压力会在人的生理和心理方面引起各种不良反应，容易使人产生头痛、失眠、消化不良、精神紧张、焦虑、愤怒以及注意力不集中等症状，严重的还会有抑郁症的征兆，如孤僻、绝望，甚至自杀等。

工作中有压力是正常的，在日常工作当中，每个人都会或多或少地遇到各种压力。既然压力是不可避免、又不可消灭的，那么就要学会自我减压，使压力保持在我们能够承受的限度之内，不要发生"水压过大，胀爆水管"的可怕事故。要化解压力，就要不断为自己设定目标，自我加压。

压力，是成功者的试金石。诸如，在职场上的竞争、忙碌会给人以无形的压力，有些人被压垮了，有些人却可以把压力变成燃料，从而让生命更猛烈地燃烧。优秀的人不但能够承担来自各个方面的压力，还能够在环境相对轻松的时候给自己"加压"。聪明的人总是在自己的背后放一根无形的鞭子，让自己在工作过程中的每一秒都处在适当的压力下，这样才有一种紧迫感，才能在工作中保持始终如一的韧劲儿。

豁达一点，你就不再忧伤

忧伤是以恐惧为基础的一种心理症结，长期而缓慢地发展，能逐渐吞噬掉一个人的理解力，毁掉自信与创见。由于害怕失去，而致使自己失去更多。长期压抑造成的消极心理，会成为自身思想的毁灭者。

人的一生，道路是曲折向前的。在任何时期，成长的任何环节上都会出现意料之外的事情。面对别人的误解、歪曲，甚至是非的扭曲，对我们的精神、情感都会造成不可忽视的压力。既然事情的发生是不可避免的，那我们对其的反应就是问题的关键。要想使自己的人生获得成功，减少心灵的压力，就必须培养良心的安宁，尤其是需要豁达乐观的心态。

佛说："人痛苦的根源，在于他的欲望，欲望越多的人，其痛苦也越深。"

换而言之，人忧伤的根源在于他的心态。胸襟豁达的人，忧伤的压力会不攻自破。

造成忧伤的心理压力有很多，比如工作不顺、感情受挫、疾病困扰、家庭破裂等。无论哪种原因，我们内心受到的伤害是一样的。如果被谨小慎微的处事方式笼罩，甚至不知所措，会感到上司对自己的压力加重。郁结于心，忧伤也就一点点地占据了自己的整个思维领域，每天睁眼的那一刻，便是阴云一片。怕面对，怕遭到批评，长此以往，自己的思想和行为完全被恐惧摧毁了。每天头脑中最关键的问题就是，我今天会受到批评吗？试想在这种心态下，如何能够把自己的才华展示出来？也许上司不是针对自己，在这种极端的心态下，也会一股脑地承包下来，陷入"我犯了怎样的错"的忧伤中去。

我们不妨转换一个角度思考问题，这样，在你的头脑中问题就会产生大不相同的结果。

比如受到上司的批评，大多会心情不悦。但如果从一个恐惧的"我怎么做错了？我应该怎样做"的忧虑纠缠中走出来，换成另一种想法："原来领导对我的工作这么关注，我一定要做得更出色，让他心悦诚服。"有了这种不自觉的意识，便会主动接近上司，通过与他的交流获得自己想要的信息，更可以通过与其交流，获得相互了解，促进工作融洽。同一事因，两种不同的态度，其结果相差之大可见一斑。

拥有豁达的胸襟，包罗万象的气魄，没有任何事物能够阻挡你前进的步伐。面对事物要用积极的心态去面对，因为我们并不能从失望导致的忧伤中获得益处，要有勇气面对挫折，不要让自己总徘徊在委屈忧伤的阴影之中，顾影自怜。

人事部经理在离职之前，曾向公司推荐卡沙代替自己的职位，但最终坐在这个位置上的人却是乔治。有人为卡沙感到不平，毕竟乔治无论从资历还是从学历、水平上来说，都比不上她。而且，在这之前，公司里几乎人尽皆知卡沙要升任人事部经理。事情突然发生变故，令卡沙脸面何存啊。但卡沙却笑着说："其实乔治有许多优点，活泼好学，聪明伶俐。"在工作上，卡沙非常配合乔治的安排。

乔治从第三者口中听说了这件事后，非常感动。约三个月后，乔治因为移民去英国，在辞职之前，隆重地向上司推荐了卡沙。乔治对上司说："卡沙是个坚强、豁达的女士，她的乐观和积极是一笔难得的财富。而且，她还具备了善良、顾全大局的美好品德。她是个最合适的人选。"

　　下定一个决心，生命里的每一样东西都不值得忧伤，只值得思考。靠自己成功，用豁达化解忧伤，你思想的升华与快乐就会随之而来，它会把无端的压力逼退。

保持危机意识

每一个成功的人，都不会轻易被目前的压力所压倒。在他们心目中，适度的危机意识、适度的压力只是前进中的动力，不但不可怕，反而会让人越挫越勇。

几乎每个人都有对未来的美好向往，为什么只有少数人能够达到自己的理想状态？而另一部分人只能够达到一种较有成就的生活水平？更多的人却只能永远地活在"望洋兴叹、曾几何时"的回忆之中？

1978 年，布兰克和马科斯在洛杉矶一家硬件零售店工作时，因为他们给老板吉姆提出"目前你的经营方向不对，很有可能被竞争对手挤死，应以长远发展为目标"的建议，遭到老板吉姆的冷眼。吉姆认为自己的生意很平稳，根本不用理会别的麻烦事。一位从事商业投资的朋友建议他们自己办公司。他们开始这样做了。现在，马科斯和布兰克经营的家庭库房设备在美国迅猛发展的家用设备行业中处于领先地位。

在他们的众多雇员中，有一个特别的人，那就是布兰克和马科斯早先工作过的那家硬件零售店的老板吉姆。原来吉姆当时没有听从布兰克和马科斯的劝告，竟然被竞争对手杀得片甲不留。马科斯说："反而我当时有适度的危机意识，因为我想我应该看得更多些，这样我的成功才有了实现的可能。"

人生刚开始时，就像赛场上的选手，大家都站在同一个起跑线上，而在起步阶段没有第一。但你必须明白，如果你不跑，所有的人都会超过你，你将是最笨的一个；如果你不跑第一，别人就会成为第一。

也许有很多人在跑步时，就发现自己前面和后面的人都很多，他会对自己说："反正我不是最后一个。"他缺乏一种危机意识。不进则退，没有人会等待你。如果你意识不到这点，那就自然会被抛在后面，成为赛场中的落后者。

要成为一个成功者，适当的危机意识是成功的必备因素。所有事物的发展都不会是一帆风顺的，在事业发展顺利时，适当的危机意识可以使人们避免"大意失荆州"。适当的危机意识可以促使你对事物的发展处处准备周密。几乎每一个成功的人身上都具备了乐观的心态和适度的危机意识，做好了在实现理想过程中遇到意料中或意料外的风险的思想准备，及做好了紧随其后的周密措施。

有一些人，发现自己前后有很多人，他会这样想，我不能让更多的人超过我，所以他即使不是第一，也永远不会成为最后一个。因为了有危机意识，防止自己落后于别人的意识，所以他为自己赢得了较理想的成绩。

更有一种人，他会使在自己前面的人越来越少，危机意识在他的头脑中起着决定性的支撑作用。如果我不能更加有毅力，不能超越别人，我就不能实现自己的目标，那么登不上最高峰的我，绝不可能体会到气壮山河的骄傲。一种危机的急迫感紧紧跟随其后，生活中的这类人多是成功的典范。

在奋斗中寻找快乐

人应该为自己的每一次进步感到欣慰。因为我们天生就潜藏着这种进取本能，相信改造全世界最重要的一个人就是自己。人类的天性就是寻求快乐，其实我们要求自己树立勇气、培养自信、消除压力的最终目的都是让自己内心充满快乐。那么，就相信自己吧，并为超越自我的每一个小小进步表示祝贺。

瓦希·杨是一个从默默无闻和穷困走向富有而著名的人物。一次在广播访谈节目中，他把自己的故事告诉卡耐基，这时候他已经是全美最成功的保险推销人之一，也是世界上收入最多的推销员之一，他还写了五本书，其中四本成为畅销书。

杨说到他过去很贫穷，没有受过教育，他说他曾经想从旅馆的窗口跳出去自杀："我喝了很多威士忌，想鼓足勇气跳出窗子。但是我喝得太多了，忘了去跳窗。第二天早上醒来，我的情况更狼狈。"

这使杨重新评估他的生活。他对自己说："假设你有一天去制造冰激凌的工厂，结果你发现它没有生产出冰激凌，而竟然生产出碳酸来，那你要采取什么措施？瓦希·杨，你有一个思想的工厂，它在你心里面。你拥有这家工厂，你可以主宰这家工厂。但是你主宰这家工厂了吗？我让这家思想工厂乱成一团，我的思想工厂生产一些废物，生产忧虑、畏惧、羡慕、愤怒、自怜、自卑、哀愁、不快乐和贫穷。我不要这些废物，没有人要这些废物。"

"做了自我的敌人之后，我又转为自我的朋友。我突然认识到，改变想法就可以改变我的生活。"要赢得这场战争并不容易。杨决心要培养九种品质：爱、勇气、愉快、活跃、怜悯、友善、慷慨、容忍和公正。他常常得抗拒那些他不想要的想法。"我的做法是，"杨说，"对着我不想要的想法大声争辩。我把这种情形当作一种竞赛，一发现羡慕或畏惧的想法又悄悄爬进我心智的大门，我就立刻会说：'你去跳河吧。你在过去曾经毁了我的生活——现在滚开，不要再来！'"

每次杨战胜了一个小困难后，便会特意奖赏自己，他会去买瓶威士忌，再自己弄个中国小菜，然后慢慢品味着美酒和将来。如果发现因为改进了缺点而使工作或事业有了进步，他会请自己到酒吧去听音乐。杨在进取中体会快乐，他觉得生活是美好的，生命是美好的，工作也是美好的，他的精神状态也是非常美好的，这让他每天都过得很充实而快乐。

我们毫不怀疑，我们可以从进取中学会快乐，学会更加珍惜和拥有，使自己不断地缓解压力。因为快乐，能令你神清气爽，耳聪目明，而不至于被痛哭的泪水模糊了雪亮的眼睛，也不至于被自己的痛哭声掩盖了外界黄莺的婉啼。

想学会在进取中体会快乐的绝招吗？那么，你面对工作时，要尽自己所有的全部热忱。很多人刚开始时有很好的决心，但缺乏持久的毅力。推进一件工作的进展并克服所遇到的阻力，在此过程中压力是很大的，但如果能在坚持中寻求快乐，那么，你已经成功了一半。而且，在你人生的每个阶段，每个时期，都有着快乐的记忆铭记着成长进步的每一个细节。

让快乐挤跑压力，愿世界上所有靠自己成功的人，都在快乐中进取，在进取中快乐！

适当妥协也无妨

你希望别人怎样对待你，你就应该怎样对待别人。所以说，要想得到同事的信赖和好感，必须向同事投以友善和热情。

你每天白天一大半的时间都是跟同事在一起，你能否从工作中获得快乐和满足，与你朝朝暮暮相处的同事有很大关系。当你在公司时，没有人理你，没有人愿意主动跟你讲话，也没有人与你谈心，你是否感觉到工作的无聊或因人际关系所带来的压力？

一个人要想在工作中面面俱到，谁也不得罪，谁都说好，那是任何人都做不到的，所以，在工作中与其他同事产生冲突是很常见的事。同事之间经常在一块儿相处，难免会有一些鸡毛蒜皮的矛盾，各人的性格优点和缺点也暴露得比较明显，每个人行为上的缺点和性格上的弱点暴露得多了，就会引发各种各样的瓜葛、冲突。这些瓜葛和冲突有些表现在明处，有些隐藏在暗处，有些是公开的，有些是隐蔽的，种种不愉快纠结在一起，各种压力一触即"喷"。

工作中的仇恨一般不至于达到不共戴天的地步。毕竟是同事，都在为同一家单位而工作，只要矛盾与冲突没有发展到你死我活的地步，总是可以化解的。请你记住这点，敌意是一点一点增加的，也可以一点一点消除。中国有句老话，叫作冤家宜解不宜结，同在一家公司谋生，整日低头不见抬头见，还是少结冤家比较有利。这时，就需要你做些适当的妥协与退让，尽量避免矛盾与冲突的发生。说不定你的妥协与退让能让对方改变态度，并令他大为感动。

　　某公司财务科杰拉尔德一时粗心，错误地给请过几天病假的斯奈伦伯格发了整月的工资，在他发现之后，匆匆找到斯奈伦伯格，向他说明并让他悄悄退回多发的薪金，但是遭到了断然拒绝。斯奈伦伯格则只允许分期扣回他多领的薪水。

　　双方争执不下，最后杰拉尔德平静地对斯奈伦伯格说："好吧，既然这样，我只能告诉老板了，我知道这样做一定会使老板大为不满，但这一切都是我的错，我只有在老板面前坦白承认。"就在斯奈伦伯格还没反应过来的时候，杰拉尔德已大步走进了老板的办公室，把前因后果都告诉了他，并请他原谅和处罚。但是他没有说出斯奈伦伯格的名字。老板听后非常生气地说这应该是人事部门的原因，但杰拉尔德重复地说这是自己的错误，与别人没有任何关系。老板于是又大声指责会计部门，杰拉尔德又解释说不怪别人，实在是自己的错。接着老板又责怪起与杰拉尔德同办公室的两个同事，但杰拉尔德还是固执地一再说是自己的错，并请求处罚。

　　最后老板看着他说："好吧，这是你的错，但那位错领全薪的员工也太差劲了，对了，他叫什么名字，让我找他谈一谈。"

　　杰拉尔德说道："这并不怪他，主要怪我，理应由我承担全部的责任。"说完，他掏出自己的薪水从中抽出一部分补上了多发给斯奈伦伯格的那一部分。

　　斯奈伦伯格得知事实的真相以后，内心感到有些愧疚，没多久，就将多发给自己的那一部分还给了杰拉尔德，并与杰拉尔德成了很要好的朋友。

　　试想一下，虽然错误主要出在杰拉尔德身上，但是斯奈伦伯格也有一定的责任。如果不是杰拉尔德做了适当的退让，承担了全部责任，而是将斯奈伦伯格交由老板处理，他们之间的关系肯定会恶化到互相仇恨的地步。

俗话说得好："忍一时风平浪静，退一步海阔天空。"适当地妥协、容忍与退让有利于你协调人际关系，缓解压力，发展事业。所以，在靠自己成功的过程中，还是学会适当地妥协吧！

拯救你自己

生活在大千世界里的人，谁也避免不了会遇到这样或那样的事情，遇到的事情有时对这个人来说是无足轻重的，但对于另一个人来说就可能是无比重大的。当你遇到不如意的事情时，有些人也许不会真正地帮助你，真正能为你分忧解难的人也许不多，平时经常在一起的朋友此时却一个也不见了。你也不必对这种现象过于感慨，或许你的老师、朋友或长辈理解你、鼓励你、帮助你，但他们也没办法天天拍你肩膀，天天来劝解你，减轻你的压力。

父母兄弟呢？他们是最有可能不断鼓励你、劝解你的人。但有时父母看到犯了错误、陷入困境的子女，不但没有鼓舞，反而责骂。如果你的困境或者错误间接地拖累了他们，那你恐怕还得不到他们的原谅。

这些都是造成人想不开的原因。而我们要做的最重要的一点就是自己拯救自己，自己鼓励自己，自己相信自己，自己为自己缓解压力！

首先，不要奢求别人过多的帮助。我们不否认别人鼓励的作用，事实上，得到他人的鼓励会让你没有孤单的感觉，你身心的压力会因此减轻，会生出一股奋起的力量。但是有几点要注意。

千万别乞求、冀望别人来鼓励你，这样会让你像个可怜虫！而这种鼓励也带有怜悯的意味，反而会增加你的心理压力。

千万别依赖别人的鼓励来产生勇气和力量，因为你未来的路还会有许多坎坷，不可能每一次遇到困难想不开的时候，都会有人来鼓励你，劝解你，帮助你。

不要产生依赖感。一遇到困难就想到去找某个人，因为这种依赖迟早会变成对方对你的一种蔑视。

所以，遇到困难想不开，感到心理压力极大时，首选的方法是自己鼓励自己，让勇气和力量在心中产生。好比自己钻了一眼泉孔，泉水源源涌出，任何时候，任何状况下，都可以自己取用。

能遇事想得开，能自己拯救自己、自己鼓励自己、利用自己的力量走出困境的人就算不是一个成功者，但绝对不会是一个失败者，因为他的成功在走出困境、消除了压力以后。不过，人在低谷时，情绪低落，压力极大，如果打击太重，有的人甚至失去活下去的勇气，怎么可能鼓励自己呢？因此，遇到这样的困难和压力时，要有活下去的决心，这是自己鼓励自己的先决条件。同时要告诉自己："我一定要走过这个低谷，战胜这个压力！我要做给别人看，向所有的人证明我的坚韧与毅力！"换句话说，要为自己争一口气，不要被别人看轻！

那到底应该如何自己拯救自己呢？有的人在墙上贴满励志标语，每天在固定的时间默念；有的人找个僻静的地方，痛快地流泪；也有人拼命看成功人物的传记，还有人借运动来强化意志，缓解内心的压力……

其实根据不同情况，具体方法有很多，每个人都可以找到自己拯救自己、自己鼓励自己的方法。你不靠自己又能靠谁呢？

做不了第一也没关系

"不要去争第一"，这不是叫我们失去进取之心吗？在竞争如此激烈的现代社会，应该人人去争"第一"才是呀！不错！是得人人去争！但问题是"第一"只有一个，而且争"第一"时还得看争的代价，争得不好，就会给自己背上包袱，最后什么都保不住，更别说做第二了！

有一位商界的老板，他从事电脑行业。这位老板给自己的企业定位就另有一论——采取"第二战略"。因为他认为，当"第一"不容易，不论是产品的研究开发、行销，还是人员、设备等，都要比别人强，为了不被别的公司赶超，又得不断地扩充、投资。换句话说，做了"第一"以后要花很多内力来维持"第一"的地位。无形中会给整个企业带来巨大的压力，因为提到某一行业，人人都会拿"第一"去做对手，并拼命赶超。这样"第一"的压力未免太大了，而且一不小心，不但当不成第一，甚至连第二都不可能当了。

我们为人处世又何尝不是如此？比如说这次考试你没有拿到第一；这个月的奖金你拿的不是最多；年终评比你没能评上名次等等。虽然你努力了，平时都做到了，但结果事与愿违，就很容易让你想不开，也很容易为你造成压力。

这位老板的想法并不科学合理，并非当"第一"就一定会很辛苦，当第二或第三就轻松了，这只是他个人的一种观念而已。但结合现实细想一下，其中也不乏道理，我们不妨借鉴。

当"第一"者确实要费很多的力气来保住自己的地位，大至一个企业，小至一个人，都可能有这个问题。一个企业要想位居第一，所冒的风险也应该是最大的，承担的压力也是最大的，产品研制开发、资金的投入、设备的引进、人员的录用、产品的销售与服务等等，都比别人要多，要大，要好。好不容易排到了"第一"，又一下子成了众人的"眼中钉"，都想超过它，甚至弄垮它！

比如，一位主管可以说是该部门的"第一"，为了保住这第一，就给他带来巨大的压力，他不但要好好带领手下，也要和自己的上司处好关系，以免位子不保；如果有功时，主管当然功劳第一，但有过时，主管当然也是首当其冲。如果是一位副主管就会好一点，表面上看来不如主管风光，但因为上面有主管遮风避雨，可省下很多辛苦，减轻很多压力，所以很多人宁可当副手而不愿当"一把手"。

当然，我们这里绝不是说因为有了压力就别当第一。如果你有当第一的本事，也有能力承受第一的压力，那么就去当吧！如果你自认知识有限，能力不佳，那么就算有机会，也不要去当第一，因为当得好则好，当不好一下子就变成了第三或第四，这样不但对自己是个打击，也无形中增加了自己的压力。

因此，现实生活中并非人人非得争个第一，位居第一的后面的确也有好处，例如：

可以静观"第一"者如何构筑、巩固、维持其地位，他的成功与失败，都可作为你的经验和警戒；可趁此机会培养自己的实力，以迎接当"第一"的机会。如果你想当"第一"的话，一旦你觉得自己具备了这方面的实力，就可以趁机攀升。

由于你志不在"第一"，所以做事就不会过于急切、得失心太重，也不会勉强自己去做力所不及的事情，这样反而能保全自己，降低失败的概率。因此，不管为别人做事，还是经营自己的企业，从第二、第三做起都没关系，并不一定非得去做第一！如能稳稳当当地做个第二，一旦主客观条件达成，自然也就成了第一。

让自己看得开的方法有很多，但根据各人的情况各有不同，下面从宏观上讲几种方法，供你参考：

找知心朋友去倾诉，将你的真实想法和你的打算告诉他。不论他给你出了什么主意，你倾诉以后就会感到心情好了许多，压力就会得到缓解。

出去旅游也不失为一种好办法，出去后接触的全是新的东西，你会有新的发现，想法就会改变了。

真想不开的时候，去做你平时最想做但没有机会做的事情，这时候虽然兴趣可能减少，但在心理上是一个安慰，也许会让你消除"想不开"的念头。或者把自己固定在一个范围之内，用一种强化的方法将自己固锁起来，反思自己，回顾自己，从中找到缓解压力的方法。

有些麻烦无须去面对

我们常常会听到这样的一句话："我惹不起你，还躲不起你吗？"这通常是因为遇到了难缠、难以应对、难以与他说清道理的人。虽然这不是为人处世的上策，但在很多时候也无疑是一种很好的甩开包袱的办法。在工作中，有时它还会起到令人意想不到的效果，甚至可能因此改变你的命运，让你在一个"躲"出来的环境中，不但可以甩开包袱，还可以重新定位自我，实现自己的价值。

卡尔是一位数据监督员，此人似乎具有难以相处者的所有特征。他性情乖戾，对一切都极其冷漠，和同事的关系也不是很和睦。

在麦哈斯被提升为主管的前几天，他突然把自己的桌子推到办公室的一个角落里，还把书老高地堆在桌子边上，使得别人无法看到他。卡尔反常的行为引起了办公室其他人的警觉，他们担心他会干出什么事来。

可是，当麦哈斯和办公室其他雇员谈起卡尔时，他们都说卡尔过去是个行为理智，容易相处的人。后来发现，卡尔异乎寻常的举动是从半年前他的提升遭到拒绝开始的。卡尔失去了晋升的机会后，曾向他所在部门的副总经理提出了意见，这位副总断定卡尔受到了不公正的对待，并责令卡尔所在部门的上司制订出一个培训计划，这样就可以向卡尔明确，要想得到提升，自己应该做些什么。部门的上司对执行这个计划抱有抵触情绪，这一点并不奇怪。他们对卡尔越级告状耿耿于怀。卡尔和副总经理的会见公布于众之后，卡尔觉得办公室的其他人都等着看他栽跟头，以证明不提升他是有道理的。他对这种冷漠、孤立无援的气氛感到焦虑和气愤，思想上有了很大的压力，工作开始出差错，他的报告误了期，净犯些愚蠢的错误，并且把他和其他人的接触减少到最低限度。把桌子搬到角落里不过是他与别人越发疏远、对别人越发不信任的一种不合逻辑的表现。

弄明白这一连串事件之后，麦哈斯知道了卡尔将来还有可能是自己的竞争对手，在工作中不给他好脸色，对他百般刁难。在日常工作中麦哈斯也对同事讲，他对卡尔很不信任。

这时候卡尔才明白自己真正地遇到了一个更难缠的上司，于是他向原来的副总经理吐露了自己的心声，要求调到另一个部门去。他的理由是：自己的行为主要是由于周围环境造成的，让他心烦意乱的原因除了同事们的不信任以外，更主要的是来自麦哈斯的压力，如果给他提供一个新的环境，就足以使他与其他人有效而又顺利地共事，工作效率很快就能恢复正常。

由此可以看出，卡尔并不是我们所说的真正难缠的人，同事对他的看法也不是问题的实质，而是新上任上司对他施加的压力，让他不得不离开现有的岗位，去寻求自己的另一条出路。我们完全可以想象得出来，如果在另一个环境中他能够很好地发挥自己的能力与优势，他是能很快实现自己的理想的。

但在想躲开你惹不起的人的时候，有一点要极为注意：要认真地思考一下，要"躲"的地方是不是真的很适合你，是不是真的比你原来的地方更有发展前途，是不是能让你的能力得到充分的发挥，是不是让你的同事或亲人众口一词地赞同你"躲"得高明、"躲"得有理。如果这些都不能做到，你的"躲"只能说是一种软弱、一种妥协、一种逃避，一种自欺欺人的不是办法的办法，如果是这样的话，是不会被人所赞扬和推崇的。

所以说，在你真的想"躲"以前，要充分认识到很重要的一点，人与人之间的角色和认知是不同的，在一些问题上，尤其是在很重要的问题上难免会有矛盾和冲突。即使是平时很和谐的关系，也有对一件事情的认识发生偏差的时候。所以在处理这种情况时首先要表现出你的宽容和大度，要用冷静的方式去对待出现的问题，相信事情总会有水落石出的那一天。

　　多用"路遥知马力，日久见人心"的胸怀来宽慰自己，这样你的心情就会渐渐平静下来。如果你一下就怒不可遏，暴跳如雷，肯定会弄得结局难以收拾，到时候就不是想躲与不想躲的问题了，而是你已经无法在这个环境中再工作或者维持下去，不得不自己给自己找个"躲"的借口了，这样的"躲"就一定不是经过你深思熟虑的，也就没有下一步发展的余地了。

学会自嘲，生活更轻松

在我们的生活中，几乎每个人都碰到过尴尬处境。遇到窘境，有的人喜欢掩掩藏藏，有的人喜欢辩解。其实越是这样，心理越是失衡，越是辩解，却会越辩越丑，越描越黑。最好的方法是学会利用自嘲来解脱自己。自嘲是一剂甩开包袱的良药。

在托尔斯泰的寓言中有一只狐狸，它用尽各种办法，想得到高墙上的那串葡萄，可是最终还是因墙太高而没有得逞，于是它只好转身离去。这聪明的狐狸一边走一边自我安慰道："那串葡萄一定是酸的。"

望着那诱人的葡萄，狐狸却无能为力，怎么也得不到，此时的它心里肯定又失望又不甘心，但仅一句"那葡萄一定是酸的"，便把自己的心情扭转过来，让自己从失望中摆脱出来。适时自嘲，不仅能化解尴尬，也能免除可能发生的争吵。若是没有这份雅量，生活就会增加许多不愉快。

美国著名演说家罗伯特，到老年后变成了个秃头，整个脑袋几乎成了不毛之地，可他从来不去掩饰这一缺点，相反，他能在许多场合用自嘲来化解这种尴尬，让人反而感到秃头的他更伟大。在他60岁生日那天，许多朋友前来庆贺，妻子悄悄地劝他戴顶帽子。而罗伯特不仅没有这样做，反而故意大声对来宾说："我的夫人劝我今天戴顶帽子，可是你们不知道秃头有多好，我是第一个知道下雨的啊！"一句看似嘲笑自己的话，一下子让气氛变得热烈起来。

观察分析一个心胸豁达的人，往往会发现，他的思维习惯中有一种自嘲的倾向。这种倾向，有时会显于外表，表现为以幽默的方式摆脱困境。自嘲是一种重要的思维方式。每个人都有许多无法避免的缺陷，这是一种必然。不够豁达的人，往往拒绝承认这种必然，他们总是紧张地抵御着任何会使这些缺陷暴露出来的外来冲击，久而久之，心理便变得脆弱了。一个拥有自嘲能力的人，却可以免于此患。他能主动察觉自己的弱点，他没有必要去尽力掩饰。从根本上来说，一个尴尬的局面之所以形成，只是因为它使你感到尴尬。要摆脱尴尬，走出困境，甩开包袱，正面回避需要极大的努力，但自嘲却为豁达者提供了一条逃遁出去的轻而易举的途径——那些包围我的，本来就不是我的敌人。于是，尴尬或困境，就在概念上被消除了。

在生活中受到讥讽时，不妨用自嘲来把笑转移给大家，让心情放松，而不要总是猜测对方抱有什么目的或是怎么想法子回击。比如有人说"你不愧是属猪的，真能吃"，你不妨接上一句"所以咱们才能聚在一起呀"。这样既保护了自己，又不至于伤害朋友。

有一天，德国著名诗人歌德在公园散步时，与一位经常抨击他的人狭路相逢。仇人见面分外眼红，那个人表现出十分傲慢的态度，站在歌德面前毫不让步地说："我是从来不给蠢货让路的！"

听到这样无礼的、具有挑衅性质的话，歌德没有恼怒，也没有正面迎击他，而是用自嘲似的话语笑着说："我倒正好相反。"说完便给那人让开了路，等那人走过后，自己才过去。

歌德的一句话，既没有激化矛盾，又让自己心理平衡，可谓软中有硬，恰到好处。

用自嘲来稳定情绪的方法有很多。比如，当你在经济上受到不合理的对待时，当你的生理缺陷遭到别人嘲笑时，或无端受到别人攻击时，你不妨采用阿Q的"儿子打老子"似的精神胜利法，来调节一下失衡的心理。

　　自嘲能化自卑为自信，是宣泄积郁，甩开包袱，维持心理平衡的良方。靠自己成功，应该学会自嘲，既显示出智者的谦虚与大度，又缓和了气氛，何乐而不为呢？

不要做一个完美主义者

很多时候，一些羞于示人的缺点成为我们成功路上最大的瓶颈。其实，所谓缺点都是在我们的心里，如果我们自己认为那是不可逾越的，自然就难以跨越。每个人都会有缺点和不足，如果我们能够放下心灵的包袱，那些缺点不但不会成为我们的障碍，反而可能成就我们。

知道足球的人都知道罗纳尔多，他被称为"外星人"，是让所有后卫都头疼的前锋，几乎每一位对手都会被他准确的射门、惊人的起动速度和无时不在的霸气所震慑。很多球迷因为他出色的球技和可爱的形象而把他当作偶像。伴随着他足球生涯的成功，越来越多的人记住了这个龅牙的巴西人。但是，很少有人知道，这个当今在绿茵场上纵情驰骋的球星尽管拥有非凡的足球天赋，却并不是一开始就表现出色。

现在的天王巨星，有着一段漫长而艰难的成名历程。而其中妨碍罗纳尔多上场表现的，就是他的龅牙。刚刚走上绿茵场的他，认为自己的龅牙很不好看，担心被人们嘲笑。为了能够避免露出自己的龅牙，他常常紧闭着嘴唇，即使是在上场比赛时，也不肯稍稍松懈。

渐渐地他习惯了紧闭嘴唇，而就是这个小习惯影响了发挥。众所周知，足球是一种运动量非常大的运动。每一场球赛都是对球员体力的严峻考验。而罗纳尔多紧闭嘴唇的习惯，让他在球场上很容易就累得不行。想想看，如果不能顺畅地呼吸，却必须坚持剧烈地运动，这无疑是不可能的。罗纳尔多身上巨大的潜力因为这个小习惯而被压抑了。

他一直都这样踢球，直到一个细心的教练发现了这一点。教练把他换下了场，拍拍他的肩膀说："罗纳尔多，你在场上时应该忘掉你的龅牙，要知道，龅牙并不是什么错。也没有什么好害羞的，如果你不张开嘴，就无法自由地呼吸。而且要想让人们忘记你的龅牙，最好的办法不是闭上嘴，而是甩开包袱，发挥你精湛的球技。"

从此，罗纳尔多在踢球时不再刻意掩盖自己的龅牙，他终于敢张开嘴自由地呼吸了。他的球技大进，在17岁时，就进入了巴西国家队，并同队员们一起赢得了世界杯。他成了世界球坛天王级的人物，不到20岁就获得了世界足球先生的称号。

而功成名就后的罗纳尔多似乎并没有为他的龅牙烦恼过，他所有的球迷都将目光盯在了他超凡的球技上。他们不但没有嘲笑他的龅牙，反而认为他的龅牙很可爱。如果当初罗纳尔多一直不敢张开嘴巴，足球历史上就不会增加一个超级球星，反而会出现一个气喘吁吁也不肯张嘴呼吸的庸才。

任何人都可能成为隐瞒自己"龅牙"的人，可是，人们不知道的是，掩盖反而更吸引他人的注意。只有自己不在意，这些缺点才不会成为束缚我们的障碍。

如果在行动的过程中时刻关注自己的缺点，那样只会影响我们行动的质量，因为这种消极的自我暗示成了行动路上的障碍。忘记自己的缺点，不要陷入自我暗示的陷阱，放开去行动往往会有更好的结果。

适当给自己加点压

有位美国作家说过：时间不允许浪费。我们必须提高效率，活得像明天就要死去一样。虽然这听起来有点吓人，但是却真实地告诫我们，如果我们给自己适当的压力，可以让我们的生活发生巨大的改变。

传说世界上只有两种动物能到达金字塔顶，一种是老鹰，还有一种，就是蜗牛。老鹰和蜗牛，以往我从来没有把它们联系在一起。它们是如此不同，鹰有一对飞翔的翅膀；蜗牛背着一个厚重的壳。与鹰不同，蜗牛到达金字塔顶，靠它永不停息的执着精神，还有它厚重的壳。

蜗牛的壳，非常坚硬，它是蜗牛的保护器官。据说，有一次，一个人看见蜗牛顶着厚重的壳艰难爬行，就好心地替它把壳去掉，让它轻装上阵，结果蜗牛很快就死了。正是这看上去又粗又笨、有些负重的壳，让小小的蜗牛得以到达金字塔顶。

从心理学的角度来说，适当的压力可以让我们发挥出潜能，从而更好地工作和生活。给自己适当的压力，重要的一点就是把截止日期提前。大多数人倾向于首先完成比较紧迫的任务。当我们要完成一项任务的时候，有意识地将截止日期稍微提前一些，这样就可以有效地增强自己心理上的紧迫感，从而更好地走向成功。

好莱坞的传媒大亨巴瑞迪勒曾经被手下称为"吸血鬼"，以善于督促员工而闻名一时。在担任派拉蒙影业公司总裁期间，巴瑞迪勒经常对大家说的一句话就是："抓紧时间，忘记上映日期，我们的工作就是要尽可能地完成手上的工作。"

在很多时候，为了督促员工尽可能提前完成工作，巴瑞迪勒甚至会采取一些让人不解的做法，这些做法奇怪得就像出自孩子的脑袋。比如他会给电影制作人员发一张假的工作计划表，把所有工作的完成时间都提前一到两个星期。

一名高级经理发现了老板这样的做法后提出了自己的质疑，巴瑞迪勒回答说："这样的话，即便他们耽搁了工期，我们还有时间进行补救。"对于那些习惯了拖延工期的人来说，这可能是最为有效的办法之一。

我们总是把截止日期作为拖延和逃避困难的借口，喜欢在截止日期之后的一段时间里完成工作，较好的情况也只会在截止日期的那一天完成。即使有能力较早地完成工作，也会找借口让自己放松，等截止日期临近才努力工作。

把截止日期提前，给了自己适当的压力，还能保证工作的质量。习惯拖拉的人通常总会赶在最后的时间拼命工作，在很多情况下，他们甚至不得不精简工作中的某些步骤或者一些细节性的内容，即使在工作过程中出现了问题，也因为时间的关系而放弃了进一步的研究，这自然会影响到工作的质量。

正如巴瑞迪勒所说的，把截止日期提前就为工作计划预留了一个"缓冲地带"，这样就可以在发现问题的时候，有充裕的时间去解决或者对问题进行修改。甚至有时间把所有不合格的工作推翻重做，这样就提高了工作的质量。

有时候，给自己"包袱"，是让自己没有更大的包袱；给自己适当的压力，就不会让压力压垮了自己。

用你的乐观去战胜所有困难

在面对人生的美丽时，我们都能微笑迎接，可是当我们面对人生那些不可避免的哀愁时，我们会有什么样的反应呢？

有时候，我们心中时常会萌生出一些美好的愿望，并按照这美丽的线索，去寻找自己生命的春天。但是自身的缺陷、懒惰、怯懦等等束缚着愿望远行的脚步，为此，我们总要在内心深处较量一番。较量的结果大概只有这样两种：一种是甩开心理包袱，行动伴着愿望一起走；一种是顺从命运，让美好的愿望枯萎在泥潭里。

有两个姑娘，她们一个叫艾美，是美国人，另一个叫希茜，是英国人。她们聪明、美貌，但都是残疾人。

艾美出生时两腿没有腓骨。一岁时，她的父母做出了充满勇气但备受争议的决定：截去艾美的膝盖以下部位。艾美一直在父母的怀抱和轮椅中生活。后来，她装上了假肢，凭着惊人的毅力，她现在能跑步、跳舞和滑冰。她经常在女子学校和残疾人会议上演讲，还做了模特，频频成为时装杂志的封面女郎。

与艾美不同的是，希茜并非天生残疾。她曾参加英国《每日镜报》的"梦幻女郎"选美，一举夺冠。1990年她赴南斯拉夫旅游，决定侨居异国。当地内战期间，她帮助设立难民营，并用做模特赚来的钱设立希茜基金，帮助因战争致残的儿童和孤儿。1993年8月，在伦敦她不幸被一辆警车撞倒，造成肋骨断裂，还失去了左腿。但她没有被这个生活的不幸击垮。她很快就从痛苦中恢复过来，康复后她比以前更加积极地奔走于车臣、柬埔寨，像戴安娜王妃一样呼吁禁雷，为残疾人争取权益。

也许是一种缘分，希茜和艾美在一次会见国际著名假肢专家时相识。她们一见如故，现在情同姐妹。

虽然肢体不全，但她们都不觉得这是多么了不得的人生憾事，反而觉得这种奇特的人生体验，给了她们更加坚忍的意志和生命力。她们现在使用着假肢，行动自如。只有在坐飞机经过海关检测，金属腿引发警报器铃声大作时，才会显出两位美人的腿与众不同。

只要不掀开遮盖着膝盖的裙子，几乎没有人能看出两位美女套着假肢。她们常受到人们的赞叹："你的腿形长得真美，看这曲线，看这脚踝，看这脚趾甲涂得多鲜红！"

艾美说："我虽然截去了双腿，但我和世界上其他女性没有什么不同。我爱打扮，希望自己更有女人味。"

这对姐妹几乎忘了自己是残疾人。她们没有工夫去自怨自艾，人生在她们眼里仍是那么美好，她们在人们眼中也是美好的。也有异性在追求她们，她们和别的肢体健全的姑娘一样，也有着自己的爱情。

甩开包袱，微笑面对生命的一切，永远积极地生活，这就是艾美与希茜的做事原则和人生态度。

虽然，每个人的人生际遇不尽相同，而且命运也并不是对每一个人都很公平，但是相信上帝在关上一扇窗的同时，也会为你开启另一扇窗。面对窗外的大地和天空，就看你能不能高昂起你的头，用一双智慧的眼，透过岁月的风尘寻觅到辉煌灿烂的繁星。先不要说生活怎样对待你，而是应该问一问自己，你是怎样看待生活的？

永远不要指望靠他人的同情与帮助来获得成功。就现实的情形而言，悲观失望者一时的呻吟与哀号，虽然能得到短暂的同情与怜悯，但最终的结果只会让别人鄙夷与厌烦。而如果我们能始终保持一种健康向上的心态，乐观地看待眼前发生的一切，那么，即使我们身处逆境、四面楚歌，也一定会有"山重水复疑无路，柳暗花明又一村"的那一天。

人生既有阳光也有风雨，一个人要想赢得人生，就不能总把目光停留在那些消极的东西上，那只会使人沮丧自卑、徒增烦恼，让人生被生活的阴影遮蔽它本该有的光辉。

其实一时的困难并不意味着你的整个人生都是灰暗的，只要你甩开包袱，永远保持乐观积极的心态，笑迎人生的一切，那么风雨过后，你一定能靠自己见到绚丽的彩虹。

别跟自己较劲

甩开包袱，必须学会自律、自爱，千万别跟自己过不去，一个人只有给自己充足的信心，才能使自己拥有饱满的热情，才能全身心地投入到各种社会活动中去，才能更大程度地发挥出更多才能。

《目标就是一切》的作者张其金在这本书中有一段精彩的描述："一个对自己负责的人，是他取得成功的动力源泉。一个人的意志能够发挥无限的巨大力量，它能够把梦想转变为现实。对于一个想有所成就，想取得成功的人来说，我们为了成功，必须全神贯注，放弃许多日常欲望，做出许多牺牲，体验许多挫折的滋味，经历过种种磨炼之后，才能使自己变得非常强劲、坚忍、健全、平衡。这种性格的形成，使我们充满力量，拥有坚强的信心，对未来充满美好的憧憬。"

张其金这样说了，也这样做了。在张其金看来，一个人要想走向成功，就要坚信成败并非命中注定而是全靠自己努力才能获得，同时更需要有坚信自己能战胜一切困难的勇气。因此，我们必须相信："一个人，征服了自己，也就征服了世界。""没有人能打败我，除了我自己。"

1965 年 9 月 17 日，世界台球冠军争夺赛在美国纽约举行。路易斯·福克斯的得分一路遥遥领先，只要再得几分便可稳拿世界冠军了。就在这个时候，他发现一只苍蝇落在主球上，他挥手将苍蝇赶走了。可是，当他俯身准备击球的时候，那只苍蝇又飞回到主球上来了，他在观众的笑声中再一次起身驱赶苍蝇。这只讨厌的苍蝇破坏了他的情绪，而更为糟糕的是，苍蝇好像是有意跟他作对似的，他一回到球台，它就又飞回到主球上，引得周围的观众哈哈大笑。路易斯·福克斯的情绪恶劣到了极点，他终于失去了理智，愤怒地用球杆去击打苍蝇，球杆碰到了主球，裁判判他击球违例。他因而失去了一轮机会。之后，路易斯·福克斯方寸大乱，连连失分，而他的对手约翰·迪瑞则愈战愈勇，超过了他，最后夺走了桂冠。第二天早上，人们在河里发现了路易斯·福克斯的尸体，他投河自杀了！

一只小小的苍蝇，竟然击倒了所向无敌的世界冠军！路易斯·福克斯最终夺冠不成反被夺命，这是一件本不该发生的事情，但它确实发生了。

与此相反的是，海明威的《老人与海》给了我们信心。这部小说描写古巴老渔民桑提亚哥在海上三天三夜捕鱼的经历。

在这之前，他接连八十四天出海一无所获，一直伴随他的小男孩曼诺林也被父亲叫走，剩下他孤零零一个人。但是，桑提亚哥并没有丧气，在第八十五天继续驾舟出海。翌日，他在远离海岸的深海里网到一条比自己的船还大的马林鱼，他使出全部力量，经过两天两夜的奋战，终于杀死了大鱼。可在归途中，他连续遭到凶猛的鲨鱼的袭击，桑提亚哥虽已精疲力竭，仍旧不屈不挠地与鲨鱼展开殊死搏斗。经过艰苦卓绝的恶战，他总算击退了鲨鱼群，可那条马林鱼也被啃成了空骨架。

这部小说生动地展现了主人公的命运，同时也让我们看到了一个积极的人是如何对待生活的，这是一种对精神的讴歌，是对艰难险阻的挑战，不惧失败的赞歌。因为老人具有积极的心态，"他的希望和信心从来没有消失过，现在又像微风初起的时候那样清新了""痛苦对于男子汉来说不算一回事"。

　　老人就以这种心态让我们深深地感受到了两点：第一点就是我们绝不能让别人的劣势战胜自己的优势；第二点就是每当事情出了差错，或者有人真的使我们生气时，我们不仅不能大发雷霆，而且还要用宽阔的胸怀来对待。这正如海明威在小说里所反映的一样："一个人并不是生来就要被打败的，你尽可以把他消灭掉，可就是打不败他。"凭着这股"打不败"的精神，老人继续跟鲨鱼斗了起来。直到杀死最后一条鲨鱼，老人也累得喘不过气来，嘴里涌起一股血腥味。老人疲劳过度，回到家倒下就睡着了。梦中，他又梦见了力量和勇敢的象征——狮子。至此，我们发现在这位老人身上始终洋溢着那么一种情绪，那是由畅快的痛苦、危难中的拼搏、老态龙钟的活力以及凯旋式的失败所组成的悲壮而热烈的交响曲。

　　所以说，成功寓于轻松的情绪中。如果一个人对人生或对一件事总有太多的情绪，有太大的包袱，那么他的意志必定消极，行动也没有力量，遇到困难或挫折就十分容易让步或退却。

掌控你的情绪

现在，很少有人注意自己的情绪变化给生活带来的负面影响。不管是好情绪，还是坏情绪，总随着自己的心情即兴发挥，当坏情绪到来时，往往得罪了朋友，而且自己也变得不快乐起来，不仅失去了朋友，心情还糟糕，真是不划算的事情。

所以，我们要经常注意自己的情绪，注意自己的精神状态。当自己心情愉悦时，生活看起来既幸福又美满，一天到晚都充满快乐。这时，任何事物在自己的心中都会感觉不错，一些生活琐事也能得到圆满解决，与别人之间的关系也是融洽快乐的。反之，当我们情绪低落的时候，生活变得那么残酷，我们可能感觉生活到处都是危机，总会主观地臆断周围的人和物，总感觉眼前的一切都不怎么协调，什么也看不顺眼，总感觉别人怀有不可告人的丑恶动机。其实，这时的真实情况是自己被不良情绪迷惑了。等过了心理的低谷之后，我们的心情可能又发生了变化：有美丽而深爱自己的妻子，还有可爱听话的孩子，对前途也持乐观态度……一切都变得美好起来。

在日常生活中，很多人不习惯于转换情绪，好的时候一切都好，坏的时候一切都坏。这使我们失去了准确判断是非的标准，做事只凭感觉行事，任由坏情绪左右我们的心灵。遇到好事的时候，任由高兴的心情纵横驰骋，甚至还会有些盲目乐观；遇到坏事的时候，任由低落和坏心情流满我们的心田。这样，我们的生活不能由自己作主，而任由情绪来左右，一会儿生活在天堂里，一会儿又生活在地狱里。

其实，我们在没有人的时候应该冷静一下。细想一下，就会发现，生活绝不会像自己心情很坏时所认为的那样消极和沮丧，根本原因在于我们的主观臆断。我们可以不发脾气，不说感到失落，不说丧气话。而不要因为心情不好，就有了放纵自己的借口。

不以物喜，不以己悲。好心情总可以由我们来选择，当不高兴的时候，我们要立刻提醒自己："把它看得简单一些，这是不可避免发生的情况，让时间的流失去冲淡一切吧。等事情过去了，就不会耿耿于怀了。"

学会转变坏情绪，就是要我们心情好的时候对生活感恩，生活不好时，要看得开，想得远。

学会自我调节，对于一个人来说，具有重要的意义。我们很可能只是因为生活中的一点毫不起眼的小事，就在大脑中产生了难以释怀的偏激，这可能影响我们对事物的判断。我们要善于从不合理的生活状态中脱离出来，任何事物不要求完美，只要求更好就可以了。

对一些就业压力很大、临近毕业的大学生来说，更要学会自我调节，从很多大学发生的自杀事件来看，我们应该意识到，大学生应该学会调节压力、调节情绪，学会自我心理保健。还有一些生活在工作高压之下的女性白领，更是如此。否则，一些由不良情绪引起的疾病会随时找上门来，比如胃溃疡、心脏病、高血压等等。

学会自我调节，可以使我们的生活更轻松、更愉快，我们就会远离那些忧郁、悲痛、焦虑等不良的情绪，而不至于失去心理平衡。所以说，善于疏导自己的情绪，正确面对现实，以正确的态度对待各种环境和问题，增强自己的承受力，才能保持持久的快乐。

自我调节既然如此重要，那么如何进行自我调节呢？当我们抑郁的时候，可以多参加一些业余活动，如郊游、唱歌、游泳和跳舞等，当然还可以多参加一些社交活动或聚会，甚至直接找心理咨询师咨询。

第 五 章

勇于超越自我，替自己坚强

　　人生所有的困境都在于自身处境带来的困局，当你无法超越自我的时候，你才会陷入这种困局中难以自拔。而那些成功者，他们都是敢于超越自我，提升自我的人。我们虽然普通，但也有无限可能，超越自我，就是实现这些可能的第一步。

勇敢地挑战自己

　　人与人之间、弱者与强者之间、成功与失败之间最大的差异就在于意志力的差异，人一旦有了意志的力量，就能战胜自身的各种弱点。在不断奋斗的人生道路上，我们发现一部分人失败了，而另一部分人却成功了，这究竟是什么原因呢？因为前者被自己打败，而后者却能打败自己。一个人要挑战自己，靠的不是投机取巧，不是耍小聪明，而是信心。

　　人有了信心，就会产生意志和力量。一个有信心的人，就有了意志的力量，具备了敢于挑战自己的素质，能做成任何可能做到的事情。人生最大的挑战就是挑战自己，唯独自己是最难战胜的。有一位作家说："自己把自己说服了，是一种理智的胜利；自己被自己感动了，是一种心灵的升华；自己把自己征服了，是一种人生的成熟；能征服自己的人，就有力量征服一切挫折。"

　　我们在追求自己的理想时，会遇到很多艰难险阻，即使是那些成功人士，也一样每天要面对很多困难，就像家家有一本难念的经一样，不要认为别人都是一帆风顺的，而自己却处处遭遇挫折。人的一生，总是在自然环境、社会环境、家庭环境中适应，因此有人形容人生如战场，勇者胜而懦者败，在从生到死的生命过程中，人们所遭遇的许多人、事、物，都是战斗的对象。那些能战胜自己的人是胜出者。

　　其实，自己的心念，往往不受自己的指挥，它才是最顽强的敌人。一般人认为，如果没有危机感、竞争力或进取心，可能会失去生存的空间，所以许多人都会殚精竭虑地为自己、为孩子安排前途，以此作为发展的战场。从小到大，我们往往都会有比较的对象，小时比学习，长大比收入，虽然，处处和人比较的这种心理在一定程度上能够刺激一个人奋斗，但这种想法却带有一定的负面作用，就是容易让人嫉妒而导致心理疾病，也就是心理不健康。其实，只要记住，不能白白地来这个世界走一遭，应该为自己活出点样子，也就是做最好的自己、挑战自己就足够了。

当然，挑战自己也就意味着要克服自己的弱点，比如懒惰、怕吃苦等。要有挑战自身极限的胆量、勇气和欲望，每个人都应以坚定的信心和运筹帷幄的胆识，回应生活的种种挑战，每一次超越自我都会有很多收获。在现实生活中，我们都有这样的发现：有些并不聪明甚至貌不惊人的人做出了惊人的成绩；相反，那些耳聪目明、各方面条件都很不错的人却成绩平平。这是为什么呢？这正应了一句老话：上帝并不偏爱每一个人。

事实上，每个人都想成才，都想获得成功。获得成功的原因有几个方面：才能、机遇、努力，在追求成功的过程中必须面对困难，而这也是挑战自己的时候。战胜自己，说起来容易，做起来异常艰难。为什么有的人一而再、再而三地想戒烟，但就是戒不了？为什么有的人想勤奋学习，但学了几天就坚持不下去了？这都是战胜不了自己的缘故。人生的战场也如同在千军万马中厮杀。一位将军在作战时万夫莫敌，屡战屡胜，他的功勋彪炳，令敌军望风而逃，但他内心是否自在，就大有问题。拿破仑在全盛时期几乎统治半个地球，战败后被囚禁在一座小岛上，相当烦闷痛苦，难以排遣，他说："我可以战胜无数敌人，却无法战胜自己的心。"

战胜自己不是一件简单的事，得意时容易忘形，失意时容易自暴自弃。平常人很难不受环境影响，矛盾、冲突、挣扎经常发生，如何调节烦恼非常重要。发生在心外的事比较好应付，发生在心中的事则较难处理，这需要我们做自我排解、自我平衡。在观念上要想到这是种种因缘巧合之下所产生的结果，自己仅是其中的因素之一，并不是唯一的因素，所以无法掌控，心中情绪自然会安定。在方法上则要做些自我约束与宁心的功夫，若能随时随地安心安身，便是真正战胜了自己。

最大的敌人是自己

谁是强者？也许会有很多人毫不含糊地回答：能战胜别人的人便是强者——

那些在战场上厮杀，浴血奋战，威震敌胆，能踏着血泊穿过硝烟走向胜利的人；那些在运动场上争雄，在力量、速度和技巧的较量中遥遥领先，能赢得金牌和奖杯的人；那些在考场上拼搏，沉着应战，才情喷涌，能金榜题名的人；那些在平凡的岗位上踏实地、勤奋地、创造性地工作，被同行和同辈称为"佼佼者"的人……这样的人，可谓强者。

这些人是因为在竞争中赢得了胜利而被冠以强者的称呼吗？当然不是，表面上是战胜了某些人，然而，实质上，取得的是强者自己战胜自己的一场胜利。人的一生最难战胜的不是别人，正是自己。一个人要战胜另一个人并不太难，往往只需要付出双倍的努力，但要正视和克服自身的弱点，却要有十倍的勇气和百倍的坚强。

"战胜自己，我便是强者。"这是奥运会双料冠军张怡宁常说的一句话，更是乒坛"大姐大"邓亚萍夺金的关键。

想想古今中外伟大的人物和那些在某个领域有建树的人，哪一个不是身经百战，一次次克服困难，一次次战胜自己，最终赢得属于自己的人生呢？如果爱迪生因为一次失败而灰心了，那么他还能成为举世闻名的发明大王吗？如果爱因斯坦因为别人的嘲笑而放弃了自己的信念，那么他还能写出《相对论》，成为诺贝尔物理学奖的获得者吗？如果李时珍因为种种困难而放弃自己的事业，那么他还能写出名著《本草纲目》吗？

别忘了，这个世界上那个真正能够打败你的人，就是你自己！

一天早上，一位将军受命在天黑之前拿下一个高地。于是他率领部队向高地发起了进攻，无数次的冲锋，都被敌人一次又一次地击退。最后一次冲锋，他所有的战友全都牺牲了，他自己也在战壕前几米处，被一枚地雷炸断了一条腿……而对方的军旗，仍在山顶上飘扬，于是他绝望地朝自己开了枪。

过了半小时，增援部队来了。当他们冲上山顶时，发现对方的官兵已全部战死，只剩下一个奄奄一息的伙夫，正绝望地抱着自己的军旗，等着将军爬上来，将他像蚂蚁一样踩死。但将军杀死的是自己！

将军奋战到了最后一刻，胜利本来就在眼前，却死在了自己的枪口下，让人扼腕叹息之余不免警醒：不要轻易地对生活绝望，只要你不放弃希望，不放弃努力，就有获得重生的机会。

有时，面对困难，我们常常退缩，理由是困难太大；面对竞争，常常逃避，理由是对手太强；面对责任，我们常常推卸，理由是担子太重；面对坎坷，我们常常不战自退……没错，人生给我们的苦难太多太多，而我们用以逃避的理由也同样太多太多。我们为什么不敢、不能正视这一切？就是因为我们无法战胜自己内心的种种怯懦、担忧、自卑以及恐惧！

怯懦、自卑、恐惧，这些正是人的本性，这些本性注定我们的内心有许多不坚强；自己，往往是最可怕的对手，是最无底的沟，是最看不透的迷雾。为了成功，我们必须战胜自己，自己是通往成功的最关键的一道屏障。

美国一位叫凯丝·戴莱的女士，她有一副好嗓子，一心想当歌星，遗憾的是嘴巴太大，还长了两颗龅牙。她初次上台演唱时，努力用上嘴唇掩盖龅牙，自以为那是很有魅力的表情，殊不知却给别人留下滑稽可笑的感觉。有一位男 fans 很直率地告诉她："暴齿不必掩藏，你应该尽情地张开嘴巴，观众看到你真实大方的表情，一定会喜欢你的。也许你所介意的龅牙，会为你带来好运呢！"

一个歌唱演员在大庭广众之下暴露自己的缺陷，需要用理智说服自己，更需要有无比的勇气来打败自己。

凯丝·戴莱接受了这位男 fans 的忠告，不再为龅牙而烦恼，她尽情地张开嘴巴，将自己的潜能发挥到极致，终于成为美国影视界的大明星。

一个人有理由随便放弃追求吗？没有！天生的不足、别人的嘲笑，以及种种其他理由，都不是阻碍你成功的荆棘，唯有为了安稳享乐，为了蝇头小利，为了达到暂时的满足，而放弃了坚持、奋斗，才会让你永远无法超越自己。

那些为了战胜疾病和伤残，忍受着精神和肉体的巨大痛苦，无畏地向死神宣战，坚忍地同命运抗争，把厄运的千斤重压举起和推倒，令重量级的举重猛将也肃然起敬的人，还有那些为战胜私欲而处处克己的人，为战胜惰性而反复自策的人，为战胜暴躁而时时止怒的人，为战胜怯懦而不断自励的人……他们，都是了不起的人！

所以，当你遇到挫折或身处逆境时，应该顽强拼搏，有战胜困难的自信和勇气，不要冲着别人逞强。假如你能在思想上、作风上、性格上、气质上、心理上、身体上战胜自己的弱点，你便是一个真正的强者，一个谁都打不败的强者。

别让自己毁了自己

很多人都有过这样的体验：我们试图积极进取，却无法摆脱自己的懒散惰性；我们想要谦虚大度，却又不能去除自身的骄横私心……原来，导致我们身不由己的罪魁祸首正是我们内部的那个自己，他才是我们最顽强的敌人，是我们最大的对手。

人的一生，会遭遇无数对手，有的来自外部，有的来自内部。对于外部的显在之敌，我们一眼就可辨别出它的来路及威胁程度，因此也就可以相对容易地制定出应对之策而将之化解。然而，对于那些潜伏在内部的隐蔽之敌，却会让我们防不胜防，疲于应付。而更让人恐怖的是，它们的威力强大而又无处不在。

美国著名心理学家罗伯特·菲利浦曾经接待过一个因企业破产而负债累累、身无分文的流浪汉。看着来人茫然的眼神、沮丧的神态、长时间未刮的胡须以及紧张的神情，罗伯特考虑了一下，对他说："虽然我没有办法直接帮助你，但如果你愿意的话，我可以介绍你去见另外一个人，也许他可以让你起死回生，并能帮助你赚回你所有损失的钱。"

罗伯特刚说完，那人眼中立即放射出了光芒，他抓住罗伯特的手，激动地说道："看在上帝的分儿上，请你一定要带我去见这个人。"

于是，罗伯特带他走到一块窗帘布前，随后，将窗帘拉开，露出了一面巨大的镜子，他可以从中看到他自己的形象。看着那人吃惊的样子，罗伯特指着镜子对他说："就是他，在这个世界上，只有这个人能够使你东山再起，你觉得你失败了，是因为输给了外部环境或者别人了吗？不，你只是输给了你自己，仅此而已。"

流浪者朝着镜子走近了几步，用手摸摸他长满胡须的脸孔，又对着镜子里的人从头到脚打量了一阵，突然低下头，失声痛哭起来。

几天后，罗伯特又在街上碰到了那个人，但他已不再是一个流浪汉形象，而是西装革履，步伐自信有力，昂首挺胸，原先的那种苍老、无助、紧张不安的神态早已被抛至九霄云外，取而代之的是战胜自己后的自信神态。他在罗伯特的帮助下，认识到了是自己打败了自己，他本人才是他最大的对手，从而对症下药，战胜了自己，找回了自信。

很多时候，你的心理是坚强还是脆弱，你对自己的认识是正确还是错误，将很可能会决定你的成败。即使是在一些我们认为比较极端的情况下，在觉得一切都已不复存在、人生将尽的危难关头，只要我们能够坚强地挺下去，不被一时悲观消沉击倒，就能重树自信，并时刻认识到我们外部的环境远远没有恶化到我们想象中的那种地步，很多的"绝境"都来源于我们的过于悲观与自以为是，我们自己才是我们最大的敌人，认清了这一点，就有机会战胜自己。

在我们最大的对手面前，充满自信的人知难而上，缺乏自信的人却落荒而逃。

一支野战分队在一次秘密行军中，遭遇了敌人的突然袭击，经过激烈混战，仅有两位战士突围了出来。他们在庆幸之余，却发现已经误入沙漠之中。行至中途，眼见天色已晚，所携带的水也即将用尽，受伤的士兵体力虚弱，又急需休息。

于是，同伴把枪留给了受伤的士兵，并再三吩咐："枪里还有五颗子弹，我走后，每隔一小时你就对空中鸣放一枪，那样我就会循着枪声前来与你会合。"说完，同伴满怀信心地找水去了。然而，随着时间的推移，受伤的士兵越想心里越乱，越想越怀疑：同伴能找到水吗？他能听到枪声吗？他会不会丢下自己这个"包袱"而独自离去？开始，他还能按时对空鸣枪。

天渐渐黑了，他的枪里仅剩下一颗子弹，可是同伴还没有回来。这时受伤的战士确信同伴早已离去，而自己只能等待死亡，想到这里他绝望了。想象中，沙漠里秃鹰飞来，狠狠地啄瞎了他的眼睛、啄食他的身体……结果，他彻底崩溃了，用最后一颗子弹终结了自己的生命。但就在枪声响后不久，他的同伴提着满壶的清水，并领着一支骆驼商队赶来，但找到的却是一具尚有余温的尸体……

在这个悲惨的故事中，那个受伤的战士，在战场上经过奋勇拼杀而逃出了包围圈，他没有死于敌人之手，但却在等待同伴归来的过程中，没能战胜心中的疑虑与恐惧，在疯狂的自我心理虐待、自我煎熬之下，终于变得绝望、变得歇斯底里，最终不堪忍受自己给自己所施加的灵魂上的折磨，而开枪自射。他死在了他最大的对手——他本人手里。

上述正反两方面的案例，惨然摆在我们面前，它们所佐证的恰是同一个结论：我们最大的对手正是我们自己。

给人生寻找积极的力量

我们成长的过程曲折坎坷，总是伴随着心酸与烦恼。"不经历风雨，怎能见彩虹？"经历了挫折的成长更有意义，挫折其实是一笔财富。挫折好比一块锋利的磨刀石，我们的生命只有经历了它的打磨，才能闪耀出夺目的光芒。多少次艰辛的求索，多少次噙泪的跌倒与爬起，都如同花开花落一般，为我们今后的人生道路做了铺垫。

乔治的父亲辛曾经是个拳击冠军，如今年老力衰，卧病在床。

有一天，父亲的精神状况不错，对他说了某次赛事的经过。

在一次拳击冠军对抗赛中，他遇到了一位人高马大的对手。因为他的个子相当矮小，一直无法反击，反而被对方击倒，连牙齿也被打出血了。

休息时，教练鼓励他说："辛，别怕，你一定能挺到第12局！"

听了教练的鼓励，他也说："我不怕，我应付得过去！"

于是，在场上他跌倒了又爬起来，爬起来后又被打倒，虽然一直没有反攻的机会，但他却咬紧牙关支持到了第12局。

第12局眼看要结束了，对方打得手都发颤了，他发现这是最好的反攻时机。于是，他倾尽全力给了对手一个反击，对手应声倒下，而他则挺过来了，那也是他拳击生涯中获得的第一枚金牌。

说话间，父亲额上全是汗珠，他紧握着乔治的手，吃力地笑着："不要紧，才一点点痛，我应付得了。"

看着父亲，乔治也想起自己经历过的那段艰苦日子，当时碰上了经济大危机，他和妻子先后都失业了。

　　但是为了生活，夫妻俩每天仍努力地找工作。晚上回来时，虽然总是望着彼此摇头，但是他们从不气馁，而是相互鼓励说："放心，我们一定能应付过去。"

　　如今，一切都过去了，乔治一家人又回到了宁静、幸福的生活中。

　　于是，每当晚餐时，乔治总会想到父亲说的那段话，决定要将这段话传播开去，他要告诉子孙与朋友们，甚至是他遇到的每一个生活艰苦的人，那便是在困境中要告诉自己"我一定应付得过去"。

　　成长的过程好比在沙滩上行走，一排排歪歪曲曲的脚印，记录着我们成长的足迹，只有经受了挫折，我们的双腿才会更加有力，人生的足迹才能更加坚实。当我们有了这份坚定的信念，困难便会在不知不觉中慢慢远离，生活自然会回到风和日丽的宁静与幸福之中。所以，要相信自己的能力，再多的困难也不必担心。只要你下定决心克服它，就一定能走过人生的低谷。

　　生活中，我们也应该如此，不要让昨日的沮丧令明天的梦想黯然失色！

　　在一次讨论会上，一位著名的演说家没讲一句开场白，手里却高举着一张 20 美元的钞票。

　　面对会议室里的 200 个人，他问："谁要这 20 美元？"一只只手举了起来。他接着说："我打算把这 20 美元送给你们中的一位，但在这之前，请准许我做一件事。"他说着将钞票揉成一团，然后问："谁还要？"仍有人举起手来。

　　他又说："那么，假如我这样做又会怎么样呢？"他把钞票扔到地上，又踏上一只脚，并且用脚碾它。尔后他拾起钞票，钞票已变得又脏又皱。

　　"现在谁还要？"还是有人举起手来。

"朋友们，你们已经上了一堂很有意义的课。无论我如何对待那张钞票，你们还是想要它，因为它并没贬值，它依旧值20美元。"

人生路上，我们会无数次被自己的决定或碰到的逆境击倒、欺凌甚至碾得粉身碎骨。我们觉得自己似乎一文不值。但无论发生什么，或将要发生什么，在上帝的眼中，你永远不会丧失价值。因为在上帝看来，肮脏或洁净，衣着齐整或不齐整，你依然是无价之宝。

不要在意起点在哪儿，只要去看终点

这个世界上存在各种各样的人，有的人一出生便含着金汤匙，衣食无忧；有的人却出身贫寒，历尽磨难。一些悲观的人认为，出身会影响一个人一生的命运，因为他们觉得，出身代表着人生的起点，如果起点都比别人低，那又怎么爬上比别人更高的终点呢？其实，人生的起点并不能决定人一生的命运。纵观当今各界成功人士，大多数人的起点都非常之低。演艺界的周星驰、成龙、周润发、刘德华等，曾经都是混迹在街头巷尾的无名小卒。工商界的鲁冠球、刘永行兄弟、潘石屹等，曾经都是出身农村的穷小子。只因心中那希望之花永不凋谢，只因胸中的激情之火从不熄灭，他们一步步爬上了事业的巅峰。

李嘉诚这个名字现在可谓如雷贯耳，但他曾经也有过一段不堪回首的心酸往事。回忆往事，他这样说："我 13 岁时父亲得了肺病，我照顾他，后来发现我自己也得了肺病，早上咳血，晚上盗汗，我买来医书，自己看，没有人教我怎么治这种病，我也不告诉任何人，连妈妈都不知道我得了肺病。那时我每天还都要安慰父亲，要他有信心，要生活下去。父亲去世，我 14 岁就挑起家庭重担，我肯吃苦，17 岁靠我去打工家里就有了盈余，弟妹们可以念大学，我自己没有机会，只能请家庭教师。当年真的是很苦，一条毛巾又洗脸又洗澡，用上两三年才能换，换的时候旧毛巾握在手里，外面都看不到，上面只有横竖的纤维，没有毛了。那个时候 3 个月才能理一次发，剃光头。但是在那样的情况下我也没有向别人借过一毛钱，直到后来开始做生意时，才向人借了四五万块钱。我觉得吃过苦好啊……"

还有一个和李嘉诚一样命苦的少年，他的名字叫松下幸之助。因为家境贫寒，松下幸之助在10岁时就离开家乡，离开母亲，独自踏上几百里外的大阪，到一家火盆店当起了月薪10分钱的学徒工。

请记住这样一个数据，全球有80%的亿万富豪出身贫寒或学历较低，他们白手起家创大业，赢得了令人羡慕的财富和名誉。

1999年，美国《财富》杂志首次推出全美40位40岁以下的富豪排行榜，榜上有名的几乎都是在高科技领域自我创业奋斗的成功人士。如今，年轻的亿万富豪出现在更多的行业和领域中。值得一提的是，在2001年的全美40位40岁以下富豪排行榜上，有12位是"钻石王老五"的单身贵族，包括名列第22位的坏孩子娱乐公司总裁肖恩·科姆斯，其个人财产达到了2.31亿美元。其中还有一位单身女富豪，她就是佐恩工程公司的副总裁詹妮特·西蒙斯，她的个人财产达到了3.74亿美元。36岁的戴尔电脑公司创始人、首席执行官兼总裁迈克尔·戴尔则连续3年坐在头把交椅上，拥有163亿美元身家。进入前5名的还包括著名网络商店电子港湾（eBAY）共同创始人、34岁的皮埃尔·欧米德亚和36岁的斯考尔，两人的身家分别是43.9亿和26.3亿美元。门户计算机公司的创始人之一、公司首席执行官和总裁泰德·威特年仅38岁，却拥有18.7亿美元的财富。还有一位就是知名度相当高的网络购物城亚马逊书城的创始人、总裁、董事长兼首席执行官杰夫·比佐斯，37岁的他拥有12.3亿美元的个人财产。

身处社会底层，理想被现实无情地践踏时，不要悲伤与哭泣。只要种子还在，就有发芽破土、长大成材的机会。而我们所要做的就是：呵护好我们的种子，照料好它，直至长大、开花、结果。

　　新东方的董事长兼总裁俞敏洪，也曾经是一个穷小子、土包子。他考了三年大学才跳出"农门"，在北大读书的五年也是"不堪回首"（其中病休一年）。大学期间，他几乎没有在北大学生经典的卧谈会上自信地发表过自己的见解，没有参加过任何一种学生活动，没有主动交往过女生……在大学师生眼里，俞敏洪曾是北大里"最不应该成功的人"。

　　2007 年，作为成功企业家中的楷模，俞敏洪被央视"赢在中国"栏目组请去当评委。面对那些新鲜、年轻的创业面孔，俞敏洪做了激情澎湃的即兴演讲：

　　"……当你是地平线上的一棵小草的时候，你有什么理由要求别人在遥远的地方就看见你？即使走近你了，别人也可能会不看你，甚至会无意中一脚把你这棵草踩在脚底下。当你想要别人注意的时候，你就必须变成地平线上的一棵大树。人是可以由草变成树的，因为人的心灵就是种子。你的心灵如果是草的种子，你就永远是一棵被人践踏的小草。如果你的心灵是一棵树的种子，就算被人踩到了泥土里，也早晚有一天会长成参天大树。"

　　"没有花香，没有树高，我是一棵无人知道的小草。"当一个人身处社会或身边圈子的底层时，失落与郁闷是难免的。俞敏洪的话应该是有感而发，因此能触动我们心灵最柔软的地方。但光感动不行，感动之余还要想想其中的道理。俞敏洪的话告诉我们一个简单的道理：人生不怕起点低，如果你身处底层，在遭受无视甚至蔑视时，最好的应对方式是心怀高远之志并暗暗努力。

你有多勇敢，就有多成功

有一部著名的美国电影叫《肖申克的救赎》，电影讲述的是年轻的银行家安迪因被误判谋杀自己的妻子，被送往美国的肖申克监狱终身监禁。被冤枉的安迪外表看似懦弱，但内心坚定，从进监狱的那天开始就决定一定要离开这里。他在监狱里遇见了因失手杀人被判终身监禁的摩根·费曼，两人很快成为好友。肖申克监狱当时是美国最黑暗的监狱，典狱长利用罪犯做苦役，为自己捞了不少好处。狱警对囚犯乱施刑罚，甚至将囚犯活活打死。

面对如此险恶的环境，安迪没有自甘堕落，他办监狱图书室，为囚犯播放美妙的音乐，还利用自己的知识帮助大家打点自己的财务。典狱长很快发现了安迪的特长，让他帮助自己洗黑钱做假账。在暗无天日的牢笼中，安迪从未放弃过对自由、对美好生活的追求，他每天用一把小鹤嘴锄挖洞，然后用海报将洞口遮住。用了20年的时间，安迪才完成了地洞的开凿，成功地逃出监狱并最终把典狱长绳之以法。

安迪在恶劣的生存环境之下，竟然能够一直朝自己的目标努力，让人看了之后非常震撼，如果一个人能用这样的毅力和忍耐力做一件事，想不成功也难啊。

坚韧不拔的斗志是所有伟大成功者的共同特征。他们也许在其他方面有缺陷和弱点，但是坚韧不拔的斗志是每一个成功者身上不可或缺的。无论处境怎样，无论怎样失望，任何苦难都不会使他厌烦，任何困难都打不倒他，任何不幸和悲伤都摧毁不了他。过人的才华和禀赋都不如坚持不懈的努力更有助于造就一个伟人。在生活中最终取得胜利的是那些坚持到底的人，而不是那些自认为自己是天才的人。

杰出的鸟类学家奥杜邦在森林中刻苦工作了许多年。一次，在他度假回来时，发现自己精心创作的 200 多幅极具科学价值的鸟类绘画都被老鼠糟蹋了。回忆起这段经历，他说："强烈的悲伤几乎穿透我的整个大脑，我接连几个星期都在发烧。"但过了一段时间后，他的身体和精神都得到了一定的恢复，他又重新拿起枪，拿起背包和笔，走向森林深处。

无论一个人多聪明，如果没有坚韧不拔的品质，就不会在一个群体中脱颖而出，就不会取得成功。许多人本可以成为杰出的音乐家、艺术家、教师、律师或医生，但就是因为缺乏这种杰出的品质，最终一事无成。

坚韧不拔的斗志是一种力量，一种魅力，它使别人更加信赖你。每个人都信任那些有魄力的人。对于一个不畏艰难、一往无前、勇于承担责任的人，人们知道反对他、打击他都是徒劳的。

坚韧的人从不会停下来想想他到底能不能成功。他唯一要考虑的问题就是如何前进，如何走得更远，如何接近目标。无论途中有高山、有河流还是有沼泽，他都会去攀登、去穿越。而所有其他方面的考虑，都是为了实现这个终极目标。

要做人生的强者，首先要做精神上的强者，做一个坚韧不拔、威武不屈的人。世间不存在无法克服的艰难和困苦，在你面临绝境时，在你气喘吁吁甚至精疲力竭时，只要再坚持一下，奋力拼搏一下，你就会战胜困难。

有许多伟人也会出现这样的错误，在他们即将抵达成功时，他们却因失败而放弃了。德国科学家席勒在研究 X 射线即将看到曙光时，失去信心，罢手却步，遂将成功的喜悦奉送给了伦琴。

歌德曾这样描述坚持的意义："不苟且地坚持下去，严厉地驱策自己继续下去，就是我们之中最微小的人这样去做，也一定会达到目标。因为坚韧不拔是一种无声的力量，这种力量会随着时间而增长，任何挫折和失败都无法阻挡。"

看到困难背后的礼物

获得成功固然可喜可贺，它会让我们成为一个与众不同的优秀的人，还会给我们带来丰厚的奖赏。然而我们必须清晰地认识到我们选定了艰难的事业，也就是我们不幸的开始。因为所有的成功都需要付出代价，就像歌里唱的："不经历风雨怎么见彩虹，没有人能随随便便成功。"

自古英雄多磨难，从来纨绔少伟男。这似乎是一条亘古以来都颠扑不破的道理。权贵的荫泽与庇佑下的成长，如同温室里的花朵，鲜有能经受风雨的。而那些经历了苦难和失败而坚持不懈的人，往往会取得成功。

人生是无法回避艰辛和苦难的。它本身就已很不轻松，可你又偏偏给它加码——选择了并非容易获得的成功。

很多追求成功的人在他人看来纯粹是自讨苦吃。因为他是那么执着，那么"死撞南墙不回头"，不惜一次又一次从头开始……追求成功的人不肯轻言放弃，在他们看来，没有成功的人生毫无意义。他们坚持自己信念，矢志不渝。他们知道自己选择了一条艰难的路，因为成功从来不会一帆风顺。

1992 年，如同大多数看了电影《少林寺》的孩子一样，农家娃王宝强跟父亲吵着要去少林寺学武。穷人家的孩子如草一样，在哪里都能顽强生长。所以王宝强的父母也没有怎么犹豫，就将 8 岁的儿子从河北南和县送到了河南的少林寺。

少林寺的学武生涯，难免是"床硬、饭冷、活重"，不少原先怀着一腔热血的孩子挨不了多久，就想方设法回家了。王宝强不怕吃苦，他在少林寺潜心学武。一转眼，六年过去了，当年瘦弱的儿童已经成了精壮的小男子汉。

1998 年，14 岁的王宝强离开了少林寺，回到家乡。王宝强家里很穷，而在家乡那片贫瘠的土地上，王宝强找不到改变家庭与自己命运的舞台。于是，1999 年 3 月，15 岁的王宝强来到了北京，决心像他的同门前辈李连杰一样，靠当武打演员改变自己的命运。

然而，想要有所成就就要历经磨难。有道是"长安米贵，居大不易"，想当年一身才学的白居易闯荡京城长安（西安），也难免有不如意之时。对于 15 岁的王宝强来说，北京的"米"也同样很贵，生存的压力让他焦头烂额。北影厂门口常年聚集着一大群等候群众演员角色的人，王宝强也混迹其中，如同旧社会一个插着草标的卖身者。

当群众演员，一天也只有 20 元钱的报酬，而且这样的机会也不多。更多的时候还是没电影可拍，为了生活，王宝强找工地打零工，搬砖和泥筛沙，什么都干。王宝强在北京待了三年，始终挣扎在温饱的边缘。但他没有放弃自己的演员梦，因为他太渴望成功了。

2002 年，因为原定的主角夏雨档期不合，电影《盲井》的主角砸到了王宝强头上。《盲井》让王宝强拿到了那一年的台湾电影大奖——金马奖最佳新人奖。没多久，他就得到了与一些大牌明星同台演出的机会。被冯小刚选中出演当时自己的新片《天下无贼》的一个角色，在电视剧《暗算》里演好瞎子阿炳。2007 年，《士兵突击》更是将王宝强的声誉推到了极致。王宝强现已签约至著名华谊兄弟公司旗下，成为影视圈里的一线演员。

王宝强成功了，而面对别人的赞美和夸奖，他这样说："路还太远，我才二十多岁。人生就像登山，我希望自己永远不要登到峰顶。

每天一点点往上爬，以后的路还很艰难，根基打好，一点点往上走。"

其实，人生就是这样，想要少经历一点磨难，那就庸庸碌碌地过一辈子。如果你还有对成功的渴望，对美好未来的向往，那就一定要做好迎接苦难的准备。

对于梦想，不抛弃不放弃

梦想是一种美好的东西。

在很小的时候，家长或者老师都会问孩子一个关于梦想的问题："你长大了想干什么呀？"单纯的孩子们在面对这个问题的时候都会给出五花八门的答案，什么科学家、宇航员、教师、商人、政治家、作家。这些回答是孩子幼年时期对梦想尚处朦胧期的一种直接反应，它能够给孩子无穷无尽的创造力和动力。

在美国乡村的某个小学的作文课上，年轻的语文老师给小朋友们布置了一篇作文，题目叫《我的理想》。一位小朋友这样描绘他的理想：将来能拥有一座占地十余公顷的庄园，在辽阔的土地上植满绿草；庄园中有无数小木屋，烤肉区，及一座休闲旅馆；除自己住在那儿外，还可以和前来参观的旅客分享自己的庄园，有住处供他们休息。

老师检查作文后，在这个小朋友的簿子上画了一个大大的红"×"，老师要求他重写。小朋友仔细看了自己所写的内容，认为并无错误，便拿着作文去请教老师。老师告诉他："我要你们写下的是自己的理想，而不是这些梦呓般的空想，理想要实际，而不是虚无幻想，你知道吗？"

小朋友据理力争："可是，老师，这真是我的理想呀！"老师也坚持观点："不，那不可能实现，那只是一堆空想，我要你重写。"

小朋友不肯妥协："我很清楚要实现我的理想很难，但这的确是我真正想要的，我不愿意改掉我的理想。"老师坚决地摇头："如果你不重写，我就让你不及格，你要想清楚。"小朋友没有妥协，结果他的作文真的没有及格。

30 年后，这位老师带着一群小学生到一处风景优美的度假胜地旅行，在尽情享受无边的绿草、舒适的住处及香味四溢的烤肉之余，一名中年人向他走来，并自称曾是他的学生。

这位中年人告诉他的老师，他正是当年那个作文不及格的小学生，如今，他拥有这片广阔的度假庄园，真的实现了儿童时的理想。老师望着这位庄园主，不禁感叹："30 年来，我不知道用'实际'改掉了多少学生的梦想；而你，是唯一保留自己的梦想，没有被我改掉的。"

梦想也是一种具有创造力的思想品质。古今中外的无数文学作品、科学发明都是起源于梦想的。而那些伟大的人正是有了梦想并一直坚持下去，才最终走向了成功。

高德 15 岁时，偶然听到年迈的祖母非常感慨地说："如果我年轻时能多尝试一些事情就好了。"高德受到很大震动，他决定自己绝不能到老了还有像老祖母一样无法挽回的遗憾。于是，他立刻坐下来，详细地列出了自己这一生要做的事情，并称之为"约翰·高德的梦想清单"。

他总共写下了 127 项详细明确的目标，里面包括 10 条想要探险的河、17 座要征服的高山，他要走遍世界上的每一个国家，还想要学开飞机、学骑马。他甚至要读完柏拉图、亚里士多德、狄更斯、莎士比亚等十多位大学问家的经典著作。

他的梦想中还有乘坐潜艇、弹钢琴、读完百科全书，当然，还有重要的一项，他要结婚生子。高德每天都要看几次这份"梦想清单"，他把整份单子牢牢记在心里，并且倒背如流。高德的这些梦想，即使在半个多世纪后的今天来看，仍然是壮丽且不可完全实现的。但他究竟完成得怎么样呢？

在高德去世的时候，他已环游世界4次，实现了127个目标中的103项。他以一生设想并且完成的目标，述说他人生的精彩和成就，并且照亮了这个世界。

高德的故事会让人不由自主地想到一句话：人生因梦想而伟大。的确，就像电影里的一句台词所说："做人如果没有理想，那跟咸鱼有什么区别。"

谁没有过理想呢？有多少人实现了自己的理想？

没有实现理想不要紧，只要我们还行走在前进的路上，就一切皆有可能。而遗憾的是很多时候，我们没有实现理想是缘于放弃。放弃理想大致有两种原因：一种是随着岁月的增长，发现原来的理想并非自己真正想要的；一种是因为困难太大，自己放弃了理想。前者是主动放弃，后者是被动放弃。理性地说，适当的放弃是人生路上无奈的妥协。但你一定要谨慎判断"适当"——你的理想是你内心所深切的渴望吗？如果是，那么你就不应该轻易放弃。

理想之所以称为理想，本身就蕴含了来之不易的意思。很容易就能达成的目标，不能叫理想。轻易放弃自己的理想，等于抛弃了自己。

其实，在为梦想而奋斗之前，我们每个人都要明白这样一个道理：实现梦想是一项艰辛的工程，同时也是一个极大的回报。有了这样一层心理建设，我们就会对实现梦想时的各种压力有一种全新的认识：为了梦想，我们何妨多扛几次呢？

坐住人生的冷板凳

喜欢看 NBA 的球迷最不愿意见到的一幕是什么呢？许多人的答案应该是自己心爱的球员被罚坐冷板凳吧！坐冷板凳通常意味着球员没有机会上场打球，喜欢他的球迷也就没有办法欣赏他在球场上激烈厮杀的精彩画面，这在球迷的心中确实不失为一大憾事。

其实，坐冷板凳并不是球员的专利。每一个在职场行走的人，不管你是初涉职场的应届毕业生，还是能力超强的职场达人，在职业生涯中都可能遭遇过这样的窘境——坐冷板凳。

俗话说，人生不如意之事十有八九，我们的工作和生活自然也不可能永远一帆风顺，很多刚踏上工作岗位不久的年轻人常常向我抱怨："为什么我努力工作，公司领导却还是不待见我呢？""公司老总冷落我，天天让我坐冷板凳，我该不该坚持下去？""被罚坐冷板凳的时候，我该怎么做才能把冷板凳坐热呢？"……

每次听到诸如此类的问题，我都会建议他们先反思一下自己为何会处于这样尴尬的处境，因为只有抽丝剥茧找对了原因，才能对症下药，努力寻求解决之道，最后远离坐冷板凳的悲催命运。毕竟被晾在一边实在是一种度日如年的煎熬。

韩梦溪研究生毕业后，在亲友的介绍下，如己所愿地进了一家广告公司担任平面设计师，满腹才华的她在工作上时常有出色的表现。为此，部门经理林季鸽十分器重她。一年过后，林季鸽被集团老总调往北京总部，对于这次的人事调动，韩梦溪感到有点郁闷，她原本以为自己这匹千里马终于遇到了能赏识她才华的伯乐，没想到伯乐竟然这么快就要离她而去。

不知道接下来会由谁来接任部门经理这一职务？韩梦溪的心里突然产生了不好的预感，她暗自祈祷下一位上司不要是一个难缠的主儿，否则她的职业生涯从此将痛苦不堪。

然而，墨菲定律却告诉我们，如果你担心某种情况发生，那么它就更有可能发生。总部直接空降了一位年轻的小伙子来接替林季鸽的工作，韩梦溪留心一看，这位新上司的年龄竟然比她还小半岁，言行举止全无林季鸽的稳重和亲切，行事作风颇有些雷厉风行的味道。

自古以来，新官上任总是三把火，新来的部门经理陶刚禹也不例外。他上任的第一件事就是更换办公室，但韩梦溪觉得早先的办公室分配本来就非常科学，男女搭配，年龄搭配，专业也搭配，而陶刚禹一来却把韩梦溪和四个整天在外面拉广告的女孩子分在一个办公室。

众所周知，对于韩梦溪这种从事平面设计工作的人来说，创意一般来自大伙儿的头脑风暴。可如今办公室里只有她这么一个形单影只的"角儿"，想要集思广益获取灵感根本就是空谷喊话，毫无回应，这让她感觉很不舒服。

于是，韩梦溪连忙去找陶刚禹申请调换办公室，没想到却遭到了他的拒绝，他不以为然地说道："你可是公司里拔尖的人才，我相信你一个人就能独当一面，根本用不着别人帮忙。"

陶刚禹这一番看似合情合理的话顿时让她哑口无言，她如果还是执意要换办公室，不是自个儿拆自个儿的台吗？人家都已变着法儿称赞自己能力突出了，她总不能灭自己威风吧？

就这样，韩梦溪心里憋着一口气忍了下来，离开他办公室的时候，她连招呼都没打一声就径直走了出来，这一失礼的举动也让陶刚禹的脸色犹如黑云压城。

没过多久，陶刚禹就指派一个新来的设计师和韩梦溪一起负责原本只属于她的项目，韩梦溪对他的强硬安排感到非常不满，她不明白陶刚禹为什么不事先跟她商量一下，这未免也太不尊重她了吧。可抗议终归只是抗议，上司一旦发话，下属就只有领命的份儿。

几个月的辛苦工作后，韩梦溪终于迎来了公司的庆功晚会，可让她气愤不已的是，这个项目明明是她付出的心血最多，陶刚禹却说新来的设计师才是最大的功臣，直接无视她的辛苦付出，连带其他的同事也误以为她是一个光领工资不干活的"白吃"。

晚会结束之后，心灰意冷的韩梦溪休假了半个月，其间陶刚禹不曾问过她会何时上班，更别说给她安排新的工作任务了。韩梦溪这才意识到自己正被罚坐冷板凳，在陶刚禹的心里，她或许只是一个可有可无的透明人，以后恐怕只有一些琐碎的杂活干了。

从这个故事中，我们可以看出，韩梦溪之所以被上司罚坐冷板凳，原因在于她没有正确处理好上下级关系。虽然身为上司的陶刚禹是一个比她还小半岁的年轻人，但这并不意味着他的工作能力就会比她差，仔细想想，若是没有过硬的专业技能或是其他的一技之长，他年纪轻轻又怎会身居高位呢？

对待年轻的上司，韩梦溪不妨改变下态度，在交流的过程中，将尊重放在首位，辅之以客观、友好以及谦逊的姿态，如此既能表达自己的意见，又能给足上司的面子，何乐而不为？

我们还应该学会主动秀自己。不要觉得亮出自己是一件难为情的事情，一定要主动找上司沟通，摆出我们的特长和优势，一旦遇到自己擅长的项目时，务必主动请缨，如果总是担心自己毛遂自荐太过锋芒毕露，那我们可能永远也不会引起上司的注意。

需要注意的一点是，当我们秀出自己的时候，也要讲究方式和方法。时机把握恰当，态度诚恳恭敬，让上司感受到我们的真诚，继而发现我们在哪些领域有丰富的经验和过硬的技能，在哪些方面取得过出色的业绩，这样，上司才会放心地交给我们更为重要的工作任务。

另外，提高各方面技能也是我们避免坐冷板凳的对策之一。在不被重用的时候，很多人或许会顾影自怜，怨天尤人，其实这正是我们收集各种信息的最佳时机。因为我们有大把的时间可以去学习新的知识和技能，包括专业上的技能、社交技能等等，只有这样我们才能始终保持竞争力，在关键时刻一鸣惊人，最终脱颖而出，成为职场最为靓丽的一道风景线。

一位哲人曾说："人的胸怀是被委屈撑大的。"不管怎么样，被罚坐冷板凳的原因总是多种多样的，我们要做的不是在冷板凳上唉声叹气，而是积极主动地找出症结所在，调整好自己的心态，把冷板凳好好地坐下去，直到把冷板凳坐热，最后走出恼人的冰冻期，一飞冲天成为职场红人。

不要空想，积极行动

在电视剧《铁齿铜牙纪晓岚》中，我们经常会看见大学士纪晓岚和奸臣和珅两个人斗嘴拼智的有趣场面。很多不熟悉历史的人或许都觉得，奸臣和珅之所以能成为皇帝身边的大红人，深受皇帝的喜爱，一定是因为他擅长在皇帝跟前拍马屁，说些天花乱坠的奉承话。

其实不然，和珅的幸运受宠，很大程度上是因为他总能绞尽脑汁，想尽一切办法去为皇帝排忧解难，解决皇帝在生活上面临的许多困境。

给大家讲一个小故事吧。有一天，乾隆皇帝感觉有点疲惫，正打算午睡一会儿，可让他郁闷的是，外面树上的知了一直在叫个不停，吵得他无法入睡。此时，和珅并没有傻乎乎地在皇帝面前跟着他一起抱怨外面树上知了的聒噪，而是努力地想办法，怎样才能把知了赶走，让皇帝能睡个安静的午觉，最终讨得皇帝的欢心。

和珅先是尝试着拿长竹竿去扑打树上的知了，但始终没有多大的成效。后来，他灵机一动，突然想起小孩子玩的"粘知了"游戏，于是就亲自拿起杆子去粘知了，还动员身边的小太监也帮着他一起粘。

就这样，没过多长时间，外面树上的知了全部被和珅他们粘光了，皇帝也因此更加宠幸和珅，觉得他做的事情非常合自己的心意。

尽管和珅是历史上的大贪官，不能作为榜样。但在电视剧中，王刚饰演的和珅有时却十分可爱，他很乐观、很开朗，有着超强的执行力，这确实是他所获得皇帝宠爱渐多的良方。因此，对于那些深陷困境，只懂得停留在过往的阴影中，满嘴抱怨之词的人来说，不妨学习一下和珅面对烦心事，积极行动，努力寻求问题解决之道的正面态度和务实精神。

其实，阴影和阳光几乎都是我们自主选择的结果。为什么这么说呢？

容易陷入阴影的人都有着这样的共性：当他们发现事情的发展不如自己的预期时，往往犹如五雷轰顶，顿时失去了维持自己生命力的有力支柱，最后在悲伤的哭泣中被负面情绪绑架，再也没有多余的力气和心情去解决当下所面临的问题。

而选择阳光的人，却始终相信自己的行动，正如英国浪漫主义诗人拜伦的那一句话："行动敏捷的人，没有时间流眼泪。"当然，这句话并不是告诉我们，当遇到困难时，要把眼泪戒掉，它想要表达的意思是，与其让所剩不多的时光被眼泪淹没，还不如打起精神，想一想下一步该如何去做。

毕竟，当我们哭过之后，问题始终还停滞在原地。唯有积极行动，我们才能让自己从麻烦中走出来，奔向一个天朗气清，惠风和畅的舒心未来。

罗斯福从小就是一个外表丑陋、并患有严重的气喘症的男孩，他说话总是含混不清，几乎没有人能听懂他在说些什么。然而，就是这样的一个饱受命运折磨的男孩，后来竟然成为了美国的第三十二任总统。

不少人曾好奇地问过："您成功的秘诀是什么？"罗斯福总是微笑着说道："不抱怨，多努力。"简简单单的六个字，却有着一股穿透人心的力量。

天生的缺陷并没有让罗斯福变得自怨自艾，消极悲观，反而成就了他自强不息的奋斗精神。经过长期的锻炼和学习，他不仅克服了气喘的毛病，而且还成功地拥有了一副健壮的好体魄。更让人觉得不可思议的是，以前口齿不清的他，最终通过自己的刻苦锻炼，练就了一副好口才。不仅如此，他还积极参加各种社会活动，社交能力在短时间内突飞猛进。

上大学之后，他还常常利用假期，独自到洛杉矶去捕熊，到亚历山大去逐牛，到非洲去捉狮子。这些不同寻常的经历都让他变得日渐强壮和勇敢，同时也为以后成功竞选总统奠定了坚实的基础。

然而，厄运之神并没有因此放过罗斯福，中年的他又患上了小儿麻痹症。尽管被迫坐在了轮椅上，可他依然充满自信和坚强，他一点也不相信这种娃娃病能够击倒一个像他这样的堂堂男子汉。

于是，在厄运面前，永不屈服的他，最后终于凭借自己的积极努力，成功地站了起来。

罗斯福总统身上的这种韧劲真是让人深深为之动容，因为我们大多数人都没有像他那样遭遇过如此多的不幸，在困境中，我们也不具备他那种积极行动、改变命运的艰苦奋斗精神。

面对如此险恶的环境，罗斯福都能勇敢地挺过去，我们为什么要轻而易举地被一点点倒霉击垮呢？不如擦干眼泪，从摔倒的地方重新爬起来，跨过伤心失落的悲观情绪，面向阳光，积极行动，奋力斩除困扰我们前行脚步的荆棘丛，坚定地朝自己的目标走去。

不要把每天都过成一个样子

一生很漫长，一生也十分短暂，关于人生，有太多的名人名言，人们知道人生的珍贵，却不知道具体该去如何珍惜。

中国人历来有安土重迁、墨守成规的天性。这种天性在职场上的反映就是：很多人愿意一辈子生活在国企和事业单位当中，捧着铁饭碗，也不愿意随着自己的心而飘荡。年轻人刚进社会便想求稳，结果是很多人在一个稳定的岗位上"平庸"了一辈子。

哲人说："机会往往是留给那些敢于冒险的人。"试想，一个不敢打破自己现状的人怎会去冒险，又怎么能获得自己想要的机会呢？不改变现状，所以很多人在职场上十年如一日，工作上碌碌无为，生活上平平淡淡，毫无激情。而只有那些敢于改变现状的人，才能够发掘出别人找寻不到的机会。

广西大新县洪福摩托车贸易有限责任公司董事长马海鹏有过这样一段经历。

1992 年 7 月，马海鹏高中毕业返乡，带着美好的憧憬加入前往广东打工的大军中，在广东深圳、东莞等地先后做过工厂管理员、业务员，苦干两年多后，打工所得仅够糊口。艰苦、清贫的打工生涯让马海鹏很不甘心：不能这样枉过此生，要趁年轻去做自己的事情。怀着这样的想法，1995 年，他毅然返回大新，在一家小摩托车维修店学习摩托车维修技术。由于勤学好问，头脑灵活，肯钻研，马海鹏很快成为维修店里的第一维修工。

虽然小店给付的工资也仅能维持他的日常开支，但马海鹏却从中发现了摩托车行业的巨大商机。随着大新县城居民收入的增加和生活水平的提高，摩托车渐渐成为大多数人代步首选的交通工具，市场需求必然会不断增长，摩托车维修和销售的发展前景广阔。他开始伺机开创自己的事业。恰好此时他所在的小店因经营不善，难以维持，1995 年，马海鹏以 1 万多元的价格从店主手中盘下该小店独自经营，迈出创业的第一步。

做事就要做到最好，这是马海鹏的处事原则。独自经营以后，马海鹏便树立了"以管理出效益，以创新谋发展"的经营理念，逐步扩展维修业务，同时发展摩托车配件批发业务。他招聘了一批刚从学校毕业的年轻人，进行业务培训后派往大新县及周边各乡镇的摩托车维修店，专门进行配件批发业务的拓展。

由于服务快捷、产品好、讲信誉，马海鹏的小店名气越来越响，业务也越做越大。到 2003 年，马海鹏的洪福摩托车维修配件店已成为大新县城及周边乡镇摩托车维修店的最大配件供应商，加盟的摩托车维修店达 100 余家，维修业务遍布县内外各乡镇。"洪福摩配"创出了品牌，成了大新县内不折不扣的"摩配老大"。

马海鹏认为，在激烈的市场竞争环境下，小企业要生存发展，必须适时创新，才能立于不败之地。2003 年 9 月，在认真研究了摩托车市场走势之后，马海鹏毅然筹资 100 多万元开展摩托车整车销售，并注册成立了大新洪福摩托车贸易有限责任公司。

为扩大公司的销售业绩和知名度，马海鹏决定从"售后服务"这一环节入手，公司制定了严格的服务守则，采用科学的管理方式，确保服务质量。实惠的价格，优质的售后服务，赢得了顾客的信赖。经过 8 年的艰苦奋斗和努力拼搏，大新县洪福摩托车贸易有限责任公司成长为集摩托车销售、配件批发与零售、维修服务为一体的企业，营业面积达 2000 多平方米，销售维修网络全面覆盖大新县城及乡镇。

马海鹏在一次次自我突破中，书写了从"打工仔"到董事长的传奇人生。

当然，创业是一件充满风险的事，并不适合每一个人。但是我们应该从马海鹏这个创业者身上学到的不是该如何去创业，而是该如何去改变按部就班的人生。

曾经看到过这样一个笑话，一位记者采访山区的一个放羊小孩："放羊是为了什么啊？"

小孩回答："放羊是为了挣钱。"

记者又问："那挣钱是为了什么？"

小孩答："挣钱是为了以后能娶个媳妇生个娃。"

记者接着还问："生了娃想让他干什么呢？"

结果这个小孩说出了令人捧腹又心酸的回答："放羊。"

人生如果总是在这种"设计"当中按部就班地去走，那么生活怎么会有改变？如果只是这样发展，那么我们的人生和这个世界上绝大多数人又有什么两样？

也许有人会说，并非我们不敢改变，而是现实给了我们太多压力，在这种情况下，我们根本无暇打破现状。

这种想法其实是一种因果倒置，正是由于我们不敢打破现状，才会让现状变得越来越坚固，越来越难以打破，而不是现实导致了一切。

中国著名网球运动员李娜，在事业遇到瓶颈时，敢于突破自己，跳出体制选择单飞，她自己组建团队、自己去参加比赛，并且自负盈亏。现在李娜已经是亚洲网球一姐。

物种进化论的奠基人达尔文说过："能生存下来的物种未必是最聪明或最强大的，却是最善于适应变化的。"没错，只有适应不断变化的社会环境，我们才能活得更好，进步得更快。如果只知道偏安一隅，故步自封、按部就班地生活，那么，下一个被社会淘汰的人将会是我们！所以，请改变自己墨守成规的思想观念吧，工作和生活并没有其固定不变的死板模式，一潭湖水只有在涟漪不断的时候才是最美的。

只要去做，就会有希望

在现实生活中，我们经常会有各种各样的想法。有的人想创业，有的人想考证。假如这些想法都实现了那固然是好，但实际上，我们的许多想法都没能得以实现。而这其中的关键因素就在于我们缺乏执行力。

执行力是一个人成功的必备条件之一，强大的执行力能将想法以最快最好的方式转化成行动。字典对"执行力"的解释是这样的："有效利用资源，保质保量达成目标的能力。"这个解释也完美地契合了执行力的内涵。

假如只有想法，没有行动，那所有的计划都将变成纸上谈兵，毫无实际意义。

张波是一名普通的上班族，朝九晚五，拿着微薄的工资，也没有成家立业，毕业好几年了，还感觉自己像是一无所有。张波急切地想改变自己的这种状况，但一时也不知道从何下手。

一次偶然的机会，张波认识了一位做夜宵生意的朋友，喝了几瓶酒后就聊起了创业想法。

张波对这位朋友说："我想自己创业，但是现在苦无门路，你能给我什么建议吗？"

这位朋友对他说："我只能告诉你一些做夜宵生意的经验，你没事摆个夜宵摊，找朋友或者是自己招人帮你一起做都可以。"

"这样能赚钱吗？"

"钱肯定是能赚到的，也没什么成本，就是刚开始顾客不多的时候可能会亏本，但是熟客多了之后慢慢就会好起来的。"

"那你现在一个月能赚多少。"张波好奇地问。

"这个说不定，好的时候有三四万，差的时候一万不到，但不管怎么样，总比以前要强了。"

张波听了这话非常满意，他打定主意想做这个，并且把路都想好了。

首先，自己的积蓄就那么点，需要找朋友借。有了资金之后，找这位朋友帮他选工具、材料，然后再去大学城附近找个合适的摊位，学生的消费观一般都比较超前，而且非常乐意过夜生活。当然，他也知道，一个人是忙不过来的，再招个人就差不多了。

张波想了好几个晚上，也十分兴奋，他觉得自己终于可以摆脱现在的状况了。

但是一个月过去了，张波的那位朋友遇见他，问："怎么样兄弟，夜宵摊搞起来了没？"

张波一脸懊丧地说："没有啊，这段时间公司的事儿比较忙，我也不敢随便辞职，等这阵过了再说吧。"

朋友笑了笑也就没有再说话。

又过了两个月，这位朋友打电话给张波："兄弟啊，你那夜宵摊还搞不搞了，你不是说方法都想好了吗？怎么到现在还没动静。"

此时的张波已经快忘了自己当时的想法了，对方的话让他非常失落，但也只剩下唉声叹气的份儿了。

缺乏执行力是张波创业失败的根本原因。他可能没有想到，创业需要过程，需要用行动去完成，空想无疑是做白日梦，再好的想法不能付诸行动也只是白日梦。

管理学上有一个经典的词语叫"重在执行"。有了想法但不能执行，就如同无源之水，无本之木，最终想法也不会落到实处。在我们身边，有许多思想上的伟人行动上的矮子，他们的想法或许行得通，但是没有了执行力，再好的想法又有什么用呢？

所以，想要打开自己的人生，就必须培养自己的执行力，用自己的执行力甩开人生当中的所有顾虑。

那么，我们该如何培养自己的执行力呢？

首先，走出第一步。万事开头难，多少英雄好汉都倒在了起跑线上。如果有想法，有计划，那就应该去做，去实践，哪怕第一步再难，哪怕最后失败了，也总比闷死在想法里强。失败了还可以获得经验，但连第一步都走不出去的人，得到的只能是无尽的遗憾。

其次，制订一个有序可行的行动计划。许多工作都是一个比较复杂的系统工程，不能一蹴而就。比如说某老板想为公司招到一位人才，那么他首先要想清楚自己需要什么样的人，其次，通知人力资源部门，将自己的要求告诉他们，在人力资源部门进行招聘和面试的时候，他也应该自己去把关，做好最后一道检查，最后才能判断这个人才能否为他所用。

最后，永远不向失败低头。

有这样一位推销员，在他整个职业生涯的头一年，他的业绩都非常糟糕，他推销产品给客户时，总会被拒绝，但是他却不气馁，拒绝过他的客户他也会再次登门拜访，直到对方答应购买他的产品为止。他就是日本伟大的推销大师原一平。不向失败低头的他靠执行力获得了成功。

其实，人对发生改变，多多少少会有一种莫名的紧张和不安，即使是代表进步的改变亦然。这就是害怕冒风险。行动就意味着风险，因而左顾右盼，犹豫不决，拖延观望等。特别是一旦形势严峻时，人们习惯的做法就是保全自己，不是考虑怎样发挥自己的潜力，而是把注意力集中在怎样才能减少自己的损失上。而行动与其说是能力，还不如说是一种勇气。行动的障碍只有毅力和勇气才能解决。只要我们有执行力，就能够鼓足勇气，抛开顾虑，收获一份新的人生。

抱最大的希望，做最大的努力

我们知道，这个世界上有太多的事情是我们无法左右的，生、老、病、死，这是每个人都必须经历的。当然，这四点是自然规律，人类本身无力与之抗衡。

在生活中，我们也会遭遇各种各样的难题：工作遭遇困难、经济拮据、婚姻亮起红灯……这是现代都市人普遍遭遇的问题。

这些困难都是可以解决的，但并不是所有的人都能解决，因为这要取决于个人采用的方法。

有的人在遭遇困难时会本能地选择逃避，因为他们觉得自己无法解决，于是就将逃避作为首选。但我们都知道，面对困难时，逃避是一种最糟糕的选择。因为它不但无益于解决难题，反而会让一个人变得消沉，在以后面对困难时也会不堪一击。

那么正确的方法是什么？当然是面对。只有面对困难，才能够解决困难，这是一个最基本的逻辑问题。而在面对的时候需要有什么样的心态也十分重要。因为有一个良好的心态，困难就已经解决了一半。

一般来说，人在面对问题时，会最先思考以下三个问题：

第一，这个事情我能解决吗？

第二，我需要做多大的努力？

第三，最坏的情况是什么呢？

这三个问题是每个人在面对问题时都要考虑的。因此，我们可以针对这三个问题为自己解决问题制定最合理的步骤：

首先，抱最大的希望。在任何时候，哀莫大于心死。一个人如果过于悲观，认为事情永远无法解决，那么他可能在还没有迈出第一步的时候就已经选择了逃避。这样的话，困难还在那里，永远也得不到解决。

在 NBA 赛场上，有一个非常有意思的现象。在一场比赛进行到最后一节的最后两分钟时，只要双方的比分差距在 10 分以内，落后一方都不会放弃。他们会采取更加勇猛的打法缩小比分，并坚持到最后一刻。有的人可能会觉得，在最后两分钟落后 10 分的情况下很难追回，转败为胜的概率不超过一成。

但这毕竟是有希望的，而这种希望也是有人证明过的。2004 年 12 月 9 日，火箭主场大战马刺，在比赛结束前 1 分 02 秒，火箭队落后 10 分。此时，所有人都认为胜负已分，场馆内的观众也开始逐渐退场。

但此时的火箭队并没有放弃，他们仍然将主力球员放在球场上，在最后这一分钟，他们做着别人眼里的"无用功"。

但奇迹就是这样发生的，在这最后时刻，火箭队主力明星球员麦迪开始发挥，他在 35 秒内狂砍 13 分，分别是 35 秒时一个三分，24.3 秒时一个三加一（三分加一个罚球），11.2 秒时一个三分，及最后 1.9 秒时一个三分绝杀，火箭神奇地以 81 比 80 战胜马刺。

这场比赛也被人称为"麦迪时刻""奇迹时刻"。试想，如果当时火箭队的教练丧失了希望，换上替补球员，或者麦迪也心灰意冷，觉得翻盘无望，那么这场比赛还能够成为一场经典吗？

其次，要尽最大的努力。解决问题需要人的能动力。问题不会自己瓦解，一个人能够付出多大的努力去解决问题也决定着这个问题是否能被解决。

中国有句古话叫"尽人事听天命"，说的就是人要尽最大的努力。试想，如果一个人在面对困难时还有保留实力，草草应付，那跟放任不管有什么区别？

"愚公移山"的故事想必很多人都听说过，愚公是一位居住在北山的老人，年近九十岁。因为依山而居，交通十分不方便，进进出出都要绕远路，于是，他召集全家来商量说："我和你们尽全力铲除险峻的大山，使道路一直通向豫州的南部，到达汉水南岸，可以吗？"

家庭成员纷纷表示赞成。唯独妻子提出疑问说："凭借您的力气，连魁父这座小山都不能削平，能把太行、王屋这两座山怎么样呢？况且把土石放到哪里去呢？"

愚公却说："我们可以把它扔到渤海的边上、隐土的北面。"于是愚公率领子孙中能挑担子的几个人，凿石挖掘泥土用簸箕装土石运到渤海的边上。邻居京城氏的寡妇有个儿子，刚刚换牙，蹦跳着去帮助他们。冬夏换季，才往返一次。

移山的举动遭到了他人的嘲讽，有人说："你太傻了！就凭你衰残的年龄和剩下的力量，连山上的一棵草都不能损坏，又能把这两座大山上的土石怎么样呢？"

愚公说："即使我死了，我还有儿子在；儿子又生孙子，孙子又生儿子；儿子又有儿子，儿子又有孙子；子子孙孙没有穷尽，然而山却不会加大增高，愁什么山挖不平？"

愚公没有理会旁人的冷言冷语，而是继续埋头苦干。终于，他的举动惊动了上天，天帝被他感动，派了两位大神将两座山都搬走了。

愚公尽了最大的努力，尽管他并非凭借自己和子孙的力量移走了大山，但他的目标还是实现了。

最后，还要做最坏的打算。这是一种心理预防措施，也就是一种心理建设。当我们做一件事情时，抱着最大的希望、尽了最大的努力还不够，还要考虑一下最糟糕的结果。这种心理建设是非常重要的，因为当我们做好了最坏的打算，那么这个事情再怎么样也不会超出我们的心理预期，就算事情没有得到解决，也不会留下太多的遗憾。

抱最大的希望，尽最大的努力，做最坏的打算。这其实是一个递进的过程，我们对什么事都心存希望，所以我们才愿意尽力去做，希望越大，努力越大。而做最坏的打算则是给自己的努力上一道"心灵保险"，告诉自己，就算失败了，也不过如此，因此，为何不努力呢？

致奋斗者

别在吃苦的年纪选择安逸

曾庆灿　编著

中国出版集团

中译出版社

图书在版编目（CIP）数据

致奋斗者.别在吃苦的年纪选择安逸 / 曾庆灿编著.
-- 北京：中译出版社，2019.8（2022.4 重印）
ISBN 978-7-5001-6010-6

Ⅰ.①致… Ⅱ.①曾… Ⅲ.①成功心理—通俗读物
Ⅳ.① B848.4–49

中国版本图书馆 CIP 数据核字（2019）第 175746 号

致奋斗者
别在吃苦的年纪选择安逸

出版发行：中译出版社
地　　址：北京市西城区车公庄大街甲 4 号物华大厦 6 层
电　　话：（010）68359376　68359303　68359101
邮　　编：100044
传　　真：（010）68357870
电子邮箱：book@ctph.com.cn
总 策 划：张高里
责任编辑：顾客强
封面设计：青蓝工作室
印　　刷：金世嘉元（唐山）印务有限公司
经　　销：新华书店
规　　格：880 毫米 ×1230 毫米　1/32
印　　张：30
字　　数：550 千字
版　　次：2019 年 8 月第 1 版
印　　次：2022 年 4 月第 11 次

ISBN 978-7-5001-6010-6　　　定价：149.00 元（全 5 册）

前　言

　　"当你不去尝试，不去冒险，不去拼一份事业，不过没试过的生活，整天刷着微博，逛着淘宝，玩着网游，干着我 80 岁都能做的事，你要青春干吗?"当你听到马云曾经说的这句话时，是否唤醒了尘封已久的进取心呢?

　　在谈到努力、奋斗的话题时，不免会想到一个有趣的故事:

　　故事的主人公叫 A 君。他小的时候，妈妈叫他去买红糖，他买回来白糖。妈妈骂他，他摇摇头说:"白糖和红糖没什么区别。"

　　他最讨厌改变，讨厌发表不同意见的人，他的惰性使他不愿参与任何事，更何况是努力拼搏，实现理想了。

　　乃至后来，A 君快要死的时候，家里人问他有什么遗愿，他断断续续地说道:"下辈子想安逸平静，只是吃饭和睡觉……烦恼还少一点儿……"说完了这句话，他就撒手人寰了。

　　许多人听过这个故事，只会摇头叹息，但是，生活中这样的人有很多。如果你现在觉得自己很幸运，很安逸，请你务必珍惜。但是，你一定不要因此失去了自己的斗志。如果你现在觉得自己很不幸，也请你一定不要抱怨，这说明你需要比常人付出更多，始终不要失去自己的信心与斗志。

　　古人云，天将降大任于斯人也，必先苦其心志，劳其筋骨，饿其体肤，空乏其身，行拂乱其所为，所以动心忍性，曾益其所不能。

　　在追梦的路上，如果有一天你想要放弃，请你一定要想一想那些比你睡得晚、比你起得早、跑得比你卖力、比你还聪明的人。他们走出了黑暗，已经看到了黑暗之后的黎明，而你呢？仍在嫌弃、抱怨"太累了，我没法再坚持了，要不等一下吧，等有了状态再说吧……"当你再说这些话的时候，就不要再去想自己为什么如此平庸了。

　　当你真正感觉到自己很累的时候，说明你在进步，请你继续保持；如果有一天你说好轻松啊，是时候反省一下自己了，因为你在走下坡路。下坡容易上坡难。人生之路没有哪一条是一帆风顺的。在该吃苦的年纪，绝不要选择安逸。只要你有一颗永远向上的心，你终会体验到自己的巅峰人生。

目 录

第一章 英雄莫问出处，路都是人走出来的

第二章 放飞自己，向着梦想的方向起航

第六章 预见未来，创造未来

第七章 直面逆境，奏响人生奋进的旋律

第八章 每一次创伤，都是一次成熟

第 一 章

英雄莫问出处，路都是人走出来的

　　有一句意大利谚语是这样说的："即使水果成熟前，味道也是苦的。"不经过霜打的柿子，不会变得绵软可口。

　　人生的价值，就在于看准一件有意义的事，尽其心力干去，干一天就不辜负一天的生命。艰难困苦，玉汝于成。人生的风雨是立世的训谕，生活的苦难是人生的老师。

　　一个人的事业能做多大、多好、多精，首先要看他面对人生之路的态度，再次要看他的行动。在当今社会里，每个人都在想尽一切办法解决生活中的问题，而最终的成功只属于敢闯敢干，而且方法得当的人。

方法总比问题多

"田忌赛马"的典故相信读者都听说过。齐国将军田忌与齐王赛马，并没有多少胜算。但田忌经过谋士孙膑点拨，就轻松从齐王那里赢了千金赌注。孙膑的计谋说起来很简单，却非常有效：用下等马对付齐王的上等马，拿上等马对付齐王的中等马，而中等马则用来对付齐王的下等马。三场比赛，每场赌注为千金。田忌输一场赢两场，千金稳落袋中。

明明是一场没有胜算的赌赛，只是因为开动脑筋，就拥有了化腐朽为神奇的结果。思路，决定了一个人的出路。人生在世，不如意的事情总是难免。落榜了、失业了、破产了、生病了、失恋了、离婚了……人有时会因此而陷入绝望。身处似乎找不到出路的境地，但只要你善于转换思路，定是"山重水复疑无路，柳暗花明又一村"！

麦克是一家大公司的高级主管，他面临一个两难的境地，一方面，他非常喜欢自己的工作，以及随之而来的丰厚薪水——他的位置使他的薪水只增不减。但是，另一方面，他非常讨厌他的上司，经过多年的忍受，最近他发觉自己已经到了忍无可忍的地步了。在经过慎重思考之后，他决定去猎头公司重新谋一个别的公司高级主管的职位。猎头公司告诉他，以他的条件，再找一个类似的职位并不费劲。

回到家中，麦克把这一切告诉了他的妻子。他的妻子是一名教师，那天刚刚教学生如何重新界定问题，也就是把你正在面对的问题换一个角度考虑。把正在面对的问题完全颠倒过来看——不仅要和你以往看这问题的角度不同，也要和其他人看这问题的角度不同。

她把上课的内容讲给麦克听，这给了麦克很大启发，一个大胆的创意在他脑中浮现。

第二天，他又来到猎头公司，这次他是请猎头公司替他的上司找工作。不久，他的上司接到了猎头公司打来的电话，请他去其他公司高就。尽管他完全不知道这是他的下属和猎头公司共同努力的结果，但正好这位上司对于自己现在的工作也厌倦了，所以没有考虑多久，就欣然接受了这份新工作。

这件事最皆大欢喜的地方，就在于上司接受了新的工作，他目前的职位空出来了。麦克申请了这个职位，于是他就坐上了以前他上司的职位。

在这个故事中，麦克本意是想替自己找个新工作，以躲开令自己讨厌的上司。但他的太太教他换个角度想问题，就是替他的上司而不是他自己找一份新的工作，结果，他不仅仍然干着自己喜欢的工作，而且摆脱了令自己烦心的上司，并得到了意外的升迁。

拿破仑·希尔说过：世界上所有的计划、目标和成就，都是经过思考后的产物。你的思考能力，是你唯一能完全控制的，你可以用智慧或愚蠢的方式去思考，但无论你如何运用它，它都会显示出一定的力量。

在很多年前的一次欧洲篮球锦标赛上，保加利亚队与捷克斯洛伐克队相遇。当比赛只剩下 8 秒钟时，保加利亚队以 2 分优势领先，且拥有发球权，这场比赛对保加利亚队来说已稳操胜券，但是，那次锦标赛采用的是循环制，保加利亚队必须赢 6 分的净胜球才能出线，进入下一轮比赛。可要用仅剩下的 8 秒钟再赢 4 分绝非易事。怎么办？

这时，保加利亚队的教练突然请求暂停。当时许多人认为保加利亚队被淘汰是不可避免的，该队教练即使有回天之力，也很难力挽狂澜。然而等到暂停结束，比赛继续进行时，球场上出现了一件令众人意想不到的事情：只见保加利亚队拿球的队员突然运球向自己篮下跑去，并迅速起跳投篮，球应声入网。这时，全场观众目瞪口呆，比赛结束的时间到了。当裁判员宣布双方打成平局需要加时赛时，大家才恍然大悟：保加利亚队这一出人意料之举，为自己创造了一次起死回生的机会。加时赛的结果是保加利亚队赢了6分，如愿以偿地出线了。如果保加利亚队坚持以常规方式打完全场比赛，是绝对无法获得真正的胜利的，而往自家篮中投球这一招，颇有以退为进之妙。

鲁迅先生曾经说：世上本来没有路，走的人多了，也就有了路。鲁迅先生强调的是"路是人走出来的"。只是，当一个人处在绝路时，是无法等到"走的人多了"、有了路再去沿路突围。路在你自己的脚下。如果你看不到，是因为你的思维断路了、短路了。通往彼岸的路不止一条。大路走不通可以走小路，捷径走不了可以迂回绕行。总之，方法总比问题多。

牌好牌坏，要看是谁在打

对于不如意的现状，不少人喜欢用"命运不济"来安慰自己。如果仅仅只是安慰自己还没什么，问题是他们不仅习惯用此安慰自己，还用此来麻痹自己、放任自己的潦倒与沉沦。命运不好不要紧，试看那些建功立业的成功人士，有几个是含着金钥匙出生的？有几个不是靠自己后天的努力而一步步走向巅峰的？

现在说起"李嘉诚"三个字，大家都会露出一脸的羡慕之情。大家看到的是李嘉诚今日的风光，却忽略了他年少时的苦难。李嘉诚在回忆自己十几岁时的生活状态时，曾说："13岁时，我的父亲得了肺病，我照顾他，后来发现我自己也得了肺病，早上咳血，晚上盗汗，就买来医书，自己看，没有人教我怎么治这种病，我也不告诉任何人，连妈妈都不知道。那时我每天还要安慰父亲，要他有信心，要活下去。父亲去世，我14岁就挑起家庭重担，我肯吃苦，17岁靠我去打工，家里就有了盈余，弟妹们可以念大学，我自己没有机会，只能请家庭教师。当年真的是很苦，一条毛巾又洗脸又洗澡，用上两三年才能换，换的时候旧毛巾握在手里，外面都看不到，毛巾上面只有横竖的纤维，没有毛了。那个时候3个月才能理一次发，剃光头。但是在那样的情况下我也没有向别人借过一毛钱，直到后来开始做生意时，才向人借了四五万块钱。我觉得吃过苦好啊……"

命运负责洗牌，但玩牌的是我们自己。一手好牌不一定就能赢，一手坏牌也不一定就输了。人生重要的不是所站的位置，而是所朝的方向。如果我们仔细梳理中国当下的成功人士，你会发现：他们中的大多数并不是我们所想象中的命运宠儿。他们现在很风光，未来也很灿烂，但他们曾经也如同你我一般，有过潦倒、痛苦、挣扎、失败、困惑。他们没有显赫的家世，没有名校的文凭。他们一开始，并没有抓到一副好牌。

"谭木匠"的创始人谭传华，他的命运很悲苦，出身农村的他在18岁时被雷管炸掉了右手手掌；20多岁时四处流浪，睡过桥洞，因为衣衫褴褛被人当成小偷抓进了收容所，甚至一度试图以自杀来告别世界。类似抓了"一手坏牌"却打出了水平的人，我们可以列举一串长长的名单：出身贫民窟的"宋兵甲"周星驰、没有读过一天书的"老干妈"陶华碧、踩着烂单车卖水果的张庆杰……

"一个年轻人能够继承的最丰厚的遗产，莫过于他出生于贫贱之家。"这句钢铁大王安德鲁·卡内基的话引人深思。

可以失意，不可以失志

美国历史上赫赫有名的总统林肯，出生于一个贫穷的农民家庭。在他的成长道路上，可谓历经坎坷。有人曾为林肯做过统计，说他一生只成功过 3 次，但失败过 35 次，不过第 3 次成功使他当上了美国总统。事实也的确如此，最终使他得到命运的第三次垂青，或者说争取到第三次成功的，完全是他的坚强。在他竞选参议员落选的时候，他就说过："此路艰辛而泥泞，我一只脚滑了一下，另一只脚因而站不稳。但我缓口气，告诉自己，这不过是滑一跤，并不是死去而爬不起来。"

岁月的惊涛一浪推一浪，不堪重负的生命要接受多少次的失意与磨难？不停地超越苦难，在屡败之后还能屡战的人，是最有可能成功的人。谈到"屡败屡战"这一句话，怎么也绕不过晚清的曾国藩。这个进士出身的文人奉命回湘办团练，团练初具规模后的前几年，他唯一做得成功的一件事就是只打败仗。

从 1854 年练成水陆师出征，到 1860 年兵败羊栈岭，曾国藩可谓一败再败，小的败仗不计其数，大的惨败就有四场：1854 年湘军初征就在岳州被太平军打得落花流水；1855 年在江西鄱阳湖全军覆灭，连自己的指挥船也被抢走；1858 年，部将李续宾率部血战三河镇，6000 兵勇无一生还，三湘大地处处缟素；1860 年，李秀成破羊栈岭，曾国藩在 60 里外的大营中写好遗书、帐悬佩刀，以求一死，好在李秀成主动退兵。

就像凤凰从烈火中涅槃，这个被满族大臣们讥笑为"屡战屡败"的常败将军曾国藩，最终用他"屡败屡战"的勇气与决绝，打到南京，用行动证明了自己是历史的缔造者。

倘若我们在失意时浑浑噩噩、一蹶不振，只会失意又失志，最后终将失去自己的前程。而如果我们沉下心、挺直腰，像弹簧一样收缩自己的高度但积蓄着能量，只等机会出现就能再次崛起。因为有挫折才会奋起，不要因挫折而折断人生奋进的脊梁。

2008年10月15日，在台湾享有"经营之神"盛誉的"台塑"董事长王永庆离开了人世，享年92周岁。王永庆年轻时先是在米店打工，后来靠经营一家米店起步。他一路走来，经历了很多坎坷与挫折。他曾这样说："人在失意之时，要像瘦鹅一样能忍饥耐饿，锻炼自己的忍耐力，等待机会到来。"在抗战时期，由于粮食不足，王永庆只得让自家的鹅到野外去觅食。一般说来，鹅养了4个月后，就有五六斤重了。可是，当时养的鹅，由于只吃野草，4个月下来仍只有两斤重。等到抗战胜利，粮食危机缓解，瘦鹅有了充足的饲料，居然能在两个月里从两斤重迅速增加到七八斤！究其原因，是因为瘦鹅具有顽强的生命力，不但胃口奇佳，而且消化力极强，所以只要有东西吃，它们立刻就能肥起来。

有一句意大利谚语说："即使水果成熟前，味道也是苦的。"苦涩的感觉是成长与内心挣扎必然的一部分。我们可能常常这样自语："为什么是我呢？我已经够努力了，但命运总是与我作对，这太不公平了。"有谁不会有这种感觉呢？然而，如果你任由自己陷于怨恨与绝望，你就永远无法在人格上成熟起来，成长亦无从发生。痛苦的境遇就像是撒落在自我田野上的肥料一样，可以促进自我的成长，自我田野中的禾苗会因为受到耕耘、施肥而能够更苗壮健康地生长。

我们人的意志并非一开始就发展得很完善。相反地，它是经过日常生活的竞争和挑战之后才日臻完善的，就像一块铁在铁匠的炉火中经过千锤百炼才能成形。面对失意，不能失志。燕子去了，有再来的时候；杨柳枯了，有再绿的时候，桃花谢了，有再开的时候……

埋下头，是为了抬得更高

一个冬天的傍晚，山南的狗熊和山北的兔子在雪地艰难觅食时碰面了。在饥寒交迫中，它们诅咒着残酷现实，并描绘了各自美好的未来。

"再也不能这么过了，"狗熊有气无力地说，"冬天一过，我就要种一亩玉米，到秋天准能收获很多玉米棒子，我把这些玉米棒子挂在山洞里存起来，就不会在来年的冬天再这么狼狈了。"

"再也不能这么过了，"兔子无精打采地说，"冬天一过，我就要种一亩胡萝卜，到秋天准能收获很多胡萝卜，我把这些胡萝卜藏在地窖里存起来，就不会在来年的冬天再这么痛苦了。"

又一个冬天到了，山南的狗熊和山北的兔子再次在雪地重逢。狗熊没提种玉米的事，兔子也没说种胡萝卜的事，它们只是礼节性地打了个招呼，便各自四处觅食。原来，狗熊在春天成天在山上忙着采食鲜美的蜂蜜，种玉米的事儿早就被它抛在脑后；兔子在春天倒是下了胡萝卜的种子，但夏天却懒得在太阳下给胡萝卜苗浇水，结果胡萝卜苗全旱死在田里。

狗熊和兔子都想过如何让自己过冬的办法，但要么没有采取实际的行动，要么没能坚持做下去。它们注定又要遭受一次饥寒交迫的煎熬。

在我们的日常生活中，也有不少"狗熊式"与"兔子式"的人。"狗熊式"的人大嚷大叫地要干什么事，但却总不见行动，到头来只不过是自己欺骗自己；"兔子式"的人做事有始无终，坚持不到最后，令先前的想法与工作毫无意义。

有了好的想法，就要去实践。"万事开头难"，但开头之后坚持下去也特别困难。开始做一件事情，往往靠信心和决心；而事情一旦开始，要有始有终就需要靠耐心和恒心了。有的人做事之初信心满满、斗志昂扬，一段时间后就渐渐觉得厌倦，加上事情并不是一帆风顺，慢慢地就在这样那样的困难或干扰中停下了脚步。结果做事情半途而废，行百步者半九十，说的就是这个道理。

古人云："唯有埋头，才能出头。"种子如不经过在坚硬的泥土中挣扎奋斗的过程，它将只是一粒干瘪的种子，而永远不能发芽长成一株大树。

许多有抱负的人大多忽略了积少成多的道理，一心只想一鸣惊人，而不去做埋头耕耘的工作。等到忽然有一天，他看见比自己开始晚的，比自己天资差的，都已经有了可观的收获，才惊觉到自己在这片园地上还是一无所有。这时他才明白，不是上天没有给过理想或志愿，而是他一心只等待丰收，可是忘了辛勤耕耘。

饭要一口一口吃，事要一件一件做。"九层之台，起于垒土。"一砖一木垒起来的楼房才有基础，一步一个脚印才能走出一条成形的道路。

如果将一个人的追求目标比作一座高楼大厦的顶楼，那么一级一级的阶段性目标就是层层阶梯。这个比喻浅显易懂，但不少人却忽视了这一循序渐进的"阶梯原则"。高尔基在同青年作家的谈话中说："开头就写大部头的长篇小说，是一个非常笨拙的办法。学习写作应该从短篇小说入手，西欧和我国所有最杰出的作家几乎都是这样做的。因为短篇小说用字精练，材料容易安排、情节清楚、主题明确。我曾劝一位有才能的文学家暂时不要写长篇，先学写短篇再说，他却回答说：'不，短篇小说这个形式太困难。'这等于说：制造大炮比制造手枪更简便些。"

高尔基讲的就是循序渐进、一步一个脚印的道理。建造一幢大楼，要从一砖一瓦开始；绳锯木断、水滴石穿就在于点点滴滴的积累。阶段性目标虽然慢，却始终向上攀登，而每个小目标的胜利总给人鼓舞，使人获得锻炼、增长才干。

作家郭泰所著《智囊100》中讲了一个有趣的故事：有个小孩在草地上发现了一个蛹。他捡回家，要看蛹如何羽化成蝴蝶。过了几天，蛹上出现了一道小裂缝，里面的蝴蝶挣扎了好几个小时，身体似乎被什么东西卡住了——一直出不来。小孩子不忍，心想："我必须助它一臂之力。"于是他拿起剪刀把蛹剪开，帮助蝴蝶脱蛹而出。但是蝴蝶的身躯臃肿，翅膀干瘪，根本飞不起来。这只蝴蝶注定要拖着笨拙的身子与不能丰满的翅膀爬行一生，永远无法飞翔了。

这个故事说明，每一个事物的成长都有个瓜熟蒂落、水到渠成的过程。这一过程也就是一步一个脚印的过程。相反，欲速则不达。

远在半个世纪以前，美国洛杉矶郊区有个没有见过世面的孩子，他才15岁，却拟了个题为《一生的志愿》的表格，表上列着："到尼罗河、亚马孙河和刚果河探险，登上珠穆朗玛峰、乞力马扎罗山和麦特荷恩山，驾驭大象、骆驼、鸵鸟和野马，探访马可·波罗和亚历山大一世走过的路，主演一部'人猿泰山'那样的电影，驾驶飞行器起飞降落，读完莎士比亚、柏拉图和亚里士多德的著作，谱一部乐曲，写一本书，游览全世界的每一个国家，结婚生孩子，参观月球……"他把每一项都编了号，一共有127个目标。

当他把梦想庄严地写在纸上之后，他就开始循序渐进地实行。16岁那年，他和父亲到佐治亚州的奥克费诺基大沼泽和佛罗里达州的埃弗洛莱兹探险。从这时起，他按计划逐个实现了自己的目标，49岁时，他已经完成了127个目标中的106个。这个美国人叫约翰·戈达德。他获得了一个探险家所能享有的荣誉。前些年，他仍在不辞辛苦地努力实现参观月球（第125号）等目标。

一步一步地前进，一块一块地捡砖头，贵在每天做，难在坚持做。人要耐得住寂寞，才不会因收获不大而心浮气躁，不会为目标尚远而动摇信念。抗得住干扰，顶得住压力，不因灯红酒绿而分心走神，不为冷嘲热讽而犹豫停顿，专心致志、坚定不移。

无论一个人有多聪明，如果没有坚韧不拔的品质，他就不会在一个群体中脱颖而出，他就不会取得成功。许多人本可以成为杰出的音乐家、艺术家、教师、律师或医生，但就是因为缺乏这种坚韧不拔的品质，最终一事无成。

坚韧不拔的人从不会停下来想想他到底能不能成功。他唯一要考虑的问题就是如何前进，如何走得更远，如何接近目标。无论途中有高山、有河流还是有沼泽，他都会去攀登、去穿越。而所有其他方面的考虑，都是为了实现这个终极目标。对于一个不畏艰难、一往无前、勇于承担责任的人，人们知道反对他、打击他都是徒劳的。

再冷的石头，坐上三年也会暖。歌德曾这样描述坚持的意义："不苟且地坚持下去，严厉地鞭策自己继续下去，就是我们之中最微小的人这样去做，也很少不会达到目标。因为坚持的无声力量会随着时间而增长，从而达到无可抗拒的力量。"

每天进步一点点就够了

25 岁的时候，雷因失业而挨饿，他白天在马路上乱走，目的只有一个，躲避房东讨债。

一天他在 42 号街碰到著名歌唱家夏里宾先生。雷因在失业前，曾经采访过他。但是他没想到的是，夏里宾竟然一眼就认出了他。

"很忙吗？"他问雷因。

雷因含糊地回答了他，他想夏里宾大概看出了他的际遇。

"我住的旅馆在第 103 号街，跟我一同走过去好不好？"

"走过去？但是，夏里宾先生，60 个路口，可不近呢！"

"胡说，"他笑着说，"只有 5 个街口。"

"……"雷因不解。

"是的，我说的是第 6 号街的一家射击游艺场。"

这话有些所答非所问，但雷因还是顺从地跟他走了。

"现在，"到达射击场时，夏里宾先生说，"只有 11 个街口了。"

不多一会儿，他们到了卡纳奇剧院。

"现在，只有 5 个街口就到动物园了。"

又走了 12 个街口，他们在夏里宾先生住的旅馆停了下来。奇怪得很，雷因并不觉得怎么疲惫。

夏里宾给他解释为什么不疲惫的理由：

"今天的走路，你可以常常记在心里。这是生活艺术的一个启示。你与你的目标无论有多么遥远的距离，都不要担心，把你的精神集中在 5 个街口内的距离，别让那遥远的未来令你烦闷。"

积沙成塔，集腋成裘。点点星光若连成一片，照样是一个灿烂的星空!

成功是能量聚积到临界度后自然爆发的成果，绝非一朝一夕之功。一个人眼界的拓展，学识的提高，能力的长进，良好习惯的形成，工作成绩的取得，都是一个持续努力、逐步积累的过程，是"每天进步一点点"的总和。每一个重大的成就，都是由一系列小成绩累积而成。如果我们留心那些貌似一鸣惊人者的人生，就会发现他们"惊人"的背后是长时间的、一点一滴的努力与进步，执着的追求。

洛杉矶湖人队的前教练派特·雷利在湖人队最低潮时，告诉球队的 12 名队员说："今年我们只要求每人比去年进步 1% 就好，有没有问题？"球员一听："才 1%，太容易了！"于是，在罚球、抢篮板、助攻、抄截、防守五方面每个人都各进步了 1%，结果那一年湖人队居然得了冠军，而且是最容易的一年。

不用一次大幅度的进步，一点点就够了。不要小看这一点点，每天小小的改变，积累下来就会有大大的不同。而很多人在一生当中，连这一点进步都不一定做得到。人生的差别就在这每天的一点点之间，如果你每天比别人差一点点，几年下来，就会差一大截。

每天进步一点点，听起来好像没有冲天的气魄，没有诱人的硕果，没有轰动的声势，可细细地琢磨一下：每天，进步，一点点，那简直又是在默默地创造一个料想不到的奇迹，在不动声色中酝酿一个真实感人的神话。朱学勤先生说过一句话：宁可十年不将军，不可一日不拱卒。要想有水滴石穿的威力，就需要连绵不断的毅力。一个人的努力，在看不见想不到的时候，在看不见想不到的地方，会生根发芽，开花结果。

从现在开始，在每晚临睡前，你不妨自我反思一下：今天我学到了什么？我有什么做错的事？有什么做对的事？假如明天要得到理想中的结果，有哪些错绝对不能再犯？

反思完这些问题，你就会比昨天进步。无止境的进步，就是你人生不断超越的基础。

你在人生中的各方面也应该照这个方法做，持续不断地每天进步一点，长期坚持下来，你一定会有一个高品质的人生。

不要因别人的"指点"而停止前进

有一则寓言，说的是一群动物举办了一场攀爬埃菲尔铁塔的比赛，看谁先爬上塔顶谁就获胜。很多善于攀爬的动物参加了比赛，更多的动物围着铁塔看比赛，给它们加油。作为比赛的裁判，老鹰早早地飞上塔顶。比赛开始了，所有的动物没有谁相信参赛的动物能够到达塔顶，它们都在议论："这太难了！它们肯定到不了塔顶！"听到这些话，一只又一只的参赛动物开始泄气了，除了那些情绪高涨的几只还在往上爬。观赛的动物继续喊着："这个塔太高了！没有谁能爬上顶的！"越来越多的参赛动物退出了比赛，最后只有一只蜗牛越爬越高。

最后，那只蜗牛费了很长的时间，终于成为唯一到达塔顶的胜利者。夺冠的蜗牛下来后，得到了很多的掌声。有一只小猴子跑上前去，问蜗牛哪来那么大的毅力爬完全程。谁知道蜗牛一问三不答——原来，蜗牛是没有听觉的。

这个寓言要表达的意思是：不要轻易地被别人的指指点点妨碍了自己前进的脚步。美国人巴士卡利亚小时候，人们常常告诫他，一旦选错行，梦想就不会成真，并告诉他，他永远不可能上大学，劝他把眼光放在比较实际的目标上。但是，他没有放弃自己的梦想，不但上了大学，还拿到了博士学位。当他决定抛弃已有的一份优越的工作去环游世界时，周围人说他最终会为此后悔，并且拿不到终身教职，但是，他还是上了路。结果，回来后他不但找到了一份更好的工作，还拿到了终身教职。当他在南加州大学开办"爱的课程"时，人们警告他，他会被当作疯子。但是，他觉得这门课很重要，还是开了。结果，这门课使他改变了一生。他不但在大学中教"爱的课程"，还到广播电台和电视台中举办爱的讲座，受到美国公众的欢迎，成为家喻户晓的爱的使者。他说："每件值得做的事都是一次冒险。怕输就错失冒险的意义。冒险当然会有带来痛苦的可能，可是从来不会去冒险的空虚感更痛苦。"

1987年，周星驰还是在跑龙套中挣扎。这一年，他得到了一个不同于以往的配角：终于在万梓良、郑裕玲主演的《生命之旅》中演上了大配角。虽然还是配角，但有了一个"大"字。在拍剧休息时，心存梦想的周星驰和主角郑裕玲闲谈。谈及自己的前途，周星驰问对方自己是否会走红，结果郑裕玲说了一句："你不会红。"当时周星驰已经被很多人看扁，但这回被人当面说出来，周星驰不伤心是不可能的。一次又一次打击，难道不会心生绝望？周星驰是这样回答的："我不从绝望的角度看事情。"次年，周星驰主演《霹雳先锋》，一炮走红。

和周星驰一样，当成龙还叫陈港生时，他不得不低声下气地去为自己争取更好的机会。成龙在龙套中一跑就是很多年，他没有任何说话的权利，总之就是导演叫他做什么，他就一定要做什么。有一次，在他拍摄一部古装武侠戏的时候，戏里边剧情要求有三个女人都喜欢他。但是当时担任主角的一位著名女演员，坐在一边跟导演讲风凉话，说："我怎么会喜欢他？大鼻子、小眼睛，多让人讨厌啊……"一听到这话，成龙很受伤，但还要装作若无其事的讨好模样，不停地鞠躬。一定等着她站起来先走，自己则退后让路后走，一副谦恭的样子。如要哭，也只有在一个人的时候才能哭。

一个生活在底层却梦想做大事的人，在谦卑做人与勤恳做事时，总是难免受到许多的讥讽与嘲弄。这似乎是社会常态，因为一粒种子是没那么容易长大成材的。在你还孱弱时，无数大脚会有意无意将你践踏再践踏。就像俞敏洪所说的："人们可以踩你，但是人们不会因为你的痛苦，而产生痛苦；人们不会因为你被踩了而来怜悯你。因为人们本身就没有看到你。"也许你会很不服气：为什么要践踏我啊，我是树啊，我是明天的栋梁之材啊。对不起，在你没有长大时，没有人来倾听你、相信你。

后来，成龙混出了一点小名气。那时，他又开始动起了心思：他想要著名的武侠作家古龙给自己量身定做一个剧本。当时，古龙的武侠小说非常受大家欢迎，有了他的剧本基本就是票房的保证。古龙是邵氏片场里的常客，成龙为了"讨好"古龙，每天都要陪古龙喝酒。成龙坐在古龙身边，左一句"古大侠"右一句"古大侠"，酒倒是喝得皆大欢喜。等一场又一场的酒喝过后，成龙从别人口里得知古龙说："我怎么会为他写剧本，我要写，也得找个好看点的啊！"成龙听了，当即躲进了洗手间，七尺男儿终于再也无法控制住自己的感情，一把抱住姜大卫哭成了泪人。

俱往矣！对于那些成功者来说，过去所受到的所有伤痛，都是成功之后最荣耀的勋章。而对于失败者而言，过去的伤常常是一道隐痛。别理那些叽叽喳喳的噪音，走自己的路，让别人去说吧——路是靠自己走出来的。

提高对"风凉话"的免疫力

当你还只是寻梦者时，是不起眼的，就算你有经世之才——但又有几个伯乐呢？所以，你的梦想与追求，在有些人眼里与"癞蛤蟆想吃天鹅肉"差不多，都是自不量力，痴人说梦。总是会有人来打击你。一个人打击你，或许没有什么；十个人打击你，有点动摇了吧；一百个人打击你呢？

别人劝阻或讥笑你的寻梦，也并非想害你，他们有时是无意甚至是善意。"相信我，你走的那条路行不通，别浪费自己的精力了。"他们会这么说。

根据研究，那些白手起家的百万富翁都有一种有趣的"免疫系统"——很强的心理承受能力。他们有一种应对恶意批评者过激言论的心理盔甲。这些百万富翁，总是漠视各种批评者和权威人物的负面评价。甚至有些白手起家的百万富翁们说，某些权威人物所做的贬低的评价对于他们最终取得成功起过一定的促进作用——锤炼铸就了他们所需要的抵抗批评的抗体，坚定了他们努力成功的决心。

充满传奇色彩的洛克菲勒，美国的史学家们对他百折不挠的品质给予了很高的评价："洛克菲勒不是一个寻常的人，如果让一个普通人来承受如此尖刻、恶毒的舆论压力，他必然会相当消极，甚至崩溃瓦解，然而洛克菲勒却可以把这些外界的不利影响关在门外，依然全身心地投入他的垄断计划中，他不会因受挫而一蹶不振，在洛克菲勒的思想中不存在阻碍他实现理想的丝毫退却。"

对大多数人来说，接受权威人士所给他们的负面评价是最大的打击。许多人失败于智商测试、学习能力测试和其他测试。同时，这些人又愿意接受命运的安排，所以，他们甚至在未达到法定选举年龄之前就已经投降了。对他们来说，差的等级和其他低分自然而然地转化为后来在工作上的低效率。但我们的白手起家的百万富翁们选择了另一条道路：就是不相信那些贬低他们，而且是反复贬低他们的权威人士。有远见、有勇气，有胆量向权威人士、业余批评人士和教育测试中心所给出的负面评价进行挑战。

一个人事业上的成功与他们如何对待批评者之间存在着联系。关于这一点，那些成功的人士是怎么做的呢？他们大多数人要么对批评者不予理会，要么把批评当作一种激发他们取得成功的动力。大多数百万富翁把批评者说成是对他人做出负面评价与预言的人。批评者不像良师益友那样热情地帮助他人实现自我改善，而是热衷于改变他人的目标。事实上，他们似乎是想看到别人的失败，好像他们是以看到自己的预言成为现实而感到满意。

那些热衷于批评的人曾告诉过百万富翁：

你缺乏最基本的经商才能；

对于一桩新的生意来说，那是我所听到的最笨的想法；

你的本钱不够。

在我们身边，从来不缺少一些所谓饱经风霜的老前辈，他们似乎"什么世面都见过"，因此总对我们讲一些不可做这不可做那的理由。你产生了个好主意，一句话还没说完，他就像消防队员灭火般地向你泼冷水。这种人总能记起过去某时曾有个人也产生过类似想法，结果惨遭失败，他们总是极力劝你不要浪费时间和精力，以免自寻烦恼。

一个人如果接受了这种负面的观点，就会早早地从战场上撤退下来。未来的百万富翁不会把这种批评当一回事，实际上他们喜欢用事实来反驳这种可笑的预言，而且负面的评论越是多越能激发他们的斗志。

一家大印刷公司的经理曾回忆起他与自己公司一位会计员的一次谈话：这位会计员的理想是要成为公司的审计长，或者创办她自己的公司。因为她连中学都没毕业，而且又是个新移民，因此这个公司经理善意地提醒她："你的会计能力是不错，这一点我承认，但你应该根据自己的受教育程度，把目标定得更加切合实际些。"他的话使她大为光火，于是，她毅然辞职追寻自己的理想。

几年后她成立了一个会计服务社，专为那些小公司和新移民提供服务。现在，她在北加州的会计服务社已发展到了五个办事处。

其实，我们谁也不知道别人的能力极限到底有多大，尤其是如果他们怀有激情和理想，并且能够在困难和障碍面前不屈不挠时，他们的能力限度就很难预料。

"无论做任何事情，开始时，最为重要的是不要让那些总爱唱反调的人破坏了你的理想。"芭芭拉·格罗根指出，"这世界上爱唱反调的人真是太多了，他们随时随地都可能列举出千条理由，说你的理想不可能实现。你一定要坚定自己的立场，相信自己的能力，努力实现自己的理想。"

该进则进，该退则退

韩国三星电子的创始人李秉喆，在战后的废墟上打造出一个世界一流企业，堪称奇迹。三星的成长之路遍布陷阱，之所以没有深陷在失误的泥沼里沉没，完全是因为李秉喆及时退出的勇气与行动。在回顾他辉煌的一生时，李秉喆说过这样一句话："做事应该有上阵的勇气，也要有及时退出的勇气。"

李秉喆的经营原则中很重要的一点，就是既敢于开拓，又勇于退出。他曾说过："如果没有100%的把握，那就不要上马。一旦决定某一种项目，就要全力以赴。如果认为没有胜算，那就赶快退出来。"

1973年，三星与日本造船业的巨头H公司合作，在韩国庆尚南道买下150万平方米土地准备建造世界最大规模的造船厂。但当时由于石油危机，世界造船业陷入困境，有的客户甚至放弃订单，要求取消合同。三星一看行情不利，就毅然决定该项目暂时不上马。后来，李秉喆先生回顾说："如果当时那个造船厂上马，对三星的打击肯定是非常巨大的。做事应该有上阵的勇气，也要有及时退出的勇气。"

李秉喆的这次撤出虽然令自己"脸上无光"，但却避免陷入一场不停地投资却没有多大回报希望的泥潭。李秉喆认为：若不及早撤出，那么大型造船厂将很可能成为三星公司的"滑铁卢"，与其坐等因造船而全军覆没，不如另辟蹊径，别处生花。

大多数人都知道在形势大好时，"春风得意马蹄疾"，凭着一股子干劲与闯劲能将事业做得风生水起；而在形势不好时，却不知道收缩战线准备撤退，直至"弹尽粮绝"，连东山再起的本钱都没有了。

做事必须能屈能伸。只能屈不能伸的人是庸才，只能伸不能屈的是骄兵，都不能真正顺应时势，成就一番丰功伟业。

无论做什么事，在黎明前的黑暗一定要咬紧牙关挺住。但在实际操作之中，有些事经过仔细分析后，断无"咸鱼翻身"的可能之时，唯有承认现实，选择撤退。因此，"坚持"与"放弃"并不矛盾，它们是相辅相成，可以互补的。

有人经营一家餐馆，大半年了还不见起色。原来在餐馆周围虽然有几家大公司，但每个公司都为职工提供午餐，为上夜班的职工提供夜宵，难怪这家餐馆的生意不好做。经过深入调查，他发现这几家公司对办公用品的需求量很大，同时周围还有两所中学、一所小学，文化用品市场巨大，于是，这家餐馆的老板毅然将餐馆改为文化用品商店，虽然这一折腾损失了不少，但没过多久就获得了可观的效益。

在股市搏击中，游戏规则掌握在大户手中，对于中小散户股民来说，赢家大都是在"高处不胜寒"时及时抽身的人，都是在熊市来临之际，及时"忍痛割肉"之人。可见，"善败"者也是善退者。不善败的创业者，一般都对"必败之势"缺乏判断能力，即所谓"败莫大于不知将败"者；其次是，即使已感觉到失败的压力但仍心存侥幸，消极地观望、等待直至重大损失出现。小企业老板要在失败来临之际冷静分析，首先要对市场竞争态势有灵敏的信息渠道并加以判断，能清醒地认识到企业将要受损的领域和时机；其次是善于快速撤退以避免或减少损失，即抓住临失败之前的有利时机抢先主动收缩或撤出必败的领域。日本著名企业家松下幸之助先生对此用过一个十分形象的比喻："武功高强的人，往回收枪的动作比出枪时还要快。"脱身最早、最快、最彻底的往往也是受损最小的。这些先期脱身的智者，常常会成为下一轮竞争中的赢家。

三十六计有"走为上策"一计，它蕴含了丰富的屈伸之理。当敌人具有巨大的优势，而我方没有把握胜利的时候，只有投降、和谈与撤退三条路可走。投降是全面的失败，和谈则是失败了一半，而撤退并非失败，且属转为胜利的关键。

应走不走，反受掣肘；当断不断，反受其乱。在事态严重，该走不走，贻误时机的，必会招致更大的麻烦与危险。

当年西楚霸王战败，在乌江畔自刎收场，并不是他没有退路，只因他曾经破釜沉舟，带领三千江东子弟兵打江山，如今三千子弟兵无一生还，自感无脸见江东父老，因而以自刎收场。这就是能伸而不能屈的心理缺陷，如能退回江东，或许还有东山再起之时。

第二章

放飞自己，向着梦想的方向起航

过去的青春肆意也好、仓促也罢，都过去了。将眼光展望未来吧，我们随时可以上路。

愚人因常把成功看得太容易而导致失败，智者因常把成功看得太困难而一事无成。强者知道成功绝非易事.既需要事前的精心谋划，又需要在路上的勇气、激情与智慧。最终，他们成了举起香槟庆贺成功的人。

冰心老人曾说："成功的花，人们只惊羡她现时的明艳！然而当初她的芽儿，浸透了奋斗的泪泉，洒遍了牺牲的血雨。"成功来之不易，越辉煌的成功越是难度大，你必须利用你全部的才学与能力，调动你所有的潜能，才能更快更好地达到成功的彼岸。

守住以"德"为准的做人之本

当一个人处于众叛亲离、事事不顺的境地时，十有八九是自己在德行上出了大问题。北宋名臣薛居正曾云："德有失而后势无存也。"意思是德行一旦缺失，良好的局势就不会存在。为什么呢？因为"得道者多助，失道者寡助"。

一个人的德行，其实就是他对待这个世界的态度。你用正确的态度（高尚的德行）去对待这个世界，那么世界也将会以一种正确的态度回报你。反之，你若坑蒙拐骗这个世界，这个世界也不会给你好果子吃。缺德与失势存在因果关系和内在联系。失势者往往看不到"德"的力量和作用，他们有势时不讲操守，不养其德，失势时怨天尤人，不深刻反省自己，这真是很可悲的。重势不重德，是小人的行为；重德不重势，是君子的行为。德在势先，势在德后，如果本末倒置，定会惨败收场。

有这么一个故事。

一个商人对一个男孩说："你想找活干吗？"

"当然！"男孩回答。

"但是你必须向我证明你有良好的品德！"

"当然可以！"男孩回答，"我马上就去找曾经雇用过我的老板。"

"那好，你去把他找来吧，我需要和他好好谈谈你的事情。"

但是男孩去了之后，再也没有露面。几天后，商人又遇见了那个男孩，就问男孩怎么没有来找自己。

男孩回答说："因为我以前的老板同我谈了您的品德。"

人之所以成为人，与动物的很大区别就在于自己的社会性。社会性越强，对人的品德要求就越高。每个人都需要具有良好的品德，因为社会对我们提出了这样的要求，没有品德的社会是不可想象的社会。品德实际上在某种程度上就是一种无形的约束，有时甚至比法律的约束还有意义。

商人出于自己经商的目的，自然要对自己的雇员提出品德上的要求，可是在别人提出品德要求的时候却往往忽略了对自己的要求。难怪前面故事中的男孩说："我听以前的老板说起了你的品德。"他没有继续说下去，但是我们可以感觉到他的潜台词是：这个商人的品德不好！最后的结局肯定是男孩不会去为商人工作。

品德是一个人立世的根基。一个根基深厚而扎实的人，就能在社会上站得更稳、走得更好。一个品德败坏的人，即使权势强盛，也如同秋后的蚂蚱，蹦不了多久。面临失势，人首先应该反省的是：是否是因为自己的品德出了问题而导致的恶果？如果原因出在品德上，要想挽回局势绝非一日之功。你唯有洗心革面，痛改前非，方有东山再起之机会。然而，面临失势，几乎没有人会怀疑自己的品德有什么问题，就像我们前面提到的那个商人一样，他喜欢用品德的标尺去度量别人，却不愿度量自己。然而，社会对他们品德的认同程度却并不像他们想象的那样白璧无瑕和无可挑剔，这是为什么呢？答案可能有两个：一是他们对自己品德的要求也许并不很高，距离人们普遍认同的道德标准可能还差得较远；二是他们可能缺乏个人品德的塑造和表现技巧。只有让自己优秀的品德内化为一种原本的动力，然后再通过自己的言行充分表现出来，这样的品德才会产生积极的社会意义，才会为自己的形象加分升值，增光添彩。

美国加州的"克帕尔饮料开发有限公司"需要招聘员工，有一个叫莫布里的年轻人到这个公司去面试，他在一间空旷的会议室里忐忑不安地等待着。不一会儿，有一个相貌平平、衣着朴素的老者进来了。莫布里站了起来。那位老者盯着莫布里看了半天，眼睛一眨也不眨。正在莫布里不知所措的时候，这时老人一把抓住莫布里的手："我可找到你了，太感谢你了！上次要不是你，我女儿可能早就没命了。"

"怎么回事？"莫布里丈二和尚摸不着头脑。

"上次，在中央公园里，就是你，就是你把我失足落水的女儿从湖里救上来的！"

老人肯定地说道。莫布里明白了事情的原委，原来他把莫布里错当成他女儿的救命恩人了："先生，您肯定认错人了！不是我救了您的女儿！"

"是你，就是你，不会错的！"老人又一次肯定地回答。

莫布里面对这个感激不已的老人只能做些无谓的解释："先生，真的不是我！您说的那个公园我至今还没有去过呢！"

听了这句话，老人松开了手，失望地望着莫布里："难道我认错人了？"

莫布里深情地安慰老先生说："先生，别着急，慢慢找，一定可以找到您女儿的救命恩人！"

后来，莫布里在这个公司里上班了。有一天，他又遇见了那个老人。莫布里关切地与他打招呼，并询问他："您女儿的恩人找到了吗？""没有，我一直没有找到他！"老人默默地走开了。

莫布里心里很沉重，对旁边的一位司机师傅说起了这件事。不料那司机哈哈大笑："他可怜吗？他是我们公司的总裁，他女儿落水的故事讲了好多遍了，事实上他根本没有女儿！"

"噢？"莫布里大惑不解，那位司机接着说："我们总裁就是通过这件事来选用人才的。他说过有德之人才是可塑之才！"

莫布里被录用后，兢兢业业，不久就脱颖而出，成为公司市场开发部经理，一年就为公司赢得了数千万美元的利润。当总裁退休的时候，莫布里继承了总裁的位置，成为美国的财富巨人，家喻户晓。后来，他谈到自己的成功经验时说："一个一辈子做有德之人的人，绝对会赢得别人永久的信任！"

通过这个故事，我们一方面可以看到这位总裁对录用人才在德行方面的高度重视；另一方面，我们也可以看到莫布里是一位绝对信守"德"的人才。对那些另有图谋的人来说，本来完全可以利用这位总裁的"稀里糊涂"，给自己贴上"救人英雄"的标签以增加被录用的概率。但莫布里却不这样做，他以德为做人之本，为自己打开人生局面奠定了最稳固的基石，所以他是通过诚信的做人之道换来了成功之本。

在实际生活中，我们每个人都应当像莫布里一样，把"德"字刻在心头，做一个令人放心的人，在一个相互信任的环境中工作，才能敲开成功之门。但就是有些人对此不以为然，总是为利益所驱，常常是件好事就贴上去，见坏事就躲开，把做人之本抛到九霄云外，像老鼠一样，令人生厌。这样的人可以成功一时，但绝不可能永远延续成功的脚步。所以我们非常有必要记住莫布里的那句话，并把它刻在心头，守住以"德"为准的做人之本，这样你迟早有一天会成为另外一个莫布里。

自省是人生旅途中的一盏明灯

在这个世界的每一个角落，似乎都充满了抱怨和愤怒。

为什么大家都不理解我？

为什么好心没有好报？

为什么别人对我不友好？

为什么我的机会那么少？

为什么一分耕耘换不回一分收获？

为什么，为什么……问了太多的为什么，却很少有人找到真正的答案！

于是，怨天尤人、悲观宿命之类的行为与思想甚嚣尘上：不是我做得不好，而是人心太险恶；不是我付出太少，而是我命中注定劫难难逃。

可以说"埋怨别人"已成为中国人的弊病，"都是你的错"也成了人们掩饰自己错误的习惯性借口。当我们遇到困难时，我们首先想到的是埋怨别人，而不是从自己身上找原因。仿佛所有的错误都与自己毫不相干。

平庸的人总是喜欢找外在的种种理由，却不愿意审视自己的问题；他们只看得见别人脸上的灰尘，却看不见自己鼻子上的污点。但强者们却总是在调整自己、提高自己，努力地将自己打造成一个与外界和谐的人。他们更加注重自我反省与提高，深知只要自己对了，世界就对了。"现代戏剧之父"易卜生曾经告诫他人：你的最大责任就是把你这块材料铸造成器。说的其实也就是这个道理。言辞犀利如手术刀的鲁迅先生曾说："我的确时时解剖别人，然而更多时候是更无情地解剖我自己。"

或许，只有当"都是我的错"成为我们经常挂在嘴边的话时，当我们学会反求诸己时，会发现自己变得更加谦卑与平和，外界的很多事情很难让我们冲动得失去理智。可以说，反求诸己是一种智慧，也是我们每个中国人应该具备的美德。我相信，倘若每个人都学会了反求诸己，人与人之间的硝烟会少一些，爱心会多一些。

不平之事之所以缠上了自己，大部分的根源在于自己。比如说做生意遭了骗，根源在于自己的轻信；比如考研失利，根源在于自己学业不够精进……治病要找到病源方能对症下药，突破困局也需要通过自省找到导致困局的根源，方能找到突破的途径。

自省也就是指自我反省，通过自我反省，人可以了解、认识自己的思想、意识、情绪与态度。一个人如果不懂自省，他就看不见自己的问题，更不会有自救的愿望。

从来不犯错误的人是没有的，从来不犯过去曾犯过的错误的人也是不多见的。暂且不论是不是重复过去曾犯过的错误，就是这种经常反省的精神也是十分可贵的。

宋朝文学家苏轼写过一篇《河豚鱼说》，说的是河里的一条河豚，游到一座桥下，撞到桥柱上。它不责怪自己不小心，也不打算绕过桥柱游过去，反而生起气来，恼怒桥柱撞了它。它气得张开两鳃，胀起肚子，漂浮在水面，很长时间一动不动。后来，一只老鹰发现了它，一把抓起了它，转眼间，这条河豚就成了老鹰嘴里的美餐。

这条河豚，自己不小心撞上了桥柱子，却不知道反省自己，不去改正自己的错误，反而恼怒别人，一错再错，结果丢了自己的性命，实在是自寻死路。

那么，人应该从什么地方反省自己呢？

孔子的弟子曾子关于自省有一段著名的论述："吾一日而三省吾身，为人谋而不忠乎？与朋友交而不信乎？传不习乎？"曾子告诉我们，每天要三省，从三个方面去检查自己的思想和言行：

一是反省谋事情况，即对自己所承担的工作是否忠于职守；

二是反省自己与朋友交往是否信守诺言；

三是反省自己是否知行一致，即是否把学到的知识身体力行。

总之，要通过自省从思想意识、情感态度、言论行动等各个方面去深刻认识自己、剖析自己。

自省可以改变一个人的命运和机缘，它在任何人身上都会发生效用：因为自省所带来的不只是智慧，更是夜以继日的精进态度和前所未有的干劲。

有了自省，才能自己解剖自己，把身上的灰尘抖落在地，还一个干净、清洁的自我。

有了自省，就有了人生的栅栏。既不会被迷雾诱惑，也不会被香风熏倒。

有了自省，才能去伪存真，化堑为路，并不断使自己思想升华，情操净化。

有了自省，我们才会自醒，继而自立与自强！

朋友们，学会自省吧！它是你人生旅途中的一盏指路明灯！

可以很忙，但不能瞎忙

都市的快节奏，让置身其中的人忙得如陀螺般转。随便找个朋友，问他最近怎么样，其回答十有八九是一个字"忙"！

似乎"忙"已经成了都市人的常态。都市米贵，居住不易。暂时坐稳了房奴与还未做成房奴的人，整天疲于奔命。告别了房奴生涯的人，或许又是车奴、卡奴。纵然已经步入小康的人家，也丝毫不能有所怠懈，为了支付各种费用，很多人搞得自己就像那些蹬着小铁笼子不停转圈的小老鼠一样，无论蹬得多快，多卖力气，到了第二天早上醒来，发现自己依然困在笼子里。在忙忙碌碌中，生活被塞满了本不属于自己的东西，却不得不为其奔波。

我们可以很忙，但一定要忙得有价值。浑浑噩噩如没头苍蝇似的忙，除了证明活着外没有什么实际意义。我们最好能够知道，自己每天是为什么而忙碌。

一个没有目标的人，就像漂浮在海上一只无舵之船随波逐流，船不是触礁，就是搁浅，或者被卷入旋涡原地打转。浑浑噩噩地生活，是许多人陷入人生困局的原因之一——因为，假如你不知道你的方向，那么哪一种风对于你来说都可能是逆风。

在我们的生活中，路标处处可见。每一个路口，每一个街道拐角，路标都在提示着我们，我们到达了哪里，离我们的家、公司、学校还有多远。我们的生活中没有目标，就不可能使生活发生任何实质性的改变，也不可能采取任何步骤。如果一个人没有目标，就只能在人生的旅途上徘徊，永远到达不了目的地。

有了目标，成功只是时间问题

正如空气对于生命一样，目标对于成功也是绝对必要的。如果没有空气，就没有人能够生存；如果没有目标，也没有任何人能够成功。

维克多·弗兰克尔用事实最贴切地说明了"人不能没有目标地活着"的道理。

第二次世界大战期间，在越南行医的精神医科专家弗兰克尔不幸被俘，后来被投入了纳粹集中营。三年中他经历的极其可怕的集中营生活使他悟出了一个道理——人是为寻求意义而活着。在集中营里他与他的伙伴们被剥夺了一切——家庭、职业、财产、衣服、健康甚至人格。但弗兰克尔却不断地观察着丧失了一切的人们，同时思索着"人活着的目的"这个老生常谈的最透彻的意义。在此期间他曾几次险遭毒气和其他残害，然而他仍然不懈地客观地观察着、研究着集中营的看守与囚徒双方的行为。最终他完成《夜与雾》一书。

在此书中，弗兰克尔用极其真实、有力、生动的论据和论点简述了人活着的目的。此书对于世界上一切研究人的行为的学者来说，都是极有价值的。弗兰克尔的理论是在长期的客观观察中产生的，他观察的对象是那些每日每时都可能面临死亡，即所谓失去生命的人们。在亲身体验的囚徒生活中，他还发觉了弗洛伊德的错误，并且反驳了他。

弗洛伊德说："人只有在健康的时候，态度和行为才千差万别。而当人们争夺食物的时候，他们就露出了动物的本能，所以行为变得几乎无以区别。"而弗兰克尔却说："在集中营中我所见到的人，却完全与之相反。虽然所有的囚徒被抛入完全相同的环境中，有的人却消沉颓废下去，有的人如同圣人一般越站越高。"他还从实际中悟到，"当一个人确信自己存在的价值时，什么样的饥饿和拷打都能忍受"。而那些没有目的活着的人，都早早地毫无抵抗地死掉了。

在那充满死亡意味的集中营里，弗兰克尔的一位好友曾对他说："我对人生没有什么期待了。"弗兰克尔否定了这位朋友的悲观人生态度，鼓励他说："不是你向人生期待什么，是生命期待着你！什么是生命？它对每个人来说，是一种追求，是对自己生命的贡献。当然，怎样做才能有贡献？自己的追求是什么？每个人都不一样。而怎么回答这些问题是我们每个人自己的事情。"

有生命的地方就有希望。

有希望的地方就有梦想。

"有了清楚的梦想，加上反复地充实与描画，梦想就能变成目标。"目标经过细致认真的研究，对胜者来说，就可看成行动的计划。胜者认为，当目标完全融于自己的人生时，目标的达成就只剩下时间问题了。

勿虚度人生，过有目标的生活

平平安安地过日子是大部分人生活的目标。对此，只需付出每天过日子的必要精力就足够了。这种没目标的生活，不过是以看看电视而虚度生命。每晚时间在虚幻的悲喜剧、推理侦探故事、离奇怪诞影片等电视世界中消耗。夜幕一降，他们就习惯地坐到电视机旁，兴趣盎然地望着一个个画面。殊不知电视明星们正是瞄准了这些人而实现了自己的人生目标。

你有目标吗？如果没有，请静下心来，根据自己的兴趣、特长以及客观情况，为自己量身定做一个吧。在设定目标时，你需要注意以下几点事项：

首先，奋斗目标有高有低，专业面有宽有窄。在目标选择中是宽一点好，还是窄一点好呢？一般来说，专业面越窄，所需的力量就相对较少。也就是说，用相同的力量对不多的工作对象，专业面越窄的，其作用越大，其成功的概率越高。所以，职业生涯目标的专业面不要过宽，最好是选一个窄一点的题目，把全部身心力量投放进去，比较容易取得成功。如果专业面需要放宽，起码在开始的时候，要把专业面或主攻点定得较窄些。待突破了一点，取得了经验，积累了知识，再扩大专业面，这样容易成功。

其次，长短配合要恰当。生涯目标是长期的好呢，还是短期的好？简单地说，应该是长短结合。长期目标为人生指明了方向，可鼓舞斗志，防止短期行为。短期目标是实现长期目标的保证，没有短期目标，也就不会有长期目标。特别是在职业生涯发展过程中，通过短期目标的达成，能体验达到目标的成就感和乐趣，鼓舞自己为了取得更大的成就，而向更高的目标前进。

再次，就事业目标而论，同一时期目标不宜多。而应集中为一个。目标是追求的对象，你见过同时追逐五只兔子的猎手吗？别说五只，就是两只也追不过来，因为那几乎是不可能的事。有的人才高气盛，自认为高人一等，同时设下几个目标。那样的话，可能一只兔子也打不着，一个目标也实现不了。人生目标的追求，也好比人坐凳子一样，一个人同时想坐几个凳子，一会儿坐坐这个，一会儿坐坐那个，换来换去，一不小心，就会从凳子中间掉下去，其结果哪个凳子也没坐稳，也就是说一个目标也没实现。由此可见，要实现人生目标，成就一番事业，须把目标集中到一个焦点上。

当然，这不是说人不能设立多个目标，而是可以把它们分开设置。具体说，就是一个时期一个目标，拉开时间距离，实现一个目标后，再实现另一个目标。

此外，目标要明确具体。目标就像射击的靶子一样，清清楚楚地摆在那里。干什么，干到什么程度，要有明确具体的要求。比如，从事某一专业，学习哪些知识，达到什么程度，都要明确、具体地确定下来。如果目标含糊不清，就起不到目标的作用。如有人打算决心干一番事业，具体干什么，不知道，这就等于没有目标。自以为有目标，而没有明确的目标，不仅起不到目标的作用，还可能造成假象。投入了时间、精力和资金，却起不到实现目标的作用，十年过去了，还是一事无成。

最后，生涯目标要留有余地。要留有余地，就是要留有机动的时间，即便发生某些意外，也有时间和精力机动处理。实现目标的时间安排要从实际情况出发，不慌不忙，不急不躁。在工作的安排上不要刻板，要灵活机动。在要求不变的情况下，完成时间和做法可以调整变换。

向左走？向右走？

人生的"地图"上，处处是十字路口。每一个选择都是在为自己种下一颗命运的种子。一步走对了，又一步走对了，无数大大小小的选择走对了，你才能够品尝到成功的甘甜果实。

人的一生，只有一件事不能由自己选择——自己的出身。其他的一切，皆是由自己选择而来。

人生不过是一连串选择的过程，从你早上起来要穿哪一套衣服出门开始，你在选择；中午要去哪里吃饭，你又在选择；女孩子有众多的追求者，在考虑结婚的对象，到底是哪一位男士比较适合自己？要选择；男生找工作时要从多家大企业中选择。以上我所说的选择有大有小，但每日、每月所有的选择累积起来影响了你人生的结果。

一个选择对了，又一个选择对了，不断地做出正确的选择，到最后便产生了成功的结果。一个选择错了，又一个选择错了，不断地做出错误的选择，到最后便产生了失败的结果。若想有一个成功的人生，我们必须降低错误选择的概率，减少做错误选择的风险。这就必须预先明确你人生中想要的结果是什么，明确你人生想要的结果是什么——这本身又是一个选择。

什么样的选择决定什么样的生活。今天的生活是由三年前我们的选择决定的，而今天我们的选择将决定我们三年后的生活。我们要选择接触最新的信息，了解最新的趋势，从而更好地创造自己的未来。要知道，我们的人生只有三天：昨天、今天、明天。你的今天是你的昨天决定的，你的明天将由你的今天来决定。

在美国历史上享有极高声誉的林肯总统，非常重视人生中的选择。他曾说：所谓聪明的人，就在于他懂得如何去选择。林肯本人就是一个懂得如何选择的人，在南北战争一度处于劣势的时候，他仍坚定地选择了"为争取自由和废除奴隶制而斗争"的道路，终于成就了一番丰功伟业。

得益于选择了正确的道路而取得辉煌成就的人还有很多，如司马迁、鲁迅、比尔·盖茨。我们可以设想一下，假如司马迁在死刑和宫刑之间没有选择令男人最为耻辱的宫刑并含羞忍辱地活着，假如鲁迅舍不得放弃医学，假如比尔·盖茨选择了拿哈佛的镀金文凭……那些彪炳千秋的辉煌还会由他们来谱写吗？

种瓜得瓜，种豆得豆；人生成败，缘于选择。选择是如此重要，做出正确的选择又是如此困难：变数太大、诱惑太多、困难太强……然而正是因为做正确选择之难，才会有成功与失败的分野。伟大与平庸之间，常常只差一点点：选择。只有那些迎难而上的勇士与智者，才会从庸人当中脱颖而出。正如佛祖释迦牟尼所言：一部分人站在河那边，大部分人站在河这边跑上又跑下。那些在河这边跑上又跑下的人，像动物般被环境制约而不自知，这就仿佛一个人被关在某处，口袋里虽有钥匙，却不会用钥匙开门，因为他们不知道口袋里有钥匙。其实，上天在赋予人类和动物一样的生命和适应环境以求生存的本能之外，还多给了人类一把万能钥匙：运用智慧来选择行动的自由。人为"万物之灵"，"灵"就"灵"在人有别于其他生命——人具有自由选择的莫大潜能。

在自己擅长的领域寻找位置

从推着一辆木制手推车，在香港湾仔码头附近摆小摊，出售自制水饺，到身价上亿、名震亚洲的"水饺皇后"，臧健和走过了太多的艰辛，也经历了太多的不幸。她像我们所有人一样，也曾经是个普普通通的女人，但凭着自己的坚强意志与不断奋斗，她终于用自己的双手创造出了属于自己的奇迹。

1977 年深秋，32 岁的臧健和辞去了青岛的护士工作，带着两个女儿远赴泰国，投靠比她早去 3 年的丈夫和他的大家族。然而，到了泰国却发现丈夫听从重男轻女的婆婆的安排，在泰国又娶了一个妻子。

泰国允许一夫多妻，臧健和却不能容许，她带着两个女儿，去了香港。为了养活两个女儿，这位不懂粤语的弱女子几乎做遍了所有香港底层职业。在酒楼做杂工时，臧健和不幸被撞伤而导致腰骨断裂。

四处打工赚钱的日子再也不能过了，重伤痊愈后，臧健和的身体已经吃不消。为了女儿，为了生活，她带着家传的手艺，推着小车，走上了当时为香港交通枢纽的湾仔码头，卖起了她的"北京水饺"。但"北京水饺"只是一个泛称，随着生意的兴隆，有人提醒该给她的水饺取个名称，于是她在小推车"北京水饺"的上面加上了四个字：湾仔码头。

20 世纪的最后 20 年，可谓是香港的黄金时期，炒楼炒股，沸沸腾腾，就是想不发财都难。而这 20 年，也是臧健和从创业到成功的 20 年，可为什么在到处都是商机的香港，臧健和却一直紧抱着几元钱一袋饺子的小生意不肯放手呢？

这并非一种倔强的固执，而是臧健和在实践经验中的感悟。当20世纪香港房产股市风起云涌，一夜暴富者层出不穷时，臧健和也不是没想过在金融地产的财富之海中捞一笔。那些年里，她也买过股票，但并没有赚到什么。她买进的时候是80多港元，后来涨到100多港元，经纪人建议她抛，可她却觉得还是等一下再说，结果这一等，反而跌得惨不忍睹。

炒房她也尝试过，但似乎比炒股更不在行。臧健和第一次买楼是1983年，作为自住而购买的。住了11年，30万港元买进300万港元卖出，算是无意中赚了一笔。1994年底她投资买了一套豪华住宅，花了1500万港元，到1997年的时候它已经升到2500万港元了，但她因为种种原因没卖，结果金融风暴来了，楼价跌到地板。

经过无数次尝试，臧健和渐渐地明白了，既然她会包饺子，就要把包饺子当成自己的终身事业，把它做好，并且自己也有信心、有能力把它做好。别的呢，既然是办不好也想不明白的事，而且还会因分心而影响到自己的水饺生意，那就干脆不做，专心专意地包饺子。

明白了自己的正确选择后，臧健和就不再有任何其他的想法。后来，臧健和在给香港大学生讲课的时候告诉他们："要做自己擅长的事情，不要做自己不熟悉的东西。要做比较有把握的事情，但要敢担风险，因为这样的风险是你能承担的。"

一个人在选择自己的人生道路时，要考虑到自己的特长。聪明的人，总会去做自己擅长的事情。因为如果做我们不擅长的事情，就算我们再努力，顶多也就是不会被别人落下太远，但要想出人头地是很难的。而做我们擅长的事，则可以让我们有可能成为那个领域的精英。

连不知道自己多少岁的舟舟都能当优秀的音乐指挥，这说明我们每个人都有自己特有的天赋与专长。从这个意义上说，每一个人都可以称为天才。但只有少数人发现了自己的天赋，并把它充分发挥了出来，他们获得了成功，成为真正的天才。而大多数人直到垂垂暮年也没有发现自己真正适合做些什么。不难想象，每天有多少天才带着他们尚未演奏的人生乐章进入了坟墓！

"认识你自己。"这是在希腊圣城德尔斐神殿上镌刻的一句著名箴言。认识自己的难度远远超过认识世界。要想做成一番事业，我们就必须对自己有一个正确的认识，这是最起码的要求。发现自己的长处，对于我们选择什么样的道路具有重要的意义。这避免我们盲目地进入一个自己并不适合的领域，或者在一个并不具备任何优势的领域上浪费太多的时间。

金无足赤，人无完人。谁也无法在所有方面都超过别人。事实上，只要我们能够在某一个方面，甚至仅仅是某一个点上超过别人，就已经很了不起了。因此，我们需要做的并不是不断地弥补自己的短处，而是去悉心经营自己的长处。在自己最擅长的领域，找到一个最佳的位置，充分发挥自己所长，坚持不懈做下去，我们就一定能够有所突破、有所成就！

还等什么，现在行动起来

克里蒙·斯通是美国联合保险公司的创始人。斯通在谈到自己的创业历程时曾说："想成为富翁的人必须相信：自己的命运要由自己来决断，有了决断就必须马上付诸行动，只要你决定做什么事，就一定要有无论怎样都必须去完成的精神。"

"明天""下个礼拜""以后""将来某个时候"或"有一天"等，往往都是"永远做不到"。有很多好计划没有实现，原因在于应该说"我现在就去做，马上开始"的时候，你却说"我将来有一天会开始去做"。

例如：人人都认为储蓄是件好事，却不表示人人都会系统地按照储蓄计划去做。许多人都想要储蓄，但只有少数人才能真正做到。

以下是一对年轻夫妇的储蓄经过。毕先生夫妇每个月的收入是3000元，但每个月的开销也要3000元，收支刚好相抵。夫妇俩都很想储蓄，但是往往有一些理由使他们无法开始。如下的话他们说了好几年："加薪以后马上开始存钱""分期付款还清以后就要……""渡过这次难关以后就要……""下个月就要……""明年就要开始存钱"。最后太太刘兰不想再这样拖下去了。她对毕先生说："你好好想想看，到底要不要存钱？"他说："当然要啊！但是现在省不下来呀！"刘兰这一次下定了决心。她说："我们想要存钱已经想了好几年，由于一直认为省不下来才一直没有储蓄，从现在开始要认为我们可以储蓄。我今天看了一个广告说，如果每个月存1000元，15年以后就有18万元，外加6.6元的利息。广告又说：'先存钱，再花钱'比'先花钱，再存钱'容易得多。如果你想储蓄，就把薪水的 10% 存起来。就算要靠榨菜和稀饭过到月底，我们也要这么做。"

为了存钱，他们刚开始几个月当然吃了一些苦头；尽量节省，才留出这笔预算。现在，他们却觉得"存钱跟花钱一样好玩"。

如果有个电话应该打，可是自己总是一拖再拖。如果这时那句"现在就去做"从自己的潜意识里闪出："快打呀！"这时就应该立刻去打电话。

或者，把闹钟定在早上六点，可是当闹钟响起时，自己却睡意正浓，于是干脆把闹铃关掉，倒头再睡。如果这种情况继续下去，就会养成习惯。假使脑海中始终提醒自己"现在就去做"，这时就不得不立刻爬起来。

魏先生就因为养成了"现在就去做"的习惯而成为一个多产作家。他绝不让灵感白白溜走，想到一个新想法时，他立刻记下。这种事有时候会在半夜发生，这时魏先生会立刻开灯，拿起放在床边的纸笔飞快地记下来，然后再继续睡觉。

许多人都有拖延的习惯。因为拖拖拉拉耽误了火车、上班迟到，甚至错过可以改变自己一生的良机。

要记住："现在"就是行动的时候。

马上行动可以改变一个人的态度，使他由消极转为积极，使原先可能糟糕透顶的一天变成愉快的一天。

第 三 章

改变自己，插上一双智慧的翅膀

有一道脑筋急转弯题：

在一个充气不足的热气球上，载着 3 位关乎人类存亡的科学家。第一位是环保专家，他的研究可以让人类的生存环境免受污染。第二位是原子专家，他有能力防止全球发生核战争。第三位是粮食专家，他能让不毛之地长出粮食，让几千万人脱离饥荒。此刻热气球即将坠毁，必须得丢下一个人以减轻载重。请问，该丢下哪一位呢？

可以想象，无论要将哪一个"倒霉鬼"扔下去，都可以罗列出 N 条理由。而题目的标准答案很简单：将最胖的人丢出去。

一个人，他的"帽子"的价值，并不等于他的头脑的价值。没有智慧的头脑，就像没有蜡烛的灯笼。

馅饼可能就在陷阱上

有一家农户，圈养了几头猪。一天，主人忘记关圈门，便给了那几头猪逃跑的机会。经过几代以后，这些猪变得越来越凶悍以至开始威胁经过那里的行人。几位经验丰富的猎人闻听此事，很想为民除害捕获它们。但是，当这些猪开始靠自己的本领去生存后，已经逐渐变得聪明了。猪很狡猾，没有给猎人捕获的机会。

有一天，一个老猎手走进了村庄，声称自己可以帮乡民们抓"野猪"。乡民们一开始不相信。但是，两个月以后，老人回来告诉那个村子的村民，野猪已被他关在山顶上的围栏里了。

村民们很惊讶，问那个老人："是吗？真不可思议，你是怎么抓住它们的？"

老人解释说："第一天，我找到野猪经常出没的地方，挖了一小块低洼地，在空地中间放了一些新鲜的玉米，那些猪起初吓了一跳，最后还是好奇地跑过来，闻鲜玉米的味道。很快一头老野猪吃了第一口，其他野猪也跟着吃起来。这时我知道，我肯定能抓到它们了。

"第二天，我又多加了一点粮食，并在几尺远的地方竖起一块木板。那块木板像幽灵般暂时吓退了它们，但是那'白吃的午餐'很有诱惑力，所以不久它们又跑回来继续大吃起来。当时野猪并不知道它们已经是我的了。此后我要做的只是每天在低洼地的粮食周围多竖起几块木板，直到我的陷阱完成为止。

"然后，我挖了一个坑立起了第一根角桩。每次我加进一些角桩，它们就会远离一些时间，但最后都会再来吃'免费的午餐'。围栏造好了，陷阱的门也准备好了，而不劳而获的习惯使野猪毫无顾虑地走进围栏。这时我就出其不意地关紧陷阱的门，那些'白吃午餐'的猪就被我轻而易举地抓到了。"

人一旦变成上面这个故事中的"猪"一样贪恋"免费得到"，很快就会变成陷阱中的"猪"。很多人都知道天下没有"白吃的午餐"，但是大多数人依然在期待着快速致富的捷径；都明白努力才能有成果，但是却不愿体验辛苦的过程。虽然一分耕耘并不意味就一定会有一分收获，但没有耕耘一定是没有收获的。这个道理人人都懂，但是人的骨子深处老是有一种偷懒、取巧、贪婪与侥幸的心理，所以社会上诈骗案件永远不会绝迹，也永远会有人受骗上当。君不见，被一再曝光的手机短信中奖诈骗，至今仍有人上当受骗。为什么会这样？无非是以为"天下有免费的午餐"吃。还有路上有人捡钱要与你平分的低级骗术，居然也能蒙到不少人。不说捡钱私分是违背法律道德，光问你一句："别人捡到了钱为什么要那么热心地和你平分？"就不难看出其中的蹊跷。

馅饼与陷阱，不仅字形看上去非常相似，读音在一定程度上也有相似之处。要小心啊，别把陷阱看成了馅饼。

最短的路未必是最快的路

一位乘客上了出租车，并说出了自己的目的地。司机问："先生，是走最短的路，还是走最快的路？"乘客不解地问："最短的路，难道不是最快的路吗？"司机回答："当然不是。现在是上班高峰，最短的路交通拥挤，弄不好还要堵车，所以用的时间肯定要长。你要有急事，不妨绕一点道，多走些路，反而会早到。"

生活中有很多时候我们会遇到类似的问题，虽然条条大路通罗马，但最快的路不一定是最短的路，到达目的地最短的路可能会因某种原因使我们浪费更多的时间。

林肯曾经说过："我从来不为自己确定永远适用的原则。我只是在每一具体时刻争取做最合乎情况的事情。"英国大科学家、电话的发明者贝尔说："不要常常走人人去走的大路，有时另辟蹊径前往云林深处，那里会令你发现你从来没有见过的东西和景物。"

如果把一只蜻蜓放飞在一个房间里，它会拼命地飞向玻璃窗，但每次都碰到玻璃上，在上面挣扎好久恢复神志后，它会在房间里绕上一圈，然后仍然朝玻璃窗上飞去，当然，它还是"碰壁而回"。

其实，旁边的门是开着的，只因那边看起来没有这边亮，所以蜻蜓根本就不会朝门那儿飞。追求光明是多数生物的天性，它们不管遭受怎样的失败或挫折，总是坚决地寻求光明的方向。而当我们看见碰壁而回的蜻蜓的时候，应该从中悟出这样一个道理：有时，我们为了达到目的，选择一个看来较为遥远、较为无望的方向反而会更快地如愿以偿；相反，则会永远在尝试与失败之间兜圈子。

毫无疑问，人们都愿沐浴着和煦的微风，踏着轻快的步伐，踩着平坦的路面，这无疑是一种享受。相反，没有多少人乐意去走弯路，在一般人眼里弯路曲折艰险而又浪费时间。然而，人生的旅程中是弯路居多，山路弯弯，水路弯弯，人生之路亦弯弯，所以喜欢走直路的人要学会绕道而行。

学会绕道而行，迂回前进，适用于生活中的许多领域。比如当你用一种方法思考一个问题或做一件事情，遇到思路被堵塞之时，不妨另用他法，换个角度去思索，换种方法去重做，也许你就会茅塞顿开，豁然开朗，有种"山重水复疑无路，柳暗花明又一村"的感觉。

绕道而行，并不意味着你面对人生的困难而退却，也并不意味着放弃，而是在审时度势。绕道而行，不仅是一种生活方法，更是一种豁达和乐观的生活态度和理念。大路车多走小路，小路人多爬山坡，以豁达的心态面对生活，敢于和善于走自己的路，这样你永远不会是一个失败者，而是一个开拓创新者。

百折不回的精神虽然可嘉，但如果望见目标，而面前却是一片陡峭的山壁，没有可以攀缘的路径时，我们最好是换一个方向，绕道而行。为了达到目标，暂时走一走与理想相背驰的路，有时正是智慧的表现。

生气是自己惩罚自己

人生难免遇到不如意的事情。许多人遇到不如意的事时常常会生气：生怨气、生闷气、生闲气、生怒气。殊不知，生气，不但无助于问题的解决，反而会伤害感情，弄僵关系，使本来不如意的事更加不如意，犹如雪上加霜。更严重的是，生气极有害于身心健康，简直是自己"摧残"自己。

德国学者康德说："生气，是拿别人的错误惩罚自己。"古希腊学者伊索说："人需要平和，不要过度地生气，因为从愤怒中常会产生出对于易怒的人的重大灾祸来。"俄国作家托尔斯泰说："愤怒使别人遭殃，但受害最大的却是自己。"清末文人阎景铭先生写过一首《不气歌》，颇为幽默风趣：

> 他人气我我不气，我本无心他来气。
> 倘若生气中他计，气出病来无人替。
> 请来医生将病治，反说气病治非易。
> 气之危害太可惧，诚恐因气将命废。
> 我今尝过气中味，不气不气真不气！

生气既然不利于建立和谐的人际关系，也极有害于自己的身心健康，那么，我们就应当学会控制自己，尽量做到不生气，万一碰上生气的事，要提高心理承受能力，自己给自己"消气"。要学会息怒，要"提醒"和"警告"自己"万万不可生气"，"这事不值得生气"，使情绪得到缓冲，心理得到放松。

应把生气消灭在萌芽状态。要认识到容易生气是自己很大的不足和弱点，千万不可认为生气是"正直""坦率"的表现，甚至是值得炫耀的"豪放"。那样就会放纵自己，真有生不完的气，害人害己，遗患无穷。

与其生闷气，不如争口气

人生在世，有很多人们是无法选择的，比如：我们无法选择出生，但我们可以凭借我们的知识和能力，改变我们的未来；我们无法选择我们的外貌，但我们可以提升我们的内涵，提高我们的实力。很多事情是不期而至的，我们无法去选择它何时开始，但是我们可决定它的结果，这完全取决于你自己！

夯足底气，努力创造争气的条件，你才能够成功，才会有所成就。"生气"与"争气"虽然只是一字之差，人生态度却是大不相同：生气是做人上的失败，争气是做事上的成功。所谓人生态度，指的是一个人对于人生中各种事物的看法。态度虽然存在于心中，却会通过言行表露于外。一个人对于事物的看法，直接决定了他下一步所采取的行动。

有人说是习惯决定人生的胜负，因为行动很多时候来自习惯。那么，习惯又是从何而来的呢？也许有人会说是"养成的"。这个回答当然没有错，但还是答得太笼统。习惯是养成的，它植根于态度的土壤。什么样的态度"土壤"，生长出什么样的习惯之树；什么样的习惯之树，结出什么样的果。一个人若认为工作是为了不挨饿受冻而不得不做的苦差（态度），他是怎么也养不成爱岗敬业的习惯的。因为在他心里根本就没有一片适合这种习惯生长的土壤。而养不成爱岗敬业的习惯，他的职业生涯必定灰暗无边。要打破他灰暗的职业生涯，只有从心态入手。从习惯入手是没有效果的，因为没有适宜心态的支撑，习惯始终是无根之木。

无论是做人也好，做事也罢，最关键的是态度。童第周的故事我们大家想必都知道，在小学时有一篇课文叫《一定要争气》，讲的就是他的故事。科学家童第周在 28 岁那年，到比利时去留学，师从一位在欧洲很有名气的生物学教授学习。一起学习的还有别的国家的学生。由于旧中国贫穷落后，在世界上没有地位，外国学生非常瞧不起中国学生，经常讥笑与蔑视童第周。童第周暗暗下了决心：一定要为中国人争气。

几年来，童第周的教授一直在做一项难度很大的实验，但做了几年也没有成功。童第周不声不响地刻苦钻研，反复实践，终于成功了。那位教授兴奋地说："童第周真行！"这件事震动了欧洲的生物学界，也为中国人争了气。

人人生而平等，为什么你外国人要瞧不起我中国人？童第周要生气还似乎真的有生气的理由。但生气有什么作用？生气仅仅是一种情绪化的表现而已，仅仅停留在口头或拳头之上。但争气是一种实实在在的行动反击。争气不是说有就有的，要靠努力才可以实现。争气值得喝彩，争气值得鼓励，争气值得学习。总之，生气是一种消极的发泄。争气是一种积极的作为。

当你的态度改变后，一切都会发生变化。同样一句话，有的人会因为这句话而受到激励，然后奋发向上，成就一生，这就是争气。这样的例子真是太多了。而有的人却因为这句话受到刺激，怒发冲冠，从而坏了正事。人要争气，不可以生气。人有七情六欲，难免会有喜怒哀乐，忍一时海阔天空；人生起伏高低，难免有高潮低潮，争口气则时运济济。人要争一口气，千万不要生闷气！

我们为什么不想想如果我们自己足够优秀，别人还会对你冷眼嘲讽吗？所以，碰上生气时最好的应对办法就是自己争气，去做得更好，在人格上、在知识上、在智慧上、在实力上使自己加倍成长，变得更加强大，许多问题就会迎刃而解。

淹死的大多是游泳的高手

在这个世界上，处境最糟糕的往往不是那些没有半点本事之人。反倒是那些有点本事的人，更容易失足跌入深渊。这就像"旱鸭子"不易淹死，因为他总是离水远远的。而水性好的人，喜欢炫耀自己的水性，或者因为水性好而疏忽大意，结果"淹死的都是游泳好手"。

因此，在《管子·枢言》中，管子认为："人之自失也，以其所长者也。故善游者死于梁池，善射者死于中野。"梁池是指桥下水流湍急处。善游泳的自恃游泳技术高超，无惧险境，结果被卷入旋涡中死去。善射的自恃箭术精准，老在野外射鸟兽，结果被猛兽所害。这就是人的"失"为什么来自长处的道理。

在泰国有不少酷爱蛇、以耍蛇为生的人，34 岁的布阿奇（音译）就是其中最为著名的表演者之一，他曾经创造过与蛇同居时间最长的吉尼斯世界纪录，被许多人誉为"蛇王"。然而，正是这位天天与蛇打交道的蛇王，却在 2004 年 3 月的一次日常表演中，被眼镜蛇意外地咬伤致死。布阿奇在很普通的表演中，被自己的眼镜蛇咬了一口。一般人被眼镜蛇咬伤后，肯定会采取必要的绑扎以及放血措施后，在第一时间里到医院进行治疗。作为一代蛇王的布阿奇却"艺高胆大"。

布阿奇玩蛇十多年来，遭各种蛇咬伤 400 余次。第一次被咬伤后他没有去医院，结果伤口在几天后痊愈。以后他又多次遭蛇咬伤，最惨的一次是两天内遭 6 条蛇咬伤，使他昏迷不醒，送到医院急救并躺了一个月。最惊险的一次是他曾被眼镜蛇咬到头部，医院宣布了他的死亡，但几天后亲友把他的遗体运往庙宇准备火化时，他的身体突然开始活动，然后经过一番治疗，又奇迹般地起死回生，恢复了健康。

布阿奇虽然逃过了一次次危险，但在一次普通的表演中，一条平时比较听话的眼镜蛇突然朝布阿奇猛咬一口，蛇将他的生命定格在34岁，一个风华正茂的年龄。耍蛇者终于死于蛇，再次为"善游者死于梁池，善射者死于中野"这句睿智的名言做了一个有力的注脚。

该糊涂的时候就糊涂一点

人们常说：傻人有傻命。为什么呢？因为人们一般懒得和傻人计较——和傻人计较的话自己岂不也成了傻人？也不屑和傻人争夺什么——赢了傻人也不是一件什么光彩的事情。相反，为了显示自己比傻人要高明，人们往往乐意关照傻人。因此，傻人也就有了好命。

和傻人相对应的是聪明人。大多数人都想给自己建立一个聪明人的形象，唯恐别人不知道自己聪明，便处处表现自己的聪明。这种唯恐天下人不知道自己聪明的人，只能算是一个精明人。就像那些处处拿钱炫耀的人，再有钱也只能叫暴发户而不能称为贵族。

精明人因为精明，对身边有利害关系的人总是有一种潜在的威胁。人们时时提防他，处处打压他。明代政治家吕坤以他丰富的阅历和对历史人生的深刻洞察，在《呻吟语》中说了一段十分精辟的话："精明也好十分，只需藏在浑厚里作用。古今得祸，精明人十居其九，未有浑厚而得祸。今之人唯恐精明不至，乃所以为愚也。"《红楼梦》中的王熙凤，不可谓不精明，结果是机关算尽反误了卿卿性命！

真正的聪明人在适当的时候会装装傻。明朝时，况钟从郎中一职转任苏州知府。新官上任，况钟并没有急着烧所谓的三把火。他假装对政务一窍不通，凡事问这问那，瞻前顾后。府里的小吏手里拿着公文，围在况钟身边请他批示，况钟佯装不知所措，低声询问小吏如何批示为好，并一切听从下属们的意见行事。这样一来，一些官吏乐得手舞足蹈，都说碰上了一个傻上司。过了三天，况钟召集知府全部官员开会。会上，况钟一改往日愚笨懦弱之态，大声责骂几个官吏：某某事可行，你却阻止我；某某事不可行，你又怂恿我。骂过之后，况钟命左右将几个奸佞官吏捆绑起来一顿狠揍，之后将他们逐出府门。

还有一个著名的装傻高手，叫李忱。他的装傻不但保全了自己的性命，还因傻而坐上了龙椅。李忱是唐朝第十一位皇帝（不计武则天）唐宪宗的第十三子，因为自幼笨拙木讷，在皇子当中非常不起眼。长大后，李忱更是沉默寡言，形似智障者。因为他与九五之尊的形象相差太远，所以在一次又一次权力倾轧的刀光剑影中安然无恙。

命运在李忱36岁那一年来了一个华丽的转身。会昌六年（846年），唐朝的第十五位皇帝唐武宗因为食方士炼的所谓仙丹而暴毙。国不可一日无主，谁来继任皇帝呢？当时，朝廷里宦官的势力很强，这些宦官们为了能够继续独揽朝政、享受荣华富贵，首先想到的就是找一个容易控制的人上台。他们斟酌来斟酌去，发现有点"智障"的李忱是最好的人选。于是，身为三朝皇叔的李忱被迎回皇宫，黄袍加身。

居心不良的宦官们算盘打得很好。但他们显然低估了李忱的能耐。李忱登基后，将专权的宦官们一一清理，并勤勉治国，使暮气沉沉的晚唐呈现出"中兴"的局面，以至于被后人称之为"小太宗"。

精明人成功起来的确会难一些。你的对手会因为你的精明而时时琢磨着你、防备着你，甚至于反过来用更加精明的方法来算计你。就是和你在同一个阵营中的人，也往往因为觉得你有不错的资质，对你的期望过高。显然，过高的期望一旦落空，失望也同样是"过高"的。

——如此看来，人还是傻一点好。不够傻的话，就装装傻吧。

装傻，看似愚笨，实则聪明。人立身处世，不矜功自夸，可以很好地保护自己，即所谓"藏巧守拙，用晦如明"。不过，人人都想表现聪明，装傻似乎是很难的。这需要有傻的胸怀风度。《菜根谭》说："鹰立如睡，虎行似病。"也就是说老鹰站在那里像睡着了，老虎走路时像有病的模样，这就是它们准备捕捉猎物前的手段，所以一个真正具有才德的人要做到不炫耀，不显才华，这样才能很好地保护自己。

装傻还需要出色的表演才能：拿出来表演的，是为了愚人耳目，真功夫却不可告人。或者装疯，或者装哑，或者装傻，或者装不知道。宗旨只有一个，那就是掩藏真实目的；要求也只有一个，即逼真，使旁观者深信不疑。

既是演戏，除了演技之外，最重要的是自信。自信自己会成功，自信自己确能愚人耳目，自信自己演技胜人一筹。这样，演起戏来才会面不改色心不跳，沉着冷静，应付自如，仿佛完全进入角色。

有一种明白叫看淡得失

　　谁都想做个明白人，然而人生的纷繁、人性的复杂，使人不可能在有限的时间里洞明世界的全部内涵。于是便有人唱了："雾里看花水中望月，你能分辨这变幻莫测的世界？涛走云飞花开花谢，你能把握这摇曳多姿的季节？"并请求"借我借我一双慧眼吧，让我把这纷扰看得清清楚楚明明白白真真切切！"

　　谁能借你一双慧眼呢？这个世界本来就是交织的、混沌的，你越是想看清，就越会发现自己看不清。看不清却偏要去看、去较真、去过细，结果徒生诸多烦恼。于是有聪明人就提出来了：既然看不清，那我们就不去较真，干脆糊涂一点吧。

　　一个刚上大学的孩子，新买的成箱方便面老是被室友图方便"帮忙"吃掉一些，有些是当面问他要的，有些是背后拿走了。这个孩子是一个明白人，当他发现自己在成箱地买方便面会吃亏后，就采取了零买的方式：要吃时才去买一包，买回马上就吃。他的"明白"让他不再糊里糊涂里损失方便面，但他也是有不少损失的：他得三天两头地往商店跑，不管是刮风还是下雨；当室友们围着一包零食在"众乐乐"时，他却不再好意思分享……有一天，这个孩子终于明白了：就算自己每天损失一包方便面，一个月也就损失30元钱，而他为了堵住这30元/月的损失所付出的代价远远不止这些。一明白到这个层次，他就糊涂了，从此一箱一箱地买方便面，也不再计算与计较一箱方便面自己到底吃了多少。这个孩子后来说，他因此而得到的融洽、安乐的价值，要远远大于那些方便面。

　　就像上面提到的孩子一样，人一旦真正明白，就糊涂了；而糊涂之后，和身边的环境就和谐了。糊涂有如一挑纸灯笼，明白是其中燃烧的灯火。灯亮着，灯笼也亮着，便好照路；灯熄了，它也就如同深夜一般漆黑。灯笼之所以需要用纸罩在四周，只是因为灯火虽然明亮但过于孱弱，还容易灼伤他人与自己，因此需要适当地用纸隔离，这样既保护了灯火也保护了自己和别人。明白也需要糊涂来隔离。给明白穿上糊涂的外套，既需要处世的智慧，又需要处世的勇气。很多人一事无成，痛苦烦恼，就是自认为自己很明白，缺乏"装糊涂"的明白与勇气。

古往今来，无数圣贤智者在参悟人生后，都发现了糊涂的影子。孔子发现了，取名"中庸"；老子发现了，取名"无为"；庄子发现了，取名"逍遥"；释迦牟尼看见了，取名"忘我"；墨子看见了，取名"非攻"；东晋诗人陶渊明在东篱采菊时也发现了，但他提起笔时却又忘记了——他也真够糊涂的，只好语焉不详地说"此中有真意，欲辩已忘言"……直到清代，才由名士郑板桥振臂一呼，呼啦啦地擎起一面"糊涂"大旗，高声地宣称："难得糊涂！"

糊涂之难得，就在于搞明白它太难。糊涂是明白的升华，是心中有数却不动声色的涵养，是超脱物外、不累尘世的气度，是行云流水、悠然自得的潇洒，是整体把握、抓大放小的运筹，是甘居下风、谦让阔达的胸怀，是百忍成金、化险为夷的韬略。其实糊涂者哪里是真的糊涂，他们只是因为看清了、看透了，明白与清醒到了极致，在俗人的眼里才成了糊涂而已。

因为心中太明白了，明白自己不能处处明白，于是就装糊涂了。从揣着明白装糊涂，到懒得追究真假糊涂，这才算达到了糊涂的最高境界。这种真糊涂，其实也是一种大明白。

有一种明白叫糊涂！一个人越早明白糊涂于人生的意义，就越会早早坐上开往春天的列车。而这种明白，就像饱尝"春运购票难"

的人坐上列车，而列车开动的那一刻才会有的感慨。

　　然而，在我们身边，总是能见到一些自以为自己很明白的人。一点小的瑕疵逃不过他的眼睛，一句随意的话他也能解读出其中的各种深意，一点小小往事都能让他念念不忘……这些所谓的明白人"明白"得让与之打交道的人或小心翼翼，或敬而远之。

　　世界绝不完美，人性总有弱点，要那么明白作甚！一定要明白的话，不妨做到真明白：明白领导是因为摆官架子才教训了你一顿，明白朋友是因为爱面子才给你许了一个空口诺言，明白妻子是因为爱美才多花了三五百，明白孩子不过是因为不小心打了一个碗……人一旦真明白了，就开始糊涂了，觉得根本就没有多大值得计较的意义。而主动糊涂之后，自己身边的环境竟然自己变得和谐了。

做人要常怀仁爱之心

也许有人会以为，只要有一个聪明的头脑，学到足够的文化知识，人生就会步入坦途。实则不然，一个人要想使自己的聪明才智得到最大限度的发挥，还必须学会宽厚和仁爱，只有这样，才能得到尽可能多的人气，从而为自己的发展扫平障碍。

人际关系的黄金法则是：你如何对待别人，别人也会采取同样的方式对待你。爱人者，人恒爱。如果一个人真诚地关爱别人，就能得到别人真诚的爱。做人要有仁爱之心，正像一首歌词所唱的那样："只要人人都献出一点爱，这世界将变成美好的人间。"

"仁爱"是人类社会的精髓。先哲孔子是一个毕生宣扬"仁爱"精神的一个人。对于"仁"的定义，他认为"仁"即"爱人"，并提出了"己所不欲，勿施于人"，"己欲立而立人，己欲达而达人"的"忠恕"之道。儒家思想长期占据我国历史的统治地位，仁爱是儒家思想的主要内容，仁爱思想被历代贤哲智士不断弘扬光大。仁爱也是和谐社会的重要思想基础。仁爱讲究奉献，不求索取；仁爱提倡扶危济困，尊老爱幼。仁爱作为一种做人的美德，成为古今中外各界人士所崇尚的行为。

子曰："唯仁者，能好人，能恶人。"只有具有仁爱之心，才可以正确地判断，怎么样做才是真正地对人好，怎么样做其实是害人。

对人好者，人亦回报其以好。清代著名的晋商乔致庸之所以能成为一个成功的商人，一个重要原因就是他有一颗仁爱之心。乔致庸以天下之利为利，开票号实现汇通天下的目标，不是为了自己发大财，而是为了方便天下商人。开拓武夷山茶路不仅是为了自己发财，更多的是考虑如何解除广大茶农的生活之困。当有人出高价收购他经营的茶市时，他毅然撤出，这是一般的商人很难做到的。在乔家门前，常年拴着三头牛，谁家要用，只需招呼一声，便可牵去用一天；每年春节前夕，乔家大门洞开，乔致庸会拉出一扇板车，满载米、面、肉，谁家想要，只要站在门口招招手，便可随意取去。乔致庸就是凭着一颗仁爱之心，凝聚了一大批铁杆伙计，他虽然多次历经灾难，几乎家破人亡，但这些伙计却鼎力相救，一次次使他转危为安、化险为夷，没有伙计在危难时刻离他而去。这全是仁爱之心使然。大灾之年，他开粥棚救济十万灾民，家人与灾民同锅喝粥，为了支撑粥棚几乎倾家荡产。

而对人害者，人亦报以其害。《乔家大院》里的祁县何家，因经营烟馆生意，赚了不少钱，但做的是缺德事，害的是老百姓，因此不得好报。何家少爷也因长期抽鸦片毁坏了身体，疾病缠身，不能过正常人的生活，花了大笔银子娶回江雪英不久便一命呜呼，万贯家财尽落他人之手，得到了应有的报应。

懂得舍弃，才能得到

人生苦短，要想获得越多，就得舍弃越多。那些什么都不舍弃的人，是不可能获得他们想要的东西的，其结果必然是对自身生命最大的舍弃，让自己的一生永远处于碌碌无为之中。

有位记者曾经采访过一位事业上颇为成功的女士，请教她成功的秘诀，她的回答是："舍得。"她用她的亲身经历对此做了最具体生动的诠释：为了获得事业成功，她舍弃了很多很多：优裕的城市生活、舒适的工作环境、数不清的假日……

有时，当提议朋友们一起聚会或集体旅游时，我们常常会听到朋友类似的抱怨：唉，有时间时没钱，有钱时又没有时间。其实，人生是不存在一种很完美的状态的，你只能在目前的情况与条件下做出你自己的决定。选择不能拖延，当你想着等待更好的条件时，也许你已经错过了选择的机会。

该放弃时一定要放弃，不放下你手中的东西，你又怎么会拿起另外的东西呢？

天道酬勤，造物主不会让一个人把所有的好事都占全。鱼与熊掌不可兼得，有所得必有所失。从这个意义上说，任何获得都是以舍弃为代价的。人生苦短，要想获得越多，自然就必须舍弃越多。不懂得舍弃的人往往不幸。曾听朋友说起过他们单位的一个女人的故事，其人年逾不惑仍待字闺中。不是她不想结婚，也不是她条件不好，错过幸福的原因恰恰在于她想获得太多的幸福，或者说，她什么也不肯舍弃：对于平平者她不屑一顾；有才无貌者她也看不上眼；等到才貌双全了，悬殊的地位又使个人的自尊心受到极大的刺痛……有没有她理想中的白马王子呢？也许有，但我猜想，那一定是在天上而不在人间。

每一次默默地舍弃，舍弃某个心仪已久却无缘分的朋友，舍弃某种投入却无收获的事，舍弃某种心灵的期望，舍弃某种思想，这时就会生出伤感，然而这种伤感并不妨碍我们去重新开始，在新的时空内将音乐重听一遍，将故事再说一遍！因为这是一种自然的告别与舍弃，它富有超脱精神，因而伤感得美丽！

再说，有些东西，其实是我们想留也留不住的。比如爱情，它来得有时候会很快。走得有时候也会很快。在网上，看到一篇发人深省的文章。文中的女人说："很想离开他，但每次都舍不得。"两个人一起的日子久了，要分手也不是一次就可以分得开的。明明下定决心跟他分手，分开之后，却又舍不得，两个人就复合了。复合了一段时间，还是受不了他，这一次，真的下定决心要分手了。分开之后，又舍不得。一个月之后，两个人又再走在一起。

女人悲观地说："难道就这样过一辈子？"

请相信我，终于有一次，她会舍得。

舍不得他，是因为舍不得过去。和他一起曾经有过很快乐的日子，虽然现在比不上从前，但是他曾经那么好。离开之后又回去，因为舍不得从前。每一次吵架之后，都用从前那段快乐的日子来原谅他。然而，快乐的回忆也有用完的一天。有一天，女人不得不承认那些美好的日子已经永远过去了，不能再用来原谅他。这个时候，你会舍得。

有道是："爱到尽头，覆水难收。"当爱远走，无论它是发生在自己或者对方身上，舍得都是唯一的出路。如果因为无法放弃曾经有过的美好，无法放下曾经拥有的执着而舍不得。除非是殚精竭虑、心灰意冷、彻底绝望，心中已经不再有灿烂的火花，甚至连那些燃烧过后的草木灰也没有了一点温度。这种时候，想不淡漠都难。有一天当发现对于过去的一切你都不再在乎，它们对你都变得无所谓的时候，这段爱肯定也就消失了。如果你真的珍惜那份感情，不如舍得放手。这样还保留了那份美好的情感不至于遍体鳞伤。舍得的本意，是珍惜；放手的真义，是爱惜。爱情是如此，其他的又何尝不是这样呢？休别鱼多处，莫恋浅滩头，去时终需去，再三留不住。如果你真的在乎，就大方一点，舍得一些。

第 四 章

奋斗路上，让友谊之花伴你前行

朋友是把关怀放在心里，把关注藏在眼底。

朋友是想起时平添喜悦，忆起时更多温柔。

朋友的可贵不是因为曾一同走过的岁月，朋友的难得是分别以后依然会时时想起，依然能记得：你是我的朋友。

朋友不一定常常联系，但也不会忘记，每次偶尔念起，感觉还是那么温暖、那么亲切、那么柔情。

我们可以失去很多，但不能失去的是朋友。朋友也许并不能成为一段永恒，只是你生命中某段时间的一个过客，但因为这份缘起缘灭，更让生命变得美丽起来，朋友的情感变得更加生动和珍贵。

近朱者赤，近墨者黑

美国有句谚语说："和傻瓜生活，整天吃吃喝喝；和智者生活，时时勤于思考。"一个人结交朋友，拓展人际关系，带给他的绝对不仅仅是牵线搭桥或关键时候的出手相助那么简单直接。事实上，朋友还能决定你的眼光、品位、能力等内在的东西。朋友的影响力非常大，可以潜移默化地影响一个人的一生。身边朋友的言行，如滴水穿石般地影响着你的思路、眼光、做人的方式与做事的方法。

《聊斋志异》里有个河间生的故事，说的是河间生不务正业，交了个狐狸精做朋友。狐狸精天天带他去吃喝玩乐。一次，他和狐狸精下楼任意取酒客的酒食，唯独对一个穿红衣的人避得远远的。河间生问狐狸精："为什么不去取红衣人的酒食？"狐狸精说："这个人很正派，我不敢接近他。"于是，河间生恍然大悟，他想：狐狸精和我交朋友，一定是我走上邪道了，今后必须得正派才是。他才一转念，狐狸精就跑掉了。

以上故事生动地说明了选择正派的人交朋友的重要性。俗语说"近朱者赤，近墨者黑"，就是这个意思。朝夕相处，形影不离的好朋友，一定会在思想、言论、行动和各方面相互影响，这种耳濡目染的力量是决不能低估的。所以，一个人择友一定要在"良"字上下功夫。

当然，"金无足赤，人无完人"，我们选择的朋友，尽管会有这样那样的不足，但品行必须是好的。他能与你坦诚相处，这种真诚待人的朋友称之为"挚友"，道义上能互相勉励，当你有了过错能严肃规劝你，这种能指出你过错的朋友又称为"诤友"，这种能使你对真、善、美的事物更加向往，使你变得更高尚，更富有智慧的朋友，就是你应当寻求的，并使你终身受益的"良友"。与这样的朋友建立起真挚的友谊，往往成为你通往成功道路上前进的动力。

一个人结交了卓越人士，便能见贤思齐；反之，若结交龌龊之徒，自己难免同流合污。一如前面所述，人类往往近朱者赤，近墨者黑。

当然，这里所谓的"卓越人士"，并非是指家世显赫、地位超绝的人，而是指有内涵、让世人所称道的人物。"卓越人士"大体上可分为以下两大类型：一是指处于社会主导地位的人们；二是指那些有着特殊才华的人们，如对社会有杰出贡献的人、才能特殊的人或是知识渊博的学者、才华横溢的艺术家等。此种杰出绝非凭一个人的喜好所界定，而需经由社会上的认同方可获得。

我们与优秀的人交往总是会使自己也变得优秀。优秀的品格通过优秀的人的影响四处扩散。东方寓言中散发着浓郁芳香的土地说："我本是块普通的土地，只是我这里种植了玫瑰。"就是这个道理。

如果年轻人受到良好的影响和明智的指导，小心谨慎地运用自己的自由意志，他们就会在社会中寻找那些强于自己的人作为自己的榜样，努力地去模仿他们。与优秀的人交往，就会从中吸取营养，使自己得到长足的发展；相反，如果与恶人为伴，那么自己必定遭殃。社会中有一些受人爱戴、尊敬和崇拜的人，也有一些被人瞧不起、人们唯恐避之不及的人。与品格高尚的人生活在一起，你会感到自己也在其中得到了升华，自己的心灵也被他们照亮。

"与豺狼生活在一起，"一句西班牙谚语说，"你也将学会嗥叫。"即使是和平庸的、自私的人交往，也可能是危害极大的，可能会让人感到生活单调、乏味，形成保守、自私的精神风貌，不利于勇敢刚毅、胸襟开阔的品格的形成。你很快就会心胸狭隘，目光短浅，原则性丧失，遇事优柔寡断，安于现状，不思进取。这种精神状况对于想有所作为或真正优秀的人来说是致命的。

　　相反地，与那些比自己聪明、优秀和经验丰富的人交往，我们或多或少会受到感染和鼓舞，增加生活阅历。我们可以根据他们的生活状况改进自己的生活状况，我们可以通过他们开阔视野，从他们的经历中受益，不仅可以从他们的成功中学到经验，而且可以从他们的失败教训中得到启发。如果他们比自己强大，我们可以从中得到力量。因此，与那些聪明而又精力充沛的人交往，总会对品格的形成产生有益的影响——增长自己的才干，提高分析和解决问题的能力，改进自己的奋斗目标，在日常事务中更加敏捷和老练。

时间是检验友谊的良药

交友不慎，多缘于没看清"朋友"的真面目。所以，常有被朋友害惨了的人气愤地诉说："我当时真是瞎眼了!"

看人是一门很高深的学问，据说曾国藩从来人的走路方式和表情，就可判定这个人的性情。如果你也有这种功夫，那么就不会怕碰上心术不正的"坏人"了，不过那种看人的功夫需要"高深的修行"，并不是人人都可以练就那种火眼金睛。可是我们每天都要和许多不同性情的人共事、交往、合作，对"看人"没有一点研究怎么行?

曾国藩看人是否准，这个问题我们暂且不谈。不过你千万别把书上看来的那一套面相学搬到现实生活中使用，因为这会使你看错人，把好人当成坏人，或是把坏人看成好人。把好人看成坏人就已经错了，但把坏人看成好人，那就是错上加错了!

那么我们应如何看人呢?

1. 用"时间"来看人

所谓用"时间"来看人，是指长期观察，而不是在见面之初就对一个人的好坏下结论。因为太快下结论，会因你个人的好恶而发生偏差，影响你们的交往。另外，人为了生存和利益，大部分都会戴着假面具，和你见面时便把假面具戴上，这是一种有意识的行为。这些假面具有可能只为你而戴，而演的正是你喜欢的角色，如果你据此判断一个人的好坏，并进而决定和他交往的程度，那就有可能吃亏上当。用"时间"来看人，就是在初见面后，不管你和他是"一见如故"还是"话不投机"，都要保留一些空间，而且不掺杂主观好恶的感情因素，然后冷静地观察一段时间对方的作为。

一般来说，人再怎么隐藏本性，终究还是要露出真正面目的，因为戴面具是有意识的行为，久了自己也会觉得累，时间长了在不知不觉中会将假面具拿下来，就像前台演员，一到后台便把面具拿下来那般。面具一拿下来，真性情就出现了。可是他绝对不会想到你在一旁冷静地观察他。

用"时间"来看人，你的同事、你的伙伴、你的朋友，一个个都会"现出原形"。你不必去揭下他的假面具，他自己会揭下来向你呈现真面目。

所谓"路遥知马力，日久见人心"，用"时间"来看人，正暗合了上述谚语。

一般用"时间"特别容易看出以下几种人：

——不诚恳的人。因为他不诚恳，所以会先热后冷，先密后疏，用"时间"来看，可以看出这种变化。

——说谎的人。这种人常常要不断用谎话去圆前面所说的谎言，而谎言说久了，就会露出首尾不能兼顾的破绽，而"时间"正是检验这些谎言的利器。

——言行不一的人。这种人说的和做的是两回事，但时间一长，便可发现他的言行不一。

事实上，用"时间"可以看出任何类型的人，包括小人和君子。

至于多久的时间才能看出一个人的真性情，这没有一定的标准，完全因情况而异，也就是说，有人可能第二天就被你识破，有人两三年了却还"云深不知处"，让你摸不清楚。因此在陌生的异乡与陌生的人交往，千万别一头热，宁可后退几步，给自己一些时间来观察，这是最起码的保护自己的方法。

2. 用"打听"来看人

用"时间"来看人固然有其可靠之处，但有时也会缓不济急——明明过几天就要决定和某个人合作，可是又不知其为人如何，用"时间"来进行观察，哪能行啊？

碰到这种情形，有人完全凭直觉，认为好就是好，不好就是不好。

关于直觉，有的人相当准确，这是一种很微妙的心灵现象，很难去解释，不过还是劝你少用"直觉"去看人，哪怕你过去的直觉经验是准确的——过去的经验准确并不代表以后每次也都很准确。因为人的生理、心理状况会受到当时环境的影响，有可能你的直觉受到了干扰，在这种情况之下若还依赖直觉，那是很危险的。

比较可靠的办法是——向各方打听打听。

人总是要和其他人交往，同时本性也会暴露在不相干的第三者面前。也就是说，他不一定认识这第三者，可是第三者却知道他的存在，并且观察了他的思想和行为。人再怎么戴假面具，在没有舞台和对手的时候，这假面具总是要拿下来的，所以很多人就看到了他的真面目；而当他和别人交往、合作时，别人也会对他留下各种不同的印象。因此你可向不同的人打听，打听他的为人、做事和思想。每个人的答案都会有出入，这是因为各人好恶有所不同的原因。你可把这些打听来的信息汇集在一起，找出交集最多的地方和次多的地方，就可以大概了解这个人的真性情，而交集最多的地方，差不多也就是这个人性格的主要特色了——如果十个人中有九个说他"坏"，那么你就要小心了；如果十个人中有九个说他"好"，那么和他往来应该不会有大问题。

不过打听也要看对象，向他的密友打听，你听到的当然都是好话；同他的"敌人"打听，你听到的当然坏话较多。最好能多问一些与之无利害关系的人，他的朋友、同事、同学、邻居，谁都可以问，重要的是，要把问到的情况综合起来分析，不可光听某个人的话。

当然，打听也要有技巧，问得太直白，会引起对方的戒心，不会告诉你真话，最好用聊天的方式，并且拐弯抹角地问。这种技巧需要磨炼。

此外，你也可以看看对方交往的都是哪些人。

人们常说"物以类聚，人以群分"，意思是什么样的人就喜欢和什么样的人在一起，因为他们价值观相近才相处得起来。一般来说性情耿直的人就和投机取巧的人合不来，喜欢酒色财气的人也绝对不会跟自律甚严的人成为好友。观察一个人的交友情况，大概就可以知道这个人的性情了。除了交友情况，也可以打听他在家里的情形，看他对待父母如何，对待兄弟姊妹如何，对待邻人又如何。如果你得到的是负面的答案，那么这个人你必须小心，因为对待自家人都不好了，他怎可能对你好呢? 若对你好，绝对是另有所图。

如果他已结婚生子，那么也可看他对待妻子儿女如何，对待妻子儿女若不好，这种人也必须提防。若你观察的是女孩子，也可看她对待先生和孩子的态度，这些道理都是相通的。

3. 用"投其所好"来看人

看人的窍门很多，也不是人人能懂，但有一则《伊索寓言》里的故事却很值得参考。故事是这样的:

有一个王子养了几只猴子，他训练它们跳舞，并给它们穿上华丽的衣服，戴上人脸的面具。当它们跳起舞来时，逼真精彩得像人在跳舞一样。有一天，王子让这些猴子跳舞，供朝臣们观赏，猴子的精彩演出获得满堂的掌声。可是其中有一位朝臣故意恶作剧，丢了一把坚果到舞台上去。这些猴子看见了坚果，纷纷揭掉面具，抢食坚果，结果一场精彩的猴舞就在朝臣的嘲笑中结束。

这一则寓言说明了猴子的本性并不因为学习舞蹈和戴上面具而改变，猴子就是猴子，看到坚果就原形毕露。

如果把人比成这故事中的猴子，人不是也戴着假面具在人生的舞台上表演吗？因此小人戴上面具，会让你误以为是君子；恶人戴上面具，会让你误以为是善人；好色之徒戴上面具，会让你误以为是柳下惠。真是令人防不胜防！

我们为人处世，虽然要求不害人，但防人之心却不能没有，因此识破假面具的功夫也就不能不学习一些了。我们不妨用前述寓言中的道理来看人，那就是——投其所好！

猴子不改其好吃坚果的本性，因此看到了坚果，就忘了它正在跳舞娱人。人的表现虽然不会像猴子那么直接，但不管他怎么伪装，碰到他心仪的东西，他总会无意识地显现他的真面目。因此好色的人平时道貌岸然，但一看到漂亮的女性就会言行失态；好赌的人平时循规蹈矩，但一上牌桌就废寝忘食，欲罢不能。不是他们不知道显露这种本性不好，而是一看到所好之事或所好之物就忍不住要掀掉假面具——就像那群猴子。

在现实中，你可以主动地"投其所好"，倒不是先了解其"所好"再"投之"（因为若先了解其"所好"，就不用费心了），而是在刻意安排的情境中去了解其所好。譬如说，如果你想了解某个人的喜恶性，可主动安排，若某人真的有某方面的喜好，假面具至少要掀掉一半，甚至忘形到忘了他应该扮演的"角色"，赤裸裸地露出真面目。而你便可以从其表现来推断他其他方面的性格，作为与他来往的参考。有些商人就是用这种方法来掌握客户的。

如果你没有能力安排各种情境，那么也可以利用各种机会趁机观察其所好。这种观察比刻意安排更为深刻有效，因为你观察的对象没有防备，真面目会显现得相当彻底。用"投其所好"来看人虽然不一定能看出他是君子或小人，但却可以看出人品，而人品会影响他的行事、判断和价值观，甚至影响他为善或为恶的抉择。无论是交朋友、找合作伙伴或共事，这都是一项重要的参考。

朋友也有远近之分

从前有一个仗义的人，广交天下英雄豪杰。他临终前对儿子讲，别看我自小在江湖闯荡，结交的人如过江之鲫，其实我这一生就交了一个半朋友。

儿子纳闷不已。他的父亲就贴在他的耳朵边交代一番，然后对他说，你按我说的去见见我的这一个半朋友，朋友的含义你自然就会懂得。

儿子先去了他父亲认定的"一个朋友"那里，对他说："我是某某的儿子，现在正被朝廷追杀，情急之下投身你处，希望予以搭救!"这人一听，容不得思索，赶快叫来自己的儿子，喝令儿子速速将衣服换下，穿在了眼前这个并不相识的"朝廷要犯"身上，而自己儿子却穿上了"朝廷要犯"的衣服。

儿子明白了：在你生死攸关时刻，那个能为你肝胆相照、甚至不惜割舍自己亲生骨肉搭救你的人，可以称作你的一个朋友。这就是"一个朋友"的选择。

儿子又去了他父亲说的"半个朋友"那里。抱拳相乞把同样的话叙说了一遍。这"半个朋友"听了，对眼前这个求救的"朝廷要犯"说："孩子，这等大事我可救不了你，我这里给你足够的盘缠，你远走高飞快快逃命，我保证不会向官府告发……"

儿子明白：在你患难时刻，那个能够明哲保身、不落井下石加害你的人，也可称作你的半个朋友。这也是"半个朋友"的选择。

现代人喜欢交际，广交朋友。一般的人，见过几次面便可称兄道弟，相互为友。当然，这种朋友比起那种"患难之交""刎颈之交"和"君子之交"来，其友情的含金量似乎要差得多。尤其在商业社会，很多人的友情是建立在共同利益之上的，一旦失去了某种利益，他们的友情也会随之消失。在商场上，"朋友"间相互利用和陷害的例子并不少见，社交场合也是如此。因此，我们可以将自己的朋友分个等级，然后决定如何交往，这样一则保护了自己，二则不会使友情受到伤害。

也许你会说，我交朋友都是一片诚心，不会利用朋友，也不会欺骗朋友，但你是如此，就能保证他人也和你一样吗？别人是否也对你一片诚心，还是有着某种目的？如果你早知某人心存恶意，不够诚恳，那你还能对他推心置腹吗？这样岂不害了自己！

所以，在不得罪"朋友"的情况下，你可以将自己的朋友归个类，在自己的心中把朋友分出不同的层次，这种层次由高到低应这样分类：一是刎颈之交；二是推心置腹之交；三是生意往来之交；四是酒肉之交；五是泛泛之交。

分出这些等级之后，然后根据不同的等级决定自己和对方交往的密切程度以及感情的深度。这样既可避免浪费自己的感情，也可保护自己免受伤害，甚至被人欺骗利用！

其实把朋友分等级也并不容易，因为人们的主观上都有好恶之感，有时会把他人的一片诚心当成一肚子坏水，也会把凶狠的狼看成友善的狗，甚至在旁人提醒时还不能发现自己的错误，非等到被"朋友"害了才大梦初醒。所以，要十分客观地将朋友分等级是很难的，但面对复杂的人际关系，你非得勉强自己把朋友分等级不可。交友时有了这种心理准备，就会比较冷静客观，尽量减轻伤害！

有些人生性好交友，性格耿直，而且感情丰富，要他们把朋友分出"等级"来，这确实比较困难，因为这种人往往在对方尚未把他当朋友时就已投入感情，而且他觉得把朋友细分等级，自己会内心有愧。不过，任何事情都要经过学习与磨炼，慢慢培养这种习惯，等你到了一定年纪，生活的阅历比较丰富了，头脑不再冲动，热情自然冷却，不用他人提醒，自然会把朋友分出等级了。

　　如果你确实很难将朋友分成等级，或者你觉得没必要分得那么清楚，那也可做个简单划分，如"可深交级"和"不可深交级"。对于可深交之友，你可以和他分享一切；对不可深交者，则应保持一定的距离。交往之中你可能还看不透一个人，但可以看出一个人的人品，而人品会影响他的行事、判断和价值观，无论是交朋友，还是找合作伙伴或共事者，这都是一项重要的参考！

以诚相待，真心付出

"曾经年少爱追梦，一心只想往前飞。"其实，追梦不分年少与否。不再年少的你我，又何尝不是仍走在一条追梦的道路上。生命不息，追梦不止，我们每天都是在路上。

飞翔的日子，总是很高，可以俯视众生，也有心里的孤寂或苦楚、疲惫。因此，在你的朋友展翅飞翔时，同样，你更应该关注他飞得累不累，而不是飞得有多高。真诚的关怀，是获得朋友回报真诚关怀的最佳途径。

纽约电话公司曾做过一项统计，想找出人们在通话中使用频率最高的那些字。结果正如人所料，是"我"字，在500个取样的电话录音中，单单是"我"这个字，就被用了3990次之多。

不论是任何一个人，屠夫也好，国王也好，谁都喜欢受到别人的推崇、爱戴。第一次世界大战结束后，德国威廉二世因惨遭战败，而受到举国上下的厌恶、唾弃。正当他万念俱灰，意欲亡命荷兰时，却收到了一名青涩少年的来信，信中表示："不论他人作何想法，我永远敬爱你的伟大。"

威廉感动之余，忙发函要求与此少年亲见一面，并因而娶了该少年的母亲为妻。

如果我们真想交朋友，就该摒弃自我因素，全心全意去为别人做些事情。人际沟通专家卡耐基有一个很好的方法：他查出一些好友的生日，为了不被对方查出自己的动机，他经常都是拿占星术做幌子，装着要替对方算命，以套出其生日。并趁对方不注意时，将其出生年月日记在笔记本上，回家后再录到另一个本子上。然后每年都按着日期，寄上贺卡和电报，这常常使他们感激不已。

要想结交朋友，就该推心置腹，以全部的热诚对待朋友。即使只是打电话，当你拿起电话的第一声"喂！"就该让对方感觉到你是多么乐意接到对方的电话。

美国哈佛大学校长查尔斯·伊里奥特博士之所以能成为一个杰出的大学校长，也是因为他无限地对别人关怀感兴趣。一天，一个名叫克兰顿的大学生到校长室申请一笔学生贷款，被批准了，克兰顿万分感激地向伊里奥特道谢。正要退出时，伊里奥特说："有时间吗？请再坐一会儿。"接着，学生十分惊奇地听到校长说："你在自己的房间里亲手做饭吃，是吗？我上大学时也做过。我做过牛肉狮子头，你做过没有？要是煮得很烂，这可是一个很好吃的菜呢！"接下去他又详细地告诉学生怎样挑选牛肉，怎样用文火慢煮，怎样切碎，然后放冷了再吃。"你吃的东西必须有足够的分量。"校长最后说。了不起的哈佛大学校长！有谁会不喜欢这样的人呢？

每一个人都有"希望自己被别人关怀"的欲求。这种人性关怀，会衍生出良好的人际关系，产生好几倍的强大力量，这种力量就能招来成功。而早在耶稣基督诞生前100年，就曾有一位罗马诗人说过："只有付出我们的关怀，别人才有可能反过来关怀我们。"

朋友要交，对手也要处

为你的难过而快乐的，是敌人；为你的快乐而快乐的，是朋友；为你的难过而难过的，就是那些该放进心里的人。那些与你共过患难的人，是你最值得珍惜的人。

只是，敌人和朋友之间，并没有绝对的界限。

20世纪初，美国有一个年轻商人兼政治活动家叫皮亚，他对一位知名的大企业家汉拿非常不满意，甚至接连两次拒绝与他见面。

那时，汉拿即将成为闻名于世的大人物，要做某政党的政治领袖了。但是在年轻的皮亚看来，汉拿只不过是个"坏蛋"，一个地方上的"党魁"罢了。他每次看见报上对汉拿的称颂，没有一次不摇头痛骂。

后来汉拿的朋友对他说，你最好还是和皮亚会晤一次，消释彼此的意见。于是，在一个拥挤的旅馆客房里，汉拿被引到一个沉静的穿灰外套的青年面前，那人坐在椅中并没有主动问候进来的人。

待友人介绍"这位就是皮亚先生……"之后，汉拿对皮亚说了很多话。

出乎皮亚意料的是，汉拿对于皮亚的事情了如指掌，他谈了许多关于他父亲担任法官的事情、关于他伯父的事情以及关于他自己对于政治纲领的意见。汉拿说："哦，你是从奥马哈来的吗？你的令尊不是法官吗？……"年轻的皮亚不免吃惊了。汉拿又说："哦，有一次你父亲曾帮助我的朋友在煤油生意上挽回了一大笔损失呢！……"说到这里，汉拿突然冒出一句感慨："有许多法官知识渊博、思路敏捷，他们的能力远远胜于普通的企业家呢。"接着又说："你有一位伯父在哈斯顿吗？让我想一想……现在你能对我说说，你对于那政治纲领还有什么意见？"

此时这位年轻政治活动家皮亚已完全改变了对汉拿的看法，他像面对一个自己熟悉的朋友一样，与他侃侃而谈，气氛轻松和谐。当他谈话结束的时候，他的喉咙不觉已有些干涩。就这样，汉拿以他宽广的胸怀和平易近人的态度结交了一个新的忠诚的朋友。

从此之后，皮亚最大的兴趣，就是与这个他曾经非常憎恨的汉拿做朋友，并且忠心耿耿地为他服务。

我们经常会碰到所谓的"敌人"。他们有的高高在上，目中无人，似乎对你充满敌意；有的人成天牢骚满腹，怨天尤人；有的人对你的工作吹毛求疵，百般挑剔；有的人浅薄无聊，充满低级趣味……如果和这些人只是偶然相处倒也罢了，问题是有时你会被迫长时间地和他们交往、相处和共事，在这种情况下，你的烦恼是可想而知的，如何对付这些"敌人"的确可称得上是一门艺术了。

事实上，我们的生活与工作中并没有真正的敌人。如果你感觉有的话，只是因为你处世的功夫还不够高。那些大智若愚的人，往往能与难相处的各种人结成朋友。这样，不但可以提高自己的声誉，博得心胸宽广的美名；更重要的是，他积累了别人难以得到的人脉资源，为自己事业的发展开拓了无限宽广的道路。

当众拥抱你的"仇人"

与人交往，总会有磕磕碰碰，总会遇到使自己不愉快的人。发泄一通固然痛快，但却会因此得罪于人，无意中为自己树立了敌人。要想拥有"人和"的氛围，有些时候，应该大度地"拥抱你的'仇人'"。

有一部电影描述了一个这样的故事：

美国西部拓荒时期，一位牧场的主人因为全家大小被土匪枪杀，因而变卖牧场，从此浪迹天涯寻找复仇机会。

家破人亡的深仇大恨谁都想报，可是当这牧场主人花了十几年的时间找到凶手时，才发现那位凶手已年老体衰、重病缠身，躺在床上毫无抵抗能力，他用虚弱的声音请求牧场主人给他致命的一枪，牧场主人把枪举起，又颓然放下。

牧场主人沮丧地走出破烂的小木屋，在夕阳照着的大草原中沉思，他喃喃自语："我放弃了一切追求，虚度几十年寒暑，如今找到了仇人，我也老了，报仇又有什么意义呢……"

电影的故事是人编写的，但编剧者根据的也是现实生活，这虽然是电影故事，但提供给人们深刻的反思，而这反思也就是我们强调的"有仇不报是君子"的道理。

首先来看看一个人要"报仇"所需的投资。

精神的投资——每天计划"报仇"这件事，要花费很多精神，想到切齿之恨处，精神情绪的剧烈波动，更有可能影响到身体的健康。

财力的投资——有人为了"报仇"而耽误了一辈子的事业，大有"玉石俱焚"的味道，就算不放下一辈子的事业，也要花费不少的精力、财力做部署的工作。

时间的投资——有些"仇恨"不是说报就能报，三年、五年、八年、十年、甚至二十年、四十年都有可能报不成，就算报成了吧，自己也年华老去了。

由于"报仇"之事投资颇大，而且还不一定报得成，而不管报得成或报不成，只要"报仇"，你不只心动而且行动，那么自己都要"元气"大伤，因此我们还是主张"有仇不报"。

一个成熟的人、有智慧的人知道轻重，知道什么东西对他有意义、有价值，"报仇"这件事虽然可消"心头之恨"，但"心头之恨"消了，也有可能失去了自己，所以"君子"有仇不报。

人和动物有些方面是不同的，动物的所有行为都依其本性而发，属于自然的反应；但人不同，经过思考，人可以根据当时需要，做出各种不同的行为选择，例如——学会"爱"你的仇人。拥抱你的仇人，这是件很难做到的事，因为绝大部分人看到仇人都会有灭之而后快的冲动，或环境不允许或没有能力消灭对方，至少也会保持一种冷淡的态度，或说说让对方不舒服的嘲讽话，可见要拥抱仇人是多么难。

就因为难，所以人的成就才有高有低，有大有小，也就是说，能当众拥抱仇人的人，他的成就往往比睚眦必报的人高大。

为什么这么说？

能拥抱自己仇人的人是站在主动的地位，采取主动的人是"制人而不受制于人"，你采取主动，不只迷惑了对方，使对方搞不清你对他的态度，也迷惑了第三者，搞不清楚你和对方到底是敌是友，甚至都有误认你们已"化敌为友"。可是，是敌是友，只有你心里才明白，但你的主动，却使对方处于"接招""应战"的被动态势，如果对方不能也拥抱你，那么他将得到一个"没有气量"之类的评语，一经比较，二人的分量立即有轻重。所以当众拥抱你的仇人，除了可在某种程度之内降低对方对你的敌意，也可避免恶化你对对方的敌意。换句话说，为敌为友之间，留下了条灰色地带，免得敌意鲜明，反而阻挡了自己的去路与退路。地球是圆的，山不转水转，天涯无处不相逢。

此外，你的行为，也将使对方失去再对你攻击的立场，若他不理你的拥抱而依旧攻击你，那么他将招致他人的谴责。

而最重要的是，拥抱你的仇人这个行为做出来，久了会逐渐成为习惯，让你和人相处时，能容天下人、天下物，出入无碍，进退自如，这种大智若愚的处世方法正是成就大事业的本钱。

所以，竞技场上比赛开始前，二人都要握手敬礼或拥抱，比赛后也一样再来一次，这是最常见的当众拥抱你的仇人——竞争对手。

拥抱你的仇人这是为人处世中最难的一课。连仇人都可以拥抱，还有什么不可放下，还有什么人不能拥抱？拥有这种气量的人，他本身就已经具有很大的能量。铸剑为犁，化敌为友，如果通不过这一关，我们始终进不了游刃有余的人际关系最高境界。

朋友之间，有空常去坐坐

陈红唱的一首《常回家看看》，在诉说亲情的同时，也道尽了现代人的忙碌。人们一直都在忙于自己的事，为生活而四处奔波，很难抽出一些时间陪父母聊天、谈心。除了陪父母外，我们还应该抽出时间和身边的人常联系，接触。那些冷若冰霜、老死不相往来的人是不可能拥有属于自己的朋友圈子的。只有大家不断往来，才能促进彼此之间信息的传递，感情的交流和更深入的了解。

朋友之间真挚的友情也要靠互相联系来维系的。互相联系的方法有许多，礼尚往来、彼此交流等，在这其中最普遍、最有人情味的一种是有空常去坐坐。

人们在礼节性地道别时，总不忘记加一句"有空来玩"，不论这是否是一句出自肺腑的言语，听后都让人感到温情四溢，自己似乎可以从中体会到我是被人们接受的，是受人欢迎的人。

古代社会做一个好皇帝，会经常微服出访，体察民情；热恋时做一个好男朋友，会常常细致入微地关心女友；做一个好朋友，会不忘记常去朋友家坐坐。多注意人与人之间的沟通，自然会多一个朋友，多一条路子。所以把握这点是很有必要的。

我们要让自己融入社会生活中去，不能够一味地去追求个性，而忽视集体，多与人们接触即是避免这种"独往独来"的好办法之一。

事实上，我们所要做的并不多，只是在有时间的时候，去朋友家走一走，也许只是随意地寒暄几句，也许进行一次长谈，总之，我们在加深对方对自己印象的同时，让他与我们越来越熟悉，这样深入下去，我们之间的关系会越来越融洽。

需要注意的是，在交往中，我们还该注意到以下的问题：

选择恰当的时间。要做一个有心人，不要在吃饭或休息时去打扰朋友，应该选择恰当的时间，例如，在饭后休息时去。若朋友有午睡的习惯，千万不要去打扰，最好的时间是在晚饭后，天气比较凉爽，人的心情也比较平静时去。

到了朋友家，若发现他正在招待客人，也不宜久留，与主人闲聊几句，就应该礼貌地离开。

若朋友正在打扫房间，忙着做事，没法招待你时，就应站在门口，寒暄几句，尽快告辞，以免主人为难。

谈话的内容可以是天南海北地聊天，也可以比较认真地就某个问题发表见解，但谈话内容不要涉及朋友隐私，或提到朋友不愿提到的问题。反过来，你可以提些关心朋友心理的问题，这样大家都有兴趣来谈这个问题，气氛就会比较和谐。

以德报怨，方能赢得人心

把敌人变成朋友，远比简单的宽恕敌人要高明得多。减少一个敌人，我们会放下一袋仇恨的垃圾，减少一份敌对的阻力；增加一个朋友，我们就能收获一份友谊，得到更多帮助。而化敌为友，无疑是一种双重的利好。

战国时，梁国与楚国相界，两国在边境上各设界亭，亭卒们也都在各自的地界里种了西瓜。梁亭的亭卒勤劳，瓜秧长势极好，而楚亭的亭卒懒惰，瓜秧又瘦又弱，与对面瓜田的长势简直不能相比。楚亭的人觉得失了面子，有一天夜里偷跑过去把梁亭的瓜秧全给扯断了。

梁亭的人在次日面对满目狼藉的瓜田，气愤难平，连忙报告给边县的县令宋就，请求县令组织人力去扯楚亭的瓜秧。宋就说："他们这样做真的太卑鄙了！不过，既然我们不愿他们扯我们的瓜秧，为什么我们要反过去扯他们的瓜秧呢？别人做得不对，我们再跟着学，那就太狭隘了。你们听我的话，从今天起，每天晚上去给他们的瓜秧浇水，让他们的瓜秧长得好。而且，你们这样做，一定不可以让他们知道。"

梁亭的人听了宋就的话后，勉强地答应了并照办。楚亭的人在不久后，发现自己的瓜秧长势一天好似一天。他们感到奇怪，便暗中观察，发现居然是梁亭的人在黑夜里悄悄为他们浇水。楚亭人羞愧难当，将此事报告楚国边县的县令。楚县令听后感到十分惭愧又十分敬佩，又把这件事报告了楚王。楚王听说后，也感于梁国人修睦边邻的诚心，特备重礼送梁王，既以示自责，亦以示酬谢。结果，这一对敌国成了友好的邻邦。

老子在《道德经》中云："是以圣人去甚、去奢、去泰。"大意是：因此品德高尚的人要去掉极端的、奢侈的、过分的东西。老子看问题总是那么深刻、那么透彻：越是雄心勃勃、耀武扬威欲取天下者，越是得不到天下。只有能够以德服人、以德报怨，才能够得人心，进而得天下。

楚庄王有一次设晚宴招待群臣，忽然蜡烛燃尽熄灭了，竟然有一位色胆包天的大臣趁暗中混乱，拉扯劝酒的王妃衣袖，结果被王妃扯掉了帽缨。楚庄王听了王妃的申诉，并没有想追查那拉王妃衣袖的人，而且为了给这个人台阶下，他让群臣趁蜡烛尚未点燃、肇事者身份不明之时，全部摘去帽缨，从而保全了这位大臣。此种宽厚，怎能不叫当事者感激涕零？

后来在楚国进攻郑国的战役中，有一位战将表现甚为勇猛，楚庄王感到奇怪，因为自己对这名大臣并非十分宠爱，他怎么会这样为自己卖命呢？后来经询问才知，此人就是那位被扯去帽缨者。他十分感激当初楚庄王不追究调戏王妃之事，为了报恩，所以奋不顾身地杀敌，为国效劳，以此为回报。

看来，宽厚是最能赢得人心的，楚庄王"以德报怨"，那位战将又"以德报德"的故事，千百年来被传为佳话，也使得楚庄王名传千古，人人称颂。

在现代社会中，"以德报怨"仍然发挥着巨大的、不可替代的作用。李·邓纳姆成功地在犯罪猖獗的哈莱姆黑人住宅区经营起了麦当劳，"以德报怨"的做事方式起到了关键性的作用。

以上几个事例让我们明白一个恒久不变的真理：从古至今，凡是胸襟宽大者、有大家风范者，都能够对人"以德报怨"。这样做，从眼前来看，似乎有"忍气吞声"的嫌疑。不过，从长久的利益来看，这样做的好处就太大了。能够"以德报怨"的人，才能够得人之心，才能够成大事、得天下。

别让交友不慎害了你

一只虱子常年住在富人的床铺上，由于它吸血的动作缓慢轻柔，富人一直没有发现它。一天，跳蚤拜访虱子。虱子对跳蚤的性情、来访目的、能否对己不利，一概不闻不问，只是一味地表示欢迎。它还主动向跳蚤介绍说："这个富人的血是香甜的，床铺是柔软的，今晚你可以饱餐一顿！"说得跳蚤口水直流，恨不得天马上黑下来。

当富人进入梦乡时，早已迫不及待的跳蚤立即跳到他身上，狠狠地叮了他一口。富人从梦中被咬醒，愤怒地令仆人搜查。伶俐的跳蚤跳走了，慢慢腾腾的虱子成了不速之客的替罪羊。虱子到死也不知道引起这场灾祸的根源。

因此，在选择朋友时，你要努力与那些乐观积极、富于进取心、品格高尚和有才能的人交往，这样才能保证你拥有一个良好的生存环境，获得好的精神食粮以及朋友的真诚帮助。这正是孔子所说的"无友不如己者"的意思。

相反，如果你择友不慎，恰恰结交了那些思想消极、品格低下、行为恶劣的人，你会陷入这种恶劣的环境难以自拔，甚至受到"贼友"的连累，成为无辜受难的"虱子"。

哪些人是你应该远离的呢？

1. 志不同道不合的人

真正的朋友，需有共同的理想和抱负、共同的奋斗目标，这是两人结交的基础，如果两人在这些方面相差极大，志不同道不合，是很难有相同话题的，人的兴趣也必然不同，这样两人在交往时只能互相容忍，无法互相欣赏，因此容易造成矛盾。

2. 有悖人情的人

亲情、爱情都是人之常情，如果一个人的行为显示出他在人之常情中处事的态度十分恶劣，那么这种人是不能交往的。这种人往往极端自私，为达目的不择手段，并惯于过河拆桥、落井下石，因此，对这种人要保持距离。

3. 势利小人

如果某人是非常势利、见利忘义的那种小人，这种人不合适作为朋友。

势利小人的一个通病是：在你得势时，他锦上添花；当你失势时，他落井下石。他不懂得什么是真诚，他只知道什么是权势。因此，这种人不能交往。

4. 两面三刀的人

有的人惯于表面一套，背后一套，对这样的人应该小心对待，更别说跟他交朋友了。

《红楼梦》里的王熙凤，被人称为"明里一盆火，暗里一把刀"，表面上对尤二姐客套亲切，背地里却置之于死地，与这样的人交往时，应多注意他周围的人对他的反映，与这样的人在短期交往中很难发现这种性格特征，但接触时间长了便会清楚了解。

5. 酒肉朋友

有酒有肉多朋友，急难何曾见一人。古人最不屑这种建立在吃喝之上的朋友关系，而许多现代人却恰恰以此为荣。

酒宴只是交友的一种途径，交友的途径是很多的，街中偶遇可以结交一个挚友，邻座而识也能成就友谊，甚至仇人相斗也能不打不相识而打出友谊。举酒相敬只是中国人最传统的一种交友方式，在吃喝的过程中相互了解，在此过程中能展现自我、坦诚相待，给人一个较为真实、诚恳、有才华的形象，有时也能在三杯两盏淡酒后聊出情义。但如果仅是一味以酒相邀，以为让对方吃饱喝足方显我诚心诚意，或者喝得我倒在你面前才表我心诚意切，这不会有多少人会真正以你为友，最多只会在三日不见肉味时才会想起你。酒肉可以帮助我们结识朋友，但仅靠酒肉维系的肯定不是真朋友。

第 五 章

今朝最可贵，拥有当珍惜

　　我们总是在憧憬未来，怀念过去，却忽视现在的美好。未来的似乎遥不可及，过去的却已经成为永久的过去。我们能够把握的反而是常被我们忽视的现在，因而只有现在才是最真实的。无数的事实，都在向我们陈述：今朝最可贵，拥有当珍惜。

把握当下每一寸光阴

人生是一张单程票，过去了就永远无法回头，所以，请把握当下的每一寸光阴。请你珍惜人生的每一天、每一刻、每一个瞬间！把你人生的每一秒过成永恒的辉煌！

因为，人生没有草稿纸，没有涂改液，而生活也不会给我们打草稿的机会，更不会让我们有重新来过的机会。所以，请把握好现在，认真地对待现在；珍惜你的拥有，留住现在的美好。

人生是一条直行线，只能往前，不能拐弯或者回头，就像一条封闭的单行道。在人生的这条单行道上，过去的不会再次出现，失去的也无法重新拥有，与你擦肩而过的风景也不会与你再相逢，这就是人生最为无情的一面：人生只有一次，走过就无法回头。

在人生的这条单行道上，一般而言，既宽且堵，宽是自由选择的象征，堵是命运多舛的暗喻。有的时候你能在这条宽阔的路上自由地行驶，有的时候却被堵得无法动弹。然而是宽是堵，是顺畅还是停滞，你都只能沿着这条道路向前行驶，无法掉头。

既然人生不能掉头，不能重新开始，那么，我们就应该珍惜现在，珍惜我们的所有。让每一分、每一秒都过得十分的有意义。

汤姆·奥斯丁是一位名医，他越来越多地接触到因烦恼和忧虑而生病的人，他们总是因为过于烦恼以前和忧虑未来，长期闷闷不乐，毁坏了健康。为了更彻底地医疗好这些人的病，他给病人们开了一个简单却有效的方子："每一个刹那都是唯一"，意思是说：我们活在今天，只要做好今天的事就好了，无须担忧明天或后天的事；我们活在此刻，就要好好珍惜此刻的时光，因为每一个瞬间都是独一无二的。

他说："无限珍惜此刻和今天，还有什么事情值得我们去担心呢？每天只要活到就寝的时间就够了，往往不知抗拒烦恼的人总是英年早逝。"

的确如此，如果每天都处于忧虑中，身体就像一根绳子般，拉来拉去，迟早会拉断。如果每天都在担忧未来，痛忆过去，我们怎么能享受现在呢？

既然我们的人生不可以重来，就请用你的眼睛摄下每一瞬间的精彩，用肢体感受全部的美好，别让生命留下遗憾。

在做任何事情的时候都要全身心地去做。当我们吃的时候，要全然地吃；当我们玩乐的时候，要全然地玩乐；当我们爱上对方的时候，要全然地去爱。不计较过去，不算计未来，全然地投入，全然地享受。

就像《飘》的女主角郝思嘉一样，在烦恼的时刻总是对自己说，"现在我不要想这些，等明天再说，毕竟，明天又是新的一天。"昨天已过，明天尚未到来，想那么多干吗，过好此刻才最真实，否则，此刻即将消失的时光，要到哪里去找？

虽然，郝思嘉是小说里的人物，但是，她的理念和思想却是和我们的现实生活是相通的。

利明小时候跟外祖母长大，在读小学的时候，他的外祖母过世了。因为外祖母生前最疼爱他，小家伙无法排除自己的忧伤，每天茶不思饭不想，也没有心思学习，整天沉浸在痛苦之中。周围的人都说他是个懂感情的好孩子，他的父母却很着急，因为，一天两天的伤悲是正常，一周两周的伤悲也可以理解，但大半年都过去了，他还时时哭泣，不肯好好吃饭和学习，他的行为严重影响了他的正常生活。

虽然他的爸爸妈妈很着急，却不知道如何安慰他。有一次他的老师来到他家家访，看到此情形，决定要和小男孩聊聊天，帮助这个小男孩。

"你为什么这么伤心呢?"老师问他。

"因为外祖母永远不会回来了。"他回答。

"那你还知道什么永远不会回来了吗?"老师问。

"嗯——不知道。还有什么永远不会回来呢?"他答不上来，反问着。

"所有时间里的事物，过去了就永远不会回来了。就像你的昨天过去了，它就永远变成昨天，以后我们也无法再回到昨天弥补什么了；就像爸爸以前也和你一样小，如果他在这么小的童年时不愉快玩耍，不牢牢打好学习基础，就再也无法回去重新来一回了；就像今天的太阳即将落下去，如果我们错过了今天的太阳，就再也找不回原来的了。"

利明明白了老师所说的道理。从此之后，每天放学回家，在家里的庭院里面看着太阳一寸一寸地沉到地平线以下，就知道一天真的过完了，虽然明天还会有新的太阳，但永远不会有今天的太阳，他懂得不再为过去的事情而沉溺，而是好好学习和生活，把握住现在的每一个瞬间。他也顺利从失去外祖母的痛苦里走了出来，健康快乐地成长着。

是啊，每一天的太阳都是新鲜的，每一个刹那都是唯一的。过去了就无法再回头。所以我们需要格外珍惜人生的每一时刻。

"现在"是你唯一能拥有的

请学会享有我们现在所有的安乐、幸福，不要遗憾那些我们得不到的事物。不必为那些失去的、得不到的东西而伤怀感伤，因为得不到的东西不一定是好的，而你得到的、你所拥有的才会构成你的幸福！

你是不是会为那些你曾经得不到的事物遗憾、懊恼、惆怅？其实，得到，或者得不到，是很现实的结果，但这个结果，却能直接影响人的心境和前进的脚步。

然而，人们往往却容易为那些得不到的事物遗憾、感伤，认为那些得不到的都是最好的，而对于自己已经得到的，却不知珍惜。

笼中的老虎羡慕着在野地里的老虎，可以自由自在。在野地里的老虎，向往着三餐无忧。这两只老虎，都认为得不到的东西就是好的。

然而，把笼中的老虎，放到野地里。把野地里的老虎，放到笼中。结果，它们都会死。因为，习惯了的生活，就很难再改。后悔也来不及！

所以，无论东西也好，人也罢，喜欢却不能拥有，与其让自己负累，倒不如放轻松地面对，努力了，尝试了，也不能挽回他擦肩而过的远去的脚步，那就试着用平静的心、微笑的目光送他远离，无须为错过的、未曾得到的扼腕叹息、流连其中，因为手中总有值得我们呵护珍惜的，远方总有值得我们追求的！

小孩子最美妙的一点，就是他们会完全沉浸于现在的片刻里。不论是观察甲虫、画画、筑沙堡或从事任何活动，他们都能做到全神贯注。

高中生会想："有朝一日，我毕了业，不必再听老师的教训，日子就好过了！"他毕业之后，又觉得必须离开家才能找到真正的快乐。离家进入大学后，他又暗下决定："拿到学位就好了！"好不容易领到文凭，这时他却又发现，快乐要等找到工作才能实现。

他找了份工作，从基层干起。不消说，快乐还轮不到他。一年一年过去了，他不断把获得快乐和心灵平静的日期往后挪，一直到退休……最后在享受至高无上的快乐之前，他却去世了。他把所有的现在都用于计划一个永远没有实现的美好未来。

你听了这样的故事，会觉得心有戚戚焉吗？你认识一些永远把快乐留到未来的人吗？快乐的秘密，说穿了很简单，你的生活必须以现在为中心，我们要在生命的旅途中享受快乐，而不是把它留到终点才享用。

活在当下，也就是我们要从现在从事的每件工作本身找到乐趣，而不只是期待它最后的结果。如果你正在家中写作业，你的每一笔，都该令你感到愉快。你该享受拂面的清风，听院中小鸟歌唱，以及周遭的一切。

马克·吐温曾说，他一生中经过一些可怕的时光，其中一部分甚至是真实的！这话确是实情。我们往往心中为尚未发生的事烦恼不已，受尽折磨，但如果细看唯一属于我们的现在这一刻，我们会发现，根本没什么大不了的问题！

为拥有而骄傲，发现身边的幸福

珍惜现在的拥有，其实并非安于现状自我陶醉，而是要有一份执着。不要等到我们想闻花香时，已是冰天雪地；不要等到想与青春共舞时，已白发苍苍，那样的人生充满了悔恨的泪水。时光不会倒流，这样只会给我们的人生留下深深的遗憾。

人类的眼睛似乎更愿意关注那些我们得不到的事物，忽视自己所拥有的。丰子恺曾说过："自然的命令何其严重：夏天不由你不爱风，冬天不由你不爱日。自然的命令又何其滑稽：在夏天定要你赞颂冬天所诅咒的，在冬天定要你诅咒夏天所赞颂的！是啊，这样的感觉几乎人人都有。"人类似乎总是缺乏发现身边幸福的能力。

有一个魔法师，他时常帮助人，希望能感受到幸福的味道。

有一天，他遇见一个农夫，农夫看上去非常烦恼，他向天使诉说："我家的水牛刚死了，没它帮忙犁田，那我怎能下田工作呢？"于是魔法师赐给他一只健壮的水牛，农夫很高兴，魔法师在他身上感受到幸福的味道。

又有一天，他遇见一个男人，男人非常沮丧，他向魔法师诉说："我的钱都被骗光了，没有盘缠回乡。"于是魔法师送给他银两做路费，男人很高兴，魔法师在他身上感受到了幸福的味道。

又一日，他遇见一个诗人，诗人年轻、英俊、有才华而且富有，妻子貌美又温柔，但他却过得不快乐。魔法师问他："你不快乐吗？我能帮你吗？"诗人对他说："我什么都有，只欠一样东西，你能够给我吗？"魔法师回答说："可以！你要什么我都可以给你。"诗人直直地望着天使："我想要的是幸福。"

这下子把魔法师难倒了，他想了想，说："我明白了。"

他打算把诗人所拥有的都拿走。魔法师拿走诗人的才华，毁去他的容貌，夺去他的财产和他妻子的性命，做完这些事后，他便离去了。

一个月后，魔法师再回到诗人的身边，他那时饿得半死，衣衫褴褛地躺在地上挣扎。于是，魔法师把他的一切还给他，然后，又离去了。半个月后，他再去看望诗人。这次，诗人搂着妻子，不住地向魔法师道谢，因为，他得到幸福了。

有的时候，人很奇怪，每每要到失去后，才懂得珍惜。其实，幸福早就放在你的面前，只是你没有用心发现身边的幸福：肚子饿坏的时候，有一碗热腾腾的面放在你眼前，是幸福。累得半死的时候，躺上软软的床，也是幸福。哭得要命的时候，旁边温柔地递来一张纸巾，更是幸福。

幸福很简单，只要珍惜自己的拥有，为自己拥有的感到骄傲，你就能发现身边的幸福，就能把握住当下的时光，享受当下的幸福，留住现在的美好。

英国民间流传着一个故事叫《约翰逊的鞋子》，说英国有一种交换鞋子的风俗习惯：你往马路上一站，摆出一种特定的姿势，表示愿意和别人换鞋子，别人愿意的话，你得出点钱贴补对方。约翰逊那天就站在十字路口和别人换鞋，换了以后，觉得仍不舒服，于是继续再换。钱一次一次也贴补了很多，直到傍晚时分才好不容易换到一双鞋，穿在脚上很舒适。回家一看，原来竟是自己穿出去的那一双。

是啊，多么有趣又多么富有哲理的故事啊！生活中，不少人常犯的一个错误就是很不在意自己已经拥有的东西，发现不了其存在的价值，把眼睛朝向外界，走不出"外来和尚好念经"的怪圈。之所以萌生自己要和别人换鞋的念头是认为自己的鞋不如别人的，没有充分认识到自己拥有的东西的价值。殊不知，适合自己的就是最好的，珍惜自己拥有的才是最聪明的。

所以，不必怀念过去，也不要期待未来，更不要羡慕他人，只要珍惜你的拥有，怀有一颗感恩的心，你就能感受到你身边的幸福。

在"干"字上狠下功夫

现代社会竞争无处不在。当看到别人在某些方面超过自己的时候，不要盯着别人的成绩怨恨，更不要企图把别人拉下马。其实，一个人的成功是因为他付出了许多的艰辛和巨大的代价。别人取得了成绩，不是对你的否定，别人得到了赞美和荣誉，并没有损害你，也没有妨碍你去获取成功。因此，应采取正当的策略和手段，在"干"字上狠下功夫，努力奋斗，从而让自己变得更强！

我们应该正确地看待他人的成功，正确地对待自己，远离内心嫉妒，努力奋进，让自己变得更强！

嫉妒对人心灵的伤害很大，可以称得上是心灵的恶性肿瘤。嫉妒的心承受着双重痛苦：一方面，为自己的失败或不幸而感到痛苦，另一方面，为别人的成功或者幸福而感到痛苦。特别是对于良心未泯的人，理智上知道不该嫉恨别人，情感上又甩不掉嫉妒的蚂蟥，更是被良心的痛苦缠绕着，背着自咎、自责的沉重包袱。如果一个人缺乏正确的竞争心理，只关注别人的成绩，嫉妒别人的成就，内心产生严重的怨恨，时间一久，心中压抑聚集，就会形成病态心理，对健康也就造成了极大的危害。没有了健康的身体，嫉妒者离成功只能是越来越远。

手握重权的人对他人的嫉妒还会让他变成残暴的人。历史上因嫉妒而杀人并不是什么天方夜谭。

三国时期的杨修就是中国古代历史上因被嫉妒而招来杀身之祸的典型。凡是读过《三国演义》的人，都知道杨修其人。杨修乃曹操手下一名高级谋士。他上知天文，下通地理，才高八斗，博学多才，同时又才思敏捷，聪颖过人，能说会道，是魏国一个不可多得的人才。可杨修却英年早逝，死于丞相曹操的刀下。不为别的，只因他不谙为官之道，锋芒毕露，聪明反被聪明误，几次三番猜中曹操的计谋，使曹操不快，被曹操所不容，曹操借"鸡肋"事件，以动摇军心为借口将其诛杀。这就是一起典型的因嫉妒而残暴杀人的事例。

无论是因嫉妒而伤害了自己的身体还是因嫉妒而变得残暴，这些嫉妒他人的人都很难成功。所以说，嫉妒是走向成功的一大障碍。

每个人都是社会的人，社会是一个整体，它是由若干个团体组成的社会整体。任何人离开了团队，离开了社会，都将会一事无成。任何人的成功都离不开别人的支持和帮助，离不开团队和社会的认可。"一个好汉三个帮，一个篱笆三个桩"，说的就是这个道理。

从古至今，没有哪个人是靠单打独斗闯出天下的。任何一个经常嫉妒别人、极端自私、搬弄是非的人，都不可能被团队和社会所接受。正因为这个道理，我们说宽容大度是成功必备的品质。那些只知道嫉妒他人，不知道从自身寻找原因、让自己变强大的人，一生都成不了大事。

有一只鹰妒忌另一只比它飞的高的鹰，于是它对猎人说，你把它射下来吧。猎人说，好，你给根羽毛我放在箭尾，这样箭飞得远，我就能把那只鹰射下来。于是妒忌的鹰就在自己的屁股上拔了根羽毛给猎人。但是那鹰飞得太高了，箭到半空就掉了下来。猎人说，你再给我拔一根你的羽毛，我再射一次。于是，妒忌的鹰又在自己的屁股上拔了一根羽毛给猎人。当然，还是射不下来。一次又一次……最后，妒忌的鹰尾巴上已经没有羽毛可以拔了，再也飞不起来了。猎人转向它说，那么我就抓你好了。于是就把这光秃秃的、妒忌的鹰抓走了。

波普尔曾经说过："对心胸卑鄙的人来说，他是嫉妒的奴隶；对有学问、有度量的人来说，嫉妒可化为竞争心。"

所以，我们应该远离恶性嫉妒，守护良性嫉妒，让自己变强。虽然有时面对生活和事业上的巨大落差，或社会的种种不公正现象，有的人难免会一时心理失衡和嫉妒。这时，要是实在无法化解的话，也可以适当地宣泄一下。可以找一个较知心的亲友，痛痛快快地说个够，出气解恨，暂求心理的平衡，然后由亲友适时地进行一番开导。发泄完以后你可能就会觉得好受许多。重新出发时，你可能又重新充满了力量。

今日事今日毕

任何事情都要从现在开始做，而不应拖到明天。虽然看起来只是相隔一天的时光，但即使是一天的光阴也不可白白浪费。

这是个竞争激烈的年代，时间代表着效率。于是，我们从小就接受"今日事今日毕"的教育。然而许多人还是喜欢把今天的事情推迟到明天去做，他们从不计划安排工作和时间，结果导致他们最终碌碌无为。

拖延是最大的敌人。失败有千万个借口，成功却只有一种理由！"等会儿再做""明天再说"这种"明日复明日"的拖延循环会彻底粉碎制订好的全盘工作计划，并且对自信心产生极大的动摇。

成功者总是想方设法保持着日清日高的习惯，决不把任务留到明天。也正因为如此，他们才能完成别人完成不了的任务，获得成功。

"不要往后拖延，把帽子扔过栅栏。"这是父亲在丹尼斯小的时候常常教导他的话，意思是：当你面对一道难以翻越的栅栏并准备退缩时，先把帽子扔到栅栏的另一边，这样，你就不得不强迫自己想尽一切办法越过这道栅栏，而且不管你多么忙，你都会立即安排时间来做这件事。

丹尼斯的父亲出生在美国一个距离堪萨斯州 100 英里的小镇。在 20 岁时，他离开了家庭和亲友来到堪萨斯州讨生活。当时他除了拥有一条小船外，一无所有。工作很难找，而他还要填饱肚子。在跑了几天仍然一无所获的情况下，他想到了放弃，他想乘自己的小船再回到 100 英里之外的家乡去。但是，那样的话，自己就必须回到早已厌倦的贫困生活之中，不但不能够帮助家人，而且还要让家人为自己操心。于是他决定留下来，为了能够维持生存，也为了断绝自己再想回家的念头，他卖掉了自己的小船，用那一点点钱维持着自己艰难的生活。这下，他没有了退路，只能前进了。

不久，他终于找到了一份工作。尽管收入很微薄，但是他终于能够在堪萨斯州站住脚了。后来，因为一次偶然的机会，他跻身中产阶级行列。他告诉丹尼斯，如果你没有为一件事情安排时间，就把自己逼到绝境。在不得不做的时候，你只有一个选择，那就是马上动手去做。

在生活中我们总有一些早就应该去做却一直拖着没去做的事情，尽管这些事情已经影响了我们的生活，但我们总是有一个借口：没有时间，以后再做。其实，这些想做的事，如果你马上动手去做，你的生活就会变得豁然开朗。

生命中总有很多东西等待我们去学习和实践，但我们常常对自己说：明天我就开始运动，保持一个好的身材和身体；下周我要找个时间出去散散心，摆脱现在的困顿状态；退休后，我要开始学习画画和舞蹈，弥补我现在无法做到的生活……但在明日复明日的蹉跎中，我们依然一事无成。

所以，从现在起就下定决心、洗心革面。拿起笔来，将底下对你最有用的建议画条线，并且把这些建议写到另一张纸上，再将它放在你触目可及的地方，这样有助于你马上行动。

1. 列出你立即可做的事。从最简单、用很少的时间就可完成的事开始。

2. 持续5分钟的热度。要求自己针对已经拖延的事项不间断地做5分钟，把闹钟设定每5分钟响一次；然后，着手利用这5分钟；时间到时，停下来休息一下，这时，可以做个深呼吸，喝口咖啡，之后，欣赏一下自己这 5 分钟的成绩。接下来重复这个过程，直到你不需要闹钟为止。

3. 运用切香肠的技巧。所谓切香肠的技巧，就是不要一次吃完整条香肠，最好是把它切成小片，小口小口地慢慢品尝。同样的道理也可以适用在你的工作上：先把工作分成几个小部分，分别详列在纸上，然后把每一部分再细分为几个步骤，使得每一个步骤都可在一个工作日之内完成。每次开始一个新的步骤时，不到完成，绝不离开工作区域。如果一定要中断的话，最好是在工作告一个段落时，使得工作容易衔接。不论你是完成一个步骤，或暂时中断工作，记住要对已完成的工作给自己一些奖励。

4. 把工作的情况告诉别人。让关心这份工作的人知道你的进度和预定完成的期限。注意"预定"这个词汇，你要避免用类似"打算""希望"或"应该"等字眼来说明你的进度。因为这些字眼表示，就算你失败了，也不要别人为你沮丧。告诉别人的同时，除了会让你更能感受到期限的压力外，还能让你有听听别人看法的机会。

5. 在行事历上记下所有的工作日期。把开始日、预定完成日期，还有其间各阶段的完成期限记下来。不要忘了切香肠的原则：分成小步骤来完成。一方面能减轻压力，另一方面还能保留推动你前进的适当压力。

6. 保持清醒。你以为闲着没事会很轻松吗？其实，这是相当累人的一种折磨。不论他们每天多么努力地决定重新开始，也不管他们用多少方法来逃避责任，该做的事还是得做，压力不会无故消失。事实上，随着完成期限的迫近，压力反而与日俱增。所以，你千万不要拖拉，把今天的事留给明天去做，那样只会让你有更大的压力。

不要再为自己找借口蹉跎岁月了，从现在开始，日清日高，不把任务留到明天，这样你才能品味生活的美好。

第 六 章

预见未来，创造未来

不是不够努力，也不是不够坚持，而是最好的还没有到来。任何事情最后都会有一个好结局，如果结局不好，那是因为还没有结束。如果一直抱有这样的信念，整个人生也真的会因此变得亮堂起来！

成功由你自己决定

有位哲人说："等待是一剂毒药，慢慢地品尝或许没什么味道，可是有一天它毒性发作，你便不知如何是好。"一味等待，是对自己心理的麻痹，是对自己生命的消耗。

在这个世界上，有很多事情是可以等待的。当黑暗的时候，你不能要求黎明马上来临，你只能等待，等待太阳的升起；当失败来临的时候，你不能要求成功之神马上降临，这时候，你还能等待吗？等待成功的机会来到自己的面前吗？

过去的已经过去，将来的日子我们无法掌控，所以，该努力的，我们抓紧努力。不要总是以为我们有大把的时间可以"等"。

等待，是在跟时间竞赛，是在煎熬中生活，是在跟自己的生命做对。一个人一旦习惯了等待，是非常可怕的，等待自己的长大，等待幸福之神的降临，等待好机遇的到来，等待好日子的"造访"，等待……这样的等待，会让人懒散，就像一剂毒药，千万不可尝试。

生活不能等待，等待的结果只会是一场空。人生中有很多的偶然，但人并不总是在偶然中生活。

曾有这样一个的故事，道出了等待的可怕。

一个探险队在森林里看到一位农夫一直坐在树桩上。于是上前打招呼："老人家，您干吗一直坐在这儿？"农夫回答道："我在等，等待一场地震把土豆从地里翻出来。"

"这能等到吗？连气象人员有时候都不能预测到的，您曾经等到过吗？"

"有一次我砍树时，风雨大作，刮倒了许多参天大树，省了我不少力气。"

"您真是幸运!"

"您可说对了,还有一次,闪电把我准备焚烧的干草给点着了!"

"所以现在……"

故事中的农夫和那个守株待兔的农夫如出一辙,靠"等"来收获成果,简直是痴人说梦。只有放弃这种思想,靠自己的努力,才能掌握自己的命运。

在一场拳王争霸赛上,两名拳击手正为了争夺拳王的地位进行着最后的较量。拿以前的战绩来比较,两个人势均力敌。但是,比赛一开始,就出现了一边倒的局面。其中一名选手被对手打得毫无还手之力,只能消极地防守。第一回合结束了,面对教练员,他不等教练询问,便主动解释自己的战术思想,说自己一直在等待对手出现失误,然后给其致命一击。

在此后的几个回合中,他一直坚守自己的战略思想,等待着合适的时机,但面对对手的疯狂进攻,他只能全力防守,根本找不到对手的破绽。

终于,在最后一个回合中,教练实在看不下去了,直接对他吼道:"你到底想夺得拳王金腰带,还是想角逐诺贝尔和平奖?"

也许那个拳击手的战术思想是对的,但面对对手的疯狂进攻,这样做无异于放弃了拳王宝座!

当今社会处处充满了竞争,机遇对每个人来说都是极为重要的。合适的时机随时存在,但它却很少青睐那些只知道等待的人。机会需要人们去寻找,去创造,等待是不可取的,等来的结果只是黄粱一梦。天上不会掉馅饼,幸福永远不会属于那些只知道等待的人。

什么是成功?什么样的人是成功的人?

成功需要人们通过行动达到预期的愿望和目标,其内涵在于进取、突破和发展。

成功的人就是今天比昨天富有智慧的人，今天比昨天更慈悲的人，今天比昨天更懂得爱的人，今天比昨天更懂得生活的美的人，今天比昨天更懂得宽容的人。

美国未来学家尼葛洛庞帝说："预见未来的最好办法就是创造未来。"

想要成功的人靠的不是一味地空想，不是"执着"地等待，而是靠创造和行动，更重要的还是靠自己。

在 21 世纪，成功不但要比资本，还要比远见、智慧、修养，人的素质已成为成功的根本因素。也就是说，在新的时代，成功要取决于一个人设定的人生目标，取决于他的人生智慧，取决于他的全面修养。善于发现自我、活化自我、完善自我、超越自我的人，必然是未来的成功者。

在英国的利物浦市，有个叫科莱特的青年考入了美国哈佛大学。在大学期间，有个美国小伙子常和他坐在一起听课。

在大二的那一年，这位小伙子和科莱特商议，一起退学，去开发 32Bit 财务软件，因为新编教科书中，已解决了进位制路径转换问题。当时，科莱特感到十分惊讶，他到这儿来是为了求学，可不是玩的。再说，对于 Bit 系统，教授也只是略懂一点儿，不学完全课程是不可能进行开发的。因此，他婉言谢绝了那位美国小伙子的邀请。

十年后，科莱特已经从哈佛大学毕业，而且成为计算机系 Bit 方面的博士研究生。那位退学的小伙子也在同一年，进入了美国《福布斯》杂志亿万富翁排行榜。在科莱特攻读博士后，那位美国小伙子的个人资产，在当年仅次于华尔街大亨巴菲特，达到 65 亿美元，成为美国第二富翁。

在科莱特认为自己已具备了足够的学识，可以研究和开发 32Bit

财务软件的时候，那位小伙子已经绕过 Bit 系统，开发出了 Eip 财务软件，它比 Bit 快 1500 倍，并且在两周内占领了全球市场，这一年他成了世界首富。一个代表着成功和财富的名字——比尔·盖茨也随之传遍全球的每一个角落。

这位闻名世界的首富，就是靠着自己的智慧和行动，走上了成功的道路。人的命运如掌纹，弯弯曲曲，却握在我们自己的手中，但不可坐以待毙，等待上天的安排。

你是自己的发动机，你让自己变得非常有力量，和别人不一样。有些事，完全取决于你自己的心态，你自己的态度。成功得靠自己，自己的事必须自己做。从现在开始，立即行动，相信自己，成功由你自己决定。

迈出第一步的勇气

成功属于谁？属于那些充满自信、锲而不舍的追求者。他们永远全身心地投入，永远保持着高度的热忱。当然，要做到不屈不挠并不容易，人人都有脆弱的时候，没有必要永远硬着头皮保持一副硬汉形象。有时候，你的理想会显得那么遥不可及，或是看上去只是一个无法实现的幻想。原因很可能是你自己太急于求成了。这时不妨放慢节奏，循序渐进。成功人士往往比别人先行一步，日积月累，他们的身后便留下一串超越常人的、值得骄傲的业绩。懂得了这个道理，才会成功。

有一个人想到普陀寺朝拜，一偿夙愿。

可是他距离普陀寺有数千里之遥。一路之上，不仅要跋山涉水，还要时时提防豺狼虎豹的攻击。

启程之前，徒众都劝他："这里距普陀山数千里，到达之日遥遥无期，还是放弃这个念头吧。"

这个人肃然道："我距普陀寺只有两步之遥，各位为何说到达之日遥遥无期呢？"

众人茫然不解。

这个人解释道："我先行一步，然后再行一步，也就到达了。"

是啊，无论做什么事情，只要你先走出一步，然后再走出一步，如此循环，就会逐渐靠近心目中的目标了。如果连迈出第一步的勇气都没有，那还谈什么成功呢？

有位名人曾这样说："成功取决于我们是否敢于迈出第一步。"第一步是重要的，敢于迈出人生的第一步，你学会了走路；敢于迈上社会的第一步，你学会了处事、交际。可是，想要自己的人生光彩照人，就要敢想敢做，敢走出第一步。如果你想比别人成功，就必须付出别人不能付出的艰辛和恒心，每天空想着自己要比别人强，要比别人成功，而不付诸行动，注定一事无成。

从现在开始，坚定你的理想，开始行动，迈出走向成功的第一步。

你有想过如何迈出成功的第一步吗？每个人都希望自己是一个成功者，那么成功者的足迹都是成功的吗？那未必。很多成功人士的第一步都是从失败开始的。

而正是第一次的失败，让很多人对成功望而却步，不敢再迈出第二步。殊不知，你的下一步就可能是成功。

有两个兄弟，都想走向成功之路。有一天，他们遇到了时间老人，请时间老人为他们指明一条通向成功的道路。时间老人给他们指明后，就消失了。

两兄弟异常高兴，回到家后，他们准备了一些干粮、水和衣服，就踏上了这条路。刚开始，两人走得很轻松，都认为想要成功并不是很难。可是，第二天就下起了雨。然而，两人想要成功的心情很迫切，都没有避雨，而是继续赶路了。由于下雨，路开始变得泥泞光滑。两兄弟时不时摔跤跌倒。

走着走着，老大摔倒的次数越来越多了。而老二摔了几次之后，就再也没摔倒过。

就这样，老二走进了成功的殿堂，老大还在成功之路的途中跋涉。老二回来后，老大问："老二，你为什么先成功了？我们走的是同一条路呀！"老二说："没什么，我摔倒了爬起来之后，没有急匆匆地继续赶路，而是先思考总结自己为什么会摔倒，以后怎样才能不摔倒。"老大听了，后悔极了：自己摔倒爬起来之后，总是急匆匆地赶路，总以为这样会快点走进成功的殿堂，可结果却适得其反。

这个故事简单，但道理深刻。每个人都想走上成功的道路，因此都必须跨出第一步来。第一步是成功也好，是失败也罢，都需要摆正自己的心态，因为只有迈出第一步才会有第二步的到来，才有成功的到来。

尽管每一次的成功和收获，都要通过大量的努力和代价来实现，如果你害怕失败而不敢迎接挑战，那么你的斗志是不是就没有了呢？我们不应该碰到困难就不敢再向前，更不能想到种种困难就迟迟不敢迈步。每个人都有着自己的远大抱负，但慢慢地他们的这种心就消退了，这是因为他们在自己内心深处设下层层阻碍，考虑了很多失败的后果，却忽略了那些成功后的成绩。

因此，明确了方向，确定了目标，就应该用实际行动去追求你的理想和目标。

一个专门以大型动物为目标的猎人遭遇了一只雄伟的孟加拉虎。由于那只老虎就在眼前，猎人忙不迭开了一枪，不过打偏了。庆幸的是，老虎对着猎人扑过来时，竟也跳过了头，一下扑了个空。

猎人返回扎营的地点后，开始练习短距离射击——他不想因为毫无准备而丢掉一条命。

隔天，当他回到森林时，第一眼看到的仍是那只老虎。它正在练习短距离扑击。

人的成功要经历一个过程，绝非一蹴而就的事情。它需要我们付出很多琐碎的努力。在这个过程中，你必须依靠日积月累的办法，最终，这些琐碎的努力才会像涓涓细流汇聚为势不可当的汹涌波涛，而且有的时候，成功的到来比你预计得要早。

从改变自己开始

成功不是追求得来的，而是被改变后的自己吸引来的。突破自己固有的想法，靠自己拯救自己，用创新的眼光来看待这个世界，才是获得成功和快乐的新视角。一条大河起初弯弯曲曲地在山区奔涌，当它改变自己的运动方向后才能自由地奔向浩瀚的大海，大河无法改变蓝天、风雨和山地，但它们勇敢地改变了自己，走向了辉煌。

由此可见，改变自己是如此的重要。要成功，那就从改变自己开始吧。

每个人的内心都有一扇只能由内开启的改变之门，这扇门从外面是推不开的，只能由内向外推。如果你不愿意打开这扇门，不论谁在外面动之以情，晓之以理，一切还是无效。想要改变自己，就要改变自己的这颗内心，更要深刻地领悟到"改变"的本质和意蕴。

有一条小河从遥远的高山上流下来，经过了很多个村庄与森林，最后来到了一个沙漠。它想：我已经越过了重重的障碍，这次应该也可以越过这个沙漠吧！

当决定越过这个沙漠的时候，它发现河水渐渐消失在泥沙当中，它试了一次又一次，总是徒劳无功，于是它灰心了。"也许这就是我的命运了，我永远也到不了传说中那个浩瀚的大海。"它颓丧地自言自语。

这时候，四周响起了一阵低沉的声音："如果微风可以跨越沙漠，那么河流也可以。"原来这是沙漠发出的声音。小河很不服气地回答："那是因为微风可以飞过沙漠，可是我却不行。"

"因为你坚持你原来的样子，所以你永远无法跨越这个沙漠。你必须让微风带着你飞过这个沙漠，到达你的目的地。只要你愿意放弃你现在的样子，让自己蒸发到微风中。"沙漠用它低沉的声音说。

小河从来不知道有这样的事情，它无法接受这样的观念，毕竟它从未有过这样的经验，叫它放弃自己现在的样子，那么不等于是自我毁灭吗？"我怎么知道这是真的？"小河问。

"微风可以把水汽包含在它之中，然后飘过沙漠，到了适当的地点，它就会把这些水汽释放出来，于是就变成了雨水。然后这些雨水又会形成河流，继续向前进。"沙漠很有耐心地回答。

"那我还是原来的河流吗？"小河问。

"可以说是，也可以说不是。"沙漠回答，"不管你是一条河流或是看不见的水蒸气，你内在的本质从来没有改变。你会坚信你是一条河流，是因为你从来不知道自己内在的本质。"

此时小河的心中，隐隐约约地想起了自己在变成河流之前，似乎也是由微风带着自己，飞到内陆某座高山的半山腰，然后变成雨水落下，才变成今日的河流。

于是小河鼓起勇气，投入微风张开的双臂，消失在微风之中，让微风带着它，奔向它生命中的梦想。

改变是现实中的一种生存状态，人生一直处于改变之中。

其次，要明确改变的主体是自己。从幼稚到成熟是改变自己；从懦弱到勇敢是改变自己；从平凡到伟大，从拒绝到接纳，从厌恶到热爱……都是对自己的改变。

改变自己是一种成熟，一种勇气，一种修养，同时更是一种睿智。改变自己是对自我的超越，最终必将获得人生的成功；反之，不愿改变或不善于改变自己常导致失败，最终必将留下遗憾、痛苦和悔恨。

改变自己，就是对自己人生的改变。有位哲人说：改变自己的思想，可以更加自信、坚强。实际上，在人的一生中，有很多事情都是人们无法选择的，如人的身高、身材和长相，这是天生的，谁也改变不了的。

古人云：严于律己，宽以待人。人，最应该改变的是自己，只有严格地要求自己，不断地改变自己，才能让自己变得更好、更优秀、更杰出、更自信，生活的世界才有可能因此而变得更美好。

有句话说得好：要想有不同的结果，就得有不同的做事方式；要想有不同的生活世界，就得有不同的自己。

正是如此，要让事情改变，就必须先改变自己；要让事情变得更好，就必须先让自己变得更好，如果你感觉自己做事不够成功，首先检讨的也是自己，看自己有没有需要改进的地方。

有这么一句话是："要成功，一定要从改变自己开始！"

改变自己，并不是件容易的事情。但是，我们仍要坚信，经过挫折的不断洗礼，人们才能够克服挫折而改变自我，来迎接成功的人生。

中央电视台的主持人张越，可谓是家喻户晓，众人皆知。可是，又有多少人知道她成功的道路上，也有着一段艰辛的心路历程？

在她上大学的时候，常因自己的身材肥胖、长相不佳而自闭。在同学老师面前，在浪漫的玫瑰面前，她总是紧紧地关上自己的心灵之窗。甚至在面对身材苗条的女同学的时候，她害怕看见她们身上那美丽的花裙子。就这样一段时间的封闭后，她苏醒了。她决心提高自己的学识和德行。多年的努力奋斗以后，她变成了一个气质非凡的女主持人。

张越正是在自己的人生道路上，勇于改变自己，懂得改变自己，扭转了人生。我们很难改变别人，我们只能通过改变自己来影响别人；我们更不要抱怨别人，我们只有通过让自己变得更杰出来征服别人。这是一种思维方式的问题，改变别人是很困难的，即使改变了别人，你也不会有什么进步，而多反省自己，时刻提醒自己还应该做得更好，你就能够改变自己，使自己得到进步。

有时候，改变一下自己的弱点，就会发现自己的生活更加丰富多彩；有时候，改变一下自己的想法，就会发现自己变得更加自信和坚强。

请记住：成功从改变自己开始。

保持一种积极的态度

任何人做任何事，想要成功都需要积极的态度。拥有一份积极的态度，让它带领你走向成功。

请牢记一句话：积极地面对生活，成功的来临会比你想象中快得多！

成败、荣辱、福祸、得失，人生不如意事十之八九。面对挫折、苦难，我们是否能保持一份豁达的情怀，是否能保持一种积极向上的人生态度呢？

积极的心态是人人可以学到的，无论他原来的处境、气质与智力怎样。

积极的心态是我们每个人所必须具备的，它是我们迈向成功的基石。

对于一个人来说，什么是获得成功最重要的因素呢？是天时、地利、人和？还是年轻、美貌、智慧？这些都不是，最重要的是积极的态度，积极的态度是成功的开始。

积极向上的心态是工作的助跑机，一个人若想得到一份工作，85%取决于他积极向上的心态，既然我们没有更多的、更明显的优势，那么积极的做事态度，就是我们最大的资本和优势。

卡耐基说："一个对自己的内心有完全支配能力的人，对他自己有权获得的任何其他东西也会有支配能力。当我们开始用积极的心态并把自己看成成功者时，我们就开始成功了。"

许多人，成功时很骄傲，失败时很后悔，这都是他们努力前进的绊脚石。成功时，当然有自己努力的因素在内，但还有赖于天时、地利、人和等因素。遭遇失败时，情况也是如此，事情往往不是仅仅以个人的力量可以控制的。

积极主动这个词最早是由著名心理学家维克托·弗兰克推介给大众的，其本人就是一个积极主动、永不向困难低头的典型。

弗兰克原本是一位受弗洛伊德心理学派影响颇深的决定论心理学家，但在纳粹集中营经历了一段凄惨的岁月后，他开创出了独具一格的心理学流派。

弗兰克的父母、妻子、兄弟都死于纳粹魔掌，而他本人则在纳粹集中营里受到严刑拷打。有一天，他赤身独处于囚室之中，突然有了一种全新的感受——也许，正是集中营里的恶劣环境让他猛然警醒："即使是在极端恶劣的环境里，人们也会拥有一种最后的自由，那就是选择自己的态度的自由。"

弗兰克的意思是说，一个人即使是在极端痛苦、无助的时候，依然可以自行决定他的人生态度。在最为艰苦的岁月里，弗兰克选择了积极向上的态度。他没有悲观绝望，反而在脑海中设想，自己获释以后该如何站在讲台上，把这一段痛苦的经历讲给自己的学生听。

凭着这种积极、乐观的思维方式，弗兰克在狱中不断磨炼自己的意志，让自己的心灵超越了牢笼的禁锢，在自由的天地里任意驰骋。

弗兰克在狱中发现的思维准则，正是每一个追求成功的人应具有的人生态度——积极主动。

这是一种心态，一枚助你走向成功大门的钥匙。有时候，虽然我们受环境的左右，受事情的主导，但是我们都有权利去选择我们的生活。遇到问题时，我们可以寻求帮助，或者可以独立思考。环境不好时，我们有怨天尤人的权利，但是用积极豁达的心去解决面对一切，更为重要。

许多人总是等到自己有了一种积极的感受，再去付诸行动，这些人是在本末倒置。积极行动会导致积极思维，而积极思维会导致积极的人生心态。心态是紧跟行动的，如果一个人从一种消极的心态开始，等待着感觉把自己带向行动，那他就永远成不了他想做的积极心态拥有者。

成功者总是用最积极的态度、最乐观的精神和最顽强的斗志去控制和支配自己的人生，而失败者正好相反，他们缺乏积极的态度和激情，他们的人生总是让悲观、退缩和疑虑所左右。

态度决定成败，无论情况好坏，都要抱着积极的态度，不要让沮丧取代热情。生命可以价值极高，也可以一无是处，随你怎么去选择。这个选择，决定了你人生道路上的成败。

古希腊著名数学家毕达哥拉斯到晚年时，他变得消极，反对一切新生事物，甚至命人将发现了新数——无理数的学生丢入大海。结果他的事业也走了下坡路，再没有新的成果。

积极向上，就是不以恶小而为之，不以善小而不为。积极向上，就是所做的事不仅有利于自己，也有利于他人，至少不妨害他人。积极向上，就是认定了目标执着而勤奋地去追寻。积极向上，就是不沉迷，不颓废。积极向上的人生往大了说，是推动社会进步的动力，往小了说，能让我们拥有青春的活力和健康的心态。

有三个年轻人出去打工，在同一个建筑工地上干活，小王每天按部就班地和着灰沙，回到工棚，倒头便睡；小刘每天干完手里的活儿，一有空就去看师傅们砌砖，慢慢地也拿起了瓦刀，当上了师傅的助手；小高注视着每一道工序，经常在干活之余，到各个工序打听、了解各种工序的情况，了解管理的方法、材料的价格。

两年后，小李还是在建筑工地和灰拉沙，一脸疲惫；小王当上了工地师傅，而且成了包工头；小张坐着汽车，在各个工地忙碌，他成了建筑开发商。

从同样一个村子出来，在同样一个工地打工，三个人的命运却差距巨大。这不是因为谁的条件好，也不是谁比谁聪明多少，关键是每个人对待生活的态度。只要有一种积极的态度，去行动，去面对，就会慢慢步入成功者的行列。

不要只做言语上的巨人

行动就像是一场漫长的投资，而成功则是对长期投资的一次性回报。成功始于行动，不断地追求成功，这才是生命的真谛！

俗话说得好：不要做言语上的巨人，行动上的矮子。人们不是听你说什么，而是看你做什么。行动才会有成功，不行动，再好的想法和机会都不会成功，只要你行动了，就具备了50%的成功可能。

生活中，我们随处可以见到一些"行动上的矮子"，虽然他们想法很多，但总是不见其行动，他们要不是武断地认为某件事根本不可能有结果，就是说行动的时机还没有来临。这些人只会为自己找千百种借口。

古人云：言必行，行必果。做行动上的巨人，灿烂我们的人生。

而在我们生活中，阻碍我们行动的，往往是心理上的障碍和思想中的顽石，而不是事情本来有多么的困难。如果你认为一件事情值得去做，立刻行动，不要拖延，最后你就会发现你确实能够做到。因为没有行动一切都是空谈，拖延才是让你止步不前的根本原因所在。

从前，有一户人家的花园中摆着一块大石头，宽度大约有四十厘米，高度有十厘米。到花园的人，不小心就会碰到这块大石头，不是跌倒就是擦伤。

很多次，有人建议让主人移开，可是他总是说："这块石头在这已经有很长时间了，它的体积那么大，不知道要挖到什么时候，不如走路小心一点，还可以训练你们的反应能力。"

就这样，日复一日，年复一年，这块石头留到了他的下一代。

有一天，他的孙子问他："爷爷，这块石头放这儿，让人看了不顺心，怎么不搬走它呢？"他还是这样回答："算了吧！那块大石头很重的，可以搬走的话我早就搬走了，哪会让它留到现在啊？"

小孙子不相信，带着锄头和一桶水，将整桶水倒在大石头的四周。他下定决心，即使是花上三天两夜的工夫也要把这块石头撬出来搬走。然后，小孙子用锄头把大石头四周的泥土搅松。但谁都没想到，几分钟以后他就已经把石头撬松并挖了起来，看看大小，这块石头并没有想象得那么大，人们都是被那个巨大的外表蒙骗了。

这个故事短而精悍，道理却很深奥。行动就是一切，有些事情不要只看表面给人造成的假象，就望而远之不敢靠近。

有位名人说：我们要敢于思考"不可想象的事情"，因为如果事情变得不可想象，思考就停止，行动就变得无意识。没有引发任何行动的思想都不是思想而是梦想，没有任何行动的想法都不是想法而是空谈。一味空想，而不付出行动，再美好的梦想终是黄粱一梦。

成功者努力找方法去行动，失败者拼命找借口去埋怨！想超越竞争对手，永远要投资更多的时间在思考上和行动上！

著名演讲大师齐格勒，在给某大学做演讲的时候，给学生们举了这样一个例子：

一个几厘米见方的小木块可以让停在铁轨上的火车无法动弹。你们相信吗？但是，火车一旦动起来，这小小的木块就再也挡不住它了。当它开到时速最高时，一堵厚5英尺的水泥墙也能撞穿。火车的威力变得如此强大，只在于它动起来了。

动起来的力量是无穷大的。人亦如此，当人们只是坐那空想自己的未来而不付出行动，就像火车停止了，无法动弹了，只能是白日做梦了。但是，人一旦行动起来，便会产生巨大的力量，挖掘出无限潜能。

常言道：千里之行，始于足下。在有梦想、有目标的世界里，要勇于面对困难和挫折，在它们面前，不要退缩，要行动起来。因为只有行动了才会成功。有些人后退了，是因为他们在困难面前往往拿着放大镜看，其实，去和困难斗争后才发现困难原来也不过如此。

自信让青春飞扬

自信是对自我能力和自我价值的一种肯定。在影响成功的诸要素中，自信是首要因素。有自信，才会有成功。美国作家爱默生也曾说过："自信是成功的第一秘诀。"

古人云："人不自信，谁人信之。"建立自信，应该从相信自己，赏识自我做起。相信自己，就是对自己的认可和支持。"我能行""我也会成功"。积极的自我暗示，能够激起强烈的成功欲望，在战胜困难、实现目标的过程中，表现出果敢的勇气和必胜的信念。

莎士比亚说过："自信是走向成功之路的第一步"。每个人都希望自己获得成功：读书的希望成绩优秀；演戏的希望观众赞赏；做工的希望超额完成任务。成功可能有很多种原因，但自信是最重要的因素。

一位哲人说得好："谁拥有了自信，谁就成功了一半。"

信心是成功的秘诀，拿破仑曾经说过："我成功，是因为我志在成功。"

在每一个成功者背后，都有一股巨大的力量，在支持和推动着他们不断向自己的目标迈进。我们可以发现：信心的力量在成功者的足迹中起着决定性的作用。

著名电视主持人王小丫有这样一次经历。在一场全国性的律师辩论大赛中，王小丫前去采访一位著名的大律师。走到律师跟前，王小丫很自然地坐了下去，没想到椅子没放好，"噌"地一下，她一屁股坐到地上去了，全场哄堂大笑。

当时王小丫真的很尴尬。但没办法，自己摔倒就自己爬起来。

她调侃着说："我摔得太不漂亮了，下次摔我一定要注意姿势。"接着，王小丫就若无其事地笑着，开始了采访。

事后，王小丫告诉大家："自信，有时需要学会自我解嘲。"其实，王小丫的自嘲恰恰表现了她的自信。

诗圣杜甫告诉我们，自信是"会当凌绝顶，一览众山小"的气魄；诗仙李白告诉我们，自信是"天生我材必有用，千金散尽还复来"的豪情。只有拥有自信，我们才能无畏恐惧，迎来成功的曙光。

自信是一个人的生命之剑，它可以劈开任何一块挡在人生道路上的巨石，所以说拥有了自信就拥有了成功的一半，而另一半是要靠我们刻苦的努力。人生尽管有一千个理由让我们哭泣，但也有一千零一个理由令我们欢喜。不管前途有多么渺茫，有多么坎坷，我们只要走好脚下的每一步，为自己的人生打好坚实的基础，生命就会绚丽多彩。

居里夫人有句名言："我们应该有恒心，尤其要有自信心。"

20世纪60年代，一个混血男孩出生在美国夏威夷的檀香山，他的父亲是肯尼亚人，母亲来自美国的一个中产家庭。男孩长大后就读于夏威夷一家私立精英小学，因为肤色问题的困扰，他在班上少言寡语。每当老师提问时，他的双腿就开始不停颤抖，说话也变得吞吞吐吐。老师无奈地告诉男孩的母亲，这个孩子没有自信心，将来不会有什么出息了。

男孩的母亲并不认同老师的观点，她为男孩找了一份差事——课余时间在街区里挨家挨户订报纸。在母亲的鼓励下，男孩勇敢地迈出了第一步。他敲开了邻居家的门，努力地与他们沟通，征订报纸出人意料的顺利，几个邻居都成了他忠实的订户。有了挣"第一桶金"的经历，男孩从此说话不再结巴了，他从一个街区走到另一个街区，自信地敲开一家又一家的大门，订单也与日俱增，他第一次享受到了成功的喜悦。

多年以后，男孩才知道，他童年时获得的"第一桶金"隐藏着深深的母爱。原来，母亲早就安排好了，她自己出钱请邻居们订报纸，目的就是给儿子一份自信。成功后的他握住母亲的手，任凭泪水肆意地奔流。是童年那份宝贵的自信让他一步步地走下来，成为美国首位非裔总统。他就是贝拉克·侯赛因·奥巴马。

自信心可以创造奇迹，自信可以使一个人的才干取之不尽，用之不竭，从而成为事业成功的坚强基石。

古往今来，许多人之所以失败，究其原因，不是因为无能，而是因为不自信。自信，使不可能成为可能，使可能成为现实。不自信，使可以变成不可能，使不可能变成毫无希望。

成功就藏在拐角后

坚持不懈，要的是恒心和毅力。就像去一个遥远的圣地，道路是崎岖而漫长的，更隐藏着无数的恶魔，虎视眈眈地盯着你。它们会扑向你，而你用什么来对付他们呢？用你随身带着或路上得到的法宝。这些法宝是丰富多彩的，有勤奋，有谦虚，有自信，其中一件熠熠发光，那便是恒心和毅力。

比尔·盖茨说："无论遇到什么不公平——不管它是先天的缺陷还是后天的挫折，都不要怜惜自己，而要咬紧牙关挺住，然后像狮子一样勇猛向前。"在我们成长和成功的路上，需要的是勇往直前、坚持到底的精神。坚持是成功的重要一环，挫折、失败离成功只有一步之遥，而跨越这一步的关键是对既定目标坚持到底。

成功的路上必定不会一路顺畅，获得成功，往往在于坚持。

成功不仅要求我们敢想、敢做，最重要的是一定要坚持，坚持自己的信念直到成功为止。面对暂时的不如意我们需要做的是坚持，坚持才能成功！

九十九度加一度水就开了。开水与温水的区别就在这一度之差。有些事之所以天壤之别，往往也正因为这一度之差。

一百多年前，一位穷苦的牧羊人带着两个幼小的儿子替别人放羊为生。

有一天，他们赶着羊来到一个山坡上，一群大雁鸣叫着从他们头顶飞过，并很快消失在远方。牧羊人的小儿子问父亲："大雁要往哪里飞？"牧羊人说："它们要去一个温暖的地方，在那里安家，度过寒冷的冬天。"大儿子眨着眼睛羡慕地说："要是我也能像大雁那样飞起来就好了。"小儿子也说："要是能做一只会飞的大雁该多好啊!"

牧羊人沉默了一会儿,然后对两个儿子说："只要你们想,你们也能飞起来。"

两个儿子试了试,都没能飞起来,他们用怀疑的眼神看着父亲,牧羊人说："让我飞给你们看。"于是他张开双臂,但也没能飞起来。可是,牧羊人肯定地说："我是因为年纪大才飞不起来,你们还小,只要不断努力,将来就一定能飞起来,去想去的地方。"

两个儿子牢牢记住了父亲的话,并一直努力着,等他们长大——哥哥36岁,弟弟32岁时——他们果然飞起来了,因为他们发明了飞机。这两个人就是美国的莱特兄弟。

成功之路,贵在坚持。谁能坚持到底,谁就能获得成功。

古希腊哲学家苏格拉底在给学生上第一节课的时候,要求他的学生在每天上课之前都向上挥一下手。过了一个星期,他发现已经有一半的学生不再挥手;过了一个月,他发现只有三分之一的学生在挥手了;过了半年再看,发现最后只剩下一个人在挥手,那个人就是柏拉图。柏拉图后来成为伟大的思想家和哲学家。其实很多事情到最后都是"简单的重复和机械的劳动",只要你坚持做到了,你就有可能在一个领域做到前列。

这就是名人与凡人的不同之处。坚持,是意志力顽强的表现。坚持,它不是口头上的豪言壮语,而是要求我们付诸行动,从一点一滴做起,不怕困难,顽强拼搏,甘于寂寞,乐于清贫,脚踏实地。经得起艰难困苦的考验,甚至经得起肉体和精神极限的挑战,这才是成功的重要前提。

荀子曰:"骐骥一跃,不能十步;驽马十驾,功在不舍。"水滴石穿,绳锯木断,这个道理我们每个人都懂,然而实践起来并不是那么容易。恒心和毅力是成功道路上必不可少的因素。

古苏格兰国王罗伯特·布鲁斯，六次被打败，失去信心。在一个雨天，他躺在茅屋里，看见一只蜘蛛在织网。蜘蛛想把一根丝挂到对面墙上，六次都没有成功，但经过第七次，它终于达到了目的。罗伯特兴奋地跳了起来，叫道："我也要来第七次！"他组织部队，反击英国入侵者，终于把敌人赶出了苏格兰。因为蜘蛛的毅力感染了罗伯特，让这个失败了六次的男人再次站了起来。而后来的罗伯特也因为这种毅力，从而进行了第七次挑战，最后因为他的恒心，他成功了。他成了民族英雄。

毅力是成功的基石。居里夫人曾经说过："一个人没有毅力，将一事无成。"而"说一套，做一套"，永远都不可能取得成功，只有言行一致，朝着目标坚持不懈地去奋斗，去追求，才会有所收获。

生命的奖赏远在旅途终点，而非起点附近。我们不知道要走多少步才能达到目标，踏上第一千步的时候，仍然可能遭到失败。但成功就藏在拐角后面，除非拐了弯，我们永远不知道还有多远。再前进一步，如果没有用，就再向前一步。这就是坚持不懈。

第 七 章

直面逆境，奏响人生奋进的旋律

马斯洛说："心若改变，你的态度跟着改变；态度改变，你的习惯跟着改变；习惯改变，你的性格跟着改变；性格改变，你的人生跟着改变。"悲观的心态，使人灰心丧气；乐观的心态，使人充满活力。幸福与心态有关。心态决定人生，心态决定命运，心态决定幸福。"祸兮福所倚，福兮祸所伏。"

在挫折、不幸、灾难或厄运降临的时候，我们左右不了外部的世界，但我们可以把握住自己的心态。把握住了自己的心态，也就拥有了一个美丽而安宁的精神世界，幸福就会向我们涌来。

人本是人，不必刻意做人

逍遥，指的是没有什么约束、自由自在——当然，法律与道德的约束还是需要的。也就是说，逍遥是一种基于心灵大自在之上的行为太潇洒。逍遥表现在自然个性的呈现、精神思维的自由和言谈举止的洒脱。

史上最著名的逍遥派大约就是庄子了。这个逍遥派掌门人，在《庄子·齐物论》说了一个这样的故事：有一天，他梦见自己变成了蝴蝶，一只翩翩起舞的蝴蝶。自己非常快乐，悠然自得，不知道自己是庄周（庄子）。一会儿梦醒了，却是僵卧在床的庄周。不知是人做梦变成了蝴蝶呢，还是蝴蝶做梦变成了人呢？

人生的目的是什么？这个亘古以来的千年追问。有人认为拥有至高的权位最爽，可以享受支配他人的快感；有人认为拥有金山银山胜过所有，因为金钱可以换取很多东西；有人认为拥有好的名声最重要，即使死了也还会活在人们心中；更有人什么都可以不要，只要美人……

但是庄子飘然而来，把手中的拂尘轻轻一扬，便击碎了尘世中的所有牵绊。他说：快乐至上。他在《庄子·至乐》中说："夫富者，苦身疾作，多积财而不得尽用，其为形也亦外矣。夫贵者，夜以继日，思虑善否，其为形也亦疏矣。人之生也，与忧俱生，寿者惛惛，久忧不死，何苦也！"这意思是说：富有的人，劳累身形勤勉操劳，积攒了许许多多财富却不能全部享用，那样对待身体也就太不看重了。高贵的人，夜以继日地苦苦思索怎样才能保住权位和厚禄，那样对待身体也就太忽略了。人们生活于世间，忧愁也就跟着一道产生，若长寿的人整日里昏聩不堪，长久地处于忧患之中而不能死去，那是多么痛苦啊！

人是伟大的，但也是渺小的。人可以改变一些事物，但对于大的命运却经常无能为力。一个下雨的早晨，再多公鸡的鸣啼也唤不出太阳。与其空喊、抱怨与诅咒老天，不如撑一把雨伞来个雨中漫步，给自己找一份悠闲与浪漫。当追求幸福的人因求之不得而苦恼的时候，只要换一种心态，就能很容易地体会到逍遥的快乐。当一个人与幸福失之交臂的时候，也许恰好具备了逍遥的条件。得到和失去一样能够快乐，这就是生活的公平、公正和微妙。

人本是人，不必刻意做人；世本是世，不必精心处世。这就是返璞归真之人生大自在的箴言。

宠辱不惊，顺其自然

"我很累"和"烦着呢，别惹我"之类的口头语曾在当今社会广泛流行，这一现象引起了许多社会学家与心理学家的疑惑：为什么社会在不断进步，而人的负荷却更重，精神越发空虚，思想异常浮躁？

科技的迅速进步，使我们尝到了物质文明的甜头：先进的交通工具、通信工具、娱乐工具……然而物质文明的一个缺点就是造成人与自然的日益分离，人类以牺牲自然为代价，其结果便是陷于世俗的泥淖而无法自拔，追逐于外在的礼法与物欲，而不知什么是真正的美。金钱的诱惑、权力的纷争、宦海的沉浮让人殚精竭虑。是非、成败、得失让人或喜、或悲、或惊、或诧、或忧、或惧，一旦所欲难以实现，一旦所想难以成功，一旦希望落空成了幻影，就会失落、失意乃至失志。而那些实现了梦想的呢，又很难真正满足，他们如同一只没有脚的小鸟永远只能飞翔，在劳累中飞向生命的终点。

失落是一种心理失衡，失意是一种心理倾斜，失志则是一种心理失败。而劳累表面上是体力的疲惫，实则发自内心。身心俱疲却找不到一个停靠的港湾，是一件多么无奈与绝望的事情！

出家人讲究四大皆空，超凡脱俗，自然不必计较人生宠辱。而生活在滚滚红尘之中的你我，谁也逃离不开宠辱。在宠辱问题上，若能做到顺其自然，那才叫洒脱。一个人，当你凭着自己的努力实干，凭自己的聪明才智获得了应得的荣誉或爱戴时，仍应该保持清醒的头脑，切莫受宠若惊，飘飘然，自觉霞光万道，"给点光亮就灿烂"。如三国时阮籍所云"布衣可终身，宠禄岂可赖"。一个人的宠辱感很大程度上是来自于别人对自己的一种评价，而生命不应该是活给别人看的。生命可以是一朵花，静静地开，又悄悄地落，有阳光和水分就按照自己的方式生长；生命可以是一朵飘逸的云，或卷或舒，在风雨中变幻着自己的姿态。

老子的《道德经》中说："宠辱若惊，贵大患若身。何谓宠辱若惊？宠为下，得之若惊，失之若惊，是谓宠辱若惊。何谓贵大患若身？吾所以有大患者，为吾有身，及吾无身，吾有何患？"大意是："对于尊崇或污辱都感到心情激动，重视大的忧患就像重视自身一样。为什么说受到尊崇和污辱都让人内心感到不安呢？因为被尊崇的人处在低下的地位，得到尊崇时会感到激动，失去尊崇时也感到惊恐，这就叫作宠辱若惊。什么叫作重视大的忧患就像重视自身一样？我之所以有大的忧患，是因为我有这个身体；等到我没有这个身体时，我哪里还有什么祸患！"

在晚明陈继儒的《小窗幽记》里有一句这样的话：宠辱不惊，闲看庭前花开花落；去留无意，漫观天上云卷云舒。一个人要是能够做到"宠辱不惊，去留无意"的境界，那么就没有什么事物能绊住他的脚，拴住他的心。而唐朝的女皇武则天，死后立了一块无字碑。武则天的无字碑中，透露出一种大智大慧、大觉大悟的睿智。她开天辟地、以女流之辈坐南朝北，一手杀亲子、诛功臣，一手不拘一格用人才、尽心尽力治国家。荣辱相伴相生，莫一而衷。既然如此，何必学他人为自己立下洋洋洒洒的功德碑？不如糊涂一点，千秋功过，留与后人评说。

天空没有翅膀的痕迹，而我已飞过！

要翻山而行，莫望山止步

成功的人有些什么共同的条件？恒心！大多数成功者只有平常的智慧和能力，可是他们在完成一项工作时，在遭受重大困难时，在工作极其繁重时，却有超乎常人的耐心和毅力。

当年宋美龄在称赞张学良将军时曾说道："有超乎常人的毅力，必有超乎常人的抱负。"恒心、毅力都是相对于人生旅途上的坎坷和挫折而言的。

任何人在向理想目标挺进的过程中，都难免会遇到各种阻力和重重困难，在这种情况下持之以恒的精神则是最难能可贵的。

所谓"持之以恒"，是做自己命运主宰时，不朝秦暮楚，不被眼前的困难吓倒，不半途而废，不浅尝辄止，不功亏一篑。持之以恒是一种毅力，一种精神。

世界上没有任何东西能够代替恒心、才干不能，有才干的失败者多如过江之鲫；天才不能，"天才无报偿"已成为一句俗话；教育不能，被遗弃的教养之士到处充斥着。唯有恒心才能征服一切。

在我们刚上学的时候，教师就告诉我们：坚持就是胜利。并且用很多的例子教诲我们。其中一个最显著的例子就是一个挖井人，他一连挖了几口井，都不能坚持到最后，挖到一半便放弃了，他说：这口井没有水。其实水就在下面，挖井人只是没有持之以恒的决心罢了。

生命犹如一场马拉松，最大的敌人不是别人，而是你自己，你在向事业迈进的旅程中，唯有靠坚定不移的恒心，持续不断的毅力，才能成为一个真正的成功者。

如果通往成功的电梯出了故障，请你走楼梯，一步一步上。只要还有楼梯，或是任何梯子，通往你想去的地方，电梯有没有故障都是无关紧要的事了，重要的是你不断地一步一步往上爬。

假使你在途中遇上了麻烦或阻碍，你应该去面对它、解决它，然后再继续前进，这样问题才不会越积越多。同时当你解决了一个问题，其他问题有时也自动消失了。时间能消除许多问题，你只有坚持到底，一个一个来，不要操之过急，只要不放弃。很快地，你就会发现自己有了很大的转变，干劲增强了，自信心也提高了，你会感到一种前所未有的快活。

你在前进的时候，一步步向上爬时，千万别对自己说"不"，因为"不"也许导致你决心的动摇，放弃你的目标，从而返下楼梯，前功尽弃。

宋朝诗人杨万里有诗曰："莫言下岭便无难，赚得行人错喜欢。正入万山圈子里，一山放出一山拦。"人在奋斗的过程中，由于条件有限，必然困难重重，也会有种种干扰。这些困难、干扰就像一座座山横亘在我们前进的道路上。是望山止步，还是翻山而行？十九世纪英国作家福楼拜说得好："顽强的毅力可以征服世界上任何一座高峰。"

失去不是损失，而是奉献

一个人坐在轮船的甲板上看报纸，突然一阵大风把他新买的帽子刮落大海中，只见他用手摸了一下头，看看正在飘落的帽子，又继续看起报纸来。另一个人大惑不解："先生，你的帽子被风刮入大海了！""知道了，谢谢！"他仍然继续读报。"可那帽子值几十美元呢！""是的，我正在考虑怎样省钱再买一顶呢！帽子丢了，我很心疼，可它还能回来吗？"说完那人又继续看起报纸来。的确，失去的已经失去，既然已经无法挽回，又何必为之大惊小怪或耿耿于怀呢？

一个老人在高速行驶的火车上不小心使刚买的新鞋从窗口掉下了一只，周围的人备感惋惜。不料那老人又立即把第二只鞋也从窗口扔了下去，这更让人大吃一惊。"是这样！"老人解释道，"这一只鞋无论多么昂贵，对我而言都已经没有用了。如果有谁能捡到一双鞋子，说不定还能穿呢！"

显然，老人的行为已经有了价值判断：与其抱残守缺，不如果断放弃。有时事物的价值不在于谁占有，而是在于如何占有。

许多人都有过丢失某种重要或心爱之物的经历，比如不小心丢失了刚发的工资，最喜爱的自行车被盗了，相处了好几年的恋人拂袖而去了等，这些大都会在我们的心理上投下阴影，有时甚至因此而备受折磨。究其原因，就是我们没有调整心态去面对失去，没有从心理上承认失去，仍然沉湎于已不存在的东西，而没有想到去创造新的东西。人们安慰丢东西的人时常会说："旧的不去，新的不来。"其实事实正是如此，与其为失去的自行车懊悔，不如考虑怎样才能再买一辆新的；与其对恋人向你"拜拜"而痛不欲生，不如振作起来，重新开始，去赢得新的爱情……

有两个朋友曾结伴出门旅游，在即将返回的时候他们发现钱包不见了。其中一个人把自己去过的地方寻了个遍，询问了许多人，还到派出所报了案，结果一无所获。而另一个朋友在发现丢了钱包之后，不是一味地懊悔，而是积极想办法，考虑如何才能挣到回家的路费。他走进一家饭店，向老板讲明了自己的情况后，用给饭店洗菜的办法为自己和同行的朋友挣得回家的路费。直到现在，一提起这件事他也总是说："旅游的时间那么短，有趣的事那么多，为了丢失钱包而一直烦恼下去很不值得。"人生有许多事情要做，为什么要为一时的失去而一直伤心呢？

每个人都曾有过失去的经历，但对其所持的心态却截然不同。有的人总是向别人反复表明他失去的东西有多么好，有多么珍贵。但是有些人却表现相反，比如，他们在失去了原有的工作之后，从不会一味地伤感，而是主动去寻找新的工作。他们相信，失去并不意味着失败，失去后还可以重新拥有，而这才是成功者应具备的心态。

普希金的抒情诗《假如生活欺骗了你》最后有两句话是："一切都如烟云，一切都会消失；让失去的变得可爱。"显然，有时失去不是忧伤，而是一种美丽；失去不一定是损失，也可能是奉献。只要我们有着积极进取的心态，失去也会变得可爱！

成功者都是苦难的学生

翻开历史，那些伟大的人物无一不是苦难的学生，无一不是历尽千辛万苦才成就辉煌的。对于这些伟人，我们或许可以这样说，只有当他们的生命终结的时候，他们才真正开始出生。天堂是为那些尘世中的失败者创造的。那么，是什么锤炼出人类最深邃和最高尚的思想呢？不是人类的学识，不是商业行为，更不是感情的冲动，而是苦难。

如果幸运和幸福是人生的目标，那么，苦难就是达到这一目标所必不可少的条件。

雪莱说：最为不幸的人被苦难抚育成了诗人，他们把从苦难学到的东西用诗歌教给别人。所以有人说，苦难往往是经过化妆了的幸福。

电视连续剧《幸福来敲门》是一部歌颂母爱的作品。女主人公江路虽然以继母的身份出现，但善良与奉献的高贵品格，让人敬佩不已。但就其江路的个体生命而言，她却承受了生活给予她的无限的压力和苦楚。在剧尾，江路的精神已趋于崩溃，在历尽苦难之后，才痛定思痛，并寻得了突围的办法，那就是和宋宇生离婚。江路如同一颗珍珠，宋家在失去了之后，才觉得可贵。

苦难，如同炼狱一样炙烤着江路，同时也让她看到了幸福的曙光。

在一本杂志里，我曾读过这样一则故事，更使我们对苦难会有深切的理解：

巴雷尼小时候因病成了残疾，母亲的心就像刀绞一样，但她还是强忍住自己的悲痛。她想，孩子现在最需要的是鼓励和帮助，而不是妈妈的眼泪。母亲来到巴雷尼的病床前，拉着他的手说："孩子，妈妈相信你是个有志气的人，希望你能用自己的双腿，在人生的道路上勇敢地走下去！好巴雷尼，你能够答应妈妈吗？"

母亲的话，像铁锤一样撞击着巴雷尼的心扉，他"哇"的一声，扑到母亲怀里大哭起来。

从那以后，妈妈只要一有空，就给巴雷尼练习走路，做体操，常常累得满头大汗。有一次妈妈得了重感冒，她想，做母亲的不仅要言传，还要身教。尽管发着高烧，她还是下床按计划帮助巴雷尼练习走路。黄豆般的汗水从妈妈脸上淌下来，她用干毛巾擦擦，咬紧牙，硬是帮巴雷尼完成了当天的锻炼计划。

体育锻炼弥补了由于残疾给巴雷尼带来的不便。母亲的榜样作用，更是深深教育了巴雷尼，他终于经受住了命运给他的严酷打击。他刻苦学习，学习成绩一直在班上名列前茅。最后，以优异的成绩考进了维也纳大学医学院。大学毕业后，巴雷尼以全部精力，致力于耳科神经学的研究。最后，终于登上了诺贝尔生理学或医学奖的领奖台。

这个故事的主人公，确实经历人生中无以数计的失败和难以言传的苦难，但他没有丧失斗志，败而不馁，以正确的心态对待苦难，终于获得成功。因此完全可以说，苦对于他，只是化妆了的幸福，或者说，他的幸福是站立在苦难中的。所以说，在漫漫人生中，谁也难免不失败，难免不经历苦难，关键在于我们的心态。一位文友对此深有体会，他的故事让我领悟了很多人生哲理：

高三那年，一场突如其来的疾病彻底改变了他人生的轨道，这一场病使他与高考失之交臂，至此，他的大学梦彻底地破灭了。如花似锦的年纪，他却用来与疾病斗争。

曾经他无数次地抱怨命运不公平，为什么上天一定要把这样的苦难丢给他而不是其他人？与同龄人相比，他承受得太多了。这样的想法使他痛苦，甚至绝望。可是慢慢地，随着时间的流逝，他渐渐地从这场疾病中，体会到上天并不只是单纯地将苦难丢给了我，还有许多很宝贵的东西，只是他一时无法用心体会罢了。

曾经他和很多人一样忽视父母的付出，难以体会他们的感受，并且理所当然。但是，这场疾病终于让他明白，在这个世界上唯一能为他倾其所有的，只有他的父母。记不清有多少次，父亲为了带他去求医，连续几天，昼夜不休。记不清有多少个夜晚，母亲陪在他的病床边彻夜不眠，只是为了看着他安然入睡。是他们默默地爱伴他走过那几年灰暗的日子。如果生命可以重来，他希望上天能让他的父母成为他的儿女，他愿意用来世的情回报他们今生的爱。

在一次次与疾病斗争过后，他的身体逐渐恢复了健康。在与命运的抗争中，内心变得坚韧起来。终于在三年后有幸成为村子里的一名代课教师。生活开始充实起来，他重新拾起了生活的信心。对于那份苦难也有了新的感悟。

这场疾病改变了他的一生。正是它，使他对生命有了更深的体会。身体的疾病不是可怕的，要是连心也病了，才是最可怕的。疾病与苦难可以损害我们的身体，但如果连信心和坚持都被它击垮，那么人生就真的毫无希望了。所以不管经历什么苦难，我们的心都不能生病。

生活给我们的一切都是弥足珍贵的财富，关键是我们要学会面对。如果把苦难只视为苦难，那它真的就只是一种苦难。但如果把它同精神世界里的那片土地结合，它就会变成一种宝贵的营养材料，必将培育出幸福的人生。所以不要去挑剔生活给了我们什么，哪怕它给了我们一颗苦涩的果子，只要我们用心去品味，就会尝到幸福的甜味，才会一生幸运。

算一算，其实你已经很富有

"数数你拥有的幸福"，这句话是建立在一个很深刻的哲学思考上的，即：我们的生命是什么。对这个问题的回答，决定着我们对生活价值的判断和生活的行动准则，当然也就决定着我们生活的心态。有的人把生命看作是占有，也就是占有金钱，占有权力，占有财富，占有名利，占有……这样的生命，总是把人生的意义定在一个点上，当这个点实现后，就开始追逐下一个点。也许当他到达一个具体的点时，会有一个瞬间的快乐，但很快就会被实现下一个点的焦虑所代替。在这样的人生中，人本身只是一个不断地追逐目标的工具，而不是生活本身。所以，人生总是被忙碌、焦虑、紧张所充斥，争名夺利，患得患失，到死也没能放松地享受一下生命的美好。而有的人则是把生命看作是上天赐予的礼物，是一个打开、欣赏和分享这个礼物的过程。因此，这样的人坚信生命本身就是快乐，就是爱，无论处在什么样的环境中，即使是在非常恶劣的环境中，他们也能泰然处之，就像是在游乐园中那样高兴，兴趣盎然地去寻找、发现、享受生命中的每一个乐趣。对于这样的人来说，重要的不是去拥有什么，因为他们知道自己已经拥有了一切；而是他们究竟应该怎样去享受生活，应该怎样享有自己的生命。

美国心理学专家理查·卡尔森博士就是看到了对待生命不同的态度，要求我们"多去想想你已拥有什么而不是你想要什么"。他说："做了十几年的压力心理学顾问，我所见过的最普通、最具毁灭性的倾向，就是把焦点放在我们想要什么，而非我们拥有什么。不论我们多富有，似乎没有差别，我们还是不断扩充我们的欲望购物单，确保我们难以满足的欲望。你的心理机制说：'当这项欲望得到满足时，我就会快乐起来。'可是，一旦欲望得到满足之后，这项心理作用却又在不断地重复……如果我们得不到自己想要的某一件东西，就会不断想着我们还没有什么，就仍然会感到不满足。如果我们如愿以偿得到了我们想要的东西，就会在新的环境中重复我们的想法。所以，尽管如愿以偿了，我们还是不会快乐。"

卡尔森博士针对这个问题，提出了他的解决办法："幸好，还有一个方法可以得到快乐。那就是将我们的想法从我们想要什么，转为我们已经拥有什么。不要奢望你的另一半会换人，相反，多去想想她的优点。不要抱怨你的薪水太低，要心存感激你有一份工作可做。不要期望去夏威夷度假，多想想自家附近有多好玩。可能性是无穷无尽的！……当你把焦点放在你已拥有什么，而非你想要什么时，你反而会得到更多。如果你把焦点放在另一半的优点上，她就会变得更可爱。如果你对自己工作心存感激，而非怨声载道，你的工作表现会更好，更有效率，也就有可能会获得加薪的机会。如果你享受了在自家附近的娱乐，不要等到去夏威夷再享乐，你也许会得到更多的乐趣。由于你已经养成自娱的习惯。因此如果你真的没有机会去夏威夷，反正你也已经拥有美好的人生了。"

最后，卡尔森博士建议道："给自己写一张纸条，开始多想想你已经拥有什么，少想你要什么。如果你能这么做，你的人生就会开始变得比以前更好。或许这是你这一辈子第一次知道真正的满足是什么意思。"

人的幸福，与其说来自生活的厚馈，不如说来自于日常生活中的微利。

每天都让自己看到希望

一位父亲带着儿子去参观凡高故居，在看过那张小木床及裂了口的皮鞋之后，儿子问父亲："凡高不是位百万富翁吗？"父亲答："凡高是位连妻子都没娶上的穷人。"

第二年，这位父亲带儿子去丹麦，在安徒生的故居前，儿子又困惑地问："爸爸，安徒生不是生活在皇宫的吗？"父亲答："安徒生是位皮匠的儿子，他就生活在这栋阁楼里。"

这位父亲是一个水手，他每年来往于大西洋的各个港口，这位儿子叫伊东布拉格，是美国历史上第一位获普利策奖的黑人记者。20年后，在回忆童年时，他说："那时我们家很穷，父母都靠出苦力为生。有很长一段时间我一直以为像我们这样地位卑微的黑人是不可能有什么出息的。好在父亲让我认识了凡高和安徒生，这两个人告诉我，上帝没有看轻卑微。"

从这个故事可以看出，这个儿子没有自卑，才使自己的人生没有虚度，才让自己的人生远离了不幸。

在社会上，自卑的人总感觉处处不如别人，自己看不起自己，"我不行""我没希望""我会失败"等话总是挂在嘴边。自卑的人往往自尊心极强，自卑与自尊经常会发生冲突，这种冲突会造成极其浮躁的心理。谁都曾有过自卑的念头，但千万不要让这种危险的念头主宰了你，你要相信，你会战胜自卑的。

1951年，英国人富兰克林从自己拍得极为清晰的DNA（脱氧核糖核酸）的X射线衍射照片上，发现了DNA的螺旋结构，就此还举行了一次报告会。然而富兰克林生性自卑多疑，总是怀疑自己论点的可靠性，后来竟然放弃了自己先前的假说。可是就在两年之后，霍森和克里克也从照片上发现了DNA分子结构，提出了DNA的双螺旋结构的假说。这一假说的提出标志着生物时代的开端，因此而获得1962年度的诺贝尔医学奖。假如富兰克林是个积极自信的人，坚信自己的假说，并继续进行深入研究，那么这一伟大的发现将永远记载在他的英名之下。

要战胜自卑，首先要树立自信，自信是战胜自卑的最强大武器。美国幽默作家霍尔摩斯有一次出席一场会议，席间他是身材最为矮小的人。一位朋友脱口而出："霍尔摩斯先生，你站在我们中间，是否有鸡立鹤群的感觉?"

很明显，这个朋友在笑话霍尔摩斯的身材矮小，所幸的是他不是一个自卑的人。他说："我觉得自己像一堆便士里的铸币。铸币面值十分，但比一分的便士体积小。"

有许多人，由于生理缺陷、性别、出身、经济条件、政治地位、工作单位等原因，常常造成自卑的心理。自卑对个人的身心和发展是不利的，也有碍于正常的人际交往。卡耐基对自卑心理做了较为精辟的研究，对如何克服自卑，他有独到的见解。在他的书里有这样一个故事：

凯西·拉曼库萨是一位不幸的母亲，当她的儿子琼尼降生时，孩子的双脚向上弯着，脚底靠在肚子上。凯西·拉曼库萨是第一次做妈妈，只是觉得这个样子看起来很别扭，一点也不知道这将意味着小琼尼先天双足畸形。医生保证说，经过治疗，小琼尼可以像常人一样走路，但像常人一样跑步的可能性则微乎其微。琼尼3岁之前一直在接受治疗，和支架、石膏模子打交道。经过按摩、推拿和锻炼，他的腿果然渐渐康复。七八岁的时候，他走路的样子已经和正常人差不多了，几乎看不出他的腿有过毛病。

虽然琼尼走路的样子接近正常人，但是要让他走得远一些，比如去游乐园或去参观植物园，小琼尼就会抱怨双腿疲惫酸疼。邻居的小孩子们做游戏的时候总是跑过来跑过去，毫无疑问，小琼尼看到他们玩就会马上加入进去，跑啊闹啊。他母亲从不告诉他不能像别的孩子那样跑，从不说他和别的孩子不一样，所以他一直和孩子们玩得很高兴。

七年级的时候，琼尼决定参加横穿全美的跑步比赛。每天他和大伙一起训练。他坚持每天跑 4~5 英里。有一次，他发着高烧，但仍坚持训练。他母亲一整天都为他担心。两个星期后，在决赛前的 3 天，长跑队的名次被确定下来。琼尼是第六名，他成功了。他才是个七年级学生，而其余的运动员都是八年级学生。

被医生宣判了不能跑步的琼尼不仅能跑了，而且在他那个年龄来说，成绩相当优异。这是因为他自小没有为自己不如别人而自卑，相反他从小就怀有成功的信念。所以说，克服自卑最重要的是要建立信心，充满自信。

每个人由于气质、文化素养及生活环境的不同，脾气、性格都不尽一致。但无论哪种人，自卑都是不正常的心理活动，应及时清除掉。

1. 警惕消极用语

你是不是经常使用一些消极性的自我描述用语？如"我就是这样""我天生如此""我不行""我没希望""我会失败"等。如果你总是把这些消极用语挂在嘴边，就只能使你更加自卑。把这些句子改成"我以前曾经是这样""我一定要做出改变""我能行""我可以试试""这次会成功的"，并且要经常对自己说或写下来贴在你房间的床头和书桌上。

2. 从另一个方面弥补自己的弱点

每个人都有多方面的才能，社会的需要和分工更是多种多样的。一个人这方面有缺陷，可以从另一方面谋求发展。只要有了积极心态，就可以扬长避短，把自己的某种缺陷转化为自强不息的推动力量，也许你的缺陷不但不会成为你的障碍，反而会成为你成功的条件。因为它促使你更加专心地关注自己选择的发展方向，促成你获得超出常人的动力，最终成为超越缺陷的卓越人士。

3. 用行动证明自己的能力与价值

其实，看一个人有没有价值，根本用不着进行什么深奥的思考，也用不着问别人，有人需要你，你就有价值，你能做事，你就有价值。因此，你可以先选择一件自己最有把握也有意义的事情去做，做成之后，再去找一个目标。这样，每一次成功都将强化你的自信心，弱化你的自卑感，一连串的成功则会使你的自信心趋于巩固。

4. 全面了解自己，正确评价自己

你不妨将自己的兴趣、嗜好、能力和特长全部列出来，哪怕是很细微的东西也不要忽略。你会发现你有很多优点，并且对自己的弱项和遭到失败的地方持理智和客观的态度，既不自欺欺人，又不将其看得过于严重，而是以积极的态度应对现实，这样自卑便失去了温床。

5. 用微笑对抗逆境

人生是变幻的，逆境也绝不会一成不变。也许，今日的逆境，将会造就未来的成功！逆境可以磨炼我们坚毅的品质，并让我们对人生进行深层次的思考。同时，在微笑中我们能吸取失败的经验，轻轻松松地迎接下一次挑战。你可以微笑着告诉自己："一次失败不能证明全部失败，只有放弃尝试才必定失败。"

6. 每天给自己一个希望

在这个世界上，有许多事情是我们所难以预料的。我们不能控制机遇，却可以掌握自己；我们无法预知未来，却可以把握现在；我们不知道自己的生命到底有多长，但我们却可以安排好现在的生活；我们左右不了变化无常的天气，却可以调整自己的心情。每天给自己一个希望，让自己的心情放飞，不知不觉中自卑也就随风而去。

与浪花起舞，享受时下的精彩

一个人登山为了什么？是为了登顶，还是为了享受登顶过程中的美景？

人生没有绝对的顶峰，在不停攀登的过程中，要学会欣赏一路的景色。人生应该有两个目标：第一是得到所想要的东西，尽力去争取；第二是享受你现在所拥有的。然而只有最聪明的人才能做到后者。常人总是朝着第一个目标迈进，他们根本不懂得享受。

我有一个朋友，在北京打拼十多年，已经迈入了千万富豪之列。他有豪宅，有名车，有娇妻，有爱子。这样的人生，应该是幸福美满的。但他却很少开心。商战的搏杀让他神经衰弱，失眠与多梦折磨了他数年，怎么治疗也不见好转。心理医生建议他每年给自己放半个月假，外出度假放松自己。但依然不见效。有一次，我一家三口与他一家三口结伴去云南度假，刚一下飞机，就见到他急忙打开手机，给自己的公司总经理打电话，谈论公司的各种问题。其实，公司的总经理是他很信得过的人，公司的财务总监就是他弟弟，他外出根本不用他操多少心。

到了泸沽湖，在如诗如画的山水面前，也不见他怎么亲近山水。他是身在度假心在公司，不是与我探讨他生意上的事情，就是打电话给北京的公司。毫无疑问，这样的度假，根本无法得到身心上的放松，甚至可能会比不度假更让人疲惫。因此，他的神经衰弱、失眠多梦的问题，丝毫没有好转。

人生如果只有攀登，而没有驻足的欣赏、享受攀登所带来的美景，那还有什么意义？事业是没有终点的，享受却可以随时开始。

　　大多数人都认为，所谓享受，那是有钱人的特权。其实不然，听骤雨敲窗，看云舒云卷，赏花开花落……这些，都是与金钱无关。就像我上面提到的那位富豪朋友，他有钱，却没有心思去欣赏与享受。会享受人生的人，不在于拥有多少财富，不在于住房的大小，薪水的多少，职位的高低，而在于你是否有这份悠然之心。

　　生活永远不是完美的。对于我们普通大众来说，或许在养家糊口中不得不忙碌奔波。在忙碌奔波时，我们依然可以找到快乐。不管你的现状如何、目标如何，都别忘了人生的第二个目标：享受你现在所拥有的。没必要总是给享受预设了很多前提条件，人生是由每一个"当下"组成，享受现在，成就一生。

　　不少人的心绪往往在过去和未来之间摆荡，不是对过去耿耿于怀，就是对将来忧心忡忡，浑然不知"当下"的滋味，结果是对过去的包袱舍不得丢弃，而未来的重担又把自己弄得喘不过气来，永远在过去和未来之间游移。

　　现在就是我生命中最美好的时光！这，其实就是佛陀所说的"活在当下"。东西方在文化上有一定的差异，却都对"珍惜现在，享受现在"有着一致的看法。

　　每天当我们结束工作时，就应当把成为以往的事情忘记，因为过去的光阴不能再追回来。虽然我们难保一天所做不会有错误或蠢事，但是事情已经过去，一味追悔只能贻误迎接明天的到来，而成为下一个令人追悔的蠢事。今天就握在我们手中，这是一个新日子，它好像人生日记本里的空白页，任由我们去写。我们所要做的就是燃起生命的热情，激发心中的希望，倾注全力做好每一件事，享受每一个今天。

　　最好的沉思就是留意生活，想哭就哭，想笑就笑，闲时晒晒太阳，忙时泡个热水澡，多与人分享快乐，少关注烦恼。多留意最简单的日常活动，少预想未来怎样，也不流连在对过去的怀念中。活在当下就是最高级别的沉思。

　　活在当下，享受当下。生命如果说是一条奔腾不息的河流，那么每天都是一朵跳跃的浪花。我们要与浪花起舞，享受生命中难得的每一天。

虚心处世的人生哲学

天地之大，以无为心；圣人虽大，以虚为主。虚己待人就是能接受他人的做法，虚己接物就是能容纳万物，虚己处世就是能圆融于世。只有先虚己，才能承受百实，化解百怨。虚己是处世求存的良策之一，人能虚己无我，就能与人无争、与物无争，而不争如水润万物，不争而全得。

老子说：道是看不见的虚体，宽虚无物，但它的作用却无穷无尽，不可估量。它是那样深沉，好像是万物的主宰。它磨掉了自己的锐气，不露锋芒，解脱了纷乱烦扰，隐蔽了自身的光芒，把自己混同于尘俗。它是那样深沉而无形无象，好像存在，又好像不存在。老子又说：圣人治理天下，是使人们头脑简单、淳朴、填满他们的肚腹，削弱他们的意志，增强他们的健康体魄。尽力使心灵的虚寂达到极点，使生活清静、坚守不变。使万物都一齐蓬勃生长，从而考察它往复的道理。这些都说明了静虚的大作用。从道家的观念看来，他们处世，贵在"以虚无为根本，以柔弱为实用。随着时间的推移，因顺万物的变化"。

虚，就能容纳万事万物，无就能生长，就能变化；柔就会不刚而能圆融，弱就是不争胜而可持守。随时间的推移，能不断地变化而自省，顺应万物，和谐相宜。只有虚己待人，才能接受他人；只有虚己接物，才能容纳万物；只有虚己用世，才能转圜于世；只有虚己用天下，才能包容天下。

虚己的能量，大的方面足以容纳世界，小的方面也能保全自身。虚戒极、戒盈，极而能虚就不会倾斜，盈而能虚就不会外溢。

鲲鹏歇息六个月后，振翅高飞，能扶摇直上九万里。做官不懂息机，不扑则蹶。所以说，知足不会受辱，知止没有危险。贵极征贱，贱极征贵，凡事都是如此。到了最极端而不可再增加，势必反轻。处在局内的人，应经常为自己保留回旋的余地；伸缩进退自如，这才是处世的好方法。

虚而不实、不争，才不致受外物迷惑引诱，才能坚守内心的真我，保持本色的风格。虚己能随时培养自己的机息，处处保留回旋的余地，任凭纷争无限，皆可全身而存。"虚"能不骄不娇，接受万事万物的挑战，从中领受有益的养分以滋养自身，充盈自我。虚怀若谷，就是不自负、不自满、不黏糊、不停滞、不武断，学习他人之长，反省自己之短，如此则他人才会乐意助你。

能够虚己的人，自然能随时培养自己的机息，处处保留回旋的余地，不仅能全身退进，而且还可以培养自己的度量。

虚己处世，求功千万不可占尽，求名不可享尽，求利不可得尽，求事不可做尽。如果自己感觉到处处不如人，便要处处谦下揖让；自己感觉到处处不自足，便要处处恬退无争。

据历史记载：东汉章帝建初元年（公元76年），章帝即位，尊立马后为太后，还准备对几位舅舅封爵位，太后不答应。第二年夏季大旱灾，很多人都说是不封外戚的原因。太后下诏谕说："凡是说及这件事的人，都是想献媚于我，以便得到福禄。从前王氏五侯，同时受封，黄雾四起，也没有听说有及时雨来回应。先帝慎防舅氏，不准将其安排在重要的位置，怎么能以我马氏来比阴氏呢?"太后始终不同意。章帝反复看诏书，很是悲叹，便再请求太后。太后回道："我曾经观察过富贵的人家，禄位重叠，好比结实的树木，它的根必然受到伤害。而且人之所以希望封侯，是想上求祭祀，下求温饱。现在祭祀则受四方的珍品，饮食就受到皇宫中的赏赐，这还不满足吗？还想得到封侯吗？"这不仅是马后居高思倾，居安思危，处己以虚，持而不盈的处世态度，而且还能使各位舅氏也处于"虚而不满"之中，以避免后来的嫉妒与倾败的远见。从这段话中，能看到她公正无私、眼光长远的胸怀。

才在于内，用在于外；贤在于内，做在于外；有在于内，无在于外。这就是以虚为大实，以无为大有，以不用为大用的道理。人们取实，我独取虚；人们取有，我独取无；人们都争上，我独争下；人们都争有用，我独争无用。这是道家处世的妙理。争取的是小得、小有、小用，不争的才是大得、大有、大用。

所以庄子说："山上的树木长大了，自然用来做燃料；肉桂能食，才会遭到砍伐；胶漆有益，所以受到割取；人们都知道有用的作用，而不知道无用的作用。"我们不要以精神去寻求利益，不要以才能去寻求事业，不要以私去害公，不要以自己去连累他人，不要以学问去穷究知识，不要以死劳累生。

河蚌因珍珠珍贵稀少而受伤害，狐狸因皮毛珍贵而被猎取。有虚己之心的人，应该隐藏起意愿而不刻意彰显，把有形隐藏到无形之中，把拥有隐藏到虚无之中，做到如古人所说"大直若屈，大巧若拙，大辩若讷"的境界，才能体会到虚己的妙用。

第 八 章

每一次创伤，都是一次成熟

一个人进山，遇见了一只老虎，他拼命逃跑，失足滑落在一处悬崖，幸好拽住了一根救命枯藤，悬荡在空中。

生命，就系在了这根晃晃悠悠的枯藤上。这时，跑来两只老鼠，啃噬那枯藤。在绝望与惶恐之中，一抹鲜红掠过他的眼前。仔细一看，竟是一枚鲜美红艳的草莓。他摘下来放入口中，啊，甜美多汁，真是好滋味！

在那样危急的时刻却还能有一份好心情去品味草莓的鲜美，真是好心态。想想，那刻的恐惧、害怕于事无补，不如醉心于眼前的甜美。在他眼里，凶恶的老虎，可恶的老鼠都可以视而不见，眼前的美丽却不容错过，享受此刻不留遗憾。

创伤也是一种成熟

生活有时候会让我们遍体鳞伤，但到后来，那些受伤的地方一定会变成我们最强壮的地方。我们会在创伤中逐渐成长，并趋于成熟。

人生并非一帆风顺。我们都是经过挫折、尝试、创伤而逐渐成熟。爱默生说过："我们的力量来自我们的软弱，直到我们被戳、被刺，甚至被伤害到疼痛的程度时，才会唤醒那被包藏着神秘的力量。只有这些力量被摇醒、被折磨，便激励我们学习一些东西了。此时我们会运用自己的智慧，发挥自己的刚毅精神，学会了解事实真相，从自己的无知中学习经验，磨炼自己的意志，最后，学会调整自己并且掌握真正的技巧。"

"长大以后，为了理想而努力，渐渐地忽略了父亲母亲和故乡的消息。如今的我，生活就像在演戏，说着言不由衷的话、戴着伪善的面具，总是拿着微不足道的成就来骗自己。总是莫名其妙感到一阵的空虚，总是靠一点酒精的麻醉才能够睡去。在半睡半醒之间仿佛又听见水手说，他说风雨中这点痛算什么！擦干泪不要怕至少我们还有梦！他说风雨中这点痛算什么，擦干泪不要问为什么！"

这是身残志坚的台湾歌手郑智化创作的歌曲《水手》。在受伤的时候，你不妨听听这首歌。人生就像一条河，而我们就是游弋在河中的水手。在河流中泅渡免不了会受些伤，只有不怕河中的滔天巨浪，不怕在渡河中淹死，才可能游到成功的彼岸。人们赞美游到彼岸的英雄，却容易忘记他在泅渡大河时也曾有过挫折。

当伤害如利箭射来，痛彻心扉，已经够惨了，若不知疗伤止痛，会让伤口无法结痂复原，岂不是欠缺些智慧？对于外界所起的变化，要能既不扬扬得意于顺境，亦不沉湎于痛苦的逆境，这不是一件容易的事，当我们面对人生时，总是携带着快乐和痛苦、悲哀与幸福，这些都是使人成熟的岁月的标记，也是心灵的刻痕。走过人生才会发现，原来，创伤也是一种成熟，而成熟就是一种美。

痛苦过后，品尝到的幸福才更甜

众所周知，马云是商界的大咖。如果我们留心马云的创业史，就会发现他其实是历经了太多的曲折坎坷。难怪马云在做《赢在中国》评委时，会发出这样的感慨："对所有创业者来说，永远告诉自己一句话：从创业的第一天起，你每天要面对的是困难和失败，而不是成功。我最困难的时候还没有到，但有一天一定会到。困难是不可能躲避的，不能让别人替你去扛。多年创业的经验告诉我，任何困难都必须你自己去面对。创业者就是要面对困难。"

让我们追随马云创业的脚步，去体味他脚步的跟跄与坚毅。马云的第一次创业是在1992年，在杭州某学院当英语老师的他和同事筹集了3000元钱，开办了海博翻译社。但开业的第一个月总收入才700元。为生存下去，马云背着大麻袋到义乌、广州去进货，海博翻译社开始也曾卖鲜花、卖礼品等，最终因效益不理想而放弃了这次创业。1995年初，马云辞了公职，创立了一个叫"中国黄页"的网站。在经营"中国黄页"的时候，马云遇上了一个重量级对手——注册资本是2.4亿元人民币的中国电信浙江杭州分公司（马云的"中国黄页"的注册资本是5万元人民币）。在完全不对等的实力较量中，"中国黄页"将资产折合成60万元人民币，占30%的股份；杭州电信投入资金140万元人民币，占70%的股份进行了股份制改造。马云本以为有了140万元人民币注入就可以大干一场，但后来才发现这是一场灾难，原来对方出140万元只是想把他这个竞争对手控制住。在董事会里面对方是5票而马云这方只有2票，每次开董事会，马云总是面临5比2的制约，很多次也通不过决议。马云这时才醒悟到自己拿到了钱却丢掉了自己最宝贵的自主权。处于尴尬中的马云，与杭州分公司的"婚姻"仅维持了一年，就主动放弃了自己的公司。马云的第二次创业没有成功，但他从这次经历中总结出一点教训：企业家不能被资本所控制。同时，当他后来有了雄厚的资本后，也推己及人地不用资本去控制自己所支持的创业者。

马云在经历两次创业挫折后，马上又全身心地投入了第三次创业。1997 年底，他受国家外经贸部的邀请，北上给外经贸部做网站，让外经贸部成为中国第一个上网的部级单位。马云在北京租了一个不到 20 平方米的小房间，没日没夜地干活。"中国第一个网站交易市场是我们做的，第一个进出口交易所是我们做的。政府和我们这些人合作得很愉快。"马云曾经这么说。但是后来，由于在业务的方向是帮助中小企业还是大企业上出现分歧，使马云无比苦恼，这次合作最终也以失败告终。1999 年初，马云回到了杭州。尽管公司赚了 287 万元的利润，但是马云除了工资之外没有拿到任何红利。关于这场风波的缘起，有各种版本，但根据马云自己的说法，是因为他没有分清朋友和上下级的关系。他反省了自身，认为在今后的创业中，应该清楚地区分好朋友与上下级关系。

经历了那么多的磨难与挫折后，1999 年 3 月，马云回到杭州创办阿里巴巴网站。这一次，他终于成功了！

对于如何面对创业的坎坷，马云这么说："所以对于我来讲这十年以来任何失败、成功，取得的这些经历是我最大的财富，有的时候可能要失败、有的时候不失败。比方说雅虎的并购，我们前期没有想过，在并购的时候没想到有那么大麻烦，麻烦被一个一个地解决往前走这就是一个经历，失败了也是经历。人一辈子不会因为你做过什么而后悔，很多的时候因为你没做过什么而后悔。创业者的心态要平衡好，你从第一天创业的时候要知道自己走的路是曲折的。"

大凡伟大之人，总有一段刻骨铭心的磨难、挫折之经历。有人说"挫折是弱者的地狱，强者的阶梯，智者的故乡，伟人的天堂"，此话不假。亨利·福特在进军汽车业的前三年，破产过两次；美国大百货公司梅西百货曾经七次遭遇"转折点"——也就是一般人所说的失败，最后终于取得成功；莱特兄弟在经历了数百次失败的实验以后才驾驶着人类第一架动力飞机飞上了蓝天。

弱者在错误中懊悔、倒下，而强者在错误中学习、成长。马云常常开玩笑说他在经营阿里巴巴前已经犯下一千零一个错误。对于马云这样的强者来说，经历了那么多错误，将会增长多少智慧啊。"武林高手比的是经历了多少磨难，而不是取得过多少成功。"

斯巴昆说："有许多人一生之所以伟大，那是来自他们所经历的大困难。"精良的斧头、锋利的斧刃是从炉火的锻炼与磨削中得来的。很多人，具备"大有作为"的才智，但是，由于一生中没有同逆境搏斗的机会，没有被困难充分磨炼，不足以刺激起其内在的潜能，以至于终生默默无闻。

蚕蛹在成为蝴蝶之前，会经历痛苦的蠕动和挣扎，只有这样，它才能蜕变出美丽的翅膀和轻盈的身体。化蝶之理，对人亦同！也许在获得成功之前，我们都会必不可少地经历痛苦，可只有在痛苦过后，品尝到的幸福才更香、更甜！

其实在生活中，很多时候我们就如那小小的蛹，经常陷于一种生存的窒息状态，或是处于绝望的境地。这就需要我们用智慧和良好心态去突破将自己包裹起来的厚重外壳，尽管这一过程会很痛苦，但于生命的重生，它又实在是一种必需。所以破茧成蝶，是人生的一种境界。能够破茧成蝶，就会有重获新生的欢愉和快慰。

所谓失败，只是有些事还没有做好

在我们周围，不知道有多少人把自己所取得的成就归功于自己所遇到的艰难和困苦。如果没有各种各样的阻碍与失败的刺激，他们也许只会发掘出自己才能的一半，甚至还不到；但一旦遇到巨大的困难与失败的刺激，他们就会把他们的全部才能给激发出来。当面对巨大的压力时，如突如其来的变故和重大的责任压在一个人身上时，隐藏在他生命最深处的种种能力，就会如火山般喷涌而出，帮助他做出原本不可想象的大事来。历史上有过无数这样的例子。

一个偶然的机会，在伊黛和邓肯太太合作成立的"少女公司"，生产出一种在当时很"前卫"的胸罩，在市场上十分走俏。所产生的巨大利益空间吸引竞争者们纷纷加入。为了增强竞争力，伊黛打算暂时不分配利润，并尽可能借钱，购买机器设备，雇用员工，扩大生产规模。

邓肯太太只是一个普通的家庭妇女，不像伊黛那么有野心，她对现在赚到的钱已经心满意足了，而且担心举债经营会赔掉已经到手的成果。她坚决要求及时分配利润。两人的意见发生严重分歧，只好散伙。

当时，公司刚刚以分期付款方式购置了一批新设备，两人散伙后，现金全被邓肯太太带走，伊黛还得借一笔钱支付她的红利，这样，公司只剩下一些机器和一大笔债务，陷入无米下锅的窘境。伊黛出去找新的合伙人，没有人愿意答应；向人借钱，得到的回答都是"不"。因为这场内讧使人们误以为"少女公司"的生产经营遇到了严重阻碍。更糟糕的是，不明真相的债权人纷纷登门逼债，让伊黛穷于应付。许多员工们以为公司大势已去，纷纷跳槽，200 多名员工最后只有 30 多人留下来。

伊黛遭此打击，难免灰心丧气。但她知道，唉声叹气对结果没有任何好处，只能多想想解决问题的办法。经过几个不眠之夜的反复思考，伊黛确定了"安定内部、寻找外援"的思路。

首先，她设法稳住留下来的几十个员工，不给外界一个"已经倒闭"的印象。她开诚布公地向员工们说明了公司的真实情况，并宣布将十分之一的股权分配给他们。这样，员工离职的现象就再也没有发生过了。

接下来，伊黛积极筹措资金。经过多次碰壁后，她从银行家约翰逊那里获得了 50 万美元贷款。有了资金，"少女公司"立即焕发生机，它的业务成长得比以前更快。

在伊黛不断的努力经营之下，"少女公司"的产品从胸罩扩大到睡衣、泳装、内衣等，产品畅销 100 多个国家，最终"少女公司"成为一家世界性著名的大公司。

伊黛作为一位杰出的女性，她对坚强的理解更为深刻，并以此来告诫她的子女："当坏事已经降临，悔恨、抱怨、痛苦没有任何意义，唯有从事情变坏的原因着手，设法改变它，以免事情变得更坏和同样的坏事再一次发生。这才是有意义的做法。"

任何一件事都是由许多要素构成，没有哪件事能够全部做对或全部做错。所谓失败，通常只是某些应该做好的事情没有做好，并不是一无是处。只要认识到失败的存在，找到原因，搞清哪些事情没有做好，下次加以改进，同样的失败就不会再发生了。如果确实是因能力不足所致，也要以比较平静的心情接受失败的结果，吸取教训，但不要因懊恼而损害自己的心灵及身体。

别走得太快，放慢人生的节奏

这是一个膜拜"成功"的时代。书店里、电视中、报纸上，到处充斥着对于成功者的礼赞与崇拜。江南春一个楼宇视频的点子，导致他的"成功"；李宇春走中性化路线，在"超级女声"中一战成名；王宝强坚守本色，在北影厂门口千百个群众演员中脱颖而出……

要成功，他们能成功，我们一定也能。不少人像着了魔似的念叨着："我一定要成功、我一定能成功！"各种成功学也应运而生、推波助澜：开发潜能、增强自信、拓展人脉、注重细节、提高口才、主动推销、持续充电……我们用尽了所有的方法和词汇，来表达迫切成功的心情。

追求成功并没有什么错，人活一世，就应该努力实现自己的最大价值。只是眼里只有成功的人，付出时最容易不计成本、不计后果地付出。结果，在追求成功的路上，他主动摈弃了所有的享乐；当获得"成功"后，他又会发现：自己与幸福越来越远……

在围棋的黑白世界里，其实也充满了智慧的争斗与人生的哲理。观高手之间下棋，很少见到他们猛打猛冲，他们下棋一般都是慢棋、细棋。除非局势对己非常不利，才会下些"破釜沉舟""背水一战"的险招。人生不是一场瞬间的突袭作战，而是一局要下几十年的棋，下得悠着点，才会细致些，胜算自然会大些。

把人生的节奏放慢一点没有什么不好。因为太匆忙，我们无法享受做事的快乐。在这种匆匆忙忙的生活中，我们常常会感到生命与我们擦肩而过，而且也老是觉得，永远都得不到我们在找的东西。

我想，其实大家心中都明白，这样忙乱的生活，使得我们与真正快乐的希望渐行渐远。事实上，生命中没有任何时刻，比现在更有可能带来快乐。

生活的最大乐趣之一，就是花时间享受身边的每一件东西。年少时我在湖南的乡下，喜欢在春天的雨夜听细雨敲窗，或在皎洁的月光中听取蛙声一片，后来长大了，来到了城市，还是可以在阳台上种满花，给它们松土浇水剪枝，看它们是如何开花结果；或一家三口到郊外的河边散步，放风筝……

我们身处一个个五光十色、日新月异的社会。太多的信息要接受，太多的新知要学习，太多的俗务要应酬，太多的事情要完成。如果终日奔跑争先，就会将世人拖垮累死。来点"难得糊涂"的超越，可以帮助人们释放心理和社会的压力，保持一种心态平衡，坐看云起花落，超然通达地面对人生。特别是在今天这种高速度、快节奏、竞争激烈的社会，如果不能有一点"难得糊涂"的超越，就再也感受不到生活中的浪漫、轻松和愉快，更不会有天真、诗意和情趣了。

不要总是强调没时间，也不要辛苦地去挤时间。生活是需要妥协的。人人都有理想，但如果我们实实在在地看清楚人生的状况，我们就会懂得：理想没有尽头，当你实现了又会有一个更高远的理想出现脑海。我们为了理想花费了太多的精力，因此而丧失了享受生活的能力。

能不能将理想设定为"快乐与幸福"？如果我们为了理想和成功丧失了快乐与幸福，这样的理想与成功又有什么意义？

悠着点吧，珍惜你现在拥有的小小空间，珍惜你拥有的一切情爱。

悠着点吧，走在街上，自自然然，潇潇洒洒。你会发现，世上的人原本差不多。

悠着点吧，就像英国作家威廉·亨利·戴维斯在诗歌《闲暇》
中所写的那样——

这不叫什么生活，
总是忙忙碌碌，
没有停一停，看一看的时间。
没有时间站在树荫下，
像小羊那样尽情瞻望。
没有时间看到，
在走过树林时，
松鼠把壳果往草丛里收藏。
没有时间看到，
在大好阳光下，
流水像夜空般群星点点闪闪。
没有时间注意到少女的流盼，
观赏她双足起舞翩跹。
没有时间等待她眉间的柔情，
展开成唇边的微笑。

追求一种极简的生活

你是否经常有"很累"的感觉？你是否想过究竟是什么让我们如此劳累与疲惫？

如果仅仅只是劳累与疲惫还不算最糟糕，最糟糕的是：我们甚至还对今后的日子产生恐惧甚至绝望。永远像一个战士般冲杀，才不会落在人后，社会达尔文主义是现代人信奉的原则，被无限放大到生活中。

欲望的都市里到处都充斥着痛苦的灵魂，在许多昏暗的酒吧里唱着空虚寂寞，唱得要死要活；有人在放纵，有人在毁灭。生活越来越繁杂，而心情越来越烦闷；人与人走得越来越近，而心与心却越来越远；楼越来越高，人情味越来越薄；娱乐越来越多，快乐越来越少……

我的一个朋友最近花了将近1万元买了一张按摩椅。在此之前，他还买过一台高科技的跑步机。不过，他告诉我：这些东西，他一年里难得用上几回。

究竟是什么能使我们生活充实、内心丰盛？不是贵重的按摩椅，不是高科技的跑步机，而是我们体会生活快乐的简单能力。这种能力随处可得，根本不用花钱。繁复纷乱的生活使人厌烦、疲惫，像荆棘一样挤压着心灵，使得人不安、紧张、焦虑、倦怠甚至绝望，是很不符合心理卫生的。而简朴的生活，能减少心灵的许多负累，使心灵更单纯，让内心有更多的空间。一位西方哲学家发出了这样的警告："没有什么科技的发展可以带来永久的快乐。比科技发展更重要的是心灵拓展，但总是被忽略。"

在生活变得越来越复杂，超出你的想象和理解的时候，是否怀念过从前不名一文但依然快乐的时光？没有电视机也没有其他的便利，穿的衣服、家具，都是家人按照最古老最朴素的方式制造，让人好安心。在一个偏远、宁静的小村庄，那里的人对于一朵鲜花的赞赏，比一件名贵的珠宝要多。一次夕阳下的散步，比参加一场盛大的晚宴更有快乐感。人们宁可在一棵歪脖子老树下打牌下棋，也不愿去参加一场奖金丰厚的棋牌竞技。这里的人重视的是简单生活中的快乐，不会远离阳光、新鲜空气与笑声……感谢简单，他们因此而拥有幸福与快乐。

那些简单生活的日子似乎一去不返了，但真的就没有其他可能了吗？

当人在物质上的要求减少时，精神上的收获就会增加。爱默生曾说："快乐本身并非随财富而来，而是在于情绪的表现。"当我们腾出心灵的空间，从各个角度去体验人生，当我们开始了解到自以为必需的东西其实很多是可以不要的时候，就可以发现：我们拥有现在的东西足够快乐了。

简单的生活，并不是消极、懒惰，也不是修道式的苦行僧生活，而是为了活得轻松畅快、自由自主，活出亲情、有人情味、更健康、更有意义的生活。

简单生活是最容易过的，过复杂的生活，或者想过更复杂的生活才是真正难。生活中没有非接不可的电话，生命中没有非要不可的东西。在世俗的社会里，只有你自己的生活简单了，你才会成为自己的主人。那些脖子上多了一条项链、衣服上多了一枚胸针、头上多了一顶帽子的人，以及有着多余表情、多余语言、多余朋友、多余头衔的人，深究一下，便会发现，他们都是在完美和荣誉的借口下展现一种累赘，这种人可能终其一生都走不进自己人生的大门。

另一些人用大量的时间，贴近自然、领悟内心，只让生命之舟承载所必需的东西。这类人看似贫穷，然而这种与自然规律和谐一致的贫穷，谁说不是一种富有呢？

人生的意义在于，痛并快乐着

齐秦的歌中有一句流传很广的歌词："痛并快乐着。"央视知名主持人白岩松写自传时，用这五个字做了书名。白岩松认为：在人的一生中，幸福和痛苦都只占5%，余下的就是平淡的生活。"因为我在追逐幸福，所以不免触碰痛苦。"白岩松说。

为什么一句普通的歌词会赢得人们的口口相传，是因为它道出了我们生命中最普通的哲理——痛苦与快乐并存。人生中，有多少事情是"痛并快乐着"的呢？艰难的考研、辛苦的创业……生活总是充满着矛盾。痛苦的世界里也许藏着快乐，快乐的世界里也许隐着痛苦，这就是哲学里的二律背反。

哲学家叔本华说："人生是在痛苦和无聊之间来回摆动着的钟摆。"又说："生命是一团欲火，欲望不能满足便痛苦，满足便无聊，人生就是在痛苦和无聊之间摇摆。"叔本华的人生历程，那是这一哲理很好的印证过程。在他很小的时候，父母就不合，这使他很少感到家的温暖。当他17岁时，其父自杀，他也放弃了他被迫接受的商业业务训练。年轻的叔本华却感受到了与他年龄不相称的生存的痛苦。尽管他拥有足够的钱财，不必为生存而奔忙，尽管身体健康，尽管他有自己的理想，这一切都丝毫没有减弱他那抑郁的情绪。后来他与母亲不合，远离母亲，远离家。

在哲学的道路上，叔本华也是一路坎坷。他的思想和著作不被人认可、赞赏和重视，大量的批评讽刺的言语，接踵而来。柏林大学讲课的失败，再加上他身体状况的恶化，叔本华陷入内外交困的境地。最后叔本华在孤独中，在他那条被称为"世界灵魂"的褐色卷毛狗陪伴下，度过他生命中的最后几天。

叔本华的一生，可谓是痛并快乐着，尽管前方挫折和失败重重，但都没能动摇他坚定的信念。没有动摇他的捍卫自己主张的坚定意志，他没有屈服。他永不停顿，孜孜不倦地继续他的事业、他的理想。同思想上的对手进行不妥协的斗争。这位天才的哲学家是坚毅的战士，是刚直的勇士。他为理想、为正义、为人生而战。

在人生旅途中难免会遇到不如意，这时不要气馁，因为要明白人生本来就是痛苦的，但切忌使自己陷入痛苦的泥沼中。我们应该接受痛，并快乐着。痛苦是你保持清醒头脑的一剂良药，是让你反思的一面镜子，要在痛苦中快乐地追寻你的信念。

"痛并快乐着"并不是一种阿Q精神的再现，它是一种乐观的世界观，是我们对生活的一种良好态度。快乐和痛苦相伴而生，没有一种快乐不是在相伴着巨大的痛苦之后而产生的。我们对一直拥有的东西不会觉得珍贵，但一旦失去后再重新拥有，那份快乐无与伦比。

错过月亮，还有繁星

人生在世，都会在选择之后错过些什么：人、事、职业、婚姻、机遇等，这些都可能与我们擦肩而过。正因为如此，人生才显得匆匆而又匆匆。人生中有无数次选择，如果你错过了太阳，请不要再错过月亮。

每年有不少学子，因志愿填得不妥而与理想的学校、理想的专业失之交臂。最重要的当然是第一志愿了，它似乎凝聚了一个人所有的追求与努力。学医还是学农，学商还是学文，面对单薄的表格，那支笔显得何其沉重。落下去，就是不可悔改的人生。鉴于此，许多人都把宝押在了第一志愿上："非某某校、某某专业不上！"到了第二志愿的填报，也就敷衍了事。我在佩服这些学子的万丈豪情之时，也不能不为他们担心：难道就这样孤注一掷吗？

想起了一句话：毛毛虫想要过河怎么办？答案是变成蝴蝶。在过高考这条河时，如果你变成了一只蝴蝶，当然最好。但是，人生不如意事十有八九，倘若那几张考卷并没有使你长出飞翔的翅膀，你在第一志愿前依然是一条没有羽化的毛毛虫，怎么过河呢？

我理解莘莘学子的心情，那种十年寒窗只为第一志愿而战的心情。但我更理解一个人失落的苦闷与无奈。假设当初像对待第一志愿那样对待第二志愿，那就无疑等于为多雨的青春提前预备了一把美丽的伞。

我觉得谈恋爱的人是另一种形式的"填报志愿"。不能与最最心仪的新娘结合——因为种种原因，没能携手相牵漫步人生之旅，但绝不能因此而拒绝爱情。十步之内，必有芳草。这个比喻，无非是想说明这样一个道理：错过了月亮，不能再错过繁星！

正确地选择第二志愿其实也是一种智慧！谁能保证第一志愿带来的就是精彩，而第二志愿带来的必是无奈？生活不止一次地告诉我们，塞翁失马，焉知非福？更有那"有心栽花花不开，无心插柳柳成荫"的谚语，一次次推开尘封的心扉。一扇门关闭了，同时，另一扇门也会为你打开。生活，永远是公平的。

反过来讲，第二志愿何尝不是对你的决心、毅力、自信、才能的另一种考验？真正的骑手，可以驯服任何一匹烈马。

把志愿分成第一、第二、第三……本身就是一种无奈。一个人难道只有在面对那张表格时，才知道自己的心中原来只藏着一个志愿吗？果真如此，人生该是多么索然寡味。我认为，比志愿更美、更有人性光辉的是"追求"这两个字。与第一志愿擦肩而过可以，但没有追求却绝不可以。

是的，在人生的征途上，我们常常免不了要被第二志愿甚至第三志愿"录取"，这大概是另一种意义上的"生米做成了熟饭"。怎么办？那就对自己说：开饭吧！

有一位朋友，年轻时与一少女相恋多年。那少女活泼、开朗、能歌善舞，是个人见人爱的"黑牡丹"。可是由于阴差阳错，他们分手了，"黑牡丹"远嫁他乡，而那位朋友也早已为人夫、为人父。只是那位朋友觉得自己过得极其"不幸"，他觉得自己的妻子这也不顺眼，那也不遂心，长相不佳、吃相不佳、坐相不佳、睡相不佳，总之，妻子没有一样称他的心、如他的意，与罗曼蒂克的"黑牡丹"简直不能比拟。他的妻子为此常常黯然神伤。后来，妻子索性放开他，准许他去异乡看望他的梦中情人"黑牡丹"。朋友如遇大赦般地去了，在三天两夜的火车上，他设计种种重逢的浪漫，于是，他满怀憧憬地敲开了"黑牡丹"的家门。

开门的是一个腰围大于臀围的黑胖夫人，一见面，就兴趣盎然地对他大讲泡酸菜的经验，因为当时她正在泡酸菜，屋子洋溢着一片繁忙的景象。

这就是令他魂牵梦萦的、朝思暮想的"黑牡丹"?!

朋友回到家后，竟突然发觉妻子面面俱佳，妻子也破涕为笑，从此，两人过得和和美美。

人生注定要错过的，那就让它错过好了，我们不能因此而忽视我们眼前的美丽。否则，错过了太阳，还会错过月亮，并一错再错下去——那就真是大错而特错了。

走了太阳，还有月亮。成功与机遇相随，而机遇却是一个美丽但性情古怪的天使，当它降临时，你稍有不慎，它就会弃你而去，使你与成功无缘。

在错过月亮时，你只是流泪，你将会错过繁星。泰戈尔曾说："当你错过月亮时，你只是流泪，那你也将错过繁星了。"

生命的过程就像一条蜿蜒的河流，既有平缓的粼粼波光，也有湍急的弯道，还有胆战心惊的瀑布。然而，不管在哪种情况下，它都从不停下前进的脚步，总是向着前方流去，在它历经的每一处都表现了自己最美的独特的身影，在匆匆前行的每一瞬间都蕴含了动人心弦的故事。

没有一条河流是平稳地流入大海的，瀑布正是在跌落中才展现出自己的伟大力量。人的一生也是这样，只要想成功，就难免有失败与挫折。同时，人也是在与困难和失败斗争的过程中感受到生命的意义。

用心才能悟到幸福的真谛

还记得我们小时候玩过的"万花筒"吗？转动它，里面的图案就会跟着变化，漂亮的玻璃，多彩的碎片，通过玻璃镜子的反射，组合成许多美丽的图案。

幸福就像"万花筒"般绚丽缤纷，不同的人组合不同的心境，构造成众多变幻莫测又多姿多彩的人生。在这些丰富的人生中，每个人心态不一样，感受到的幸福程度就不一样。

幸福就是我们内心真正的需要，只要是心甘情愿去做的，并从中感受到快乐，那就是一种幸福。

从杂志上看过这样一个故事：一位国王总觉得自己不幸福，就派人四处去寻找一个感觉幸福的人，然后将他的外套带回来。

寻找幸福的人碰到人就问："你幸福吗？"回答总是说：不幸福，我没有钱；不幸福，我没有亲人；不幸福，我得不到爱情……就在他们不再抱任何希望时，从一个阳光照耀着的山冈上传来悠扬的歌声，歌声中充满了快乐。他们随着歌声找到了那个"幸福人"，只见他躺在山坡上，沐浴在金色的暖阳下。

"你感到幸福吗？"

"是的，我感到很幸福。"

"你的所有愿望都能实现？你从不为明天发愁吗？"

"是的。你看，阳光温暖极了，风儿和煦极了，我肚子又不饿，口又不渴，天是这么蓝，地是这么阔，我躺在这里，除了你们，没有人来打搅我，我有什么不幸福的呢？"

"你真是个幸福的人。那么请将你的外套送给我们的国王，国王会重赏你的。"

"外套是什么东西？我从来没有过呀。"

正如许许多多感叹自己不幸的人一样，并不是幸福之神从未光临过我们，而是因为我们的心灵挤满了欲望，无法正确认识到自己所有拥有的幸福，无法用心去体会已属于自己的幸福。

所谓幸福，其实是一种观念的东西，是一种心理上的幸福。人之幸福，全在于心之幸福。别人或许可以帮助我们摆脱贫困，可以帮助我们富裕，但无法帮助我们幸福，因为，幸福是我们内心的感受，读懂了自己，才能读懂幸福！

那些总是抱怨自己不幸的人，总爱用狭隘的思想囚禁自己，把眼光总盯在还不曾拥有的东西上；其实，静下心来，放下心灵的负担，仔细品味已拥有的一切，学会欣赏自己的每一份拥有，就不难发现，自己竟会有那么多值得别人羡慕的地方，幸福之神原来一直围绕在我们身旁。

幸福就是如此，坐轿子的人是幸福的，抬轿子的人也未必不幸福，这个世界上，每个人都有自己的位置，每个人也都有自己的追求。有人喜欢烈火般的刺激，有人喜欢清水般的宁静，选择适合自己的生活，得到自己想要的生活，便是真正的幸福。

王安忆说："幸福要用心来读。"了解我们的内心，学会和它对话，看清楚自己幸福的根源在哪里，让我们循着幸福的轨迹去寻找。追求的过程谁又说不是一种幸福呢？当我们可以感受到自己越来越平和的心态，越来越净化的心灵，不再用咄咄逼人来武装自己，只是云淡风轻地从容应对一切时，我们其实就悟到了幸福的真谛。

不要痛不欲生地过完一辈子

有人问过一位快乐的老人："你为何会这样幸福呢？你一定有关于创造幸福的秘诀吧？"

"不，不！"老人回答，"我只是'心安'而已。"

"心安还能选择？"这件事乍听起来，也许单纯得令人不敢相信，但是，林肯也曾这样说过："人们只要心安，他就会拥有幸福。"

一个国王独自到花园里散步，使他万分诧异的是，花园里所有的花草树木都枯萎了，园中一片荒凉。

后来国王了解到，橡树由于没有松树那么高大挺拔，因此轻生厌世死了；松树又因自己不能像葡萄那样结许多果子，也死了；葡萄哀叹自己终日匍匐在架上，不能直立，不能像桃树那样开出美丽可爱的花朵，于是也死了；牵牛花也病倒了，因为它叹息自己没有紫丁香那样芬芳；其余的植物也都垂头丧气，没精打采，只有很细小的心安草在茂盛地生长。

国王问道："小小的心安草啊，别的植物全都枯萎了，为什么你这小草这么勇敢乐观，毫不沮丧呢？"小草回答说："国王啊，我一点也不灰心失望，因为我知道，如果国王您想要一棵橡树，或者一棵松树、一丛葡萄、一株桃树、一株牵牛花、一棵紫丁香等，您就会叫园丁把它们种上，而我知道您希望于我的就是要我安心做小小的心安草。"

《牛津格言》中说："如果我们仅仅想获得幸福，那很容易实现。但，我们希望比别人更幸福，就会感到很难实现，因为我们对于别人幸福的想象总是超过实际情形。"人各有所长，各有所短。我们既不能总是以己之长，比人之短；也不应以己之短，比人之长。生活中的许多烦恼都源于我们盲目地和别人攀比，而忘了享受自己的生活。

圣严法师说："幸福就是一种心安的感觉！不焦躁、不贪婪、不愤怒就会心安，就是幸福。"郑板桥有云："心安是福。"何谓心安？心灵安宁之谓也。无愧于天地，无羞于人世，无怨无悔，无仇无恨，无非分之想，无难消之痛，如大山之蠢，风雨不动，如深潭之静，波澜不惊。

现代人生活在经济社会，容易造成因追求过高的物质享受而忽略精神生活的陶冶。人们在追求物质享受的时候，往往陷入盲目的攀比之中。不管自身的经济条件如何，看见人家有了液晶电视，自己就想买一台；液晶电视刚搬进家，别人又买了小轿车；待他千方百计，费尽心力买了小轿车；人家又搬进了别墅洋楼，他又开始忙活……这种攀比之心搞得人比不胜比、赶不胜赶、身心疲惫、痛苦万分。我的一位朋友的妻子，每到别人家串一次门，回家就一肚子气。原因是人家总比自家好，自家总不如人家。后来闹得我的这位朋友到了再不敢让她串门的地步。

实际上，盲目攀比的人，当他每一次的攀比达到目的之后，他并不感到快活，那种患得患失的心理反而会把他推向更加痛苦的深渊。正如有人所云，因为人迷失了自己，失去了自我，生活对他来说，就只能是一种负担，而不是快乐与享受；是一种无奈的苦闷，而不是喜悦和充实。

有盲目攀比之心的人，如果能静下心来好好想一想，一个很简单的道理就在你的眼下：人一生下来，就千差万别。个子有高有矮；容貌有美有丑；智商有高有低；家境有穷有富……在生活中，就形成了人自身的环境和个人的条件各自不同的情况。所以，人不能超越自身所处的环境和条件而毫无限制地攀比。那他无疑将会跌进无限的烦恼之中，而烦恼的结果是自己感到活得累、活得苦，生活缺少乐趣，到头来未老先衰，痛不欲生地活了这么一辈子，多么不值得啊！

致奋斗者

余生很贵，请勿浪费

任　玲　编著

中国出版集团
中译出版社

图书在版编目（CIP）数据

致奋斗者 . 余生很贵，请勿浪费 / 任玲编著 . -- 北京：中译出版社，2019.8（2022.4 重印）

ISBN 978-7-5001-6010-6

Ⅰ . ①致… Ⅱ . ①任… Ⅲ . ①成功心理—通俗读物 Ⅳ . ① B848.4-49

中国版本图书馆 CIP 数据核字（2019）第 175750 号

致奋斗者
余生很贵，请勿浪费

出版发行：	中译出版社
地　　址：	北京市西城区车公庄大街甲 4 号物华大厦 6 层
电　　话：	（010）68359376　68359303　68359101
邮　　编：	100044
传　　真：	（010）68357870
电子邮箱：	book@ctph.com.cn
总 策 划：	张高里
责任编辑：	顾客强
封面设计：	青蓝工作室
印　　刷：	金世嘉元（唐山）印务有限公司
经　　销：	新华书店
规　　格：	880 毫米 × 1230 毫米　1/32
印　　张：	30
字　　数：	550 千字
版　　次：	2019 年 8 月第 1 版
印　　次：	2022 年 4 月第 11 次

ISBN 978-7-5001-6010-6　　　定价：149.00 元（全 5 册）

前 言

人生就像一块画布，刚出生时是一张白纸，可以任由你涂鸦。伴随着时间沙漏不容商量地流逝，我们的人生越来越短，生命画布上留给我们落笔的地方也日渐逼仄。于是，你会发现余生很贵，不容浪费。

从出生的那一天开始，我们就和命运进行着抗争，我们会发现，你越是努力，你就越幸运。所以，你想要获得成功，千万不要抱有侥幸的心理，不要浪费你的余生，不然你真会输得一塌糊涂。

其实当我们面对挫折、失败、苦难时，千万不要害怕，我们要敢于面对，在似水流年中，这些都是命运给予你的考验，而所有的这些最后都在你的勇敢拼搏下成为你的垫脚石。你要知道，你的生活别人是无法复制的，这就是你的人生财富。

人与人之间的差距有时很小，有时又很大，而这种差距并不是体现在你努力的99%，而是体现在你那剩余的1%。我们的人生是非常短暂的，任何人都不应该放弃努力和拼搏，其实当我们在某个时候回头看一看我们走过的路，总会有让我们觉得骄傲的事情，让我们感觉到了拼搏之后获得成功的喜悦。其实所有的这一切都是我们通过自己的拼搏得来的。

余生如何度过，努力拼搏才不致虚度，正所谓：没有努力到无能为力，就不要说感动了自己！我们的拼搏如果没有办法感动自己，只能说明我们的拼搏远远不够。我们要记住，余生不能虚度，努力的终点就是无能为力，拼搏的标准是感动自己！只有我们真真正正努力拼搏了，达到感动自己的忘我境界，才能够对得起我们的余生。

　　而且我们每个人自从来到这个世界上就肩负了某种使命，这种使命是需要我们一生去完成的，所以我们每个人都不要小看自己，人的潜力很强大，要相信自己，而人的潜力的发掘，只能是依靠拼搏、努力、奋斗！

　　从现在开始，开始为你的人生做一个长远规划，并根据这个规划布好人生的局，争取在余下的人生画布上尽量少些败笔，以画出最美丽的图案。让我们拼尽一切去努力吧！

目 录

第六章 做受人欢迎的人，和大家一起努力

第七章 努力工作，为了自己的余生不寂寞

第一章
你想成为什么人，看你如何把握余生

十年以后你是谁？

这首先取决于现在的你想成为什么样的人，也就是说，你要清楚你对自己的定位是什么，你的人生目标是什么。否则，一切都只是空谈。其实，道理很简单，你不知道向哪个方向前进，到何处去，怎么可能会取得想要的结果呢？

制定目标是成功的起点

目标使人向前进而不是向后退。人的一生中，目标是行动的导航灯。没有目标，我们几乎同时失去机遇、运气和他人的支持。因为不知道自己到底想要什么，也就没有什么能帮助你的，就像大海中的航船，如果不知道靠岸的码头在哪里，也就不明确什么风对你来讲是顺风。

奋斗的动力来源于伟大的目标，骄人的成就也归功于对目标孜孜不倦的追求。

在15岁的时候，约翰·戈达德就把自己一生要做的事情列了一份清单，称作"生命清单"。在这份排列有序的清单中，他给自己明确了所要攻克的127个具体目标。比如，探索尼罗河的源头；攀登世界第一高峰珠穆朗玛峰；走访马可·波罗的故道；读完莎士比亚的著作；写一本书；参观月球等。

在把生命中的梦想庄严地写在纸上之后，他开始循序渐进地实践。为了实现这些目标，戈达德历经磨难，曾经18次死里逃生，在44年后，他以超人的毅力和非凡的勇气，在与命运的艰苦抗争中，终于实现了106个目标，成为世界上最著名的探险家。

戈达德的令人感动之处，不仅是因为他创造了许多人间奇迹，做了许多有益于人类的事情，更主要的是他那种矢志不渝、坚忍不拔的奋斗精神，以及由"生命清单"而延伸出来的高质量的人生。

要想做一个成功的人，首先必须有明确的人生目标。没有人生目标，也就没有具体的行动计划，没有行动计划，做事就会没有方向感，敷衍了事，临时凑合，也就没有责任感，更谈不上什么坚强毅力、斗志昂扬了。没有目标，任何才能和努力都是白费。

　　年轻的你应当有自己的人生目标和人生追求。在确定了目标之后，或许经过一生的奋斗也未能实现，但这并不意味着因此就失去了制定目标的价值。正因为有了目标，才能使你走向充实，而不是走向虚无，这就是制定目标的价值。

　　所谓制定目标，就是在人生路线上，确定自己的前进方向和目的地，即多大年龄实现什么目标，干成什么事业，要清清楚楚地在人生路线上标示出来。

　　任何意义上的成功与进步，都是渐进螺旋式的。目标不变，只要不断地改进方法，就一定会穿越极地，达到成功的彼岸。凡成功者，必有坚定而明确的目标。每个人都会向往一件事，但真能做事、成事的，却只有那些有意志和终极目标的人。

　　目标能够帮助我们集中精力。当我们不停地在自己有优势的方面努力时，这些优势会进一步发展。最终，在达到目标时，我们自己成为什么样的人比我们得到什么东西重要得多。

　　目标使我们有能力把握现在。虽然目标是朝向将来的，是有待将来实现的，但目标使我们能把握住现在。把大的任务看成由一连串小任务和小的步骤组成的，要实现理想，就要制定并且达到一连串的目标。每个重大目标的实现都是几个小目标小步骤实现的结果。如果你集中精力于当前手上的工作，心中明白你现在的种种努力都是为实现将来的目标铺路，那你就能成功。

　　不成功者有个共同的问题，他们极少评估自己取得的进展。他们中的大多数人或者不明白自我评估的重要性，或者无法量度取得的进步。目标提供了一种自我评估的重要手段。如果你的目标是具体的，是看得见摸得着的，你就可以根据自己距离最终目标有多远来衡量目前取得的进步。

　　成功人士总是事前决断，而不是事后补救。他们提前谋划，而不是等别人的指示。他们不允许其他人操纵他们的工作进程。目标能帮助我们事前谋划，目标迫使我们把要完成的任务分解成可行的步骤。要想制作一幅通向成功的交通图，你就要先有目标。

因为缺乏目标，许多不成功者常常混淆了工作本身与工作成果。他们以为大量的工作，尤其是艰苦的工作，就一定会带来成功。但是，衡量成功的尺度不是做了多少工作，而是做出了多少成果。

比塞尔是西撒哈拉沙漠中的一颗明珠，每年有数以万计的旅游者来到这儿。但是，在肯·莱文发现它之前，这里还是一个封闭而落后的地方。这儿的人没有一个走出过沙漠，据说不是他们不愿离开这块贫瘠的土地，而是尝试过很多次都没有走出去。

肯·莱文当然不相信这种说法。他用手语向这儿的人问原因，结果每个人的回答都一样：从这儿无论向哪个方向走，最后都还是转回出发的地方。为了证实这种说法，他做了一次实验，从比塞尔村向北走，结果三天半就走了出来。

"比塞尔人为什么走不出来呢?"肯·莱文非常纳闷。最后他只得雇用一个比塞尔人，让他带路，看看到底是为什么。他们带了半个月的水，牵了两峰骆驼。肯·莱文收起指南针等现代设备，只挂一根木棍跟在后面。

十天过去了，他们走了大约800里的路程。第十一天的早晨，他们果然又回到了比塞尔。这一次肯·莱文终于明白了，比塞尔人之所以走不出沙漠，是因为他们根本就不认识北斗星。

在一望无际的沙漠里，一个人如果凭着感觉往前走，会走出许多大小不一的圆圈，最后的足迹十有八九是一把卷尺的形状。比塞尔村处在浩瀚的沙漠中间，方圆上千公里没有一点参照物。若不认识北斗星又没有指南针，想走出沙漠，确实是不可能的。

肯·莱文在离开比塞尔时，带了一位叫阿古特尔的青年，就是上次和他合作的人。他告诉这位汉子，只要你白天休息，夜晚朝着北面那颗星走，就能走出沙漠。阿古特尔照着去做，三天之后果然来到了沙漠的边缘。阿古特尔因此成为比塞尔的开拓者，他的铜像被竖在小城的中央。铜像的底座上刻着一行字：新生活是从选定方向开始的。

无论你现在多大年龄，你真正的人生之旅，是从设定目标的那一天开始的，以前的日子，只不过是在绕圈子而已。今天的你，应该为十年以后的成功制定目标。

◎破茧成蝶的金玉良言

目标对人生有巨大的导向性作用。成功，在一开始仅仅是一个选择。不同的目标会有不同的人生。你选择什么样的目标，就会有什么样的成就，有什么样的人生。没有目标，我们就不会努力，因为我们不知道为什么要努力。所以，制定了目标，才能走向成功。

不可失去自己的目标

曾经有人做过这样一个实验。

将一队毛毛虫放在花盆的边缘上，让它们排成一圈，首尾相连。这些毛毛虫开始爬动，犹如一个圆形队伍，不停地沿着花盆边行进，周而复始。接着，在毛毛虫队伍旁边放了一些食物，只要这些毛毛虫旁顾一下，就可以吃到美食。用不了多久，这些毛毛虫肯定会厌倦毫无意义的爬行，掉头爬向食物。但是，毛毛虫并没有像设想的那样，而是一直爬了七天七夜，直至饿死。

毛毛虫墨守成规，虽然一直在不停地前进，却没有一个鲜明的目标作为指引，只是周而复始地"转圈圈"，最后在自己的盲目中走向了死亡。其实，很多的年轻人，就像毛毛虫一样。他们工作起来很努力，却一直没有什么成果。他们自以为只要努力就会有所成就，却不知道盲目做事就是在做"无用功"。

我们知道，吃饭是为了充饥，喝水是为了解渴，穿衣是为了避寒，购房是为了住得舒适，买车是为了行得方便。但是，很多时候，我们却不清楚自己工作努力的目标是什么。这使我们犹如"没头苍蝇"一样，四处乱撞，因为目标不够明确，做出一些吃力不讨好的事情来。

在一个生产车间，师傅正全神贯注地工作，徒弟在一旁仔细观摩、学习。过了一会儿，师傅对徒弟说："你去给我拿一把管钳来，我要……"师傅的话还没有说完，徒弟便一溜小跑，去了工具间。

过了半天，徒弟气喘吁吁地跑了回来，手里提着一把最大号的管钳。师傅看了一眼，有点生气地说："谁让你拿这么大号的？"徒弟很不服气，心想："你又没告诉我拿多大的，难道我拿的不是管钳吗？"

"快去换把小号的来，我要拧紧这个螺母。"师傅有些不耐烦地向下一指。徒弟一看，自己确实拿了一个不合适的工具。于是，徒弟只得再跑一趟工具间。

年轻的你务必尽早定下一个明确的目标。倘若你有了目标，找到了明确的方向，并且又能够定期去审视目标，自然就不会多走弯路。你会很自然地将目光从努力过程转移到努力结果上来。这时，你会发现，自己过去那种漫无目的的努力是何等愚蠢，你就会不断督促自己向着目标前进。

实现人生的一切理想，努力当然不可缺，但是在行动之前，一定先弄清自己为什么而努力，什么才是自己真正想要的。

第二次世界大战时，美国的一家规模不大的缝纫机厂生意萧条，工厂老板汤姆看到战时百业俱凋，只有军火是个热门，而自己却与它无缘。于是，他把目光转向未来市场，他告诉儿子，缝纫机厂需要转产改行。

儿子问他："改成什么？"

汤姆说："改成生产残疾人用的小轮椅。"

儿子当时大惑不解，不过还是遵照父亲的意思去办。经过一番设备改造后，一批批小轮椅面世了。这时，战争刚刚结束，许多在战争中受伤致残的士兵和平民，纷纷前来购买小轮椅。来汤姆工厂的订货者络绎不绝，该产品不仅畅销美国，还远销国外。

儿子看到工厂生产规模不断扩大，财源滚滚，在满心欢喜之余，不禁又向父亲请教："小轮椅不能继续大量生产，因为需求市场快要饱和了。未来的几十年里，市场又会有什么新需要呢？"

汤姆早已成竹在胸，启发儿子说："战争结束了，人们的想法是什么呢？"

儿子想了想说："人们对战争已经厌恶透了，希望战后能过上安定美好的生活。"

"那么，美好的生活靠什么呢？要靠健康的身体。将来人们会把身体健康作为重要的追求目标。所以，我们要为生产健身器材做好准备。"汤姆进一步指点儿子。

于是，生产小轮椅的机械流水线，又被改造为生产健身器材的。最初几年，销售情况并不太好。这时汤姆已经去世，但是他的儿子坚信父亲的超前思维，仍然继续生产健身器材。结果，就在战后十多年，健身器材开始走俏，不久便成为热门货。

当时，汤姆健身器材在美国只此一家，独领风骚。老汤姆之子根据市场需求，不断增加产品的品种和产量，扩大企业规模，终于使自己进入到亿万富翁的行列。老汤姆每次都能准确地预见了未来的市场变化、为了抓住一闪即逝的机会，他早早地做好了充分的准备，财富之神果然也没有让他失望。

谋财之道更像一场马拉松赛跑而不是百米冲刺，前 100 米领先者不一定就能成为全程的冠军，甚至都不可能跑完全程。在这遥远的征途上，你的准备和积累将会起到决定性的作用。如果你自觉先天不足而又已然踏上征程，那就更要格外注意随时给自己补充营养。

美国学者经过多次统计发现，人在退休以后，患病死亡的概率明显升高。心理学家分析：人在某一岗位上工作多年，工作就会成为他生命中的一部分，一旦失去，就会感觉丧失了生活的目标，甚至无法为自己找到活下去的理由。

如果年轻的你依然没有确定的目标，很容易就会迷失人生的方向，感觉人生毫无生机。不知道自己将来会驶向何方，在这种漫无目的的生活中，十年以后，你将会一无所获。

◎破茧成蝶的金玉良言

我们要制定目标，选择策略，计划生活，梦想未来。我们需要信念的支持，这种内在的力量是无形的，是要靠自己把握的。

目标要切合实际

在一家单位做文员的杨依依每天下班回家做的第一件事，就是为自己精心打扮一番，因为在杨依依心里，一直装载着这样一个梦想：成为一名职业模特。

为此，杨依依经常请假参加各种模特选秀比赛，却遭遇了一次又一次的失败。事实上，杨依依的身高只有164厘米，而体重却达到了60千克，这样的身材与职业模特的标准差距很大，不过杨依依却乐此不疲。

鉴于杨依依经常请假外出，上司找她谈过几次，暗示杨依依"如果这样下去，单位会考虑另选他人来做这份工作"。然而，杨依依并没有把上司的话放在心上，依然我行我素，似乎在她心中，只要坚持，自己的"模特梦"就一定能够实现。

劝诫无果，这家单位最终决定解雇了杨依依。对此，杨依依并不在意，因为这份工作对她而言，早已可有可无。现在，她可以全力以赴去实现自己的梦想了。

就这样，杨依依不断地尝试，又不断地失败。30岁以后，当身边的朋友都已在各自岗位上有了一定的作为时，不再年轻的杨依依却仍然苦叹"红颜薄命""天不见怜"。

可以说，杨依依就是一个"自不量力"的典型。她之所以一次一次的失败，就是因为其缺乏实现目标的必要条件。选择目标时，绝不可以冲动与盲目，要将目标设定得恰到好处，在实现目标的过程中，才能多些助力，少些阻力。

在一条菜市街上，小伙子正在闲逛时，发现了一个捞鱼的摊子。摊主向前来捞鱼的人提供渔网，十元钱捞一次，捞起的鱼归捞鱼者所有。

　　小伙子一时来了兴致，俯下身捞起鱼来。可是，他一连捞破了几张渔网，也没能将自己想要的那条鱼捞上来。看到摊主露出嘲笑望着自己，小伙子懊恼不已，忍不住高声嚷道："老板，你这渔网太薄了点吧！几乎一沾水就破，这样的网怎么能捞起鱼来呢？"

　　摊主不紧不慢地说："小伙子，看样子你也念过不少书，怎么连这么简单的道理都不懂呢？在一心想捞起自己看中的那条鱼时，你是否考虑过自己手中的网能否承受得起它的重量？有追求自然是好事，但也要懂得衡量自己啊！"

　　"但我还是觉得你这网做得太薄了，用它根本没法将鱼捞起来，"小伙子不服气地说。

　　"小伙子，看来你还是没有参透捞鱼的道理。其实，捞鱼和人们盲目地追求爱情、事业、金钱大有异曲同工之处。当你沉迷于眼前的目标时，你想没想过自己是否具备这个实力？"摊主循循善诱道。

　　当我们锁定某一目标时，是否衡量过自身的实力、考虑过自身的条件呢？事实上，随着物质生活水平的不断提高，很多年轻人在具备一定物质基础、积累一定经验以后，逐渐失去了客观判断能力。在这种情况下，多数年轻人会产生一种错误的想法："别人有的一切，我都可以拥有。"这时，他们的目标已经脱离了实际，不再与自身条件相匹配。

　　在19世纪初，拿破仑率领近7万大军，远征维也纳，进而又乘胜追击俄奥联军，转战摩拉维亚，一举击溃了库图佐夫元帅统领的9万俄奥联军，取得了奥斯特利茨战役的胜利。

　　这位叱咤风云的法国皇帝对此感到非常满意，于是准备"犒赏三军"，便对勇猛的部下们说："你们打算要什么？尽管说出来，我会满足你们的。"

　　一位部下说："我要率军收复波兰！"

拿破仑立刻回答："这不成问题。"

又一位部下说："我在未追随您之前是个农民，对土地有着深厚的感情，我想要一块属于自己的土地。"

拿破仑允诺："你一定会有属于自己的土地的。"

一位将领提出："陛下，我爱喝酒，我想得到一个酒厂。"

拿破仑毫不犹豫地说："那就给你一个酒厂。"

这时，一位功臣提出："陛下，如果可以的话，我想请您赏赐我一条鲱鱼。"

拿破仑笑了笑："好家伙，就赏给他一条鲱鱼。"

拿破仑离开以后，众人围拢过来，纷纷对该人的选择表示不解。那人说："你们向皇帝要土地、要酒厂、要收复波兰的统军权，皇帝虽然答应了，但兑现的可能小之又小。我比较现实，只要一条鲱鱼，或许真的能够得到。"

这位大臣显然是智者，他非常清楚，在行进的人生道路上，最佳目标往往并非最有价值的那个，而是最容易实现的目标。

年轻人大多志存高远、意气风发，都想成就一番大的事业。不过也正因如此，往往会将"幻想"与"理想"相混淆，追求不切实际的目标，结果，十年以后和今天一样，仍然一事无成。

年轻人胸怀抱负、志向远大，这绝对没有错，但务必记住一点，"做我们能做的，成为我们能成为的"。

◎破茧成蝶的金玉良言

目标的制定要与自身的兴趣相一致，要与自身的能力相适应，要有实现的必不可少的客观条件，否则目标就会如"空中楼阁"一样，不可能得到实现。

目标需要不断进行调整

一位调音师来到哈尔家中，给孩子的钢琴调音。那位调音师是个能手，他很仔细地锁紧了每一根琴弦，使它们都绷得恰到好处，发出正确的音符。

当调音师完成整个调音工作后，哈尔问他要付多少钱。调音师笑了笑地说："还不急，等我下次来的时候再付吧！"

哈尔不解地问道："下次？您这是什么意思？"

调音师说："明天我还会再来，然后一连4个星期每星期来一次，再接下来每3个月来一次，要来4次。"

调音师的话弄得哈尔一头雾水，不由自主地问："您说什么？钢琴不是已经调好音了吗？难道还有问题？"

调音师清了清喉咙说道："我是调好琴弦了，可是那只是暂时的，如果琴弦要保持在正确的音符上，就必须继续'调整'，所以我得再来几次，直到这些琴弦能始终维持在适当的绷紧程度。"

听完他的话，哈尔不禁叹道："原来还有这么大的学问啊！"

调琴如此，人生亦是如此。如果我们希望目标能维持长久直至实现，那就得像钢琴的调音工作一样，不断进行调整。一旦我们有了进展就得立即强化，而且这种强化的工作不能只做一次，得持续做到目标完成为止。

人生是个不断探索的过程，而实现目标的过程中也充满了许多不可知的因素。失败是难免的，正视失败也是必需的。挫折和失败的产生必定有其原因，有时并不是由于人的能力、学识的不足，而是由于错误地选择了目标，而失败正是给予了你一个重新思考，从错误中解脱的良机。所以，每个人都需要学会不断地重新认识自己的目标，学会不断反思，以使接下来的进程更有效率。

有个青年从小的理想就是当作家，为此他一如既往地努力着。10年来，坚持每天写作500字。每写完一篇，他都改了又改，精心地加工润色，然后再充满希望地寄往各地的报纸杂志。遗憾的是，尽管他很努力，可是从来没有一篇文章得以发表，甚至连封退稿信都没有收到过。

28岁那年，他总算收到了第一封退稿信。那是他多年来一直坚持投稿的刊物的一位老编辑寄来的信，信中说："看得出你是一个很上进的青年，但是我不得不遗憾地告诉你，你的知识面过于狭窄，生活经历也过于苍白，但我从你多年的来稿中发现，你的钢笔字越来越出色……"

听从老编辑的建议，他毅然放弃写作，练起了钢笔书法，果然进步很快。现在他已经是位著名的硬笔书法家了。就这样，他让理想转了个弯，走向了成功。

成功之后的他不无感触地说："一个人要想成功，理想、勇气、毅力固然重要，但更重要的是，人生路上要懂得放弃，更要懂得转弯。"

放弃某种屡试不及预期或虽长期经营，但从长远来看对自己并不合适的事业，否则你就找不到属于自己的最佳位置和人生跑道。这时，不管你是情愿还是不情愿的，都得忍痛割爱。

奥乔亚经营的建筑业彻底失败了，他也因此破产了，但他顽强奋斗的意志并未磨灭。

奥乔亚没有选择重返建筑业，决定去一个截然不同的领域创业。他很快就发现自己对公众演说有独到的领悟和热情。他很快又发现这是个最容易赚钱的职业。一段时间之后，他成为一个具有感召力的一流演讲师。后来，他总结自己的工作经验而撰写的图书成为畅销书，在畅销书排行榜停留数月之久。

奥乔亚虽然放弃了建筑业，但是你不能认为他是半途而废的人，他只是调整了一下自己的目标。懂得激流勇进者，便懂得断然退出；懂得如何减少损失者，便懂得及时改变方向。

大部分人一生中至少要经过两三次变换，这个过程大约需要十年，才能最后找到适合自己特长的事业，而确定自己合理的目标，则需要同样长的一段时间。事实上，生活往往借失败之手，促使你进行一次次的探索和调整。

实际上，失败是最宝贵的财富之一，它为我们提供了独特的学习机会。成功固然可喜，但失败中才能更清晰地反映出我们身上的弱点，指导我们重新调整人生的航向。失败之后的反思是对自己人生最透彻的分析，但仅总结过去是不够的，借此时机，学习自己从前未接触过的知识，可以扩大视野，充实精神，帮助你清醒地认识自己的选择余地，并掌握适应时代变化潮流的新技能，这是重新崛起所必需的重要条件。

◎破茧成蝶的金玉良言

人生是个不断探索的过程，而实现目标的过程中也充满了许多不可知的因素。如果我们希望目标能维持长久直至实现，那就得像钢琴的调音工作一样，不断进行调整。

细化你的最终目标

科学家们曾经做过这样一个实验。

以 30 个人为实验对象，平均分成三组，要求各组分别走到 60 千米处的一个村落，观察各组人员完成任务以后的反应。

第一组，路程、目的地不详，他们的任务就是随着领队前行。结果，刚刚走了 1/5 的路程，组员们便开始抱怨；走到 2/5 的距离时，组员们开始叫苦不迭；走到 3/4 处时，大部分人已经发起火来；走完全程以后，所有人的脸上都带着极度的沮丧与愤怒。统计结果表明，这一组花费的时间最长，而且情绪也最为低落。

第二组，大目标确定（已知村落的名字），也知道具体路线，但沿途未设路牌，无法预计时间与速度，只能依靠经验判断。结果，走到 1/2 处时，已有人开始询问领队；走到 3/4 处时，大多数人出现消极情绪；到达终点以后，所有人都苦不堪言。

第三组，方向、目标、具体路线详知，且沿途设有路牌作为指引，领队佩戴手表告知大家行进速度、剩余路程。第三组成员以每一个路牌为小目标，逐次完成，一路上大家欢声笑语、相互调侃，不知不觉便走完了全程。统计显示，第三组所花费的时间最短，而且也是情绪最好的。

这一实验说明，看不到目标，会使人产生懈怠、恐惧、愤怒的情绪；如果能够将目标具体化，细化成若干等份，并不断明确进展速度，人们就会自觉地克服困难，以轻松的心情迎接挑战，努力实现目标。

目标必须越细越好，最好能细化到每天和每小时，让自己真真切切地看到自己的目标在哪里。实现了所有的每一个细小的目标，大目标就可以水到渠成地完成了。

以前在君士坦丁堡、巴黎、罗马，都曾尝过贫穷而挨饿的滋味，然而在纽约城，处处充溢着富贵气息，艾德尔尤其为自己的失业感到可耻。

艾德尔不知道该怎么办，因为他觉得自己能胜任的工作非常有限。他能写文章，但不会用英文写作。白天，他就在马路上东奔西走，目的倒不是为了锻炼身体，因为这是躲避房东的最好办法。

有一天，艾德尔在42号街碰见一位金发碧眼的高个子。艾德尔立刻认出他是俄国著名歌唱家夏里宾先生。艾德尔记得自己小时候，常常在莫斯科帝国剧院的门口，排在观众的行列中间，等待好久之后，才能购到一张票子，去欣赏这位先生的演唱。后来，艾德尔在巴黎当新闻记者，曾经去访问过他，艾德尔以为他是不会认识自己的，然而他却还记得艾德尔的名字。

"很忙吧？"夏里宾问艾德尔。艾德尔含糊回答了他。艾德尔想：他已一眼明白了我的境遇。"我的旅馆在第103号街，百老汇路转角，跟我一同走过去，好不好？"夏里宾问艾德尔。

这时已是中午，艾德尔已经走了5小时的马路了。艾德尔一脸苦相地说："但是，夏里宾先生，还要走60条横马路口，路不近呢。"

"谁说的？"夏里宾毫不迟疑地说，"只有5条马路口。"

"5条马路口？"艾德尔觉得很诧异。

"是的，"夏里宾说，"但我不是说到我的旅馆，而是到第6号街的一家射击游艺场。"

这有些答非所问，艾德尔却顺从地跟着夏里宾走，一会儿就到了射击游艺场的门口，看到两名水兵，好几次都打不中目标。然后，他们继续前进。

"现在，"夏里宾说，"只有11条横马路了。"艾德尔摇摇头。

不多一会儿，走到卡纳奇大戏院，夏里宾说："我要看看那些购买戏票的观众究竟是什么样子。"几分钟之后，他们继续向前进。

"现在，"夏里宾愉快地说，"离中央公园的动物园只有5条横马路口了。里面有一只猩猩，它的脸很像我所认识的唱次中音的朋友。我们去看看那只猩猩。"

又走了12条横路口，已经来到百老汇路，他们在一家小吃店前面停了下来，橱窗里放着一坛咸萝卜。夏里宾遵医生之嘱不能吃咸菜，于是他只能隔窗望望。"这东西不坏呢，"夏里宾说，"使我想起了我的青年时期。"

艾德尔走了许多路，原该筋疲力尽了，可是奇怪得很，今天反而比往常好些。这样断断续续地走着，走到夏里宾旅馆的时候，夏里宾满意地笑着："并不太远吧？现在让我们来吃中饭。"

在午餐之前，夏里宾解释给艾德尔听，为什么要走这许多路的理由。"冬天的走路，你可以常常记在心里。这是生活艺术的一个教训：你与你的目标之间，无论有怎样遥远的距离，切记不要担心。把你的精神集中在5条横街口的短短距离，别让遥远的未来使你烦闷。要常常注意未来24小时内使你觉得有趣的小玩意儿。"

夏里宾先生把60个路口一次又一次地分割成更小的目标，最终分割到5条路口。每次只是走一段路实现一个小的目标，而未来目标实现起来就容易多了。

我们的目光不可能一下子投向十年之后，我们的手也不可能一下子就触摸到十年以后的那个目标。为了不会让自己的付出感到丝毫的累，从现在开始，我们应该一步一步走向成功，每天都能看见财富的路标，每天都能尝到成功的甘甜，体味到奋斗的喜悦与满足，脚踏实地的付出换来的永远是一种实实在在的得到。

许多年轻人，之所以在成功的路上折戟而返，往往不是因为成功的难度太大，而是觉得目标距离自己太遥远。换句话说，他们并不是因为失败才不得不放弃，而是因为胆怯走向了失败。如果他们能聪明一点，将目标化整为零，把长距离分成若干个短距离，然后分阶段实现它，那么，他们就可以因不断成功，激发出更大的动力去实现下一个目标。

◎破茧成蝶的金玉良言

　　每个人都有一条漫长的人生路要走，如果因为目标遥远而丧失信心、裹足不前，你的人生永远称不上完整。如果将大目标分割成一个个小目标，一步步地走近，就很容易取得成功。

锁定目标而努力

有一个叫瓦亚特的年轻人，他从未拿下过学位，而他所接受的教育也一直没有发挥过作用。

无论做什么事，瓦亚特都有始无终。有一段时间，他曾一门心思地攻读法语，可不久后，他发现，如果想要真正学好法语，首先必须对古法语具有一定的了解；可是要想掌握古法语，在拉丁语方面没有一定的造诣也是不行的；而学会拉丁语的唯一途径，就是学会梵文。于是，瓦亚特决定先从梵文学起，只是如此一来，就更加旷日持久了。

瓦亚特没有固定职业，但他从先辈那里继承了一些财产。他先从中拿出 10 万美元，开办了一家煤气厂，但制造煤气的煤炭价格较为昂贵，使他入不敷出，亏了一些本钱。他便以 9 万美元的价格将煤气厂兑了出去，办起了一座煤矿。但他没有想到，采矿所需的机械投资，数额同样大得惊人。没有办法，瓦亚特只得将煤矿的股权变卖，得到 8 万美元以后又转入煤矿机械制造业……就这样，瓦亚特犹如熟练的"冰上舞者"一样，在各个相关行业中不断地滑进滑出，始终没有做成一件事情。瓦亚特有过几次恋爱经历，结果都不理想。他曾对一位姑娘一见钟情，不能自拔，也向姑娘表明了心迹。为了使自己能够与佳人相匹配，瓦亚特开始刻意培养自己的精神品质，报名参加了一所星期日学校，可仅仅学了一个半月，就不再去上课了。两年后，当他自认配得上对方、可以开口求婚时，佳人早已投入了别人的怀抱。

一段时间以后，瓦亚特又疯狂地爱上了一位美丽的姑娘。这位姑娘有五个妹妹，瓦亚特第一次到姑娘家拜访，就喜欢上了姑娘的二妹，接下来又喜欢上了三妹……最后，一个也没有谈成。

瓦亚特在不断更换目标的过程中，变得越来越落魄。最后，他卖掉仅剩的一项产业，购买了一份逐年支取的终身年金。只是，可支取的金额逐年减少，瓦亚特若是长命百岁，势必会尝到挨饿的滋味。

　　一个摇摆不定的人，注定无所作为，因为他的目标一直在变动，如此，就不得不在各个领域空耗精力。如果你想十年以后有所建树的话，就一定要锁定合适的目标。这就如同儿时用凸透镜聚光燃纸一般，只有将光聚在一点，才能使纸片燃烧；如果聚光点不断移动，纸是不会燃烧起来的。

　　但凡在人生中有所建树的人，都有一个共同点：将时间、精力集中在一个目标上，专心致志，全力突破。美国著名成功学大师戴尔·卡耐基，在分析和总结了诸多失败者的案例以后，得出了这样一条结论："年轻人事业失败的一个根本原因，就是精力太分散。"

　　事实确实如此，看看我们身边的失败者，他们几乎都将精力分成了几份，或是不断地更换职业、重定目标，又或同时在几个领域中往来穿梭。他们直至失败还没有认识到，这个世界上，没有任何一种力量能够像"专注的目标"那样，引领人快速地走向成功。一个人的目标如果总是飘忽不定，那么他的人生注定是失败的人生。

　　目标的实现不可能是一帆风顺的，荣誉的桂冠是由荆棘编织出来的。人生的真谛就是"人生难得几回搏"。遇到逆境，生活的强者就像进入竞技场的优秀运动员那样，会立即兴奋起来，调动全身的潜能，去争夺胜利。成功往往属于那些锁定目标而努力的人们。你想十年以后成为一个有作为的人，现在就要锁定目标，并为之不懈努力。

◎破茧成蝶的金玉良言

　　如果你想十年以后有所建树的话，就一定要锁定合适的目标。这就如同儿时用凸透镜聚光燃纸一般，只有将光聚在一点，才能使纸片燃烧，如果聚光点不断移动，纸是不会燃烧起来的。

全力以赴奔向目标

在一幅漫画中出现了这样一个场景。

某人为了寻水，在地上挖了很多口井，但每一口井的深度都与地下河有一定距离。其中最深的一口距离水源，只有十几厘米。每一次他都没有继续下去，他一边对自己说这里没有水，一边扛起工具，另寻他处再挖。结果，到最后没有一口井涌出水来。

不难想象，如果画中人能看准一个可行目标便集中全力、雷打不动地掘下去，那么他早已品尝到甘甜的清泉了。

成功对于任何人而言都不是轻而易举的事情。我们不得不承认，成功往往只是少数人的果实，然而我们更应该承认的是，也只有少数人才肯为自己的理想锲而不舍、全力以赴，即便屡屡受挫，也不放弃，所以他们在坚持中稳稳抓住了胜利。

当你的眼睛看着目标时，达到目标的机会就会更大。各行业的专业人员会告诉你，在投篮、打高尔夫球或做销售拜访等等事情之前，都要先看准目标。

第二次世界大战期间，美国生产出了一种带有自动跟踪装置的鱼雷。这是一种强有力的破坏性武器。当时，美国正处在生死存亡的关头，所以这种鱼雷给美国带来了希望。当这种鱼雷对准目标发射，会随时追踪瞄准该目标。如果目标移动或改变方向，鱼雷也跟着改变。有趣的是，鱼雷是模仿人脑制造的。那就是说，在你的头脑内也有一些东西能使你对准某一目标，即使目标移动，或你向旁边走动，一旦你追踪瞄准以后，就能击中目标。

当眼睛看着目标时，你达到目标的机会就会变得无限大。不管你是胜利或失败，这项原则都能适用。

　　童年时代体弱多病的肯尼迪，凡事都想同身体强壮的哥哥争个高低。他们经常打架，挨揍的总是肯尼迪。父亲不准任何人干涉这种有时候弄得鼻青脸肿的冲突，理由是肯尼迪必须学会保护自己。父亲还教导儿子们："不能甘居第二，一定要瞄准第一。"

　　有一次，肯尼迪和哥哥在一次帆船比赛中没有拿到冠军，父亲不准他们到餐桌上吃饭。后来，肯尼迪不论对国内政治竞选还是在国际上美苏的空间竞赛，都不厌其烦地宣布一定要做到第一。

　　在 1960 年的总统预选中，新闻界的权威评论家都认为肯尼迪是一个副总统候选人，而肯尼迪断然拒绝接受副总统候选人的提名，毫不犹豫地把目标定为总统候选人。他在受命演说中，以充满信心的激情向听众呼吁："全人类都在等待着我们的决定。全世界都在期待着，想看看我们如何行动。我们不能辜负他们的信任。我们不能不去尝试一下。……请你们伸出手来帮助我，请你们发表意见并投我的票。"

　　当时，共和党推出现任副总统尼克松为总统候选人，驻联合国大使洛奇为副总统候选人。他们控制着行政部门，掌握着用人、宣传和分配公款的权力，并且得到捐款人的较多一部分捐款。在职总统艾森豪威尔的威望也成为他们一笔不容忽视的财富。人们对 8 年来的和平和繁荣感到满足，继续支持一个由共和党人组成的政府是很自然的事情。另外，尼克松头脑冷静，思维敏捷，口齿伶俐，具有广泛的竞选经验和丰富的电视演说经验，在美国人民中间的知名度要比肯尼迪高得多。肯尼迪冷静地分析了对手以后，立即调动自己的竞选班子，全力以赴开始了竞选。他知道怎样最有效地运用各种现代化工具，诸如空中旅行、电视、先遣人员、智囊团、民意测验等去唤起群众和号召群众。

　　肯尼迪在与尼克松进行电视辩论时，显得年轻有朝气，冷静而自然，笑容可掬，侃侃而谈。竞选的最后阶段越来越近，肯尼迪显得更加沉着和自信，演说也更奔放、更协调、更幽默。

肯尼迪靠着一定要做总统的斗志，大力发挥了高水平的演说，并最终等到了他当选的喜讯，他以 49.9％选票对 49.6％选票当选为美国历任以来最年轻的总统。

在任何一个行业，不管我们在寻找较好的工作、较多的财产、永久与快乐的婚姻，或者是任何事情，我们都只须一直瞄着目标前进。目标是成功的原动力，它可以是一个人、一件事，也可以是一种高度。目标是一种追求，没有人一出生就准备固守平淡，每个人都拥有自己的梦想，都渴望着自己的愿望能够实现。

看看那些在人生中、在事业上遥遥领先的人，他们无不执着地追求。他们披荆斩棘、一往无前，向着光明的目标不断地前进。他们虽然也曾跌倒，甚至摔得很重，但依然顽强地奔向终点。当他们攀上一座又一座高峰，回忆这一路走来"雄关漫道、荆棘丛生"的时候，心中流淌的一定是赢得成功的无限甘甜。

可惜的是，一些年轻人不具备"锲而不舍、全力以赴"的意志，一旦遭遇挫折，就会毫无原则地"缴械投降"；一些年轻人在距离目标仅剩一步之遥的时候，丧失了信心与耐心，选择了放弃。他们没有坚持到最后，自然也不会知道，目标其实已经离自己很近。

你甘于十年以后还一如现在平庸吗？如果不，那么从这一刻起，就请定下自己的目标，然后像希腊士兵马拉松一样，为了自己的目标全力以赴，一直跑到终点。

◎破茧成蝶的金玉良言

成功对于任何人而言都不是轻而易举的事情。成功往往只是少数人的果实，也只有少数人才肯为自己的理想锲而不舍、全力以赴，即便屡屡受挫，也不放弃，所以他们在坚持中稳稳抓住了胜利。当你确定目标以后，就要去瞄准目标，为之努力，这样你才能取得成功。

第二章
把握好时间，体现生命的价值

我们人人都要念好时间管理这本"经"。唯有对时间的科学管理，才能合理地运用有限的时间，以便更好地达到自己的目标。

先改变时间观念

一般人在不同的环境、不同的年纪、不同的心绪下，对时间可能会保持不同的看法，而这些看法之间往往是相互矛盾的。如当一个人需要料理的事情太多时，他总会感到"时间不够支配"，但是当一个人无所事事时，就又感到"不知如何消磨时间"。可见，一般人对时间的态度是极为主观的。被誉为全球最著名刑事辩护律师的德肖维茨指出，在各种时间观念之中，下列五种观念特别不利于对时间的有效运用。

（1）视时间为主宰

视时间为主宰的人，将一切责任交托在时间手中。对这种人来说，充分利用时间被当作一种信念。这种人深信"这只是时间问题""岁月不饶人""时间是最好的试金石"这一类的说法。在他们心目中，时间犹如驾驶员，而自己则好像是乘客！

视时间为主宰的人的一个主要行为特征，便是重形式而不重实质。例如，尽管他们有时需要更多的休息，但有些人每天总是在同一时间起床；尽管他们有时在那个时间并不感到饥饿，但是有些人每天总是在同一时间进餐。

有些人总是恪守固定的时间办事，而不愿稍作变动。例如在下班时，虽然下一班 6∶05 的班车不愁没有座位，但是有人总是赶5∶45那趟拥挤不堪的班车。

（2）视时间为敌人

视时间为敌人的人，经常将时间当作超越与打击的对象。以下是这种人的行为特征。

①自己设定难以完成的时限，以便"打破纪录"或"刷新纪

录"。例如，有些人开车上班喜欢寻找捷径，以便创造纪录。对这种人来说，节省下来的一点时间好像能积蓄下来似的。

②在任何约定时间的场合，因早到而感到"胜利"，因迟到而感到"沮丧"。这种"胜利"或"沮丧"的感觉，是针对时间的早晚而产生的，并非针对时间的早晚所导致的后果而产生的。

视时间为敌人，就是重效率而不重效能。"效率"基本上是一种"投入—产出"的概念，当我们能以较少的"投入"获得同等的"产出"，或是以同等的"投入"获得较多的"产出"，甚至以较少的"投入"获得较多的"产出"时，则被视为富有效率。

（3）视时间为神秘物

视时间为神秘物的人通常都认为时间高深莫测，他们对待时间的态度与他们对待自己身体的态度极为相似。除非等到他们的肠胃出了毛病，否则他们不会意识到肠胃的存在或是肠胃的重要性。同样，除非他们感觉到对时间的使用受到限制，否则他们不会意识到时间的存在或是时间的重要性。

视时间为神秘物的人因为忽视时间所带来的各种限制，所以能够专心致志地工作。这未尝不是一种长处。但是，时间对绝大多数人来说，常常是吝啬的。除非他们真正了解到这种吝啬，否则将无法适当对时间进行调配。

（4）视时间为奴隶

视时间为奴隶的人最关切的是如何管理时间。"视时间为奴隶"这种观念转化成管理者的一种行为，便是长时间地沉迷于工作，成为所谓的"工作狂"。

统计调查显示，每周工作时间超过 55 小时甚至 60 小时的人大有人在。令人感到奇怪的是：这些长时间工作的人大多数都不认为自己工作时间过长。事实上，有些人只有等到心脏病突发、太太闹情绪，或子女求见时，才会感到自己的工作时间过长了。

实际上，只要他们不对时间抱任何成见，或加以任何价值判断，而视之为中性资源，则可能对它做出比较有效的运用。视时间为中性资源，犹如人力资源、财力资源、物力资源与技术资源那样，将有助于人们切实把握"现在"，而不致迷失于"过去"或"未来"。

(5) 认为"时间还多"

著名的管理学顾问柯维在纽约讲课的时候，曾问一个班的学生，他们有没有去过尼亚加拉瀑布旅游。令他意外的是，居然摇头的人占相当高的比例。他们的道理也很简单："因为近，心想反正什么时候要去都成，所以一直拖了下来。"妙的是那些人多半去过需要几天车程的佛罗里达或更远的夏威夷。

这就是"拖"的一种表现。拖时间的人不一定是没有时间，相反可能有充裕的时间；拖欠债款的人常在手头有钱时拖着不还，直到没有钱；拖延不给朋友回信的人也可能总是把信放在案头，天天都想回，却一拖就是几个月。

你会发现，爱迟到的人似乎总是迟到。远程的约会他要迟到；在他家旁边碰面，他可能还是迟到；连你早早到他家，坐在客厅里等，只见他东摸摸、西摸摸，到头来仍然无法准时出发。其原因是什么呢？难道是心理有毛病吗？

其实，他们的心理不是有毛病，却可能总是在心里想：

"不急嘛！时间还多！"

"不急嘛！还有一些时间！"

"不急嘛！大概正好可以赶上！"

"不急嘛！如果运气好，还不会迟到太多！"

"不急嘛！对方也可能迟到！"

最后则是："不急嘛！反正已经迟到了！"

问题是，他这一拖就不知要拖去别人多少时间，更失去了多少宝贵的光阴和成功的机会。

课堂上，一位学生问柯维："我就是爱拖，怎么办？"

柯维的答案是："不要拖！立刻行动！"

柯维指出，当你把心里那些"不急嘛！""不急在今天！""时间还多！"的意念完全抛开，而告诉自己"立刻行动"时，你拖拖拉拉的毛病就自然被克服了。

◎破茧成蝶的金玉良言

谁对时间最吝啬，时间就对谁越慷慨。要时间不辜负你，首先你要不辜负时间。放弃时间的人，时间也放弃他。

时间管理的几个原则

现在来看一下你的时间是如何使用的。

记录自己时间的目的在于知道自己的时间是如何消耗的。为此，要记录时间的耗用情况。要掌握在精力最好的时间干最重要的事。精力最好的时间，因人而异。每个人都应该掌握自己的生活规律，把自己精力最充沛的时间集中起来，专心去处理最费精力、最重要的工作，否则，常常把最有效的时间切割成无用的或者低效率的零碎时间，这无疑是一种浪费。试着找到无效的时间，首先应该确定哪些事根本不必做，哪些事做了也是白费劲。凡发现这类事情，应立即停止这项工作，或者明确应该由别人干的工作，包括不必由你干，或别人干比你更合适的，则交给别人去干。其次还要检查自己是否有浪费别人时间的行为，如有，也应立即停止。消除浪费的时间，因为时间毕竟是个常数，人的精力总是有限的。

分析一下自己的时间都用到哪里去了？这是时间管理的第一步。介绍一个例子，惠普公司总裁普莱特把自己的时间划分得很好。他花20%的时间和客户沟通，35%的时间开会，10%的时间打电话，5%的时间看公文。剩下来的时间，他花在一些和公司无直接关系，但间接对公司有利的活动上，例如业界共同开发技术的专案、总统召集的关于贸易协商的咨询委员会等。当然，他每天也留一些空当时间来处理发生的情况，例如接受新闻界的访问等。这是他与他的时间管理顾问仔细研究讨论后得出的最佳安排。

对照一下你是否有时间管理不良的征兆？看看你是否有以下这些问题：你是否同时进行着许多个工作方案，但似乎无法全部完成？你是否因顾虑其他的事而无法集中心力来做目前该做的事？如果工作被中断你是否会特别震怒？你是否每夜回家的时候累得精疲力竭却又觉得好像没做完什么事？你是否觉得总是没有什么时间做运动或休闲，甚至只是随便玩玩也没空？

对这些问题，只要有两个回答"是"的话，那你的时间管理就出了问题。

有效的个人时间管理必须对生活的目的加以确立。先去"面对"并"发现"自己生活的目标在何处，问问自己："为什么而忙？""到底想要实现什么？完成什么？"问自己这些问题也不是件挺舒服的事，但对自己的生活颇有启发作用。接下来应要求自己"凡事务必求其完成"，未完成的工作，第二天又回到你的桌上，要你去修改、增订，因此工作就得再做一次。

你是否了解下面一些时间管理的原则呢？

（1）设定工作及生活目标，排好优先次序并照此执行；

（2）每天把要做的事列出一张清单；

（3）停下来想一下，现在做什么事最能有效地利用时间，然后立即去做；

（4）不做无意义的事；

（5）做事力求完成；

（6）立即行动，不可等待、拖延。

对于检讨时间管理，拿破仑·希尔曾设计了 22 个问题，他希望读者对这些问题能诚实地回答，切勿故意说假话来满足自己的虚荣心。因为回答这些问题的目的，在于使自己发现哪些地方应进行改善，而不是要给自己什么奖赏。现将他所设计的问题原文摘录如下：

·你制定明确的目标了吗？制订了切实可行的执行计划了吗？每天花多少时间在落实执行计划上？主动执行或是想到了才执行？

·你的成功目标是一种强烈的愿望吗？多久才会检讨一次这个愿望？

·为了达到明确目标，你做了什么付出？正在付出吗？何时开始付出？

·你采取了什么步骤来组织智囊团？你多久和成员们接触一次？你每个月、每周和每天和多少成员谈话？

·你有无接受一些小挫折作为促使自己做更大努力之挑战的习惯吗？你能从逆境中找出等值利益的关键所在吗？

·你是否把时间花在执行计划上或是老想着你所碰到的阻碍？

·你经常为了将更多的时间用来执行计划而牺牲娱乐吗？或者经常为了娱乐而牺牲工作时间？

·你能把握每一分钟时间吗？

·你把你的生活看成你过去运用时间方式的结果吗？你满意你目前的生活吗？你希望以其他方式支配时间吗？你把逝去的每一秒钟都看成生活更加进步的机会吗？

·你一直都保持有积极心态吗？是大部分时候都保持积极心态还是仅在有的时候才积极？你现在的心态积极吗？你能使自己的心态立刻积极起来吗？积极之后呢？

·当你以行动具体表现自己的积极心态时，是否真的会经常展现你的个人进取心？

·你相信会因为幸运或意外收获而成功吗？什么时候会出现这种幸运或意外收获呢？你相信你的成功都是因为自己的努力付出所换得的结果吗？你何时付出了努力？

·你曾经受到他人进取心的激励吗？你经常受到他人的影响吗？你经常真正地以他人作为榜样吗？

·你在什么情况下会表现出多付出一点点的举动？每天都会这样付出或只有在他人注意时才会多付出吗？你在表现多付出一点点的举动时的心态呢？

·你的个性吸引人吗？你会每天早晨照镜子并且改善你的微笑

和脸部表情吗？或者你只是单纯的洗脸刷牙而已？

·你如何保持自己的自信心？你何时奉行使得自己拥有无穷智慧的激励力量？你经常忽视这些力量吗？

·你培养自己的自律能力吗？你的失控情绪经常会使你做一些令你很快就感到遗憾的事情吗？

·你能控制恐惧感吗？你经常表现出恐惧吗？你何时以你的信心取代恐惧？

·你经常以他人的意见作为事实吗？每当你听到他人的意见时，你会抱着怀疑的态度吗？你经常以正确的思考来解决你所面对的问题吗？

·你经常以表现合作的方式来争取他人的合作吗？

·你给自己发挥想象力的机会吗？你何时运用创造力来解决问题？你有什么需要靠创造力才能解决的问题吗？

·你会放松自己，运动并且注意你的健康吗？你计划明年才开始吗？为什么不现在就开始呢？

拿破仑·希尔认为设计这份问题单的目的，在于促使人们对自己做一番思考。一个人对于时间的运用方式充分反映出他将成功原则化为自己生活一部分的程度。如果你对上述某些问题的答案是"否"，那么你就要注意了。你要朝回答"是"的方向努力。

◎破茧成蝶的金玉良言

一切存在严格地说都需要"时间"。时间证实一切，因为它改变一切。气候寒暑，草木荣枯，人从生到死，都不能缺少时间，都从时间上发生作用。

正确的计划还是省时的好工具

就如同在旅游时需要一个路线图一样，当我们制定了目标以后，需要一个详细的行动计划。它可以告诉我们该如何从现状走向未来，告诉我们如何运用资源帮助自己实现目标，它还为目标制定了明确的工作进程和结束日程安排。人们需要计划，因为计划是实现目标的唯一手段。正确的计划还是省时的好工具。计划是重要的，而欠妥的计划不但省不了时间，还会拖延时间。

合理的计划可以给我们的工作带来很多好处：

（1）计划可以帮助我们分清工作的价值，从而能够有重点地工作，避免把时间花在简单易行且并不重要的事情上；

（2）计划可以帮助我们分清工作的前后次序，并对工作有一个最初的认识，进而能够有条不紊地工作，避免次序颠倒而因小失大；

（3）计划可以帮助我们对现在进行的工作有一个明确的认识，对接下来的工作心中有数；

（4）计划可以避免许多不必要的人力、物力浪费，尤其是多人合作开展工作，若以良好的计划来作为指引，则可以使责任明确，避免人浮于事；

（5）完善的计划是一面镜子，让我们随时可以检查自己是否已经达到预期的目标，看到自己的不足，明确今后的重点；

（6）有了计划，无形中给了我们一种压力，压力就是动力，可以使我们早日完成目标。

一个没有计划的人，做事往往没有方向，遇事则手忙脚乱。长时间下去，会打乱整个生活规律，可以说"百害而无一益"。

下面将告诉你如何制订计划：

（1）确定任务完成时间

做事情没有期限，想到哪儿做到哪儿，过一天算一天，这样只能虚度年华，再好的计划都不会有用。所以在我们做任何事情时一定要设计出完成期限。在具体实施时，一定要努力按照规定的时间完成任务。

（2）制订较详细的计划

不用担心计划清单太长，因为一旦列好了清单，下一步就是按它们的重要程度排列，把它们可以被完成的程度也考虑在内。有一些看起来似乎不错的目标，我们可能不得不把它们暂缓或抛弃，因为它超出了我们能迅速控制的范围而显得不实际。一旦目标依照次序排列出来，我们就应该决定哪些目标可以先开始进行。

（3）做出公开承诺

在制订好详细的计划后，把它公布于众，让同事们都了解你的工作日程安排。公开承诺有着双重的价值，一来能让人们知道我们想做什么，以便于人们有更多机会适应我们的做法；二来展示自己的决心。没有人会喜欢公开失败，正是这个原因使我们会加强行动的动力。

（4）经常检验自己的计划

在计划实施时，要不断地检验自己的行动，看其是否偏离自己的目标，一旦偏离就要及时纠正。越是不断检验自己的计划，我们越会充满激情地去完成目标。

（5）留有计划外的时间

在计划时间上重要的一步是不要过分安排自己的事情。如果把一天的时间都安排得满满的，没有一点空闲，那么，一旦出现不可预料的危机或机遇该怎么办？是不是日程全部被打乱掉了？尤其在完成重要工作时，一定要给自己留下一定的缓冲时间。

日程安排本身不是一种结束，只是达到目的的一种方法，要允许自己有一定的灵活性，并在计划中体现出来。大多数有经验的人在制订计划时，只安排一天中80%的时间。时间计划新手应从一天的70%的时间开始做起，实践经验会使新手很快达到专业的水平。

对于勤奋者来说，时间似乎永远不够用，但如果善于计划，则可以使我们的工作、学习、生活有条不紊地延续下去。计划并不是日常的一件琐事，它既是对令人兴奋的一天的总结，也是对更加兴奋的明天的展望。

◎破茧成蝶的金玉良言

我们常说到"生命的意义"或"生命的价值"，其实一个人活下去真正的意义和价值，不过占有几十个年头的时间罢了。生前世界没有他，他无意义和价值可言；活到不能再活死掉了，他没有生命，自然更无意义和价值可言。

合理安排你的时间

由于昨天睡得太少，小胖今天刚吃完晚饭，就说要先去躺一下，再准备后天的考试。可是当爸爸在晚上 9 点钟叫他起来复习功课的时候，他又用被子蒙着头，含含糊糊地说：

"干脆睡到明天早上再起来念书吧，反正明天也不用上学！"

"那么你算算你一共睡了多少小时？那可是 11 个钟头啊！后天要考三科，你能这样大睡吗？另外，你明天打算几点钟上床，如果按照惯例拖到深夜 2 点，那就是 20 个小时，你可以连续读 20 个钟头的书，仍维持高效率吗？"

小胖蒙着被子想了想，跳起来。

是什么改变了他的初衷？是清醒之后的分析、判断！

当你睡得迷迷糊糊的时候，不可能有明确的判断。甚至你会发现，在早上起不来时，原有的斗志都稀里糊涂地消失了，你很可能对自己说："哎呀！这个计划太麻烦，何必呢？算了！改天再说吧！"

许多不错的计划，都是这样被取消的！许多可以改变一生的机遇，就这样被错过了！

因此，当你决定充分利用时间的时候，一定要先使自己清醒起来，冷静地想一想究竟怎样做才合理。

（1）一天时间的分析

我们每个人每天都有 24 小时可以支配，粗略的分配方式大致为：8 小时睡眠，8 小时工作，8 小时休息。

拿破仑·希尔认为，不应把过多的时间花在睡眠上，因为这样将有损于你的健康。也可能会偶尔从睡眠时间中"偷"一两个小时做别的事情，但这是一种不好的习惯，千万别培养不良习惯。

当你花另外 8 小时在工作上时，应该将你的全部心力集中在你的明确目标上，并展现你要多付出一点点的习惯。

最后 8 小时虽然是你的休息时间，但是仍然必须小心支配，我们常会把这段时间花在处理家里的琐事上，或是那些其他没有直接获利的事上，但它可能是你做好工作的基础。

（2）工作上的时间管理

拿破仑·希尔曾引述莱肯和温斯顿二位的著作中关于支配工作时间的建议，其大致内容如下：

找出你这一天、这一周和这个月要处理的工作，在一张纸上画出四栏，并在左上角贴上"重要而且紧急"的标签，在这一栏内填入必须立即处理的工作，并依次写下每项工作的处理日期和时间。

在右上角贴上"重要但不紧急"的标签，并填入必须做但又不必立即处理的工作。如果认为这一栏的工作上升为最重要的事时，则可以不必填写在左上角的栏中，只要依次写下每项工作的处理日期和时间，每天审查一下这一栏的工作，以确保不会有工作变成"重要而且紧急"的项目。

左下角贴上"不重要但却紧急"的标签，在这一栏中所填写的，都是一些必须立即处理的琐事，诸如某人需要你的建议，有人需要你马上去买一些小东西等等。当然你也能把这些事情记在"重要而且紧急"一栏中，但本栏的目的在于使你了解有些事物虽然"紧急"却并不等于"重要"。

最后，在右下角贴上"不重要也不紧急"的标签，你当然可以让这一栏一直空着，反正写在这一栏的工作，都是你可不必在意的项目，但本栏的目的在于告诉你事实上有许多事情是属于"不重要也不紧急的项目"。

在你的办公桌上通常会放着两种纸张：一种是有用的，一种是没有用的。你应赶快把没有用的纸都丢掉，并且绝对不要在桌上再看到任何没有用的纸张。

你用来处理那些有用资料的时间要尽可能地少。如果可能的话，你应该立即处理资料、阅读最新资料、签署授权书、写回函等等。至于像杂志类的阅读资料，应留有特定的时间来阅读。

如果你无法一次处理完文件时，应在文件上方角落的位置点一个点，当再度处理该文件时，再点一个点。如此一来，你就可以清楚地了解你是分成几次来处理相同的文件，并可趁此机会为今后做一番改进。

（3）预算你的休闲时间

工作常常会占满所有的时间（包括你的休闲时间），除非你下决心要挪出一些时间来做你认为重要的其他事情。如果你能依照下列方法分配时间，可确保能做到应该做的事情。

①每天花 1 小时安静地思考下列事项：

·为明确目标所制订的计划；

·和智慧进行沟通，并表现出对目前幸福的感激之情；

·分析自己，确定自己必须控制的恐惧心情，并且修订克服这些恐惧的计划；

·寻求加强和谐关系的方法；

·你希望要得到的东西。

②每天花 2 小时的时间，为你的社区、配偶或家庭提供一点点的服务，并且不要求回报。

③每天花 1 小时学习新的知识，不断为自己"充电"。

④每天花 1 小时和你的同事或你的亲密朋友接触，其余 3 小时可用来放松自己、休息、运动或做其他的事。

当你熟悉这些活动之后，便可把它们和其他事情结合在一起，你可以在坐车上班的时间思考或阅读。如果你必须开车上班的话，可以在车里听一些自修录音带。和你的同事共乘一辆车，并且利用在路上的时间，进行讨论和解决问题。如果你的休闲活动是一项值得推广的活动时，不妨教导社区内的年轻人，你也可以从事任何其他适合你做的运动。

每周以 6 天的时间按照上面的计划进行，并且在第七天时什么也不做，只是放松自己的身心，或从事一些可使你冷静达观的活动。你可利用这一天多陪陪你的家人，你会为你所做的事情感到高兴。

◎破茧成蝶的金玉良言

生命的意义解释得如此单纯，"活下去，活着，倒下，死了"，未免太可怕了。因此次一等的聪明人，同次一等的愚人，对生命的意义同价值找出第二种结论，就是："怎么样来耗费这几十个年头。"

列一个时间记事表

使用时间记事表是控制时间最有效的工具之一。不要把填写这种表当作例行公事，它也是一种自我诊断与自我指导的方法，每隔几个月，特别是当办事效率减退时，更要采用这种方法来提高自己的办事能力。使用这种记事表要比看起来容易得多。

制一张每日时间记事表，根据你自己的状况不断加以修正。这种表可以包括两类：一类是"活动事项"；另一类是"业务功能"（活动目的）。把一天的办公时间分为每15分钟一个时间段，然后在上面打两个记号，每一类下面各一个，并且按照需要，在"附注"栏中注明你确实做了些什么。

每日时间记事表

时　间	活动事项	活动目的	附　注
6：00~6：15			
6：15~6：30			
6：30~6：45			
……			

你可以把这张表放在一边的架子上，不使用的时候就看不到它，然后每半个小时左右（不超过1个小时）填写一次。一天积累下来，填写这张表大概只要三四分钟，但是它产生的效果却极为惊人。

你会发现以前根本说不清楚时间究竟都用到哪里去了，记忆力在这方面是不可靠的，因为我们往往只记得一天中最重要的事情——也就是我们完成了某些事情的时刻——而忽略掉我们浪费或未能有效利用的时间。那些琐碎的事项，小小的分心都不太重要，所以我们也记不住。但这些正是我们最需要辨明并加以修正之处。

填写这个表两三天之后，你就会惊讶地发现，有很多地方可以改进。例如，你可能会发现你以前并不知道你竟然花了那么多的时间用于阅读贸易刊物、报纸、报告等等，因此想找出一个办法来减少用于这方面的时间。也可能会惊讶地发现，你竟然花了那么多时间用在赴约的路上，因此想办法改进行程表，一次去几个地方或多利用电话。你也可能会发现你把计划 15 分钟的喝咖啡、休息时间竟延长到 40 分钟（从办公桌到咖啡店的来回）。花 40 分钟或许是值得的，但是只有在你从文字记录中确实看出你究竟用了多少时间之后，你才能够判定它是不是值得花那么多时间。

不过最重要的是，你会更惊讶地发现，你实际上只用了一点点时间做你认为是最优先的事。而和你东奔西走地处理那些次优先的事务相比，你用于计划、预估时间、探寻和利用机会，以及努力达到目标等等的时间真是太少了。时间记事表具有把冷水泼在头上的效用，虽然一时间会感到不愉快，却能使人清醒过来，并且重新振作起来。

我们每个人都需要自律，就应该学会绘制或填写时间记事表。当真正做到之后，保证会出现一些惊喜的效果：在几天以内，只须用远比自己想象中的时间少得多的时间来填写记事表，它一定会为你使用时间指出重要的改进途径。

今天就开始制定一张时间记事表吧！

◎破茧成蝶的金玉良言

聪明人要理解生活，愚蠢人要习惯生活。聪明人以为目前并不完全好，一切应比目前更好，且竭力追求那个理想。愚蠢人对习惯完全满意，安于现状，保证习惯。在世俗观察上，这两种人称呼常常相反。安于习惯的人被称为聪明人，怀抱理想的人却成愚蠢人。

提高运用时间质量的 4 个方法

提高运用时间的质量有以下 4 个方法。

（1）一开始就把事情做对

当一群人竞争的时候，哪种人能获胜？当然是"错得少的人"！这就好比开车到某地，在不赶时间的情况下，你可以说："慢慢找嘛，错了再掉回头，总会碰上的！"但为什么不想想，如果能先看好地图，先找出正确路线，你就不必心中茫然，也就不必担心走过了再掉回头。于是省下了时间，可以做些其他的事！

时间，这正是问题所在！20 年前车少，你可以很容易地掉头。今天处处是单行道，只怕错过一个出口，就要用上很长的时间才能找回去。

如此说来，为什么要匆匆行动呢？

在这讲求效率的时代，不先做出计划就匆匆动手的人，在未行动之前，已经注定了失败！

（2）保持最佳情绪

良好的情绪是人机体的润滑剂，它可以促进生命运动，给人以充沛精力。谁都有这样的体验，人在情绪好时，心里放松，竞技状态就佳。良好的精神状态可以大大提高有用功效，减少无用功。因此，一个人要努力使自己热爱事业、热爱工作、热爱生活、乐观豁达、目光远大。尤其是刚刚步入社会、走向生活的青年人，更应学会控制自己的情绪，使自己善于控制因身体、恋爱和婚姻的挫折以及对新环境的不适应而引起的情绪不稳，保持最佳的情绪状态，以旺盛的精力、良好的心情，度过充实而有意义的高质量的人生，切莫让忧虑、犹豫和痛苦压倒自己。这种情绪既不能挽回过去，也不能改变将来，只会贻误宝贵的青春，浪费宝贵的时间。

（3）学会适当休息

从生理学观点来看，人的全身是一个整体，各个部位之所以能和谐地运动，全靠中枢神经系统的调节。神经细胞活动时，消耗神经细胞内的能量；当它处于抑制状态时，能通过生化作用使细胞新陈代谢，吸收血液中带来的养分。如果兴奋状态长时间持续下去，各种营养物质得不到补偿，神经细胞就会死亡。因此神经细胞的工作能力只能具有一定的限度，有一个临界强度值。如果工作持续太久，超过了这个临界强度值，就会出现效率的下降，这时，大脑就应用其他的行为方式，加以适当调节，才能保证工作的持久性和效率。因此，劳逸结合，适当休息显得十分重要。不能把休息仅仅理解为睡眠，休息还包括文娱体育活动、散步、旅游等有益身心的活动，锻炼身体也是积极的休息。

（4）利用最佳时间

一个人在一天24小时中，各个时段的精力各不相同，而不同的人又有差别。有的人早晨精力好，有的人可能晚上精力好，有的人凌晨起床后半小时最容易激发创新意识；有的人喜欢把重大问题放在早饭后考虑；有的人擅长连续思索，思绪高潮往往在连续思索开始后一小时左右出现。据统计，50%以上的人，其能动性在一昼夜之内有显著变化，其中17%的人早晨能动性高，33%的人在晚间能动性最高。我们把工作效率最高、能动性最强的那段时间称为最佳时间。每个人都应从自己的具体情况出发，根据自己"最佳时间"出现的规律，尽量将高质量的"时能"提供给最重要的需求，最大限度地开发和利用"时间能源"。

◎破茧成蝶的金玉良言

从日月来去，从草木荣枯，从生命存亡找证据。正因为任何事物都可为时间做注解，时间本身反而被人疏忽了。所以多数人提到生命的意义同价值时，没有一个人敢说"生命的意义同价值，只是一堆时间"。

善于利用零碎的时间

拿破仑说，他之所以能打败奥地利人，是因为奥地利人不懂得 5 分钟的价值。但在滑铁卢一战中，据说拿破仑的失败也与他没有把握好时间有关。而在如今的商品社会，快捷和准时同样重要。

"快！快！快！加快步伐！"这句警示人们的话常常出现在英国亨利八世统治时代的留言条上，旁边往往还附有一幅图画，上面是没有准时把信送到的信差在绞刑架上挣扎。当时还没有邮政事业，信件都是由政府派出的信差发送的，如果在路上延误是要被处以绞刑的。

在古老的、生活节奏缓慢的马车时代，用一个月的时间经过长途跋涉才能走完的路程，我们现在只要几个小时就可以穿越。但即使在那样的年代，不必要的耽搁也是犯罪。文明社会的一大进步是对时间的准确计量和利用。

把零碎时间用来从事零碎的工作，从而最大限度地提高工作效率。比如在乘车时，在等待时，可用于学习，用于思考，用于简短地计划下一个行动，等等。充分利用零碎时间，短期内也许没有什么明显的感觉，但长年累月，将会有惊人的成效。

滴水成河。用"分"来计算时间的人，比用"时"来计算时间的人，时间多 59 倍。

"噢，还有 5~10 分钟就要开饭了，现在什么事都干不了。"这是我们生活中最常听到的一句话。但实际上，有多少身处逆境、命运多舛的人，充分利用了时间，从而为自己建立了人生和事业的丰碑。那些虚掷了时光的人，如果能够有效利用的话，完全有可能成为出类拔萃的人物。

鲁迅先生就说过："哪里有什么天才，我只不过把别人喝咖啡的时间用在了写作上。"

外国作家马莉恩·哈伦德也取得了非同凡响的成就，而这主要归功于他能够精打细算地利用每分每秒。作为一个繁忙的母亲，她既需要照顾孩子，又需要操劳家务。然而，任何一点闲暇，她都用来构思和创作她的小说和新闻报道。尽管她成就卓著，然而，终其一生她都受到各种各样的干扰，这种干扰使得绝大多数妇女在琐碎的家庭职责之外不可能有别的作为。由于她超常的毅力和分秒必争的态度，她做到了化平凡为神奇，而最终成就了一番事业。

无独有偶，哈丽特·斯托夫人同样是有着繁重家务的家庭主妇，但她完成了那部家喻户晓的名著——《汤姆叔叔的小屋》。类似的例子真是不胜枚举，比彻在每天等待开饭的短暂时间里读完了历史学家弗劳德长达 12 卷的《英国史》。朗费罗每天利用等待咖啡煮熟的 10 分钟时间翻译《地狱》，他的这个习惯一直坚持了若干年，直到这部巨著的翻译工作完成为止。

时间是如此宝贵，然而，浪费时间的人却随处可见。

在位于费城的美国造币厂中，在处理金粉车间的地板上，有一个木制的盒子。每次清扫地板时，这个格子就被拿了起来，里面细小的金粉随之被收集起来。日积月累，每年可以因此节约成千上万美元。

事实上，每一个成功人士都有这样一个"盒子"，用于把那些零碎的时间，那些被分割得支离破碎的时间，都收集利用起来。等着咖啡煮好的半个小时，不期而至的假日，两项工作安排之间的间隙，等候某位不守时人士的闲暇，等等，都被他们如获至宝般地加以利用。

"所有我已经完成的，准备完成的，或者是想要完成的工作，"埃利胡·布里特说，"都跟蜂窝的形成一样，是经过或即将经过长期艰巨、单调乏味、持之以恒的积累过程——材料的日积月累、思想火花的不断撞击和对真理的不断辨析。如果我是受到了某种雄心的激励，那么，我最崇高也是最热切的愿望就是能够为美国的年轻人树立这样一个榜样——把那些被称之为瞬间的点点滴滴充分利用起来，便诞生了奇迹。"

德·格里斯夫人是法兰西王后的密友，当她等待给公主上课之前，她就把时间用于创作，日积月累，她竟然写出了好几部充满吸引力的著作。苏格兰著名诗人彭斯许多优美的诗歌，是他在一个农场劳动时完成的。

《失乐园》的作者弥尔顿是一位教师，同时他还是联邦秘书和摄政官秘书。在繁忙的工作之余，他利用一些零碎的时间，抓紧每一分每一秒，坚持创作。

发明天文望远镜的伽利略同时也是一个外科医生，他以专心致志的态度和常人少有的勤劳，挤出时间从事科学研究，充分利用一分一秒的时间进行思考、探索和研究，从而为后人留下了丰硕的成果。

在我们的周围，有成千上万的青年男女对光阴的匆匆流逝视而不见、麻木不仁，不能好好珍惜时间。他们无法真正意识到时光如箭般的残酷，自信还有充裕的时间在等着他们，仿佛一个有钱人多叫几个好菜而并不在意它们是否会被白白倒掉一样。当他们在毫无顾忌地虚掷大片大片的光阴时，另外一些懂得时光如流水、年少难再来的人则在与时俱进，争分夺秒。

许多伟人之所以能流芳百世，一个重要的原因就在于他们十分惜时。他们在有限的时间里，充分利用上天赐予他们的每一分钟，一刻不停地工作并取得进步。在欧洲文艺复兴的时代，许多文学创作者同时又都是勤奋工作、恪尽职守的商人、医生、政治家、法官或是士兵。

　　我们每天的生活和工作时间中都有很多零碎时间，如有人约你一起吃中饭而迟到，于是你只能等待；或者你到修车厂去而车子无法按约定时间交付；或在银行排队而向前移动缓慢时，不要把这些短暂的时间白白耗费掉，完全可以利用这些时间来做一些平常来不及做的事情。

　　如果你留心一下会发现，我们每天中的这种时间太多了。推销员常常发现，在接待室等待和顾客面谈的时间足够他办完所有书写工作：给上一位顾客写信、计划以后拜访哪些人，填写支出费用的报告，等等。每个人都可以找些适当的细小工作，利用这个时间空当来完成，只要把必备的表格或资料带在手边就可以了。

　　也可以在随身带着的约会记事本内夹五六张小卡片。这种做法很有用。每当想到了一个好主意，或要开列一张表，或看到一些要抄录下来的东西，就可以使用所携带的卡片。

　　不要认为这种零碎时间只能用来办些例行公事或不大重要的杂事。最优先的工作也可以用这零碎的时间来完成。如果照着"分阶段法"去做，把主要工作分为许多小的"立即可做的工作"，随时都可以做些费时不多却重要的工作。

　　因此，如果时间因为那些效率低的人的影响而浪费掉了，请记着：这还是自己的过失，不是别人的原因。

◎破茧成蝶的金玉良言

　　时间，是清清的流水，你听不见它流逝的声音，也阻止不了它；时间，是一盆泼出去的水，再也收不回来。

有效利用交通时间

如果生活在大都市里，一定对每天上下班的交通问题颇有感触。通常人们每天早上要花 1 个小时在路上，而下班回家时又要花上 1 个小时。任何事情要在一生中占去这么多的时间，都应值得你特别注意。很明显，有两方面值得你认真考虑一下。

（1）你是否能缩短交通时间？

（2）你能否有效地利用这些时间？

让我们看看两个人的上班情形吧！

王先生每天开车去上班要 35 分钟。他的朋友张先生住在一个离上班地点只有 15 分钟路程的地方。王先生并不觉得其中的差异有什么特别意义——"只是多几里路而已，早已经习惯了"。但是让我们来算一算，单程相差 20 分钟，一天就相差 40 分钟，一个星期就是 3 个半小时，以一个星期工作 40 小时来计算，王先生"每年"要比张先生多花"4 个星期的工作日"在路上。

此外，当我们选购房屋的时候，上班的交通时间当然不是考虑的最重要因素，不过也还是应该好好考虑。虽然只有 5~10 分钟路程的差别，但是长年累月积聚下来，差别就大了。

对于如何有效地利用上下班的交通时间这一问题，要因人而异。对于有车一族来说，随手打开车上的收音机任意播放节目，这并不是利用这段时间的最好办法。听有助于提高外语水平的录音带，你可以采取一点别的更加有效的方法：在早晨业务汇报之前，把有关事项先想清楚；分析业务、私人问题或可能发生的事；在心里面为一天的工作先计划一番。或听新闻报道或音乐录音带，是利用这段时间的最好办法。对于无车一族来说，北京有很多白领女士利用上班路上塞车的时间进行化妆。当然还有很多人一上车就利用手机开始办公了。

重要的是避免由惰性或习惯来决定如何利用上班交通的时间。在这段时间里，要有意识地决定把注意力集中在什么方面。你会惊异地发现，如果不浪费这段时间将会获得多么宝贵的益处。

◎破茧成蝶的金玉良言

"浪费时间等于谋财害命。"这是鲁迅先生的名言。是啊，千千万万的人因虚度年华而悔恨，到头来只能"白了少年头，空悲切"。这一切时间，过得那样快，让人措手不及。

一天48小时，也代表生命的延长

无论是哪一国的总统、企业家，或是工人、乞丐，每个人的一天都只有24小时，这是上苍对人类最公平的地方。

虽然如此，但就是有人有本事把一天的24小时变成48小时来用。

我的朋友小李，他每天早上5点起床，先做早操，然后吃早点、看报纸，接着坐地铁去上班，车上并不是干坐着，而是听外语录音带，有时也听专业讲座录音带。由于早出门，因此不会塞车，到达办公室大多是7点半，他又用7点半到9点这一段时间把报纸看完，并且复印一些好的资料做了剪报，之后准备一天上班所需的资料。中午他固定在饭后小睡20分钟，下午继续工作。到了下班，他会避开乘车高峰，利用一个多小时看书，在晚上7点左右才准备回家，因为车上人会少一些。在车上，他仍然听外语录音带或英语广播。吃过饭后，看一下晚报，和太太、小孩聊一聊，便溜进书房看书、做笔记，一直到11点上床睡觉。

有一次，这位朋友就对我说，他和别人不一样，因为他的一天有48小时，也就是说，他一天当中所做的事是别人两天的量。

我这位朋友看起来有些"工作狂"的味道，但他的成就也非是和他同年的我所能比的，他不仅事业有成，知识丰富，工作能力更是我们望尘莫及。特别是他虽然未出国留学，但他的外语能力用他外国老板的话说："闭上眼睛听，他就是一个土生土长的英国人。"

其实他也没什么法宝，他只是不让时间白白地流逝罢了。而要让时间流逝是很容易的，发呆，看电视，一个晚上很容易就打发了。如果天天如此，一年，两年，很容易就过去，你的成就和人一比，就明显有了差距。

因此你也有必要把一天变成 48 小时，让你的每一分每一秒发挥最大的效益。其实这样做并不难，把你的时间做个规划并且认真地去实践就行了。

在学校上课时都有课程表，其实这就是我们从小就学到的最基本的时间规划。你也可参考这种方式，把你一天当中什么时候要做什么事列成一张表，并且每天按表作息。一开始你会很不习惯，又因为没有人督促，所以你很有可能会"偷懒"，如果你偷懒，那么你就失败了。所以你必须坚持，再透不过气也不可松懈，过一段时间后，就会成为习惯，然后你的时间会开始"繁殖"，一天变成 30 小时、36 小时、48 小时，甚至更多。也就是说，你的时间效益提高了！

另外，由于你的生活作息是按表进行，你会发现因为时间效益的提高，时间就多出来了。如果有这种情形，你可把作息做个小调整，将多出来的零碎时间凑在一起，使之成为完整的"块状时间"，你可以利用这时间再做其他事。不过再怎么调整，总是会有一些无法控制的时间，例如塞车、等人、等车，像这种时间，有人用来阅读，有人用来背英文单词，有人用来听录音带（像我那位朋友），总之，虽然时间零碎，也不让它白白流逝。

据我了解，事业上有了不起成就的人，都很重视时间的利用，因此你若想在事业上有所成就，就必须在年轻的时候训练自己利用时间，追求时间的效益，把一天变成 48 小时——用来做事，也用来充实自己！

一天有 48 小时，也代表生命的延长，别人只能活 80 岁，你却活了 160 岁！因为你一辈子做的事是他们的两倍，或是更多。

◎破茧成蝶的金玉良言

时间对于每个人都是公平的，但不一样的人，又有截然不同的回报。一寸光阴一寸金，寸金难买寸光阴，时间是用金钱买不来的，是靠自己争取来的。在几千个逃去如飞的日子里，我们所能做到的，只有四个字：珍惜时间！

6 个办法降低干扰

由于我们生活在一个复杂的社会群体之中，所以谁也无法完全排除干扰。其实应对大多数的干扰都是属于应该做的事情，例如和顾客谈话、答复员工的问题、接听老板的电话——这些都是分内的工作。

尽管如此，如果要提高办事效率，就必须减少干扰。如果在 1个小时内集中精力去办事，这比花 2 个小时而被打断 10 分钟或 15 分钟的效率还要高。当受到干扰之后，还得花时间重新启动你的思维机器，尤其当受到几个小时或几天的干扰之后，就更需要较长的时间来重新启动思维机器。

因此建议你采取适当的措施，尽可能降低干扰。

（1）分析一下打给你的电话，最好是在登记几天之后

你是不是常常接到必须要转给别人接的电话？或根本没有必要的电话？如果是，研究一下采取什么办法可以减少这些电话。

例如，总机可能没问清来电者的问题，而不清楚该把这电话转接给谁。公司电话簿印有让人误解的头衔，或各电话簿的排列次序使人弄不清楚哪个部门究竟做什么样的事情，或者电话簿已有很长时间没有更新了。这些似乎都是小事情，但是如果因此而经常发生打错电话的情形，那就应该把这些问题提出来加以解决了。

不过，造成不必要干扰的最基本原因，是缺少有效的沟通。如果没有把什么时候发布新价格表、休假表，或为什么要扣除薪水告诉大家，大家就会打电话或亲自去问（干扰）某一个人。

（2）使用回电话的办法可以减少电话干扰

有些电话是相当重要的，可以让他们的电话随时接听。但是对

于那些没有什么紧急事情的电话，只要记下对方姓名和电话号码，以便在方便的时候回电话就可以了。如果自己已经接了电话，可以当即回答说："我过半个小时再给你回电话。"这样又可以集中精力处理手头的事情而减少干扰了。然后可以集中在午饭前或快下班的时候回电话，这段时间对方一般不太愿意多谈，因此就可以更容易处理好电话问题了。

很多人喜欢煲电话粥，而且来者不拒，任何人都可以打电话找他们。如果这种做法很适合你办事的方式，那当然没有问题，如果是在公共办公室，千万不可这样。但是从节省时间来看，大多数人会发现使用回电话的办法的确可以节省时间。

（3）一开始就定下谈话的语气

我们可以用诚恳的语气接听电话，然后再问："有什么事情现在要我做吗?"一方面表示友善；另一方面也表明你正有事要办，闲话免谈。但如果太过于友善，比如说："听到你的声音真是太好了，近来怎么样?"诸如此类的话，你等于向对方发出了一种好像很空闲的信号，那么你们之间的谈话就可能会延长好几分钟。当然这个原则也可以用在别人亲自来拜访时。

（4）定出打电话和咨询的时间

如果让别人知道什么时间可以打电话找你，以及什么时间不希望有人打扰，这对你会大有帮助，别人也会谅解你的这种安排。如果事先解释说你希望在上午9点半以前和11点半以后，以及下午3点以前和4点半以后接见别人和接听电话，别人并不会觉得你冒犯了他；而且你在上午和下午会各有一段相当长的时间集中精力用于重要的工作上。当然也要说明，这只是一个原则，如果有紧急的事情，还是可以立刻告知你。

（5）试试家庭办公

如果你的工作特点和工作性质许可的话，可以考虑偶尔半天或全天在家里工作，这样打扰可能会少一点儿。

（6）来自上司的干扰

如果打扰大部分来自老板，不要认为自己应该尽量忍受，应该选择一个适当的时机（当然不是在他刚刚打扰你的时候），向他解释你希望能够更好地管理你的时间，请问他是否能每天安排一段对你们两个人都方便的时间，一起讨论一些事务，而其他时间就不要临时讨论了。你的老板很可能会很欣赏你这种讲求效率的想法，甚至把这个想法传达给每一个人，要每一个人，包括他自己，都好好考虑一下怎样把时间管理得更好。

◎破茧成蝶的金玉良言

人生能有多少个匆匆？如果你连那么一丁点时间也让它流逝的话，你的人生根本就是"我赤裸裸来到这世界，转眼间也将赤裸裸地回去吧？"毫无意义！

第三章
稍纵即逝的机遇，让你的余生更出彩

　　每个人的身边都充满着机遇。许多人面对机遇，熟视无睹，结果错失良机，悔之晚矣。从现在开始，时刻准备着迎接机遇的到来；到十年之后，你所抓住的机遇会将你送上人生的巅峰。

树立起机遇意识

一个青年去拜访一位雕塑家。在雕塑家的工作室里有很多雕塑，青年充满好奇地到处参观。突然，他被一尊塑像吸引住了，那尊塑像的脸被头发遮住了，在它的脚上还生有一对翅膀。注视了许久后，青年好奇地问雕塑家："这个叫什么名字？"

雕塑家回答："机遇之神。"

"那为什么它的脸藏了起来呢？"青年又问道。

"因为当它走近人们时，人们却很少能够看见它。"雕塑家说。

"那它脚上为什么还生着翅膀呢？"青年又追问道。

"因为它会很快飞走，一旦飞走了，人们就再也不会看见它了。"雕塑家答道。

机遇，来去匆匆，瞬息而过。机遇对任何人都是公平的，它能悄悄地来到所有人的身边。有的人手疾眼快，将机遇迎来做客；有的人却麻木呆滞，使快要到嘴的"鸭子"又飞走了。

机遇是人主动争取来的，主动创造出来的。机遇是珍贵而稀缺的，又是极易消逝的。你对它怠慢、冷落、漫不经心，它就不会向你伸出热情的手臂。主动出击的人，易俘获机遇；守株待兔的人，常与机遇无缘。如果你比一般人更主动和热情，机遇就会向你靠拢。

机遇是稍纵即逝的火花，一旦失去，再要拥有它就不容易了。当机遇向你靠拢时，往往还带着某些不确定因素，这时最明智的做法是，手疾眼快，当机立断，将它抓获，以免转瞬即逝。握住机遇，需要眼力和勇气，还需要韧劲和耐心。

所谓机遇也就是那种可遇不可求的发展时机，它的到来就如同一列快速奔驰的列车，而每一个想要登上这列快车的年轻人，根本不可能在它到来时再手忙脚乱地去抓它，到那时再想抓住它就很困难了。我们若想登上它，就得提前做好准备，比如说，首先精神要高度集中，以便能随时随地在它来临的时候迅速登上它，其次还得事先活动活动筋骨，以保证在它到来时能够四肢敏捷地一跃而起。

在事物的发展过程中，总会隐含着一些决定未来的机遇。如果我们能够把握住这种机遇，那么就意味着把握住了未来，把握住了未来也就是把握住了希望。那么，如何才能把握住机遇呢？这就需要我们树立起机遇意识，对所有事物，特别是与自己关系密切的事物保持一种灵敏的触觉。这种触觉也就是一个人的悟性，如果有了这种悟性，就很容易把握住人生发展的机遇。

前几年，只要提到手机，人们就会不约而同地想到摩托罗拉。在有人向成功后的高尔文讨教成功的秘诀时，高尔文讲起了自己小时候卖爆米花的故事。高尔文出生在美国伊利诺伊州的一个平民家庭。10岁那年，高尔文在一个名叫哈佛的小镇上念书。哈佛镇当时是个铁路交叉点，火车一般都要停留在这里加煤加水，于是，许多孩子便趁机到火车上卖爆米花，一个个获利颇丰。

高尔文看到在车站上卖爆米花是个不错的买卖，就加入了卖爆米花孩子们的行列。为了争夺顾客，孩子们常常会发生一些争执。每当"战火"烧到高尔文身边时，他总是能很快与对方和解。他常常告诫对方："我们这样搞下去，谁也做不成生意了。"

除了到火车上叫卖，高尔文还想了许多办法来增加销量。他用车把爆米花推到火车站或马路上叫卖，还往爆米花里掺入奶油和盐，使其味道更加可口。

卖爆米花的经历，培养了高尔文对市场动态敏锐的把握能力，也成了他日后经商生涯中赖以制胜的法宝。在以后的岁月中，每当某些产品或销售进行不下去时，高尔文就会向他的同事们讲述这个"卖爆米花的故事"。

年轻的你应该主动制造有利条件了，让机遇更快降临在你身上，这是创造机遇的能力。创造机遇，首先要克服种种障碍。错误的思想、不正确的态度、不良的心理习惯，是创造机遇的主观障碍。克服不了主观障碍，就会出现自己被自己打败的情况。

机遇，只是提供了成功的可能性，年轻人要真正获得成功，仍然需要百折不挠的奋斗。获得机遇是好事，但是不能把机遇等同于成功，不能将契机当成特权。许多勇于选择机遇、善于利用机遇的年轻人，从不畏惧艰难挫折的挑战，而是将磨难看作对生存智慧的一种检阅。他们通过机遇展现出自己的不凡身手，无论结果是成功还是失败，都当作人生中有价值的组成部分。成功了，即是取得了"阶梯式"的收获，进而继续搏击不止；失败了，即将其作为成功的铺垫。

在机遇面前需要你敢于拼搏、锲而不舍地将自身的能量最大限度地发挥出来。只有勇于战胜那些看似难以克服的困难，才能使机遇发挥出极大的效能。有些年轻人被艰难吓退，在好的机遇面前畏首畏尾，使已到手的机遇又溜掉，这样的教训实在是太多了。年轻人要努力获得梦寐以求的东西，就要记住：如果有值得追求的目标，只须找出为什么能达到这个目标的一个理由就行了，而不要去找出为什么不能达到这个目标的几十个理由。

想要你十年以后不再平凡，必须学会争取机遇，抓住机遇，勇敢地以自己的最佳优势迎接挑战，力求选择最佳方案，然后见诸行动。机遇只能馈赠给积极寻求的探索者，而不是恩赐给守株待兔、消极等候的年轻人。

◎破茧成蝶的金玉良言

机不可失，时不再来。一个没有机遇意识的人，是不可能看到机遇到来的，当然也就更谈不上抓住机遇了。

机遇的前方就是成功

　　大学毕业时，詹森拥有的资金已经接近百万，这笔财富全是他大学时代兼职积累得来的。毕业后，詹森利用兼职所得的经验与资金继续向同一方面发展下去，很快就成了千万富豪。

　　詹森 17 岁考入大学，要离开家乡以及父母，住进大学生宿舍里。由于要努力适应新朋友与新环境，他常常产生一股浓厚的寂寞感。詹森想家，也想父母，更想吃母亲为他做的牛油蛋糕。

　　有一次，詹森写信给家里说："这儿的牛油蛋糕跟家里的不同。"一个礼拜之后，詹森竟收到母亲用特快邮递寄来的包裹。他拆开一看，包裹内是一块小小的牛油蛋糕，还附上母亲的字条，上面写道："詹森，请继续把你的思念、感想和需要，写在信中寄回来，深信天下的父母对远离的子女都有同样的牵挂，都渴望得到他（她）的讯息，了解他（她）的需要。只有如此持续密切的沟通，我们才不会觉得寂寞，你也不会感到孤单。"

　　母亲的这封信以及她寄来的那块牛油蛋糕，令詹森极度开心。詹森想，如果其他在校的学生，都能够像他一样得到安慰就好了。

　　他做梦也未曾想过这是一番事业的开端。首先令他大感意外的是，他发出去的信，竟然有 90% 的回音。拜托他代购蛋糕赠予寄宿于外地子女的父母人数相当多。

　　于是，詹森兴致勃勃地把这个兼职计划当一件正经事来办。"客户"们也乐于让他赚这个钱，因为金额总数不多，而且送到自己子女手上的还有价值连城的亲情。

　　詹森的这门生意越做越大，他就需要增加人手去帮助他发展业务。詹森的开支大了，有了固定人数的伙伴需要照顾之后，他就必须将业务额提高，才能产生效益。他想，这项业务在自己的大学里行得通，在别的大学里也应该有同样的效应。于是，他进军别的大学，一所接着一所大学去尝试，直至詹森大学毕业那年，已经有20%的美国大学成为他的业务据点。

詹森手中掌握了一张"客户"姓名地址清单。凭借他的信誉以及"客户"对他的信赖，他一踏出大学之门，就已经是个极有销售货品基础的商人。他开始把其他家庭商品推介到手上的客户中去。最终，詹森成为美国直销市场内一个响当当的人物。

在年轻的时候，机遇最重要。年轻人对待机遇的态度，一是要积极创造条件，二是要积极地等待、寻找。二者是一种相辅相成而又相互促进的关系，缺一不可。时机不到，你强取蛮干，只能撞得头破血流。如果你没有平日的积累，没有良好的准备，没有优良的素质，机遇即使来了，也不会落在你的头上，你只能眼睁睁地看着让别人抢去。

因为渴望成功，所以我们渴望机遇，但机遇并不会和每天升起的太阳一样经常降临在我们身边，只会像凤毛麟角一般稀罕至极，是那么的可遇而不可求。所以，当机遇来临的时候，年轻人要有足够的能力抓住它，并且学会利用机遇，不要让它从身边溜走。

机遇是很难得的，只有懂得珍惜才能体会它的珍贵。抓住机遇，就等于抓住了成功的前奏。正如托·富勒所说："一个明智的人总是抓住机遇，把它变成美好的未来。"所以，年轻人在遇到机遇的时候，要善于利用它，使机遇带来的价值最大化。

在你的一生中，机遇也许会无数次地光顾你，但若不能及时地抓住它，它就会瞬间即逝。当然，抓住机遇也是一种能力，它会帮助你在苦苦跋涉中实现一次次飞跃，让你看到成功女神的微笑。如何利用机遇，更考验的是年轻人的能力，这种能力的获得也是一种长期积累的结果，没有哪一件事情随随便便就可以成功。

若想十年以后不后悔，你就要从现在开始坚持不懈，机遇来临时，才会有足够的能力抓住它、利用它，从而走向成功。

◎破茧成蝶的金玉良言

机遇是很难得的，只有懂得珍惜才能体会它的珍贵。抓住机遇，就等于抓住了成功的前奏。年轻人在遇到机遇的时候，要善于利用它，使机遇带来的价值最大化。

机遇青睐有准备的人

从前，有一个年轻人碰到了上帝。上帝告诉他，有大事要发生在他身上了，他有机遇得到很多的财富，他将成为一个了不起的大人物，在社会上获得显赫的地位，而且会娶到一个漂亮的妻子。

年轻人听信了上帝的话，于是终其一生都在等待这个承诺的实现，可是到头来什么事也没发生。最终，年轻人穷困潦倒地度过了他的一生，孤独地死去。

当他上了天堂，又看到了上帝，他很气愤地对上帝说："你说过要给我财富、很高的社会地位和漂亮的妻子的，可我等了一辈子，却什么都没有，你在故意欺骗我！"

上帝问他："我没说过那种话，我只承诺过要给你机遇得到财富、一个受人尊重的社会地位和一个漂亮的妻子，可是，你却让这些机遇从你身边溜走了。"

这个人露出狐疑的表情，说："我不明白你的意思。"

上帝说："你是否记得，你曾经有一次想到了一个很好的点子，可是你没有行动，因为你怕失败而不敢去尝试？"这个人点点头。

上帝继续说："因为你没有去行动，这个点子后来给了另外一个人，那个人一点也不害怕地去做了，你可能记得那个人，他就是后来变成最有钱的那个人。还有，一次城里发生了大地震，城里大半的房子都毁了，好几千人被困在倒塌的房子里，你有机会去帮忙拯救那些存活的人，可你害怕小偷会趁你不在家的时候，到你家里去打劫、偷东西。"这个人不好意思地点点头。

"那是你去拯救几百个人的好机会，而那个机会可以使你在全国得到莫大的尊敬和荣耀。"上帝继续说，"有一次，你遇到一个金发蓝眼的漂亮女子，当时你就被她强烈地吸引了，你从来不曾这么喜欢过一个女子，之后也没有再碰到过像她这么好的女子了。可是，你想她不可能会喜欢你，更不可能会答应跟你结婚，因为害怕被拒绝，你眼睁睁地看着她从身旁溜走了。"这个人又点点头，可是，他这次流下了眼泪。

上帝最后说："我的朋友啊！就是她！她本来应是你的妻子，你们会有几个漂亮的小孩；而且跟她在一起，你的人生将会有许许多多的乐趣。"这个人无言以对，懊恼不已。

其实，我们每个人的身边都会时常围绕着很多的机遇。可是，我们经常像故事里的那个人一样，总是因为害怕而停止了脚步，结果机遇就这样偷偷地溜走了。只有及时抓住机遇的人，才能取得人生的成功；而在有准备的人眼中，抓住机遇努力改变自己，更多的机遇就会出现于眼前。

机遇是一种客观的事物，但它也是被参与认识世界、改造世界的人创造出来的，它是人的主观能动性与外界环境变化的客观必然性相结合的产物。

当一个人主观条件得到优化时，也会影响客观环境，创造出有利于个人发展的良好机遇。大量的人才成长实例证明，客观机遇降临时，自身胆识等方面素质较强的人显然要比一般人更容易捕捉到机遇。才华出众则是抓获机遇的最大资本。

聪明的人总是一方面从事手头的工作，另一方面注意捕捉取得突破或成功的时机。当时机没有成熟的时候，他积蓄力量或者寻找出路，一旦时机成熟就顺应形势或潮流，促使自己的事业达到成功。

很多人都希望成功会主动关照他们，但他们只愿意为维持生计做一些努力，自以为会幸运地抓住某个难得的成功机遇。事实上，如果你不为成功做准备，想要把握降临给你的成功机遇是很困难的。不要出现这样的情况，当你面对一桌给你准备的佳肴时，你才发现你没有健康的胃来享用它。成功需要志向高远的胸怀和执着、勇往直前的精神。

你不妨现在检视一下自己，问问自己一直以来为成功做过哪些准备。

你是否确立了自己的目标并全心全意地在为之奋斗？你是否愿意不仅辛苦地培好土、播下种，还要精心地去呵护娇嫩的幼苗和刚长出的新穗？你是否愿意多走一里路，多花费精力去捕捉可能出现在前方的机遇？你是否愿意坚持自己的信念和原则？如果必要，你是否愿意只身一人继续前行？你是否已经训练出一双识别能力很强的慧眼，当机遇一出现就能立刻认出它？

没有人可能事先知道成功将在何时降临，它永远都是以一种意想不到的形式出现，并且它向你要求的东西可能远比你目前准备给予的要多。

机遇未来时，你要做好准备迎接它。如果机遇来临时，你才手忙脚乱地准备，那机遇就会黯然离去。

机遇只给有准备的人，而我们往往因为害怕失败而不敢尝试，因为害怕被拒绝而不敢跟他人接触，因为害怕被嘲笑而不敢跟他人沟通情感，因为害怕失落的痛苦而不敢对别人付出承诺。

能否把握机遇，是决定你十年以后能否成功、能否如意的关键。用一种积极进取的态度对待生活，你的人生就会得到提升。机遇不等人，千万不要让它从你指缝中溜走，否则你就会一事无成。

◎破茧成蝶的金玉良言

只有及时抓住机遇的人，才能取得人生的成功；而在有准备的人眼中，抓住机遇努力改变自己，更多的机遇就会出现于眼前。

有才华也要懂得抓机遇

毛遂自荐需要的是勇气。有了勇气，才能站出来展示自己的才干，达到自己的目的。当然，勇气的前提是有才干，这也是利用机遇的前提，机遇只会垂青有准备的人。

没有谁一生都在充当着幸运儿的角色。机遇不会永远只停留在某个人的身边，它会在不经意间到来，也会在不经意间溜走，迟疑不定、胆怯懦弱只会放跑机遇。年轻人要想成功地改变命运，就应大胆地展示自己的才华，不要胆怯。

按理说，有才华本该有更多的机遇，但如果你恃才傲物、好高骛远，机遇还是很少的。

这是一个务实的年代，对于才华本身的定义也已经发生了改变。在当今出了名的职场精英当中，又有几个是只因为才华横溢而受人称道的呢？空有满腹才华，却无实际工作能力，这也称不上是有本事。

才华横溢的人可能比较容易出现恃才傲物、好高骛远、不愿意老在一个地方待着等毛病。但是，只要仔细观察，你就能发觉，这些毛病往往是遭人嫉妒或者受人排挤的结果，有的根本就是被外界强加的。谁愿意让别人轻易出头呢？所以，有才之人在职场上闯荡，很难取得一般意义上所说的成功，除非他洞悉了某些规律并向其妥协。

日本著名的松下公司的用人理念是只用具有 70% 能力的人，而不用业界最优秀的人。因为这些人做事更认真，而且友善、谦虚，对上司和同事更具亲和力。现代社会更强调团队合作精神，一个人锋芒毕露并不被认为是一件好事。因而，越来越多本来满腹才华的人将才华束之高阁。

职场中确实有这种现象，很多才华横溢的人往往不是事业的成功者，而不少能力一般的人却在事业上如鱼得水，这"不由你不信，不服也得服"的现实，确实令那些不太得志的"鸿鹄"们英雄气短。

才华横溢的人往往缺少与周围环境的良好亲和力，情商的缺陷往往使他们与团队像油与水一样难以相融。与此相对应的是，一些才智平平的人却由于懂得如何与人相处，如何把握机遇，把有限的才智用在最该用的地方，所以他们之中的一些人平步青云也就不难理解了。另外，指望一个人适应各种各样的环境，其实也不现实。

那些才华横溢的人有时并不清楚目前所处的环境是不是真的适合自己，还有没有可能以自己的主观努力变换一个新的环境，使之更适合自己。聊起自己的专业来神采飞扬，可涉及这些直接关乎自己前程的、专业之外的"琐事"，却又往往是除了叹息就是无奈。

理论上的才华永远不等于能力，才华只有体现在调控与创新上才确有价值。要让才华变成实实在在的能力，指望"躲进小楼成一统"是不可想象的。相信职场上那些不太得志的精英们只要拿出其才华的一小部分，投入到自己的"情商建设"上来，真正的成功就不会太遥远了。

才华横溢只是职业成功的千万个必要条件中的一个，甚至还不是主要的。在合适的职位上，你的智慧才能发挥出应有的价值，才有可能获得足够让社会认可你成功的财富。若遇到一个拿"红缨枪当烧火棍"使的领导，你的才华和智慧只会让你过得比别人更痛苦。

不管你是基层办事员还是高级主管，不管你是装卸工人还是编程人员，也不论你是才华横溢还是斗字不识，只要你在工作中能把你才华的最大潜能发挥出来，即使你没有惊人的事业或不名一文，你仍然是一个成功的人。调动你最大的能动性，充分体现你的人生价值，你就不会虚度光阴。

新时代的年轻人正面临着一个机遇与挑战并存的社会。在这样的社会，机遇就是一个人成才或成功的"门槛"，而年轻人只有大胆地跨过"门槛"，才能抓住机遇，争取成功的可能，而胆怯只会让机遇从眼前悄悄溜走。伴随机遇而来的，也有挑战和危险，任何一件事的成功都不可能是顺顺利利的。

胆怯是一种懦弱，懦弱的人在机遇面前不知所措，只有勇敢的人才能利用机遇一展自己非凡的才能，就如同卓别林一样，在小小的年纪就能应变自如，这就是一种勇气。生活中的很多年轻人之所以在机遇面前胆怯，就是因为害怕和机遇并存的危机，可是，年轻人没有想到的是，不勇敢地尝试，怎么能改变？

"危机"这个词本来应解释为危险和机遇，就如同挑战一样，看似危机重重，前途未卜，但只要我们勇敢面对，就能在绝境中找出一条成功登上顶峰的小路。只是，在这之前，我们也许会经受一些苦难，但只要有勇气，任何成功都不失为一种可能。

◎破茧成蝶的金玉良言

纵使拥有满腹才华，如果不懂得关注身边的机遇，及时捕捉到机遇，那么，当机遇来临时，拥有满腹才华的人也仍然会一事无成。

抓住机遇发展自己

比尔·盖茨年轻的时候，他的父母要他专心读书，以便毕业后找到理想的工作，不允许他办公司。最初，盖茨顺从了父母的意愿，进入哈佛大学刻苦攻读。但是，他感兴趣的还是办公司，于是，他和艾伦开始收集资料。

在长时间的资料收集和认真思考之后，盖茨和艾伦认为计算机工业的触角即将伸向市场核心力量——广大的民众。当这一点真正实现时，就会引发一场意义深远的技术革命。他们正处在历史即将发生巨变的关键时刻，正像汽车和飞机发展史上曾经历过的那种关键时刻，他们预见计算机必将走进千家万户。

"计算机的普及化势必到来。"艾伦不断地对盖茨重复这一点。他们如果不能顺应甚至领导这一场计算机革命，就只能被这一革命抛在后面。由于清醒地意识到了这些，盖茨决定开办属于自己的计算机公司。

盖茨后来回忆说："保罗看见技术条件已经成熟，正等着人们去加以利用。他老是说，再不干就迟了，我们就会失去历史赋予我们的机遇。我们将遗憾终生，甚至被后人责备。"

于是，他们考虑制造自己的计算机。艾伦对计算机硬件感兴趣，而盖茨则对计算机软件情有独钟，他认为软件才是计算机的生命。

但很快，艾伦和盖茨放弃了自己动手试制新型计算机的念头。他们决定还是紧紧抓住他们最熟悉的东西——计算机软件。

"我们最终认为搞硬件容易亏损，不是我们可以去玩的艺术，"艾伦说，"我们两人的综合实力不在这上面。我们注定要搞的是软件——计算机的灵魂。"

盖茨和艾伦创办了微软公司，并取得了辉煌的成就。事实证明，这一切都是他们善于抓住机遇的结果。盖茨和艾伦看到了面前的机遇，并且牢牢地抓住了它，为此，他们不惜停止了学业。

俗话说：机不可失，时不再来。你只要抓住了机遇，就可以乘风破浪，跃上成功的巅峰。如果错失了机遇，你就可能让唾手可得的成功擦肩而过，因而懊悔不已。在某种意义上，机遇也是一种非常宝贵的财富。世界著名的石油大王洛克菲勒在谈到他的创业史时，也只说了一句话："压倒一切的是机遇。"

在实践活动中，如果年轻人能在时机来临之前就识别它，在它溜走之前就采取行动，那么，成功之神就降临了。

每个年轻人都是自己命运的设计师，每个年轻人都是自己命运的建筑师。可以说，你的命运就是由一连串的机遇联结而成的。你的一生是否精彩，关键在于你能否抓住这些人生的机遇，尤其是在你最有发展潜力的年龄段。

机遇是有情的，你抓住它，它就陪伴你一步步走向成功；机遇是无情的，你稍有疏忽，它便匆匆弃你而去。

机遇与年轻人的发展休戚相关。机遇是一个美丽而性情古怪的天使，偶尔降临在你身边，如果你稍有不慎，又将翩然而去，不管你怎样扼腕叹息，从此杳无音信，不再复返了。

英国的著名剧作家萧伯纳曾经如是说："人们总是把自己的现状归咎于机遇，我不相信机遇。出人头地的人，都是主动寻找自己所追求的机遇，如果找不到，他们就去创造机遇。"

在现实生活中，我们经常会听到一些年轻人埋怨自己运气不好，怨天尤人，怪罪父母没有给自己创造好条件，责备社会没有给自己提供好机遇，感慨生不逢时，感慨成功者赶上了好时候、好地方。然而，除了抱怨和暗自神伤以外，他们没有为自己做任何事情。这样的年轻人，不会创造机遇，只会消极等待。

你若想十年以后彻底改变现在的境况，就要远离这些消极悲观的人，积极充实自我，随时准备迎接机遇的降临。

一些年轻人空叹机遇难求，可是他们平时脑子里空空如洗，再好的机遇也只能让它悄悄溜走。考察他人的成功史，我们不难发现，机遇的到来是平时知识的积累、刻苦勤奋的结果。就像当年曾处在同一起跑线上的学生一样，他们中的一些人之所以毕业不久就取得骄人的成绩，是因为他们在学校时就只争朝夕、刻苦学习、拼搏进取，积蓄了抓住机遇的本事。

每一位年轻人都应该抓紧时间刻苦学习，用扎实丰富的知识去全面提高自己的素质和能力，这样才能更好地把握机遇，才能不断提高成功的概率。

你必须充满自信。相信自己只要拼搏苦干，便能够应付困难，完成任务；相信只要自己肯苦干，环境就会改善。

你要具备全新的观念。不胡乱排斥新思想、新作风，相反，要能够广泛吸收新知识，容忍不同意见、风格，采用对自己有用的材料。

你要具备一定创新能力。有目标地求变、求新；承认自己有不足的地方，敢于改善，并不摒弃旧东西，但敢于尝试新方法、改变方向，寻求更有效的做事方法。

你要具备一定的冒险意识。在苦干和探索阶段，能够忍受种种不确定的因素；经过周密的形势分析，相信对自己有利的条件即将出现，于是不管路上有多大障碍也要勇往直前。

你要锻炼自己的洞察力和思维能力。大多数年轻人在念书时成绩都很优异，但后来的成就却相差悬殊，关键在于有些年轻人一天到晚都在学习书本知识，而不注意培养自己的洞察力和思维能力。当面对新出现的复杂问题时，总是一筹莫展，或者粗心大意，与机遇擦肩而过，丧失取得成功的机遇。

　　每个年轻人不仅要尽可能地学习广博的理论知识，还要在学习中不断地锻炼自身敏锐的观察力、准确的判断力、丰富的想象力和科学的预见力，从而提高自身的综合素质。

　　每个年轻人都应该在平时努力提高自身的能力，苦练"内功"，时刻充实自己，为自己十年以后的未来而努力。

◎破茧成蝶的金玉良言

　　机遇是有情的，你抓住它，它就陪伴你一步步走向成功；机遇是无情的，你稍有疏忽，它便匆匆弃你而去。

机遇改变你的一生

通常情况下，香港女演员成名走的路有两条：一条是进入无线或者亚视艺员培训班，结业后与这两大演艺公司签约，并且逐步在一些电视剧中担当角色，逐渐走红；另一条路是参加港姐亚姐的角逐，一朝胜出，立即就会与无线或者亚视签约，成为其艺员，同样会得到一些上镜的机遇。张曼玉选择的是后一条路线。

张曼玉，1964 年 9 月 20 日出生于香港，曾经就读于圣保罗小学。9 岁的时候，她随同家人一起移居英国。在英国读完中学后便参加了工作，当时她只有 16 岁，她的第一份工作是在伦敦的一家书店当售货员。

17 岁时随母亲回香港探亲，找到一份美容化妆师的工作。有一天，张曼玉在大街上闲逛，被一家广告公司的星探发现，邀请她拍一则推销维生素汽水的广告。于是，她成了专职模特儿，先后拍了一些汽水、洗发水、电器和百货公司的广告。她那俏丽淘气的外形和窈窕动人的体形引起了杂志社的注意，使她成了一名出色的封面女郎。

1983 年，香港无线电台举办了"香港小姐"竞选活动。张曼玉感到机遇来了，决定参加选美，走向通往梦想的路。因为有一段在英国的生活经历，使她显得与众不同，最终她以清纯迷人的青春气质荣获"最上镜小姐"的称号，并获得"港姐"亚军的荣誉。

随后，张曼玉又被"无线"电视派到英国参加"环球小姐"比赛，挤进了前 15 名决赛者的行列，成为香港有史以来参加世界选美比赛成绩最好的美女。回到香港后，她身价倍增，成为演艺界受人瞩目的人物，电视电影片约随之而来，她从此走上了影视明星之路。

回忆这段历史，张曼玉自豪地说："参加香港小姐竞选是我生平做出的第一次最有勇气的决定，因为这是我进入娱乐圈的重要机遇。就算落选，我还有机会当艺员，因为演戏实在太吸引我了！"

张曼玉很有主见，从不乱接戏，总是选择好导演和好剧本再行动。她豁达地说："我16岁开始赚钱。如果为钱而工作，我会很不开心。我不奢侈，手上的钱可以慢慢花，所以可以慢慢等好剧本出现。"

1992年，28岁的张曼玉以《阮玲玉》角逐柏林电影节最佳女演员奖成功，成为夺得柏林国际电影节影后的第一位华人女星。

从张曼玉的成功经验可以看出，机遇往往只垂青于那些有眼光、能抓住机遇的年轻人。所以，年轻的你最为重要的是要抓住机遇。一旦看准了，你就毫不犹豫，像猎鹰一样立刻扑上去。

机遇出现的时候，年轻人是否有慧眼认出它，这是很重要的。这往往决定了你能否成功。年轻人想要抓住机遇，首先要练就一双慧眼，以便在机遇来临时，能一眼认出它。这就需要年轻朋友在平时培养捕捉机遇的能力。

机遇有时已经出现了，就在你的眼前，它向你递上橄榄枝。遗憾的是，你不知道这就是你找寻已久的机遇，你摆摆手，拒绝了它。机遇只能无奈地去找寻另外一个能够认出它的人。当你猛然觉醒时，它已走了很远很远，或者已经成了别人的所有物，那时的你，后悔莫及，欲哭无泪。

可惜的是，并不是所有的年轻人都明白这个道理，并不是所有的年轻人都相信机遇能改变自己的一生，能够让自己走出平庸。于是，他们在机遇来临的时候，无法认识那就是机遇，更无法利用机遇来改变自己的命运。

在日常生活中，常常会发生各种各样的事，有些事使人感到惊奇，引起多数人的注意；有些事则平淡无奇，许多人漠然视之，但这并不排除它可能包含的重要意义。

年轻的你正处在一生中成长、成熟和发展最快的黄金时期，但需要在机遇的前提下才能实现。精明的人深深懂得一次机遇对一个普通的人来说是多么宝贵，所以，面对机遇时，他从不犹豫，看准就上，于是机遇也成就了十年以后的他。

年轻人在机遇面前，如果优柔寡断、犹豫不决，就会失去机遇。因为机遇是不等人的，而且你不抓住，就被别人抓住了。

最难成功的人就是那些不能决断的人。事情对他有利时，他前怕狼后怕虎，这也顾忌那也犹豫。这种主意不定、意志不坚的人，既不会相信自己，也不会为他人所信任，机遇更不会属于他。

那些杰出的年轻人，他们的成功得益于在机遇面前有果敢决断、雷厉风行的魄力。他们有时难免犯错误，但是，他们比那些在机遇面前犹豫不决的人强得多，因为他们能抓住较多的成功机遇，取得的成就也就越大。

◎破茧成蝶的金玉良言

精明的人深深懂得一次机遇对一个普通的人来说是多么宝贵，所以，面对机遇时，他从不犹豫，看准就上，于是机遇也成就了十年以后的他。

第四章
人际关系的经营，让你更容易成功

在社会日益多元化的今天，一个人若想获得成功，仅依靠自己的知识、才能和财富已经不太可能。任何事情的办成都离不开他人的支持，任何事业的成就都离不开他人的帮助。从现在开始经营好自己的人脉，十年以后，你才能在人脉这棵参天大树下享受成功。

建立良好的人际关系

金庸的《射雕英雄传》受到很多年轻人的欢迎。郭靖是个比较愚钝的人。他8岁了还没有学会写字，远比不上聪慧的黄蓉，作战时，连《孙子兵法》都没读懂，但是他却成了天下人人佩服的大英雄。

但是，如果看看郭靖周围的人，你就会明白他想不成功都难。郭靖的师傅不下10位，既有以侠义自称的江南七怪，擅长内功心法的马钰道长，又有武功盖世的洪老帮主，童心未泯的周伯通，更不用说聪明过人的奇女子蓉儿，等等。

正是这种"多元化"的人脉组合，令他站在高人的肩膀上，"笨"得像木头一样的郭靖终成一代大侠。郭靖虽然脑子反应比较慢，但他深深懂得，独腿走不了千里路，要真正在江湖上闯出一条路来，必须兼收并蓄，集众家之长。因此，他用心地、真诚地"学"出了自己的人脉资源整合之道。

人际交往是一门艺术，并且它可能比其他某些技术还要复杂。它要求精心策划、具体实施及随时评价才会保持有效。最有效的交往是多维的，它们也有自己的生命，并在不知不觉之中对年轻人的发展做出很大的帮助。

像一个内在联系的网络一样，一个充满活力的互助网会在具有很大潜在数目的实体间建立一种有意或无意的联系。它不受地域、职业、工种或企业所限。一个真正有效的互助网会不断发展，为它的发起者带来无尽的收益。

当年轻人刚加入一个新的团体，或当你刚进入一家公司，初时你很可能是他人探秘甚至怀疑的对象，甚至可能是原来觊觎此职位的人所憎恨的对象。但你要牢记，时间能够治疗与证明一切。在你进入一家公司之初，无论周围的人有多冷漠，你都必须花时间慢慢小心地营造与他人之间的人际关系，切忌寻求短时间内的速效。

事实上，你不要把人际交往看得过于神秘。有效的交往简单易学，重要的是要找到哪种方式最适合你。如果你下定决心去建立和维护有效的互助网，那么无论你个人的风格如何，你总能学会如何做好。诸如害羞、不安和笨手笨脚等妨碍你交际的问题都可以得到克服。

不要一开始就急着要别人认清你，应该把精力花在观察周围的事物上，并提出一些切中要领的问题，而不是一味地想让别人知道你有多博学多才。对每个人都一样友好，任何人日后都可能成为你的好朋友、重要的工作伙伴，甚至变成你的顶头上司。所以千万不要预设立场，认为他今日不是个重要角色，就忽略了他的存在。

第一印象往往是最不可靠的，所以在未与人交往一段时间之前，不要立即对一个人妄加判断。同时，也不要随便听信别人的闲言闲语，让自己保持一个开朗的胸襟，以眼见的事实客观地去评断每一个人。例如，邀请一位同事一起吃午饭，这是一个轻松、非正式认识新同事的好方法。

如果你能保持一种"我真的很需要你的帮助，以便多认识这家公司"的态度来亲近同事，让他们明白你的所知有限，希望能向他们多请教一些，以便早日成为他们的一分子，你将发现由此可以受益无穷。

如果你尽喜欢听些闲言闲语，对你的声誉绝对是有害无益。最后你终将成为别人谈论的对象，同时也是一个不为他人信任的人。

从你认识的人开始，在你与他们联系上之前，你从不会知道他们的交际范围有多广，不要落入"我没有合适的联系人"的陷阱。很可能认识的某个人已经认识你需要遇到的那个人。

由于流动性不断提高以及通信技术的飞速发展，已经使建立基础广泛的互助网从设想变成现实。抓住机会与人们谈话，只为使他们成为你互助网的一部分。不要期望从每个谈话对象身上得到什么实质性的东西。如果有人愿意给你10分钟时间，就抓住它，尽管你当时不知道它会带来什么。

一旦有机会就要扩大交往面，让你遇见的每个人都知道你已经和谁谈过了。人们互相联系的方式你可能并不知道。

它能够带来广泛的机会。带来机会的人你可能并不认识而是通过你互助网中的人与你有所联系。记住有效维护互助网是一个双向的过程。尽可能经常地帮助你互助网中其他人获得他们所需要的东西，没有比让互助网中其他人认识到努力的结果是互惠更能加固互助网的了。

奥基登就职于纽约市一家大银行，奉命写一篇有关某公司的机密报告。他知道某个人拥有他非常需要的资料。于是，奥基登先生去见那个人，那个人是一家大电器公司的董事长。

当奥基登先生被迎进董事长的办公室时，一个年轻的秘书从门边探出头来，告诉董事长，她今天没有有价值的明信片可给他。"我在为我那12岁的儿子搜集明信片。"董事长对奥基登解释。

奥基登先生说明他的来意，开始提出问题。董事长的说法含糊、概括、模棱两可。他不想把心里的话说出来，无论怎样好言相劝都没有效果。这次见面的时间很短，没有实际效果。

"坦白说，我当时不知道怎么办，"奥基登后来回忆说，"接着，我想起他的秘书对他说的话——明信片，12岁的儿子……我也想起我们银行的国外部门搜集明信片的事——来自世界各地的图案优美精致的明信片。"

第二天早上，奥基登再去找那个董事长，传话进去，说有一些明信片要送给他的孩子。结果，董事长满脸带着笑意，客气得很。

"我的乔治将会喜欢这些，"董事长不停地说，一面抚弄着那些明信片，"瞧这张！这是一张无价之宝。"

他们花了一个小时谈论明信片，瞧他儿子的照片，然后又花了一个多小时，董事长把奥基登所想要知道的资料全都告诉了奥基登，而奥基登甚至并没提议他那么做。

"他把他所知道的全都告诉了我，然后叫他的下属进来，问他们一些问题。他还打电话给他的一些同行，把一些事实、数字、报告和信件，全部告诉我。"奥基登不无得意地说。

仅用很短的时间，奥基登就巧妙地运用国外部门的明信片、喜欢收集明信片的董事长儿子以及他得到的这些信息等资源成功地构建了与董事长的良好关系，同时也完美地解决了他的问题，可见资源整合对一个人的成功是何等重要。

年轻的你不要认为拓展人脉或资源整合是中年人的专利，这对年轻人也是很重要的。你可以从中学会一些做事的技巧，因为你毕竟有一天要步入社会，要和各种各样的人和事打交道，需要各种帮助。在不损害各方利益的情况下，巧妙地建立良好的人际关系，为自己办成一些以往很难办到的事情，何乐而不为呢？

为了十年以后建立通达的人脉，你现在就要学习如何拓展人脉，如何整合所需要的资源，如何利用这些资源将自己的目标实现，并使各方利益尽量达到最大化。

◎破茧成蝶的金玉良言

像一个内在联系的网络一样，一个充满活力的互助网会在具有很大潜在数目的实体间建立一种有意或无意的联系。它不受地域、职业、工种或企业所限。一个真正有效的互助网会不断发展，为它的发起者带来无尽的收益。

提前积累人脉资源

从现在起，积累你的人脉资源，经营你的人脉资源吧！人脉是年轻人通往财富和成功的门票。因此，你必须提高自己的社交本领，必须有意识地积累人脉。如果能做到这一点，你会受益无穷。

某研究中心曾经发表一份调查报告，结论指出：一个人赚的钱，12.5%来自知识，87.5%来自关系。有人说："二十岁到三十岁时，靠专业、体力赚钱；三十岁到四十岁时，则靠朋友、关系赚钱。"由此可知，人脉在一个人的成就里扮演着多么重要的角色。

这是一个人脉决定输赢的年代。二十几岁是积累人脉的最佳时期，这个年龄段的人一般不太计较名利和得失，这时形成的人际关系会很牢靠，在人生路上会更能显示其价值。

如果你想十年以后获得成功，那么就从现在开始，充满热情地积累人脉吧！人脉越宽，路子越宽，事情就越好办。一个优秀的人，能影响他身边的人，能接受他们，使自己与他们的关系更好。好人脉是成大事最重要的因素，是必备的条件。

那么，作为年轻人，你应该如何为自己积累人脉资本呢？

（1）要坚守诚信

诚信乃为人之本，是人一生中最重要的资本。自然，人脉的搭建也少不了诚信。一个人糟蹋自己的信用，无异于在拿自己的人格做买卖，卖得越多，留下的就越少。只有事事以"信"为重，才会有"信"满天下的那一天，到时，人脉也会遍布天下。

如果你能够凭着诚信让别人承认你、信任你，那么你就有了交天下友的巨大资本。赢得高朋满座，首先要讲诚信，获得人家对你的信任，才能结为朋友。有的人就因不守诚信而使一些有意和他深交的人感到失望。

（2）学会尊重他人

也许，很多人会问："积累人脉，和尊重他人怎么会扯上关系呢？"其实，这两者关系非常密切。可以说，自私自利、不懂得尊重他人的人很少会有成功的机会，即便侥幸获得也无法持久。而能够让你拥有对别人产生有效影响力量的、最有把握的一个方法，就是设法让别人明白，你从心底里敬重他们。

"你想人家怎样待你，你也要怎样待人。"尊重人是做人的原则，在社交中和处理人际关系时，只有尊重人，待人真诚，才能积累自己的人脉。

作为二十几岁的年轻人，一定要学会尊重他人。也许你觉得你身边的人在水平、人品各个方面都和你不相上下，甚至还有些地方不如你，但是你也一定要尊重他，因为或许他是你人际关系中的"贵人"。

（3）真诚赞美别人

赞美具有一种不可思议的力量，对他人真诚的赞美，正如沙漠中的甘泉一样让人的心灵受到滋润。而当你赞美他人的时候，别人也就会在乎你的价值，让你获得不容易获得的成就感。在由衷的赞美给对方带来愉快以及被肯定的满足的时候，你也十分难得地分享了一份喜悦和生活的乐趣。

可以说，赞美有着强烈的亲和力，让对方感到你对他的关心和尊敬。赞美，是理想的黏合剂，它不但会把老相识、老朋友团结得紧密，而且可以把互不相识的人连在一起。

（4）要有感激的心

生活中，人与人的关系最微妙不过，对别人的好意或帮助，如果你感受不到或者冷漠处之，就很有可能生出种种怨恨来。想一想吧：你在工作时觉得轻松了，说不定有人在为你负重；你在享受生活的甜蜜时，说不定有人在为你付出辛劳……生活在社会大群体中，总会有人为你担心，替你着想。

享受感情雨露的人不要做"马大哈"，常存感激之心，会使人际关系更加和谐。情感因为有了感激，才会更牢固；友谊之树必须靠感激来滋养，才会枝繁叶茂。古人说："滴水之恩当涌泉相报。"要时时处处想着别人，感激别人。因为有了感激，你才会拥有好的人脉。

◎破茧成蝶的金玉良言

如果你想十年以后获得成功，那么就从现在开始，充满热情地积累人脉吧！人脉越广，路子越宽，事情就越好办。

利用人脉走向成功

很多渴望成功的年轻人常常希望直截了当地从别人那里寻求帮助或者合作，这是很不好的。你先要不断帮助别人，对每个人说："有什么需要我帮忙的吗？"如果一个人帮助了别人，别人也会希望以某种方式回报他。不要企图在一开始的时候就要求高额的回报，而应该在帮助别人的过程中展示自己的能力，只有这样，才能受到别人的赏识。

素有"点石成金的万能商人"之称的哈默，在他的事业起步时，与列宁的关系非常亲密。

哈默的父亲是个俄国移民，一个热情的社会主义者，美国共产党的创始人之一。哈默父亲的身份使哈默在访问苏联时得到了特殊的待遇。哈默第一次访问苏联正值苏联内战时期，由于连年的国内战争和外国武装力量的干涉及封锁，苏联经济已凋敝不堪，国内食品供应非常紧张，而当时美国粮食连年丰收，价格相当便宜。

尽管哈默从未做过粮食生意，但他见此情形，决定要做一笔跨国大买卖，从美国购买粮食，卖给苏联。哈默的建议得到了列宁的赏识，列宁接见了哈默，并指示外贸部门确认这笔贸易。虽然哈默并不是无私地向苏联赠予了粮食，而只是"自私"地做了一笔生意，但是也为当时的苏联解了燃眉之急。哈默与列宁因此缔结了真挚的友谊，通过这次贸易，他的钱"开始数不清"了。

1921年，在苏联做完一笔生意准备回国时，哈默偶然想起要买一支铅笔，这个偶然的想法又给他创造了绝好的机遇。他到商店一问铅笔的价格，不禁大吃一惊，每支铅笔竟然卖26美分！而当时在美国不过两三美分而已。吃惊之余，一个设想打消了哈默回家的念头。

尽管他对铅笔制造业一无所知，但他还是毅然决定在苏联建立一个铅笔厂。哈默凭着与列宁的特殊关系，取得了在苏联生产铅笔的许可证。但是哈默遇到了一个难题，就是当时苏联还没有制造铅笔的技术。哈默了解到德国纽伦堡的德伯铅笔公司是当时世界铅笔生产的垄断者，要获得技术就必须去德伯公司求经，但是德伯公司对这项技术严格保密。

哈默在德伯公司碰了钉子后，并没有灰心。他明察暗访，终于得知一名懂这项技术的德伯公司的工程师乔治·拜尔对公司很不满。于是，哈默私下里找到拜尔，许以重金请求他去苏联帮助自己，得到应允后，哈默把从德国购买的机器拆散，带着拜尔一家来到苏联。铅笔厂建成后，第一年的产值就达 250 万美元，第二年迅速增长到 400 万美元，到 1926 年，产量已达 1 亿支，不仅满足了苏联市场的需求，还出口到十几个国家和地区。从这个铅笔厂，哈默赚取了几百万美元的财富。当然，建立广泛的人际关系并不等于滥交朋友。成功人士都明白生活中最重要的事情之一就是选择恰当的人并与之交往。一个人所交往的群体对他的性格、观念、目标以及成就有着很大影响。所以，你一定要慎重选择交往的人。

多交朋友，少树敌人，对每个年轻人都是有意义的忠告，对于想成就一番大事业的年轻人来说，人际关系的质量比其他任何因素都重要。处理好人际关系的重要性已得到公认，百万富翁可能没有很高的学历，但是不能没有广泛而良好的人际关系。尤其是对于希望十年以后有所作为的年轻人来说，更要努力地拓展人脉，才能为成功打下坚实的基础。

一个年轻人想培养良好的人际关系，首先是要认识尽可能多的人，并让别人认识他。没有一个成功人士是坐在家里一个人打拼出一番事业的。如果想实现一个重大的目标，就要同许多人合作。人际关系越好，认识的人越多，成功的机会也越多。

"你要想成为百万富翁，就要试着和千万富翁打交道；你想要成为千万富翁，就要学会和亿万富翁打交道。"想要有钱，就一定要先和有钱人打交道。这不是势利，而是赚钱的途径。同样，想要成功，就要懂得与成功的人士为伍，加入成功者的圈子。

生活就像在钻圈子，从一个圈子里出来，又进入另一个圈子。在如此众多的圈子里，最重要的还是与工作有关的圈子。只有你玩转了这个圈子，才能提升自己的位子。卡耐基说："人生事业的成功取决于85%的人际关系和15%的专业技能。"每个人都很难独自成功，建立或加入一个良好的圈子，对你的一生有重要的影响。

如果想超越现在的自己，就从现在开始扩大你的圈子，积累你的人脉，扩大你的交际范围。几年后，你会发现，在你身边到处都有可以帮助你的专业人士，一个电话、一个短信，就可以帮助你解决在别人看起来非常棘手的问题。

媒体上经常出现一个流行的词——"圈内人"，就相当于"自己人"的意思。不是自己人，什么也不好办，打不进圈子，你就是浑身是胆，也只不过算个散兵游勇，很难大红大紫。我们都很熟悉娱乐圈这三个字，这个圈子是个大圈子，在这个大圈子下又有无数个小圈子。

一个人与圈子核心越近，就越有可能成为核心。和什么人在一起，是非常重要的事情。有句话说："你开什么档次的车不要紧，关键看是谁坐在你的车上。"年轻的你正处在积累人脉的关键时候，试着打入成功者的圈子，十年以后你才可能脱颖而出。

◎破茧成蝶的金玉良言

如果与雄鹰一起展翅飞翔，一个人的想法和行为就会像雄鹰一样；如果与母鸡交往，久而久之，一个人的所作所为、言谈举止就会像母鸡一样。

与成功的人士为友

福尔兹被称为美国杂志界的奇才。但是最初他和家人是穷得差点要饿死的波兰难民，在美国的贫民窟长大，他一生中仅上过6年学。

6岁时，福尔兹随家人移民至美国，在上学期间仍然要每天工作赚钱。打扫面包店的橱窗，派送星期六早上的报纸，周末下午到车站卖冰水，每天晚上替报纸传递以女性为主的聚会消息。他自幼就是一个"工作狂"，什么样的脏活、累活都干过。

13岁时，福尔兹辍学，到一家电信公司工作。然而，他没有忘记学习，仍然不断地自修。他省下了车钱、午餐钱，买了一套《全美名流人物传记大成》。

接着，福尔兹做了一次史无前例的壮举，他直接写信给书中的人物，询问书中没有记载的童年往事。例如，他写信问当今的总统候选人哥菲德将军，是否真的在拖船上工作过，他又写信给格兰特将军，问他有关南北战争的事。

年仅14岁，周薪只有六元二角五分的小福尔兹，就是用这种方法结识了美国当时最有名望的大人物：哲学家、诗人、名作家、军政要员、大商贾、大富翁。当时的那些名人们，也都乐意接见这位充满好奇心的、可爱的波兰小难民。

获得名人们接见的福尔兹，已经立下宏图壮志，要闯一番事业。为此，他努力学习写作技巧，然后向上流社会毛遂自荐，替他们写传记。一时间，订单如雪片般飞来，福尔兹需要雇用六名助手帮他。当时，福尔兹还未满20岁。

不久，这个传奇性的年轻人，被《家庭妇女杂志》邀聘为编辑。

福尔兹答应了，并且一做就是 30 年，将这份杂志变成了全美最高销量的妇女刊物。

如果你是一个穷得连吃饭都成问题，却充满创业热忱的年轻人，那就应该从福尔兹的成功之中受到启发和教益，通过获取人脉资源而拥有走向成功的机会。

当然，年轻人培养人脉和与人建立关系，更要不断地学习，主动积极地提高自己的自身素质，并运用智能和策略，讲究方法和技巧，成功地融入社会。

年轻是你的资本，但也是你的劣势。因为年轻，可能有很多弯路要走；因为年轻缺乏阅历，可能让你遭受失败或者伤害；因为年轻，你没有改变事情的足够能量。

人脉是年轻人成功的关键因素之一。人脉是越来越重要的资源。因此，年轻人只有把维护和拓展人脉当成日常功课，才能够无往不利，最终敲响成功之门。

著名激励大师安东尼·罗宾指出："我所认识的全世界所有的成功者最重要的特征是：创造人脉，维护人脉。人生中最大的财富便是人脉，因为它能开启你所需能力的每一道门，让你不断地获得财富，不断地贡献社会。"

年轻人要想在现代社会成功，是离不开人脉基础的，它也是获得成功的最直接、最有效、最迅速的手段。人脉可以帮助你成为一个受人欢迎、被人尊重、生活富足、事业成功的人。

俗话说："一个好汉三个帮，一个篱笆三个桩。"年轻人要想成功，必定要有做成大事的人脉网络和人脉支持系统。我们的祖先创造了"人"这个字，可以说是世界上最伟大的发明，是对人类最杰出的贡献。一撇一捺两个独立的个体，相互支撑、相互依存、相互帮助，构成了一个大写的"人"。"人"的象形构成完美地诠释了人的生命意义所在。

人脉如同树脉，一棵小树苗要想长成参天大树，成为栋梁之材，必须要有粗壮厚实的根脉汲取大地的营养，必须要有丰富的支脉和纤细纵横的叶脉吸收空气、阳光。

很多成功的商界人士都意识到了人脉资源对自己事业成功的重要性。曾任美国某大铁路公司总裁的史密斯说："铁路的 95%是人，5%是铁。"美国石油大王约翰·洛克菲勒也说："我愿意付出比天底下得到其他本领更大的代价来获取与人相处的本领。"

无论你从事什么职业，只要你能处理好人际关系，拥有丰富的人脉资源，那么你十年以后的成功之路就已经走了一半了。现代社会的日益发展已经越来越显示出人脉的重要性，作为年轻人，更应该明白，人脉对成功是何等重要。

◎破茧成蝶的金玉良言

人脉如同树脉，一棵小树苗要想长成参天大树，成为栋梁之材，必须要有粗壮厚实的根脉汲取大地的营养，必须要有丰富的支脉和纤细纵横的叶脉吸收空气、阳光。

结交一些真诚的朋友

在年轻的时候，如果你和几个同你一样年轻且志同道合的人一起为了成功而奋斗，那是一种缘分，更是你成功的最大资本。在年轻的时候，你应该多交一些真心、真诚的朋友，那样你就能更快地走向成功，积累更多的财富，而真心的朋友将是你十年以后乃至一生的财富。

要想长久地交到真心朋友就应该建立在诚信的基础上。诚信既是人际交往的基本原则，也是人际交往的根本。值得信赖是赢得普遍尊重和信任的通行证。维系人与人之间的情谊，重要的不是技巧而是诚信。诚信给人际交往带来的价值难以估量。

维尼曼从父亲的手中接过了一家食品店，这家老店以前是一家杂货店，小有名气。维尼曼希望它在自己的手中能够更加壮大。

一天晚上，维尼曼在店里收拾，准备早早地关上店门，以便为第二天和妻子一起去度假做好准备。突然，他看到店门外站着一个年轻人，面黄肌瘦、衣服褴褛、双眼深陷，典型的流浪汉。

维尼曼是个热心肠的人。他走出去，对那个年轻人说道："小伙子，有什么需要帮忙的吗？"

年轻人略带腼腆地问道："这里是维尼曼食品店吗？"他说话带着浓重的墨西哥口音。

"是的。"维尼曼笑着说。年轻人更加腼腆了，低着头，小声地说道："我是从墨西哥来找工作的，可是整整两个月了，我仍然没有找到一份合适的工作。我父亲年轻时也来过美国，他告诉我他曾在你的杂货店里买过东西，嗯，就是这顶帽子。"

维尼曼看见小伙子的头上果然戴着一顶破旧的帽子，那个被污渍弄得模模糊糊的"V"字形符号正是他们店的标记。"我现在没有钱回家了，也好久没有吃过一顿饱饭了。我想……"年轻人继续说着。

维尼曼知道了眼前站着的人是多年前一个顾客的儿子，他觉得应该帮助这个小伙子。于是把小伙子请进店内，好好地让他饱餐了一顿，还给了他一笔路费，让他回国。

不久，维尼曼便将此事忘了。过了十几年，维尼曼的食品店越来越兴旺，在美国开了许多家分店，他决定向海外扩展，可是他在海外没有根基，要想从头发展也是很困难的。为此维尼曼犹豫不决。

正在这时，他收到一封从墨西哥寄来的信，正是多年前他曾经帮过的那个流浪青年寄来的。此时那个年轻人已经成了墨西哥一家大公司的总经理，他在信中邀请维尼曼来墨西哥发展，与他共创事业。维尼曼喜出望外，有了那位年轻人的帮助，维尼曼很快在墨西哥建立了他的连锁店，而且发展迅速。

我们不能缺少朋友。多结交一个朋友就多一条路。在你最困难的时候，往往是你的朋友帮助了你；离开了朋友，你就会陷入无助之中。有"心眼"的你千万别远离了朋友，要知道朋友是你人生中一笔巨大的财富，是关键时刻拉你一把的靠山。

朋友多了好办事，好朋友会在你遇到困难时慷慨解囊，倾力相助。作为年轻人，我们都有一颗义气的心，"千里难寻是朋友，朋友多了路好走"。友情就像沙漠里的绿洲，要使它不消失，必须时时保持水的滋润。

◎破茧成蝶的金玉良言

多结交一个朋友就多一条路。在你最困难的时候，往往是你的朋友帮助了你；离开了朋友，你就会陷入无助之中。有"心眼"的你千万别远离了朋友，要知道朋友是你人生中一笔巨大的财富，是关键时刻拉你一把的靠山。

将人际关系处理妥当

良好的人际关系是成功不可或缺的条件。倘若今天你得罪了一个人，你就可能给自己的成功制造了一个障碍。但有些人即使因为自己的处理不当造成别人的困扰，也会满不在乎。他们的想法是，反正和这位得罪的对象今后不再有共事的机会，不道歉也没事。

然而，因为这一件事而失去的并非只是你所得罪的对象一人而已。无论任何性质的公司都是隶属某一业界的，你必须考虑你得罪的对象有可能在业界内大肆渲染，如此一来，你有可能失去一百个人的信赖。

不要轻易得罪人，因为社会是由人组成的，人活在世上，每天都和人打交道，不论是在生活上还是在事业上，都和别人有互动的关系。人要靠彼此互助才能生存，如果你离开了人际关系，会寸步难行。

得罪人是一种剥夺自己发展空间的行为。得罪一个同行，就为自己堵住了一条路。或许你认为，世界之大，得罪一个同行又何妨，不至于堵住自己的路吧！其实你错了，同行有同行的圈子，有同行的朋友，如果你处理不好，就会在行业内失去信誉，失去帮助。

假如你向人委托某工作后，因为安排失误，在最后关头决定停止那项工作，并以一张传真告知对方。由于对方为那项工作大费心思，调整自己的计划以全力配合，接获通知自然感到不悦。对方肯定会想：下回绝不再与你合作。这不是纯粹因为生气，而是担心这种情形再度出现，给他自己造成损失。

如果被得罪的人只是不想和你再度合作，对你还构成不了重大损失。然而，如果此人在业界内传开此话时，结果又将如何呢？在时时意识到人际关系作用的人们看来，"本次的结果令人遗憾"，想以一张传真草率收场的做法，简直令人难以置信。

如果考虑转行，不打算永远待在本行的人或许情有可原。如果打算在眼前所在的行业里大展宏图，一个失误即可能扼杀你在那个业界的生机，而且就算你正在考虑进军别的行业，习惯做错事不道歉，草率收拾残局，在哪个行业都无法久待。

小马毕业于名牌大学，有些孤傲，与同事沟通甚少。小刘普通本科毕业，做人也没什么架子，平时与同事一团和气。最近，公司有一个晋升机会，小马信心十足地认为非自己莫属，没想到最后领导却决定让小刘晋升。小马很不理解，难道自己的学识不如小刘吗？

企业就是一个小社会，"独行侠"无论自身能力多强，如果没有办法和同事和睦相处，也会成为拖公司后腿的"鸡肋"。领导在考评员工工作能力的时候，自然会将是否符合企业精神、能否与同事和睦相处考虑在内，而疏忽了这一点，不注意人际关系的建立和维护员工，最后难免落得与晋升、加薪无缘。这正是小马不如小刘的地方，小马没有意识到人际关系对自己发展的重要性。

人际关系高手，不仅能够识人、认人、通晓人际关系理论，而且还能活用这些知识，与人和睦相处，不会得罪别人。

工作中，如果能与同事处理好关系也是人际关系中的一大优势。无论你跟谁搭档，要想业绩好，首要条件是双方的合作和努力。很多人都觉得同事间有利益冲突，要达到真正的和谐是不可能的。

在无利益冲突时，你可以和他们保持良好的关系；在有利益冲突时，大家会公平竞争，无论谁成谁败，都不要抱怨。如果在公司中能与同事建立良好的关系，那么你的信息来源就会多，更容易掌握公司发展的趋势、公司的现状、各种力量的对比等，这也可以提升你的人气，以后有升职的机会时，你就很占优势，你在公司的地位也就越来越稳固。

　　无论你在哪个公司工作，都有顶头上司（当然你自己是老板除外），你的大部分工作都是和上司共事，你和上司的关系越好，你的机会就越多，出人头地也就越容易。因此，在工作方面，一定要与上司好好地交流、磋商，并尽量和他建立私人的友好关系。工作之余，多向他说一些自己的看法、工作以外的生活等，让上司更了解你。还要积极参加公司举办的各种活动，如旅游、宴会等，在这样的场合，你会发现平时威严的上司现在变得易于接近多了，这时交流比较容易，有利于和上司建立良好的关系。

　　建立关系、培养关系，是你迈向成功人生的关键。重要的是，你的这份心思要用对人，也就是找到能给你支持和鼓励的好伙伴。

　　你为了维护自己的利益而受不到他人的尊重时，请仔细想想，值得轻易动气吗？值得去大动干戈吗？如果为了一点利益而伤了和气，得罪了人，值得吗？贪图一时痛快而得罪一个人，你失去的会更多。

　　“外面的世界是很复杂的。”有人经常这样告诫刚刚踏入社会的年轻人。的确，外面的世界和你理想中的世界是不一样的。这就要求年轻人必须有意地去培养自己人际交往的能力和适应能力，只有这样才可能适应真正的现实社会，这是年轻人必须具备的发展本领。

　　人脉是一面镜子，通过它不仅可以了解自己、了解社会、了解人生，还可以从四周的人身上学到很多东西，对于年轻朋友的成长不无帮助。

　　一般年轻人都爱犯一个毛病，就是自以为最了解自己。事实上，你对自己的认识极其有限，几乎无法具体地描述自己的个性、能力、长处和短处。我们很难掌握自己，唯一的办法只有拿自己与周围的人比较，或者从与人的交往中逐渐看清楚别人眼中的自己，有时候必须在多次受到长辈的斥责和朋友的规劝之后，才能恍然大悟，真正有自知之明。

　　我们习惯于从日常生活中了解这个社会。别人的生活经验、报纸杂志和传播媒介也可以帮助我们了解社会。可是，从生活体验中获得的社会知识毕竟太狭窄了，就如"井蛙窥天"一样，使我们难以做出准确的判断。报纸和其他传播媒体所提供的也只不过是一张"地图"，光靠这张地图，当然掌握不了活生生的现实。像这样经由狭隘的个人经验塑造出来的世界观，随着人脉资源的扩大，有可能慢慢得到修正。

　　对于年轻人而言，你无时不在受着他人的影响，这些人可能是你父母和亲友，也可能是你的上司和同事。从他们身上，你不仅可以更全面地认识自己，更能了解整个社会，同时也因为他们的生活态度而认识人生是什么。

◎破茧成蝶的金玉良言

　　人脉是一面镜子，通过它不仅可以了解自己、了解社会、了解人生，还可以从四周的人身上学到很多东西，对于年轻朋友的成长不无帮助。

注重社会关系的作用

20 世纪 90 年代，国际上两大运动产品巨头阿迪达斯和耐克进入争霸阶段，当时阿迪达斯早已远销海外，而耐克的国际知名度远不如它。这时，NBA 球场上正冉冉升起着一位历史上最伟大的球星——迈克尔·乔丹。

正当骄傲的阿迪达斯津津乐道于其产品的舒适度和科技含量时，耐克公司做了一个令双方力量对比从此发生逆转的决定——聘请迈克尔·乔丹做其产品形象代言人。

正是这一决定，令耐克的国际知名度最终掩盖了阿迪达斯的锋芒。随后几年，迈克尔·乔丹建立了他一个人的篮球时代，他的"飞人"地位无人撼动。他拥有上至美国总统、下至平民百姓的众多球迷的敬仰和喜爱，在有篮球的地方就有迈克尔·乔丹，在有乔丹的地方就有耐克的影子。耐克就这样"牵一发而动全身"，借乔丹打开了通往国际市场的大门。

耐克正是看到了乔丹所代表的"关系价值"，挖掘出了这种"关系"后面所潜藏着的巨大市场潜力，从而将竞争对手阿迪达斯抛在了身后。

著名学者费孝通先生曾经这样来阐释社会关系格局："我们的格局不是一捆一捆扎清楚的柴，而是像把一块石头丢入水中，水面上所发生的一圈圈推出去的波纹。每个人都是他的社会影响所推出的圈子的中心。每个人在某一时间某一地点所动用的圈子不一定是相同的。"

你如果想建立良好的社会关系，就必须尽量结识许多人，可是所谓社会关系，并非认识的人越多越好。你广泛结识许多人的目的，是为了从中找出可以交往一生的人。社会关系的建立，就某种意义而言类似读书。阅读大量书籍并不是为了可以炫耀自己如何学识渊博，而是为了得到一本可让你反复阅读、受益无穷的书。你必须经过一番辨别和比较，才能发现真正令你心仪的作品。

社会关系广泛是好事，但如果年轻人不能把"数量"转化为"质量"，那么就可能落到"相识满天下，知己无几人"的局面。所以，社会关系的范围广固然重要，然而能在其中寻找到自己关键的朋友更为重要。我们常见到这样的模式，一个人拥有两位重要的童年时代的朋友、两位重要的成人朋友，在他所接触的人中只对一两个特别有感情。这样的社会关系虽然数量少，但无疑很深厚，都是能在关键时候帮助自己的人，比大量的泛泛之交更有用。

少数关键的朋友对一个年轻人成功有很大的作用。若没有少数关键的朋友，年轻人很难成功。大部分年轻人在选择关键朋友时并不谨慎，甚至根本不在意，以为关键朋友自己会出现。有许多人选错了关键朋友或选了太多的朋友，却没有有效地加以利用。

如果你不喜欢对方，你就不会和他有密切的关系，同样的，他也不可能喜欢你。太多的人在自己不喜欢的人身上花了太多的时间，这完全是一种徒劳的浪费。虚伪的应酬很难受、很累，代价也很高，还会使你没有时间做重要的事情。

如果你仅仅只是喜欢一个人，而对他的能力并不看重，那你一定不会和他进一步发展更深入的关系。同样，如果你希望得到某人在专业上的帮助，你必须让他们对你的能力充满信任。

分享经验，特别是痛苦的经验，有助于拉近彼此的距离。如果你正在进行一项艰难的工作，你可以试着邀请一位你喜欢而且能力不凡的人加入你的工作中，使这份关系深厚而又有结果。如果你现在没有痛苦遭遇，就去找个可以分享事情的人，让他成为你的一个重要朋友。

自己无法信赖某人，就不要试图和他建立朋友关系，因为不能互相信赖的朋友关系不会长久。想要得到信赖，你必须时刻真诚。如果对方怀疑你的真诚，信赖感就会消失。

无论在日常生活中还是在职场中，数量少但程度深的社会关系，远远比广泛而肤浅的关系要强。在年轻的时候，你一定要精心挑选你的重要朋友，始终记住：拥有少数关键朋友比拥有泛泛之交更有用。

年轻人干事业需要扶助事业的朋友，能互诉衷肠的朋友，有共同兴趣爱好的朋友，等等。朋友是人际关系必备的资源之一。一个年轻人的命运在很大程度上取决于朋友。

物以类聚，人以群分。年轻人所交的朋友必定和他有共同之处，更能相互影响，朋友会影响到他的目标、行为和斗志。

人的行为会经由团体而改变。假如你跟一个很重视健康的人在一起，他每天运动，而你不运动就很怪异，所以你也开始运动。如果你在一个高效的团队之中，大家每天都在做有效的事情，而你在那里游手好闲，你自己都会觉得不自在，然后你会跟他们一样努力，否则，你要么被众人排斥，变成孤家寡人，要么只能离开这个团队。

朋友对你的影响力实在是非常非常大。当你了解这点后，接下来不妨拿出纸和笔，分析一下目前跟你最接近的有哪三位朋友，他们到底是给了你正面的影响还是负面的影响。

榜样的力量是无穷的，优秀的朋友激励你不断进取。朋友与书籍一样，好的朋友不仅是良伴，也是老师。

一个人在年轻的时候把自己的社交圈子扩得大一点，多结识天下的英才，可以为十年以后的成功打下坚实的基础。

俗话说，"千人千品，万人万品"。年轻人社交圈子越大，接触的人也就越多，就越能了解更多人的品性，有助于避免简单化，克服片面性。即使在社交中受到愚弄，甚至遭人暗算，也可以"吃一堑，长一智"，从中吸取一些经验教训，也是十分难得的人生经历。人际交往是对头脑的磨炼，可以使年轻人成熟、稳重起来，还可以锻炼观察力。

闭门造车的时代已经过去了，一个人的力量毕竟是有限的，更何况是年纪轻轻的你呢！你要想干一番事业，除了自己的奋斗，也需要借助别人的力量。追求共同目标，就有共同语言，就能团结起来。一滴水汇进海洋就永不枯竭，一个人融入集体就不再孤单，而是力量无穷。

◎破茧成蝶的金玉良言

社会关系在每个人的一生中始终占有着不容替代的位置，是任何人都不能忽视的力量，它就像人发展的一条潜规则，谁把它置之度外，就要为它付出沉重的代价。

第五章
重要的是去行动，余生本稀有

❀❀❀❀❀❀❀❀❀❀❀❀❀❀❀❀❀❀❀❀❀❀❀❀❀❀❀❀❀❀❀❀❀

　　无论你的理想多么崇高，你的目标多么远大，如果你只停留在想想的阶段，那么再崇高的理想也不可能实现，再远大的目标也不可能达到。若想避免这种悲剧发生，你就要从现在开始行动起来，才能在十年以后收获自己成功的果实。

有想法就行动起来

在希腊神话中，智慧女神雅典娜，从宙斯劈开的脑袋中披甲执戈一跃而出。人们最高的理想、最大的创意、最宏伟的憧憬也像雅典娜一样，往往是在某一瞬间突然从头脑中很完备、很有力地跃出来的。

一个神奇美妙的景象突然像闪电般地侵入一位艺术家的心间，但是，他不想立刻提起画笔将那景象绘在画布上。虽然这个景象占据了他全部的心灵，然而他总是不跑进画室埋首挥毫。最后，这神奇的景象渐渐地从他的心扉上淡去！

你是不是也经常有这样的创意、想法？那么赶快行动，把它付诸实践吧！

一张地图，不论它有多么详细，比例尺有多么精密，绝不能够带它的主人在地面上移动一寸；一本羊皮纸的法禅，不论它有多公正，绝不能够预防罪行。所以，唯有行动，才是滋润成功的水分。

从现在开始，一定要记住萤火虫的启示。因为它只在行动的时候才会放出光。试着将自己变成一只萤火虫，即使在太阳底下，也能看见你的光。要奋斗，要成功，就要做萤火虫，用自己行动的光芒照亮前程。

在日常的生活中，你也许经常听到这样的话："我要等等看，情况会好转的。"对于有些人来讲，这似乎已经成为他们习以为常的一种生活方式。他们总是等待明天，因而总是碌碌无为。

有的人迟迟不采取行动的原因是他有患得患失、优柔寡断的毛病。即使他把事情想得特别全面，可一旦要行动就会出现这样或那样的担心：问题到时候解决不了怎么办？事情不能成功怎么办？犹豫到最后只能是竹篮打水——一场空。

还有的人常常对自己的决定产生怀疑，害怕因为自己的决定而承担责任，更不敢相信自己的决定能起很大的作用。由于这种不自信，他们设计的美好人生常常成为泡影。

从现在开始，你要强迫自己培养遇事决断的能力。从出现问题开始，果敢决策。在处理一些重大事情的时候，从各方面加以考虑，用理智去化解疑问，从而做出最后的决定。

总有很多事情需要完成，如果你正受到怠惰的钳制，那么不妨就从当下的一件事着手。这是件什么事并不重要，重要的是，你突破了无所事事的恶习。从另一个角度来说，如果你想规避某项杂务，那么你就应该从这项杂务着手，立即进行。否则，事情还是会不断地困扰你，使你觉得烦琐无趣而不愿动手。

你遇见过那种喜欢说"假若……我已经……"的人吗？这些人总是喋喋不休地大谈特谈他以前错过了什么样的成功机会，或者正在"打算"将来干什么样的事业。总是谈论自己"可能已经办成什么事情"的人，只是空谈家。实干家往往是这样说的："假如说我的成功是在一夜之间得来的，那么，这一夜乃是无比漫长的历程。"

不知会有多少人每天把自己辛苦得来的新构想取消，因为他们不敢执行。过了一段时间以后，这些构想又会回来折磨他们。立即执行你的创意，以便发挥它的价值。不管创意有多好，除非真正身体力行，否则，永远没有收获。

如果能做，就立刻行动。这是所有成功人士的共识。将想法化为行动，才有不一样的人生。有想法后的行动，考验的是一个人的执行力。

成功人士的最大特点是敢想敢做，敢想可以使一个人的能力发挥到极致，也可逼得一个人拿出一切勇气，排除所有障碍。敢想使人全速前进而无后顾之忧。敢想更敢干的人，常常会屡建奇功或有意想不到的收获。行动就是力量，唯有行动才可以改变你的命运。10 个不切实际的幻想不如一个实际的行动。总是在憧憬，有计划而不去执行，其结果只能是一无所有。

才能和本领只属于那些辛勤工作的人，权力和荣耀也只属于那些埋头苦干的人；那些无所事事的人是无能之辈。正是那些十分勤劳和努力的年轻人，在十年以后开创出了自己的一片天地。

◎破茧成蝶的金玉良言

无论你有多么伟大的理想，多么美好的愿望，除非你去付诸行动，否则一切都只能是空想。

勇敢地进行尝试

炎炎烈日下，一群饥渴的鳄鱼栖身于一片池塘之中。已经一个多月没有下雨了，曾经的池塘已经快要干涸，鳄鱼们为了残存的水源互相残杀。然而几天又过去了，依然没有雨水注入，池塘干枯得只剩些许污泥。

面对这种情形，一只小鳄鱼勇敢地起身离开了池塘，它尝试着去寻找新的绿洲。其他鳄鱼呆呆地看着它，似乎它将要走向一个万劫不复的地狱。然而，当池塘完全干涸了，唯一的大鳄鱼也因饥渴而死去的时候，那只勇敢的小鳄鱼却经过多天的跋涉，幸运地在半途中找到了新的栖身之所，在这片干旱的大地上，等到了雨季的再次来临。

尝试需要无畏的勇气，大胆的尝试才能取得更好的结果。小鳄鱼勇敢地尝试，换回了自己一条鲜活的生命，如若不然，想必它也难逃丧生池塘的厄运。可见，勇于尝试的精神很重要。

当然，勇于尝试并不仅仅是精神上的，还需要身体力行，切实地实施到每一个行动上。只有不断地坚持尝试，跌倒了再爬起来，不气馁、不抱怨，才能真正地迈向成功的彼岸。

冯坚从学校毕业后，一直干劲十足，总想做出一番让人刮目相看的事业来，成为让人羡慕的人。然而，接触到实际工作之后，冯坚总觉得自己有所欠缺，做任何事都没有十足的把握。因此，很多任务他都不敢主动接手，也不敢承担一些棘手的工作。

久而久之，上司也认为他不适合做大事，所以只交给他一些简单的工作。于是，冯坚成了公司里打杂的人。就在他为自己的工作苦恼不已时，公司派来一位新上司接任原来上司的工作。

新上司对冯坚说："不要给自己找任何理由和借口，没有任何事情是要等到十拿九稳才能去做的，如果永远不开始，你只会一事无成。行动吧，大胆地尝试，失败也是一种收获呀!"听了这番话，冯坚开始认真反思并努力工作，不久便成为这家公司最优秀的职员。

年轻人做工作，像冯坚这样畏首畏尾、对自己没有信心的人很多，他们不是没有能力，而是不敢跨出迈向成功的第一步。"没有尝试，就不知道问题在哪里"，"不经历失败，就不能进步"，任何一种不成熟的尝试，都要强于胎死腹中的策略，不做就永远没有成功的机会。

年轻人经验少，就更需要不断去尝试，在尝试新的未曾做过的事时，才能有新的突破和发现。很多人，不敢学游泳，不敢走夜路，更不敢上台演讲，这种种的不敢，都是给自己设下的无形障碍。也正是这些障碍，使我们裹足不前，错过了许多好机会。要记住，在尝试新事物的过程中肯定有输有赢，但你如果什么都不敢去做，主动投降，只会一输到底。

很多初入社会的年轻人，没有做事业的资本，没有广泛的人脉，想要闯出一片自己的天地是很艰难。在社会的压力下，在成功人士耀眼的光环下，很多年轻人丧失了信心，即便有完美的点子和策略也不敢对人讲，更不敢付诸实施，怕失败，怕被人嘲笑，怕遭受打击。

每个人都曾有过无数个第一次，每个成功者的背后都可能有无数次失败的尝试。尝试了至少还有成功的机会，而不尝试，你永远也不可能看到成功的大门向哪边开着。

有句名言这样说："一个生平不干傻事的人，并不像他自信的那么聪明。"不愿意冒任何风险，不愿意尝试任何新事物的人，他们的生活很难有新的突破和发现，甚至很难遇见新的机遇。只有在不断的尝试中，我们的智慧才能得到增长，我们的能力才能得到提升，我们的思想才能得到升华；只有不断地进行尝试，我们才能攀上一个又一个人生的高峰。

尝试是破土而出的幼苗，看似力量微弱却可以突破头顶的土层，赢来阳光和雨露。尝试的力量不可估量，它是走向成功的第一步，是精彩大戏上演前必须拉开的帷幕。前方是未知的，只有不断地摸索尝试才有成功的机会。只有勇于尝试、坚持不懈，才会有十年以后的成功。

◎破茧成蝶的金玉良言

勇于尝试并不仅仅是精神上的，还需要身体力行，切实地实施到每一个行动上。只有不断地坚持尝试，跌倒了再爬起来，不气馁、不抱怨，才能真正地迈向成功的彼岸。

行动才会有结果

有一个小伙子，初中毕业生后没有考上高中，就放弃了学业。他根本没有什么人生目标，十几岁便游手好闲，整天吃喝玩乐。在他18岁那年，父亲因病去世，他不得不承担起生活的重担，因为母亲没有什么收入，而弟弟还在上学。

他想去城里当一名厨师，可他因为没有手艺只好先去一家餐厅当了一名服务生。在城里，他意识到知识的重要性，于是下班后就找来几本书读。他和餐厅的厨师住在一起，一次，他无意中听到两个厨师说最近鸡蛋很紧缺，其他餐厅也一样。于是他想，自己的母亲在家也养了几只鸡，不如多养一些，把鸡蛋卖到城里，可以赚点生活费。

他把这一想法告诉了母亲，母亲同意了。三个月以后，为了推销鸡蛋，他跑了几家餐厅和市场，虽然他听了不少冷言冷语，但还是把鸡蛋全部卖掉了。

在这一过程中，他又认识了几个鸡蛋收购商。那些收购商表示，如果他有更多的鸡蛋，他们都愿意买下来。这么好的一个机会，他怎么能轻易放掉呢？于是他辞了工作，回家办了一家养殖场。就这样，几年以后，他成了一个很有钱的人。

这位初中生的目标是做一名厨师，而且他为这个目标去行动了，并在这一过程中发现了新机会，他抓住了这个机会，并适时地采取了行动，也就为成功创造了条件。

如果你瞻前顾后，习惯于犹豫不决，而不知道自己真正需要什么，那么你将永远不可能成功。一个成功者不会是一个完人，会有各种各样的缺点，但是他知道自己需要什么，并且努力追求。他会犯错误，会遇到挫折，但他总是迅速地站起来，继续前行。

在现实生活中，只有行动起来的人，才能在行动的过程中获得生活的回馈。即使行动的方向有误，你也能从中汲取到教训，使自己在今后的人生道路上有更多的经验来应付类似的困难。

没有行动，是不可能取得成果的。思想虽然必不可少，但最重要的是必须付诸实践——多思，更要多行。

成功总是青睐意志坚定、精力充沛、行动迅速的人。这种人不但善于做出决定，而且善于执行决定。当面对问题的时候，他会全面考虑自己所面对的情况，果断地做出选择，然后坚定执行。这样的人有超常的管理能力，他不仅制订计划，还能够执行计划。他不但做出决定，而且还能够将决定贯彻到底。

踏实肯干的人总是早早行动。如果你想成就一番伟业，你在确立远大的目标之后，就要静下心来，认认真真、脚踏实地做你该做的事情。在通往成功的路上，你不要梦想一步登天，如果基础不扎实，那么，你的奋斗目标则无异于空中楼阁。所以，真正聪明的人，就是一步一个脚印地走，用自己的行动构筑成功的基石。

一些正值青春年华的人混吃混喝，好吃懒做。他们不懂得"有付出才有回报"的道理，总是有说不完的借口来为自己的懒惰开脱。

特别是在刚刚着手做的时候，总是做些基础工作，似乎和事业、人生的实质联系不大，可能又感到了无聊。即使明白"这种基础"是必不可少的，但不知道为什么就是干劲不足，并且引起了别人的反感，于是就越发感到无聊，更没有干劲了。

很多年轻人是在电视里看到了专业选手，看到了喜欢的音乐家之后开始幻想："自己也能那样该多好哇！"憧憬就从这里开始萌发，然后开始反复练习。在掌握基础知识的阶段，当然是扎扎实实地从头做起。等到你到了十年以后再回想起来，就会体会颇深："十年的光阴在基础上下功夫，我才达到了现有的水平。"

一旦有了什么想法，就要立即行动。然而有的人总是优柔寡断、犹豫不决，等他们决定了该怎样去做时往往已经错过了时机，最后，他们只能说："如果当时我那样做肯定就不会像现在这样了，可是我现在这样做又会出现什么样的问题呢？"这种瞻前顾后的思维使他们停滞不前，即使上帝再给一次机会，他们也抓不住。

这种思维方式使人们采取行动时出现了障碍，总让那些飘忽不定的想法左右着自己的计划，却自认为方方面面都考虑得十分周全。其实，这种自认为聪明的想法是一种极端保守的思维方式。而杰出的人却正好与之相反，他们对自己认准的事，会立即采取行动，而且不干则已，一旦行动就一定要有个结果。

◎破茧成蝶的金玉良言

一个成功者不会是一个完人，会有各种各样的缺点，但是他知道自己需要什么，并且努力追求。他会犯错误，会遇到挫折，但他总是迅速地站起来，继续前行。

用行动代替抱怨

世界上的确有很多不公平的事，有很多埋怨的理由。但是，世上是根本不可能会有什么十全十美的人或事的。如果我们一定要等到世上所有条件都完美后才开始行动，那么只好永远等下去了。有的人为什么一辈子都干不了一件事情，原因正在于他一味追求完美，抱怨社会，抱怨他人。相反，有的人也对自己的现状不满，但他却起来行动，力求改变现状，而不是埋怨，结果行动者成功了，而埋怨者依旧一事无成。

一般人在年轻的时候最容易浮躁不安，做事的时候缺少务实的态度。现在的年轻人对于投机津津乐道，却忽略了成功最大的秘诀就是务实。

务实的人不空谈，不幻想，也不怨天尤人。缺少条件，就自己创造，总之，他们要干事业，就是面对现实，干实实在在的事情。多一点儿务实，少一点浮躁，对年轻人来说极为重要。

1996 年的时候，二十几岁的宋文博到深圳市沙头角汽车站做了一名清洁工，月薪 600 元。这相当于他家一年到头养的两头大肥猪卖的钱。因此，他十分知足，便把全部心思都用在了扫地上。那个时候，其他同事每天一下班就走了，可他没什么地方可去，就主动留下来，帮那些回来晚的司机洗车和清理车里的垃圾。

后来，车站经理私人承包了汽车站。为了提高效益，把更多的时间用在业务上面，车站经理就想把车站的清洁工作承包出去。当时，车站经理就毫不犹豫地将每年 25 万元的清洁服务合同交给了宋文博。就这样，凭着勤奋和可贵的敬业精神，宋文博成了一位有十多名工人的主管。

一年合同期满后，车站方面不但又同宋文博签订了 5 年的清洁服务合同，而且还发给了他 5000 元奖金。这一年，宋文博赚了 3 万多元。

2000 年的一天晚上，宋文博在打扫一辆大巴士时，发现了一个黑色塑料袋。他捡起来打开一看，里面有 20 万元的现金，还有一份合同书。

宋文博想到失主一定很着急，马上就拨打了合同书上留下的电话号码，原来失主是一家大型工厂的李经理。巨款失而复得，李经理感激不已，当场就拿出 2000 元酬金，并要告诉车站的领导，但被宋文博坚决拒绝了。李经理便向他要了一个电话号码，然后千恩万谢地走了。

半个月后，李经理找到宋文博，原来李经理的工厂有 3000 多名员工，占地 4 万多平方米。他们也想把工厂的清洁卫生工作承包给宋文博，也好让厂里省点事。于是，宋文博凭借其拾金不昧的善良品质拿到了每年百万元的清洁服务合同。

后来，宋文博又承包了几个地段的清洁工作，钱越赚越多。2001 年 9 月，宋文博成立了"深圳市绿云清洁服务公司"，同时，宋文博聘请了园艺专家、专业管理人员，自己也抽空努力学习相关知识，实现了从一个清洁工向老板的转变。

2002 年 5 月，深圳市龙岗布吉工业城的清洁卫生服务对外公开招标，宋文博骑了一辆旧自行车赶去竞标。

当天，来参与竞标的好多老板都是开着小车来的。开始，他们还以为坐在竞标现场的宋文博只是该工业城的一名杂工。

令人意想不到的是，工业城的领导竟然真的把每年 200 万元的清洁合同交给了宋文博的绿云清洁服务公司。

主持招标的领导解释选择宋文博的理由时说："宋文博先生已从事清洁服务工作三年多了，可至今仍穿着工作服，骑着自行车，这令我们非常敬佩。第一，说明他还保持着清洁工人的本色，没有高高在上与基层清洁工作脱节；第二，按理说，他也有条件开小车来竞标，但他没有，这说明他没有在工作中偷工减料、以次充好和牟取暴利。所以。我们今天选中了宋文博先生的绿云清洁服务公司。"

就这样，宋文博又拿到了一个年服务费 200 万元的清洁服务合同，而他仅在这个工业区管辖的清洁工人就达到了 150 多人。

后来，宋文博承包了包括医院、工业区、车站、政府办公楼和学校在内的 10 多家单位的清洁服务工作，年总营业额已达到了 1400 多万元，属下的清洁工人队伍达到了 600 多人。

在深圳这个卧虎藏龙之地，一个小伙子只是靠扫地就扫出了上千万的财富。而他最大优势仅仅是一双勤劳的手和一颗踏实做人的心。

一步一个脚印，干一行，精一行，不图虚名，不搞花架子，多做少说；面对指责，不争论，不辩解；面对成绩，不自大，不张扬；清清白白做人，扎扎实实做事，这才是年轻人应该具备的做事风格。

无所事事的人，现在的抱怨，注定了十年以后的平庸；有志青年应当通过努力行动，改变处境。

◎破茧成蝶的金玉良言

有的人为什么一辈子都干不了一件事情，原因正在于一味追求完美，抱怨社会，抱怨他人。相反，有的人也对自己的现状不满，但他却起来行动，力求改变现状，而不是埋怨，结果行动者成功了，而埋怨者依旧一事无成。

在困难面前不退却

美国"联合保险公司"的董事长克里蒙·史东是美国商业巨子之一，被称为"保险业怪才"。

史东幼年丧父，靠母亲替人缝衣服维持生活。为贴补家用，史东很小就出去卖报纸了。

有一次，史东走进一家餐馆叫卖报纸，被赶了出来。后来，史东趁餐馆老板不备，又溜了进去卖报。气恼的餐馆老板一脚把他踢了出去，可是史东只是揉了揉屁股，一声不吭地离开了。然后，史东手里拿着更多的报纸，再一次溜进餐馆。那些客人见到他这种勇气，纷纷劝店主不要再撵他，并掏钱买他的报纸看。史东的屁股被踢痛了，但他的口袋里却装满了钱。

还在上中学的时候，史东就开始试着去推销保险了。他来到一栋大楼前，当年卖报纸时的情景又出现在他眼前，他一边发抖，一边安慰自己"如果你做了，没有损失，还可能有大的收获，那就下手去做"。

史东走进大楼，做好了被踢出去的准备。如果他被踢出来，他准备像当年卖报纸被踢出餐馆一样，再试着进去。

幸运的是，他没有被踢出来。每一间办公室，他都去了。他的脑海里一直想着："马上就做！"每走出一间办公室而没有收获的话，他就担心到下一个办公室会碰钉子。不过，他毫不迟疑地强迫自己走进下一个办公室。他找到一项秘诀，当你立刻走进下一个办公室，就没有时间因为感到害怕而放弃。

那天，有两个人从他那儿买了保险。就推销数量来说，他是失败的，但在锻炼自己和培养推销术方面，他有了极大的收获。第二天，他卖出了 4 份保险，第三天他卖出了 6 份保险。他的事业开始了。

20 岁的时候，史东成立了只有他一个人的保险经纪社。开业的第一天，史东就在繁华的大街上销出了 54 份保险。他曾创下一个令人几乎不敢相信的纪录，一天售出 122 份保险。以一天工作 8 小时计算，每 4 分钟就成交一份。

后来，史东成了一名拥资过百万的富翁。

史东在总结自己的经验时说："如果你以坚定的、乐观的态度面对艰苦，你反而能从其中找到好处。成功的过程，实质就是不断战胜失败的过程。"

勇敢地面对挫折，不达目的绝不罢休——史东就是这样的年轻人，他的人生轨迹也是如此。

逆境客观上是一种不幸，实质上是弥足珍贵的财富。许多奇迹都是在逆境中出现的。顺境使人们舒服，却也容易使年轻人不再有所追求，因为顺境容易消磨斗志，从而使年轻人变得平庸起来；而逆境能磨炼坚强的意志，奋力拼搏，顽强奋进，也许能够使自己的能力得到超常发挥，获得出人意料的成就。

对于年轻人来说，摆脱痛苦的欲望比获得幸福的欲望会更强烈：幸福对于处于痛苦之中的人来说，常常是一种奢望，人们往往是以摆脱痛苦为第一步。

现实生活中，许多生活在边远山区、经济落后的农村的年轻人，其刻苦学习的精神远比一些生活在大城市富裕家庭的孩子要强得多。究其原因，是因为他们看到农村的环境、生活条件，比起大城市来要艰苦得多。他们强烈地要求变换自己的生活条件与生存环境。而在目前来说，实现这一目的最可靠、最直接的办法，就是好好学习，争取考上大学。大城市的年轻人，在其学习的动力中，没有变换生存环境这个动力，如果他再没有更加崇高的理想，那么其学习的劲头，当然就无法跟那些农村的、穷困山区的学生相比了。

从这种现象可以看出，困难是促使人们奋发努力的一种力量来源。"生于忧患"，就是困苦磨炼了人的意志，催人奋发向上，使人生命力顽强，朝气蓬勃。"死于安乐"，就是说安逸舒适的生活，会消磨人的志向，使人贪图享乐，惧怕艰苦，不思进取，从而使人失去了生存能力与旺盛的生命活力。

从古至今，有多少花花公子就是由于贪图安逸，坐吃山空，最后贫困潦倒，以致死无葬身之地。而那些穷苦人家的孩子，自小就在艰难困苦的斗争中生活，患难给了他们坚强的意志，困苦使他们变得勤劳聪明，他们的物质生活是贫乏的，然而其内心是充实的。他们也许成就不了什么大事业，但他们是堂堂正正的人，至少他们不会祸害百姓。

人生之路并不是坦途一条，获得幸福之路也不是通畅无阻的。人生有顺逆境之分，幸福的取得也有难易之分。但不管在怎样的条件下，人们都不应放弃对幸福的追求。

在顺境中，我们以舒畅的心情谋求幸福；在逆境中，我们依然应当坚忍不拔、矢志不渝地追求幸福。幸福既可以在顺境中顺利地实现，也可以在逆境中艰难地获得。

一般来说，大多数人都希望一生顺利，平安地获得幸福，但现实往往并不尽如人意。人的一生中，既会有得心应手的顺境，又会有困难重重的逆境。我们争取处在顺境中，但也不应该害怕逆境带来的磨难，而应该公正地看待顺逆境。顺境固然有利于事业的成功，逆境却能磨砺人的意志，激发人们克服困难，顽强进取。温室里的花朵经不起风雨的袭击；饱受风浪考验的海鸥却能够搏击海空。

年轻的你愿意在顺境中安度十年，还是在逆境中拼搏十年？

◎破茧成蝶的金玉良言

　　困难是促使人们奋发努力的一种力量来源。困苦磨炼了人的意志，催人奋发向上，使人生命力顽强，朝气蓬勃。安逸舒适的生活，会消磨人的志向，使人贪图享乐，惧怕艰苦，不思进取，从而使人失去了生存能力与旺盛的生命活力。

在执着中前行

在巡视谷仓时，一个农场主不慎将一只名贵的金表遗失在谷仓里。他到处找都找不到，于是在农场门口贴了一张告示：如果有人能够帮忙找到金表，奖励 100 美元。

人们面对重赏诱惑，全都卖力地四处翻找，但谷仓内谷粒如山，还有成捆成捆的稻草，要想在其中找寻一块金表如同大海捞针。

人们忙到太阳下山，仍没找到金表，于是他们开始抱怨，一会儿抱怨金表太小，一会儿又抱怨谷仓太大、稻草太多，最后他们相继放弃了 100 美元的奖励。

一个穷人家的小孩在众人离开之后仍不死心，努力寻找。他已整整一天没吃饭，希望在天黑之前找到金表，解决一家人的吃饭难题。

天越来越黑，小孩在谷仓内坚持寻找。突然，他发现，当一切安静下来后，有一个奇特的声音，那声音嘀嗒、嘀嗒不停地响着。小孩顿时停止寻找，谷仓内的嘀嗒声更加清晰。小孩循声找到了金表，最终得到了 100 美元。

成功好像谷仓内的金表一样，早已存在于我们周围，散布于人生的每个角落，只要执着地去寻找，专注而冷静地思考，我们就会听到那清晰的嘀嗒声。成功的法则其实很简单，那就是执着，然而大多数人却没有坚持，甚至不屑于去做，于是成了成功门前的过客。

很多年轻人都好面子，喜欢谈成功的经验，而不喜欢讲失败的教训。因为谈起经验面上有光，而说到教训总感到心中有愧。其实，教训大可不必讳言，它与经验同等重要，应该引起年轻人的重视。

如果你能够做到在最艰难的时候，不放弃，即使没有人看好你，也要给自己加倍的信心，相信十年以后，成功会在终点迎接你。

一项心理学统计结果表明，一个普通人可以忍受被拒绝和失败的次数通常以三次为限，但是一个成功者可以忍受失败的次数却是无数次！

美国总统林肯坚信："上帝的延迟，并不是上帝的拒绝。"成功就是屡败屡战，然后从每一个失败中寻找不足，把每一次失败的经验当成自己下一次成功的资本。

对于年轻人的我们来说，失败并不可怕。我们应把它当作一种宝贵的人生经验，以乐观的心态、思考的眼光看待失败。反而是那些一向顺风顺水的人，一点吃苦的滋味也没尝到，一遇到挫折和困难，便容易一蹶不振。

年轻人的我们正处于人生的起步阶段，所以失败在所难免。我们需要记住先哲的一句话："生命中的每个失败，每个伤痛，每个打击，都有其意义。当你正视失败，并把失败看作成功的基石时，成功就会降临到你头上。"

年轻人要对自己的生活负责，并抱着"我能做到"的态度。如果你满怀自信，就会充满热忱、坚持到底，就会缔造惊人的成就。

成功需要坚持到最后一分钟。一个人的成败固然与天生的禀赋有关，但自己后天的努力和执着更重要。

在朝着目标奋斗的过程中，一定要掌握主控权。如果你对自己的感情生活不满意，就想办法改变现状。多认识一些人，和善地待人，脸上常挂微笑，邀请别人一起出游。如果你想有一份更好的工作，不要等工作来找你，要主动出击。"我能做到"并不是挑衅，也不是鲁莽，它象征热情、进取和睿智。

年轻的你不必要求事事成功，才觉得快乐，但你一定要确信，你的生活掌握在自己手中。研究显示，对自己的决定负责的年轻人，和觉得自己受人牵制的年轻人相比，对生活感到更加满意。当人们能自在地展现自己的个性时，就会非常快乐；当你必须遵照别人的想法做事时，自然不会开心。我们都有归属的需求，这并没有错，但要保持独立的思考能力和独特的人格特质。

◎破茧成蝶的金玉良言

成功需要坚持到最后一分钟。一个人的成败固然与天生的禀赋有关，但自己后天的努力和执着更重要。

挑战你的人生

　　本田公司的创始人本田宗一郎在开始创业的时候身无分文。当时他梦想设计一个活塞环，然后卖给一家公司，为此他甚至变卖了妻子的陪嫁首饰。经过数年努力，他终于设计出了活塞环，并很有信心地认为一定有公司会重视，却遭到了拒绝。他还因此而遭到了很多人的嘲笑。

　　这是本田宗一郎第一次遭遇的人生失败，有些人或许就因为这一次打击而失去人生信念。但本田宗一郎并没有被失败吓倒，相反，他认为这家公司不买他的活塞环，是他的设计还不完美。于是，他又花费了两年的时间对自己设计的活塞环进行了改造。最后，他的设计终于被这家公司买了下来。

　　但是很不幸的是，当时正赶上第二次世界大战，本田宗一郎需要大量的水泥来建立活塞环工厂，可购买计划被日本政府否决了。这一次似乎没有人能帮助他走出这个困境，他的梦想可能会就此中途夭折。然而，本田并不气馁，他要把工厂建立起来，政府不让自己买水泥，那么就自己制造水泥。他召集了各方面的朋友一同研究，试图找出制造水泥的新方法。在夜以继日的努力工作下，他终于取得了成功，建立了自己的工厂。

　　后来，本田宗一郎发现摩托车生产前景广阔，就希望通过银行贷款来建立自己的摩托车企业，但所有银行都拒绝向他贷款。这次似乎也是没有人能帮他，但他就是不服输，银行不贷款那就自己想办法融资。他发了一万八千封书信给全日本自行车店的店主们，动员他们投资，其中一万五千多人拒绝了他，愿意投资的有三千多人。靠着这些钱，本田办起了新的工厂。

成功就在于每次遭遇他人拒绝之时，并不以为这是一种失败，并不因此而陷入困境，也不心灰意冷，放弃自己的计划。相反，在他人的拒绝之中品出滋味，从自己身上查找失败的原因。也就是说，把别人的拒绝和自己暂时的失败作为励志之石，不断地磨炼自己，不断地完善自己，以自我的不断完善促使别人接受自己，从而使自己走出困境取得人生的成功。

人的一生中有无数的困难和障碍，是必然存在、不容忽视的阻力，但只要一个人拥有真正的自信，就能够勇敢地、愉快地面对困局。与无限的潜能建立密切的关系，便能使人拥有更深刻的、不动摇的、永恒的自信，而得以突破人生的转折点。

人的一生不可能一帆风顺，失败是人生之旅的重要关卡。一个人能否事业辉煌，完全取决于他能越过多少关卡，战胜多少困难。成功者就是那些能像剔除荆棘一样，把失败一个个剔除的人。再怯懦的人在知道自己完全无路可退的时候，都能够立刻成为最英勇的战士。那么，一个胸怀大志的年轻人，就不能再犹豫，应该立即断绝所有的后路，创造十年以后的坦途。

世上并没有常胜将军，遭遇拒绝、遭遇失败是人之常情。遭遇拒绝、遭遇失败的原因无非是自己还有缺陷，谁不希望得到完美的东西？世上也不可能有毫无缺陷的东西，但是每个人应该尽量地完善自己，把自己完善到足以让人接受，使社会认同的程度。这样即使遇到困难也能克服，遇到关卡也能越过，也就不致在遇到挫折时使自己陷入困境不能自拔了。

很遗憾的是，并非所有的年轻人都懂得这些道理，因此，他们在遇到困难挫折时就会采取完全不同的态度。成功者之所以被称为成功者，就在于他们不轻易给自己留退路，即使迫不得已退一步，那也只是暂时的，因为他们总希望把最后的成功当作自己最得意的东西。做事总有成功和失败，做人总有进和退。成功者不是没有失败，而是善于从退路中寻找进路，善于把失败变成成功；而且有成绩却不得意扬扬。

当一个年轻人专心致志于事业的奋斗时，随着自信心渐渐占据他的心灵，他就能拥有自信而生活下去。为了获得真正的自信，每个年轻人都必须先信赖生命潜能的力量。此外，还应当通过努力和应用来强化自己的潜意识，使潜意识反映你的习惯性思考。

一个人如想脱离困境，或期望从不如意的情况中改善过来，那就不要忘记"不得意才是大得意的转机"，将纷乱的思绪暂时放下，静心省思，有哪些事物阻碍在通往成功的路上？当看清所有阻碍成功的事物，诸如拖延、怠惰、消极意识等，就必须有坚定的决心，先除去所有的障碍物，然后再断绝所有可退之路。只有如此，才能够保证渴望追求成功的愿望。

在别人感到无能为力甚至绝望的时候，你是否仍然能够不让自己放弃，有勇气让自己冒险试一试呢？我们每个人都遇到过不能解决的困难，这时候就要求我们拿出勇气来尝试一下。其实，只要你有决心、有勇气，那么，所有的问题便都有解决的可能性。

无论是在生活中，还是在其他的方面，我们都需要有一定的冒险精神。冒险，是一种勇气，可以带领我们走出困境。特别是当我们处于一个不确定的环境中的时候，人的冒险精神就更加成为一种稀缺的资源。因为此时，我们的信息还不完善，周围的情况还不确定，而我们也无法做出百分之百的判断。但是，此时如果你要摆脱困境，就必须有一点冒险精神。

冒险不是蛮干，它是我们根据现有的情况所做出的一种超前的判断，有一定的科学根据。如果你不顾实际，异想天开，那么无论你多有勇气，到头来也只能是失败。

◎破茧成蝶的金玉良言

把别人的拒绝和自己暂时的失败作为励志之石，不断地磨炼自己，不断地完善自己，以自我的不断完善促使别人接受自己，从而使自己走出困境去取得人生的成功。

第六章
做受人欢迎的人，和大家一起努力

现实生活中，有些人常常指摘他人的缺点，鲜于称道他人的优点，因而受到周围人的厌恶。想要十年以后有所作为的你，应该向他人的优点学习，同时避免他的缺点在自己的身上重现。

以一颗真诚之心待人

在人与人的交往过程中，真诚相待很重要。用心交朋友才会交到真正的朋友。很多人认为校园中的友谊是纯洁的，因为在单纯的校园环境中，很少会掺杂一些利害关系进去。

进入社会之后，人与人的关系就不那么简单了。人们很可能为了各自的利益，相互猜疑，尔虞我诈。有时候，你很难分清谁是真情，谁是假意。一不小心，就会有人打着"朋友"的幌子欺骗你。

在临近毕业时，室友都四处找工作，很为自己的前途着急，白羽也是一样，找了一个月，仍然没有什么好消息。

有一天，白羽突然不找工作了。她开心地对室友说："我初中最好的朋友给我打电话了，让我毕业后不要担心，直接进他们公司，而且听说工资极高，福利待遇也很好。"白羽还说，这个同学初中毕业后就读中专，很早就进入了社会。白羽上高中的时候，与她一直都有联系。她挣了钱，还经常请白羽和其他初中同学吃饭。

室友替她高兴的同时，也提醒她，这件事来得太顺利了，别被人给骗了。可是，白羽却对这个初中时最好的朋友充满了信任，对她的工作也充满了期待。

工作后，白羽很少与室友联系。一天，室友与白羽偶遇，就谈起了当初毕业后工作的事情。

"当时，那个同学做传销，把我也拉下了水，以此好获得一些介绍费。我幼稚地以为自己真是遇到了一个好机会，交了 5000 元押金。等我醒悟过来，公司不仅不退钱给我，还不放我走了，把我关押了起来。我是趁看守我的那人出去买烟的空当翻窗户逃出来的，所幸在一楼，没受伤。"白羽叹了口气，继续说，"真没有想到，她会那样对我，我们曾经玩得那么好。"

白羽没有想到自己会被昔日的好友害得如此之惨。她真诚地对待别人，却换来了别人的欺骗。白羽说，那次受骗，是她进入社会后上的第一课——不轻易相信他人。而现在的她，做事谨慎，没有了初出校园时的单纯。

在社会这个大染缸里，人们之间不再真诚。有很多人为了自己的利益，能做出令人难以想象的事情。可是，哪怕社会上的确有很多假、丑、恶的事发生，我们也不能因此而彻底对真、善、美失望。

我们可能无力改变复杂的社会，但是我们能改变自己，让自己更加适应这个社会。在不盲目相信他人的同时，我们也要承认，真诚永远都存在。

在一个小区门口，一对来自农村的年轻夫妇开了一个烧饼店。他们靠自己的手艺在城市里谋生。

一天早晨，胡平上班顺道经过时，习惯性地掏出一枚 1 元的硬币递过去。

男老板接过钱的时候，动作有点迟疑，怯生生地说："对不起，今天的面发得不好，您还要吗？"问这话的时候，女老板也很不好意思地笑着看胡平。

在得到肯定的答复后，小两口连声说："谢谢！谢谢！"胡平觉得那天的烧饼是吃过的最好吃的烧饼。

他们的生意越做越好，做出的烧饼热卖，有时甚至还会出现排队等货的场景。

其实，能够如此真诚地对待顾客，小两口的生意越做越红火是很正常的。与之相反的是，有些人常常为了一己的私利，不惜编造一些莫须有的故事，以此博得他人的同情和怜悯，欺骗人们的善良和真诚。他们骗得了一次，骗不了一世，终有水落石出的那一天，人们也终将看清他们的实质。我们不应当与这种人交往，甚至要远离他们。

每个人都希望得到别人的真诚相待，要想别人真诚待你，你就应当首先主动真诚地去对待别人。你怎样待人，别人也会怎样待你。你与人为善、真诚待人，别人通常也会反过来如此待你。

有的人对真诚待人抱怀疑或否定态度，理由是：我真诚待人，人若不真诚待我，那我岂不是很傻、很吃亏吗？

不可否认，生活中有这样的人：虚伪、狡诈、阴险，一肚子小心眼，玩弄他人的真诚，戏弄他人的善良，算计他人的毫无防备，踩蹋他人的真情实意，以怨报德、以恶报善。但是，这种人在生活中毕竟是极少数，在他们的嘴脸充分暴露后，他们必将被众人指责和唾弃，并被所生活的群体厌恶和排斥。

当我们的善良和真诚被心怀叵测的人愚弄之后，吃亏更多、损失更大的并不是自己，而是对方。伤人的人在承受你愤恨的同时，还要承受他人的蔑视以及被群体排斥的孤独。

与人相处中，我们付出了十分真诚，得到了八九分的回馈，自然是情有所值、利大于弊。有的人怕真诚待人吃亏上当，因此想别人主动先真诚待己。

你真诚待了我，我再真诚待你，这是被动为善的人际关系态度。如果人人都这样想，人人都不肯首先付出，那这个世界上还能找到真诚吗？

很多人都觉得，积极主动地付出友善真诚仅仅是讲如何对待别人，其实准确地说，友善真诚地待人更重要的是指如何善待自己。你待人以善意，别人以善意相报，你待人以真诚，别人以真情回馈。这也就是我们经常所说的，"将心比心""以心换心"。

人是一个高级生物群，社会是一个利益共同体，每个人都是社会这棵大树上的叶和果，谁都不可能离开社会而孤独存在。生物学反复证明过一个真理：只有互助性强的生物群才能繁衍生存。伤害别人就等于用自己的左手伤害自己的右手。

　　人们都非常向往陶渊明描绘的桃花源，因为那里温馨和谐。而营造出温馨和谐的人际关系氛围，需要你付出努力。在积极主动付出努力的同时，你也是这个温馨和谐氛围的受益者。友善真诚待人的结果是双赢。

◎破茧成蝶的金玉良言

　　每个人都希望得到别人的真诚相待，要想别人真诚待你，你就应当首先主动真诚地去对待别人。你怎样待人，别人也会怎样待你。你与人为善、真诚待人，别人通常也会反过来如此待你。

不要显得过分聪明

每个人都想表现得很聪明，总怕自己不表现，别人就会认为自己是个蠢蛋，殊不知，真正的聪明却是"该聪明时要聪明，不该聪明时要糊涂，甚至是装糊涂，尤其是不可自作聪明"。

美国前总统威尔逊小时候比较"木讷"。在小镇上，人们都说他很愚蠢。每次有人一手拿着 1 美元，一手拿着 5 美分，问他要哪一个时，小威尔逊都会回答："我要 5 美分。"

很多人不信小威尔逊竟有这么傻，纷纷拿着钱来试，然而屡试不爽，每次小威尔逊都回答"我要 5 美分"。整个学校传遍了这个笑话，每天都有很多人用同样的方法愚弄他，嘲笑他。

终于，他的家人忍不住了，问小威尔逊："难道你真的傻到连 1 美元和 5 美分哪个多哪个少都分不清吗？"

"我当然知道。可是，我如果要了 1 美元的话，就没人愿意再来试了，我以后就连 5 美分也赚不到了。"

郑板桥也说过："难得糊涂。"人有时该糊涂时就得糊涂，只要把握好大是大非，不违反大原则，有些事情不必较真，某些场合还必须得放弃自己的明白，顺其自然，心平气和地装装糊涂。拥有了这样的心态，也就会活得更轻松些。在个人名利面前糊涂些好，糊涂些也就会忍让些、包涵些，矛盾也就会少些，生活自然也就会更愉快、更自如、更逍遥。

一些人总觉得自己无所不知，高人一等，喜欢行险招，结果往往是"聪明反被聪明误"。

中文系毕业的孟静，读书时就曾任校刊的副主编，同时还给不少杂志社写稿。毕业后，她信心十足地参加了一家大公司的招聘，结果却以意想不到的失败告终。

这是一家国际知名的大公司，孟静应聘的职位是内刊编辑。说实话，孟静对内刊编辑的位子多少有些不屑，她只是看中了这家公司的知名度，并考虑到自己在其他方面的发展前景才去应聘的。因此，她认为自己当个不对外发行刊物的编辑还是绰绰有余的，所以，也就没对面试进行过多准备。

面试时，孟静才发现别的面试者都是有备而来，他们手里拿着包装非常精美的个人材料。相比之下，孟静的材料就显得很黯淡。但孟静依然满不在乎："是金子就会发光，我的实力是很明显的。"

面试过程中，孟静对于"你对本公司了解多少""个人有什么爱好""将来有什么打算"之类的问题，很不屑，她认为这些问题一点也显示不出她的专业水平，所以她的回答非常迅速。在做自我介绍时，孟静的别出心裁也确实赢得了考官关注的目光。孟静暗自得意。

在回答提问中，对于公司的业务领域，特别是一些技术进步方面的问题，孟静知之甚少，处于弱势。可是对于杂志编辑的专业知识，她却知之甚详。她的滔滔不绝，又一次引来了主考官的赞誉目光。

可是，孟静最终却未被录取。她愤愤不平，认为主考官太没水准！在她情绪低落之时，班主任和她谈了一次话。原来，班主任和那家公司的主考官是大学同学。主考官告诉他：孟静未被录取的理由不是业务素质、个人能力不行，而是不合适他们招聘的职位。以孟静的个性和自我期望值，她不会踏踏实实安心于本职工作。而且，她与他人的合作精神也欠佳。

有些人对自己充满了极度的自信，认为自己完成一些小事情简直是绰绰有余，在这种情况下，自然难以有充足的准备，结果往往聪明反被聪明误。

聪明有大小之分，糊涂有真假之分。所谓小聪明大糊涂是真糊涂假智慧；而大聪明小糊涂乃假糊涂真智慧。所谓做人难得糊涂，正是大智慧隐藏于难得的糊涂之中。真正的聪明人都有自知之明，绝不会刻意地向众人表现才智、哗众取宠。

◎破茧成蝶的金玉良言

人有时该糊涂时就得糊涂，只要把握好大是大非，不违反大原则，有些事情不必较真，某些场合还必须得放弃自己的明白，顺其自然，心平气和地装装糊涂。

不必介意他人的看法

没有人是完美的，每个人都会说错话，也会做错事，但是每个人面对批评的态度则是大不一样的，有的人坦然接受，有的人表面接受、心里不服，有的人不但不接受反而找各种理由为自己辩解，有的人甚至还会反驳……

面对批评，不同的人有不同的态度，而这不同的态度则体现着不同的人生智慧，乃至影响着一个人今后的人生成就。

面对批评，首先不要去理会批评本身的对与错，而应该诚心接受，进而进行反省，找到自身的不足和需要改变的地方。因为无论批评是对是错，它对你来说都是一种财富。正确的批评会让自己认识到不足和缺憾，从而加以改进和提高；错误的批评让你从反面注意到这个问题，作为对自己的警醒，以后可以避免类似事情的发生。

面对批评，大多数人都会找理由来辩解，甚至是反驳，这是人的本能反应。但并不是说，是本能反应就是正确的。许多的本能反应其实并不是人的正常生理反应，而是长期习惯导致的结果。也就是，这种所谓的本能也是可以改变的。

在面对批评时，聪明的人绝不会先为自己辩护，他们会耐心地听对方说，反省自己的过失或者不足。所谓反省，就是反过来省察自己，检讨自己的言行，看一看有没有要改进的地方。反省是自我认识水平进步的动力；反省是对自我的言行进行客观的评价，认识自我存在的问题，修正偏离的行进航线。

我们也应该每天反省自己，总结自己每天的收获和失误，为明天的开始做好更加充足的准备，不要等到批评上门了才开始行动。

每个人都会有这样那样的不足，而年轻人更缺乏社会历练，常常会说错话、做错事、得罪人。反省的目的在于建立一种内在的监督反馈机制，来及时知晓自己的不足，及时匡正不当的人生态度。

美国哲学家爱默生曾经提出这样的疑问：为什么我们的幸福要取决于别人脑袋的想法？因为你一直在为别人而活着，你从来就没有真正为自己而活，你的价值观是建立在别人的看法之上，当别人对你有积极评价时，你会觉得高兴、快乐和满足；出现消极的评价时，你会觉得不开心、委屈和痛苦。

生活中，很多人总是太在乎别人的评价。别人的每一句话，他都会放在心上，希望自己在他人心中做到最好。

丁桦从小就在父母的关爱中长大，她一直以高标准要求自己，希望父母能以她为傲，她更喜欢听到别人对她由衷的称赞。

如今成年的她，在工作中也还是如此，在办公室从来不与人争执，有什么委屈、难过也从不表现在脸上。如果上级对她有什么意见，她会非常难过，甚至同事只是给她一点建议，她也会紧张，立马改正。

她以为自己做得很好、很完美了，谁知道有一天，一个同事告诉她，另一个同事觉得她很自私，和她交往太累了。听到这个评价后，她失眠了。她一直在同事面前都是大公无私，有什么事都是尽力满足同事的要求，没想到自己会得到这样一个评价。她真想当面去问那个同事，为什么这么说自己。

在意别人的看法是人的正常反应，一定程度上，按照大家的要求行事会令人有一种安全感。同时，通过别人对自己的评价，来完善自己、修正自己，不仅可以使自己得到大家的接纳，还可以使自己不断进步，逐渐变得完美。

凡事都要有个度，特别在意别人的看法，就有些不正常了。很多人缺乏自信，别人有意无意的一句话，都让他们好长时间感到心神不宁。他们往往比较敏感，对自己要求比较严格，性格比较内向。

他们就像丁桦一样，期盼被人认可、表扬，害怕别人看出自己的弱点。他们没有正确的自我评价，完全生活在别人的评价当中。

如果一个人让他人的评价占主导地位，并且将其看得比自己的主张更重要，就很容易被他人所左右。如果自己的行为取决于他人的评价，那么一旦听不到他人的赞许，必会失去动力，最终一事无成。

更糟糕的是，他人的评价往往又不尽一致，你不得不为之疲于奔命，甚至无所适从，一天到晚总是在"不知究竟怎样才好"的为难紧张之中团团转，总也走不出自己的路来。

一个人只有健全自己的认知系统，调整自己的情绪，才能不被别人所左右。在匆匆走过的人生路上，我们只是别人眼中的一道风景，对于一次失误、一次失败，完全可以一笑了之，不要过多地纠缠于失落的情绪中，你的哭泣只能提醒人们重新注意到你曾经的无能。你笑了，别人也就忘记了。

◎破茧成蝶的金玉良言

如果一个人让他人的评价占主导地位，并且将其看得比自己的主张更重要，就很容易被他人所左右。如果自己的行为取决于他人的评价，那么一旦听不到他人的赞许，必会失去动力，最终一事无成。

避免得罪小人

"小人谋人不谋事，君子谋事不谋人"，这就是小人与君子最大的差别。君子的志向是依靠自己的真才实学成就一番事业，谋利益，他们把所有的时间、精力和心血都投入到事业上，很少深入地想一下怎样去对付小人，而小人考虑的是如何算计人，如何打倒异己，以此使自己的名利、地位不受到损害。

小人之所以不可得罪，其原因就在于小人的报复欲望特别强。在他坑害别人的时候，又小心地提防着别人对他进行报复。小人注定要连续不断地伤害别人。俗语说"明枪易躲，暗箭难防"，小人对别人的报复打击通常都是用"暗箭"。一般人在明处，小人在暗处，通常都是防不胜防。而小人报复的程度远远大于别人损害他的程度。

许多被小人攻击、伤害过的人在蒙受损失后竟然搞不清自己究竟在哪个地方得罪了小人，他们根本不敢相信一些匪夷所思的缘由竟然可以成为小人报复他们的原因。

小人一手拍上，一手压下。他们总有一箩筐的手段等着你，只要你稍有不敬，他就立刻对你开刀。所以，宁得罪君子，不得罪小人。

小人的功力可非一般。你发芽，他要掐掉你；你再冒，他踩死你；你挺起来，他就拔掉你。实在不能斩草除根，便借助于领导在群众中假传领导"圣旨"，欺上瞒下，胡作非为，把你说得浑身是粪。在领导面前颠倒黑白，挑拨离间，使你成为孤家寡人。

不管你要做一个什么样的人，难免会遭遇到小人。小人的卑下，手段的无耻，为公理所不容，为千夫所怒指，凡是正常人都看不起小人，但几乎所有的人又都畏小人如洪水，如瘟疫，又是宁愿讨个胆小怕事的骂名，也必定要绕路而行，生怕招惹了横行无忌的小人。

由于小人的心思全都在报复与提防反报复上，一般人确实是没有这般时间、这般口舌、这般心理去和小人死缠烂打。正如同偶尔看看摔跤比赛的观众最好别去跟专业摔跤师叫板一样，在想不出更好办法的情况下，还是尽量地躲避着、容忍着小人吧，尽量地不得罪小人吧。这实际上就是一般人对于小人的心照不宣的想法。

对于小人，只要认清了他的面目，就远远地躲着他，在不得已与之交往时，能忍则忍，切不可得罪他。

刘志浩是一家公司的策划总监。有一次，他在上司那里受了莫名其妙的批评，心里觉得冤屈，就跟自己的同事黄春明倒起了苦水。黄春明善解人意，一边对他表示理解，一边痛陈这位上司的斑斑劣迹，说得刘志浩心里暖洋洋的，于是两人热得就像一对亲兄弟。

几天后，刘志浩刚进公司就被上司叫去，宣布免去他策划总监的职务，改由黄春明担任。刘志浩实在接受不了这样的决定，就懊恼地离职了！后来才知道，原来黄春明在背后偷偷告了他一状，把他们那天的谈话添油加醋地告诉了上司。这位上司又恰巧喜欢偏听偏信，于是就决定让黄春明取代他在公司的位置，这个位置黄春明眼红很久了！在名利与心机面前，友情竟是如此不堪一击！

黄春明是一个标准的伪君子，表面上跟人打得火热，好像可以"抛头颅洒热血"，但突然就会背后一刀，让你死得非常难看。这说明伪君子比真小人更可怕。真小人容易分辨，他们或不讲道理，或刁钻泼辣、蛮横粗暴，赤裸裸的卑鄙无耻，让我们未见其人，先闻其味，有足够的时间事先提防。伪君子就不同了，挂着正派的面具，说话做事挺有"道理"，让你难辨真假，极容易上当受骗。

与君子相遇，足够幸运。君子的谦恭、忍让，使得罪君子变得很困难，因为他通常对你的所作所为一笑置之，甚至，给你真诚的意见和建议。如果与小人相撞，就非常不幸了。他们造谣生事，挑拨离间，有仇必报，拍马奉承，落井下石，往往带着伪善的面具。他们是善于制造陷阱的工厂，在一举手一投足之间，就能让你寝食难安。

然而我们最须警惕的，倒还不是小人，而是伪君子。为什么这么说呢？这是因为伪君子往往隐藏最深，他们要么沉默寡言，以胸有城府的形象出现，要么就是假装热情真诚，好像跟你是世界上最好的朋友，为了你可以两肋插刀、万死不辞。殊不知，这正是最欺骗你的地方。我们一定要保持警惕，千万别被人卖了还帮着数钱！

◎破茧成蝶的金玉良言

对于小人，只要认清了他的面目，就远远地躲着他，在不得已与之交往时，能忍则忍，切不可得罪他。

坦然面对流言

一天，小李、小张、小周、小孙一起吃午饭，闲聊的话题由足球赛转到他们听到的公司传闻。

"你有没有听说我们公司要买下某某公司？"小李问。

"没有啊，我倒是听说我们公司的头儿正在商计着把公司卖掉。"小张说。

"这就有趣了，我听说我们公司要把办公地点移到成都去！"小周笑着说。

小李听了就问："这些谣言到底从哪里来的？谁编的？那些人怎么知道这些消息的？"

小孙笑了起来："这些谣言两年前我就听说过了，事实证明没有一个是靠谱的！"

"是啊，我不知道为什么会有那些谣言，它们没有一次是对的！"小李很生气地说。

经过多人"传递"的话，流着传着就走样了，这些传走样了的话语，就变成了流言。流言不一定真实，而且还伤人。因为那些善于捕风捉影的人，在传递一个信息的时候，往往喜欢发挥自己的想象和猜测，添油加醋地改变原来的信息。

有句话说："谁人背后无人说，哪个背后不说人。"生活中，几乎每个人都热衷于对某人或某物进行评价。有时候，对他人不切实际的评论，会伤害他人。

除了道听途说，还有一些人，为了达到自己的某些目的，编造一些别人子虚乌有的事，或夸大事实，中伤他人。

性格开朗的关兰，工作没多久就被升为公司的研发经理。她把大部分的时间和精力，投注在工作上，而且还经常协助工作伙伴，尽最大的努力把工作做好。她的成绩深受上司的肯定。

因为她升迁快，免不了被其他同事眼红。在关兰当了经理之后，她以前的办公室好友，就渐渐地疏远了她。而且一时之间，办公室开始流传起关于她的一些流言，比如开始有同事取笑她和总经理的关系。她身正不怕影子斜，一笑了之，仍然在总经理面前有说有笑地汇报工作。可是，没多久，就听到有人说她和总经理经常逛夜店，两人关系不明不白。

关兰回想，有一次她与总经理陪一个外地来的客户到饭店吃饭到很晚才散场，之后由于客户兴致较高，就一起去唱歌，正好在路上碰到了单位的一个女同事。没想到这个场景在同事的嘴中，就变成了"经常与总经理逛夜店"。

她心里感到一阵悲哀，自己光明正大、兢兢业业地工作，却遭到别人的妒忌和打击。她想不明白，自己太优秀了，难道也有错吗？公司对她和总经理的传闻越来越多。

有一天，总经理夫人找上门来，跟她大吵了一架。从此之后，她就成了公司的焦点人物。

关兰是个大大咧咧的漂亮女孩，她受不了这种复杂的人际氛围。没多久，她就提出了辞职，而接替她研发经理职位的正是那个造谣的中年女同事。

很多人在生活中会遇到关兰这种情况。自己什么也没做，无缘无故就成了他人传播闲话的对象。其实，在这种情况下，关兰辞职是完全没有必要的。她应该好好分析原因，为什么同事会这样说她，对她不友善。

你应该明白"无风不起浪"的道理。那些流言蜚语虽然不代表真实，但它却是许多问题和危机最初的迹象表现。如果你善于观察和分析，你完全可以从谣言看到其背后存在的问题，并尽早采取应变措施。

一味地认为"身正不怕影子斜"是没有用的，自己必须有所改变。比如，是否自己不经意间的举动给同事们造成了误会，是否因为自己的业绩突出就目中无人，是否经常喜欢在别人面前炫耀自己等。当然，最应该想到的是，自己成绩突出，所以招致他人妒忌。

如果有些谣言的矛头直接指向了你，你也不必为此惊惶失措。如果谣言会对你构成大的伤害，当然要站出来予以反击，维护自己，不然谣言会迅速加倍放大。但是，反击也要讲究策略，而事实是最好的反击。

在真相一时难以辨明或暂时找不到有说服力的证据时，要懂得沉默是最好的反击。如果是一些无关紧要的芝麻小事，不妨漠然视之。有些事情会越抹越黑，大张旗鼓地辟谣反而会加剧谣言的不良影响。

适当的时候，可以做出解释。当然，你可以跟一个人、两个人、三个人，甚至十个人去解释，但是你无法做到跟每一个人解释，只要你在乎的人和在乎你的人相信你就行了，流言蜚语终归会随着时间的流逝而消失。

在生活中，能做到坦荡宽容，那么问题就容易解决，并能逐步提高自己在别人心目中的位置。为什么会有关于自己的流言蜚语？为什么他人会针对你？最起码说明了，你与散布者缺乏思想交流，缺乏感情联络。因此，我们应与周围的人多沟通交流，平时多联络多活动。

需要提醒的是，你要注意保护好自己的隐私。当你对生活不满，最好不要轻易向周围的人表露，不要把他人的"友善"和"友谊"混为一谈，以免给自己招来麻烦。如果需要倾诉，一定要找一个真正能让你信任的朋友。

◎破茧成蝶的金玉良言

在生活中，能做到坦荡宽容，那么问题就容易解决，并能逐步提高自己在别人心目中的位置。

做好自己的事情

哲学家罗素说："不管做什么事情，都要全力以赴。成功没有任何秘诀，只要是把自己应该做的事情做好了就可以。"这实质上是在倡导回归"做好自己的事情"的理念。

世间的事情无外乎三类：一类是自己的事情；一类是别人的事情；还有一类就是老天爷的事情（即我们无法决定和参与的事情）。对于平常人来说，如果不是别人有求于你，那么别人的事情基本不用你来管，而老天爷的事情即使想管，我们也管不了，哪天打雷哪天下雨，只有老天爷说了算。所以，唯一能做的就是做好自己的事情，做好你自己的事情也包括私事情。如果每个人都能处理好自己的生活，做到身体健康、家庭和睦、邻里平安，那这个社会会变得更加和谐。

一个社会是一个分工合作的大集体，没有合作就没有社会，没有分工就没有社会，除了战争时期非常时期，如果希望安定与发展，就必须尊重社会的分工，起码多数人是各司其职、各安其业。如果把对于社会的总体关心与做好自己的事情割裂开来，就会出现一大批夸夸其谈、大言欺世、眼高手低、清谈误国的野心者、卖狗皮膏药的所谓"人才"。

当然，做好自己的事情，不能仅仅停留在良好的愿望阶段，要懂得按部就班，要统筹规划，要肯下苦功夫。

实际上有很多人虽然渴望成功，可平日里生活了多年还没弄清自己应该做什么，还不知道想要获得和别人一样的成功，首先是做好自己的事情。

有些人放着今天的事情不做，非得留到以后去做；放着自己的事情不做，却张家长李家短地去掺和人家的事情。其实，他们在这个过程中耗去的时间和精力，就足以把应该做好的工作做好。

克里姆林宫里的一位老清洁工说："我的工作同普京的差不多，普京是在收拾俄罗斯，我是在收拾克里姆林宫，我俩都在做好自己能做的事情。"从表面看来，二人的工作不可同日而语，但他们都在努力做着自己能做的事情。

只要做好自己能做的事，我们的人生就有价值；只要做好自己能做的事，我们的人生就有意义。大诗人纪伯伦说："如果你用不甘心去烤面包，那么你烤的面包是苦的；如果你用怨恨去酿造葡萄酒，那么你就在清冽香醇的酒中滴入了毒液。"这话从反面说明我们要安心于自己能做的事情，愉快地做好自己能做的事情。

做好自己能做的事情，才能扬起人生前进的风帆；做好自己能做的事情，才能在茫茫大海上驾驭好自己的人生之舟；做好自己能做的事情，才能使我们此生平凡但不平庸。

无论在何种境况之下，我们一直希望自己能做好每一件事情，更希望与每位跟我们有联系的人搞好关系，但能否如愿以偿都是一个未知数。也许，是因为人真正是一个不可理喻的"动物"，有许多意念不同的人便有诸多不同的理解。

从人的本性而论，《三字经》中已有定论"人之初，性本善"，但人与人又为何存在诸多不同的为人处世的方法与结果呢？其实这并不是人本身的过错，而是残酷的现实让人不得不学会运用适合自己的方法来保护自身的利益。

只要是人能超越做人最起码的标准，无论用什么方法去做任何事情也无可厚非，怕只怕人为了达到一己之私而不择手段，也就失去了做人的资格。谁也不是什么圣人，再说圣人也有让后人不敢苟同的地方。

不同的人做同一种事情可能有不同的方法，如果只从结果而言则有可能是一样，但其中的细节则未必让人人满意。或者说其中有诸多是别人无法接受的，但在权力或是金钱之下卑微的凡夫俗子也只能是敢怒不敢言，而拼命地完成任务则是唯一的本分。

在工作中，我们也许没有很好的工作方法，也没有相当出色的表现，更没有出众的才干，但我们一定告诫自己要一视同仁。

大自然之法则历来是优胜劣汰，渺小的人又如何能够逃离？为了不致被这个飞速发展的社会所抛弃，我们也只有尽心尽力做好每一件事情，不管困难有多大，阻力有多大。

◎破茧成蝶的金玉良言

只要做好自己能做的事，我们的人生就有价值；只要做好自己能做的事，我们的人生就有意义。

为对手叫好

一些人与人初次见面时很客气，与人短时间相处也能做到谦让付出，可是时间长了就相处不好了，不愿为对方付出，甚至斤斤计较起来。成功的处世是与人相处得越久越显示出自己对人的友好。

相处久了，产生一种视对方为工作和生活中的竞争对手的心理，以致处处戒备和设防，对人的笑容减少了，客气话也少了，反而挖苦与讽刺的话多了。

当我们看到自己取得成功的时候总是兴奋不已，希望有人为自己鼓掌。可是当身边人，你的对手取得成功的时候，你该怎样面对呢？是嫉妒还是欣赏？是大声叫好还是不屑一顾？尤其是你平日相处得很紧张、很不快乐的人成功了，这时候，你为他鼓掌，会化解对方对你的不满和成见，改变他对你的态度，打开你们之间的死结。

为他人多鼓掌，这种付出不但对你没有什么损失，而且能给你带来很大的利益。

1991 年 11 月 3 日夜，美国大选揭晓。当选总统克林顿在竞选总部楼前在他的支持者们的聚会上发表即席演说，先是言辞恳切地感谢前一天还在互相唇枪舌剑、猛烈攻击的主要政敌现任总统布什，感谢布什在从一名战士到一位总统期间为美国做出的出色服务，并呼吁布什和另一位对手佩罗及其支持者与他团结合作，在未来四年里重造美国，在全面振兴美国的大变革中继续忠诚地服务于祖国。

而远在异地的布什则打电话祝贺克林顿成功地完成了一场"强有力的竞选"，他还调侃地告诫克林顿，"白宫是个累人的地方"，并保证他本人和白宫各级人士将全力以赴地与克林顿的班子合作，顺利完成交接工作。

　　竞选的成功与失败，对布什和克林顿这两个对手来说，欢乐与悲哀都是不言而喻的，但在现实面前，两个对手保持了高度的理智，为双方的成绩表现了超然的风度。

　　亚历山大和大流士在伊萨斯展开激烈大战，大流士失败后逃走了。一个仆人想办法逃到大流士那里，大流士询问自己的母亲、妻子和孩子们是否活着。仆人回答："他们都还活着，而且人们对她们的殷勤礼遇跟您在位时一模一样。"

　　大流士听完之后又问他的妻子是否仍忠贞于他，仆人的回答仍是肯定的。于是，他又问亚历山大是否曾对她强施无礼。仆人先发誓，随后说："陛下，您的王后跟您离开时一样，亚历山大是最高尚和最能控制自己的英雄。"

　　大流士听完仆人这句话，双手合十，对着苍天祈祷说："啊！宙斯大王！您掌握着人世间帝王的兴衰大事。既然您把波斯和米地亚的主权交给了我，我祈求您，如果可能，就保佑这个主权天长地久。但是，如果我不能继续在亚洲称王了，我祈祷您千万别把这个主权交给别人，只交给亚历山大，因为他的行为高尚无比，对敌人也不例外。"

　　为朋友付出容易，为别人付出困难，为对手付出更困难。付出既有物质上的，也有精神上的。当别人有困难的时候，你的一句鼓励话就是给予，当别人成功的时候，你的掌声就是礼物。一些同行冤家和竞争对手，多采取的是阴险的手段——打击报复，而不知道如何化敌为友。想把对手变成朋友，就要舍得为他"付出"。对方陷入困境的时候，你要保持冷静，不能见机踹他一脚。当你成功的时候，不要在对方面前趾高气扬，应克制自己，不要流露出得意。

　　我们在做事的过程中处处有竞争，那么对竞争中的对手你该怎样看待他们呢？对于你的对手，切不可嘲笑、贬低，更不可诅咒。因为所有的敌人都可能是你的对手，但对手不一定就是你的敌人。

他们有可能是你的动力、朋友乃至知音。

有一位小提琴演奏家为人指导演奏时，从来不说一句话。每当学生拉完一曲，他都会亲自把这一曲再拉一遍，让学生从倾听中得到教诲和领悟。

有一次，他收了一名新生。在拜师仪式上，他先让新生演奏了一首短曲。这个学生很有天赋，他的短曲演奏得出神入化，天衣无缝。等演奏完毕，演奏家照例拿着琴走上台，但他并没有奏响学生的这首曲子，而是将琴从肩上拿下来，深深叹了一口气，慢慢地走下台。

众人不解地睁大眼睛，他面对大家微笑着说："他拉得太好了，我没有必要再指导他，如果我再拉一遍只能是误导。"这个演奏家对学生的赞美和褒扬所表现出的磊落胸怀，赢得全场雷鸣般的掌声。

一位成功人士说："为竞争对手叫好，并不代表自己就是弱者。为对手叫好，非但不会损伤自尊心，相反还会收获友谊与合作。"为对手叫好是一种美德，你付出了赞美，得到的是感激。为对手叫好是一种智慧，因为你在欣赏他们的同时，也在不断提升和完善自我；为对手叫好是一种修养，为对手赞美的过程，也是自己矫正自私与妒忌心理，从而培养大家风范的过程。

美德、智慧、修养，是我们处世的资本。如果能做到放低姿态为对手叫好，那么，十年以后，你在做人做事上必定会成功。

◎破茧成蝶的金玉良言

为竞争对手叫好，并不代表自己就是弱者。为对手叫好，非但不会损伤自尊心，相反还会收获友谊与合作。

第七章
努力工作，为了自己的余生不寂寞

现在的很多年轻人，总认为自己仅仅是在为公司而工作，为老板而工作。诚然，你是在为公司而工作，为老板而工作，但你同时也在为自己而工作，不管你承认与否，意识到与否，这一点是客观存在的。为了十年以后能够有所改变，从现在开始学会为自己而工作。

走好职场的第一步

在生活中，时常碰到一些年轻人，对自己的工作各露心态：有些人为自己谋得一份轻松而报酬丰厚的工作而沾沾自喜，似乎能长期下去就心满意足了；有些人感叹自己命运不好，关系不硬，找了份又苦又累、收入又低的苦差事，似乎这辈子的希望成了泡影；有些人潜心研究拉关系、走后门挣一份好工作的"诀窍"，想以此尽快改变自己的处境；还有些人抱定"宁肯迟工作，也要选一个好岗位"的想法，对工作挑三拣四……

诚然，谁都想一开始就有一份好工作，但事实上偏偏又不可能每个人都能有份好工作。然而，第一份工作是人生的崭新起点，在人的一生中具有十分重要的意义。它的重要性不仅体现在你将干什么，而是在于你将怎么干，从中懂得了什么——也就是以什么样的态度去工作，这将会影响你的一生。

美国《先驱报》荣誉总裁罗伯托·苏亚雷斯，刚到美国时，在《先驱报》做临时工，负责站在广告插入机器前，将一份份广告夹入报纸内，每天工作 15 个小时。他认为，这是一生中最严峻的时期，但也是最大报偿的时期。因为他明白了，没有什么收获是理所当然而不需要付出努力的。

ABC 电视专栏明星帕特里夏·莫斯森，开始做旅馆女招待，不管是顾客要求做分内的事，还是支使服务范围以外的事，都努力干好。她认为，第一份工作帮助自己获得了自信，无论干什么，都全力以赴，即使失败了也不遗憾，因为已经尽力了。

这两位美国名人的第一份工作在一般人看来都很低卑，但他们从中得到了受益终生的做人之理。

第一份工作固然重要，但绝不是最后一份工作。处境的改变，理想的实现，事业的成功，不在于做的是什么工作，而在于工作做得怎么样。

因海湾战争而扬名全球的鲍威尔的第一份工作，是在一家汽水厂抹地板，当时他就打定主意，做个最好的抹地工人，结果第二年就被提升为副工头，最终成为声名显赫的政治家和军事家。

鲍威尔的成长告诫年轻人：凡是能成大业者，都不会嫌弃平凡的工作，都是在实干的基石上建起自己事业的金字塔的。

选择第一份工作可能是不由自主决定的，但怎样看待第一份工作，怎样在工作中成功地迈出第一步，走好人生奋斗的第一起点，却是靠个人努力的。

俗话说："好的开始是成功的一半。"对于刚刚步入社会的年轻人来说，第一份的工作表现对你以后的发展都会有决定性的影响。

你能否好好发挥潜力，往往要视你的工作环境，以及你对这个环境的适应能力而定。比如你的职务，你所受的正式或非正式的培训，同事和老板的工作态度和公司的政策等，都将直接影响你的发展。当然，这并不是唯一因素，你的工作态度、责任感、能力和取舍也都影响着你的前途。

刚刚踏上工作岗位时，你首先要做的事情就是谋求建立上司对你的信任。你需要认识、了解他，明白他对你的要求，然后尽量把差事干好。这是博取他对你的喜欢和信任的唯一方法。只有当你赢得他的信任时，他才会委你以重任。也许，经过全力以赴的努力，你所得到的工作并不如意。或许此时，你心中可能滋生一种厌倦的感觉，你发现单位办事效率低下，人际关系复杂，职员缺乏上进精神、创新精神、安于现状等等，你会后悔来到了这个公司。

其实，你不必再悔恨交加。你现在好似行驶在单行线上的汽车，不能回头。坚持一直向前走，或许一年半载，就会适应的。

这也提醒我们，在择业时对公司不要寄予太高期望。因为期望越高，失望就可能越大；希望越大，痛苦可能越多。

面对自己的新岗位，不应该再左思右想，犹豫徘徊。你要做的应是力求在新单位站稳脚跟，不断进步。如果两三年后还无起色，再急流勇退不迟。

刚就业时最重要的一件事，就是尽快尽好地熟悉这份新工作。不论你有多高的学历，对于新生事物，你要学的、要了解的总是很多。尤其是在竞争激烈，具有挑战的环境下工作，此时要考验的就是个人能力和工作方法。因而，对于那些有机会让你学习新知识、新技术的工作，你要乐于接受。这对于丰富你的知识和增长你的工作经验和才干是很有帮助的。

在工作中尽可能多看、多学、多思，迅速熟悉业务，熟悉人头，记住领导和同事的名字，对他们表示适度的尊重，不可低三下四，贬低自己，也不应自高自大，自命清高。

年轻的你在未参加工作之前，总是抱着很美好的幻想，相信自己的才华能得到施展，相信自己的抱负能很快实现，相信世界公平到只要你付出就有回报，相信是金子就能发光……但是，现实往往不是这样的。为了避免失望，为了更好地适应社会，你能做的、最简单也是最明智的，就是尽自己最大的努力。只有这样，你才能不断培养自己的能力和积累自己的经验。十年以后，当回顾职场的第一步时，你会为自己当初的努力感到欣慰的。

◎破茧成蝶的金玉良言

选择第一份工作可能是不由自主的意志决定的，但怎样看待第一份工作，怎样在工作中成功地迈出第一步，走好人生奋斗的第一起点，却是靠个人努力的。

能力比学历更重要

一家公司招聘销售部经理助理，应试者如云。

经过层层选拔，最后，只剩下三名候选者。他们各有所长，难分上下，但名额只有一个。因此，销售部经理决定出一道题，选择自己的未来合作者。

他出的题目是谈谈对《皇帝的新装》的看法。

第一名候选者是个文学硕士毕业。他不假思索地说："这篇故事是安徒生 1837 年写的，当时他 32 岁；这篇童话揭露了统治阶级的虚荣、铺张浪费和极端愚蠢；这种现象在任何时代、在任何人身上都会变版重演，因此这篇童话到今天还具有现实意义。"

第二名候选者是哲学硕士毕业。他也不甘示弱地说："老子早说过，大音希声，大象无形，换句话说就是，此时无声胜有声，无形胜有形。我们可以就此推而广之，'天衣无缝'可说是形容最好的衣服。无缝的衣服，当然是：此时无衣胜有衣。可以看出，安徒生受过中国传统哲学的影响。"

第三名候选者是经营管理大专毕业，但这文凭只花了他 300 元和两天时间，实际上他只是小学毕业而已。他思索了一会儿后说："我小时候看过这个童话，是谁写的忘了。以前，我想当那个说真话的孩子，但自从我做了销售后，才明白做童话中的两个裁缝才是我要追求的目标。如果您需要这样一个裁缝，选择我，您不会后悔。"

过了几天，前两名候选者收到了婉拒的信，信中说："很遗憾，我们要找的只是一个裁缝而已。"显然，第三名候选者被录取了。

应当承认，高学历者步入社会的起点确实要比低学历者高，因为多年寒窗苦读，让他们学到了不少理论知识，增长了不少见识，但是，高学历不代表高能力，学历再高也不能代替实践经验。

高学历的年轻人通常会有一些莫名的优越感，而且拿更高的学历、更值钱证书的人，比低学历者更容易吸引一些企业。但是，事实却证明，并不是高学历的人更容易成功。留心一下，你会发现，那些低学历的人都当了老板，而那些高学历的人却还在打工。

"学历"通常是一个公司最先判断员工能力的一个基本要素。员工学历的高低决定了公司整体的知识结构和素质水平。然而，学历只不过是进入企业的一块敲门砖，进入了企业，学历就变成了一文不值的纸，接下来的道路要靠自己去走。

总有许多人埋怨自己的学历太低，从而丧失找到好工作的机会，其实，机会只垂青时刻追求的人。这种抱怨只不过是一个借口，完全是没有必要的。现代企业选人才的最终目的是为了给自己的企业带来利益，只要你有这个能力，即使你是低学历者也完全能获得机会。

蒋代是个十足的文盲，因为少年时家里穷，没有钱上学，只好跟着在一家染布厂做技术的父亲学艺。经过努力，他担任了一家染印厂的技术经理，每月有近万元的固定薪水。随着工厂的效益一天天增加，他的薪水也一天天增长。

后来，工厂新调来一位厂长，他很瞧不起没有文化的人，进厂第一件事就是降低成本，把蒋代等一批工人的工资降低，随后引进一批实习生。

两年后，工厂把蒋代辞退了，因为工厂达不到他的薪水要求。把蒋代辞退后，厂长招聘了一些工资水平低的师傅，其中也有化工专业毕业的。这些师傅讲起理论来，眉飞色舞，可到操作时，错误百出。往往因为色料调配不对、用量把握不当、温度控制不合理，导致颜色偏差，花纹效果不理想，造成返工、退货、报废等比率居高不下。不但货期拖延，客户资源也流失严重。

新领导在无计可施之际，又想到了蒋代，在原有基础上再加薪2000元，重新让他担任了技术经理。

从学历方面来说，蒋代根本无法跟那些高学历的"理论师傅"相提并论。可是，在工作过程中通过观察、总结，他积累了一些别人没有的经验以及核心技术，这也就让他有了跟高薪叫板的筹码。

低学历并不是阻碍一个人发展最重要的因素。对于很多年轻人来说，这只是他们不上进的借口，或是一种无法超越的心理障碍。

有些人不能适应职业工作，很大程度上是因为自己所具备的知识和技能与工作要求不相符。解决办法，就是在本职工作中丰富自己的知识，提高工作技能。在这里，除了要有坚强的毅力外，还须掌握科学的方法和具有足够的自信心。

对于新参加工作的人来说，在职业工作中出现各种不适应，是必然的，但同时我们也应看到，它又是一种暂时的现象，人们大可不必太过忧虑。如果能够正视这种现实，同时以积极的态度和行动对待之，那么，大多数人一定可以摆脱"困境"，十年以后，在本行业内开创出自己的一片天地。

◎破茧成蝶的金玉良言

高学历者步入社会的起点确实要比低学历者高，因为多年寒窗苦读，让他们学到了不少理论知识，增长了不少见识，但是，高学历不代表高能力，学历再高也不能代替实践经验。

充满激情地工作

1903年7月，莱特兄弟在实现了人类飞行的梦想之后，畅游欧洲。在法国的一次欢迎宴会上，人们纷纷表示祝贺并希望他们能给大家讲讲话。莱特走上讲台，只说了一句话："据我所知，会说话的鸟只有鹦鹉，而鹦鹉是飞不高的。"

事业依赖的是执着的追求和埋头苦干的精神，而非动人的言辞。要想干出一番事业，除了努力工作之外，没有任何捷径，更没有任何替代品。

一位成功学大师曾经如是说："如果我们仅把工作作为一种谋生手段时，我们不会去重视它、喜欢它，甚至热爱它。而当我们把它视作是深化、拓宽自身阅历的途径时，每个人都会从心底里重视它。因为那样工作带给我们的，将远远超出其本身的内涵。工作已经不仅仅是工作，它们是对生活方式的一种选择。它成为生活的一部分，为我们构筑一段丰富而有意义的人生。"

工作不应只是一种赚钱、养家或赢得社会地位的手段，而应该同时是提供丰富的、并培养人具有各方面经验的手段。

一位年轻的美国妇女，已经在美国的两所高等学府拿了两个学位。她曾经作为律师和社会工作者工作过一个时期，同时还学过功夫，被授予功夫等级的黑腰带。然而，她目前的学业即将结束，现在困扰着她的是今后该做什么。

她的问题不是一件普通的小事。她无法决定她是应该去从事公司律师行业或企业管理顾问赚更多钱呢，还是应该去献身于慈善事业，帮助那些生活在条件极差的社区里遭到无数打击的妇女们，或者去好莱坞，在功夫片中当一名替身演员。

给我们留下深刻印象的，不是这位妇女可以有这么多的工作机会可以供她选择，而是她要对这些机会进行那样认真的，甚至是不情愿的反复考虑和选择。

长久以来，我们已经渐渐习惯了依赖外界对自己的肯定。对于男人而言，成功取决于他的收入以及他在公司里混出的地位。男人一生中的首要任务就是尽量多赚钱。银行存款额的多少、工作地位以及汽车档次的高低等等，造就了一个男人的身份地位。而"女权运动"则鼓励新女性走向社会，从男人那里夺回"不平等的一切"。于是，妇女们也开始了在同一条道路上的为"成功"而进行的跋涉。

这是件令人悲伤的事情。我们能否创造一个注重个人素质而不是银行存款多少的社会？一旦我们变得更真实，不那么在乎世人的目光，不那么在乎已有的过去，也许我们就可以为自己和世人重新对成功下一个定义。

你要努力实现生活和工作的平衡。工作是你生活中的重要部分，但不是唯一的部分。即使你拥有了自己非常热爱的、世界上最好的工作，你仍需要使它与自身生活的其他方面相互平衡。加班加点工作在我们这个社会已成为非常普遍的现象。大家工作都太累了，没有时间和精力去享受生活中的其他乐趣。在平衡的意识下工作，十年以后，我们就有可能获得满意的工作和家庭生活。

当我们用了大部分时间对外界展示一个与工作有关的形象时，当我们最后终于抽出空来了解自己内心的感受时，我们往往会发现一种深深的、无法公开的空虚感，觉得有些事情并不对头。

那么，年轻的你应该如何提高工作的激情呢？

（1）全面了解你的工作及其意义

了解一件工作或是产品，可以增加激情。工厂训练推销员的时候，要把产品的制造细节教给他们。虽然，这些知识在推销的时候很少派上用场。但是，对自己产品的彻底了解，使得推销员在对顾客推销的时候能够更有权威和激情，也造成了更好的销路。

我们对任何一件事知道得越多，就会对它产生越强烈的激情。如果你对自己的工作没有激情，便该找出它的原因，很可能是因为你对自己的工作知道得不够多，或是不了解自己对整个程序所做的贡献。

（2）订出一个明确的目标

一个人必须固定他的视野，如果他立志要成功的话，他必须知道他正在为什么目标而工作，然后他才可能锲而不舍地完成它。一个知道自己目标的人，往往就不会因为挫折和失败而泄气了。

你必须明确对未来的希望，弄清楚你的目标和期望。并尝试努力完成明确的目标，而不要做那些模糊与不可能成功的白日梦。

（3）把工作变为娱乐活动

把工作看作娱乐，就能以工作为消遣。请记住劳动和娱乐的不同就在于思想准备不同。娱乐是乐趣，而劳动则是"必做"的，假如你是职业足球员，如果把注意力放在娱乐上，你就可以和业余足球员一样，更加地投入比赛。这里不是说比赛本身不重要，而是不要把全部精力集中到比赛这个"赌注"上，而忘记了踢球本身就是娱乐。球员常常是忘记了"比赛"，获胜的机会更大。

（4）不断给自己加油打气

许多相当成功的人都发觉这是个建立激情的好方法。新闻分析家卡特本说，他年轻而毫无见闻的时候，在法国当推销员，每天走访一户又一户的人家，每天出发以前都要对自己说一番勉励的话。

你若想充满激情的话，不妨每天早上对自己说："我爱我的工作，我将要把我的能力完全发挥出来。我很高兴这样活着，我今天将要百分之一百地活着。"

◎破茧成蝶的金玉良言

　　对自己的工作充满激情的人，不论工作有多么困难，始终会用不急不躁的态度进行。只有抱着这种态度的人，才可能会成功，才可能达到目标。

展现自己的才华

人的才能离不开表现。只有表现，才会为他人所知；知道的人多了，为你提供的机遇也就会多起来。有时，甚至会出现这样的结局，在你的表现得到认可之时，就是机遇来临之日。

在电影《飘》中扮演女主角斯嘉丽而一举成名的费雯·丽，就是在表现自我中抓住机遇成名的。当时，《飘》已开拍，但女主角的人选还没确定。毕业于英国皇家戏剧学院的费雯·丽决定争取出演斯嘉丽。但她当时还默默无闻，没有什么名气，怎样才能让导演知道"我就是斯嘉丽呢"？她决定毛遂自荐，方法是自我展现。

一天晚上，刚拍完《飘》的外景，制片人大卫又愁眉不展了。突然，他看见一男一女走上楼梯。男的他认识，那女的是谁呢？只见她一手扶着男主角的扮演者，一手按住帽子，自己把自己扮装成了斯嘉丽。这时，男主角突然大喊一声："喂，请看斯嘉丽！"大卫一下惊住了："天呀，这不就是活脱脱的一个斯嘉丽吗？"费雯·丽被选中了。或许，许多人不会像费雯·丽那样走运，可能不会一次表现，就一举成功。这就需要有耐心，有恒心，一次不行，就多表现几次；在一个地方表现无效，就在多个地方进行表现。表现多了，被发现、被赏识的可能性就会增加。

当然，没有踏实的工作做基础，只靠"表现"也是不行的，任何一个领导真正所欣赏的、得意的是能为他创造业绩、能为他带来荣誉的下属。只要你为领导做出成绩，向领导要求你应该得的利益，他会满心欢喜答应的；如果你无所作为，无论在利益面前表现得多么"老实"，领导也不会欣赏你，器重你的。因此，你要把握好"苦干"与"展现"的分寸。

社会变革的加快，加速了知识更新的步伐。错过了时机，知识就会贬值，精力就会衰退。如果一个人不能在自己的黄金时代，抓住机会，大胆地、主动地贡献出自己的聪明才智，而总是"藏而不露"，那就会贻误时机。否则，十年以后，你会悔恨地看到你早已错过了时机，你的知识和特长已经成为过时的东西。在知识骤增的今天，不管你怎样"学富五车"，也只能在短短的时间内保持优势，能不能在这短短的时间内获得施展的舞台，将成为决定你成败的关键。

当今社会是人才济济的社会，可供社会选择的人才很多。你既然扭扭捏捏，羞羞答答，表示自己这也不行，那也不行，那么，有谁还愿意放着别的能人不用，而来花时间考察了解你呢？而且，既然存在着竞争，对于机会，别人就不会同你谦让，而会同你竞争。一旦你失去被选择的机会，别人就会捷足先登，而你只好自叹弗如了。

一些人把勇于表现自己的胆识与才华同"出风头"联系在一起，这显然是不对的。主动进取，充分显示自己的才能，这不是出风头，而是对自己的尊重以及对社会的负责。有些真知灼见，你不宣传，别人就不知晓；有些创新见解，你不宣传，也就无法得到推广。这不仅是个人的损失，也是社会的损失。

大家都知道电话机是贝尔发明的，殊不知在贝尔以前，早有人发明了这类装置。不过当时人们不理解这种发明的社会意义，不予理睬，而这位发明人也就此撒手了。贝尔发明电话机后，遭遇也并不比这个人更好，但他却顽强地向人们宣传自己的发明成果，像"马戏团"那样，到许多城市去表演。实在行不通的情况下，又办了个"贝尔电话公司"，最后才把电话推广开来。

如果没有贝尔的"自吹自擂"，电话机或许不会进入人们的家门。可见，勇于表现并不像人们想象的那样坏。恰恰相反，这正是优秀人才不可缺少的一种品德。勇于表现，是把内在的本质外在化，精神的东西物质化，有用的经验公开化。从这个意义上说，勇于表现的过程，就是人们积极从事创造的过程。它把个人的智慧和才能，理想和抱负奉献出来，供他人去认识和了解，供社会选择和使用。

晋升是每个职场中的年轻人都希望得到的。通过晋升，你可以使自己获得更高的声誉、更高的地位、更多的薪水、更多的职权，可以控制和驾驭更多的人和事。很多年轻人有着较高的学历和不错的工作业绩，却总是得不到老板的青睐，得不到提拔，在一个单位总是原地踏步。这种时候，心理不平衡、牢骚满腹显然于事无补，应该学会冷静客观地分析，为什么你总是没有机会更上一层楼。

在一个单位，每次晋升的职位毕竟有限，有时一个职位有几个甚至几十个人在竞争，最终能幸运获得晋升的只有一个人。这就在一定程度上体现了竞争的激烈性和残酷性，增加了很多的变数。

一些人虽然工作技能高，却常常无法按时完成工作任务，或无法与同事和睦相处，最终影响了在公司中的提升。

任何一个人得到晋升都是有原因的。至少有四个因素在起作用：你的工作能力；你工作能力的展现；能推荐你的伯乐；重要的机遇。

这其中，能力是最重要的因素，直接影响到后面的几个因素。如果你没有足够的能力，就不可能有能力的展现，而不能引人注意，就难以得到他人的推荐，即使有晋升的机会，也很难抓住。

这说到底，也是自己提拔自己。也就是说，要懂得时刻提升自身价值，提高自己的业务能力，打造个人品牌，练好内功。实际上，职场上的每一次升迁都是自己提拔自己的结果。

◎破茧成蝶的金玉良言

在知识骤增的今天，不管你怎样"学富五车"，也只能在短短时间内保持优势，能不能在这短短的时间内获得施展的舞台，将成为决定你成败的关键。

相信自己能做好

每个人都渴望成功。每个人都希望这一生中上帝能赐予他最好的。没有人喜欢在平庸中蠕行与苟且，没有人喜欢居于"次一等"的感觉，也不愿被迫感到自己"次一等"。

西方有句俗语"信心可以移山"，常常被各个行业获得成功的人士津津乐道。

信心的力量并无任何神秘或不可思议之处。信心的作用是这样的：它是一种"我确信我能"的态度，它能衍生出力量、技巧以及必要的精力。当你相信"我能做"时，那"如何去做"的问题会自然迎刃而解。

相信，很多年轻人都希望有一天能够享受到居于巅峰地位的成功滋味。但是，这些年轻人中大多数对他们能够到达巅峰地位并没有信心。于是，他们便真的不能达到高位。相反，由于他们相信了爬到高层是"不可能的"，他们便不能发现迈向更高目标的步骤。就这样，他们的行为一直停留在平凡者的阶段。

然而，这些年轻人中有少部分真的相信自己会成功。他们以"我要达到巅峰地位"的态度致力于他们所从事的工作，对此拥有坚强的信心，于是，十年以后，他们就真的达到了"巅峰地位"。

一旦开始相信自己会成功，他们便会开始研究和观察比自己高的资深主管的责任和行为，不断学习成功者是如何解决问题和下决定的，同时也留心观察成功者的态度。

只要你真正相信你能够移动一座山峰，那么你就真的能做到。可是真正相信自己能移动山峰的人又有几个呢？也许在某些场合，你会听见某人这样说："光凭口中念叨'山，移开吧！'就以为自己能把山移开，这根本不可能！这是荒唐和迷信。"

有这种想法的人无疑是将"信心"和"想当然"混淆了。的确，你无法凭想象移开一座山，你也不能凭想象得到提升，更不能凭想象就住进豪宅，或者瞬间进入高收入阶层。但是，你可以凭借信心移开一座山。你能以"相信我能成功"赢得成功。

只有相信自己"能"的人，才会想到"怎样去做"。成功的人士懂得：信心，坚强的信心能带动心智去想出方法与步骤。"相信自己能成功"会赢得他人的信赖。

一位推销员从一本书中看到一句话："每个人都具有超出自己想象两倍的能力。"在相信了这句话后，他便迫不及待地想要印证。

他首先思考自己以往的工作状况及态度，并且试着用调查每天平均的访问次数，除以平均订约的件数，就是顾客可能订立契约的概率。结果发现一项重要的事实，那就是以前自己每次有和大顾客订约的机会时，总是因为畏缩怠惰而白白丧失良机，甚至连访问顾客的工作都不曾实行过。

从此，这位推销员不再专注于狭窄的利益，而决心巩固远大的利益：访问可以订立大契约的客户；增加每天的访问次数；努力争取更多的订单获得率。

这位推销员是否印证了两倍能力的说法？是的，而且比两倍还要多，就在放大目标后的5个月，他获得了较从前多3倍以上的订单。

普通人都认为不可能的事，你却肯向它挑战，这就是成功之路了。然而这是需要信念的，信念并非一朝一夕就可以产生。因此，想要成功的人，就应该不断地去努力培养信念。

培养信念的一个方法是，多读一点有关的好书，然后，利用潜意识的无限的能力，使事情变成可能。另一个方法是，提高自己的欲望。借着提高自己的欲望来培养自己的信念，也就是要抱着欲望去挑战，而从经验中培养信心。这时候，如果能配合着读一点好书的话，效果会更好。

要努力以"可能"这种思想为种子，播在你的意识中，然后注意培养、管理。不久，这粒种子会慢慢生根，从各方面吸收养分。如果能热心并忠实地继续培养信念的话，不久所有的恐惧感就会消失殆尽，不会再像过去一样出现在软弱的心中，自己也就不会再成为环境的奴隶。培养"可能"这种信念，也就是把自己的力量，提高到最大的程度。

"没有明亮的眼睛看不清楚，没有远见的卓识成不了大事。"一位哲人曾经这样说。成大事者往往是那些有远见的人。

没有远见的人只看得到眼前的、摸得着的、手边的东西；而有远见的人，心中装着整个世界。远见与人的职业、身份、地位无关。世界上最穷的人，并不是身无分文者，而是没有远见的人。

远见能预见你的未来。缺乏远见的人可能会被等待着他们的未来弄得目瞪口呆。措手不及的变化常常让他们不知该如何对待变故。人生中充满了机会，但缺乏远见的人往往不能抓住这些机会。

远见给人创造性的火花，使人可能取得成就。成功人士都是这样取得成功的。奥运金牌得主不能只靠运动技术，还要靠远见的巨大推动力；商界巨子也一样。远见就是推动人们前进的梦想，随着这梦想的实现，你会明白成功的要素是什么。没有远见，人生就没有瞄准和射击的目标，就没有更崇高的使命能给你目的与希望；当你有远大理想时，你才会创造出伟大的成就。

◎破茧成蝶的金玉良言

只有相信自己"能"的人，才会想到"怎样去做"。成功的人士懂得：信心，坚强的信心能带动心智去想出理由、手段与步骤。"相信自己能成功"会赢得他人的信赖。

利用好你的时间

人和人之间的差别不是他们拥有多少时间，而是如何利用时间。大多数杰出人物的成就就是在别人浪费掉的时间里取得的。要取得人生的成功，我们手中可利用的时间虽然有限，但是，时间不是不够用，而是我们不知道如何有效运用。

雷巴柯夫说："时间是个常数。但对勤奋者来说，是个变数。用'分'来计算时间的人，比用'时'来计算的人，时间多 59 倍。"要想充分利用时间，以确保不浪费时间，最重要的就是把握现在。

一般人在与不同的环境、不同的年纪、不同的心绪下，对时间可能会保持不同的看法。这些看法之间往往是相互矛盾的。当一个人需要料理的事情太多时，他总是感到"时间不够支配"；但是，当一个人无所事事时，就又感到"不知如何消磨时间"。可见，一般人对时间的态度是极为主观的。

视时间为敌人的人，经常将时间当作超越与打击的对象。这种人往往自己设定难以完成的时限，以便"打破纪录"或"刷新纪录"。例如，有些人开车上班，喜欢寻找捷径，以便创造纪录；对这种人来说，节省下来的一点时间，就好像能积蓄下来似的。

还有些人在到可约定时间的场合，因早到而感到"胜利"、因迟到而感到"沮丧"。这种"胜利"或"沮丧"的感觉，是针对时间的早晚而产生，并非针对时间的早晚所导致的后果而产生的。例如，有些人会因为约会时迟到一两分钟而感到沮丧，虽然对方并不觉得有什么不妥，但他们却是因自己与时间打输了一场仗而感到沮丧。

视时间为神秘物的人通常都认为时间高深莫测。他们对待时间的态度，与他们对待自己身体的态度极为相似。除非等到他们的肠胃出毛病，否则，他们不会意识到肠胃的存在或是肠胃的重要性。同样，除非等到他们对时间的使用受到限制，否则，他们不会意识到时间的存在或是时间的重要性。

视时间为神秘物的人，因为忽视时间所加以的各种限制，所以能够专心致志地工作。这未尝不是一种长处。但是，时间对绝大多数人来说都是吝啬的。除非他们真正了解到这种吝啬，否则他们将无法适当地从事时间的调配。

旧金山的加利福尼亚医学院副教授查尔斯·卡菲尔德领导着一个"成功事业"研究中心，他已经研究了在各行各业 1500 名杰出的成功者。他发现，这些人都各自具有自己的特长，但也有一些共性——比如，办事高效就是他们最显著的共性之一。这种特性是有可能在后天为每人所掌握的。

这并不意味着每个人都能成为公司经理或奥林匹克冠军，而是要说明我们所有的人都有可能更充分地利用好自己的时间，在十年以后达到自己期望的目标。

◎破茧成蝶的金玉良言

时间给予每个人都是一样的，但是每个人利用的时间却是各不相同的。能够利用好时间的人可以达到别人无法实现的成就。

认真完成所有的工作

韩振伟现在一家单位上班，却在一个自己非常不喜欢的岗位。他感觉很没意思，想换份工作，又感觉真的是太难了。越做越不开心，但为了生活，为了不必要的奔波，他又不得不继续坚持下去。

人难道真的要为工作改变自己？为了生活，就要做自己不喜欢做的事情吗？人生短短几十年，不知这样算不算是荒废了自己的前途？为什么有的人工作那么有意义，而自己的工作却像一种煎熬？

专业和职业不对口，工作和兴趣不相应，是很多年轻人开始工作时，遇到的最大困惑。

周海有大专文凭，毕业不到一年，现在在一家贸易公司做文案工作。工作难度不大，也很稳定，但是薪水也不高。周海实在不喜欢这份工作，但是他每次想换一份工作时，就想起一次领导对他说的一句话："这个社会没有工作适合你，只有你适合这个工作。"想到这句话，周海就会动摇换工作的决心。

当一些刚刚参加工作的年轻人整天无精打采，毫无工作与生活的乐趣，不停地怨叹工作的不幸和人生的无聊时，你会发现他们多数正做着自己不擅长的事。还有一些年轻人有着不错的学识和学历，但是因为所从事的职业与他们的才能不相配，结果久而久之竟失掉了原有的工作能力。由此可见，不称心的工作最容易磨灭人的精神，使人无法发挥自己的才能。

没有任何东西可以取代你所热爱的事物，你热爱的就是你所擅长的，你会为你所擅长的全力投入。选择能发挥自己特长的职业，正确认识到自己的兴趣以及能力，把自己的天赋特长与职业结合起来，你的事业就更容易成功。

　　年轻人在工作之前，首先应该找准自己的定位，明白自己喜欢什么工作，这项工作要如何获得，需要自己具备怎样的才能。很多年轻人常常过高或是过低地估量自己，有的过于看重自己的文凭，或者看重自己在学校的成绩，有的过于低估自己身上的潜质，所以，实际工作往往和理想中的工作不对称。我们需要认真地分析自己，又需要多了解社会需求，以求定位准确。在没有任何工作经验的时候，做你应该做的事，而不是做你喜欢做的事。

　　在选择工作的时候，不要过于急躁，过于草率。如果无法确定，不妨慢慢来，重新考虑。在你确定自己的职业目标时，尽量将自己的宝贵青春和精力用在你擅长的地方。最好的工作不一定是最适合你的。在别人看来比较完美的工作，但对你来说，也许并不那么完美。

　　也许你对自己还不太了解，不清楚自己的特长和实力。如果你在一个工作岗位工作一段时间，没有任何起色，就要考虑你的职业方向是否正确。你是否适合从事这项工作，你的优势是什么。考虑好了再做决定。

　　其实，每份工作都给我们提供了一个展示自己的平台。对于目前不喜欢的工作，敷衍绝对不是良策。工作不喜欢并不意味着一切都要坐等，相反，你可以抓紧时间学点新技能。珍惜现有工作的每一秒，你才能成为未来某个工作的优秀候选人——机会是给有准备的人的。

　　对于目前不喜欢的工作，是敷衍，还是像对待自己喜欢做的事情一样，认认真真把它做好。其不同的结果反映着人们不同的工作态度和生活原则。

　　工作中的每一件事都值得我们去做，而且还要专心地去做。

　　卢浮宫藏有一幅莫奈的油画，画的是女修道院的厨房里的场面。画面上正在劳动的不是普通的人，而是一群天使：一个正在炉上烧水，一个正优雅地提起水壶，另外一个穿着厨娘的服饰，一只手去拿餐具——这是日常生活中最平常的劳作，天使们却做得全神贯注、一丝不苟。

行事本身并不可以说明它自身的性质，而是由我们做它时的精神状态决定的。工作是否乏味无聊，往往和我们做它时的心情状态有关。

人生理想贯穿于整个生命，你在行事时所表现出的姿态，使你区别于周围的人。你对工作的态度，可能使你的思路更宽广，也有可能变得更为狭隘；有可能使你所从事的职业变得更为高尚，也有可能变得更为低俗。所有的工作对人生都具有十分重大的意义。

如果你是位建筑工程师，是否在砖块与砂浆之间感受到诗意？如果你是从事图书管理工作，在整理书籍的间隙，是否感受到自己正身处知识的海洋？如果你是学校的教师，是否对每天重复的教育工作感到厌烦，却在一见到自己的学生时变得极为有耐心，一切的烦躁都烟消云散了？

假如只从他人的角度来看待我们的职业，抑或仅用世俗的标准来权衡我们的职业，我们的劳动也许真是毫无生气、单调乏味的，似乎看不到任何意义，没有一点吸引力和价值可言。这就如同人们从外面观察一个大教堂的窗户。大教堂的窗子上落满了灰尘，灰暗无光，光华不在，只剩下乏味和败落的景象。但是，只要跨过门槛，走进教堂里，立刻可以发现精美绚丽的颜色、清晰的线条。阳光透过玻璃在闪烁跳跃，造就了一幅幅美丽的图画。

人们对待问题的看法是有局限的，我们只有从内部去观察才能看清事物实际的本质。有些工作只从表象看似乎索然无味，只有深入进去，才可能感受到其真正意义。所以，不管是否幸运，每个人都应该从工作本体去理解它，将工作看作生命的权利和荣誉。只有这样，十年以后，你才能从工作中收获到属于你的成果。

　　任何一项工作都值得我们去做。不要轻视我们所从事的每一项工作，即便是最不起眼的事，也应该尽职尽责、全力以赴地去完成。小事情顺利完成，有利于你对重大事物的成功把握。一步一个脚印地努力向前，便不会轻易失败。在工作中获得确切强大的力量的诀窍就蕴含在其间。

◎破茧成蝶的金玉良言

　　任何一项工作都值得我们去做。不要轻视我们所从事的每一项工作，即便是最不起眼的事，也应该尽职尽责、全力以赴地去完成。

在工作中不断进步

在现在的企业组织里，工作范围的界定其实只是每个人所该做的最小范围。对工作有着雄心和热情的员工，绝不会将自己局限在固有的工作范围之内，他们知道要想在工作上有一番成就，就必须不断寻找学习的机会，扩大自己对公司的贡献。

很多公司的老板越来越不喜欢雇用那种只知道每天固定朝九晚五、缺乏独立思考能力和创造力的员工。想要用"那又不关我的事"作为推脱之词来逃避责任，可能在十几年前的生产线上还有用；可是到了今天，这一套已经不管用了。作为一名员工，每天都要这样提醒自己：我必须独立思考并且积极主动！

假设有某位员工失职，其他人所应做的，不应是眼睁睁地看着情况继续恶化下去，而应是想办法补救。

在现实中，很多老板最看重的就是把公司的事情当成自己事情的人，这样的职员任何时候都敢作敢当，勇于承担责任。责任感任何时候都是很重要的。不论对于公司，还是家庭和社交圈子都如此。

"我警告我们公司的每一个人，"美国塞文机器公司前董事长保罗·查莱普说，"假如有谁说'那不是我的错，那是其他同事的责任'被我听到的话，我一定会开除他，因为这么说话的人明显对我们公司没有足够的兴趣——如果你愿意站在那儿眼睁睁地看着一个醉鬼坐进车子里去开车，或者没有穿救生衣、只有 2 岁大的小孩单独在码头边玩耍——好吧！我是绝不容许我们公司的员工这么做的，你必须跑过去保护那个小孩才行。"

同样地，不管是否是你的责任，只要关系到公司的利益，你都应该毫不犹豫地去维护。因为，假如一个职员要想得到提升，公司的每一件事情都是他的责任。要是你想让老板知道你是一个可造之材的话，那么你最好、最快的方法就是积极地寻找并抓住每一个可以促进公司发展的机会，哪怕不是你的责任，你也要这么做，因为公司的事情就是你的事情。

只有主动地对自己的行为负责、对公司和老板负责、对客户负责的人，才是老板心目中最优秀的员工。

把自己的职责范围划分得很小的人，通常对公司的事务缺乏热情，这样的人永远也难以在老板心中留下好印象。

假如你总是推卸自己的责任，老板也许会看到你有某方面的才华而暂时不会辞退你。但是在老板心中，你一定是一个不能够委以重任的人。

任何时候，"公司的事就是我的事"都不应该是一句简单的口号，而是有责任感的员工的自我意识。

进取心是根除堕落倾向的最佳方法。进取心可以激发出一个人与命运抗争的力量，是取得成功和创造卓越的动力。

世界上有很多人一辈子一事无成，原因就是他们太不思进取了！找到一份稳定的工作，终其一生每天总做着同样的事情，一直到死。而他们竟以为人的一生所能获得的也只能有这么多了。

门捷列夫是俄国著名的化学家，他18岁时患了肺结核。在接受治疗的同时，他仍然坚持学习，并以优异成绩从高等师范学校毕业。患病后，医生曾预言他最多只能再活8~10个月，然而，他却以惊人的毅力战胜了病魔，活到了73岁。他在化学领域里从事了长达50年的研究，发现了举世闻名的元素周期律，这些成绩的取得与他对化学的浓厚兴趣以及强烈进取心是分不开的。

人们经常说，人生中最重要的只有几步。有强烈进取心的人会抓住每一个有利的机会，让自己得到最快最大的进步。

美国著名黑人领袖马丁·路德·金说："世界上成功的每一件事

都是抱着希望做成的。"人的进取心越大，达到目标的时间就会越短，就像弓被拉得越满，箭就飞得越快越远一样。有了强烈的进取心，以及高远明确的目标，再加上坚强的意志，十年以后你就一定会取得成功。

进取心是人生不竭的动力。一个人只有满怀进取心，才会不畏困难，不轻言失败，才会信心百倍地朝着既定目标迈进，走向成功。一个人的进取心越强烈，成功的可能性就越大；没有进取心，就不可能获得成功。

◎破茧成蝶的金玉良言

想要用"那又不关我的事"作为推脱之词来逃避责任，可能在十几年前的生产线上还有用；可是到了今天，这一套已经不管用了。作为一名员工，每天都要这样提醒自己：我必须独立思考并且积极主动！

不盲目地跳槽

有句话说："人挪活，树挪死。"经过多次跳槽，没有文凭、没有背景、没有专业知识的情况下，冯一鸣成为某外资化工公司销售经理，并成功走上了创业之路。

冯一鸣在大专毕业后的 5 年时间里，从事过化妆品、化工品和建材的销售，先后跳槽 6 次。他不断跳槽主要是为了吸收和积累客户资源，为自己的创业打好基础。现在，他已经不需要跳槽，因为他开始利用这几年积累下来的客户资源进行创业，成了私营贸易公司的老板。

可以说，冯一鸣的成功，在于他一步步地向上跳。在跳槽的过程中，让他增强了竞争意识，学到新的本事，拓展了自己的人际网络。

当我们的工作不适合自己的时候，思考后跳一跳，说不定就能跳到理想的彼岸。然而，也正是因为有人明白这个道理，所以，很多心浮气躁的年轻人就像鲤鱼跳龙门一样，到处乱跳。但是，跳槽也并不一定都会越跳越好。

在大学里主修广告专业的吴君，刚毕业时在一家广告公司做文案工作。半年后，她的一位在猎头公司工作的朋友给她提供了一个信息：在大公司里做老板秘书不仅薪水高，日子舒服，而且发展前景好，因为很多大公司行政部门的经理都是老板秘书出身。她被说得心动了。

后来，在这位朋友的帮助下，吴君真的进了一家世界 500 强企业做某高层的秘书，但是她很快就发现这份工作不适合自己：每天早上要给老板泡咖啡感觉不平等；上下班打卡感觉不自由；经常加班占用了她很多私人时间……这些都跟自己熟悉并喜欢的广告公司不一样。试用期未满她就赔了违约金，打算重回广告公司，但是这时候她就只能从头开始了。

如此看来，换工作之前，最好要正确认识自己，找到自我的价值所在，并有一个较长期的职业规划才行。

有些年轻人在工作不到一年后就选择跳槽，有的甚至工作仅3个月后就准备重新择业。至于跳槽原因，大多是不满意薪酬待遇，缺乏发展空间，缺乏工作兴趣，难以接受工作环境或企业文化之类的。尽管他们跳槽如此频繁，但是大多数人在跳槽之后产生失落感，认为自己跳槽是不成功的，由于年龄太轻缺乏慎重考虑。

跳槽意味着机会，也意味着风险。要想跳出更大的职业发展空间，跳出更好的薪酬待遇，需要你进行正确的价值判断，准确地给自己定位，明白自己要做什么。在跳槽之前不妨先问自己两个问题——"我为什么跳槽？""我凭什么跳槽？"并且，把跳槽的理由分析清楚：哪些问题只有通过跳槽才能解决，哪些理由是跳槽也解决不了的。

如果你现在的单位长期拖欠工资、薪金水平严重过低，那么，选择跳槽无可厚非。但如果是因为你不顾自身条件，盲目追求高薪水，而选择频频跳槽就不可取了。你在原来的岗位上已做出一定成绩，如果为了有限的薪水差距，就换单位甚至换行业，就会得不偿失。

你分析自己的职业兴趣和职业能力倾向，了解自己的职业优势和劣势，挖掘自己的职业核心竞争力。同时，对将要从事的岗位，你也要全面深入地加以分析，判断自己与岗位是否匹配。

有些人因为工作不好找，便随便与愿意接收自己的用人单位签约，几个月后，却发现工作并不适合自己，于是再仓促跳槽。所以，工作之前就要认真思考，看自己是不是喜欢这份工作，有没有能力做好它，有没有韧劲坚持到底。如果你对自己也不了解，不妨找一些职业顾问进行咨询，帮助自己找准方向。这样，你经过深思熟虑之后，才不会盲目跳槽。

有一个年轻人应聘了一份会计工作，结果发现领导给她安排一些杂务。她既要做出纳的事情，又要做行政上的事情，根本就没有真正地接触到财务工作。几个月下来，她提出了辞职，她认为招聘单位在"挂羊头卖狗肉"。公司总经理遗憾地表示，其实公司只是想磨炼一下她的耐性，考察她的承受力，顺便让她先熟悉公司的业务情况。公司本准备半年后让她正式做会计工作，而且认为她是有能力的，没想到她自己却放弃了这个机会。

任何岗位都可以锻炼自己，你要让领导相信自己，就算是别人都不愿做的岗位，你也能打理得井井有条，其他岗位你一定也有能力做得出色。

◎破茧成蝶的金玉良言

要想跳出更大的职业发展空间，跳出更好的薪酬待遇，需要你进行正确的价值判断，准确地给自己定位，明白自己要做什么。

工作中尽职尽责

在 18 世纪时，瑞典化学家舍勒在化学领域做出了杰出的贡献，可是瑞典国王毫不知情。在一次去欧洲旅行的旅途中，国王才了解到自己的国家有这么一位优秀的科学家，于是国王决定授予舍勒一枚勋章。可是，负责发奖的官员孤陋寡闻，又敷衍了事。他没能找到那位在全欧知名的舍勒，却把勋章发给了一个与舍勒同姓的人。

当时，舍勒就在瑞典一个小镇上当药剂师。他知道要给自己发一枚勋章，也知道发错了人，但他只是付之一笑，只当没有那么一回事，仍然埋首化学研究之中。

舍勒在业余时间里用极其简陋的自制装置，首先发现了氧，还发现了氯、氨、氯化氢以及几十种新元素和化合物。他从酒石中提取酒石酸，并根据实验写成两篇论文，送到斯德哥尔摩科学院。没想到，科学院竟以"格式不合"为理由，拒绝发表他的论文。但是舍勒并不灰心，在他获得了大量研究成果以后，根据这个实验写成的著作终于与读者见面了。32 岁时，舍勒当选为瑞典科学院院士。

假如我们也有舍勒这种埋头苦干、锲而不舍的精神，在平凡中求伟大，那么成功也就离你不远了。在整个社会中，除了一些特殊的人从事特定工作之外，一般人的工作都是很平凡的。虽然是平凡的工作，但只要努力去做，和周围的人配合好，依然可以做出不平凡的成绩。

那种大事干不了、小事又不愿干的心理是要不得的。小至个人，大到一个公司、企业，它们的成功发展，正是来源于平凡工作的积累。公司需要的是能够在平凡中求成长的人，所以能够认真对待每一件事，能够把平凡工作做得很好的人才是能够发挥实力的人。不要看轻任何一项工作，没有人可以一步登天。当你认真对待了每一件事，十年以后，你会发现自己的人生之路越来越广，成功的机遇也会接踵而来。

作为员工，不要总抱怨老板没有给你机会，有空的时候不妨仔细想一想，你是否能够在老板交给你任务时，漂亮地完成任务并且没有那么多的废话？你是否平时就给老板留下了一个能够承担责任、勇于负责的印象？如果没有，你就别抱怨机会不来敲你的门。

当你少一些抱怨、少一些牢骚、少一些理由，多一分认真、多一分责任感、多一分主动的时候，机会也就随之而来了。

一位曾多次受到公司嘉奖的员工说："我因为责任感而多次受到公司的表扬和奖励，其实我觉得自己真的没做什么，我很感谢公司对我的鼓励。其实担当责任或者愿意负责并不是一件困难的事，假如你把它当作一种生活态度的话。"

作为企业的一名员工，有责任遵守公司的一切规定。当你违背了公司的规定却没有足够的理由，形式上的惩罚并不能掩盖你对自身责任的漠视。

在很多教育中，就有关于责任感的训练。注意生活中的细节也有助于责任的养成。大家都说习惯成自然，如果责任感也成为一种习惯时，也就慢慢成了一个人的生活态度，你就会自然而然地去做它，而不是刻意去做它。当一个人自然而然地做一件事情时，当然不会觉得麻烦和累。

当你意识到责任在召唤你的时候，你就会随时为责任而放弃别的什么东西，而且你不会觉得这种放弃对你来讲很不容易。

为了确保按质按量地完成上司布置的工作，你接受任务以后，一定要注意和上司保持联系。与上司进行交流，务必要做到以下几个方面。

（1）清楚上司希望你做什么

如果你自己都不理解上司让你做什么，那么你就不能正常地完成工作，更无法把这些指示翻译给周围的协作者。如果指示中存在任何问题或者不明确的地方，在行动之前先问清楚。经过缜密思考后提出来的问题不仅能使你对需要做什么有更好的理解，还常常对上司最初的指示加以完善。花几分钟时间弄清指示可以节省几天时间，并确保工作的顺利进行。

（2）确保工作方案具体明确

一个非常笼统的指示会让你根本无从下手。笼统的指示可以做出各种解释，那样从上司的角度看，其结果经常会事与愿违。所以，一定要避免来自上司的笼统指示，确保自己的工作方案具体明确。

（3）在一定范围内，提出与上司不同的意见

这又是一个关于服从的话题。对自己来说，在做事的方法上与上司的观点不同是可以被接受的，但这不是目标本身。你是执行公司决定的人，完全有权力讨论如何有效执行某一计划的具体细节问题。但是，你不是计划的制订者，因此，任何涉足这一领域的尝试都被看作是消极的。

（4）确保工作资源充分

工作中的资源配置，和战场上的后勤给养是一样重要的。为了从事所要求的工作，在资源方面必须与上司获得一致意见。你可能被告知某项任务极为重要，而后却被斥责在完成这项工作方面花费了过多的时间。所以，在工作进行前一定要确保工作资源充分，而且要让上司切实分配工作资源，而不是口头承诺。

◎破茧成蝶的金玉良言

公司需要的是能够在平凡中求成长的人，所以能够认真对待每一件事，能够把平凡工作做得很好的人才是能够发挥实力的人。